Linux
典藏大系

Linux

刘丽霞
邱晓华 编著

服务范例速查大全

清华大学出版社

北　京

内 容 简 介

本书由浅入深，全面、系统地介绍了 Linux 中各服务的工具和配置文档。本书主要是以介绍服务的配置文档和工具为主，同时也介绍了服务的搭建和测试等基础内容。本书详细分析了每个工具命令的参数作用及配置文件中每个选项的设置等。当用户遇到服务配置问题时，可以快速地查找每个选项的相关配置，以解决问题。本书涉及面广，从简单的网络配置服务到互联网服务和数据库服务，再到文件传输服务和邮件服务，最后到远程连接服务等，几乎涉及 Linux 中的所有服务。

全书共 19 章，分为 6 篇。第 1 篇介绍了 DHCP 服务、DNS 服务、Squid 服务及 NTP 服务；第 2 篇介绍了 Web 服务、CUPS 打印服务、流媒体服务、新闻服务；第 3 篇介绍了 MySQL 服务、PostgreSQL 服务、LDAP 目录服务；第 4 篇介绍了 FTP 服务、Samba 服务、NFS 服务；第 5 篇介绍了 Postfix 服务、Sendmail 服务；第 6 篇介绍了 SSH 服务、Telnet 服务、VPN 服务。

本书适合所有想学习 Linux 服务的人员、Linux 爱好者、Linux 网管、系统管理人员等阅读。对于 Linux 网管来说，更是一本不可多得的必备手册。

图书在版编目（CIP）数据

Linux 服务范例速查大全 / 刘丽霞，邱晓华编著. —北京：清华大学出版社，2015（2020.9重印）

（Linux 典藏大系）

ISBN 978-7-302-38394-9

Ⅰ. ①L… Ⅱ. ①刘… ②邱… Ⅲ. ①Linux 操作系统 Ⅳ. ①TP316.89

中国版本图书馆 CIP 数据核字（2014）第 250980 号

责任编辑：夏兆彦
封面设计：欧振旭
责任校对：徐俊伟
责任印制：丛怀宇

出版发行：清华大学出版社

网 址：http://www.tup.com.cn, http://www.wqbook.com

地 址：北京清华大学学研大厦 A 座 邮 编：100084

社 总 机：010-62770175 邮 购：010-83470235

投稿与读者服务：010-62776969，c-service@tup.tsinghua.edu.cn

质量反馈：010-62772015，zhiliang@tup.tsinghua.edu.cn

印 装 者：北京九州迅驰传媒文化有限公司

经 销：全国新华书店

开 本：185mm×260mm 印 张：36.25 字 数：908 千字

版 次：2015 年 1 月第 1 版 印 次：2020 年 9 月第 2 次印刷

定 价：89.80 元

产品编号：059437-02

前　　言

1991 年，芬兰赫尔辛基大学的学生 Linus Benedict Torvalds 开发出 Linux 的第一个系统内核，到目前各种版本的 Linux 不断出现，使 Linux 成为一个广泛使用的操作系统。现在 Linux 系统已广泛应用于各类服务器领域。这些服务器提供了各种服务。掌握这些服务的搭建、配置，是学习 Linux 的关键。这些服务大部分都是开源项目，往往缺少完善的技术支持。即使有较全面的帮助文档，也都是英文形式。这给国内读者造成了各种学习障碍。国内相关图书对于各项服务的介绍仅局限在搭建和基本配置上，而对于服务的各种工具和配置文档很少讲解，当遇到服务定制等问题时，根本无从下手。

笔者结合自己多年对 Linux 的网络管理经验和心得体会写出了这本书，目的就是帮助读者解决这类问题。本书不仅讲解服务的搭建、测试等基础内容，还将重点讲解每个服务的文件构成，详细分析每个工具命令的参数作用及配置文件的每个重要选项的设置。

相信本书的出版不仅可以充实清华大学出版社的"Linux 典藏大系"，而且也填补了 Linux 图书市场上这类图书的空缺。

关于"Linux 典藏大系"

"Linux 典藏大系"是清华大学出版社自 2010 年 1 月以来陆续推出的一种图书系列，截止 2013 年，已经出版了 10 余个品种。该系列图书涵盖了 Linux 技术的方方面面，可以满足各个层次和各个领域的读者学习 Linux 技术的需求。该系列图书自出版以来获得了广大读者的好评，已经成为了 Linux 图书市场上最耀眼的明星品牌之一。其销量在同类图书中也名列前茅，其中一些图书还获得了"51CTO 读书频道"颁发的"最受读者喜爱的原创 IT 技术图书奖"。该系列图书出版过程中也得到了国内 Linux 领域最知名的技术社区 ChinaUNIX（简称 CU）的大力支持和帮助，读者在 CU 社区中就图书的内容与活跃在 CU 社区中的 Linux 技术爱好者进行广泛交流，取得了良好的学习效果。

本书特色

1．采用最新的RHEL 6.4版本讲解

RHEL 是红帽公司的主力 Linux 服务器系统，也是主流的 Linux 服务器版本。本书采用最新版本的 RHEL 6.4 进行讲解，帮助读者更为轻松地掌握各项服务的使用。

2．兼容RHEL的多个版本

本书的内容不仅适用于最新版本 6.4，还同样适用于 RHEL 5、RHEL 6.0、6.1、6.2、

6.3。这几个版本已经涵盖绝大多数的 Linux 服务器。大部分读者都可以从本书的内容中受益。

3．涵盖Linux下的所有主流服务

为了提供给读者更全面的内容，本书涵盖了 Linux 下所有的主流服务。这些服务多达19 个。读者可以在本书中，获取和 Linux 服务器设置的所有内容。

4．包含几百个命令、上千个配置项

本书包含的服务较多，所涉及的命令和配置项更多。各类服务所自带的命令达几百个，而配置文件中的选项有近千个。本书全面讲解这些指令和配置项，读者可以在本书中查到配置服务器所需要的所有项目。

5．提供完善的售后服务，答疑解惑

如果读者在阅读本书时有疑问，可以发送电子邮件到 book@wanjuanchina.net 或 bookservice2008@163.com 以获得帮助，也可以到 http://www.wanjuanchian.net 技术论坛或加入 QQ 群 336212690 交流和讨论。

本书内容及体系结构

第1篇　网络架设（第1～4章）

本篇主要内容包括：DHCP 服务、DNS 服务、Squid 代理服务、NTP 服务等。通过本篇的学习，读者可以掌握 Linux 网络环境的架设及时间同步等。

第2篇　网页访问服务（第5～8章）

本篇主要内容包括：Web 服务、CUPS 打印服务、流媒体服务、新闻服务等。通过本篇的学习，读者可以掌握如何搭建各类网页类服务。

第3篇　数据库服务（第9～11章）

本篇主要内容包括：MySQL 服务、PostgreSQL 服务、LDAP 目录服务等。通过本篇的学习，读者可以掌握各种数据库的详细配置。

第4篇　文件服务（第12～14章）

本篇主要内容包括：FTP 服务、Samba 服务、NFS 服务等。通过本篇的学习，读者可以掌握 Linux 中文件传输及文件共享服务的详细配置。

第5篇　邮件服务（第15～16章）

本篇主要内容包括：Postfix 服务、Sendmail 服务等。通过本篇的学习，读者可以掌握各种邮件服务的详细配置。

第6篇　远程管理服务（第17～19章）

本篇主要内容包括：SSH 服务、Telnet 服务、VPN 服务等。通过本篇的学习，读者可以掌握远程连接服务的详细配置。

学习建议

❑ 安装各类操作系统：当验证服务器时，通常需要有客户端进行测试。这时可以使用不同操作系统作为客户端，对服务进行测试。
❑ 查看日志信息：当服务在启动或配置出错时，查看日志通常可以获取到一些有用的信息。这些信息有助于我们理解 Linux 各项服务的运行情况。

本书读者对象

❑ Linux 初学者；
❑ Linux 网管；
❑ 网络管理员；
❑ Linux 爱好者；
❑ 大中专院校的学生；
❑ 社会培训班学员；
❑ 需要一本案头必备手册的网络管理员。

本书作者

本书由武警工程大学的刘丽霞和邱晓华主笔编写。其中，刘丽霞负责编写了第 1 章～第 10 章，邱晓华负责编写了第 11 章～第 19 章。其他参与编写的人员还有吴振华、辛立伟、熊新奇、徐彬、晏景现、杨光磊、杨艳玲、姚志娟、俞晶磊、张建辉、张健、张林、张迎春、张之超、赵红梅、赵永源、仲从浩、周建珍、杨文达。

虽然笔者花费了大量精力写作本书，并力图将疏漏减少到最少，但仍恐百密一疏。如果您在阅读本书的过程中发现有任何疏漏，或者对本书的讲解有任何疑问，都可以与作者取得联系。

编者

目　　录

第 1 篇　网络架设

第 2 篇　网页访问服务

第 3 篇　数据库服务

第 4 篇　文件服务

第 5 篇　邮件服务

第 6 篇　远程管理服务

第 1 篇　网络架设

第1章 DHCP 服务

DHCP（Dynamic Host Configuration Protocol，动态主机配置协议）用于为计算机自动提供 IP 地址、子网掩码和路由网关等网络配置信息。它是通过网络内一台服务器提供相应的 DHCP 服务来实现的，可使用每台计算机的 IP 地址进行动态分配，从而减少了网络管理的复杂性。本章将详细介绍 DHCP 服务器的工作原理、安装、配置、运行和使用方法。

1.1 基 本 信 息

在安装 DHCP 服务器之前，需要了解搭建该服务的环境。在实际应用中，安装一个服务的系统对硬件和软件方面都有些要求。下面介绍 DHCP 的基本知识，包括网卡配置、软件包、进程、端口等内容。

1.1.1 网卡配置文件：/etc/sysconfig/network-scripts/ifcfg-XXX

网卡配置文件是用来设置计算机网卡的配置信息。安装 DHCP 服务器的计算机需要具有静态指定的固定 IP 地址，否则将无法正常启动 dhcpd 服务。这里，推荐 DHCP 服务器使用 192.168.1.1。

【实例 1-1】查看系统中第一块网卡的配置信息，执行命令如下：

```
[root@localhost ~]# cat /etc/sysconfig/network-scripts/ifcfg-eth0
```

输出信息如下：

```
DEVICE=eth0
ONBOOT=yes
BOOTPROTO=static
IPADDR=192.168.1.1
NETMASK=255.255.255.0
GATEWAY=192.168.1.1
HWADDR=00:0C:29:50:F9:AE
```

上述各配置项的含义及作用如下。

DEVICE：设置网络接口的名称。

ONBOOT：设置网络接口是否在 Linux 系统启动时激活（设置为有效）。

BOOTPROTO：设置网络接口的配置方式，值为 static 时表示使用静态指定的 IP 地址，为 dhcp 时表示通过 DHCP 的方式动态获取地址。

IPADDR：设置网络接口的 IP 地址。

NETMASK：设置网络接口的子网掩码。

GATEWAY：设置网络接口的默认网关地址。

HWADDR：网卡的 MAC 地址。

1.1.2　软件包：dhcp

大部分 Linux 的发行版本中都提供了 DHCP 服务的安装包。下面以表格的形式列出了 RedHat Linux 中 DHCP 服务的 dhcp 软件包位置及源码包下载地址，如表 1.1 所示。

表 1.1　软件包位置

软件包类型	位　　置
RHEL 6RPM	光盘：/Packages
RHEL 5RPM	光盘：/Server
源码包	http://www.isc.org

本章讲解安装 DHCP 的方法适合 REHL5.X～6.4 的所有版本。不同版本的软件包名，如表 1.2 所示。

表 1.2　不同发行版本的软件包

RHEL 6.4	dhcp-4.1.1-34.P1.el6.i686.rpm
RHEL 6.3	dhcp-4.1.1-31.P1.el6.i686.rpm
RHEL 6.2	dhcp-4.1.1-25.P1.el6.i686.rpm
RHEL 6.1	dhcp-4.1.1-19.P1.el6.i686.rpm
RHEL 6.0	dhcp-4.1.1-12.P1.el6.i686.rpm
RHEL 5	dhcp-3.0.5-23.el5.i386.rpm

1.1.3　进程名：dhcpd

DHCP 服务启动后，会自动启动一个名为 dhcpd 的进程。查看该进程是否启动，执行命令如下：

```
[root@localhost ~]# ps -eaf | grep dhcpd
dhcpd     9822     1  0 14:15 ?        00:00:00 /usr/sbin/dhcpd -user dhcpd
-group dhcpd
root      9825  3439  0 14:15 pts/0    00:00:00 grep dhcpd
```

1.1.4　端口：67

DHCP 服务启动后，默认在 UDP 协议的 67 端口监听服务。检查是否在监听服务，可以执行如下命令查看：

```
[root@localhost ~]# netstat -anpu | grep dhcpd
udp   0    0 0.0.0.0:67          0.0.0.0:*                   9822/dhcpd
```

1.1.5　防火墙所开放的端口号：system-config-firewall

防火墙对流经它的网络通信进行扫描，这样能够过滤掉一些攻击，以免其在目标计算机上被执行。当一个服务启动后，防火墙需要将该服务监听的端口号对外开放，其他的客户端才可以与服务建立连接。

【实例 1-2】DHCP 服务监听的端口号是 67。所以需要在防火墙中将 67 端口对外开放。执行如下命令开放端口 67：

```
[root@localhost ~]# system-config-firewall
```

执行以上命令，将出现如图 1.1 所示的界面。

图 1.1　防火墙配置

在该界面选择"其他端口"选项，然后单击右侧的"添加"按钮，将显示如图 1.2 所示的界面。

图 1.2　端口和协议

在该界面选择端口"67"，单击"确定"按钮。端口添加后，单击"应用"按钮。将显示如图 1.3 所示的界面。这里也可以选中"用户定义的"复选框，手动输入需要对外开放的端口，单击"确定"按钮。

图 1.3　应用配置

1.2　构建 DHCP 服务

当局域网络中有大量的主机时，如果逐台设置 IP 地址、默认网关、NDS 服务器地址等网络参数，显然是一个费力也未必讨好的办法。而使用 DHCP 的方式，能够动态配置各客户机的网络地址参数，大大减轻了管理与维护的成本。要使用 DHCP，首先必须考虑在网络中的某一台计算机中安装 DHCP 服务器程序。本节介绍如何在 Linux 中安装 DHCP 服务器程序。

1.2.1　运行机制

DHCP 是工作在 UDP 基础上的一种应用层协议，采用的是客户端/服务器模式。提供信息的叫做 DHCP 服务器，而请求配置信息的计算机叫做 DHCP 客户端。其中，DHCP 服务器使用的是 67 号端口，而客户机使用的是 68 号端口。下面介绍一下 DHCP 客户机是如何获得 IP 地址的，这个过程也称为 DHCP 租借过程，具体内容如图 1.4 所示。

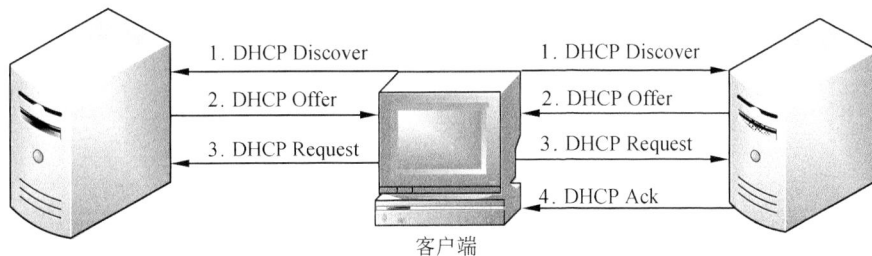

图 1.4　DHCP 协议的 4 个阶段

在 DHCP 获取 IP 地址及其他网络配置参数的过程中，DHCP 客户端和服务器之间要交换很多的消息报文，这些 DHCP 报文总共 8 种类型。每种报文的格式相同，只是某些字段的取值不同。DHCP 报文的格式如表 1.3 所示，每一个字段名的含义如下：

表 1.3　DHCP报文格式

op（1）	htype（1）	hlen（1）	hops（1）
xid（4）			
secs（2）		flags（2）	
ciaddr（4）			
yiaddr（4）			
sidaddr（4）			
gidaddr（4）			
chaddr（16）			
Sname（64）			
file（128）			
options（variable）			

- ❏ op：报文的操作类型。分为请求报文和响应报文，1 为请求报文；2 为响应报文。具体的报文类型在 option 字段中标识。
- ❏ htype：DHCP 客户端的硬件地址类型。1 表示 ethernet 地址。
- ❏ hlen：DHCP 客户端的硬件地址长度。ethernet 地址为 6。
- ❏ hops：DHCP 报文经过的 DHCP 中继的数目。初始为 0，报文每经过一个 DHCP 中继，该字段就会增加 1。
- ❏ xid：客户端发起一次请求时选择的随机数，用来标识一次地址请求过程。
- ❏ secs：DHCP 客户端开始 DHCP 请求后所经过的时间。目前尚未使用，固定取 0。
- ❏ flags：DHCP 服务器响应报文是采用单播还是广播方式发送。只使用第 0 比特位，0 表示采用单播方式，1 表示采用广播方式，其余比特保留不用。
- ❏ ciaddr：DHCP 客户端的 IP 地址。
- ❏ yiaddr：DHCP 服务器分配给客户端的 IP 地址。
- ❏ siaddr：DHCP 客户端获取 IP 地址等信息的服务器 IP 地址。
- ❏ giaddr：DHCP 客户端发出请求报文后经过的第一个 DHCP 中继的 IP 地址。
- ❏ chaddr：DHCP 客户端的硬件地址。
- ❏ Sname：DHCP 客户端获取 IP 地址等信息的服务器名称。
- ❏ file：DHCP 服务器为 DHCP 客户端指定的启动配置文件名称及路径信息。
- ❏ option：可选变长选项字段，包含报文的类型、有效租期、DNS 服务器的 IP 地址、WINS 服务器的 IP 地址等配置信息。

在表 1.1 所示的 DHCP 报文格式中，每一个字段后的数字表示该字段在报文中占用的字节数。

📢注意：Options 字段的长度要根据服务器所提供参数的多少而定，是可变的。

1.2.2　搭建服务

默认情况下，在安装 RHEL 时并未安装 DHCP 服务器程序，在使用 DHCP 服务前，首先必须将 DHCP 服务器程序安装到系统中。

为了方便安装，本节使用光盘中自带的 RPM 包安装 DHCP 服务。具体操作步骤如下。

（1）先使用 rpm 命令检查系统中是否已经安装 dhcp 软件包。

```
[root@localhost ~]# rpm -q dhcp
```

输出信息如下：

```
package dhcp is not installed
```

输出的信息说明软件包 dhcp 没有安装。

（2）挂载 RHEL 6.4 系统光盘，并安装其中的 dhcp-4.1.1-34.P1.el6.i686.rpm 软件包。

```
[root@localhost ~]# mount /dev/cdrom /mnt/cdrom/
mount: block device /dev/sr0 is write-protected, mounting read-only
[root@localhost ~]# rpm -ivh /mnt/cdrom/Packages/dhcp-4.1.1-34.P1.el6.
i686.rpm
warning: /mnt/cdrom/Packages/dhcp-4.1.1-34.P1.el6.i686.rpm: Header V3
RSA/SHA256 Signature, key ID fd431d51: NOKEY
Preparing...              ########################################### [100%]
   1:dhcp                  ########################################### [100%]
```

1.3　文 件 组 成

当 DHCP 服务安装成功后，会自动创建一些目录和文件的。下面来看一下 DHCP 服务所创建的文件，如表 1.4 所示。

表 1.4　DHCP服务中的文件

目　　录	文 件 名	文 件 类 型	功 能 说 明
/etc/dhcp	dhcpd.conf	配置文件	DHCP 服务的主配置文件
	dhcpd6.conf	配置文件	DHCPv6 服务的主配置文件
/etc/dhcp/dhclient.d/	nis.sh	shell 脚本文件	
/etc/openldap/schema	dhcp.schema	配置文件	
/etc/portreserve	dhcpd	配置文件	端口映射
/etc/rc.d/init.d/	dhcpd	可执行文件	启动 DHCP 服务
	dhcpd6	可执行文件	启动 DHCPv6 服务
	dhcrelay	可执行文件	启动 DHCP 中继服务
/etc/sysconfig	dhcpd	配置文件	用来配置 DHCP 命令参数
	dhcpd6	配置文件	用来配置 DHCPv6 服务命令参数
	dhcrelay	配置文件	配置中继服务命令参数
/usr/bin	omshell	可执行文件	提供一种使用对象管理 API（Object Management API）来查询和更改 ISC DHCP 服务器的状态的方式
/usr/sbin	dhcpd	可执行文件	启动 DHCP 服务
	dhcrelay	可执行文件	启动 DHCP 中继服务
/var/lib/dhcpd	dhcpd.leases	配置文件	DHCP 服务的租约文件
	dhcpd6.leases	配置文件	DHCPv6 服务的租约文件
/sbin	dhclient	可执行文件	DHCP 服务器的客户端工具

在表格中列出了这么多的文件，下面以图的形式表示出这些文件的工作流程。DHCP
服务工作过程中发挥作用的文件流程如图 1.5 所示。

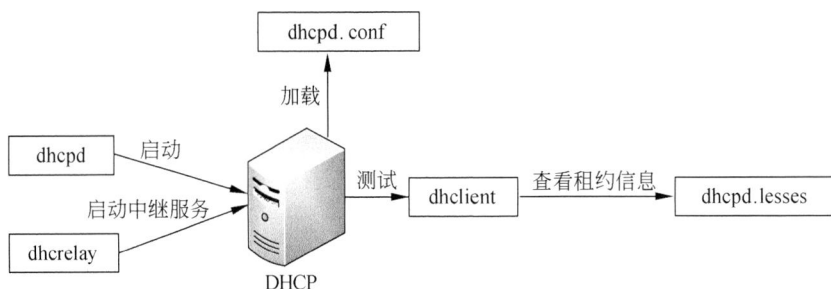

图 1.5　DHCP 服务流程图

1.4　配置文件：/etc/dhcp/dhcpd.conf

dhcpd 服务的主配置文件位于 "/etc/dhcp/dhcpd.conf"，但是该文件中默认并不包含任
何有效配置，需要用户手动建立。可以根据文件中的提示，参考配置文件范本建立新的
dhcpd.conf 文件。

1.4.1　建立配置文件：/etc/dhcp/dhcpd.conf

配置文件 dhcpd.conf 中默认有几行注释信息。这些信息不会影响服务的运行，只是对
该文件简单的介绍了一下，并说明在 "/usr/share/doc/dhcp*" 位置保存了模板配置文件。配
置文件中的默认信息如下：

```
[root@localhost ~]# cat /etc/dhcp/dhcpd.conf
#
# DHCP Server Configuration file.
#   see /usr/share/doc/dhcp*/dhcpd.conf.sample
#   see 'man 5 dhcpd.conf'
#
```

输出的内容中，显示了 DHCP 服务配置文件的位置在 "/usr/share/doc/dhcp*/" 目录下
或者使用 man 命令查看文件 dhcpd.conf 的配置例子。接下来，通过复制范本文件
"/usr/share/doc/dhcp-4.1.1/dhcpd.conf.sample" 来创建配置文件 "/etc/dhcp/dhcpd.conf"。建
立配置文件的操作命令如下：

```
[root@localhost ~]# cp -p /usr/share/doc/dhcp-4.1.1/dhcpd.conf.sample
/etc/dhcp/dhcpd.conf
cp: 是否覆盖"/etc/dhcp/dhcpd.conf"? y
[root@localhost ~]#
```

该步骤执行成功后，配置文件就创建好了。在配置文件中有大量的信息，这时用户可
以参考这些信息为客户端配置几个地址池，实现动态分配 IP 地址的功能。

1.4.2　设置默认搜索域：option domain-name

option domain-name 配置项用来为客户机指定解析主机名时的默认搜索域，该配置项将体现在客户机的 "/etc/resolv.conf" 配置文件中（如 "search benet.com"）。配置文件中默认的搜索域是 example.org，配置信息如下：

```
option domain-name "example.org";
```

1.4.3　设置 DNS 服务器地址：option domain-name-servers

option domain-name-servers 配置项用来为客户机指定解析域名时使用的 DNS 服务器地址，该配置项同样将体现在客户机的 /etc/resolv.conf 配置文件中（如 "nameserver 202.106.0.20"）。若需要设置多个 DNS 服务器地址，可以使用逗号 "," 进行分割。配置文件中默认设置如下：

```
option domain-name-servers ns1.example.org, ns2.example.org;
```

1.4.4　默认租约时间：default-lease-time

default-lease-time 配置项用来设置默认租约时间，它的单位为秒，表示客户端可以从 DHCP 服务器租约某个 IP 地址的默认时间。默认配置如下：

```
default-lease-time 600;
```

1.4.5　设置最大租约时间：max-lease-time

max-lease-time 配置项用来配置允许 DHCP 客户端请求的最大租约时间，当客户端未请求明确的租约时间时，服务器将采用默认租约时间。默认配置如下：

```
max-lease-time 7200;
```

1.4.6　设置动态 DNS 更新模式：ddns-update-style

ddns-update-style 配置项用来设置与 DHCP 服务相关联的 DNS 数据动态更新模式，实际的 DHCP 应用中很少用的该参数，将值设为 none 即可。默认配置如下：

```
#ddns-update-style none;
```

1.4.7　设置子网属性：subnet

在主配置文件 dhcpd.conf 中，包括声明、参数和选项 3 种基本类型的配置项，其作用与表现形式如下。

（1）"声明"用来描述 dhcpd 服务器中对网络布局的划分，是网络设置的逻辑范围。常用的声明如表 1.5 所示。

表 1.5　常用声明

声　　明	解　　释
shared-network	用来告知是否为一些子网络分享相同网络
subnet	描述一个 IP 地址是否属于该子网
range	用来提供动态分配 IP 地址的范围
host	需要进行特别设置的主机，如为某个主机固定一个 IP 地址
group	为一组参数提供声明
allow unknown-clients deny unknown-client	是否动态分配 IP 给未知的使用者
allow bootp deny bootp	是否响应激活查询
allow booting deny booting	是否响应使用者查询
filename	开始启动文件的名称，应用于无盘工作站
next-server	设置服务器从引导文件中装入主机名，应用于无盘工作站

（2）"参数"由配置关键字和对应的值组成，多用来确定 DHCP 服务的相关运行参数（如默认租约时间、最大租约时间等）。参数总是以分号";"结束，可以位于全局配置或指定的声明中。常用参数如表 1.6 所示。

表 1.6　常用参数

参　　数	解　　释
ddns-update-style	配置 DHCP-DNS 为互动更新模式
default-lease-time	指定默认租约时间的长度，单位为秒
max-lease-time	设置最大租约时间长度，单位为秒
hardware	设置网卡接口类型和 MAC 地址
server-name	告知 DHCP 客户服务器名称
get-lease-hostnames flag	检查客户端使用的 IP 地址
fixed-address ip	分配给客户端一个固定的 IP 地址
authritative	拒绝不正确的 IP 地址的要求

（3）"选项"由 option 引导，后面跟具体的配置关键字和对应的值，一般用于指定分配给客户端的配置参数（如默认网关地址、子网掩码、DNS 服务器地址等）。选项也是以分号";"结束，可以位于全局配置或指定的声明中。常用选项如表 1.7 所示。

表 1.7　常用选项

选　　项	解　　释
subnet-mask	为客户端设定子网掩码
domain-name	为客户端指明 DNS 名字
domain-name-servers	为客户端指明 DNS 服务器 IP 地址
host-name	为客户端指定主机名称

选　项	解　释
routers	为客户端设定默认网关
broadcast-address	为客户端设定广播地址
ntp-server	为客户端设定网络时间服务器 IP 地址
time-offset	为客户端设定和格林威治时间的偏移时间，单位为秒

注意：如果客户端使用的是 Windows 操作系统，不要选择 host-name 选项，即不要为其指定主机名称。

subnet 是 dhcpd.conf 文件中最常用的声明，用于在某个子网中设置动态分配的地址和相关网络段属性 shubnet 声明中包括其他的参数和选项。

声明 subnet 子网属性时，通常需要设置的部分如下。

- 使用 subnet 关键字指定子网的网络地址，netmask 关键字指定子网掩码。
- 使用 range 参数指定用于动态分配的 IP 地址范围（先后指定第一个、最后一个 IP 地址，中间用空格间隔），可以有多个 range 参数行。设置的 IP 地址范围必须与 subnet 设置的子网相对应。
- 使用 option subnet-mask 选项指定为客户机分配的子网掩码地址，设置该选项后通常不需要再设置网络地址和广播地址。
- 使用 option routers 选项指定为客户机分配的默认网关地址。
- 使用 option broadcast-address 指定子网的广播地址。

配置文件中默认有声明 subnet 很多例子，下面一个默认配置如下：

```
# A slightly different configuration for an internal subnet.
subnet 192.168.0.0 netmask 255.255.255.0 {
  range 192.168.0.10 192.168.0.20;
  option subnet-mask   255.255.255.0;
  option domain-name-servers ns1.internal.example.org;
  option domain-name "internal.example.org";
  option routers 192.168.0.1;
  option broadcast-address 192.168.0.255;
  default-lease-time 600;
  max-lease-time 7200;
}
```

在这段声明中配置了 192.168.0.0 网段的网络地址情况。这些配置信息在前面都已经介绍了各自的作用，这里就不再叙述了。

1.4.8　设置主机属性：host

host 声明用于设置单个主机的网络属性，通常用于为网络打印机或个别服务器分配固定的 IP 地址（保留地址），这些主机的共同特点是：每次动态获取的 IP 地址必须相同，以确保服务的稳定性。

host 声明可以独立使用，也可以放在某个 subnet 声明中。

声明 host 主机属性时，通常需要设置的部分如下。

- 使用 host 关键字指定需要分配保留地址的 DHCP 客户机名称。

❑　使用 hardware ethernet 参数指定匹配主机的 MAC 地址。

❑　使用 fixed-address 参数指定对应的保留 IP 地址。

下面是配置文件中默认的一个例子信息，结果如下：

```
host fantasia {
  hardware ethernet 08:00:07:26:c0:a5;
  fixed-address 192.168.0.11;
}
```

这部分配置信息分别表示指定为 fantasia 客户机分配保留地址 192.168.0.11，该客户机的 MAC 地址为"08:00:07:26:c0:a5"。

1.4.9　配置超级作用域：shared-network

shared-network　该配置项用来配置超级作用域，用来告知是否一些子网络共享相同网络。在该配置项中可以定义一些其他参数和声明。下面是一个默认配置信息。

```
shared-network 224-29 {
  subnet 10.17.224.0 netmask 255.255.255.0 {
    option routers rtr-224.example.org;
  }
  subnet 10.0.29.0 netmask 255.255.255.0 {
    option routers rtr-29.example.org;
  }
  pool {
    allow members of "foo";
    range 10.17.224.10 10.17.224.250;
  }
  pool {
    deny members of "foo";
    range 10.0.29.10 10.0.29.230;
  }
}
```

一般情况下，不用配置 shared-network 语句。这部分信息中相应的配置项在前面都已经介绍了，这里不再一一叙述。

1.5　其他配置文件

在前面对 DHCP 服务的配置文件进行了详细的介绍。要想对 DHCP 服务理解的更清晰还需要了解与该服务相关的一些文件。下面对这些文件分别做详细介绍。

1.5.1　控制服务文件：/etc/rc.d/init.d/dhcpd

dhcpd 文件主要用来管理服务的运行情况。如服务的启动、停止、重启、加载，对应的分别使用 start、stop、restart、reload 这 4 个参数。实现这些功能可以使用以下两种方法。

【实例 1-3】启动 dhcpd 服务，并检查 dhcpd 服务是否在 UDP 协议的 67 端口监听服务。

```
[root@localhost ~]# /etc/rc.d/init.d/dhcpd start
```

```
正在启动 dhcpd:                                      [确定]
[root@localhost ~]# netstat -anpu | grep dhcpd
udp     0    0 0.0.0.0:67              0.0.0.0:*                18266/dhcpd
```

或者

```
[root@localhost ~]# service dhcpd start
正在启动 dhcpd:                                      [确定]
```

1.5.2 可执行程序文件：/sbin/dhclient

dhclient 是 DHCP 服务的一个客户端测试工具。dhclient 命令可以使用网络接口名称作为参数，通过 DHCP 方式为指定的网络接口申请新的 IP 地址等参数。当不指定任何参数时，dhclient 命令将会尝试为回环接口（lo）以外的所有网络接口申请新的 IP 地址。下面将介绍 dhclient 命令的语法格式和使用方法。

dhclient 命令的语法格式如下：

```
dhclient [选项]
```

常用选项含义如下。

- ❑ -d：在调试模式下显示信息。
- ❑ -e：指定额外的环境变量传递给子进程。
- ❑ -n：DHCP 客户端可以直接不要试图配置任何接口信息。
- ❑ -nw：客户端也可以指示立即成为一个守护进程，而不是等到它已经获得了一个 IP 地址。
- ❑ p<port>：如果 DHCP 客户端应该侦听和传输的端口不是标准端口（端口 68），可以使用-p 标志。
- ❑ -r：用来释放分配的 IP 地址。
- ❑ -s：DHCP 客户端向指定的服务器发送消息。
- ❑ 网络接口：为指定的网络接口申请新的 IP 地址等参数。

【实例 1-4】使用 dhclient 命令为本机的 eth0 网卡动态获取新的 IP 地址（按 Ctrl+C 快捷键退出）。

```
[root@localhost ~]# dhclient -d eth0             //-d 选项表示调试模式
Internet Systems Consortium DHCP Client 4.1.1-P1
Copyright 2004-2010 Internet Systems Consortium.
All rights reserved.
For info, please visit https://www.isc.org/software/dhcp/

Listening on LPF/eth0/00:0c:29:03:e3:40
Sending on   LPF/eth0/00:0c:29:03:e3:40
Sending on   Socket/fallback
DHCPDISCOVER on eth0 to 255.255.255.255 port 67 interval 8 (xid=0x4d40affc)
                                                 //DHCP 发现
DHCPOFFER from 192.168.1.1                        //DHCP 提供
DHCPREQUEST on eth0 to 255.255.255.255 port 67 (xid=0x4d40affc)
                                                 //DHCP 请求
DHCPACK from 192.168.1.1 (xid=0x4d40affc)         //DHCP 确认
bound to 192.168.1.100 -- renewal in 8863 seconds.
```

输出的结果可以看到该主机的 eth0 接口已经动态地获取到了一个地址为 192.168.1.1。

1.5.3　日志文件：/var/log/messages

日志文件是用来调试 DHCP 服务的。如该服务器启动不了、客户端无法动态获取地址等其他配置信息出错时，都可以通过检查"/var/log/messages"文件的详细记录，并根据提示排错。下面看一下 DHCP 服务的部分日志信息：

```
Jul 12 15:53:12 www dhcpd: DHCPDISCOVER from 00:0c:29:27:0b:0f via eth0
Jul 12 15:53:12 www dhcpd: DHCPOFFER on 192.168.1.111 to 00:0c:29:27:0b:0f
via eth0
Jul 12 15:53:12 www dhcpd: DHCPREQUEST for 192.168.1.111 (192.168.1.1) from
00:0c:29:27:0b:0f via eth0
Jul 12 15:53:12 www dhcpd: DHCPACK on 192.168.1.111 to 00:0c:29:27:0b:0f
via eth0
```

这部分信息记录了 DHCP 客户端从服务器上动态获取地址的过程。从这部分信息中同样可以看到客户端向服务器发送了 4 个数据包及服务器响应的过程。

1.5.4　命令参数配置文件：/etc/sysconfig/dhcpd

默认情况下，DHCP 服务器将面向可用的多个网络接口同时开放服务。如果只需要在其中一个网络接口上提供服务，可以修改"/etc/sysconfig/dhcpd"文件，使用"DHCPDARGS="配置行指定命令参数。

【实例 1-5】设置 dhcpd 服务仅面向 eth0、eth1 网卡提供动态地址分配服务。配置信息如下：

```
[root@localhost ~]# cat /etc/sysconfig/dhcpd
# Command line options here
DHCPDARGS= "eth0 eth1"
```

1.5.5　租约文件：/var/lib/dhcpd/dhcpd.leases

成功运行 dhcpd 服务以后，可以通过查看租约文件"/var/lib/dhcpd/dhcpd.leases"来了解服务器的 IP 地址分配情况。该租约文件中记录了分配出去的每个 IP 地址信息（租约记录），包括 IP 地址、客户端的 MAC 地址、租用的起始时间和结束时间等。

【实例 1-6】查看服务器租约文件"/var/lib/dhcpd/dhcpd.leases"中的部分信息。

```
[root@localhost ~]# tail -11 /var/lib/dhcpd/dhcpd.leases
lease 192.168.1.100 {
  starts 2 2013/05/21 08:33:46;
  ends 2 2013/05/21 14:33:46;
  tstp 2 2013/05/21 14:33:46;
  cltt 2 2013/05/21 08:33:46;
  binding state active;
  next binding state free;
  hardware ethernet 00:0c:29:03:e3:40;
}
server-duid "\000\001\000\001\031-\355f\000\014)P\371\256";
```

1.6　配　置　实　例

对 DHCP 配置文件中的声明、参数和选项了解之后，下面以一个配置文件的实例演示这些配置文件的使用。

因网络调整需要，Benet 公司需要在局域网中搭建一台 DHCP 服务器，用于动态配置办公电脑的 IP 地址等参数。DHCP 服务器的定制要求如下：

❑ 默认租约时间为 21600 秒（6 小时）。

❑ 最大租约时间为 43200 秒（12 小时）。

❑ 局域网内所有主机的域名为 abc.com。

❑ 客户机使用的 DNS 服务器的 IP 地址是 192.168.1.1。

❑ 用于动态分配的 IP 地址范围是 192.168.1.100～192.168.1.200，使用的子网掩码是 255.255.255.0，默认网关地址是 192.168.1.1。

❑ 有一台名为 Server01 的服务器主机，需要固定分配 IP 地址 192.168.1.11，该服务器网络接口的 MAC 地址是 00:0C:29:2E:35:53。Server01 主机的其他配置内容使用所在子网的默认配置。

根据上述 DHCP 服务器的构建要求，主配置文件 dhcpd.conf 的参考内容如下：

```
1  option domain-name "abc.com";
2  option domain-name-servers 192.168.1.1;
3
4  default-lease-time 21600;
5  max-lease-time 43200;
6  subnet 192.168.1.0 netmask 255.255.255.0 {
7    range    192.168.1.100 192.168.1.200;
8    option subnet-mask      255.255.255.0;
9    option routers          192.168.1.1;
10   host Server01 {
11     hardware ethernet 00:0C:29:2E:35:53;
12     fixed-address  192.168.1.11;
13     }
14 }
```

1.7　测　试　服　务

1.7.1　Windows 客户端

在 Windows 下可以使用两种方式配置 DHCP 客户端，即 DOS 命令方式和图形界面配置方式。

1. DOS命令

在 Windows 下依次选择"开始菜单"|"运行"，打开如图 1.6 所示窗口。

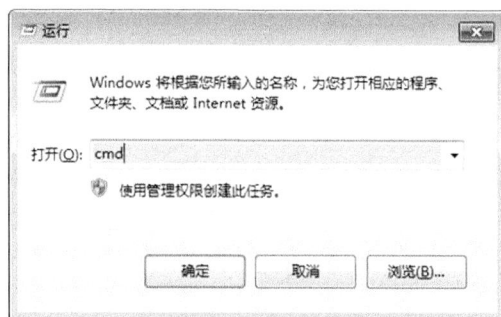

图 1.6　运行

在图 1.5 中输入 cmd 命令，单击"确定"按钮，打开 DOS 窗口，如图 1.7 所示。

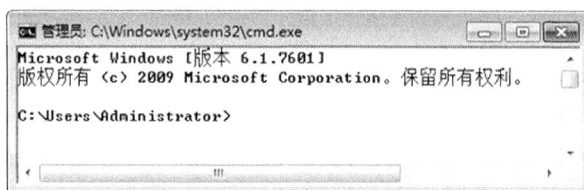

图 1.7　DOS 窗口

在 DOS 窗口下，执行如下命令释放 IP 地址。

```
ipconfig/release
```

接着执行如下命令重新获取 IP 地址。

```
ipconfig/renew
以太网适配器 VMware Network Adapter VMne2:

   连接特定的 DNS 后缀 . . . . . . . : abc.com
   本地链接 IPv6 地址. . . . . . . . : fe80::88c:5f5f:27e5:eca%28
   IPv4 地址 . . . . . . . . . . . . : 192.168.1.101
   子网掩码 . . . . . . . . . . . . : 255.255.255.0
   默认网关. . . . . . . . . . . . . : 192.168.1.1
```

2. 图形界面配置方式

【实例 1-7】在 Windows 图形界面下设置 DHCP 客户端的方法。具体步骤如下：

（1）右击 Windows 7 桌面上的"网络"图标，在弹出的快捷菜单中选择"属性"命令，打开"网络和共享中心"的窗口。在该窗口中选择"更改适配器设置"命令。

（2）右击 VMware Network Adapter VMnet2 图标，在弹出的快捷菜单中选择"属性"命令，打开 VMware Network Adapter VMnet2 属性对话框，如图 1.8 所示。

（3）在其中选中"Internet 协议版本 4（TCP/IP4）"选项，单击右下方的"属性"按钮，打开如图 1.9 所示"Internet 协议版本 4（TCP/IP4）属性"对话框。

（4）选择"自动获取 IP 地址"和"自动获取 DNS 服务器地址"单选按钮，单击"确定"按钮完成 DHCP 客户端的配置。

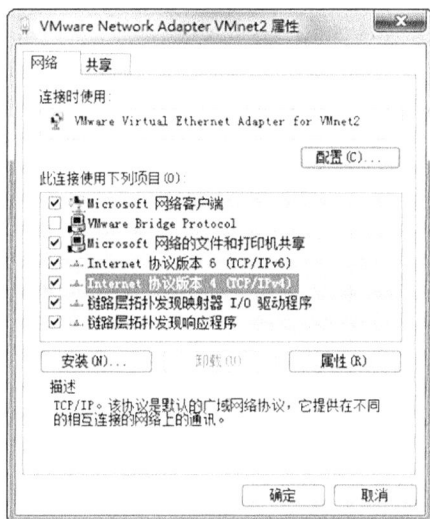

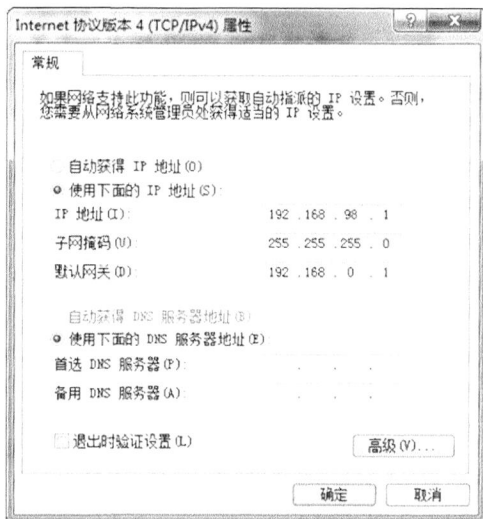

图 1.8　本地连接属性　　　　　　图 1.9　Internet 协议版本 4（TCP/IP4）属性

在 Windows 中查看动态分配的 IP 地址，可以在 DOS 命令窗口输入 ipconfig 命令即可查看到分配的 IP 地址，如下所示。

```
ipconfig
以太网适配器 VMware Network Adapter VMne2:

    连接特定的 DNS 后缀 . . . . . . . . : abc.com
    本地链接 IPv6 地址. . . . . . . . . : fe80::88c:5f5f:27e5:eca%28
    IPv4 地址 . . . . . . . . . . . . : 192.168.1.101
    子网掩码 . . . . . . . . . . . . : 255.255.255.0
    默认网关. . . . . . . . . . . . . : 192.168.1.1
```

1.7.2　Linux 客户端

Linux 下也可以使用两种方式配置 DHCP 客户端，即手工配置方式和图形界面配置方式。

1. 手工配置方式

手工配置 DHCP 客户端，就是通过修改网卡的配置文件 ifcfg-ethX。该文件在 1.1.1 节已经简单介绍了它的位置、各选项含义。这里，修改该配置文件中的一条信息就可以了。修改的内容如下：

```
DEVICE=eth0
BOOTPROTO=dhcp
HWADDR=00:0C:29:2E:35:53
ONBOOT=yes
```

在 Linux 中修改了网卡的配置文件后，可重启系统使其生效，也可以使用以下命令重新启动网卡：

```
[root@localhost ~]# service network restart
```

2．图形界面配置方式

【实例1-8】在 Linux 图形界面下设置 DHCP 客户端的方法。具体步骤如下。

（1）在图形界面依次选择"系统"|"首选项"|"网络连接"命令，打开如图 1.10 所示的"网络连接"对话框。在该窗口中可看到本机中已有的网络设备。

（2）选中网络设置 eth0，单击"编辑"按钮打开如图 1.11 所示的设置对话框。

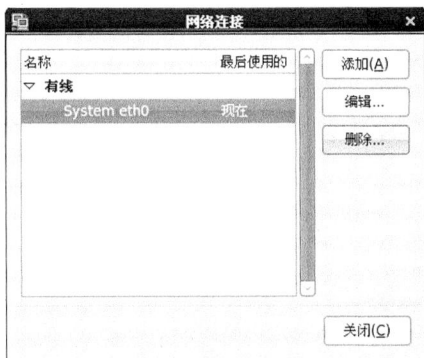

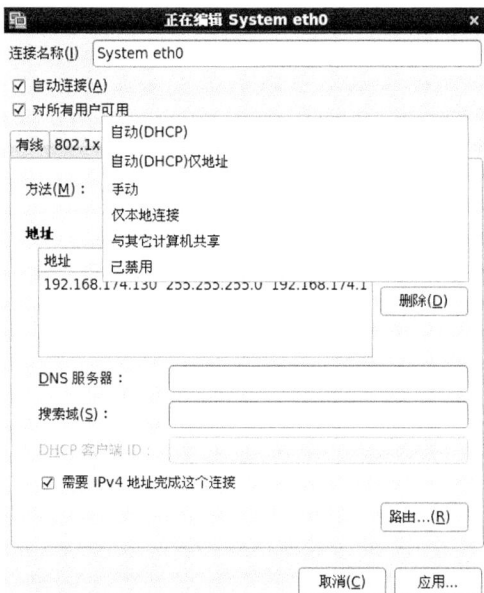

图 1.10　网络配置　　　　　　　　　　　　　　图 1.11　以太网设备

（3）在图 1.11 中选择"IPv4 设置"标签，并在"方法（M）"下拉列表框中选择"自动（DHCP）"选项。

（4）单击"应用"按钮完成设置。

通过以上两种方式之一设置使用 DHCP 分配 IP 地址之后，可在终端窗口中使用以下命令查看分配到的 IP 地址：

```
# ifconfig eth0
```

执行以上命令，输出结果如下：

```
[root@Server01 ~]# ifconfig
eth0    Link encap:Ethernet  HWaddr 00:0C:29:2E:35:53
        inet addr:192.168.1.11 Bcast:192.168.1.255 Mask:255.255.255.0
        inet6 addr: fe80::20c:29ff:fe2e:3553/64 Scope:Link
        UP BROADCAST RUNNING MULTICAST  MTU:1500  Metric:1
        RX packets:154 errors:0 dropped:0 overruns:0 frame:0
        TX packets:192 errors:0 dropped:0 overruns:0 carrier:0
        collisions:0 txqueuelen:1000
        RX bytes:20734 (20.2 KiB)  TX bytes:24885 (24.3 KiB)
        Interrupt:19 Base address:0x2024
```

该客户端分配到的 IP 地址为 192.168.1.11，就是在配置文件中绑定主机名为 Server01 计算机的地址为 192.168.1.11。

第 2 章　DNS 服务

在 Internet 环境中，数以亿计的服务器、个人主机通过大量的交换机、路由器等设备相互连接，而 IP 地址成为不同主机之间相互访问的基本识别条件。通过 IP 地址，可以访问到网络中的各个服务器，例如 FTP 服务器、网站服务器、邮件服务器等。但是，IP 地址是一些抽象的数字，不方便记忆，最好能用一些有意义的字符组合来表示一台主机。这样就产生了域名系统（DNS）。DNS 服务可以为用户提供域名和 IP 地址之间的自动转换，通过 DNS，用户只需要输入机器的域名即可访问相关的服务，而无须使用那些难以记忆的 IP 地址。本节介绍在 Linux 上如何使用 Bind 搭建 DNS（Domain Name System，域名解析系统）服务器。

2.1　基　本　信　息

在安装 DNS 服务器之前，需要了解搭建该服务的一个网络环境。实际生活中，安装一个服务的系统在硬件和软件方面都有些要求。下面介绍 DNS 的基本知识，包括网卡配置、主机名、软件包、进程、端口等内容。

2.1.1　网卡配置文件：/etc/sysconfig/network-scripts/ifcfg-eth0

在安装一台 DNS 服务器的计算机上，需要有一个固定的 IP 地址。当需要将服务器的网络配置固定下来，仅仅使用网络配置命令的方式会显得费时费力，而直接修改相关配置文件更加有效率，所做的修改在系统重启后也仍然生效。下面设置当前主机 DNS 服务器的 IP 地址为 192.168.1.1。

```
[root@localhost ~]# cat /etc/sysconfig/network-scripts/ifcfg-eth0
HWADDR=00:0C:29:88:77:96
IPADDR=192.168.1.1
NETMASK=255.255.255.0
GATEWAY=192.168.1.1
```

2.1.2　本地的主机名称解析文件：/etc/hosts

在 Linux 系统中的“/etc/hosts”文件中，可以保存需要经常访问的主机的主机名与 IP 地址的对应记录。通常在没有搭建 DNS 服务器的情况下，可以在该文件中添加 DNS 服务器地址记录。

【实例 2-1】在"/etc/hosts"文件中添加本书配置的 DNS 服务器的地址,内容如下:

```
[root@localhost ~]# cat /etc/hosts
127.0.0.1   localhost localhost.localdomain localhost4 localhost4.localdomain4
::1         localhost localhost.localdomain localhost6 localhost6.localdomain6
192.168.1.1     www.benet.com       www
```

该文件保存主机名与 IP 地址的对应记录格式为:

```
IP 地址          域名              主机名
```

文件中前两行信息是默认的,分别代表 IPv4 的地址和 IPv6 地址。最后一行,记录了 192.168.1.1 的主机和域名的对应关系。

2.1.3　域名服务器配置文件:/etc/resolv.conf

在 Linux 系统中的"/etc/resolv.conf"文件中,记录了当前主机使用的默认 DNS 服务器地址。Linux 系统会优先使用靠前的 DNS 服务器地址,当第 1 个 DNS 服务器不可用(指服务器无法响应客户端的 DNS 查询请求,可能的原因包括:服务器无法连通、服务器的 DNS 服务未开启等,而不是指该服务器可以响应客户端的 DNS 请求但查询不到结果)时,再使用第 2 个 DNS 服务器……最多使用该文件中记录的前 3 个 DNS 服务器地址。对该文件的修改也会立刻生效。

【实例 2-2】为当前主机设置使用如下 DNS 服务器地址:192.168.1.1。

```
[root@localhost ~]# cat /etc/resolv.conf
# Generated by NetworkManager
# No nameservers found; try putting DNS servers into your
# ifcfg files in /etc/sysconfig/network-scripts like so:
#
# DNS1=xxx.xxx.xxx.xxx
# DNS2=xxx.xxx.xxx.xxx
# DOMAIN=lab.foo.com bar.foo.com
search benet.com
nameserver 192.168.1.1
```

2.1.4　主机名称配置文件:/etc/sysconfig/network

Linux 系统的主机名,由配置文件"/etc/sysconfig/network"中的 HOSTNAME 配置项进行设置。在该文件中重新设置主机名称以后,需要重新启动计算机才能生效。为了方便区分不同的主机,定义一个自己容易记住的名称,安装系统时也可以设置主机名称,默认为 localhost.localdomain。

【实例 2-3】通过修改配置文件的方式,将当前主机的主机名称设置为 www。

```
[root@localhost ~]# cat /etc/sysconfig/network
NETWORKING=yes
HOSTNAME=www
```

该配置文件修改完后,重新启动系统是配置生效。

2.1.5 软件包：bind

大部分 Linux 的发行版本中都提供了 DHCP 服务的安装包。下面以表格的形式列出了 RedHat Linux 中 DNS 服务的 bind 软件包位置及源码包下载地址，如表 2.1 所示。

表 2.1 软件包位置

软件包类型	位 置
RHEL 6RPM	光盘：/packages
RHEL 5RPM	光盘：/Server
源码包	http://www.isc.org

本章讲解安装 DNS 的方法适合 REHL5.X～6.4 的所有版本。不同版本的软件包名，如表 2.2 所示。

表 2.2 不同发行版本的软件包

RHEL 6.4	bind-9.8.2-0.17.rc1.el6.i686.rpm
RHEL 6.3	bind-9.8.2-0.10.rc1.el6.i686.rpm
RHEL 6.2	bind-9.7.3-8.P3.el6.i686.rpm
RHEL 6.1	bind-9.7.3-2.el6.i686.rpm
RHEL 6.0	bind-9.7.0-5.P2.el6.i686.rpm
RHEL 5	bind-9.3.6-4.P1.el5_4.2.i386.rpm

2.1.6 进程名：named

DNS 服务启动后，会自动运行一个名为 named 的进程。可以使用以下命令查看：

```
[root@www named]# ps -eaf | grep named
named    20484    1 3 09:22 ?        00:00:00 /usr/sbin/named -u named -t
/var/named/chroot
root     20493 3705 0 09:23 pts/1    00:00:00 grep named
```

2.1.7 端口：53

DNS 服务运行后，默认监听 53 号端口。可以使用以下命令查看：

```
[root@www named]# netstat -antp | grep named
tcp        0        0 192.168.0.1:53        0.0.0.0:*        LISTEN        20484/named
tcp        0        0 192.168.1.1:53        0.0.0.0:*        LISTEN        20484/named
tcp        0        0 127.0.0.1:53          0.0.0.0:*        LISTEN        20484/named
tcp        0        0 127.0.0.1:953         0.0.0.0:*        LISTEN        20484/named
tcp        0        0 ::1:953               :::*             LISTEN        20484/named
```

2.1.8 防火墙开放的端口号：system-config-firewall

当 DNS 服务搭建成功后，需要使用客户端测试验证服务器是否正常。在实际生活中，防火墙都是开着的，所以需要设置 DNS 服务的端口允许客户端进行访问。设置防火墙允许通信的方法有两种，分别是图形界面设置、使用 iptables 设置防火墙规则链。这里为了方便用户的理解，下面演示使用图形界面设置防火墙。

（1）在 Linux 的终端输入 system-config-firewall，打开如图 2.1 所示窗口。

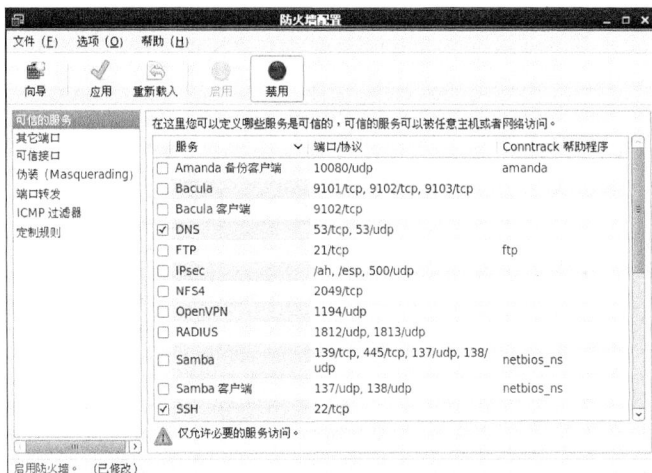

图 2.1　防火墙配置

（2）在图 2.1 中选择"可信的服务"选项，选中右侧的 DNS 服务对应的复选框。然后单击"应用"按钮，将打开如图 2.2 所示对话框。

图 2.2　确认对话框

（3）单击"是"按钮，确认自己的配置。

2.2　构建 DNS 服务

DNS 帮助用户在互联网上寻找路径。在互联网上的每一个计算机都拥有一个唯一的地址，称作"IP 地址"（即互联网协议地址）。由于 IP 地址是一串数字，难以记忆，而 DNS 允许用户使用一串有意义的字符串（即"域名"）取代，而由域名转换成为相应 IP 地址的这个过程就称为域名解析。本节介绍如何在 Red Hat Enterprise Linux 6.4 上基于 Bind 搭建 DNS 服务器。

2.2.1　运行机制

在开始安装 DNS 服务器之前，需对 DNS 相关知识有一个了解。本节简单介绍 DNS

的相关知识，包括域名的结构、服务器类型、域名解析过程等内容。

1．DNS系统的结构

在整个 Internet 中，如果将数以亿计主机的域名和 IP 地址对应关系交给一台 DNS 服务器管理，并处理整个互联网中客户机的域名解析请求，恐怕很难找到能够承受如此巨大负载的服务器，即便能够找到，查询域名的效率也会非常低。因此，Internet 中的域名系统采用了分布式的数据库方式，将不同范围内的域名 IP 地址对应关系交给不同的 DNS 服务器管理。这个分布式数据库采用树形结构，全世界的域名系统具有唯一的"根"，如图 2.3 所示。

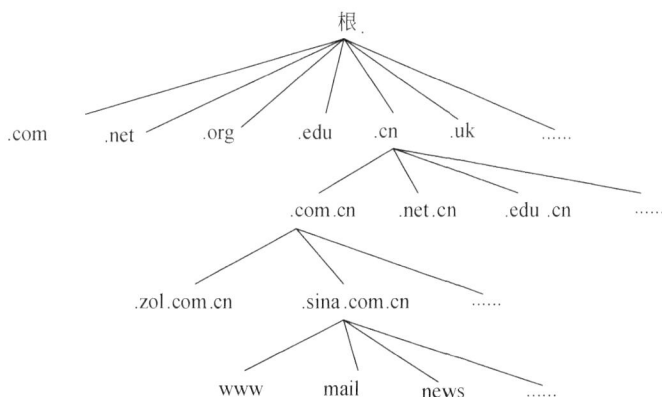

图 2.3　Internet 域名系统的树形结构

包含主机名及其所在的域名的完整地址又称为 FQDN（Full Qualified Domain，完全限定域名）地址，或称为全域名。例如新浪网站服务器的地址 www.sina.com.cn，其中 www 表示服务器的主机名（大多数的网站服务器都使用该名称），sina.com.cn 表示该主机所属的 DNS 域。该地址中涉及多个不同的 DNS 于及其服务器：

- ❑ "."根域服务器，是所有主机域名解析的源头，地址中最后的"."通常被省略。
- ❑ ".cn"域名服务器，负责所有以 cn 结尾的域名的解析，".cn"域是处于根域之下的顶级域。
- ❑ ".com.cn"域服务器，负责所有以"com.cn"结尾的域名的解析，".com.cn"域是".cn"域的子域。
- ❑ ".sina.com.cn"域服务器，由新浪公司负责维护，注意提供".sina.com.cn"域中所有主机的域名解析，如 www.sina.com.cn、mail.sina.com.cn 等，".sina.com.cn"域是".com.cn"域的子域。

从以上的 DNS 层次结构中可以看出，对于 Internet 中每个主机域名的解析，并不需要涉及太多的 DNS 服务器就可以完成。通常客户端主机中只需要指定 1～3 个 DNS 服务器地址，就可以通过递归或迭代的查询方式获知要访问的域名对应的 IP 地址（关于递归和迭代查询的含义，将在后面介绍）。

2．DNS系统的类型

在 Internet 中，每一台 DNS 服务器都只负责管理一个有限范围（一个或几个域）内的主机域名和 IP 地址的对应关系，这些特定的 DNS 域或 IP 地址段称为 zone（区域）。根据地址解析的方向不同，DNS 区域相应地分为正向区域（包含域名到 IP 地址的解析记录）和反向区域（包含 IP 地址到域名的解析记录）。

DNS 服务器按照配置和实现功能的不同，包括多种不同的类型。同一台服务器相对于不同的区域来说，也拥有不同的身份。常见的 DNS 服务器类型如下。

- ❏ 缓存域名服务器：又称为"唯高速缓存服务器"，其主要功能是供域名解析记录的缓存。该类型服务器不包含注册的 DNS 区域设置，而只对用户查询过的域名解析记录进行缓存，当用户首次进行某个域名的查询时，缓存服务器通过向根域服务器及其他 DNS 服务器查询并将结果保存到本地缓存中。缓存域名服务器可以大大提高常用域名的查询速度，因此特别适合于在企业局域网内部使用。

- ❏ 主域名服务器：是特定 DNS 区域的官方服务器，对于某个指定域，主域名服务器是唯一存在的，其管理的域名解析记录具有权威性。主域名服务器需要在本地设置所管理区域的地址数据库文件。

- ❏ 从域名服务器：又称为辅助域名服务器，其主要功能是提供备份，通常与主域名服务同时提供服务，对于客户端来说，从域名服务器提供与主域名服务器完全相同的功能。但是从域名服务器提供的地址解析记录并不由自己决定，而是取决于对应的主域名服务器。当主域名服务器中的地址数据库发生变化时，从域名服务器中的地址数据库也会进行相应的变化。

3．DNS系统解析的过程

DNS 服务采用服务器/客户端（C/S）方式工作。当客户端程序要通过一个主机名称访问网络中的一台主机时，它首先要得到这个主机名称所对应的 IP 地址。因为 IP 数据报中允许放置的是目地主机的 IP 地址，而不是主机名称。可以从本机的 hosts 文件中得到主机名称所对应的 IP 地址，但如果 hosts 文件不能解析该主机名称时，只能通过向客户机所设定 DNS 服务器进行查询了。下面以 www.benet.com.cn 域名为例讲解 DNS 系统解析的过程，如图 2.4 所示。

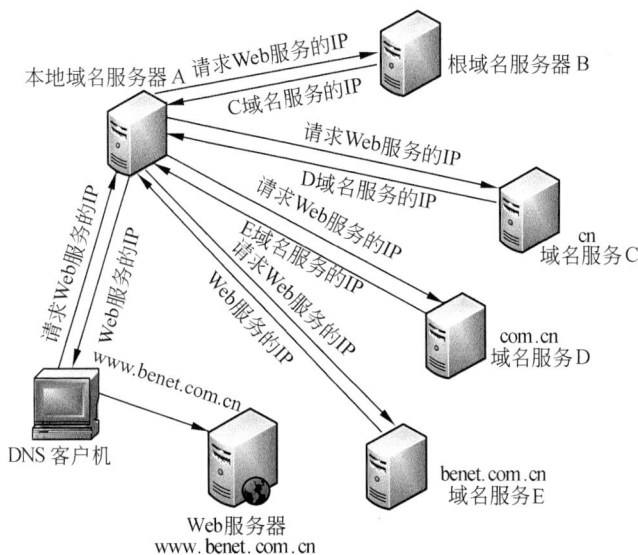

图 2.4　DNS 解析的过程

在图 2.4 中，显示出了 DNS 服务的解析过程同时也体现出了它的构成。DNS 服务由客户机、域名服务器、Web 服务器构成了一个简单的网络环境。

DNS 名称解析的过程如下。

（1）DNS 客户机向本地域名服务器发送了一个查询，请求查找域名 www.benet.com.cn 的 IP 地址。本地域名服务器查找自己保存的记录，看能否找到这个被请求的 IP 地址。如果本地域名服务器中有这个地址，则将此地址返回给 DNS 客户机。

（2）如果本地域名服务器没有这个地址，则发起查找地址的过程。本地域名服务器发送请求给根域名服务器，询问 www.benet.com.cn 的相关地址。根域名服务器无法提供这个地址，但是会将域 cn 的名称服务器的地址返回给本地域名服务器。

（3）本地域名服务器再向 .cn 域服务器发送查询地址请求。cn 域服务器无法提供这个地址，就将 com.cn 域服务器地址发送给本地域名服务器。

（4）本地域名服务器再向 com.cn 域服务器发送查询地址请求。com.cn 服务器无法提供这个地址，就将 benet.com.cn 域名服务器地址发送给本地域名服务器。

（5）本地域名服务器再向 benet.com.cn 发送查询地址请求。benet.com.cn 找到了 www.benet.com.cn 的地址，就将这个地址发给本地域名服务器。

（6）本地域名服务器会将这个地址发给 DNS 客户机。

（7）DNS 客户机发起与主机 www.benet.com.cn 的连接。

2.2.2　搭建服务

本节选择使用 RHEL 6.4 的安装光盘中的安装程序包搭建 DNS 服务。默认情况下，安装 Linux 时并未将其安装到系统中。因此，要将计算机配置为 DNS 服务器，首先必须安装 bind 软件包。

在 RHEL 系统中，bind 软件包安装时有存在依赖关系的包 bind-libs-9.8.2-0.17.rc1.el6.i686.rpm。与 BIND 域名服务相关的主要软件包如下。

❑ bind-9.8.2-0.17.rc1.el6.i686.rpm；
❑ bind-utils-9.8.2-0.17.rc1.el6.i686.rpm；
❑ bind-chroot-9.8.2-0.17.rc1.el6.i686.rpm。

其中，各软件包的主要作用如下。

❑ bind：提供了域名服务的主要程序及相关文件。
❑ bind-utils：提供了对 DNS 服务器的测试工具程序（如 nslookup 和 dig 等，RHEL6.X 的默认桌面版已经安装）。
❑ bind-chroot：为 bind 提供一个伪装的根目录以增强安全性（将 "/var/named/chroot/" 文件夹作为 BIND 的根目录）。

【实例 2-4】演示安装 bind 服务器程序的过程。具体操作步骤如下。

（1）先使用一些命令查看系统中是否已安装 bind 程序。

```
[root@www ~]# rpm -q bind
package bind is not installed
```

显示的信息说明 bind 软件包没有安装。

（2）使用以下命令将 RHEL 安装光盘挂载到文件系统中。

```
[root@www ~]# mount /dev/cdrom /mnt/cdrom
mount: block device /dev/sr0 is write-protected, mounting read-only
```

（3）由于 bind 有依赖包，所以必须先安装依赖包才能够安装主程序包。若直接安装
bind 主程序包，将显示如下错误信息：

```
[root@www     ~]#     rpm    -ivh   /mnt/cdrom/Packages/bind-9.8.2-0.17.rc1.
el6.i686.rpm
warning: /mnt/cdrom/Packages/bind-9.8.2-0.17.rc1.el6.i686.rpm: Header V3
RSA/SHA256 Signature, key ID fd431d51: NOKEY
error: Failed dependencies:
    bind-libs = 32:9.8.2-0.17.rc1.el6 is needed by bind-32:9.8.2-0.17.rc1.
    el6.i686
    libbind9.so.80 is needed by bind-32:9.8.2-0.17.rc1.el6.i686
    libdns.so.81 is needed by bind-32:9.8.2-0.17.rc1.el6.i686
    libisc.so.83 is needed by bind-32:9.8.2-0.17.rc1.el6.i686
    libisccc.so.80 is needed by bind-32:9.8.2-0.17.rc1.el6.i686
    libisccfg.so.82 is needed by bind-32:9.8.2-0.17.rc1.el6.i686
    liblwres.so.80 is needed by bind-32:9.8.2-0.17.rc1.el6.i686
```

（4）因此，需要先安装 bind-libs 这个依赖包，然后再安装 bind 程序。使用以下命令安
装该软件包。

```
[root@www ~]# rpm -ivh /mnt/cdrom/Packages/bind-libs-9.8.2-0.17.rc1.el6.
i686.rpm
warning:     /mnt/cdrom/Packages/bind-libs-9.8.2-0.17.rc1.el6.i686.rpm:
Header V3 RSA/SHA256 Signature, key ID fd431d51: NOKEY
Preparing...           ########################################### [100%]
   1:bind-libs          ########################################### [100%]
```

（5）使用以下命令安装与 BIND 域名服务相关的软件包。

```
[root@www     ~]#    rpm   -ivh   /mnt/cdrom/Packages/bind-9.8.2-0.17.rc1.el6.
i686.rpm warning: /mnt/cdrom/Packages/bind-9.8.2-0.17.rc1.el6.i686.rpm:
Header V3 RSA/SHA256 Signature, key ID fd431d51: NOKEY
Preparing...           ########################################### [100%]
   1:bind               ########################################### [100%]
 [root@www            ~]#                    rpm           -ivh
/mnt/cdrom/Packages/bind-utils-9.8.2-0.17.rc1.el6.i686.rpm
warning:       /mnt/cdrom/Packages/bind-utils-9.8.2-0.17.rc1.el6.i686.rpm:
Header V3 RSA/SHA256 Signature, key ID fd431d51: NOKEY
Preparing...           ########################################### [100%]
   1:bind-utils         ########################################### [100%]
rpm -ivh /mnt/cdrom/Packages/bind-chroot-9.8.2-0.17.rc1.el6.i686.rpm
warning:      /mnt/cdrom/Packages/bind-chroot-9.8.2-0.17.rc1.el6.i686.rpm:
Header V3 RSA/SHA256 Signature, key ID fd431d51: NOKEY
Preparing...           ########################################### [100%]
   1:bind-chroot        ########################################### [100%]
```

2.3　文　件　组　成

当某一个服务安装后，会自动创建文件，所创建的文件如表 2.3 所示。

表 2.3　DNS服务中文件

目　　录	文　件　名	文件类型	功　能　说　明
/etc	named.conf	配置文件	用于设置 named 服务的全局选项、注册区域机访问控制等参数
	named.rfc1912.zones	配置文件	用于设置 DNS 区域配置
	named.iscdlv.key	配置文件	ISC DNSSEC 的后备验证密钥
	named.root.key	配置文件	用来签名和验证 DNS 资源记录集的公共密钥
/etc/logrotate.d	named	配置文件	日志转储，方便用户集中管理
/etc/NetworkManager/dispatcher.d	13-named	脚本文件	通过调用该脚本文件来启动 DNS 服务
/etc/portreserve	named	配置文件	控制 DNS 服务
/etc/rc.d/init.d	named	可执行文件	用来启动或停止 DNS 服务
/etc/sysconfig	named	配置文件	named 服务进程参考选项
/usr/sbin	arpname	可执行文件	将 IP 地址转换为相应的 ARPA 名
	ddns-confgen	可执行文件	DDNS 密钥生成工具
	dnssec-dsfromkey	可执行文件	DNSSEC 的 DS RR 生产工具
	dnssec-keyfromlabel	可执行文件	DNSSEC 密钥生成工具
	dnssec-keygen	可执行文件	DNSSEC 密钥生成工具
	dnssec-revoke	可执行文件	设置 DNSSEC 密钥撤销位
	dnssec-settime	可执行文件	NDSSEC 密钥设置时间节点的元数据
	dnssec-signzone	可执行文件	DNSSEC 区域签名工具
	genrandom	可执行文件	生成一个包含随机数据文件
	isc-hmac-fixup	可执行文件	修复旧版本的 BIND HMAC 密钥
	lwresd	可执行文件	轻量级解析服务
	named	可执行文件	互联网域名服务
	named-checkconf	可执行文件	配置文件的语法检查工具
	named-checkzone	可执行文件	区域文件的有效性检查或转换工具
	named-compilezone	可执行文件	区域文件的有效性检查或转换工具
	named-journalprint	可执行文件	以可读的形式打印区域文件
	nsec3hash	可执行文件	产生 NSEC3hash
	rndc	可执行文件	名称服务器控制工具
	rndc-confgen	可执行文件	rndc 的密钥生成工具
/usr/bin	nsupdate	可执行文件	动态 DNS 更新实用程序
	dig	可执行文件	DNS 查找工具
	nslookup	可执行文件	DNS 测试工具
	host	可执行文件	DNS 域名查询工具

在 DNS 服务中，有几个特殊目录需要说明一下。在/usr/share/doc/bind-9.8.2/arm/目录下提供了 DNS 服务的帮助文档，有网页和 pdf 两种格式。在/usr/share/doc/bind-9.8.2/rfc/目录下提供了 Internet 规范文档 RFC 的详细信息。有些命令定义的参数，提示与 RFC 文档有关，自己可以查看并进行了解。在/usr/share/doc/bind-9.8.2/sample 目录下有 etc 和 var 两个目录，这两个目录下保存有 DNS 服务的根域数据库、区域文件、主配置文件等。这些文件对应有相应的注释信息。

在表 2.3 中列出了这么多的文件,下面以图的形式表示这些文件的工作流程。直接对 DNS 服务器进行操作发挥作用的文件流程如图 2.5 所示。

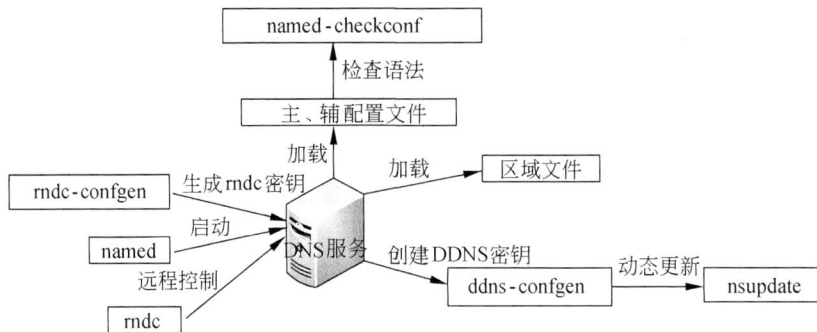

图 2.5　DNS 服务流程图

在区域文件中发挥作用的流程如图 2.6 所示。

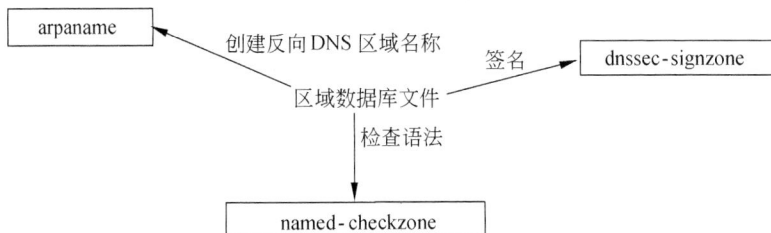

图 2.6　对区域文件操作的流程

当 DNS 服务搭建及配置成功后,就可以测试服务了。测试服务时文件发挥作用的流程如图 2.7 所示。

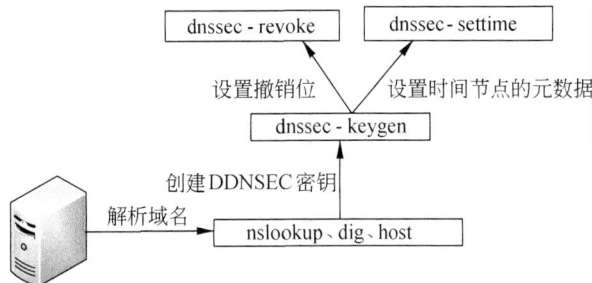

图 2.7　测试服务流程图

2.4　主配置文件: /etc/named.conf

named 服务的主配置文件为 named.conf,位于"/etc"目录中。在旧版本中,如果使用了 bind-chroot 功能,则该文件可能位于"/var/named/chroot/etc/"目录中。新版本 RHEL6.x 已将 chroot 所需使用的目录,通过 mount --bind 的功能进行目录链接了,所以在 RHEL6.x

中，不必切换到/var/named/chroot/目录，按照常规目录操作就可以了。本节主要介绍该配
置文件的各选项，在/usr/share/doc/bind-9.8.2/目录下提供了配置文件的实例文件，文件名为
named.conf.default。

2.4.1 设置 named 监听的端口号、IP 地址：listen-on port

在主配置文件中对服务进行一系列设置是在参数"options {};"的大括号中配置的，而
每个 DNS 区域的配置参数使用"zone......{};"的形式设置。options 语句主要用来设置全局
选项，如 named 监听的端口号、IP 地址、区域数据库文件的默认保存目录，定义转发器等。
zone 语句主要用来设置一个区的选项。如果需要配置能解析 Internet 网络中的域名，首先
需要定义一个名为"."（根）的区，该区的配置文件为/var/named/named.ca 文件。2.4.1～
2.4.15 节的配置项都是在 options 参数中设置的。下面学习 listen-on port 配置项，配置文件
中默认配置如下：

```
options {
listen-on port 53 { 127.0.0.1; };
listen-on-v6 port 53 { ::1; };
```

这里的 options 就是上面介绍的这两行都是用来设置 named 监听的端口号、IP 地址配
置项。第 1 行是对 IPv4 地址主机设置的，第 2 行是对 IPv6 地址主机设置的。其中，53 就
是 named 服务默认监听的端口号，127.0.0.1 为本机的回环接口地址。

2.4.2 设置区域数据库文件的默认存放位置：directory

directory 配置项用来定义区域数据库文件存放位置，可以自己定义。默认位置保存在
/var/named 目录下。

```
directory    "/var/named";
```

2.4.3 设置域名缓存数据库文件位置：dump-fle

dump-fle 配置项用来设置域名缓存数据库文件位置，可以自己定义。默认位置保存在
/var/named/data/目录下。

```
dump-file    "/var/named/data/cache_dump.db";
```

2.4.4 设置状态统计文件位置：statistics-file

statistics-file 配置项用来设置状态统计文件位置，可以自己定义。默认位置保存在
/var/named/data/目录下。

```
statistics-file "/var/named/data/named_stats.txt";
```

2.4.5　服务器输出的内存使用统计文件位置：memstatistics-file

memstatistics-file 配置项用来设置服务器输出的内存使用统计文件位置。默认位置保存在/var/named/data/目录下，文件名为 named_mem_stats.txt。

```
memstatistics-file "/var/named/data/named_mem_stats.txt";
```

2.4.6　设置允许 DNS 查询的客户端地址：allow-query

allow-query 配置项用来设置允许 DNS 查询的客户端地址，默认的客户端地址为本机。这里可以设置为某个网段、所有、具体的某台主机 3 种情况。下面是配置文件的默认设置：

```
allow-query     { localhost; };
```

如果设置其他情况，修改大括号"{}"中的 localhost 就可以了。any 表示允许所有，如允许 192.168.1.0 网段，设置为"192.168.1.0/24"，具体的主机设为"主机的 IP"。

2.4.7　设置是否允许递归查询：recursion

recursion 配置项用来设置递归查询。一般客户机和服务器之间属于递归查询，即当客户机向 DNS 服务器发出请求后，若 DNS 服务器本身不能解析，则会向另外的 DNS 服务器发出查询请求，得到结果后转交给客户机。该选项有 yes 和 no 两个值。其中 yes 表示允许递归查询，no 表示不允许递归查询。默认配置允许递归查询。

```
recursion yes;
```

2.4.8　设置转发服务器的 IP 地址：forwarders

forwarders 用来列出要用来作为转发器的服务器的 IP 地址，使用转发器可绕过从根服务器开始按正常流程检索的正常过程。如设置 IP 地址为 192.168.2.1 的主机为转发服务器，配置如下：

```
forwarders       { 192.168.2.1; };
```

2.4.9　启用 DNSSEC 支持：dnssec-enable

dnssec-enable 配置项用来设置是否启用 DNSSEC 支持，DNS 安全扩展（DNSSEC）提供了验证 DNS 数据有效性的系统。该配置项有 yes 和 no 两个值，默认值为 yes。

```
dnssec-enable yes;
```

2.4.10　启用 DNSSEC 确认：dnssec-validation

dnssec-validation 配置项用来设置是否启用 DNSSEC 确认。

```
dnssec-validation yes;
```

2.4.11　为验证器提供另一个能在网络区域的顶层验证 DNSKEY 的方法：dnssec-lookside

该选项的语法格式为：[(dnssec-lookaside auto| no| domain trust-anchor daomain);]

dnssec-lookside 为验证器提供另外一个能在网络区域的顶层验证 DNSKEY 的方法。当使用 dnssec-lookaside 指定一个 DNSKEY 是等于或低于指定域时，正常 DNSSEC 验证已经忽略了了不信任的密钥。如果它能够验证密钥，trust-anchor 将被追加到密钥名和 DLV 记录被查看。如果 DLV 记录验证一个 DNSKEY，这个 DNSKEY RRset 可以被视为可信任的。如果 dnssec-lookside 设置为 auto，那么内置的默认值 DLV 域和信任锚定将被使用，随着一个内置的验证密钥。如果设置为 no，那么不使用 dnssec-lookside，将加载默认 DLV 密钥存储在文件 bind.keys 中。默认的 DLV 密钥存储在文件 bind.keys 中，如果 dnssec-lookaside 设置为 auto，named 在启动时将被加载。默认配置信息如下：

```
dnssec-lookaside auto;
```

2.4.12　ISC DLV 集文件的路径：bindkeys-file

bindkeys-file 选项用来设置内置信任的密钥文件。当 dnssec-validation 和 dnssec-lookaside 都被设为 auto 时，这个密钥文件生效。默认配置如下：

```
bindkeys-file "/etc/named.iscdlv.key";
```

2.4.13　管理密钥文件的位置：managed-keys-directory

managed-keys-directory 选项用来指定目录中的文件存储，跟踪管理 DNSSEC 密钥。默认情况下，保存在/var/named/dynamic 目录中。如果 named 配置不使用视图，然后在管理服务器中的密钥将被跟踪单个文件称为 managed-keys.bind；否则将单独跟踪管理的密钥文件。下面是默认配置：

```
managed-keys-directory "/var/named/dynamic";
```

2.4.14　定义 bind 服务的日志：logging {...}

logging 语句定义了 bind 服务的调试日志信息。以配置文件中的信息介绍一下 logging 语句的常用术语及含义。

channel（通道）：日志输出方式，如 syslog、文本文件、标准错误输出或/dev/null。
category（类别）：日志的消息类别，如查询消息或动态更新消息等。
module（模块）：产生消息的来源模块名称。
facility（设备）：syslog 设备名。
file（文件）：输出到文本文件。

severity（严重性）：消息的严重性等级。

logging 语句的语法为：

```
logging {
    channel channel_name {              //定义通道
        file log_file [versions number | unlimited] [size sizespec]; | syslog
        optional_facility; | null; | stderr;        //定义输出方式
        severity log_severity;          //定义消息严重性
        [print-time boolean;]           //是否在消息中添加时间前缀,仅用于 file 日志
        [print-severity boolean;]       //是否在消息中添加消息严重性前缀
        [print-category boolean;]       //是否在消息中添加消息类别名前缀
    };
    category category_name {            //定义类别
        channel_name;
        ...
    };
};
```

配置日志时，首先要定义通道，然后将不同的日志类别的数据指派到指定的通道上输出。

channel 语句用于定义通道，指定应该向哪里发送日志数据，需要在以下 4 种之间选择其一：file，输出到纯文本文件；log_file，指定一个文件名；version，指定允许同时存在多少个版本的该文件，比如指定 3 个版本（version3），就会保存 query.log、query.log0、query.log1、query.log2；size，指定文件大小的上限，如果只设定了 size 而没有设定 version，当文件达到指定的文件大小上限时，服务器停止写入该文件。如果设定了 version，服务器会进行循环，如把 log_file 变成 log_file.log1，log_file.log1 变成 log_file.log2 等，然后建立一个新的 log_file.log 进行写入。

syslog optional_facility：输出到 syslog，其中 optional_facility 是 syslog 的设备名，通常为以下几个：daemon、local0 到 local7。

null：输出到空设备。

stderr：输出到标准错误输出，默认为屏幕。

severity 语句用于指定消息的严重性等级。log_severity 的取值为（按照严重性递减的顺序）：critical、error、warning、notice、info、debug [level]、dynamin。dynamic 是一个特殊的值，系统会记录包括该级别以及比该级别更严重的级别的所有消息。比如定义级别为 error，则会记录 critical 和 error 两个级别的消息。对于系统管理来说，一般记录到 info 级别就可以了。

配置文件中默认配置信息如下：

```
logging {
    channel default_debug {
        file "data/named.run";
        severity dynamic;
    };
};
```

默认配置信息中使用了默认通道，所以没有通道定义部分。default_debug 只有当服务器的 debug 级别非 0 时，才产生输出。这里默认保存在/var/named/data 目录下。severity 按照服务器当前的 debug 级别记录日志。

2.4.15　指定的辅助文件选项：include

在 /etc/named.conf 文件中最下面使用 include 包含了两个文件。其中，/etc/named.rfc1912.zones 文件为辅助区域文件；/etc/named.root.key 文件用来签名和验证 DNS 资源记录的公共密钥文件。配置文件默认设置如下：

```
include "/etc/named.rfc1912.zones";
include "/etc/named.root.key";
```

2.5　辅助区域文件：named.rfc1912.zones

named.rfc1912.zones 文件保存在/etc/目录下。RHEL 6 中为了方便管理，DNS 服务的正、反向区域地址数据库文件在该文件中配置。这两个文件由一系列语句构成，每条语句以分号结束，语句内各关键字或数据之间用空白（空格、Tab 键或换行）分割，并用大括号进行分组。每个语句以一个关键字开始，常用的语句如下。

- ❏ acl：定义访问控制表；
- ❏ key：定义验证信息；
- ❏ server：指定每个服务器所特有的选项；
- ❏ options：设置 DNS 服务器的全局配置选项和默认值；
- ❏ directory：指定存放区文件的位置；
- ❏ zone：定义区；
- ❏ masters：定义一个主 DNS 服务器列表。

2.5.1　设置正向 DNS 区域文件：zone

zone 用来定义一个区域。每个 zone 区域都是可选的（包括根域、回环域、反向域），具体根据实际需要而定，zone 配置部分的 IN 关键子可以省略。下面设置正向 DNS 区域名称为 benet.com。

```
zone "benet.com" IN {
```

2.5.2　设置区域类型为主域：type

可以设置的区域类型有"根域"、"主域"和"从域"3 种类型，在配置文件中分别使用 hint、master 和 slave 表示这 3 种类型。下面配置该区域为主域名服务器。

```
type master;
```

2.5.3　设置正向区域地址数据库文件：file

file 配置项用来设置区域地址数据库文件，该文件名由用户自行设置，只要实际的地址数据库文件名与其保持一致即可。下面设置区域地址数据库文件名为 benet.com.zone。

```
file " benet.com.zone";
```

2.5.4　设置允许下载区域数据库信息的从域名服务器地址：allow-transfer

如果该区域有从域名服务器，则使用 allow-transfer 配置项设置。在大括号"{}"中输入从域名服务器的地址就设置成功了。这一项也可以放在 options 配置里。如果从域名服务器的地址为 192.168.1.2，配置信息如下：

```
allow-transfer { 192.168.1.2; };
```

2.5.5　设置允许动态更新的客户端地址：allow-update

设置 allow-update 选项后，DNS 客户端计算机可使用动态更新在发生更改时，随时向DNS 服务器注册并动态更新器资源记录。这减少了手动管理区域记录的需要，尤其是对于频繁移动或更改位置并使用动态主机配置协议（DHCP）获取 IP 地址的客户端更是如此。

它的语法格式为：allow-update { address_match_element;...};配置文件中默认的设置为none，如下所示。

```
allow-update            { none; }
```

这里设置为 none 表示禁止动态更新客户端地址。

2.6　区域数据库配置文件

区域数据库配置文件位于"/var/named"目录中，用来保存一个域的 DNS 解析数据文件。该文件可由系统管理员进行维护，如进行添加或删除解析信息等操作。本节将详细介绍区域数据库配置文件的配置信息。

2.6.1　全局 TTL 配置项及 SOA 记录

在区域数据库配置文件中，通常包括 TTL 配置项、SOA（Start Of Authority，授权信息开始）记录和地址解析记录，以分号";"开始的部分表示注释信息。下面对这些信息进行介绍。

```
$TTL 1D                                //设置有效地址解析记录的默认缓存时间
@       IN SOA  @ rname.invalid. (     //设置 SOA 标记、域名、域管理邮箱
                //更新序列号，用于标记地址数据库的变化，可以是 10 位以内的整数
                0       ; serial
                //刷新时间，从域名服务器更新该地址数据库文件的间隔时间
                1D      ; refresh
                //重试延时，从域名服务器更新地址数据库失败以后，等待多长时间再次尝试
                1H      ; retry
```

```
                  //失效时间，超过该时间仍无法更新地址数据库，则不再尝试
                  1W      ; expire
                  //设置无效地址解析记录（该数据库中不存在的地址）的默认缓存时间
                  3H )    ; minimum
        NS       @                  //域名服务器记录，用于设置当前域的 DNS 服务器的域名地址
        A        127.0.0.1
        //设置域名服务器的 A 记录，地址为 IPv4 的地址 127.0.0.1，可以设置成 192.168.1.1
        AAAA     ::1                //设置域名服务器的 A 记录，地址为 IPv6 的地址
```

在上述配置项中，时间参数的默认为 1 天；也可以使用以下单位：H（时）、M（分）、S（秒）、W（周）；从域名服务器根据更新序列号决定是否需要重新下载地址数据库，如果发现序列号与上一次的相同，则不会下载地址数据库；文件中的@符号表示当前的 DNS 区域名，相当于 "benet.com."，"admin.benet.com." 表示域管理员的电子邮箱地址（由于@符号已有其他含义，因此将邮件地址中的@用 "."代替）。

2.6.2　最常见的地址解析记录配置项

在区域数据库文件中，常用的地址解析记录有 NS、A、MX、CNAME 等信息。下面对如何配置这些信息进行详细介绍。

```
@       IN    NS        www.benet.com.
        IN    MX   10   mail.benet.com.
www     IN    A         192.168.1.1
mail    IN    A         192.168.1.1
study   IN    A         192.168.1.1
ftp     IN    CNAME     www
```

在上述配置项中，涉及以下 4 种常用的地址解析记录。

❑ NS 域名服务器（Name Server）记录，用于设置当前域的 DNS 服务器的域名地址。

❑ MX 邮件交换（Mail Exchange）记录，用于设置当前域的邮件服务器域名地址，数字 10 表示（当有多个 MX 记录时）选择邮件服务器的优先级，数字越大优先级越低。

❑ A 地址（Address）记录，用于记录正向域名解析，"www IN A 192.168.1.1" 表示域名 www.benet.com 对应的 IP 地址为 192.168.1.1。

❑ CNAME 别名（Canoical Name）记录，ftp IN CNAME www 表示域名 ftp.benet.com 是地址 www.benet.com 的别名。

其中，NS、MX 记录行首的@符号可以省略（默认继承 SOA 记录行首的@信息），但是必须保留一个空格或者制表位。

如果区域数据库文件用于反向区域，如 192.168.1.in-addr.arpa，则文件中的地址记录应该使用 PTR 指针（Point）记录。

【实例 2-5】在反向区域 192.168.1.in-addr.arpa 的数据库文件中添加 PTR 反向解析记录。

```
1   IN   PTR      www.benet.com.
2   IN   PTR      mail.benet.com.
3   IN   PTR      study.benet.com.
```

使用 PTR 记录时，第一列中只需要指明对应 IP 地址的 "主机地址" 部分即可，如 "1"、"2"、"3" 等，系统在查找地址记录时会自动将当前反向域的网络地址作为前缀。例如上

述文件中的"3 IN PTR study.benet.com."，表示 IP 地址为 192.168.1.3 的主机的域名是
study.benet.com。

在区域数据库配置文件中，凡是不以点号"."结尾的主机地址，系统在查找地址记录
时都会自动将当前的域名作为后缀。例如，若当前的 DNS 域为 benet.com，则在文件中的
主机地址 www 相当于"www.benet.com."。如果需要使用完整的 FQDN 地址，记得在末
尾加上点号"."。

区域数据库的配置直接决定着客户端的查询结果，关系到 DNS 服务器配置的最终成
败。以下简单介绍地址数据库文件的几种特殊应用。

1．基于DNS解析的负载均衡

当同一个域名对应有多个不同 IP 地址的服务器时（如新浪、网易等门户站点），可以
通过 DNS 区域数据库文件实现简单的轮询负载均衡，只需要在地址数据库中添加相应的多
条 A 地址记录即可。

【实例 2-6】域名 movie.benet.com 对应有 5 台互为镜像的流媒体服务器，在 DNS 区域
benet.com 的地址数据库中设置该域名解析的负载均衡记录。

```
movie   IN   A        192.168.1.11
movie   IN   A        192.168.1.12
movie   IN   A        192.168.1.13
movie   IN   A        192.168.1.14
movie   IN   A        192.168.1.15
```

2．泛域名解析

当同一个 IP 地址的服务器对应有相同域内大量不同域名时（如 IDC 的虚拟主机服务
器、提供个人站点空间的服务器等），可以通过 DNS 区域数据库文件使用泛域名解析，只
需要添加一条主机地址为"*"的 A 地址记录即可（作用类似于通配符）。

【实例 2-7】公司使用同一台 Web 服务器提供虚拟主机服务，IP 地址为 192.168.1.20，
对应的各虚拟主机名均属于 vhost.com 域，如 jerry.vhost.com、tom.vhost.com 等。在 DNS
区域 vhost.com 的地址数据库最后一行添加泛域名解析记录。

```
*       IN   A        192.168.1.20
```

3．子域授权（或称子域委派）

当 DNS 区域内层次较多，域名数量巨大时，就可以使用子域授权，将某个子域内各
域名的解析工作交给另外一台服务器来完成。例如，在".net.cn"域的主 DNS 服务器中，
将".jv.net.cn"子域授权给 JV 公司的 DNS 服务器来完成，这样一来，Internet 中的用户向
".net.cn"域名服务器也可以解析到域名 mail.jv.net.cn 的 IP 地址。当然，实际的权威数据
来自于".jv.net.cn"域的 DNS 服务器。

【实例 2-8】在 DNS 区域".net"的地址数据库文件中设置子域授权，将".jv.net.cn"
子域授权给 JV 公司的 DNS 服务器（IP 地址为 192.168.1.2）。

```
jv              IN    A       192.168.1.2
                IN    NS      ns.jv.net.cn
ns.jv.net.cn    IN    A       192.168.1.2
```

2.7　日　志　文　件

在 Linux 下，任何一个服务器安装成功后，被访问的信息都会被记录到某个文件中。记录的信息包括客户端对服务器的操作，服务器启动、哪些客户机访问了服务器等信息。该文件就是下面介绍的日志文件。

2.7.1　日志文件：/var/log/messages

DNS 服务的日志文件保存在/var/log/messages 文件中。当服务器出现任何问题时，可以查看该文件，根据日志文件中的信息逐步地解决问题。包括服务器进行了哪些操作，都可以在日志文件中查看到。下面看一下 DNS 服务的部分日志信息：

```
Jun 20 09:23:32 Server01 named[24079]: zone benet.com/IN: Transfer started.
Jun 20 09:23:32 Server01 named[24079]: transfer of 'benet.com/IN' from
192.168.1.1#53: connected using 192.168.1.10#45224
Jun 20 09:23:32 Server01 named[24079]: zone benet.com/IN: transferred serial 0
Jun 20 09:23:32 Server01 named[24079]: transfer of 'benet.com/IN' from
192.168.1.1#53: Transfer completed: 1 messages, 18 records, 394 bytes, 0.011
secs (35818 bytes/sec)
Jun 20 09:23:32 Server01 named[25240]: zone 1.168.192.in-addr.arpa/IN:
Transfer started.
Jun    20    09:23:32    Server01    named[25240]:    transfer    of
'1.168.192.in-addr.arpa/IN'    from    192.168.1.1#53:    connected   using
192.168.1.10#58320
Jun 20 09:23:32 Server01 named[25240]: zone 1.168.192.in-addr.arpa/IN:
transferred serial 0
Jun    20    09:23:32    Server01    named[25240]:    transfer    of
'1.168.192.in-addr.arpa/IN' from 192.168.1.1#53: Transfer completed: 1
messages, 15 records, 376 bytes, 0.001 secs (376000 bytes/sec)
```

这部分日志信息记录了从域名服务器从主域名服务器上下载区域数据库文件的一个信息。这里分别下载了 DNS 服务器的正向方向区域文件。其中，表示文件传输的过程信息被加粗了。

2.7.2　日志转储参数：/etc/logrotate.d/named

named 文件的主要作用就是告诉 logrotate 读入存放在/etc/logrotate.d 目录中的日志转储参数，方便用户集中管理。该文件不需要做任何修改，默认配置就可以了。

2.8　可执行文件

DNS 服务的控制文件是用来控制 named 进程和端口的。当该控制脚本文件运行时，named 进程和端口也就会被监听。服务的可执行程序文件，都是客户端登录服务器时被调用的一些脚本文件。下面来看下这些脚本文件。

2.8.1　语法检查工具：/usr/sbin/

DNS 服务安装成功后，自动的安装了 named-checkconf、named-checkzone、named-compilezone、named-journalprint 这 4 个检查工具。它们分别调用/usr/sbin 目录下的 named-checkconf、named-checkzone、named-compilezone、named-journalprint 这 4 个可执行文件。下面分别介绍这 4 个工具。

（1）named-checkconf：主配置文件的语法检查工具。

语法格式如下：

```
named-checkconf [选项]
```

常用选项含义如下。

❑　-h：显示该命令的使用方法。

❑　-p：显示 named.conf 的内容，包括检测到的错误。

❑　-v：显示版本信息。

❑　-z：测试 named.conf 文件中的信息。

【实例 2-9】检查主配置文件/etc/named.con 中是否存在语法错误。

```
[root@www ~]# named-checkconf /etc/named.conf
```

此时没有任何信息输出，表示该文件中没有语法错误。

（2）named-checkzone 和 named-compilezone：区域数据库文件的有效检查或转换工具。

语法格式如下：

```
named-checkconf [选项]
```

常用选项含义如下。

❑　-d：启用调试模式。

❑　-h：显示该命令的使用方法。

❑　-q：安静模式。

❑　-v：显示版本信息。

❑　-j：当加载区域文件时读取日志。

❑　-c class：指定区域的类。如果没有指定，默认是 IN。

❑　-i mode：执行后负荷区的完整性检查。可能的模式有 full（默认）、full-sibling、local、local-sibling 和 none。

❑　-f format：指定输出文件的格式。可能的格式为"文本（默认）"和"原始"。

❑　-m mode：指定的 MX 记录是否应检查，看它们是否有地址。可能的模式有"舍弃"、"警告（默认）"和"忽略"3 种。

❑　-M mode：检查如果 MX 记录指向一个 CNAME。可能的模式有"舍弃"、"警告（默认）"和"忽略"3 种。

❑　-n mode：指定的 NS 记录是否应该检查，看看它们是否有地址。可能的模式是"舍弃（默认值名为 compilezone）"、"警告"（默认命 checkzone）和"忽略"。

【实例 2-10】检查 benet.com 域的数据库文件 benet.com.zone 和 192.168.1.arpa 是否存在

语法错误。

```
[root@www named]# named-checkzone benet.com benet.com.zone
zone benet.com/IN: loaded serial 0
OK
[root@www named]# named-checkzone 1.168.192.in-addr.arpa 192.168.1.arpa
zone   1.168.192.in-addr.arpa/IN:   getaddrinfo(mail.benet.com)   failed:
Temporary failure in name resolution
zone 1.168.192.in-addr.arpa/IN: loaded serial 0
OK
```

输出的信息给出了 OK 的提示信息，表示该区域文件中没有语法错误。

（3）named-journalprint：显示区域日志文件。

语法格式如下：

```
named-journalprint [journal]
```

2.8.2　将 IP 地址转换为相应的 ARPA 名：/usr/sbin/arpaname

arpaname 命令将 IP 地址转换为相应的 ARPA 名，IP 地址包括 IPv4 和 IPv6 类型地址。IPv4 转换后的 ARPA 名为 IN-ADDR.ARPA，IPv6 转换后为 IP6.ARPA。下面介绍 arpaname 命令的语法格式和使用方法。

arpaname 命令的语法格式：

```
arpaname [ipaddress...]
```

【实例 2-11】将 IPv4 地址 192.168.1.1 转换为相应的 ARPA 名。

```
[root@www ~]# arpaname 192.168.1.1
1.1.168.192.IN-ADDR.ARPA
```

输出的结果就是一个地址的 ARPA 名。在辅配置文件中设置反向 DNS 区域名称时，如果不清楚反向区域名称如何写，可以使用该命令得到它的 ARPA 名，也就是对应的 ARPA 名。在写这个 ARPA 名时将 arpaname 命令得到的结果的第一位去掉，后面部分就是一个反向区域名称。

【实例 2-12】将 IPv6 地址 2000:0:0:0:0:0:0:1 转换为相应的 ARPA 名。

```
[root@www ~]# arpaname  2000:0:0:0:0:0:0:1
1.0.0.0.0.0.0.0.0.0.0.0.0.0.0.0.0.0.0.0.0.0.0.0.0.0.0.0.0.0.0.2.IP6.ARPA
```

2.8.3　DDNS 密钥生成工具：/usr/sbin/ddns-confgen

ddns-confgen 命令用来生成一个被 nsupdate 和 named 命令使用的密钥。密钥简单地配置了动态区域并提供 nsupdate 命令和 named.conf 语法，包括一个 update-policy 声明。下面介绍 ddns-confgen 命令的语法格式和使用方法。

ddns-confgen 命令的语法格式：

```
ddns-confgen [选项]
```

常用选项含义如下：

- □ -a algorithm：指定 TSIG 密钥使用的算法。可用的选项有 hmac-md5、hmac-sha1、hmac-sha224、hmac-sha256、hmac-sha384、hmac-sha512。默认为 hmac-sha256。
- □ -h：显示 DDNS-confgen 指令各选项的使用方法。
- □ -k keyname：指定 DDNS 认证密钥的密钥名。如果不使用-s 或z 选项指定，默认的是 ddns-key。否则，默认 ddns-key 作为一个单独的参数标签选项，如 ddns-key.example.com。
- □ -q：静音模式：只输出密钥信息，没有说明文字或使用的例子。
- □ -r randomfile：指定随机数据的一个源为生成授权。如果操作系统不提供有 /dev/random 或等效的设备，默认随机源是键盘输入。randomdev 指定的名称被用来代替一个字符设备或文件包含随机数据的默认值。
- □ -s name：单主机模式：输出的信息中显示了如何设置一个更新策略为指定使用的名称。默认的密钥名是 ddns-key.name。这个选项不能与-z 选项同时使用。
- □ -z zone：区域模式：输出的信息中显示了如何设置一个更新策略为指定使用的区域名称。该选项不能与-s 选项同时使用。
- □ name：指定要生成密钥文件的文件名。

【示例 2-13】使用 benet.com 名称为密钥名生成一个 DDNS 密钥。

```
[root@www ~]# ddns-confgen -s benet.com
# To activate this key, place the following in named.conf, and
# in a separate keyfile on the system or systems from which nsupdate
# will be run:
key "ddns-key.benet.com" {
    algorithm hmac-sha256;
    secret "nti1NCf1s7MK/GhbcVRm348yYTBZ2qru5547bFNKYNo=";
};

# Then, in the "zone" statement for the zone containing the
# name "benet.com", place an "update-policy" statement
# like this one, adjusted as needed for your preferred permissions:
update-policy {
    grant ddns-key.benet.com name benet.com ANY;
};

# After the keyfile has been placed, the following command will
# execute nsupdate using this key:
nsupdate -k <keyfile>
```

输出的信息中，显示了 ddns-key.benet.com 密钥的认证类型为 hmac-sha256，生成的密钥字符串为 Pz0zNNzX8bj3ICSmLx/AqkwBVN1B1Nn059xFSvl9xkI=。使用 update-policy 选项定义了一个更新策略。带 "#" 的信息是对输出信息的详细介绍。

2.8.4　DNSSEC 密钥生成工具：/usr/sbin/dnssec-keygen

dnssec-keygen 命令用来生成 DNSSEC（安全扩展）密钥文件，定义在 RFC 2535 文件中。它也可以生成密钥用于 TSIG（事务签名），定义在 RFC2845 文件中。DNSSEC 和 TSIG 都是为了保护 DNS 服务器的安全。它们通过创建公共和私有密钥，避免 DNS 服务有漏洞。在命令行指定的文件必须匹配区域文件名，为正在生成的 DNSSEC 密钥文件。该命令也可以为生成的 DNSSEC 密钥文件中所包括的时间（创建日期、激活日期、出版日期等）做修改，时间格式为 YYYYMMDD 或者 YYYYMMDDHHMMSS 两种格式。下面将介绍 dnssec-keygen 命令的语法格式和使用方法。

dnssec-keygen 命令的语法格式如下：

```
dnssec-keygen [选项]
```

常用选项含义如下。

- ❑ -a algorithm：选择生成密钥文件的算法。DNSSEC 密钥的算法值有 RSAMD5、RSASHA1、DSA、NSEC3RSASHA1、NSEC3DSA、RSASHA256、RSASHA512、ECCGOST 几种情况。对于 TSIG 密钥的算法值有 DH、HMAC-MD5、HMAC-SHA1、HMAC-SHA224、HMAC-SHA256、HMAC-SHA384、HMAC-SHA512 这 7 种情况。

- ❑ -b keysize：指定密钥中字节的数量。密钥文件大小的选择依赖于所使用的算法。RSA 密钥必须在 512 和 2048 之间，必须介于 128 和 4096 位的 Diffie Hellman 密钥。DSA 密钥必须介于 512 和 1024 位和 64 的整数倍之间。HMAC 密钥必须在 1 和 512 位。

- ❑ -n nametype：指定密钥文件的所有者类型。这类型的值可以是 ZONE、HOST、ENTITY、USER、OTHER。

- ❑ -3：使用 NSEC3 的算法生成一个 DNSSEC 密钥文件。如果使用该选项在命令行中没有指定算法，则默认使用 NSEC3RSASHA1 算法。

- ❑ -A date/offset：设置密钥文件的激活日期。

- ❑ -C：兼容模式：生成一个旧式的密钥文件，没有任何元数据。默认情况下，dnssec-keygen 创建的密钥文件包括密钥的创建日期，出版日期、激活日期等。密钥中包括这个数据可能是不兼容旧版本的 BIND，使用-C 选项禁止它们。

- ❑ -c class：表示 DNS 记录包含密钥应该有指定的类。如果没有指定，使用类 IN。

- ❑ -D date/offset：设置密钥文件的删除日期。

- ❑ -E engine：支持密钥生成时使用一个加密硬件随机数。

- ❑ -e：如果生成一个 RSAMD5/RSASHA1 密钥文件，需要用一个大的指数。

- ❑ -f flag：在 KEY/DNSKEY 记录的领域设置指定的标志。唯一认可的标志是密钥签名 KSK 和 REVOKE 密钥。

- ❑ -G：生成一个密钥文件，但不发布或签署。该选项和-P、-A 选项不兼容。

- ❑ -g generator：生成一个 Diffile Hellman 密钥。generator 的值可以是 2 和 5。如果没有指定，默认值为 2。

- ❑ -h：显示该命令的帮助信息。

- ❑ -I date/offset：设置密钥文件的失效日期。

- ❑ -i interval：设置密钥文件出版前的时间间隔。

- ❑ -K directory：指定密钥文件所在的目录。

- ❑ -P：date/offset：设置密钥文件的出版日期。

- ❑ -p protocol：设置协议生成的密钥值。该协议是一个在 0～255 之间的数。默认为 3（DNSSEC）。

- ❑ -q：静音模式：抑制不必要的输出，包括进度提示。

- ❑ -R date/offset：设置密钥的撤销日期。
- ❑ -r randomdev：指定随机源。
- ❑ -S key：创建一个新的密钥，这是一个明确的已存在的密钥。密钥的名称、算法、大小将被设置为匹配现有的密钥。
- ❑ -s strength：指定强度值的密钥。强度是 0～15 之间。目前在 DNSSEC 中还没有明确目的。
- ❑ -t type：指定使用密钥文件的类型。类型值包括 AUTHCONF、NOAUTHCONF、NOCONF。默认的类型是 AUTHCONF。
- ❑ -v level：设置调试级别。
- ❑ name：指定要生成密钥文件的文件名。

【实例 2-14】为 benet.com 域创建密钥文件。

```
[root@www ~]# dnssec-keygen -a DSA -b 768 -n ZONE benet.com
Generating                                                              key
pair..........++++++++++++++++++++++++++++++++++++++++++++++++++++++* ..
.+.........+.........+.........+...+.+..+.+.................
...........+..+.+.........+....+.+....+.................+...............
..........+.................+.+......+.........+.+...
..++++++++++++++++++++++++++++++++++++++++++++++*
Kbenet.com.+003+00851
```

该命令执行后，在当前目录下会生成两个文件。其中文件名分别为 Kbenet.com.+003+00851.key 和 Kbenet.com.+003+00851.private。

【实例 2-15】为公钥文件 Kbenet.com.+003+00851.key 修改激活日期。

```
[root@www ~]# dnssec-keygen -A 20130719161212 Kbenet.com.+003+00851.key
Generating key pair......++++++ ..............................++++++
Kkbenet.com.%2B003%2B00851.key.+005+37875
```

执行完该命令后，在当前目录下又生成两个文件。其中文件名分别为 Kkbenet.com.%2B003%2B00851.key.+005+37875.key 和 Kkbenet.com.%2B003%2B00851.key.+005+37875.private。

2.8.5 DNSSEC DS RR 生成工具：/usr/sbin/dnssec-dsfromkey

dnssec-dsfromkey 命令为指定的密钥文件输出授权签名者（DS）资源记录（RR）信息。下面将介绍 dnssec-dsfromkey 命令的语法格式和使用方法。

dnssec-dsfromkey 命令的语法格式：

```
dnssec-dsfromkey [选项]
```

常用选项含义如下。

- ❑ -1：使用 SHA-1 用作摘要算法。默认情况下，同时使用 SHA-1 和 SHA-256。
- ❑ -2：将 SHA-256 用作摘要算法。
- ❑ -a algorithm：选择加密算法。必须有一个值算法 SHA-1（SHA1），SHA-256（SHA256）或 GOST。这些值不区分大小写。
- ❑ -k directory：看目录中的密钥文件（或密钥集模式，密钥集文件）。

- ❑ -f file：区域文件模式。
- ❑ -A：产生包括 ZSK 的 DS 记录。如果没有这个选项，只有 KSK 标志集将被转换到 DS 的记录并显示出来。仅仅在区域文件模式中有用。
- ❑ -l domain：生成一个 DLV 集代替 DS 集。指定的域名将被追加到每个记录集名后面。DNSSEC Lookaside Validation（DLV）RR 在 Internet 规范文档 RFC 4431 中描述。
- ❑ -s：密钥集模式。在地方的密钥文件的名称，参数是 DNS 域名的密钥集文件。
- ❑ -c class：指定的 DNS 级（默认是 IN）。仅仅用在键集或区域文件模式。
- ❑ -v level：设置调试级别。
- ❑ keyfile：指定的密钥文件。

【实例 2-16】为上例中 dnssec-keygen 命令创建的 Kbenet.com.+005+13176 文件签名。

```
[root@www ~]# dnssec-dsfromkey -2 Kbenet.com.+003+00851
benet.com. IN DS 851 3 2 DCA1EA494935D64CF9F83F28110DFB53881F1E01B253A92DA
B775B1A48DDF30F
```

2.8.6　DNSSEC 密钥生成工具：/usr/sbin/dnssec-keyfromlabel

　　dnssec-keyfromlabel 命令从一个加密硬件中获取给定的密钥并生产密钥文件。当 dnssec-keyfromlabel 命令执行成功后，将输出一个格式为 Knnnn.+aaa+iiiii 的字符串。其中，nnnn 表示密钥名；aaa 表示加密算法；iiiii 表示密钥标标识符。下面介绍 dnssec-keyfromlabel 的语法格式和使用方法。

　　dnssec-keyfromlabel 命令的语法格式：

```
dnssec-keyfromlabel [选项]
```

　　常用选项含义如下。

- ❑ -a algorithm：选择的加密算法。算法的值必须是 RSAMD5、RSASHA1、DSA、NSEC3RSASHA1、NSEC3DSA、RSASHA256、RSASHA512、ECCGOST 其中之一。这些值是不区分大小写的。如果没有指定算法，默认使用 RSASHA1 值。
- ❑ -3：使用 NSEC3 能力的算法生成一个 DNSSEC 密钥。如果此选项是用来显示设置，没有算法在命令行上，默认情况下，将使用 NSEC3RSASHA1。
- ❑ -E engine：指定的加密硬件的名称。
- ❑ -l label：在加密硬件中指定密钥对的标签。
- ❑ -n nametype：指定密钥文件的所有者类型。这类型的值可以是 ZONE、HOST、ENTITY、USER、OTHER。
- ❑ -C：兼容模式。生成一个旧式密钥文件，没有任何元数据。默认情况下，DNSSEC keyfromlabel 将包括密钥的创建日期用私钥存储在元数据中、其他日期（出版日期、激活日期等）。
- ❑ -c class：DNS 记录包含的密钥应该有指定的类。如果不指定，IN 类被使用。
- ❑ -f flag：在标志 KEY/DNSKEY 记录的领域设置指定的标志。唯一认可的标志是密钥签名密钥（KSK）和 REVOKE。

□ -G：生成一个密钥，但不发布或签署。该选项和-P、-A 选项不兼容。

□ -h：显示帮助信息。

□ -K directory：设置要密钥文件的目录。

□ -k：生成密钥的记录，而不是 DNSKEY 记录。

□ -p protocol：设置密钥值协议。该协议是在 0～255 之间。默认设置为 3（DNSSEC）。

□ -t type：指示密钥类型。类型必须是 AUTHCONF、NOAUTHCONF、NOAUTH、NOCOND 其中之一。默认为 AUTHCONF。AUTH 用来验证数据的能力和 conf 能够加密的数据。

□ -v level：设置调试级别。

□ -y：允许生成 DNSSEC 密钥文件，即使密钥 ID 与现有密钥相同，在任一密钥中撤销。

□ -P date/offset：设置密钥文件的出版日期。

□ -A date/offset：设置密钥文件的激活日期。

□ -D date/offset：设置密钥文件的删除日期。

□ -I date/offset：设置密钥文件的失效日期。

□ -R date/offset：设置密钥的撤销日期。

2.8.7　设置 DNSSEC 密钥撤销位：/usr/sbin/dnssec-revoke

使用 dnssec-revoke 通过调用 dnssec-revoke 文件撤销 dnssec-keygen 创建的密钥文件，并重新创建两个新的密钥文件。下面将介绍 dnssec-revoke 命令的语法格式和使用方法。

dnssec-revoke 命令的语法格式如下：

```
dnssec-revoke[选项
```

常用选项含义如下。

□ -h：显示该指令的使用方法。

□ -K directory：设置密钥文件的目录。

□ -r：写入新的密钥集文件后删除原始密钥集文件。

□ -v level：设置调试级别。

□ -E engine：使用 OpenSSL 的引擎。

□ -f：强制覆盖，造成 DNSSEC 撤销写入新的密钥对，即使文件已存在匹配的算法和密钥 ID。

□ -R：打印的关键标记的关键与 REVOKE 位集，但不撤销关键。

【实例 2-17】撤销密钥文件 Kbenet.com.+005+13176 并重新生成新的密钥文件。

```
[root@www ~]# dnssec-revoke -f Kbenet.com.+005+13176
dnssec-revoke: warning: Key is not flagged as a KSK. Revoking a ZSK is legal,
but undefined.
Kbenet.com.+005+13304
```

输出的结果中，第 1 行信息是警告信息，说密钥文件没有被标记为 KSK，撤销 ZSK 是合法的，但不被定义。第 2 行就是新生成的密钥文件名。

2.8.8　DNSSEC 密钥设置时间节点的元数据：/usr/sbin/dnssec-settime

　　dnssec-settime 命令用来读取 DNSSEC 私钥文件并指定-P、-A、-R、I、-D 选项设置时间节点的元数据。该元数据可以被用于 dnssec-signzone 指令或其他签名软件判断密钥文件什么时候被发布，是否应该被用于签署区域等。如果在命令行没有指定任何选项，dnssec-setime 命令简单地输出已经存在的密钥文件时间结点的元数据。下面将介绍 dnssec-settime 命令的语法格式和使用方法。

　　dnssec-settime 命令的语法格式如下：

```
dnssec-settime [选项]
```

　　常用选项含义如下。
- ❑ -f：强制旧格式的密钥的更新没有元数据字段。
- ❑ -k directory：设置密钥文件到目录中。
- ❑ -h：显示帮助信息。
- ❑ -v level：设置调试级别。
- ❑ -E engine：使用 OpenSSL 的引擎。
- ❑ -P date/offset：设置密钥文件的出版日期。
- ❑ -A date/offset：设置密钥文件的激活日期。
- ❑ -D date/offset：设置密钥文件的删除日期。
- ❑ -I date/offset：设置密钥文件的失效日期。
- ❑ -R date/offset：设置密钥的撤销日期。
- ❑ -i interval：设置密钥文件出版前时间间隔。
- ❑ -u：在 UNIX 时期格式显示时间。
- ❑ -p C/P/A/R/I/D/all：显示一个指定的元数据值或一组元数据值。-P 选项可以跟以下字母中的一个或多个说明。C 为创建日期；P 为发布日期；A 为激活日期；R 为撤销日期；I 为灭活日期、D 删除日期。要显示所有的元数据，可以使用-p all 选项。
- ❑ keyfile：指定设置的密钥文件。

【实例 2-18】显示所有时间结点的元数据。

```
[root@www ~]# dnssec-settime -p all Kbenet.com.+005+13304.key
Created: Sat Jun 15 17:04:03 2013
Publish: Sat Jun 15 17:04:03 2013
Activate: Sat Jun 15 17:04:03 2013
Revoke: Wed Jun 19 10:11:41 2013
Inactive: UNSET
Delete: UNSET
```

2.8.9　DNSSEC 区域签名工具：/usr/sbin/dnssec-signzone

　　dnssec-signzone 命令用于签署区域，为密钥集签字。它生成 NSEC 和 RRSIG 记录并产生一个签名的区域版本。下面将介绍 dnssec-signzone 命令的语法格式和使用方法。

dnssec-signzone 命令的语法格式如下：

```
dnssec-signzone [选项]
```

常用选项含义如下。

- ❏ -a：验证所有生成的签名。
- ❏ -c class：指定 DNS 区域类。
- ❏ -C：兼容模式：除了生成密钥集区域名称的文件，区域名称签署区域时，使用旧版本的 dnssec-signzone 指令。
- ❏ -d directory：在目录中寻找 DS 集或密钥集文件。
- ❏ -E engine：使用加密硬件加密操作（OpenSSL 的引擎）支持，比如从安全密钥与私有密钥签署存储。
- ❏ -g：生成子区从 dsset 或键集文件的 DS 记录。现有的 DS 记录将被删除。
- ❏ -k key：将指定的键忽略任何重要标志作为一个关键的签名密钥。该选项可以指定多次。
- ❏ -l domain：DNSKEY 键和 DS 集除了生成 DLV 集，该域还附加到记录的名称。
- ❏ -f output-file：输出的文件包含签名区域的名称。默认值是追加签订的输入文件名。
- ❏ -i interval：格式输入区域文件。
- ❏ -n ncpus：指定使用的线程数。默认情况下，一个 CPU 上启动一个线程。
- ❏ -o origin：区原点。如果没有指定，区域文件的名称是假定为原点。
- ❏ -T ttl：指定 TTL 用于新 DNSKEY 记录导入区密钥存储库。如果没有指定，默认是从区域的 SOA 记录的最小 TTL 值。
- ❏ -v level：设置调试级别。
- ❏ -x：只有签署 DNSKEY 资源记录集与键签名密钥，并省略签名从区域签名密钥。

2.8.10　修复旧版本的 BIND HMAC 密钥：/usr/sbin/isc-hmac-fixup

在终端运行 isc-hmac-fixup 命令用来修正并指定密钥的算法和消息。如果这个消息是长于摘要长度的算法，然后由一个旧的哈希摘要认证消息生成一个新消息。截止 BIND 9 包括 BIND 9.6 版本都存在一个 bug，导致 HMAC-SHA 摘要长度长于 TSIG 密钥哈希算法，要使用不当，产生的信息验证码不与其他 DNS 实现。下面将介绍 isc-hmac-fixup 命令的语法格式和使用方法。

isc-hmac-fixup 命令的语法格式如下：

```
isc-hmac-fixup [algorithm] [secret]
```

2.8.11　轻量级解析服务：/usr/sbin/lwrsed

lwrsed 是一个守护进程提供名称查询服务，客户使用 BIND9 轻量解析库。lwresd 侦听 UDP 端口 IPv4 的环回接口，127.0.0.1 解析器查询，意味着 lwrsed 只能用于在本地机器上运行的进程。默认情况下，UDP 端口号 921 用于轻量级的解析请求和响应。下面介绍 lwrsed 命令的语法格式和使用方法。

lwrsed 命令的语法格式如下：

```
lwrsed [选项]
```

常用选项含义如下。

- ❑ -4：只使用 IPv4 的主机。
- ❑ -6：只使用 IPv6 的主机。
- ❑ -c config-file：使用 config-file 文件代替默认的配置文件/etc/lwresd.conf，-c 不能和 -C 同时使用。
- ❑ -C config-file：使用 config-file 文件代替默认的配置文件/etc/resolv.conf，-C 不能和 -c 同时使用。
- ❑ -d debug-level：设置守护程序的调试级别。
- ❑ -f：在前台运行服务器（即不守护进程）。
- ❑ -g：在前台运行的服务器，并强制标准输出所有记录。
- ❑ -i pid-file：使用 pid-file 作为 PID 文件代替默认的文件/var/run/lwresd/lwresd.pid。
- ❑ -m flag：打开内存使用调试标志。可能的标志使用情况有 trace、record、size、mctx。
- ❑ -n #cups：为了利用多个 CPU，创建#cups 个工作线程。如果没有指定，lwresd 将 会根据当前系统中的 CPU 数，来创建线程。
- ❑ -P port：监听轻量解析查询端口。如果没有指定，默认端口是 921。
- ❑ -p port：发送 DNS 查询端口。如果没有指定，默认端口是 53。
- ❑ -s：标准输出内存使用统计信息并退出。
- ❑ -t directory：在读取配置文件之前，改变正在处理命令行参数前的目标。
- ❑ -u user：拥有特权的 setuid 用户操作完成，如创建侦听特权端口的套接字。
- ❑ -v：显示版本号并退出。

【实例 2-19】运行 lwresd 命令后，查看它的相关进程。

```
[root@www ~]# lwresd -u bob
[root@www ~]# lwresd -4
[root@www ~]# lwresd -c /test/benet.com
[root@www ~]# lwresd -C /test/benet.com
[root@www ~]# ps -eaf | grep lwresd
root      3716     1  0 16:10 ?        00:00:00 lwresd
bob      25788     1  0 16:39 ?        00:00:00 lwresd -u bob
root     25811     1  0 16:40 ?        00:00:00 lwresd -4
root     25881     1  0 16:44 ?        00:00:00 lwresd -c /test/benet.com
root     25889     1  0 16:44 ?        00:00:00 lwresd -C /test/benet.com
root     25896  3705  0 16:44 pts/1    00:00:00 grep lwresd
```

使用 ps 查看的信息就是 lwresd 运行的一些进程。

2.8.12　互联网域名服务：/usr/sbin/named

named 是一个域名系统（DNS）服务，是从 ISC（Intel Server Controller）服务器器控制 BIND9 中分发的一部分。如果不带任何参数，named 将读取默认配置文件/etc/named.conf，查看任何初始数据，监听查询。下面将介绍 named 命令的语法格式和使用方法。

named 命令的语法格式如下：

```
named [选项]
```

常用选项含义如下。

- ❏ -4：只使用 IPv4 的主机。
- ❏ -6：只使用 IPv6 的主机。
- ❏ -c config-file：使用 config-file 文件代替默认的配置文件/etc/named.conf。重新加载配置文件，以确保后继续工作的服务器已改变其工作目录。config-file 文件应该使用绝对路径。
- ❏ -d debug-level：设置守护程序的调试级别。
- ❏ -E engine-name：为加密操作使用它支持的加密硬件，如为一个安全存储私钥的密钥重新签名。
- ❏ -f：在前台运行的服务器（即不守护进程）。
- ❏ -g：在前台运行的服务器，并强制标准输出所有记录。
- ❏ -m flag：打开内存使用调试标志。可能的标志使用情况有 trace、record、size、mctx。
- ❏ -n #cups：利用多个 CPU 创建 cpu 工作的线程。如果没有指定，named 将尝试确定存在的 CPU 数量并为每一个 CPU 创建一个线程。如果无法确定 CPU 的数量，一个工作线程将被创建。
- ❏ -p port：监听查询端口。如果没有指定，默认端口是 53。
- ❏ -s：标准输出内存使用统计信息并退出。
- ❏ -S #max-socks：允许 named 用于启动的最大套接字。
- ❏ -t directory：在读取配置文件之前，改变正在处理命令行参数前的目标。
- ❏ -u user：拥有特权的 setuid 用户操作完成，如创建侦听特权端口的套接字
- ❏ -v：显示版本号并退出。
- ❏ -V：显示版本号和编译选项并退出。
- ❏ -x cache-file：加载数据到默认视图的缓存文件。

【实例 2-20】在前台运行 named 服务。

```
[root@www ~]# named -g
20-Jun-2013 17:12:23.641 starting BIND 9.8.2rc1-RedHat-9.8.2-0.17.rc1.el6 -g
20-Jun-2013  17:12:23.642  built   with   '--build=i686-redhat-linux-gnu'
'--host=i686-redhat-linux-gnu'              '--target=i686-redhat-linux-gnu'
'--program-prefix='         '--prefix=/usr'          '--exec-prefix=/usr'
'--bindir=/usr/bin'       '--sbindir=/usr/sbin'       '--sysconfdir=/etc'
'--datadir=/usr/share'  '--includedir=/usr/include'  '--libdir=/usr/lib'
'--libexecdir=/usr/libexec'                   '--sharedstatedir=/var/lib'
'--mandir=/usr/share/man' '--infodir=/usr/share/info' '--with-libtool'
'--localstatedir=/var' '--enable-threads' '--enable-ipv6' '--with-pic'
'--disable-static'                  '--disable-openssl-version-check'
'--with-dlz-ldap=yes' '--with-dlz-postgres=yes' '--with-dlz-mysql=yes'
'--with-dlz-filesystem=yes'  '--with-gssapi=yes'  '--disable-isc-spnego'
'--with-docbook-xsl=/usr/share/sgml/docbook/xsl-stylesheets'
'--enable-fixed-rrset'              'build_alias=i686-redhat-linux-gnu'
'host_alias=i686-redhat-linux-gnu' 'target_alias=i686-redhat-linux-gnu'
'CFLAGS= -O2 -g -pipe -Wall -Wp,-D_FORTIFY_SOURCE=2 -fexceptions
-fstack-protector --param=ssp-buffer-size=4 -m32 -march=i686 -mtune=atom
-fasynchronous-unwind-tables' 'CPPFLAGS= -DDIG_SIGCHASE'
20-Jun-2013 17:12:23.642 ---------------------------------------
20-Jun-2013 17:12:23.642 BIND 9 is maintained by Internet Systems Consortium,
20-Jun-2013 17:12:23.642 Inc. (ISC), a non-profit 501(c)(3) public-benefit
```

```
20-Jun-2013 17:12:23.642 corporation.  Support and training for BIND 9 are
20-Jun-2013 17:12:23.642 available at https://www.isc.org/support
20-Jun-2013 17:12:23.642 ----------------------------------------
20-Jun-2013 17:12:23.642 adjusted limit on open files from 4096 to 1048576
20-Jun-2013 17:12:23.642 found 2 CPUs, using 2 worker threads
20-Jun-2013 17:12:23.643 using up to 4096 sockets
20-Jun-2013 17:12:23.649 loading configuration from '/etc/named.conf'
20-Jun-2013 17:12:23.650 using default UDP/IPv4 port range: [1024, 65535]
20-Jun-2013 17:12:23.650 using default UDP/IPv6 port range: [1024, 65535]
20-Jun-2013 17:12:23.652 listening on IPv4 interface lo, 127.0.0.1#53
20-Jun-2013 17:12:23.653 binding TCP socket: address in use
20-Jun-2013 17:12:23.653 listening on IPv4 interface eth1, 192.168.1.1#53
20-Jun-2013 17:12:23.654 binding TCP socket: address in use
20-Jun-2013 17:12:23.654 listening on IPv4 interface eth2, 192.168.0.1#53
20-Jun-2013 17:12:23.654 binding TCP socket: address in use
20-Jun-2013 17:12:23.654 listening on IPv4 interface virbr0, 192.168.122.1#53
20-Jun-2013 17:12:23.655 binding TCP socket: address in use
```

输出的信息就是 named 服务启动的一些信息。

2.8.13　以可读的形式显示区域文件：/usr/sbin/named-journalprint

named-journalprint 命令以可读的形式显示区域日志文件的内容。日志文件是被 named 服务动态更新时自动创建的。它们以二进制格式记录每次添加或删除的资源记录，当服务器重新启动、关机或崩溃后变化的信息重新加载到区域文件。下面将介绍 named-journalprint 命令的语法格式和使用方法。

named-journalprint 语法格式如下。

```
named-journalprint [journal]
```

2.8.14　生成 NSEC3 hash：/usr/sbin/nsec3hash

nsec3hash 命令用来生成一组 NSEC3 hash 基于 NSEC3 参数的设置。可以被用来检查 NSEC3 记录在签名区域的有效性。下面介绍该命令的语法格式和使用方法。

nsec3hash 命令的语法格式如下。

```
nsec3hash {salt} {algorithm} {iterations} {domain}
```

这些选项含义如下。

- ❑ salt：提供撒盐的哈希算法。
- ❑ -algorithm：一个数字说明哈希算法。目前唯一支持的哈希算法 NSEC3 是 SHA-1，这是由数字 1 表示。
- ❑ iterations：额外时间数量的哈希应该被执行。
- ❑ domain：该域名被哈希运算。

2.8.15　名称服务器控制工具：/usr/sbin/rndc

rndc 控制名称服务器的操作。它取代旧 BIND 版本的 ndc 工具。如果 rndc 命令不调用任何选项或参数，它显示一个简短的摘要信息和可用的选项参数。rndc 通信的名称服务器通过 TCP 连接，发送命令身份验证和数字签名。当前版本的 rndc 和 named 命令只支持 HMAC-MD5 认证算法，它在每个连接尾使用共享的秘密。这为命令请求和名称服务器响应提供了 TSIG-style 认证。下面介绍 rndc 命令的语法格式和使用方法。

rndc 命令的语法格式如下。

```
rndc [选项]
```

常用选项含义如下。

- ❑ -b source-address：使用源地址作为源地址的连接服务器。
- ❑ -c config-file：使用 config-file 文件取代默认的配置文件/etc/rndc.conf。
- ❑ -k key-file：使用 key-file 作为密钥文件取代默认的/etc/rndc.key 密钥文件。如果 config-file 文件不存在，在/etc/rndc.key 文件中的密钥将被用来认证命令并发送到服务器。
- ❑ -s server：server 是服务器的主机名或地址。该服务器匹配 rndc 配置文件中的 server 语句。如果在命令行中没有提供服务器，使用由配置文件的选项语句中的默认服务器子句命名的主机。
- ❑ -p port：发送命令到 TCP 端口，而不是 BIND9 默认控制的通道端口 953。
- ❑ -V：启用详细记录。
- ❑ -y key_id：从配置文件中使用密钥 key_id。key_id 必须由使用相同算法命名的和为控制消息成功确认的保密字符串标识。如果没有指定 keyid，rndc 首先查找正在使用的服务器的服务器语句的密钥子句，或者如果没有为主机提供服务器语句，则查找选项语句的默认密钥子句。
- ❑ command：指定要控制的命令。可以使用的 command 很多，可以执行该命令的-h 选项查看结果。

【实例 2-21】启用 reload 命令的详细记录。

```
[root@www ~]# rndc -V reload
create memory context
create socket manager
create task manager
create task
create logging context
setting log tag
creating log channel
enabling log channel
create parser
get key
decode base64 secret
reload
post event
using server 127.0.0.1 (127.0.0.1#953)
create socket
bind socket
connect
rndc: connect failed: 127.0.0.1#953: connection refused
```

输出的结果显示了 reload 命令的详细记录。

2.8.16　rndc 的密钥生成工具：/usr/sbin/rndc-confgen

rndc-confgen 命令用来生成 rndc 命令的配置文件。该命令对于手工写 rndc.conf 文件和相应的在 named.conf 文件中的控制和密钥语句来说，是一个很方便的替换方法。rndc-confgen 命令运行时可以带-a 标志以设置 rndc.key 文件。这样做可以避免对 rndc.conf 文件和控制语句的需要。下面介绍 rndc-confgen 命令的语法格式和使用方法。

rndc-confgen 的语法格式如下：

```
rndc-confgen [选项]
```

常用选项含义如下。

- ❑ -a：执行自动 rndc 配置。在/etc 下创建一个 rndc 和 named 启动时都要读取的 rndc.key 文件。rndc.key 文件定义了一个允许不需要进一步配置就可以允许 rndc 和 named 通信的默认命令通道和认证密钥。
- ❑ -b keysize：指定认证密钥的大小（以位计）。必须在 1～512 位之间，默认值为 128。
- ❑ -c keyfile：使用-c 标志指定 rndc.key 的备用位置。
- ❑ -h：显示 rndc-confgen 命令的选项和参数。
- ❑ -k keyname：指定 rndc 认证密钥的密钥名。这必须是一个有效的域名。默认值为 rndc-key。
- ❑ -p port：指定在其上 named 监听从 rndc 来的连接的命令通道端口，默认值是 953。
- ❑ -r randomfile：指定随机数据源来生成认证。如果操作系统不提供/dev/random 或等功能的设备，默认随机源为键盘输入。randomdev 指定字符设备的名称或替代默认值的包含随机数据的文件。特殊值的键盘表示应该使用哪个键盘输入。
- ❑ -s address：指定 named 监听的从 rndc 来的命令通道连接的 IP 地址。默认值为回送地址 127.0.0.1。
- ❑ -u user：使用-a 选项设置 rndc.key 文件的所有者。

【实例 2-22】使用该命令的-a、-u 选项自动创建 rndc.key 文件并指定所有者为用户 root。

```
[root@www ~]# rndc-confgen  -a -u root
wrote key file "/etc/rndc.key"
```

执行成功该指令后，rndc.key 文件的所有者就为 root 用户。可以执行以下命令查看该文件的权限。

```
[root@www ~]# ll /etc/rndc.key
-rw-r----- 1 root named 77 6月  21 09:42 /etc/rndc.key
```

输出的结果能清楚地看到文件的所有者为 root 用户。

2.8.17　动态 DNS 更新实用程序：/usr/bin/nsupdate

nsupdate 命令用于在 Internet 规范文档 RFC2136 中定义的一个域名服务器，提交动态 DNS 更新请求。它自动地在区域文件资源记录中添加或删除记录，而无须手动编辑区域。该命令可以包含一个单一的更新请求去添加或删除多个资源记录的请求。查阅 nsupdate 或

DHCP 服务器动态控制下通过的区域不应该被手工编辑。手工编辑动态更新，导致数据丢失，而且可能出现冲突。nsupdate 将被动态地添加或移除的资源记录必须在相同的区域。如果请求发送到区域的主服务器，则该区域是被区域文件 SOA 记录的 MNAME 字段定义的。下面介绍该命令的语法格式和使用方法。

nsupdate 命令的语法格式如下：

```
nsupdate [选项]
```

常用选项含义如下。

- ❑ -d：使 nsupdate 将在调试模式下运行。
- ❑ -D：使 nsupdate 将报告额外的调试信息。
- ❑ -L：使用一个整数参数为 0 或更高的来设置日志调试级别。如果为 0，记录被禁用。
- ❑ -y [hmac:] [keyname:secret]：使用该选项时，一个[hmac:] [keyname:secret]的签名被生成。密钥名是这个密钥的名，并且秘密的名字是 base64 位编码的共享秘密。如果使用-y 选项失败，是因为作为命令行参数以名为提供共享的秘密。
- ❑ -k keyfile：nsupdate 从密钥文件中读取共享秘密。keyfile 文件可能两种格式，即一个单一的文件包含有一个 named.conf 文件格式密钥声明，这可能是被 ddns-confgen 或者是 dnssec-keygen 命令生成一对文件。
- ❑ -p：设置用于连接到一个域名服务器的默认端口号。默认值是 53。
- ❑ -t timeout：设置最大时间的更新请求之前，可以被阻止。默认为 300 秒，可以使用 0 禁止超时。
- ❑ -u udptimeout：设置 UDP 重试间隔。默认值是 3 秒。如果为 0，则时间间隔将被计算的超时时间间隔和数量的 UDP 重试。
- ❑ -r udpretries：设置 UDP 重试值，默认值是 3。如果为 0，只有一个更新请求将被提出。
- ❑ -R randomdev：指定源的随机性。如果操作系统不提供有/dev/random 或等效的设备，默认随机源为键盘输入，randomdev 指定一个字符设备的名称或文件包含随机数据的可以使用，而不是默认。特殊值键盘显示，键盘输入应该被使用。

2.8.18　DNS 测试工具：/usr/bin/nslookup

nslookup 是一个互联网域名服务器查询程序。nslookup 有两种模式，交互式和非交互式。互动模式允许用户查询域名服务器各种主机和域名信息，或打印在一个域中的主机列表。非交互模式是用来打印一个主机或域的名称和要求的信息。下面介绍该命令的语法格式和使用方法。

nslookup 命令的语法格式如下：

```
nslookup [域名]
```

nslookup 命令进入交互模式后常用的内部指令如下。

- ❑ host [server]：使用当前默认服务器。如果指定服务器，则使用指定的服务器查找信息。如果主机是一个互联网地址，并且查询类型为 A 或 PTR 的名字，则返回主机的名。如果主机是一个名字并且没有尾随句点，搜索列表时用来限定名称。

- ❑ server domain 或 lserver domain：改变默认服务器的域名。当 server 使用当前默认服务器，则 lserver 使用初始服务器查找域的相关信息。如果权威应答没有找到，可能返回响应服务器的名称。
- ❑ exit：退出程序。
- ❑ set keyword[=value]：设置运行属性。可以设置的值包括 all（全部）、domain=name（设置网络名称为指定的 name）、port=数字（指定的端口号）、type=类型（指定查询的类型，包含 A、HINFO、PTR、NS 等）、rety=秒数、timeout=秒数。

【实例 2-23】使用 nslookup 指令在命令行查询域名。直接在 nslookup 命令后输入要查询域名并回车，即可开始查询指定的域名，在命令行中输入的命令示例如下：

```
[root@www~]# nslookup www.benet.com
```

执行该命令后，输出的结果如下：

```
Server:     192.168.1.1
Address:    192.168.1.1#53

Name:   www.benet.com
Address: 192.168.1.1
```

上面的输出信息中，首先给出了域名服务器的信息，接下来给出了查询到的域名信息。其中，服务器的地址为 192.168.1.1 名服务为 www.benet.com，地址为 192.168.1.1。

【实例 2-24】使用 nslookup 进行交互式查询域名信息。

（1）在命令行中直接输入 nslookup 指令，即可进入 nslookup 指令的交互式查询模式，在命令行中输入的命令示例如下：

```
[root@ www ~]# nslookup              #进入 nslookup 指令的交互式模式
>
```

上面的输出信息中，">" 代表 nslokup 指令的命令提示符。

（2）在 nslookup 指令的命令提示符下查询域名信息，在命令行中输入的命令示例如下：

```
mail.benet.com
Server:     192.168.1.1
Address:    192.168.1.1#53

Name:   mail. www.com
Address: 192.168.1.1
```

可以使用 nslookup 指令的内部命令 set 设置查询域名的类型，在命令行中输入的命令示例如下：

```
> set type=ANY                       #设置查询类型为 ANY
> benet.com                          #查询 www.benet.com 的域名信息
Server:     192.168.1.1
Address:    192.168.1.1#53

benet.com
    origin = benet.com
    mail addr = rname.invalid
    serial = 0
    refresh = 86400
```

```
    retry = 3600
    expire = 604800
    minimum = 10800
benet.com  nameserver = benet.com.
benet.com  nameserver = www. benet.com.
Name:   benet.com
Address: 127.0.0.1
```

输出的信息表示以 ANY 的形式输出了域名 benet.com 的详细信息。输出的信息显示了在区域文件中配置的信息。如序列号、刷新时间、重试延时、失效时间、设置无效地址解析记录等信息。

2.8.19　DNS 查找工具：/usr/bin/dig

dig 指令是一个灵活的 DNS 查询工具，用于询问 DNS 名称服务器。它执行 DNS 查找并显示返回的名称服务器的响应。大多数 DNS 管理员使用 dig 解决 DNS 问题，因为它的灵活性、简单性和清晰性的输出。其他查询工具往往弱于 dig 工具的功能。下面介绍该命令的语法格式和使用方法。

dig 命令的语法格式如下：

```
dig [选项]
```

该命令常用选项含义如下。
- ❏ @<服务器地址>：指定到哪一台域名服务器查询数据。
- ❏ -b <主机>：指定要通过哪台主机进行查询。
- ❏ -c <class>：指定查询的类。
- ❏ -f <文件名称>：由指定文件来做查询。
- ❏ -h：查看帮助信息。
- ❏ -k <filename>：指定 TSIG 密钥文件。
- ❏ -m：使内存使用调试模式。
- ❏ -p <端口号>：指定查询所使用的端口号，默认为 53。
- ❏ -q <name>：设置查询的名字来命名，使用其他名称来区分名称。
- ❏ -t <类型>：指定要查询的 DNS 数据类型，如 A、MX、PTR 等。
- ❏ -x <IP 地址>：执行 DNS 的逆向（或反向）查询，根据输入的 IP 地址查询其对应的域名信息。
- ❏ -y <hmac:name:key>：用来指定 TSIG 密钥。其中，hmac 是 TSIG 的类型，默认是 HAMC-MD5；name 是 TSIG 密钥的名称；key 是真实的密钥。
- ❏ -4：强制 dig 仅仅使用 IPv4 查询。
- ❏ -6：强制 dig 仅仅使用 IPv6 查询。

【实例 2-25】查询指定的域名信息。在 dig 指令后直接输入要查询的域名进行域名查询，在命令行中输入的命令示例如下：

```
[root@www ~]# dig www.benet.com
```

执行命令后，输出的结果如下：

```
; <<>> DiG 9.8.2rc1-RedHat-9.8.2-0.17.rc1.el6 <<>> www.benet.com
```

```
;; global options: +cmd
;; Got answer:
;; ->>HEADER<<- opcode: QUERY, status: NOERROR, id: 29436
;; flags: qr aa rd; QUERY: 1, ANSWER: 1, AUTHORITY: 3, ADDITIONAL: 3
;; WARNING: recursion requested but not available

;; QUESTION SECTION:
;www.benet.com.                IN  A

;; ANSWER SECTION:
www.benet.com.        86400   IN  A    192.168.1.1

;; AUTHORITY SECTION:
benet.com.            86400   IN  NS   Server01.benet.com.
benet.com.            86400   IN  NS   benet.com.
benet.com.            86400   IN  NS   www.benet.com.

;; ADDITIONAL SECTION:
benet.com.            86400   IN  A    127.0.0.1
benet.com.            86400   IN  A    192.168.1.1
Server01.benet.com.86400     IN  A    192.168.1.10

;; Query time: 2 msec
;; SERVER: 127.0.0.1#53(127.0.0.1)
;; WHEN: Fri Jun 28 11:37:22 2013
;; MSG SIZE  rcvd: 146
```

从上例可以看出，输出了域名 www.benet.com 的详细信息。如域名服务器地址等。

【实例 2-26】反向查询指定 IP 地址的主机的域名信息。在命令行中输入的命令如下：

```
[root@www ~]# dig -x 192.168.1.1
```

执行命令后，输出的结果如下：

```
; <<>> DiG 9.8.2rc1-RedHat-9.8.2-0.17.rc1.el6 <<>> -x 192.168.1.1
;; global options: +cmd
;; Got answer:
;; ->>HEADER<<- opcode: QUERY, status: NOERROR, id: 15714
;; flags: qr aa rd; QUERY: 1, ANSWER: 1, AUTHORITY: 3, ADDITIONAL: 3
;; WARNING: recursion requested but not available

;; QUESTION SECTION:
;1.1.168.192.in-addr.arpa.            IN  PTR

;; ANSWER SECTION:
1.1.168.192.in-addr.arpa.   86400    IN  PTR www.benet.com.

;; AUTHORITY SECTION:
1.168.192.in-addr.arpa.     86400    IN  NS  benet.com.
1.168.192.in-addr.arpa.     86400    IN  NS  Server01.benet.com.
1.168.192.in-addr.arpa.     86400    IN  NS  www.benent.com.

;; ADDITIONAL SECTION:
benet.com.                  86400    IN  A   192.168.1.1
benet.com.                  86400    IN  A   127.0.0.1
Server01.benet.com.         86400    IN  A   192.168.1.10

;; Query time: 33 msec
;; SERVER: 127.0.0.1#53(127.0.0.1)
;; WHEN: Fri Jun 28 11:36:56 2013
;; MSG SIZE  rcvd: 179
```

上例中通过主机 IP 地址查询到了对应的域名信息，这种方式通常称为反向地址解析。

2.8.20　DNS 域名查询工具：/usr/bin/host

host 是一个简单的实用程序，用于执行 DNS 查找。它通常用于将名称转换成 IP 地址，反之亦然。当没有参数或选项时，将会显示该命令行参数和选项。下面将介绍 host 命令的语法格式和使用方法。

host 命令的语法格式如下：

```
host [选项]
```

常用选项含义如下。
- -a：显示任何 DNS 信息。
- -C：对指定的主机查询完整的 SOA 记录。
- -d：-d 选项相当于-v 选项。显示详细信息
- -l：在域中，使用 AXFR 列出了所有主机。
- r：不使用递归查询方式。
- -s：告诉主机不发送到下一个域名服务器查询，如果任何服务器响应一个 SERVFAIL 响应，则是反向正常存根解析器行为。
- -t type：指定查询类型，类型包括 A，ALL，MX，NS。
- -T：当查询域名服务器时，使用一个 TCP 连接。TCP 会自动选择需要查询如区域传输（AXFR）请求。
- -w：永久等待 DNS 服务器的响应。
- -W wait：设置最长等待响应时间。
- -v：显示指令执行的详细过程。

【实例 2-27】查询指定域名信息。

（1）在 host 指令后输入要查询的域名回车后，在命令行中输入的命令示例如下：

```
[root@benet ~]# host ftp.benet.com          #查询 ftp.benet.com 对应的 IP 地址
ftp.benet.com has address 192.168.1.2
ftp.benet.com has address 192.168.1.3
ftp.benet.com has address 192.168.1.4
```

如上所示，一个域名可同时对应于具有不同 IP 地址的多个主机，这样可以实现负载均衡。

（2）如果要得到更加详细的信息，可以使用 host 指令的"-v"选项，在命令行中输入的命令示例如下：

```
[root@benet ~]# host -v ftp.benet.com
Trying "ftp.benet.com"
;; ->>HEADER<<- opcode: QUERY, status: NOERROR, id: 26351
;; flags: qr aa rd ra; QUERY: 1, ANSWER: 3, AUTHORITY: 2, ADDITIONAL: 2

;; QUESTION SECTION:
;ftp.benet.com.          IN  A

;; ANSWER SECTION:
```

```
ftp.benet.com.        86400    IN   A    192.168. 1.2
ftp.benet.com.        86400    IN   A    192.168. 1.3
ftp.benet.com.        86400    IN   A    192.168. 1.4

;; AUTHORITY SECTION:
benet.com.            86400    IN   NS   www.benet.com.
benet.com.            86400    IN   NS   benet.com.

;; ADDITIONAL SECTION:
benet.com.            86400    IN   A    127.0.0.1
www.benet.com.        86400    IN   A    192.168.1.1

Received 141 bytes from 192.168.1.1#53 in 0 ms
Trying "ftp.benet.com"
;; ->>HEADER<<- opcode: QUERY, status: NOERROR, id: 8818
;; flags: qr aa rd ra; QUERY: 1, ANSWER: 0, AUTHORITY: 1, ADDITIONAL: 0

;; QUESTION SECTION:
;ftp.benet.com.                 IN  AAAA

;; AUTHORITY SECTION:
benet.com.            10800    IN   SOA benet.com. rname.invalid. 0 86400 3600
604800 10800

Received 78 bytes from 192.168.1.1#53 in 0 ms
Trying "ftp.benet.com"
;; ->>HEADER<<- opcode: QUERY, status: NOERROR, id: 840
;; flags: qr aa rd ra; QUERY: 1, ANSWER: 0, AUTHORITY: 1, ADDITIONAL: 0

;; QUESTION SECTION:
;ftp.benet.com.                 IN  MX

;; AUTHORITY SECTION:
benet.com.            10800    IN   SOA benet.com. rname.invalid. 0 86400 3600
604800 10800

Received 78 bytes from 192.168.1.1#53 in 0 ms
```

从上面的输出信息可以看出，使用"-v"选项，不但能显示查询到的域名信息，还显示了详细的查询过程。

2.9　其他配置文件

在前面小节中以分类的形式分别介绍了相关配置文件的详细信息。还有几个特殊的文件，本节将详细的介绍。

2.9.1　签名和验证 DNS 资源机集的公共密钥：/etc/named.root.key

为了防止黑客攻击，DNS 采用了 DNS 安全扩展（DNSSEC）机制进行保护。DNSSEC 添加了一个验证过程确定 DNS 查询的结果是可信的。与基本的 DNS 名称解析过程相似，DNSSEC 从一系列步骤到达与给定查询中的名字相关联的区域。但是，DNSSEC 增加了一个信任链（chain-of-trust）类型的验证，其理念是从一个受信任的开始，将请求沿着　系列已知的和验证过的步骤向下传输，直到到达这样一个服务器：服务器拥有一个用来验证 DNS 数据来源的签名。为了实现该目标，DNSSEC 添加了 4 个新的 DNS 资源记录类型，包括 DNSKEY、DS、RRSIG 和 NSEC。其中，/etc/named.root.key 就是用来保存 DNSKEY 资源的文件，用来签名和验证 DNS 资料记录集的公共密钥。

2.9.2　ISC DNSSEC 的后备验证密钥：/etc/named.iscdlv.key

该文件中保存了 ISC DNSSEC 的后备验证密钥，该文件用来代替 DS 集。该文件在主配置文件/etc/named.conf 的全局配置中使用 bindkeys-file 参数指定了该文件的位置。该文件不需要做任何的修改。

2.9.3　端口映射：/etc/portreserve/named

portreserve 在旧版本中的名称是 portmap，可以防止程序请求端口占用一个真正的服务端口，直到真正的服务告诉它释放的端口。该文件中记录了一条信息 rndc/tcp。其中，rndc 是一种远程控制服务，tcp 是传输协议。该文件也就是通过端口映射后，使用 rndc 远程控制 DNS 服务的 tcp 连接。

2.9.4　网络调用服务：/etc/NetworkManager/dispatcher.d/13-named

13-named 文件是一个 Shell 脚本文件，与启动 DNS 服务相关。该脚本文件被网络服务进行调用，用户就可以对服务进行启动、重启、关闭、加载等操作了。它不需要进行任何修改，DNS 服务也可以正常启动。

2.9.5　named 守护进程的配置文件：/etc/sysconfig/named

named 文件是用来传递 named 在启动时的守护进程。在 RHEL6 中，为了系统的安全性考虑，一般来说目前各主要 distributions 都已经自动地将 bind 相关程序给注释掉了。在这个文件中有一行信息就是发挥了这个功能，信息内容如下：

```
[root@www ~]# cat /etc/sysconfig/named
ROOTDIR=/var/named/chroot
```

该文件中有很多信息，除这一行信息以外的都被注释掉了。在 RHEL5.X 的版本中，配置区域数据库文件必须要切换到/var/named/chroot 目录下进行操作。现在，不用那么麻烦了。

2.9.6　控制服务文件：/etc/rc.d/init.d/named

named 文件通过使用 service 命令的 start、stop、restart 参数来启动、关闭和重启 named 服务。

【实例 2-28】启动 named 服务，并检查 dhcpd 服务的 53 端口是否被监听。

```
[root@www named]# service named start
Generating /etc/rndc.key:                          [确定]
启动 named:                                          [确定]
[root@www named]# netstat -antp | grep named
tcp        0        0 127.0.0.1:53            0.0.0.0:*       LISTEN      11887/named
tcp        0        0 127.0.0.1:953           0.0.0.0:*       LISTEN      11887/named
tcp        0        0 ::1:53                  :::*            LISTEN      11887/named
tcp        0        0 ::1:953                 :::*            LISTEN      11887/named
```

2.10　实　例　应　用

为了使读者对 DNS 服务器的配置有更深的了解，下面以一些具体的实例介绍主从 DNS 服务器的配置过程。

2.10.1　构建主 DNS 服务器

【实例 2-29】演示配置主 DNS 服务器的过程。

环境要求如下：

❑　使用 RHEL6.4 操作系统。
❑　域名为 benet.com。
❑　IP 地址为 192.168.1.1。
❑　主 DNS 为 192.168.1.1。
❑　允许 IP 地址为 192.168.1.10 从域名服务器下载区域数据库文件。

（1）先查看当前的操作系统信息及配置的环境。执行如下命令查看：

```
[root@www ~]# uname -r
2.6.32-358.el6.i686
[root@www ~]# cat /etc/redhat-release
Red Hat Enterprise Linux Server release 6.4 (Santiago)
[root@www ~]# cat /etc/sysconfig/network-scripts/ifcfg-eth0
TYPE=Ethernet
NAME="System eth0"
UUID=50ba45bf-d253-4bb5-90db-16d13078ee3e
ONBOOT=yes
BOOTPROTO=static
HWADDR=00:0C:29:88:77:96
IPADDR=192.168.1.1
NETMASK=255.255.255.0
GATEWAY=192.168.1.1
[root@www ~]# ifconfig
eth0      Link encap:Ethernet  HWaddr 00:0C:29:88:77:96
          inet addr:192.168.1.1  Bcast:192.168.1.255  Mask:255.255.255.0
          inet6 addr: fe80::20c:29ff:fe88:7796/64 Scope:Link
          UP BROADCAST RUNNING MULTICAST  MTU:1500  Metric:1
          RX packets:2658 errors:0 dropped:0 overruns:0 frame:0
          TX packets:7106 errors:0 dropped:0 overruns:0 carrier:0
          collisions:0 txqueuelen:1000
          RX bytes:228365 (223.0 KiB)  TX bytes:358721 (350.3 KiB)
          Interrupt:19 Base address:0x2024
```

输出的信息，符合本实验的要求。

（2）为了提高域名解析效率，建议将 DNS 服务器的地址映射直接写入到"/etc/hosts"文件中，同时在"/etc/resolv.conf"文件中指定 DNS 服务器地址。

```
[root@www ~]# vi /etc/hosts
192.168.1.1    www.benet.com        www
192.168.1.10   Server01.benet.com    Server01
[root@www ~]# vi /etc/resolv.conf
search benet.com
nameserver 192.168.1.1
nameserver 192.168.1.10
```

（3）配置 BIND 主配置文件 named.conf。修改后内容如下：

```
 [root@www ~]# vi /etc/named.conf
options {
        listen-on port 53 { any; };          //设置允许任何 IP 地址监听
        directory       "/var/named";
        allow-query     { any; };            //设置允许所有人查询
};

logging {
        channel default_debug {
                file "data/named.run";
                severity dynamic;
        };
};

zone "." IN {
        type hint;
        file "named.ca";
};

include "/etc/named.rfc1912.zones";
//include "/etc/named.root.key";
```

该文件中的内容在 2.4 节已经介绍过，这里不再叙述。

注意：修改任何配置文件之前记得先备份，方便操作错误后可以恢复。

（4）配置 BIND 的辅助区域配置文件 named.rfc1912.zones。

```
[root@www ~]# vi /etc/named.rfc1912.zones
zone "benet.com" IN {
        type master;
        file "benet.com.zone";
        allow-transfer { 192.168.1.10; }; //允许从域名服务器下载该区域的地址数据库
};

zone "1.168.192.in-addr.arpa" IN {
        type master;
        file "192.168.1.arpa";
        allow-transfer { 192.168.1.10; };
};
```

该文件中的内容分别配置了 benet.com 的正向反向区域。

（5）建立区域数据库文件。这里可以通过模板 named.localhos 文件创建对应的正向反向区域数据库文件。使用 cp -p 命令将权限一起复制过去，否则在后面出现权限问题时导致服务不能正常运行。

```
[root@www ~]# cd /var/named/
[root@www named]# cp -p named.localhost benet.com.zone
[root@www named]# cp -p named.localhost 192.168.1.arpa
```

（6）修改正向区域数据库文件，内容如下：

```
[root@www named]# vi benet.com.zone
$TTL 1D
@       IN SOA  @ rname.invalid. (
                                0       ; serial
                                1D      ; refresh
                                1H      ; retry
                                1W      ; expire
                                3H )    ; minimum
        NS      @
        A       127.0.0.1
@    IN   NS        www.benet.com.
     IN   NS        Server01.benet.com.
     IN   MX   10   mail.benet.com.
www     IN   A      192.168.1.1
mail    IN   A      192.168.1.2
study   IN   A      192.168.1.3
Server01 IN   A      192.168.1.10
ftp     IN   CNAME     www
```

（7）修改反向区域数据库文件，内容如下：

```
[root@www named]# vi 192.168.1.arpa
$TTL 1D
@       IN SOA  benet.com.  admin.benet.com. (
                                0       ; serial
                                1D      ; refresh
                                1H      ; retry
                                1W      ; expire
                                3H )    ; minimum
        NS      benet.com.
        A       127.0.0.1
        IN      NS  www.benent.com.
        IN      NS  Server01.benet.com.
1   IN   PTR       www.benet.com.
2   IN   PTR       mail.benet.com.
3   IN   PTR       study.benet.com.
10  IN   PTR       Server01.benet.com.
```

（8）启动 named 服务。执行如下命令：

```
[root@www named]# service named start
启动 named:                                    [确定]
```

（9）验证主域名服务器。使用 nslookup 命令验证主域名服务器的正、反向解析结果。

```
[root@www named]# nslookup www.benet.com
Server:     192.168.1.1
Address:    192.168.1.1#53

Name:   www.benet.com
Address: 192.168.1.1
[root@www named]# nslookup 192.168.1.1
Server:     192.168.1.1
```

```
Address:    192.168.1.1#53

1.1.168.192.in-addr.arpa    name = www.benet.com.
```

2.10.2　构建从域名服务器

【实例 2-30】演示在上例的基础上配置从域名服务器的配置过程。

（1）将从域名服务器的地址设置为 192.168.1.10，主机名为 Server01.benet.com。
配置"/etc/hosts"、"/etc/resolv.conf"文件（参考第 2.1 节）。

（2）配置从域名服务器 BIND 的主配置文件和辅助配置文件。

```
[root@Server01 ~]# vi /etc/named.rfc1912.zones
zone "benet.com" IN {
     type slave;
     masters { 192.168.1.1; };
     file "slaves/benet.com.zone";
};

zone "1.168.192.in-addr.arpa" IN {
     type slave;
     masters { 192.168.1.1; };
     file "slvaes/192.168.1.arpa";
};
```

（3）启动 named 服务。执行如下命令：

```
[root@Server01 ~]# service named restart
```

如果配置无误，named 将会自动从主域名服务器中下载区域数据库文件，并保存到
slaves 子目录中。

（4）查看下载的区域文件。

```
[root@Server01 ~]# ls -lh /var/named/slaves/
总用量 8.0K
-rw-r--r--. 1 named named 595  5月 24 09:35 192.168.1.arpa
-rw-r--r--. 1 named named 577  5月 24 09:22 benet.com.zone
```

2.11　测　试　服　务

搭建一个服务就是为了能够很好地将其应用在网络环境中。既然是一个服务，必然会
有相对应的客户端。DNS 服务器的客户端工具主要是使用 nslookup 命令，本节将讲述在
Windows、Linux 客户端下测试 DNS 服务器的功能。

2.11.1　Windows 客户端

在 Windows 下配置 DNS 客户端。具体步骤如下：

（1）右击 Windows 7 桌面上的"网络"图标，在弹出的快捷菜单中选择"属性"命令，

打开"网络和共享中心"的窗口。在该窗口中选择"更改适配器设置"命令。

（2）右击"本地连接"图标，在弹出的快捷菜单中选择"属性"命令，打开"本地连接 属性"对话框，如图 2.8 所示。

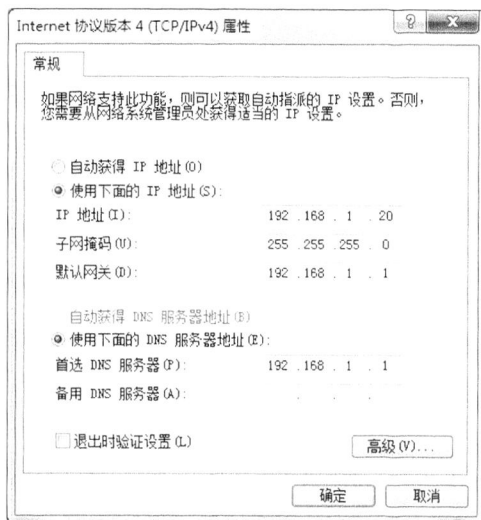

（3）在其中选中"Internet 协议版本 4（TCP/IPv4）"选项，单击右下方的"属性"按钮，打开如图 2.9 所示"Internet 协议版本 4（TCP/IPv4）"属性对话框。

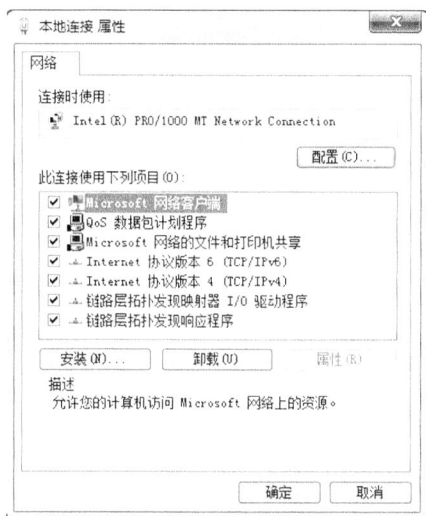

图 2.8　"本地连接属性"对话框　　　图 2.9　"Internet 协议版本 4（TCP/IPv4）属性"对话框

（4）在使用下面的 DNS 服务器地址（E）:下的首选 DNS 服务器（P）中输入"192.168.1.1（DNS 服务器地址）"。然后依次单击"确定"|"关闭"按钮完成设置。

（5）打开 DOS 窗口，使用 nslookup 命令测试在 2.5 节中配置的 DNS 服务器的正向解析。

```
C:\Users\Administrator>nslookup www.benet.com
服务器:  www.benet.com
Address:  192.168.1.1

名称:    www.benet.com
Address:  192.168.1.1

C:\Users\Administrator>nslookup mail.benet.com
服务器:  www.benet.com
Address:  192.168.1.1

名称:    mail.benet.com
Address:  192.168.1.2

C:\Users\Administrator>nslookup study.benet.com
服务器:  www.benet.com
Address:  192.168.1.1

名称:    study.benet.com
Address:  192.168.1.3
```

使用同样的方法测试 DNS 服务器的反向解析。

```
C:\Users\Administrator>nslookup 192.168.1.1
服务器:  www.benet.com
Address: 192.168.1.1

名称:    www.benet.com
Address: 192.168.1.1


C:\Users\Administrator>nslookup 192.168.1.2
服务器:  www.benet.com
Address: 192.168.1.1

名称:    mail.benet.com
Address: 192.168.1.2


C:\Users\Administrator>nslookup 192.168.1.3
服务器:  www.benet.com
Address: 192.168.1.1

名称:    study.benet.com
Address: 192.168.1.3
```

2.11.2 Linux 客户端

在 Linux 下配置 DNS 客户端。具体步骤如下。

（1）配置/etc/resolv.conf 文件。添加 DNS 服务器的域名和地址。

```
search benet.com
nameserver 192.168.1.1
```

配置完后，保存退出该文件。

（2）在终端使用 nslookup 命令测试 DNS 服务器的正向和反向解析。测试结果如下：

```
[root@Server01 ~]# nslookup www.benet.com
Server:     192.168.1.1
Address:    192.168.1.1#53

Name:   www.benet.com
Address: 192.168.1.1

[root@Server01 ~]# nslookup mail.benet.com
Server:     192.168.1.1
Address:    192.168.1.1#53

Name:   mail.benet.com
Address: 192.168.1.2

[root@Server01 ~]# nslookup study.benet.com
Server:     192.168.1.1
Address:    192.168.1.1#53

Name:   study.benet.com
Address: 192.168.1.3
```

```
[root@Server01 ~]# nslookup 192.168.1.1
Server:     192.168.1.1
Address:    192.168.1.1#53

1.1.168.192.in-addr.arpa    name = www.benet.com.

[root@Server01 ~]# nslookup 192.168.1.2
Server:     192.168.1.1
Address:    192.168.1.1#53

2.1.168.192.in-addr.arpa    name = mail.benet.com.

[root@Server01 ~]# nslookup 192.168.1.3
Server:     192.168.1.1
Address:    192.168.1.1#53

3.1.168.192.in-addr.arpa    name = study.benet.com.
```

第 3 章　Squid 代理服务

代理服务器是在 Web 浏览器（如 Internet Explorer）和 Internet 之间起媒介作用的计算机。Squid 作为应用层代理服务软件，主要提供缓存加速、应用层过滤控制的功能。本章将介绍有关代理服务器的基本信息及 Squid 的安装、运行与配置等内容。

3.1　基　本　信　息

在安装 Squid 服务器之前，需要了解搭建该服务的一个环境。在实际应用中，安装一个服务的系统在硬件和软件方面都有些要求。下面介绍 Squid 的基本信息，包括网卡配置、软件包、进程、端口等内容。

3.1.1　网卡配置文件：/etc/sysconfig/network-scripts/ifcfg-XXX

下面为安装 Squid 服务的主机设置一个固定的 IP 地址为 192.168.1.1。

```
[root@localhost ~]# cat /etc/sysconfig/network-scripts/ifcfg-eth0
HWADDR=00:0C:29:88:77:96
IPADDR=192.168.1.1
NETMASK=255.255.255.0
GATEWAY=192.168.1.1
```

3.1.2　软件包：squid

下面以表格的形式列出了 RedHat Linux 中 Squid 服务的 squid 软件包位置及源码包下载地址，如表 3.1 所示。

表 3.1　软件包位置

软件包类型	位　　置
RHEL6 RPM	光盘：/Packages
RHEL5 RPM	光盘：/Server
源码包	http://www.squid-cache.org/

本章讲解安装 Squid 软件的方法，适合 REHL5.X～6.4 的所有版本。不同版本的软件包名，如表 3.2 所示。

表 3.2　不同发行版本的软件包

RHEL 6.4	squid-3.1.10-16.el6.i686.rpm
RHEL 6.3	squid-3.1.10-1.el6_2.4.i686.rpm
RHEL 6.2	squid-3.1.10-1.el6_1.1.i686.rpm
RHEL 6.1	squid-3.1.10-1.el6.i686.rpm
RHEL 6.0	squid-3.1.4-1.el6.i686.rpm
RHEL 5	squid-2.6.STABLE21-6.el5.i386.rpm

3.1.3　进程名：squid

Squid 服务启动后，会自动运行一个名为 squid 的进程。可使用以下命令查看：

```
[root@localhost ~]# ps -eaf | grep squid
root      8981     1  0 17:30 ?      00:00:00 squid -f /etc/squid/squid.conf
squid     8983  8981  0 17:30 ?      00:00:00 (squid) -f /etc/squid/squid.conf
squid     8985  8983  0 17:30 ?      00:00:00 (unlinkd)
root      8990  7183  0 17:30 pts/0  00:00:00 grep squid
```

3.1.4　端口：3128

Squid 服务运行后，默认监听 3128 号端口。可以使用以下命令查看：

```
[root@localhost ~]# netstat -antp | grep squid
tcp       0      0 :::3128          :::*           LISTEN      8983/(squid)
```

3.1.5　防火墙所开放的端口号：3128

当 Squid 服务搭建成功后，需要使用客户端测试验证服务器是否正常。在现实使用情况下，防火墙都是开启的，此时有可能不允许客户端访问。所以需要在防火墙中开放 Squid 服务的 3128 端口允许客户端进行访问。

```
iptables -I INPUT -p tcp --dport 3128 -j ACCEPT
```

3.2　构建 Squid 服务

代理服务的种类非常多，如果按所支持的协议来分，可以分为 HTTP 代理、FTP 代理、SSL 代理、POP3 代理、SOCKS 代理等。其中，HTTP 代理（也称为 Web 代理）的应用最广泛，本节主要以 HTTP 代理为例，介绍代理服务的运行机制、安装、配置等内容。

3.2.1　运行机制

Squid 服务具体是如何工作的，下面分别介绍代理服务器的作用、构成、工作流程 3

部分内容。

1．代理服务器的作用

代理服务器一般构建在内部网络和 Internet 之间，负责转发内网计算机对 Internet 的访问，并对转发请求进行控制和登记。代理服务器作为连接 Intranet（局域网）与 Internet（广域网）的桥梁，在实际应用中有着重要的作用。利用代理，除了可以实现最基本的连接功能外，还可以实现安全保护、缓存数据、内容过滤和访问控制等功能。

2．代理服务器构成

多台客户机通过内网与 Web 代理服务器连接。Web 代理服务器除了与内网连接外，还有一个网络接口与外网连接。代理服务器的架构如图 3.1 所示。

在图 3.1 中，Squid 代理服务器是客户端与 Internet 网进行连接的桥梁。Squid 代理服务器简单分为 3 部分，即客户端、代理服务器、Internet。客户端通过向代理服务器发送请求与 Internet 网建立连接。

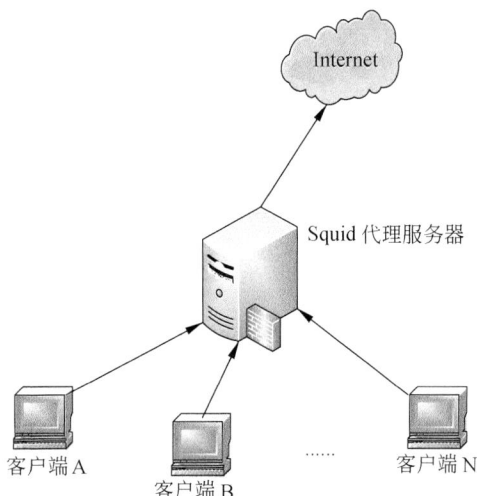

图 3.1　Squid 代理服务器的构成

3．代理服务器的工作流程

代理服务器的工作流程如图 3.2 所示。当客户端访问 Internet 网中的 Web 服务器时，客户端首先向代理服务器发送 HTTP 请求。如果发现所请求的数据在缓存中已经存在，则直接把这些数据发送给客户端。如果代理服务器在缓存中找不到所请求的数据，则会转发这个 HTTP 请求到客户端要访问的 Web 服务器。Web 服务器响应后，把数据发给了代理服务器，代理服务器再把 Web 服务器响应的数据转交给客户端，同时把这些数据存储在缓存中。于是，下次客户端再次请求同样的数据时，代理服务器就直接用缓存中的数据进行响应，而不需要再次向 Web 服务器请求数据。这样也提高了数据传输的速度。

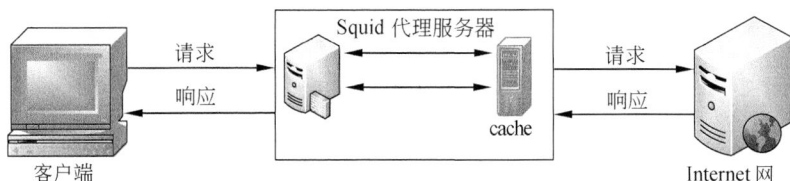

图 3.2　代理服务器工作流程图

当然，如果客户端每一次请求的数据在代理服务器的缓存中都没有，都需要通过代理服务器向 Internet 上的 Web 服务器请求，则比客户端自己直接请求时的速度要慢。但由于能加快后续访问的速度，因此，从整体来说，速度的提高还是很明显的。

3.2.2　搭建服务

默认情况下，在安装 RHEL 时并未安装 Squid 服务器程序，在使用 Squid 服务前，首先必须将 Squid 服务器程序安装到系统中。为了方便安装，本节使用光盘中自带的 RPM 包安装 Squid 代理服务。具体操作步骤如下：

（1）使用如下命令查看 squid 软件是否安装。

```
[root@localhost ~]# rpm -q squid
```

输出信息如下：

```
package squid is not installed
```

输出的信息说明软件包 squid 没有安装。

（2）挂载 RHEL 6.4 系统光盘，并安装其中的 squid-3.1.10-16.el6.i686.rpm 软件包。

```
[root@localhost ~]# mount /dev/cdrom /mnt/cdrom/
mount: block device /dev/sr0 is write-protected, mounting read-only
[root@localhost ~]# cd /mnt/cdrom/Packages/
[root@www Packages]# rpm -ivh squid-3.1.10-16.el6.i686.rpm
warning: squid-3.1.10-16.el6.i686.rpm: Header V3 RSA/SHA256 Signature, key
ID fd431d51: NOKEY
Preparing...          ########################################### [100%]
   1:squid            ########################################### [100%]
```

3.3　文　件　组　成

当某一个服务安装后，会自动创建一些目录和文件。下面来看一下 Squid 代理服务所创建的文件，如表 3.3 所示。

表 3.3　Squid代理服务中的文件

目　　录	文　件　名	文 件 类 型	功 能 说 明
/etc/httpd/conf.d/	squid.conf	配置文件	和 Web 的代理捆绑在一起
/etc/logrotate.d	squid	配置文件	日志转储文件
/etc/pam.d	squid	配置文件	PAM 认证
/etc/rc.d/init.d	squid	可执行文件	代理服务的守护进程
/etc/squid	cachemgr.conf	配置文件	监控代理服务器
	errorpage.css	配置文件	代理服务错误页面的样式表改编自免费 CSS 模板设计
	mime.conf	配置文件	定义 MIME-TYPE 文件
	msntauth.conf	配置文件	MSNT 认证的配置文件
	squid.conf	配置文件	代理服务的主配置文件
/etc/sysconfig/	squid	配置文件	命令参数配置文件
/usr/bin	squidclient	可执行文件	一个简单的 HTTP Web 客户端
/usr/sbin/	squid	可执行文件	代理缓存服务器

目　　录	文　件　名	文 件 类 型	功 能 说 明
/var/log/squid	access.log	普通文件	默认访问日志文件
	cache.log	普通文件	缓存日志文件
	squid.out	普通文件	记录配置文件中出现的问题

在表 3.3 中列出了该服务所有的文件，下面以图的形式表示出这些文件的工作流程。代理服务工作过程中发挥作用的文件流程如图 3.3 所示。

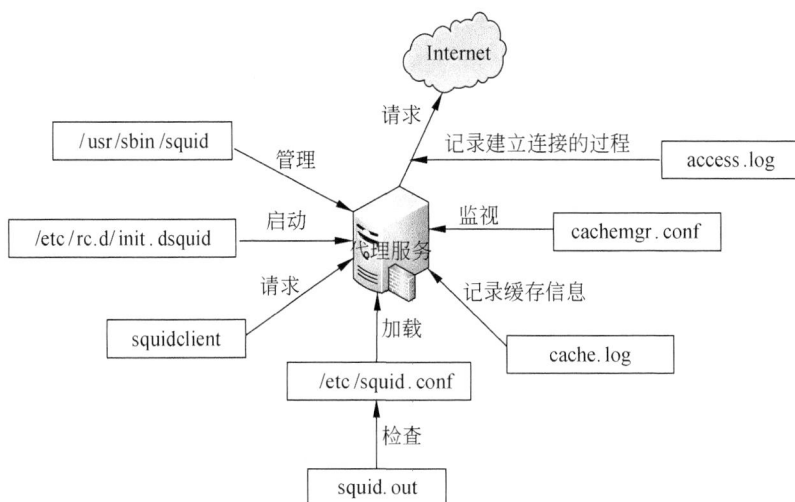

图 3.3　Squid 服务流程图

3.4　配置文件：/etc/squid/squid.conf

Squid 服务默认的配置文件位于/etc/squid/squid.conf。该文件中包含大量的注释内容，为相关的配置项提供了详尽的解释和说明。下面仅对最常用到的一些配置项做出解释。充分了解这些配置项的作用，将有助于用户在实际生活中灵活应用配置代理服务。

3.4.1　访问控制列表选项：acl

访问控制列表（Access Control List）简称 ACL。这些列表中包含了一定的过滤和控制条件，然后只要针对这些列表设置是 allow（允许）或 deny（拒绝）就可以实现访问控制了。

在 squid.conf 配置文件中，HTTP 的访问控制主要由 acl 和 http_access 配置项共同实现，两个配置项分别用来定义控制的条件（列表）和实施控制。

acl 配置项用于设置访问控制列表的内容，可以为每组特定的控制目标指定一个名称。每一行 acl 配置定义一个访问控制列表，格式如下。

```
acl 列表名称 列表类型 列表内容 ...
```

其中，"列表名称"为用户自行指定，"列表类型"必须使用 Squid 预定义的值，"列表内容"即控制的具体对象，根据对应的列表类型进行设置。每个列表类型的内容可以包含多个值，各个值之间使用"或"的关系，只要满足其中任何一个值就可以匹配成功。

Squid 预定义的列表类型有很多种，常用的包括源地址、目标地址、访问时间、访问端口等，如表 3.4 所示。

表 3.4　常用的几种acl列表类型

列 表 类 型	列表内容示例	含义/用途
src	192.168.1.168/32 192.168.1.0/255.255.255.0 192.168.1.0-192.168.3.0/24	客户端的 IP 地址或网络段、地址范围
dst	www.playboy.com 216.163.137.3/32	用户访问的目标主机名或者 IP 地址
port	80 8000 8080 21	用户访问的目标端口
srcdomain	.benet.com .accp.com	客户端来源域（根据 IP 地址作反向解析）
dstdomain	.qq.com .msn.com verycd.com	用户访问的目标域，匹配域内所有站点
time	MTWHF 8:30-17.30 12:00-1300 AS	用户上网的时间段 字母表示一星期中各天的英文缩写 M-Monday、T-Tuesday W-Wednesday、H-Thursday、F-Friday A-Saturday、S-Sunday
Maxconn	15	客户端的并发 HTTP 连接数
url_regex	url_regex -i ^rtsp://^mms:// url_regex -i ^emule://	用户访问的整个 URL 网址，可以使用正则表达式，加-i 表示忽略大小写
urlpath_regex	urlpath_regex -i sex adult nude urlpath_regex -i \.mp3$\.rar$	匹配用户访问的 URL 路径（部分），可以使用正则表达式

（1）定义源地址类型的访问控制列表。

```
acl all src 0.0.0.0/0.0.0.0
acl localhost src 127.0.0.1/255.255.255.255
acl LAN1 src 192.168.1.0/24
acl LAN2 src 192.168.2.0/24
acl PC1 src 192.168.1.66/32              //定义单个 IP 地址
```

（2）定义来源域类型的访问控制列表。

```
acl lan_Domain srcdomain .benet.com .accp.com
```

（3）定义目标地址类型的访问控制列表。

```
acl to_localhost dst 127.0.0./8
acl Black_IP dst 61.143.79.86/32 21723.45.77/32
```

（4）定义目标域类型的访问控制列表。

```
acl Black_HOST www.xxxx.com www.adult.com //squid 在启动时会尝试解析为 IP 地址
acl Black_Domain dstdomain .qq.com .msn.com .gamezone.net
```

（5）定义 HTTP 并发连接数限制类型的访问控制列表。

```
acl Max10_Conn maxconn 10
acl Max20_Conn maxconn 20
```

（6）定义按正则表达式定义用户请求访问的 Web 对象类型的访问控制列表。

```
acl Black_URL url_regex -i ^rtsp:// ^mms:// ^emule://
acl Illegal_Words urlpath_regex -i sex adult fake
acl MediaFile urlpath_regex -i \.mp3$ \.mp4$ \.rmvb$ \.rm$ \.mov$ \.mpg$
```

（7）定义用户时间类型的访问控制列表。

```
acl Lunch_Hours time MTWHF 12:00-13:00
acl Work_Hours time MTWHF 08:30-17:30
```

3.4.2　设置 acl 访问权限：http_access

针对各种 acl 列表，使用 http_access 配置项控制其访问权限，允许（allow）或者拒绝（deny）。http_access 配置行必须在对应的 acl 定义之后。每一行 http_access 配置确定一条权限控制规则，格式如下：

```
http_access allow | deny [!]aclname......
```

一般格式如下：

```
http_access allow或deny 列表名......
```

在每一条 http_access 规则中，可以同时包含多个 acl 列表名，各个列表之间使用“与”的关系，只有满足所有 acl 列表对应的条件才会进行限制。在 acl 列表前可以添加“！”符号设置相反的条件。

在 squid.conf 文件中，将按照 http_access 各条规则的顺序进行扫描，如果找到一条相匹配的规则就不再向后搜索。因此，访问控制规则的顺序非常重要。以下两种默认情况需要注意。

❏ 没有设置任何规则时：Squid 服务将拒绝客户端的请求。
❏ 有规则但找不到相匹配的项：Squid 将采用与最后一条规则相反的权限，即如果最后一条规则是 allow，那么就拒绝客户端的请求，否则允许该请求。

通常情况下，把最常用到的控制规则放在最前面，以减少 Squid 的负载。在访问控制的总体策略上，建议使用“先拒绝后允许”或“先允许后拒绝”方式，在最后添加一条“http_access allow all”或者“http_access deny all”。

在模板配置文件中已经附带了一些配置并且有相应的解释。用户可以参考这些例子设置需要的访问权限。

```
# Only allow cachemgr access from localhost
http_access allow manager localhost
http_access deny manager

# Deny requests to certain unsafe ports
http_access deny !Safe_ports

# Deny CONNECT to other than secure SSL ports
http_access deny CONNECT !SSL_ports

# We strongly recommend the following be uncommented to protect innocent
# web applications running on the proxy server who think the only
```

```
# one who can access services on "localhost" is a local user
#http_access deny to_localhost

#
# INSERT YOUR OWN RULE(S) HERE TO ALLOW ACCESS FROM YOUR CLIENTS
#

# Example rule allowing access from your local networks.
# Adapt localnet in the ACL section to list your (internal) IP networks
# from where browsing should be allowed
http_access allow localnet
http_access allow localhost

# And finally deny all other access to this proxy
http_access deny all
```

3.4.3　设置代理服务监听的地址和端口：http_port

http_port 是配置代理服务器最重要的一个选项。它决定了服务器使用哪种代理方式。该选项的设置格式有以下 3 种：

```
http_port 端口号
http_port IP 地址:端口号 transparent
http_prot IP 地址:端口号 vhost
```

其中，这 3 种格式的含义如下。

- ❑ http_port 端口号：用来设置支持基本代理功能。默认监听的端口号为 3128。
- ❑ http_port IP 地址:端口号 transparent：用来设置支持透明代理功能。这里的地址指的是代理服务器的地址。
- ❑ http_prot IP 地址:端口号 vhost：用来设置支持反向代理功能。这里的地址指的是内网中服务器的地址。

3.4.4　指定可见的主机名：visible_hostname

在设置代理服务器时，必须要配置该选项，否则会报错 "WARNING: Could not determine this machines public hostname. Please configure one or set 'visible_hostname'." 。该选项的格式如下：

```
visible_hostname 主机名
```

3.4.5　对邻居的请求限制：hierarchy_stoplist

许多使用缓冲堆叠的用户，想控制或限制 Squid 发送到邻居缓冲的请求。这时就可以设置该选项。配置文件中默认的该列表是：

```
hierarchy_stoplist cgi-bin ?
```

这样，任何包含问号或 cgi-bin 字符串的请求匹配该列表，变成不可层叠。默认 Squid

直接发送不可层叠的请求到原始服务器。因为这些请求不会导致无法连接到网络，它们通常是邻居的缓冲来承担责任的。

3.4.6　设置缓冲数据时使用的目录参数：cache_dir

配置文件中默认的配置如下：

```
cache_dir ufs /var/spool/squid 100 16 256
```

这条配置选项中 cache_dir 是关键字，其他都是参数。其中，UFS（UNIX File System，UNIX 文件系统）是 Squid 最早使用的缓存文件的格式，也是 Squid 内建的存储格式类型；/var/spool/squid 是缓存数据的默认存放目录；后面 3 个数字依次表示该缓存目录可以使用的磁盘空间大小（单位为 MB）、一级子目录个数、二级子目录个数。如果代理用户数量较多，可以适当增大缓存目录的大小。

按此行配置初始化后的 Squid，将会在/var/spool/squid/目录下创建 16 个一级子目录（名称为 00、01、02、……、0F），在每个一级子目录下创建 256 个二级子目录（名称为 00、01、02、……、F0、F1、F2、……、FF）。缓存下来的文件数据将保存到上述目录中。

在应用环境中可以根据实际情况适当扩大缓存目录的容量和子目录数。

❑ **access_log** /var/log/squid/access.log squid：指定日志文件的保存位置和记录格式（squid），该日志文件用于记录有哪些客户端通过代理访问过哪些 Web 对象等信息。

❑ **visible_hostname** porxy.benet.com：设置代理服务器可用的完整主机名，在 Squid 初始化或者启动服务时可能会用到。

❑ **dns_testnames** www.google.com www.sina.com.cn www.163.com：为了确保能够正常提供 Web 代理服务，squid 服务在启动时，可以通过该项设置测试 DNS 解析工作是否存在障碍。按从左到右的顺序，只要成功解析出一个域名，就不再测试后面的其他域名。如果管理员确认 DNS 解析没问题或者不需要 DNS 解析，建议注释掉该项配置，以加快服务初始化的速度。

3.4.7　定义 dump 的目录：coredump_dir

配置文件中默认的配置如下：

```
# Leave coredumps in the first cache dir
coredump_dir /var/spool/squid
```

该选项定义了 dump 的目录为/var/spool/squid。

3.4.8　间接地控制磁盘缓存：refresh_pattern

refresh_pattern 用于确定一个页面进入 cache 后，在 cache 中保存的时间。refresh_pattern 规则仅仅应用到没有明确时间限制的响应。它的语法格式如下：

```
refresh_pattern [-i] regexp min percent max [options]
```

该语法中各选项含义如下。

- ❑ regexp：区分正则表达式的大小写。如果使用"-i"选项可以不用区分大小写。
- ❑ min：设置过时响应的最低时间限制。如果某个响应驻留在缓冲里的时间没有超过这个最低限制，那么它不会过期。
- ❑ percent：在最低和最高时间限制之间的响应。它是使用（LM-factor）算法计算过期时间的。
- ❑ max：设置存活响应的最高时间限制。如果某个响应驻留在缓冲里的时间高于这个最高限制，那么它必须被刷新。

在主配置文件 squid.conf 中，默认的有如下配置：

```
# Add any of your own refresh_pattern entries above these.
refresh_pattern ^ftp:          1440    20%    10080
refresh_pattern ^gopher:       1440    0%     1440
refresh_pattern -i (/cgi-bin/|\?) 0    0%     0
refresh_pattern .              0       20%    4320
```

3.4.9　设置缓冲功能的内存空间：cache_mem

设置用于缓存功能的内存空间大小，可以使用 MB 作为单位，主要用于保持访问较频繁的 Web 对象。一般来说将这个参数设置为物理内存的 1/4～1/3 比较合适，具体视服务器的实际性能和负载而定。下面看一个配置例子。

```
cache_mem 64MB
```

3.4.10　设置保存到高速缓冲的容量：maximum_object_size

允许保存到高速缓存的最大对象（文件）大小，可以使用 KB 作为单位。超过指定容量的文件将不会被缓存，而是直接转发给用户。如果需要对音频、视频等较大的文件进行缓存，可以适当增加该参数的值。下面看一个配置例子。

```
maximum_object_size 4096 KB
```

3.5　日　志　文　件

Squid 服务运行后，会自动创建 access.log、cache.log、squid.out 这 3 个日志文件。这 3 个文件分别保存了代理服务 3 种情况下的日志信息。下面介绍这 3 个配置文件。

3.5.1　访问日志文件：/var/log/squid/access.log

该文件记录了 Squid 的访问日志信息。如果想查看客户端是否通过 Squid 代理服务进行了网络连接，在该日子文件中有详细的记录。下面看一段通过 Squid 访问日志记录的信息：

```
1369906537.667           4   192.168.2.100   TCP_MISS/403   4308   GET
http://192.168.1.100/ - DIRECT/192.168.1.100 text/html
1369906537.722          18   192.168.2.100   TCP_MISS/200   2177   GET
http://192.168.1.100/icons/apache_pb2.gif - DIRECT/192.168.1.100 image/gif
1369906537.732           1   192.168.2.100   TCP_MISS/404    594   GET
http://192.168.1.100/favicon.ico - DIRECT/192.168.1.100 text/html
1369906540.734           2   192.168.2.100   TCP_MISS/404    594   GET
http://192.168.1.100/favicon.ico - DIRECT/192.168.1.100 text/html
```

日志信息描述了具体哪个客户端通过代理服务器访问到一台 Web 服务器的记录。如 192.168.2.100 是客户端的地址，192.168.1.100 是 Web 服务器的地址。

3.5.2　缓存日志文件：/var/log/squid/cache.log

该文件中记录了所有高速缓存的行为。该文件就相当于一个临时存储器，可以提高用户访问信息的速度。缓存文件可以定期清理，不影响系统使用。下面看一段记录的信息：

```
2013/07/15 16:37:02| storeDirWriteCleanLogs: Starting...
2013/07/15 16:37:02|   Finished.  Wrote 0 entries.
2013/07/15 16:37:02|   Took 0.00 seconds ( 0.00 entries/sec).
2013/07/15 16:37:02| logfileRotate: /var/log/squid/access.log
```

3.5.3　Squid 的配置出现的问题文件：/var/log/squid/squid.out

该文件记录了代理服务的配置文件 squid.conf 的问题，如果该配置文件有错误配置项会在该文件中记录下来。下面是一段错误记录信息：

```
squid: ERROR: No running copy
2013/06/20 15:56:11| WARNING: No units on 'cache_mem 64MB', assuming 64.00 bytes
2013/06/20 15:56:11| WARNING: No units on 'maximum_object_size 4096KB',
assuming 4096.00 bytes
```

3.5.4　日志转储参数：/etc/logrotate.d/squid

squid 文件的主要作用就是告诉 logrotate 读入存放在/etc/logrotate.d 目录中的日志转储参数，方便用户集中管理。该文件不需要做任何修改，采用默认配置就可以。

3.6　可执行文件

Squid 服务的可执行文件是用来控制 squid 进程和端口的。当该文件运行时，squid 进程和端口也就会被监听。下面来看下这些脚本文件。

3.6.1　可执行程序文件：/usr/sbin/squid

Squid 服务安装成功后，在/usr/sbin 目录下有一个可执行程序文件 squid。它可以用来启动 Squid 服务，语法格式如下：

```
squid [选项]
```

常用选项含义如下。

- ❑ -a port：指定新的 http_port 值。该选项覆盖了来自 squid.conf 的值。但是，在 squid.conf 中能指定多个值，-a 选项仅仅覆盖配置文件里的第一个值。
- ❑ -d level：让 squid 将它的调试信息写到标准错误中。
- ❑ -f file：指定另一个配置文件。
- ❑ -F：让 squid 拒绝所有的请求，直到它重新建立起存储元数据。
- ❑ -h：显示用法。
- ❑ -i：安装为 Windows 服务。
- ❑ -k function：指示 squid 执行不同的管理功能。功能参数有 reconfigure、rotate、shutdown、interrupt、kill、debug、check，parse。其中，reconfigure 表示重新加载配置文件；rotate 表示关闭日志、重命名和再次打开日志；shutdown 表示关闭 squid 进程；interrupt 表示立刻关闭 squid，不必等待活动会话完成；kill 表示发送 KILL 信号给 squid，这是关闭 squid 的最后保证；debug 表示将 squid 设置成完全的调试模式；check 表示简单的检查运行中的 quid 进程，返回的值显示 squid 是否在运行；parse 表示简单的解析 squid.conf 文件，如果配置文件包含错误，进程返回非零值。
- ❑ -N：阻止 squid 变成后台服务进程。
- ❑ -R：阻止 squid 在绑定 HTTP 端口之前使用 SO_REUSEADDR 选项。
- ❑ -s：将日志记录到 syslog 进程。
- ❑ -v：显示版本信息。
- ❑ -V：激活虚拟主机加速模式。
- ❑ -X：强迫使用完整调试模式。
- ❑ -z：初始化缓存目录。

【实例 3-1】使用 squid 命令启动代理服务。执行命令如下：

```
[root@www ~]# squid -z
[root@www ~]# squid -k reconfigure
```

3.6.2　控制服务文件：/etc/rc.d/init.d/squid

Squid 文件通过使用 service 命令的 start、stop、restart 参数来启动、关闭、重启 Squid 代理服务。该文件也可以使用它的绝对路径带 start、stop、restart 参数来控制服务的运行。启动 Squid 服务的命令如下：

```
[root@www ~]# service squid start
正在启动 squid:                                    [确定]
```

或者

```
[root@www ~]# /etc/init.d/squid start
正在启动 squid:                                    [确定]
```

3.7　其他配置文件

在前面以分类的形式介绍了相关配置文件的作用及内容。该服务还有其他几个文件，下面详细介绍与代理服务有关的文件。

3.7.1　命令参数配置文件：/etc/sysconfig/squid

该文件中记录了 Squid 服务主配置文件的位置、关闭服务的等待时间等信息。下面查看该文件默认的内容。

```
[root@www ~]# vi /etc/sysconfig/squid
# default squid options
SQUID_OPTS=""

# Time to wait for Squid to shut down when asked. Should not be necessary
# most of the time.
SQUID_SHUTDOWN_TIMEOUT=100

# default squid conf file
SQUID_CONF="/etc/squid/squid.conf"
```

其中，以"#"开头的内容为注释信息，也是对下面信息的解释。

3.7.2　PAM 认证文件：/etc/pam.d/squid

PAM 认证是 Linux 服务器系统最主要的安全认证模式，掌握 PAM 认证对于加强系统安全非常重要。在代理服务器中该配置文件不需要修改，默认即可。

3.7.3　监视性能文件：/etc/squid/cachemgr.conf

该文件通过管理 cachemgr.cgi 脚本监视 Squid 服务的性能。该文件不需要做任何的修改。如果使用源码包安装 Squid 软件，需要使用 cachemgr.cgi 的网页管理功能，编译时需要使用"--enable-cachemgr-hostname"选项。

3.7.4　定义 MIME-TYPE 文件：/etc/squid/mime.conf

该文件用来定义 MIME-TYPE，该文件定义的格式是：正则表达式的内容、类型、图标内容、编码、模式。该文件保持默认的配置即可，一般情况下不需要定义。

3.7.5　MSNT 认证的配置文件：/etc/squid/msntauth.conf

/etc/squid/msntauth.conf 是 MSNT 的身份验证配置文件。该文件已经默认定义了 MSNT

的认证信息，不需要进行修改了。

3.7.6　和 Web 的代理捆绑在一起：/etc/httpd/conf.d/squid.conf

该文件主要用来配置与 Web 的代理相关的配置。默认的使用 ScriptAlias 指令将 CGI 程序的 cachemgr.cgi 文件限定在另外的目录/usr/lib/squid/中，用该文件来监控 squid 的问题。该文件保持默认的配置就可以了。

3.8　实　例　应　用

为了更深地了解 Squid 的配置，下面以实例的形式来演示传统代理、透明代理、反向代理的配置过程。

3.8.1　配置 Squid 实现基本的代理功能

标准代理即普通的代理服务，一般以提供 HTTP、FTP 代理为主，需要客户端在浏览器中指定代理服务的地址和端口号（默认端口号为 3128）。对于企业的局域网来说，通过代理服务器同样可以接入 Internet，但一般只能访问 Web 网站和 FTP 站点。同时，通过代理服务器的缓存机制，局域网用户访问 Web 站点的速度可以得到显著提高。

当客户端通过代理服务器请求 Web 页面时，代理服务器会首先检查自己的高速缓存。如果有客户端需要的页面，则直接从高速缓存中读取页面并返回给客户端浏览器，如图 3.4 所示。如果缓存中没有该页面，则代理服务器向 Internet 中发送请求，获得返回的 Web 页面以后，将数据保存至高速缓存并返回给客户端浏览器。缓存加速的对象主要是文字图像等静态的 Web 对象。

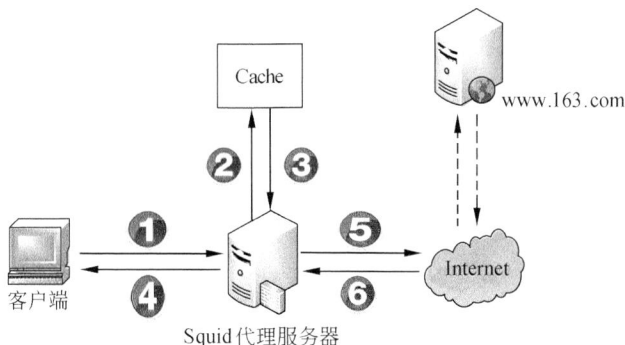

图 3.4　代理服务的缓存加速机制

通过引入缓存加速机制，当客户端在不同的时候访问同一 Web 对象，或者不同的客户端访问相同的 Web 对象的时候，就可以直接从代理服务器的缓存中获得结果。这样就大大减少了向 Internet 提交重复数据访问的过程，加快了客户端的 Web 访问速度。同时，代理服务器可以在这个"代理访问"过程中加入过滤和控制。

在初次配置 Squid 代理服务时，主要注意两个地方即可：其一，设置好完整的主机名，例如 visible_hostname www.benet.com，如果没有正式可用的完整主机名，也可以将主机名指定为 localhost.localdomain，以避免在 Squid 检查主机名时发生错误。其二，注意添加 http_access allow all 的访问策略，以允许客户端使用代理服务。

实验需求描述如下：

（1）在 Linux 网关主机上启用 Squid 代理服务，为局域网用户（192.168.1.100/24）访问 Internet 网站提供缓存加速，如图 3.5 所示。

（2）调整 squid.conf 配置文件，禁止所有用户通过代理下载超过 10MB 大小的文件。

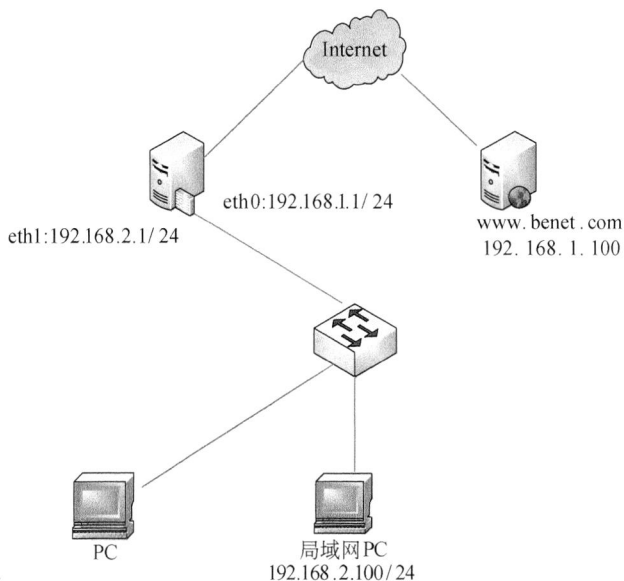

图 3.5　配置 Squid 实现基本的代理功能

【实例 3-2】根据上述环境配置 Squid 实现基本的代理功能（传统代理）。具体操作步骤如下。

（1）配置 Squid 代理服务器端。

```
[root@www ~]# vi /etc/squid/squid.conf
http_port 3128
visible_hostname www.benet.com                //指定可见的主机名
http_access allow all    //查找修改此行，否则应放在 http_access deny all 行之前
```

（2）初始化并启动代理服务。

```
[root@www ~]# service squid start
正在启动 squid：.                                 [确定]
```

如果不使用系统服务脚本，也可以直接调用 squid 程序。

```
[root@www ~]# squid -z                          //-z 选项用于初始化缓存目录
2013/05/30 15:09:40| Creating Swap Directories
[root@www ~]# squid -k reconfigure              //需要重新加载配置文件时使用此命令
```

（3）修改客户端浏览器设置指定所使用代理服务器的 IP 地址、端口。

（4）通过 Squid 访问日志查看客户端的访问记录（tail -f 用于跟踪文件变化，按 Ctrl+C 中止）。

```
[root@www ~]# tail -f /var/log/squid/access.log
...
1369899684.010              4   192.168.2.100   TCP_MISS/403   4278   GET
http://192.168.1.100/ - DIRECT/192.168.1.100 text/html
```

3.8.2　配置透明代理

透明代理（Transparent Proxy）提供与传统代理相同的功能和服务，其"透明"之处在于：客户端不需要在浏览器中指定代理服务器的地址和端口号，代理服务对客户端用户来说是"透明"的，用户甚至并不知道自己已经在使用代理服务了。

在很多企业网络中，代理服务器往往也就是局域网接入 Internet 的网关。因此，管理员就有机会将局域网访问 Web 站点的数据转交（Redirect，重新定向）给网关本节的代理服务程序。而这个数据转交的工作由防火墙策略来完成，局域网的客户机并不需要知道具体的实现过程。

在配置透明代理之前，需要了解一下设置 iptables 的重定向策略。

iptables 防火墙有一个名为 REDIRECT（重定向）的数据包处理策略，可以在防火墙主机内部转发数据包。简单地说，这个策略可以将符合条件的数据包交给本机中某个特定端口（如代理服务的 3128 端口）上的服务进程进行处理。

REDIRECT 只能在 nat 表的 PREROUTING 或 OUTPUT 链以及被其调用的链中使用。通过"--to-ports 端口号"的形式指定映射的目标端口。

【实例 3-3】将从 eth1 网卡进入、源 IP 地址属于 192.168.1.0/24 网段且访问 TCP 协议 80 端口（Web）页面数据包，重定向转交给运行在本机 3128 端口上的服务（Squid）进行处理。

```
[root@www ~]# iptables -t nat -I PREROUTING -i eth1 -s 192.168.1.0/24 -p
tcp --dport 80 -j REDIRECT --to-ports 3128
```

实验需求描述如下：

（1）在代理服务器（192.168.2.1/24）中启用 Squid 服务，并添加透明代理支持。

（2）该服务器同时作为局域网内（192.168.2.0/24）各主机的网关服务器，如图 3.4 所示。

（3）设置 iptables 防火墙规则，将局域网用户访问 Internet 网站的数据包进行重定向，交给 Squid 服务处理。

【实例 3-4】根据上述环境配置 Squid 实现透明代理服务。具体操作步骤如下。

（1）修改 squid.conf 配置文件，添加透明代理支持（其他基本功能配置略）。

```
[root@www ~]# vi /etc/squid/squid.conf
http_port 192.168.2.1:3128 transparent
```

（2）重新加载 Squid 服务配置。

```
[root@www ~]# service squid reload
```

（3）设置 iptables 规则，将访问 HTTP 的数据重定向给代理服务器。

```
[root@www ~]# iptables -t nat -I PREROUTING -i eth1 -s 192.168.2.0/24 -p
tcp --dport 80 -j REDIRECT --to-ports 3128
```

（4）确认各客户端的 IP 地址、默认网关地址等设置正确，浏览器中不需要设置代理（如果已经设置则改回不使用代理）。

（5）在客户端浏览器重新访问网页，同时在代理服务器上跟踪 Squid 访问日志记录。如果能正常访问网页且 access.log 有访问记录，说明透明代理配置成功。

```
[root@www ~]# tail -f /var/log/squid/access.log
...
1369899684.010            4   192.168.2.100   TCP_MISS/403   4278   GET
http://192.168.1.100/ - DIRECT/192.168.1.100 text/html
```

3.8.3　配置反向代理

反向代理（Reverse Proxy）也同样提供缓存加速，只不过服务的对象反过来了。传统代理也好，透明代理也好，大多是为局域网用户访问 Internet 中的 Web 站点提供缓存代理；而反向代理恰恰相反，主要为 Internet 中的用户访问企业局域网内的 Web 站点提供缓存加速，是一个反方向的代理过程，如图 3.6 所示，因此称为反向代理。

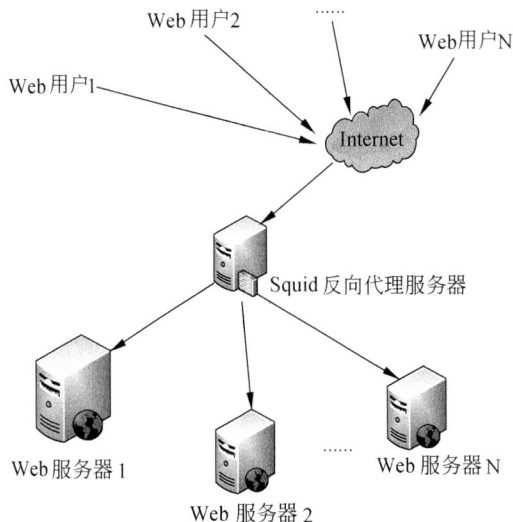

图 3.6　反向代理的缓存加速

在 squid.conf 文件中，实现反向代理服务最基本的选项有两处。其一，在 http_port 配置项后边增加 vhost 选项；其二，使用 cache_peer 配置项指定后台真正提供 Web 服务的主机（有时称为上游服务器）的 IP 地址端口等参数。

使用 cache_peer 配置项指定上游 Web 服务器主机的位置，配置行格式如下：

```
cache_peer Web 服务器地址 服务器类型 http 端口 icp 端口 [可选项]
```

其中，服务器类型对应到目标主机的缓存级别，上游 Web 主机一般使用 parent（父服务器）；icp 端口用于连接相邻的 ICP（Internet Cache Protocol）缓存服务器（通常为另一台 Squid 主机），如果没有，则使用 0；可选项是提供缓存时的一些附件参数，例如 originserver 表示该服务器作为提供 Web 服务的原始主机，weight=n 指定服务器的优先权重，n 为整数，数字越大优先级越高（默认为 1）；max-conn=n 指定反向代理主机到该 Web 服务器的最大连接数。

⚠️注意：vhost 与 transparent 不要同时使用。

实验需求如下：

（1）公司使用两台 Web 服务器（192.168.2.10/24192.168.2.20、24）实现负载分担，并在前端使用 Squid 做反向代理加速，如图 3.7 所示。

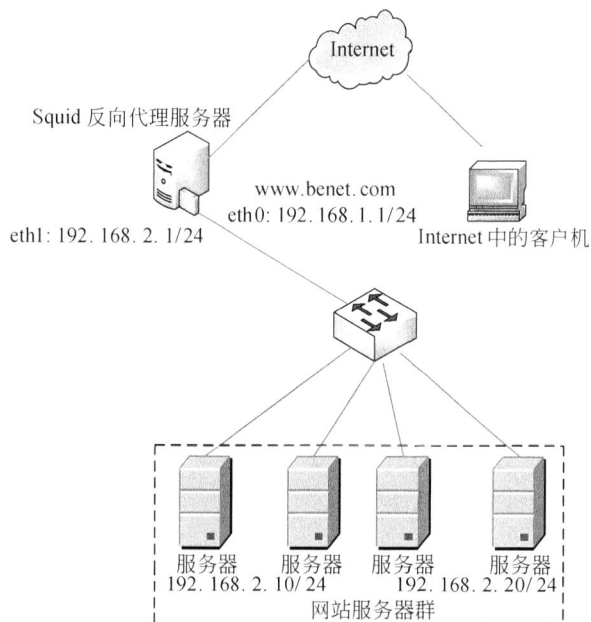

图 3.7　配置 Squid 实现反向代理加速

（2）Internet 用户直接访问的是 Squid 反向代理服务器（将监听端口修改为 80）。

（3）通过 Squid 代理服务器间接访问实际的网站服务器。

【实例 3-5】根据上述环境配置 Squid 实现反向代理，操作步骤如下。

（1）修改 squid.conf 配置文件。

```
[root@www ~]# vi /etc/squid/squid.conf
http_port 192.168.1.1:80 vhost vport
cache_peer 192.168.2.10 parent 80 0 originserver
cache_peer 192.168.2.20 parent 80 0 originserver
visible_hostname www.benet.com
```

（2）重新启动 squid 服务。如果在 80 端口已经运行 httpd 服务，注意先关闭。

```
[root@www ~]# service squid restart
```

（3）在 Internet 中的客户端主机上，使用浏览器访问反向代理服务器的地址（如

192.168.1.1）。

（4）在 Squid 反向代理服务器上，查看 access.log 访问日志，验证反向代理是否成功。

```
[root@www ~]# tail /var/log/squid/access.log
//......省略部分内容
1369965652.982            2   192.168.1.10   TCP_MISS/403   4306   GET
http://192.168.1.1/ - FIRST_UP_PARENT/192.168.2.10 text/html
1369965672.675            1   192.168.1.10   TCP_MISS/304   273    GET
http://192.168.1.1/icons/apache_pb2.gif - FIRST_UP_PARENT/192.168.2.10 -
```

其中，192.168.1.10 是测试的 Internet 中客户端主机的 IP 地址。

3.9　测　试　服　务

搭建一个服务就是为了能够很好地应用在网络环境中。本节将讲述在 Windows、Linux 客户端下测试 Squid 代理服务器的功能。

3.9.1　Windows 客户端

在前面实例的配置下，现在使用 Windows 客户端测试标准代理服务器。配置步骤如下。

（1）在 IE 浏览器中依次选择"工具"|"Internet 选项"，打开"Internet 选项"对话框，如图 3.8 所示。

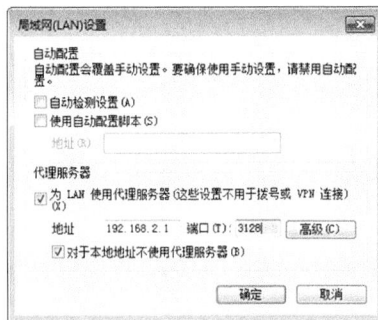

（2）选择"连接"选项卡，然后单击"局域网设置（L）"按钮，打开如图 3.9 所示对话框。

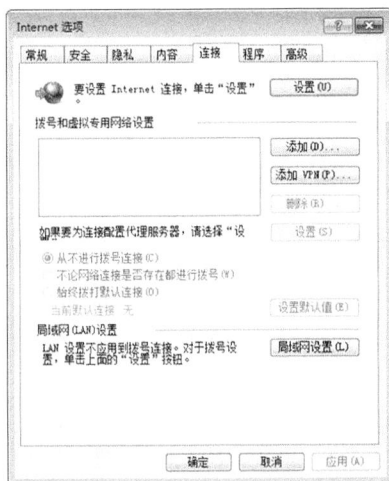

图 3.8　"Internet 选项"对话框　　　　图 3.9　"局域网（LAN）设置"对话框

（3）选中"局域网（LAN）设置"对话框中"代理服务器"选项区域下的复选框，并且在"地址"和"端口"文本框中输入代理服务器的地址和端口。这里的代理服务器地址和端口分别是 192.168.2.1 和 3128。然后单击"确定"按钮。

（4）这时就可以在浏览器中输入 Web 服务器地址进行访问了。访问到的页面如图 3.10

所示。

图 3.10　Web 服务器测试页面

对于透明代理和反向代理在客户端的配置比较简单，这里就不再介绍了。测试结果可以从日志文件中查看，日志文件前面已介绍不再赘述。

3.9.2　Linux 客户端

在前面实例的配置下，现在使用 Linux 客户端测试标准代理服务器。配置步骤如下。

（1）在 Firefox 浏览器中依次选择"编辑"|"首选项"命令，打开"Firefox 首选项"对话框，如图 3.11 所示。

图 3.11　"Firefox 首选项"对话框

（2）在其中选择"高级"选项卡，接着依次选择"网络"|"设置"选项，打开如图 3.12所示对话框。

（3）在其中选中"手动配置代理：（M）"单选按钮，在"HTTP 代理：（X）"和"端口：（P）"文本框中输入代理服务器的地址 192.168.2.1 和端口号 3128。然后，单击"确定"按钮，代理服务器客户端设置成功。

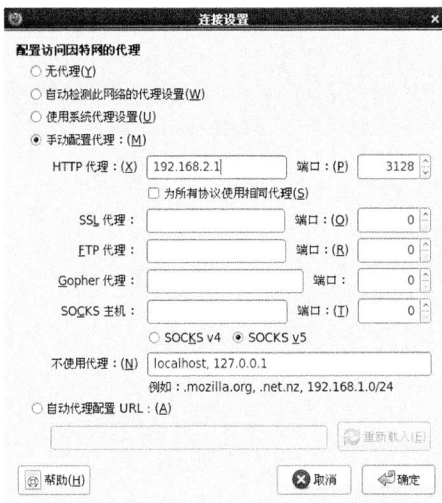

图 3.12　"连接设置"对话框

（4）测试代理服务器是否配置正确，在客户端通过访问 Web 服务器进行测试服务器的设置。如配置成功，测试结果如图 3.13 所示。

图 3.13　Web 服务测试页面

第 4 章　NTP 服务

网络时间协议 NTP（Network Time Protocol）是用于互联网中时间同步的标准互联网协议。随着计算机网络的发展，网络应用已经非常普遍。众多领域的网络系统如电力、石化、金融业（证券、银行）、广电业（广播、电视）、交通业（火车、飞机）等需要在大范围保持计算机的时间同步和时间准确。这就需要在网络中设置一个时间基准，通常架设一个时间服务器可解决这个问题。本章主要介绍有关 NTP 协议的基本知识及 NTP 服务的安装、配置和使用方法。

4.1　基 本 信 息

在安装 NTP 服务器之前，需要了解搭建该服务的一个网络环境。下面介绍一下 NTP 服务的基本知识，包括网卡配置、软件包、进程、端口等内容。

4.1.1　网卡配置文件：/etc/sysconfig/network-scripts/ifcfg-XXX

在安装一台 NTP 服务的计算机上需要有一个固定的 IP 地址。下面设置当前主机 NTP 服务器的 IP 地址为 192.168.1.1。

```
[root@localhost ~]# cat /etc/sysconfig/network-scripts/ifcfg-eth0
HWADDR=00:0C:29:88:77:96
IPADDR=192.168.1.1
NETMASK=255.255.255.0
GATEWAY=192.168.1.1
```

4.1.2　软件包：ntp

大部分 Linux 的发行版本中都提供了 NTP 服务器的安装包。下面以表格的形式列出 Red Hat Linux 中 NTP 服务的 ntp 软件包位置及源码包下载地址，如表 4.1 所示。

表 4.1　软件包位置

软件包类型	位　　置
RHEL 6 RPM 包	光盘：/Packages
RHEL 5 RPM 包	光盘：/Server
源码包	http://www.ntp.org/

本章讲解安装 NTP 的方法适合 REHL5.X～6.4 的所有版本。不同版本的软件包名如表 4.2 所示。

表 4.2　不同发行版本的软件包

RHEL 6.4	ntp-4.2.4p8-3.el6.i686.rpm
RHEL 6.3	ntp-4.2.4p8-2.el6.i686.rpm
RHEL 6.2	ntp-4.2.4p8-2.el6.i686.rpm
RHEL 6.1	ntp-4.2.4p8-2.el6.i686.rpm
RHEL 6.0	ntp-4.2.4p8-2.el6.i686.rpm
RHEL 5	ntp-4.2.2p1-9.el5_4.1.i386.rpm

4.1.3　进程名：ntpd

NTP 服务启动后，自动启动 ntpd 进程。可以执行如下命令查看：

```
[root@www Packages]# ps -ef | grep ntpd
ntp        6189       1  0 17:42 ?        00:00:00 ntpd -u ntp:ntp -p
/var/run/ntpd.pid -g
root       6191    6189  0 17:42 ?        00:00:00 ntpd -u ntp:ntp -p
/var/run/ntpd.pid -g
root       6371    3364  0 17:51 pts/0    00:00:00 grep ntpd
```

4.1.4　端口：123

NTP 服务默认监听 UDP 协议上的 123 端口。可以执行如下命令查看：

```
[root@www Packages]# netstat -antpu | grep ntpd
udp        0      0 192.168.122.1:123           0.0.0.0:*           6189/ntpd
udp        0      0 192.168.2.1:123             0.0.0.0:*           6189/ntpd
udp        0      0 192.168.1.1:123             0.0.0.0:*           6189/ntpd
udp        0      0 127.0.0.1:123               0.0.0.0:*           6189/ntpd
udp        0      0 0.0.0.0:123                 0.0.0.0:*           6189/ntpd
udp        0      0 fe80::20c:29ff:fe88:77a0:123 :::*               6189/ntpd
udp        0      0 fe80::20c:29ff:fe88:7796:123 :::*               6189/ntpd
udp        0      0 ::1:123                     :::*                6189/ntpd
udp        0      0 :::123                      :::*                6189/ntpd
```

4.1.5　防火墙所开放的端口号：123

为了使客户端能够与 NTP 服务进行时间同步，需要在防火墙中开放 NTP 服务的 123 端口。执行命令如下：

```
iptables -I INPUT -p udp --dport 123 -j ACCEPT
```

4.2　构建 NTP 服务

NTP 协议的目的是在国际互联网上传递统一、标准的时间。基于 NTP 协议构建的网络时间服务器可以为用户提供授时服务，根据自己的时钟，以提供高精准度的时间校正。

下面介绍 NTP 协议的运行机制和安装。

4.2.1　运行机制

如果仅仅依靠管理员通过手工方式修改系统时钟是不现实的，不但工作量巨大，而且也不能保证时钟的精确性。通过 NTP，可以很快地同步网络中各种设备的时钟，而且能保证很高的精度。要通过 NTP 提供准确时间，首先需要有准确的时间源，目前采用的时间标准是世界协调时 UTC（Universal Time Coordinated）。NTP 可以通过原子钟、天文台、卫星、Internet 等渠道获得 UTC 时间。获取准确的时间之后，再按 NTP 服务器的等级进行传播。

NTP 所建立起的网络结构是分层管理的类树型结构，如图 4.1 所示。按照距离外部时间源的远近将所有服务器归入不同的 Stratum（层）中。Stratum-1 在顶层，由外部 UTC 接入，而 Stratum-2 则从 Stratum-1 获取时间，Stratum-3 从 Stratum-2 获取时间，依次类推。所有这些服务器在逻辑上形成阶梯式的架构，并相互连接，而 Stratum-1 的时间服务器是整个系统的基础。

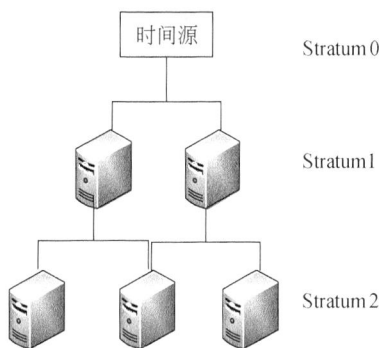

图 4.1　NTP 网络体系结构

设备可以采用多种 NTP 工作模式进行时间同步。

- ❑ 客户端/服务器模式：在该模式下客户端能同步到服务器，而服务器无法同步到客户端。客户端/服务端模式下时间同步过程如图 4.2 所示。其中，模式 3 表示客户模式，模式 4 表示服务模式。适用于一台时间服务器接收上层时间服务器的时间信息，并提供时间信息给下层的用户。

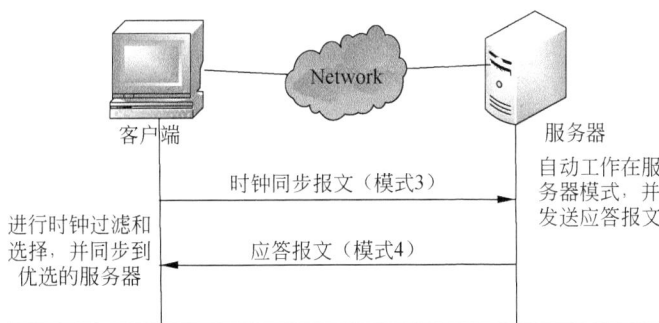

图 4.2　客户端/服务器模式

- ❑ 对等体模式：主动对等体和被动对等体可以互相同步。如果双方的时钟都已经同步，则以层数小的时钟为准。对等体模式下时间同步过程如图 4.3 所示。其中，模式 1 是主对等体模式，模式 2 是被对等体模式，模式 3 是客户模式，模式 4 是服务模式。
- ❑ 广播模式：在广播模式中，服务端周期性地向广播地址 255.255.255.255 发送时钟同步报文，报文中的 Mode 自动设置为 5（广播模式）。客户端侦听来自服务器的广播报文。流程如图 4.4 所示，其中，模式 3 表示客户模式，模式 4 表示服务模式。

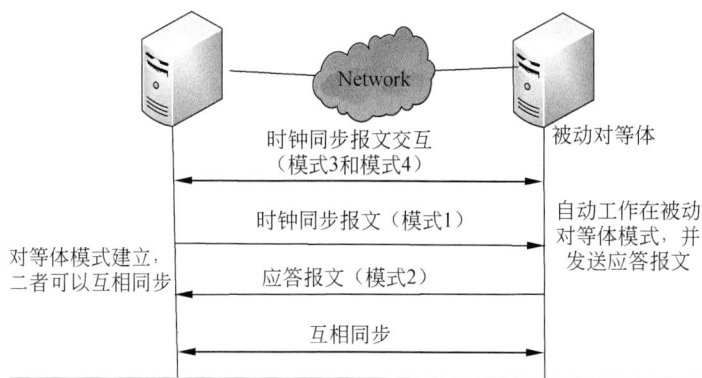

图 4.3　对等体模式

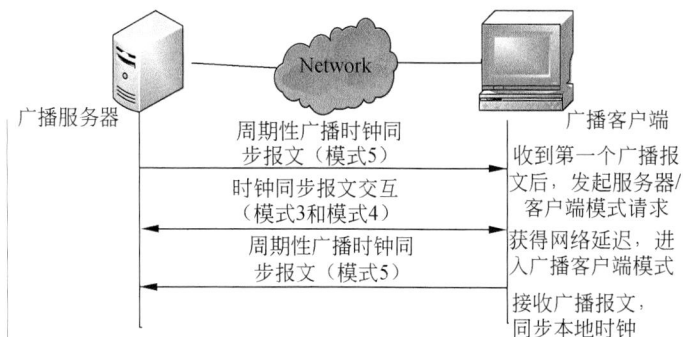

图 4.4　广播模式

❑ 组播模式：在组播模式中，服务端周期性地向组播地址发送时钟同步报文。流程
如图 4.5 所示，其中，报文中的模式 5 是组播模式，模式 4 是服务器模式，模式 3
是客户模式。

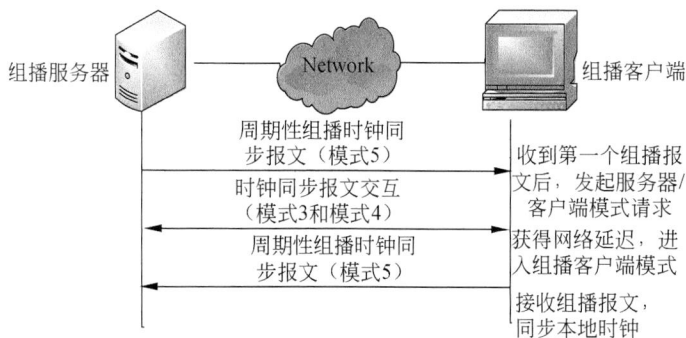

图 4.5　组播模式

用户可以根据需要选择合适的工作模式。在不能确定服务器或对等体 IP 地址、网络中
需要同步的设备这类情况下，可以通过广播或组播模式实现时钟同步；服务器和对等体模
式中，设备从指定服务器或对等体获得时钟同步，增加了时钟的可靠性。

4.2.2　搭建服务

默认情况下，RHEL 6.4 中默认安装了 NTP 服务器程序。如果没有安装，可以执行如下命令进行安装。

（1）先使用 rpm 命令检查系统中是否已经安装 ntp 软件包。

```
[root@localhost ~]# rpm -q ntp
```

输出信息如下：

```
package ntp is not installed
```

输出的信息说明软件包 ntp 没有安装。

如果输出的内容如下，则表示软件包 ntp 已经安装。

```
ntp-4.2.4p8-3.el6.i686
```

（2）挂载 RHEL 6.4 系统光盘，并安装其中的 ntp-4.2.4p8-3.el6.i686.rpm 软件包。

```
[root@localhost ~]# mount /dev/cdrom /mnt/cdrom/
mount: block device /dev/sr0 is write-protected, mounting read-only
[root@localhost ~]# cd /mnt/cdrom/Packages/
[root@www Packages]# rpm -ivh ntp-4.2.4p8-3.el6.i686.rpm
warning: ntp-4.2.4p8-3.el6.i686.rpm: Header V3 RSA/SHA256 Signature, key
ID fd431d51: NOKEY
Preparing...                ########################################### [100%]
   1:ntp                    ########################################### [100%]
```

4.3　文　件　组　成

NTP 服务安装成功后，自动创建好一些目录和文件。下面来看 NTP 服务所创建的文件，如表 4.3 所示。

表 4.3　NTP服务中文件

目　　录	文　件　名	文　件　类　型	功　能　说　明
/etc/dhcp/dhclient.d	ntp.sh	脚本文件	使时间定时进行时间同步
/etc/ntp/crypto	pw	普通文件	保存密码解密文件的信息
/etc/rc.d/init.d/	ntpd	可执行文件	用来控制服务的运行
/etc/sysconfig/	ntpd	普通文件	修改硬件时间同步文件
/etc	ntp.conf	配置文件	配置 NTP 服务器
/usr/bin/	ntpstat	可执行文件	显示网络时间同步状态
/usr/sbin	ntpd	可执行文件	网络时间协议（NTP）守护进程
	ntpdc	可执行文件	特别 NTP 查询程序
	ntp-keygen	可执行文件	生成公钥和私钥
	ntpq	可执行文件	标准的 NTP 查询程序
	ntptime	可执行文件	读取内核时间变量
	ntpdate	可执行文件	使用网络计时协议（NTP）设置日期和时间
	tickadj	可执行文件	设置时间相关的内核变量

下面以图的形式表示出表 4.3 中文件的工作流程，如图 4.6 所示。

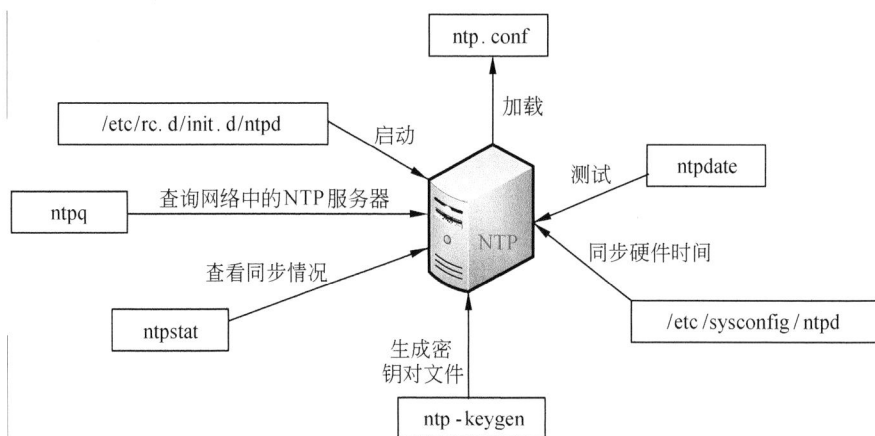

图 4.6　NTP 服务流程图

4.4　配置文件：/etc/ntp.conf

NTP 配置文件的格式比较规范。该文件的内容每行包含一项配置内容，以配置选项名称开始，后面跟着参数值或关键字，它们之间用空格分隔。在读取配置文件时，ntpd 进程将忽略空行和每一行 "#" 后面的注释。NTP 软件包安装完成后，已经为主配置文件 /etc/ntp.conf 提供了默认的内容，下面将介绍该文件的内容。

4.4.1　设置客户端配置项：restrict

restrict 是 /etc/ntp.conf 文件中最常用的配置项，用来指定哪些计算机可以和 NTP 服务器进行时间同步，以及具有什么样的权限，格式如下：

```
restrict [客户端 IP] mask [IP 掩码]  [参数]
```

"客户端 IP" 和 "IP 掩码" 指定了对网络中哪些范围的计算机进行限制，如果使用 default 关键字，则表示对所有的计算机进行限制。参数指定了具体的限制内容，常见的参数如下。

❑ ignore：拒绝连接到 NTP 服务器。

❑ nomodiy：忽略所有改变 NTP 服务器配置的报文，但可以查询配置信息。

❑ noquery：忽略所有 mode 字段为 6 或 7 的报文，客户端不能改变 NTP 服务器的配置，也不能查询配置信息。

❑ notrap：不提供 trap 远程登录功能。trap 服务是一种远程事件日志服务。

❑ notrust：不作为同步的时钟源。

❑ nopeer：提供时间服务，但不作为对等体。

❑ kod：向不安全的访问者发送 Kiss-Of-Death 报文。

下面对 /etc/ntp.conf 文件中有关 restrict 的选项做解释。

配置 1：

```
restrict default kod nomodify notrap nopeer noquery
restrict -6 default kod nomodify notrap nopeer noquery //-6 表示 IPv6 数据包
```

功能：允许所有的客户机把该 NTP 服务器作为校正时间的时钟源，但不提供控制方面的功能，包括查询控制信息。

配置 2：

```
restrict 127.0.0.1
restrict -6 ::1
```

功能：通过环回接口 127.0.0.1 可以进行所有的访问控制。

配置 3：

```
#restrict 192.168.1.0 mask 255.255.255.0 nomodify notrap
```

功能：本地子网上的计算机限制相对比较少。

4.4.2 指定上层 NTP 服务器配置项：server

server 也是/etc/ntp.conf 文件中较常用的配置选项，它的作用是指定上层 NTP 服务器，以及一些连接的选项。与这些服务器连接时，本地 NTP 服务器的身份是客户端，它把上层服务器作为时钟源同步自己的本地时钟。server 选项的格式如下：

```
server [host] [key n] [version n] [prefer] [mode n] [minpoll n]
[ maxpoll n] [iburst]
```

其中 host 是上层 NTP 服务器的 IP 地址或域名，随后所跟的参数解释如下。

- ❏ key：表示所有发往服务器的报文包含由密钥加密的认证信息，n 是 32 位的整数，表示密钥号。
- ❏ version：表示发往上层服务器的报文使用的版本号，n 默认是 3，可以是 1 或者 2。
- ❏ prefer：如果有多个 server 选项，具有该参数的服务器优先使用。
- ❏ mode：指定数据报文 mode 字段的值。
- ❏ mimpoll：指定与查询该服务器的最小时间间隔为 2n 秒，n 默认为 6，范围为 4~14。
- ❏ maxpoll：指定与查询该服务器的最大时间间隔为 2n 秒，n 默认为 10，范围为 4~14。
- ❏ iburst：当初始同步请求时，采用突发方式连接发送 8 个报文，时间间隔为 2 秒。

配置/etc/ntp.conf 文件中默认的配置如下：

```
server 0.rhel.pool.ntp.org
server 1.rhel.pool.ntp.org
server 2.rhel.pool.ntp.org
```

这里的配置信息说明默认指定了 3 台上一层服务器。

4.4.3 设置广播模式：broadcast

broadcast 配置项设置以广播模式工作，定时发送广播报文，并在报文中自动加密的密钥认证信息。配置文件默认配置如下：

```
#broadcast 192.168.1.255 autokey
```

4.4.4　设置广播模式的客户端：broadcastclient

broadcastclient 配置项使本地服务器成为其他以广播模式工作的 NTP 服务器的客户端。配置文件默认配置如下：

```
#broadcastclient
```

4.4.5　设置多播模式：broadcast

broadcast 配置项以多播模式工作，定时发送多播报文，并在报文中使用自动加密的密钥认证信息。以 224 开始的 IP 地址是多播地址。配置文件默认配置如下：

```
#broadcast 224.0.1.1 autokey
```

4.4.6　设置多播模式的客户端：multicastclient

multicastclient 配置项使本地服务器成为其他以多播模式工作的 NTP 服务器的客户端。配置文件默认配置如下：

```
#multicastclient 224.0.1.1                    # multicast client
```

4.4.7　设置使多播客户可以漫游到其他子网：manycastserve

manycastserve 配置项是 NTPv4 中使用的功能，它试图使多播客户可以漫游到其他子网，并与该选项指定的服务器联系。配置文件默认配置如下：

```
#manycastserver 239.255.254.254               # manycast server
#manycastclient 239.255.254.254 autokey       # manycast client
```

4.4.8　设置上一层服务器：fudge

fudge 配置项用来指定自己为上一层服务器，当没有外部的上一层服务器时，是一种为备份目的的伪造。fudge 选项的 stratum 参数用来指定服务器通告的层数，当参数为 10 时，处于第 11 层。配置文件默认配置如下：

```
server  127.127.1.0
fudge   127.127.1.0 stratum 10
```

4.4.9　设置时间偏移文件的位置：driftfile

driftfile 配置项用来指定时间偏移文件的位置，ntpd 进程对该文件必须要有写的权限。时间偏移文件记录了本地时钟与权威时钟的频率偏移，根据同步结果每小时更新一次。配置文件默认配置如下：

```
driftfile /var/lib/ntp/drift
```

4.4.10　设置包含密钥文件的位置：keys

keys 配置项用来指定包含密钥的文件位置。该文件包含了采用对称加密算法的密钥，每个密钥对应一个编号。keys 配置项设置如下：

```
keys /etc/ntp/keys
```

4.4.11　设置信任的密钥：trustedkey

trustedkey 用来指定信任的密钥。配置文件默认配置如下：

```
#trustedkey 4 8 42
```

这行配置说明设置当前 NTP 服务信任密钥的标识符为 4、8、42。

4.4.12　设置与 ntpdc 工具通信的密钥号：requestkey

requestkey 配置项用来设置于与 ntpdc 工具通信的密钥号。配置文件默认配置如下：

```
#requestkey 8
```

默认设置与 ntpdc 工具通信的密钥号为 0。

4.4.13　设置与 ntpq 工具通信的密钥号：controlkey

controlkey 配置项用于与 ntpq 工具通信的密钥号为 8。

```
#controlkey 8
```

默认设置与 ntpq 工具通信的密钥号为 8。

4.4.14　设置 NTP 服务日志文件位置：logfile

logfile 配置项用来指定 NTP 服务日志文件。logfile 配置项的使用如下：

```
logfile /var/log/ntp
```

这行信息说明设置 NTP 服务日志文件保存在/var/log/ntp 目录下。

4.5　可执行文件

NTP 服务的控制文件是用来控制 ntpd 进程和端口的。当该控制脚本文件运行时，ntpd

进程和端口就会被监听。服务的可执行程序文件，都是客户端登录服务器时被调用的一些脚本文件。下面来看下这些脚本文件。

4.5.1 标准的 NTP 查询程序：/usr/sbin/ntpq

ntpq 命令用于监视 NTP 守护进程的 ntpd 操作，并确定性能。它使用标准 NTP 模式 6 控制消息格式。ntpq 以交互模式运行，或者通过使用命令行参数运行。ntpq 命令也能够通过服务器发送多个查询，来获得和打印同级设备公共格式的打印列表。下面介绍 ntpq 的语法格式及使用方法。

ntpq 的语法格式：

```
ntpq [选项]
```

常用选项含义如下。

- ❑ -4：以 IPv4 解析主机名。
- ❑ -6：以 IPv6 解析主机名。
- ❑ -c：指定交互式格式的命令。此标志添加执行的命令到运行在指定主机上的命令列表中。
- ❑ -d：打开调试模式。
- ❑ -i：指定交互式方式。标准输出显示提示，标准输入读取命令。
- ❑ -n：以点十进制格式（x.x.x.x）显示所有的主机地址，而不是规范的主机名称。
- ❑ -p：显示服务器同级设备的列表，并显示一个它们状态的总结。如同使用 peers 子命令。

【实例 4-1】使用 ntpq 命令的-p 选项查看当前 NTP 服务器的运行情况。

```
[root@www ~]# ntpq -p
     remote           refid      st t when poll reach   delay   offset  jitter
==============================================================================
*LOCAL(0)        .LOCL.          10 l   26   64  377    0.000    0.000   0.000
 192.168.1.1     .INIT.          16 u    - 1024    0    0.000    0.000   0.000
```

下面来解释一下输出信息每条记录的含义。

- ❑ remote：响应这个请求的 NTP 服务器的名称。
- ❑ refid：NTP 服务器使用的上一级 NTP 服务器。
- ❑ st：远程服务器的层级别（stratum）。由于 NTP 是层型结构，由顶端的服务器，多层 Relay Server 再到客户端，所以服务器从高到低级别可以设定为 1～16。为了减缓负荷和网络堵塞，原则上应该避免直接连接到级别为 1 的服务器。
- ❑ t：可供选择的类型。有 5 种情况：l、u、m、b、-=netaddr，分别表示本地、单播、组播、广播、网络地址。
- ❑ when：上一次成功请求之后到现在的秒数。
- ❑ poll：本地 NTP 服务器与远程 NTP 服务器同步的时间间隔（单位为秒）。在刚开始运行 NTP 时，poll 值会比较小，服务器同步的频率较快，可以尽快调整到正确的时间范围，然后 poll 值会逐渐增大，同步的频率就会相应减小。
- ❑ reach：这是一个八进制值数，用来测试能否和服务器连接。每成功连接一次它的值就会增加。

❑ delay：从本地机发送同步要求到 NTP 服务器的延迟时间。

❑ offset：主机通过 NTP 时钟同步与所同步时间源的时间偏移量，单位为毫秒（ms）。offset 越接近于 0，主机和 NTP 服务器的时间越接近。

❑ jitter：统计用的值。统计了在特定个连续的连接数里 offset 的分布情况。该值的绝对值越小，主机的时间就越精确。

4.5.2　使用网络计时协议（NTP）设置日期和时间：/usr/sbin/ntpdate

ntpdate 命令通过轮询指定为服务器参数的网络时间协议（NTP）服务器来设置本地日期和时间，从而确定正确的时间。它必须以根用户身份在本地主机上运行。从每个指定的服务器中可获取大量的示例，并且还应用了 NTP 时钟过滤器和选择算法的子集，以选择最佳的算法。下面介绍 ntpdate 的语法格式及使用方法。

ntpdate 的语法格式：

```
ntpdate [选项]
```

常用选项含义如下。

❑ -a：启用身份验证功能并指定要用于身份验证的密钥标识符。密钥和密钥标识符必须在客户端密钥文件和服务器密钥文件中都匹配。默认设置是禁用身份验证功能。

❑ -B：强制始终使用 adjtime 系统调用来微调时间（即使测量到的偏移量大于+-500 毫秒）。默认设置是在偏移量大于+-500 毫秒时使用 clock_settime 系统调用步进时间。

❑ -b：强制使用 clock_settime 系统调用来步进时间，而不是使用 adjtime 系统调用来微调时间（默认值）。如果在引导时从启动文件中调用，则应使用该选项。

❑ -d：启用调试模式，在该模式下 ntpdate 将经历所有步骤，而不仅仅是调整本地时钟。另外还将输出可用于一般性调试的信息。

❑ -e authdelay：将执行身份验证功能的处理延迟指定为值 authdelay（以秒及其分数为单位；有关详细信息，请参阅 xntpd（1M））。虽然指定一个值可以在速度很慢的 CPU 上提高走时精度，但是该数通常都非常小，以至在大多数情况下都可以将其忽略。

❑ -k keyfile：将身份验证密钥文件的路径指定为字符串 keyfile。默认值为/etc/ntp.keys。该文件应该采用 xntpd 中所述的格式。

❑ -o version：将外发数据包的 NTP 版本指定为整数版本（可以是 1 或 2）。默认值是 3。它允许将 ntpdate 与早期 NTP 版本一起使用。

❑ -p samples：将要从每个服务器中获取的示例数指定为整数示例，其值的范围是 1～8（包括这两个数）。默认值为 4。

❑ -q：输出偏移另测量结果、服务器层次以及延迟测量结果，但不调整本地时钟。它类似于-d 选项，后者提供更为详细的调试信息。

❑ -s：将日志记录输出从标准输出（默认）转移到系统 syslog（请参阅 syslog(3C)）工具。它主要是为便于使用 cron 脚本而设计。

❑ -t timeout：将等待服务器响应的最长时间指定为超时值，以秒及其分数为单位。

该值将四舍五入成 0.2 秒的倍数。默认值是 1 秒，该值适用于轮询局域网。

❑ -u：指示 ntpdate 将无特权的端口用于外发的数据包。在防火墙后，如果阻塞向特权端口的传入流量，并且您希望与防火墙后的主机进行同步，则该选项极为有用。请注意，-d 选项始终使用无特权的端口。

❑ -v：输出 NTP 版本号和偏移量测量信息。

❑ 主机：NTP 服务器的地址或主机名。

【实例 4-2】客户端开始更新时间。执行命令如下：

```
[root@www ~]# ntpdate 0.rhel.pool.ntp.org
```

输出结果如下：

```
15 May 08:45:59 ntpdate[24279]: step time server 202.112.29.82 offset
27.980407 sec
```

输出的结果显示了同步服务器的时间、NTP 服务器的地址、时间偏移量。其中，15 May 08:45:59 服务同步的时间；202.112.29.82 为同步服务器的地址；偏移时间为 27.980407 秒。

4.5.3　显示网络时间同步状态：/usr/sbin/ntpstat

ntpstat 命令显示本机上一次和上层服务器同步时间的情况。信息包括上层服务器的地址、同步后的时间误差、每隔多长时间同步一次等。下面介绍 ntpstat 的语法格式及使用方法。

ntpstat 的语法格式：

```
ntpstat
```

【实例 4-3】查看本机上次与时间服务器同步的情况。

```
[root@www log]# ntpstat
synchronised to local net at stratum 11
   time correct to within 448 ms
   polling server every 64 s
```

输出的结果表示和上层服务器进行时间同步、上层时间服务器是第 11 级，同步后的时间误差为 448 毫秒，每 64 秒同步一次。

4.5.4　网络时间协议（NTP）守护进程：/usr/sbin/ntpd

ntpd 命令是一个操作系统守护进程设置和维护一天的系统时间与 Internet 标准时间服务器同步。它是一个完整的实施网络时间协议（NTP）版本 4，但也保留了版本 3 的兼容性。下面介绍 ntpd 命令的语法格式和使用方法。

ntpd 的语法格式：

```
ntpd [选项]
```

常用选项含义如下。

❑ -4：强制 DNS 解析主机名到 IPv4 的命名空间。

- ❑ -6：强制 DNS 解析主机名到 IPv6 的命名空间。
- ❑ -a：在广播、组播、被动对等体三种模式下要求客户端加密认证。
- ❑ -A：在广播、组播、被动对等体三种模式下不要求客户端加密认证。
- ❑ -b：启用广播服务器的客户端同步。
- ❑ -c conffile：指定的配置文件，默认的名称和路径在/etc/ntp.conf 中。
- ❑ -d：指定调试模式。此选项可能会出现不止一次，每次出现，说明更详细的显示。
- ❑ -D level：直接指定调试级别。
- ❑ -f driftfile：指定频率文件的名称和路径。
- ❑ -g：通常情况下，NTPD 退出到系统日志消息，如果关闭集的恐慌超过阈值，默认为 1000 秒。
- ❑ -i jaildir：指定 chroot 环境的目录 jaldir 的服务器。此选项还意味着服务器尝试删除 root 权限启动，它是唯一可用的，如果操作系统支持运行服务器没有完整的 root 权限。这时还需要指定一个-U 选项。
- ❑ -I iface：监听接口。此选项可能会出现无限数量的次。
- ❑ -k keyfile：指定对称密钥文件的名称和路径。
- ❑ -l logfile：指定的日志文件的名称和路径。默认为系统 TEM 日志文件。
- ❑ -L：不要监听虚拟 IP。默认的就是侦听。
- ❑ -m：锁定内存。
- ❑ -N：在操作系统允许范围内，运行了 ntpd 最高优先级。
- ❑ -p pidfile：指定使用的文件名称和路径。
- ❑ -P priority：在操作系统所允许的范围内，运行了 ntpd 所指定的优先级。
- ❑ -q：设置完时钟后，退出 ntpd 程序。
- ❑ -r broadcastdelay：从广播/多播指定预设的传播延迟此客户端的服务器。
- ❑ -s statsdir：指定统计所创建的文件的目录路径设施。
- ❑ -t key：添加一个加密的数字到可信的密钥列表。
- ❑ -u user[：group]：指定用户，和一个可选的组。
- ❑ -U interface update interval：扫描等待接口列表更新。
- ❑ -V variable：添加一个系统变量默认列出。
- ❑ -x：通常情况下，一次模压摆。

4.5.5　特别 NTP 查询程序：/usr/sbin/ntpdc

　　ntpdc 命令用于查询有关其当前状态，并在这种状态下要求修改 ntpd 守护进程。该程序可以运行，也可以在互动模式或使用命令行参数控制。下面介绍 ntpdc 命令的语法格式和使用方法。

　　ntpdc 的语法格式：

```
ntpdc [选项]
```

　　常用选项含义如下。

- ❑ -4：强制 DNS 解析主机名到 IPv4 的命名空间。

- ❑ -6：强制 DNS 解析主机名到 IPv6 的命名空间。
- ❑ -c command：跟随参数被解释为以互动的方式命令，并添加到要被执行的命令列表上指定的主机。
- ❑ -d：打开调试模式。
- ❑ -i：强制 ntpdc 在交互模式下运行。
- ❑ -l：获取列表服务器。
- ❑ -n：输出点分四组数字格式，而所有的主机地址需转换为规范的主机名。
- ❑ -p：打印服务器已知的对等体列表并总结它们的状态。这相当于设置为-c 对等体。
- ❑ -s：打印服务器已知的对等体列表并总结它们的状态，但在一个稍微不同的格式中需使用-p 切换。

【实例 4-4】查看 ntpdc 命令在交互模式可以执行的命令。

```
[root@www ~]# ntpdc
ntpdc> help
ntpdc commands:
addpeer       controlkey    fudge       keytype      quit        timeout
addrefclock   ctlstats      help        listpeers    readkeys    timerstats
addserver     debug         host        loopinfo     requestkey  traps
addtrap       delay         hostnames   memstats     reset       trustedkey
authinfo      delrestrict   ifreload    monlist      reslist     unconfig
broadcast     disable       ifstats     passwd       restrict    unrestrict
clkbug        dmpeers       iostats     peers        showpeer    untrustedkey
clockstat     enable        kerninfo    preset       sysinfo     version
clrtrap       exit          keyid       pstats       sysstats
ntpdc>
```

4.5.6　生成公钥和私钥：/usr/sbin/ntp-keygen

ntp-keygen 命令通过使用 NTPv4 认证和身份认证，生成加密的数据文件，它用于生成 MD5 密钥文件对称密钥加密。此外，如果 OpenSSL 软件库已经安装完毕生成密钥，证书和身份文件在公钥加密。这些文件用于 cookie 加密、数字签名和 challenge/response 识别算法相容的，与互联网标准的安全基础设施。下面介绍 ntp-keygen 命令的语法格式和使用方法。

ntp-keygen 的语法格式：

```
ntp-keygen [选项]
```

常用选项含义如下。
- ❑ -c：选择证书的消息摘要/签名加密方案。
- ❑ -d：启用调试。
- ❑ -e：识别客户端密钥写入到标准输出。这是为了通过邮件的自动密钥分配。
- ❑ -G：为 GQ 身份认证生成参数和秘钥。
- ❑ -g：生成密钥 GQ 识别计划，利用现有的 GQ 参数。
- ❑ -H：生成新的主机密钥。
- ❑ -l：识别计划生成参数。
- ❑ -i：设置名字来命名的主题。
- ❑ -M：设置最初系数大小以位为单位。

- ❑ -P：生成一个私营证书。默认情况下，程序生成公共证书。
- ❑ -p password：包含私人数据密码加密生成的文件和 DES-CBC 算法。
- ❑ -q password：设置密码并读取密码文件。
- ❑ S：生成指定类型的一个新的秘钥。
- ❑ -s：设置发行人的名字来命名。这是用于发行人字段中证书和省份文件的文件名。
- ❑ -T：生成受信任的证书。默认情况下，程序生成非受信任的证书。

【实例 4-5】使用 ntp-keygen 创建密钥对文件。

```
[root@www ~]# ntp-keygen
Using OpenSSL version 10000003
Generating RSA keys (512 bits)...
RSA 0 1 9      1 11 24          3 1 2
Generating new host file and link
ntpkey_host_www->ntpkey_RSAkey_www.3583821575
Using host key as sign key
Generating certificate RSA-MD5
X509v3 Basic Constraints: critical,CA:TRUE
X509v3 Key Usage: digitalSignature,keyCertSign
Generating new cert file and link
ntpkey_cert_www->ntpkey_RSA-MD5cert_www.3583821575
```

执行完以上命令后，会在当前目录下生成两个文件，分别是 ntpkey_RSAkey_www.
3583821575 和 ntpkey_RSA-MD5cert_www.3583821575。

4.5.7　读取内核时间变量：/usr/sbin/ntptime

ntptime 命令能够读取并显示与时间有关的内核变量。这些变量会被系统函数
ntp_gettime()所调用。类似的显示结果也可以使用 ntpdc 程序和 kerninfo 命令查看。下面将
介绍 ntptime 命令的语法格式和使用方法。

ntptime 的语法格式：

```
ntptime [选项]
```

常用选项含义如下。
- ❑ -c：显示 NTP 本身的执行时间。
- ❑ -e：指定预计错误时间，以微秒为单位。
- ❑ -f：指定的频率偏移。
- ❑ -h：显示帮助信息。
- ❑ -m：指定最大可能的错误。
- ❑ -o：指定时钟偏移，以微秒为单位。
- ❑ r：以原始格式显示 UNIX 和 NTP 时间。
- ❑ -s：指定时钟状态。
- ❑ -T：指定的时间常数，取值范围为 0～10 的整数。

【实例 4-6】查看内核时间变量。执行命令如下：

```
[root@www ~]# ntptime
ntp_gettime() returns code 0 (OK)
  time d59cc885.209be8f4  Fri, Jul 26 2013 18:05:57.127, (.127379319),
```

```
 maximum error 272583 us, estimated error 11943 us, TAI offset 0
ntp_adjtime() returns code 0 (OK)
 modes 0x0 (),
 offset 1790.328 us, frequency 7.234 ppm, interval 1 s,
 maximum error 272583 us, estimated error 11943 us,
 status 0x2001 (PLL,NANO),
 time constant 6, precision 0.001 us, tolerance 500 ppm,
```

从输出的结果可以看到使用了 ntp_gettime()系统调用的内核变量。

4.5.8 设置时间相关的内核变量：/usr/sbin/tickadj

tickadj 程序读取并选择性地修改内核变量。常用的一个变量是 tick。tick 表示时钟滴答的时间间隔长度，它的单位为微秒。下面介绍该命令的语法格式和使用方法。

tickadj 命令的语法格式如下：

```
tickadj [选项]
```

常用选项含义如下。

❏ -a：设置内核变量 tickadj 的值。
❏ -A：设置内核变量 tickadj 内部计算"优化正常"值。
❏ -t tick：设置内核变量 tick 的值。
❏ -s：设置内核变量 dosynctodr 为 0，这将禁用硬件时间的时钟。
❏ -q：停止做每件事情，除了错误。

【实例 4-7】查看当前系统中内核变量的值。执行命令如下：

```
[root@www ~]# tickadj
tick = 10000
```

输出的值表示 tick 默认的变量值为 10000。

4.5.9 控制服务文件：/etc/rc.d/init.d/ntpd

NTP 服务的控制脚本文件是 ntpd，该脚本文件保存在/etc/rc.d/init.d 目录下。通过执行该脚本文件来启动 NTP 服务。启动 NTP 服务的命令如下：

```
[root@www ~]# service ntpd start
正在启动 ntpd:                                              [确定]
```

或者

```
[root@www ~]# /etc/init.d/ntpd start
正在启动 ntpd:                                              [确定]
```

4.6 其他配置文件

在前面内容中以分类的形式分别介绍了相关配置文件的详细信息，还有几个特殊的文件，本节将详细的介绍。

4.6.1　日志文件：/var/log/message

NTP 服务安装成功后，如果没有在配置文件中指定日志文件的位置，则会默认记录到 /var/log/message 日志中。下面就是 NTP 服务器运行的一部分日志信息。

```
Jun  1 14:15:45 localhost ntpd[12493]: Listening on interface #5 eth0,
192.168.1.100#123 Enabled
Jun  1 14:15:45 localhost ntpd[12493]: Listening on routing socket on fd #22
for interface updates
Jun  1 14:15:45 localhost ntpd[12493]: kernel time sync status 2040
Jun  1 14:15:45 localhost ntpd[12493]: frequency initialized 12.350 PPM from
/var/lib/ntp/drift
Jun  1 14:15:45 localhost kernel: hpet1: lost 2 rtc interrupts
Jun  1 16:15:58 localhost ntpd[12493]: synchronized to 192.168.1.1, stratum 11
Jun  1 16:15:58 localhost ntpd[12493]: time reset +7205.800704 s
Jun  1 16:15:58 localhost ntpd[12493]: kernel time sync status change 2001
```

输出的信息中显示出了 NTP 服务在哪些接口上被监听及时间的同步情况。其中，eth0 为监听的接口、上层服务器地址 192.168.1.1、stratum 11 表示 NTP 服务器是 11 层。

4.6.2　同步硬件时钟文件：/etc/sysconfig/ntpd

NTP 服务一般只会同步系统时间。但是，如果要同步硬件时间，就需要修改 /etc/sysconfig/ntpd 文件。主要是修改参数 SYNC_HWCLOCK 的值为 yes 即可。

```
[root@www ~]# vi /etc/sysconfig/ntpd
# Drop root to id 'ntp:ntp' by default.
OPTIONS="-u ntp:ntp -p /var/run/ntpd.pid -g"
SYNC_HWCLOCK=yes
```

4.6.3　与 NTP 服务器进行时间校对文件：/etc/ntp/step-tickers

配置/etc/ntp/step-tickers 文件就是当 NTP 服务启动时，会自动与该文件中记录的上层 NTP 服务器时间校对。设置 NTP 服务器地址为 192.168.1.1。

```
[root@www ~]# vi /etc/ntp/step-tickers
# List of servers used for initial synchronization.
192.168.1.1
```

4.7　配　置　实　例

了解了 NTP 服务器常用配置选项之后，下面介绍一个 NTP 服务器的配置实例。

【实例 4-8】配置 NTP 服务器，这里使用默认的 3 个上游服务器。具体步骤如下：

（1）修改 ntp.conf 配置文件的内容如下：

```
[root@www ~]# vi /etc/ntp.conf
driftfile /var/lib/ntp/drift
#restrict default kod nomodify notrap nopeer noquery
#restrict -6 default kod nomodify notrap nopeer noquery
restrict 192.168.1.0 mask 255.255.255.0 nomodify notrap
restrict 127.0.0.1
restrict -6 ::1
server 192.168.1.1
server 0.rhel.pool.ntp.org
server 1.rhel.pool.ntp.org
server 2.rhel.pool.ntp.org
server127.127.1.0  # local clock
fudge 127.127.1.0 stratum 10
includefile /etc/ntp/crypto/pw
keys /etc/ntp/keys
```

（2）配置/etc/ntp/step-tickers 文件

```
[root@www ~]# vi /etc/ntp/step-tickers
# List of servers used for initial synchronization.
192.168.1.1
```

（3）使用以下命令重新启动 NTP 服务。

```
#  service ntpd restart
```

这样，就完成了 NTP 服务器的配置。

4.8　测 试 服 务

在局域网中安装设置好 NTP 服务器以后，局域网中的客户端就可通过该 NTP 服务器进行时间的同步操作。下面简单简介在 Linux 和 Windows 两种操作系统中进行时间同步的方法。

4.8.1　Linux 客户端

在使用 NTP 服务器进行时间同步操作之前，需要先了解系统时间和硬件时间的概念。下面先分别介绍这两个概念，再介绍进行时间同步的操作。

1. 系统时间和硬件时间

- 硬件时间（RTC）：是指嵌在主板上的时钟电路，通过该硬件时钟，使计算机关机之后还可以保存时间。进入计算机的 BIOS 时看到的就是这个时间。
- 系统时间（System Clock）：是指操作系统的内核（kernel）所用来计算时间的值。其值是一个从 1970 年 1 月 1 日 00:00:00 时间到目前为止秒数总和。

在 Linux 中，系统时间在开机的时候会和硬件时间同步，之后就各自独立运行了。因此，在 Linux 中就提供了两个命令 hwclock 和 date。

- hwclock：用来查看和设置硬件时间；
- date：用来查看和设置系统时间。

2．同步NTP服务器时间

在 Linux 中，可以使用两种方法同步 NTP 服务器时间，分别是图形界面和命令行。下面分别看一下使用两种方法同步 NTP 服务器时间。

（1）图形界面实现同步 NTP 服务器时间。操作步骤如下。

① 在图形界面下依次选择"系统"|"管理"|"日期和时间"，打开如图 4.7 所示的界面。

② 在其中选中"在网络上同步日期和时间"复选框。单击"添加"按钮，输入服务器的 IP 地址，在空白处单击一下，确保添加成功。再单击"高级选项"按钮，将"加速启动同步"复选框选中。然后选择"时区（Z）"选项卡，在其中将"系统时钟使用 UTC 时间（S）"复选框选中，如图 4.8 所示。然后单击"确定"按钮完成客户端设置。

图 4.7 "日期和时间（T）"选项卡　　　　　图 4.8 "时区（Z）"选项卡

（2）在终端使用 ntpdate 命令实现同步 NTP 服务器时间。

【实例 4-9】使用 ntpdate 命令测试 IP 地址为 192.168.1.1 的 NTP 服务器。执行命令如下：

```
[root@localhost ~]# ntpdate 192.168.1.1
 1 Jun 16:16:09 ntpdate[12516]: adjust time server 192.168.1.1 offset
-0.000169 sec
```

4.8.2　Windows 客户端

在 Windows 中有多种方式与 NTP 服务器进行时间同步，这里只介绍通过图形界面操作的一种方式。下面以前面配置的服务器来进行测试。

【实例 4-10】Windows 与 NTP 服务器进行时间同步的操作步骤如下。

（1）单击任务栏右侧的时间，打开如图 4.9 所示的界面。单击"更改日期和时间设置"

按钮，打开"日期和时间"对话框，如图 4.10 所示。

图 4.9　Windows 的日期和时间设置　　　　图 4.10　"日期和时间"对话框

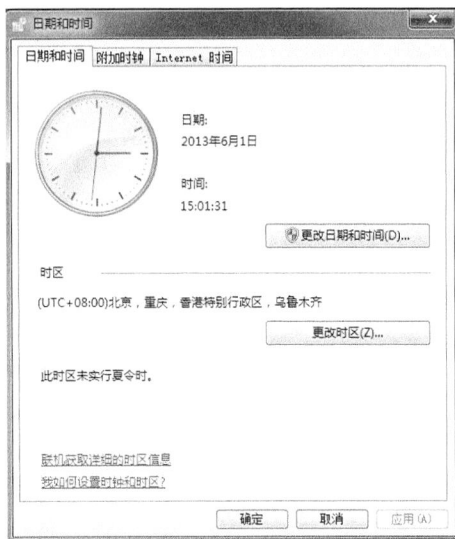

（2）在其中切换到"Internet 时间"选项卡，选择"更改设置"命令，打开"Internet 时间设置"对话框。在"服务器"下拉列表框中选择服务器的地址"192.168.1.1"，如图 4.11 所示。

（3）单击"立即更新"按钮，Windows 操作系统将与 NTP 服务器进行连接并开始同步，并将在下方显示同步的信息。图 4.11 显示已经与 IP 地址为 192.168.1.1 的 NTP 服务器同步成功。单击"确定"按钮，将在图 4.12 所示对话框中显示下次同步的时间和本次同步的时间等信息。

图 4.11　"Internet 时间设置"对话框　　　　图 4.12　同步成功

第 2 篇　网页访问服务

第 5 章　Web 服务

目前，在 Internet 上最热门的服务之一就是 WWW（World Wide Web）服务，也称为 Web 服务。通过 WWW 服务，可在 Internet 或企业内部网络中传播、查找信息。在 WWW 服务器软件中，Apache 是用户量最大的一个 WWW 服务器软件，另外比较常见的还有微软公司的 IIS。Apache 既有 Windows 版本，也有 UNIX 版本。本章将介绍在 Linux 中安装设置 Apache 服务器软件，搭建 WWW 服务器。

5.1　基　本　信　息

在搭建 Apache 服务之前，需要先了解搭建该服务的网络环境及基本配置信息。下面介绍 Apache 服务的基本知识，包括网卡配置、软件包、进程、端口等内容。

5.1.1　网卡配置文件：/etc/sysconfig/network-scripts/ifcfg-XXX

在安装一台 Apache 服务器的计算机上，需要有一个固定的 IP 地址。下面设置当前主机 Apache 服务器的 IP 地址为 192.168.1.1。

```
[root@localhost ~]# cat /etc/sysconfig/network-scripts/ifcfg-eth0
HWADDR=00:0C:29:88:77:96
IPADDR=192.168.1.1
NETMASK=255.255.255.0
GATEWAY=192.168.1.1
```

5.1.2　软件包：httpd

安装 Apache 服务器的软件包是 httpd 软件包。大部分 Linux 的发行版本中都提供了 httpd 软件包。下面以表格的形式列出了 RedHat Linux 中 Apache 服务的 httpd 软件包位置及源码包下载地址，如表 5.1 所示。

表 5.1　软件包位置

软件包类型	位　　　　置
RHEL 6 RPM 包	光盘：/Packages
RHEL 5 RPM 包	光盘：/Server
源码包	http://httpd.apache.org/download.cgi

本章讲解安装 Apache 的方法适合 RHEL 5.X～6.4 的所有版本。不同版本的软件包名如表 5.2 所示。

表5.2　不同发行版本的软件包

RHEL 6.4	httpd-2.2.15-26.el6.i686.rpm
RHEL 6.3	httpd-2.2.15-15.el6_2.1.i686.rpm
RHEL 6.2	httpd-2.2.15-15.el6.i686.rpm
RHEL 6.1	httpd-2.2.15-9.el6.i686.rpm
RHEL 6.0	httpd-2.2.15-5.el6.i686.rpm
RHEL 5	httpd-2.2.3-43.el5.i386.rpm

5.1.3　进程名：httpd

Apache 服务成功启动后，会自动运行名为 httpd 的进程。可以使用如下命令查看：

```
[root@www ~]# ps -eaf | grep httpd
root       482     1  0 06:57 ?        00:00:00 /usr/sbin/httpd
apache     484   482  0 06:57 ?        00:00:00 /usr/sbin/httpd
apache     485   482  0 06:57 ?        00:00:00 /usr/sbin/httpd
apache     486   482  0 06:57 ?        00:00:00 /usr/sbin/httpd
apache     487   482  0 06:57 ?        00:00:00 /usr/sbin/httpd
apache     488   482  0 06:57 ?        00:00:00 /usr/sbin/httpd
apache     489   482  0 06:57 ?        00:00:00 /usr/sbin/httpd
apache     490   482  0 06:57 ?        00:00:00 /usr/sbin/httpd
apache     491   482  0 06:57 ?        00:00:00 /usr/sbin/httpd
root      3182  9985  0 10:20 pts/1    00:00:00 grep httpd
[root@www ~]#
```

通过输出的信息中可以看到，初始时系统中启动了 9 个 httpd 进程，其中一个是 root 用户的身份在运行，另外 8 个以 apache 的用户身份运行，而且是以 root 身份运行的那个进程的子进程。

5.1.4　端口：80

Apache 服务成功启动后，会默认监听 TCP 协议上的 80 端口。可以执行以下命令查看 Apache 监听的端口。

```
[root@www ~]# netstat -antp | grep :80
tcp        0      0 :::80           :::*            LISTEN      482/httpd
```

可以看到，80 号端口已经处于监听状态。

5.1.5　防火墙所开放的端口号：80

为了确保客户端能够访问 Apache 服务器，需要使防火墙对外开放 80 号端口。可以输入以下命令打开 TCP 协议的 80 号端口。

```
iptables -I INPUT -p tcp --dport 80 -j ACCEPT
```

△注意：在真实环境下，防火墙一般是开启的，所以就需要配置开放端口。但是在做实验练习时，可以使用 service iptables stop 命令关闭防火墙。

5.2　构建 Apache 服务

随着网络技术的普及、应用和 Web 技术的不断完善，Web 服务已经成为互联网上最重要的网络服务之一。原有的客户端/服务器模式正逐渐被浏览器/服务器模式所取代。下面介绍 Apache 服务器的运行机制及使用 httpd 软件安装 Apache 服务器。

5.2.1　运行机制

Apache 服务具体是如何工作的呢？下面分别介绍一下 Apache 服务器的构成和工作流程。

1．Apache服务的构成

Web 系统是浏览器/服务器模式（B/S），是一种从传统的两层 C/S 模式发展起来的新的网络结构模式，其本质是三层结构的 C/S 模式。在用户的计算机上安装浏览器软件，在服务器上存放数据并且安装 Web 服务应用程序，如图 5.1 所示。常用的服务器有 Apache、IIS 等，常用的客户端浏览器有 IE、Firefox、Netscape 等，用户在浏览器的地址栏中输入统一资源定位地址（URL）来访问 Web 页面。

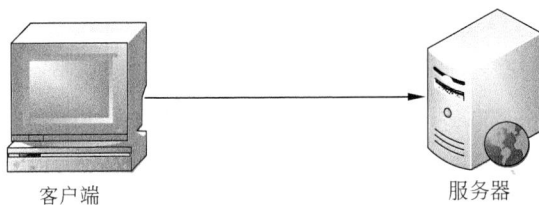

图 5.1　Apache 服务的构成

2．Apache服务器的工作流程

WWW 服务遵循 HTTP 协议，默认的端口号为 80。Web 客户端与 Web 服务器的通信过程要经过 4 个阶段，包括建立连接、发送请求信息、发送响应信息和关闭连接，如图 5.2 所示。

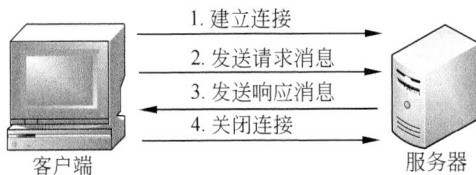

图 5.2　Apache 服务器的工作流程

Web 客户端通过浏览器根据用户输入的 URL 地址连接到相应的 Web 服务器上，然后向服务器发送请求消息，服务器收到请求后向客户端发送响应消息。客户端收到服务器响

应的消息，将断开与 Web 服务器的连接。

用户每次浏览网站获取一个页面，都会重复上述的连接过程，周而复始。

5.2.2　搭建服务

在配置 Apache Web 服务器之前，需要正确安装好 httpd 服务器端软件。在 RHEL 6.4 系统中，可以选择 RPM 包和 httpd 源码包两种方式进行安装。

虽然使用 rpm 包安装比较简单、快速，但是在功能上存在局限性，在实际的生产环境中，编译安装的方式应用要更加广泛。本节将分别讲解以上两种安装方式。

1. RPM包安装

在 RHEL6 系统中，光盘自带的 httpd 软件版本为 2.2.15，相关的 rpm 软件包有 httpd、httpd-devel、httpd-manual、httpd-tools。

【实例 5-1】挂载 RHEL 6 系统光盘，并查看与 httpd 相关的 RPM 软件包文件。

```
[root@www ~]# mount /dev/cdrom /mnt/cdrom/
mount: block device /dev/sr0 is write-protected, mounting read-only
[root@www ~]# ls /mnt/cdrom/Packages/httpd*
/mnt/cdrom/Packages/httpd-2.2.15-26.el6.i686.rpm
/mnt/cdrom/Packages/httpd-devel-2.2.15-26.el6.i686.rpm
/mnt/cdrom/Packages/httpd-manual-2.2.15-26.el6.noarch.rpm
/mnt/cdrom/Packages/httpd-tools-2.2.15-26.el6.i686.rpm
```

其中，各 rpm 软件包的用途如下。

- □ httpd：是 Apache 服务器的程序软件包，包括服务器的执行程序、配置文件、启动脚本等必备的文件。
- □ httpd-devel：是 Apache HTTP 服务器的开发工具包。
- □ httpd-manual：是 Apache 服务器的帮助手册文档，以网页的形式提供了 Apache 服务器的完整说明文档，内容相当详细，是 Apache 服务器的重要文档之一。
- □ httpd-tools：是 Apache HTTP 服务器的工具包。

【实例 5-2】从已挂载的 RHEL 6 光盘目录中安装 httpd-2.2.15-26.el6.i686.rpm 软件包。

```
[root@www ~]# rpm -ivh /mnt/cdrom/Packages/httpd-2.2.15-26.el6.i686.rpm
warning:  /mnt/cdrom/Packages/httpd-2.2.15-26.el6.i686.rpm:  Header  V3
RSA/SHA256 Signature, key ID fd431d51: NOKEY
Preparing...              ########################################### [100%]
   1:httpd                ########################################### [100%]
```

2. 编译安装

选择使用编译的方式安装 httpd 软件包时，相对于 RPM 的安装方式要复杂一些，但是具有以下优点。

- □ 更加灵活、自由，可以根据实际的 Web 应用需求在编译之前进行功能的定制。
- □ 可以获得最新的软件版本，各种开源软件的源码包都是最先公开的版本，而 rpm 安装版的包文件通常要晚一些时候才会出现，Linux 发行版自带的 RPM 包则可能落后更多实际。使用新版本的软件可以及时修复一些漏洞，提高软件性能等。

- 编译安装获得的 Apache 服务器，其目录结构和文件配置比较一致，需要移植到不同的 Linux 服务器中时，降低了差异化更新的难度。

使用源码编译的方式安装 Apache 服务器时，需要确认服务器中已经安装有编译开发环境。开发工具包通常在安装操作系统的过程中进行定制安装，在 RHEL 6 中，默认使用 gcc-4.4.7-3.el6.i686。

现在最新的源代码包版本为 2.4.4。下面讲解源码包的安装步骤。

（1）获得软件包，下载地址在前面已经列出来了，这里不再介绍。

（2）解压释放源码包。将 httpd 源码包解压并释放到"/usr/src/"目录中，执行 cd 命令切换到展开的源码目录。

```
[root@www ~]# tar zxvf httpd-2.4.4.tar.gz -C /usr/src/
[root@www ~]# cd /usr/src/httpd-2.4.4/
[root@www httpd-2.4.4]#
```

（3）在配置前可以先执行"./configure --help"命令查看各种配置项的详细信息，以便实现更灵活、更丰富的功能定制配置。

根据服务器的实际应用需要，使用添加了定制选项的"./configure"命令进行配置。

```
[root@www    httpd-2.4.4]#    ./configure    --prefix=/usr/local/apache2
--enable-so    --enable-rewrite    --with-apr-util=/usr/local/apr-util/
--with-pcre=/usr/local/pcre/
```

在上述命令中的几个命令选项含义如下。

- -prefix：用于指定 httpd 服务程序将要安装到的系统目录，这里设置的是默认目录"/usr/local/apache2"。
- --enable-so：使 httpd 服务能够动态加载模块功能。
- --enable-rewrite：使 httpd 服务具有 rewrite 网页地址重写功能。
- --with-apr：指定 APR 的安装目录。
- --with-apr-util：指定 APU 的安装目录。
- --with-pcre：指定使用外部 PCRE 库。

注意：版本为 2.4 以后的 Apache 源码包安装时，执行"./configure"之前，需要安装 apr、apr-util、pcre 这 3 个软件，否则在编译时会提示错误无法安装。

（4）编译服务器程序。完成配置以后，执行 make 命令进行编译，将源代码转换为可执行的程序。编译的过程需要比"./configure"配置过程更长的时间，同样会在屏幕上显示编译过程信息。

```
[root@www httpd-2.4.4]# make
```

（5）安装已编译完成的程序。执行 make install 命令完成最后的安装程序，将已经编译完的 httpd 程序及相关目录、文件复制到预设的安装目录（由配置时的"--prefix"选项指定）中。

```
[root@www httpd-2.4.4]# make install
[root@www httpd-2.4.4]# ls /usr/local/
apache2 apr apr-util bin etc games include lib libexec pcre sbin
share src
```

使用源码包安装好 httpd 软件包之后，在安装目录"/usr/local/apache2"中，包括了运行 Web 服务器所需要的执行程序、配置文件、日志文件、帮助手册等所有内容。

5.3　文件组成

使用 rpm 命令安装好 httpd 软件包之后，与 Apache 服务器相关的主要目录和文件如表5.3 所示。

表 5.3　Apache服务中文件

目　　录	文 件 名	文 件 类 型	功 能 说 明
/etc/httpd/conf	httpd.conf	配置文件	Apache 服务的主配置文件
	magic	配置文件	Apache 服务的 mod_mime_magic 模块文件描述
/etc/httpd/conf.d	README	配置文件	帮助文件
	welcome.conf	配置文件	禁用 RHEL 下 Apache 的测试页面
/etc/httpd/logs	access_log	日志文件	访问日志文件
	error_log	日志文件	错误日志文件
/etc/httpd/run	httpd.pid	普通文件	Apache 服务的守护进程文件
/etc/logrotate.d/	httpd	普通文件	日志轮询
/etc/rc.d/init.d/	httpd	可执行文件	控制 Apache 服务的运行情况
	htcacheclean	可执行文件	控制 htcacheclean 服务的运行情况
/etc/sysconfig	httpd	配置文件	提供 httpd 命令参数
	htcacheclean	配置文件	提供 htcacheclean 命令参数
/usr/bin	ab	可执行文件	Apache 服务器性能测试工具
	htdbm	可执行文件	操作 DBM 密码数据库
	htdigest	可执行文件	管理用户文件的摘要式身份验证
	htpasswd	可执行文件	管理用户文件的基本式身份验证
	logresolve	可执行文件	解析 Apache 日志文件中的 IP 地址为主机名
/usr/sbin	apachectl	可执行文件	Apache HTTP 服务器控制接口
	elinks	可执行文件	测试 Apache 服务器
	htcacheclean	可执行文件	清理磁盘缓存
	httpd	可执行文件	用来启动 Apache 服务的守护进程
	httpd.event	可执行文件	以 event 模式运行 Apache 服务
	httpd.worker	可执行文件	以 worker 模式运行 Apache 服务
	httxt2dbm	可执行文件	为 RewriteMap 以文本输入产生 DBM 文件
	rotatelogs	可执行文件	切换日志工具
	suexec	可执行文件	执行外部程序之前切换用户

在表 5.3 中列出了该服务中主要的一些文件，还有几个特殊目录需要介绍一下。

❑ http 程序需要调用的模块、集成的函数库都放在/usr/lib/目录下。

❑ /usr/lib/httpd 目录是 httpd 调用函数库、集成模块的根目录。

❑ httpd 所需要的一些共享文件都安装在/usr/share 目录下。

httpd 程序在运行时要改变的数据都安装在/var 目录下，根据内容不同安装在不同的目录下，如/var/cache/mod_proxy、/var/lib/dav、/var/log/httpd。还有一个比较重要的目录是

/var/www 用来存放网页的目录。

- ❑ /var/www 是 Web 服务器根目录。
- ❑ /var/www/error 是 Web 服务器的错误相关处理的文件。
- ❑ /var/www/html 是 Web 服务器静态网络的根目录。
- ❑ /var/www/icons 是 Web 服务器调用默认（apache、tomcat）网页需要的图片。

下面以图的形式表示出表 5.3 中文件的工作流程，如图 5.3 所示。

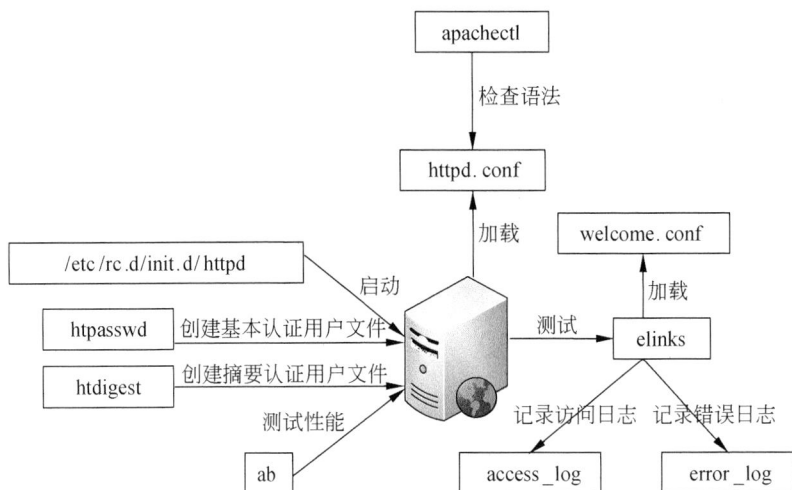

图 5.3　Web 服务器文件工作流程

5.4　配置文件：/etc/httpd/conf/httpd.conf

httpd.conf 文件是 httpd 服务的主配置文件，其中包含的配置项直接决定着 Web 服务器的各项运行参数及服务器性能。本节将学习关于 httpd.conf 主配置文件的更多知识。

5.4.1　httpd.conf 配置文件的结构

httpd.conf 文件由注释行和设置行两部分组成。

- ❑ 注释行以"#"开始，包含了对配置项进行说明和解释的内容，并不是有效的配置项。通过阅读注释行的内容，可以快速获得相关配置项的帮助信息。
- ❑ 设置行不以"#"开始，是配置文件中真正有效的设置内容。由于 Apache 服务器可以实现相当复杂的功能，其配置文件中的有效设置行也比其他服务器多很多。

配置文件中大量的注释行虽然对理解配置项的含义有所帮助，但是过多的注释行也会对配置文件的阅读造成一定的干扰，必要时可以使用 grep 命令去除 httpd.conf 文件中注释行的内容，仅保留有效的设置行清单。

【实例 5-3】去除 httpd.conf 文件中的注释行及空白行内容，保留有效的配置信息，以方便阅读。

```
[root@www httpd]# cd /usr/local/apache2/conf/
[root@www conf]# cp httpd.conf httpd.conf.bak
[root@www conf]# grep -v "#" httpd.conf.bak | grep -v "^$" > httpd.conf
```

初次接触 httpd.conf 配置文件的用户建议不要使用此方法，以便在配置时可以查找相关的配置项并参照修改（注意先将 httpd.conf 文件做好备份）。

5.4.2　设置 httpd 服务器的根目录：ServerRoot

配置文件中默认配置如下：

```
ServerRoot "/etc/httpd"
```

ServerRoot 用于设置 httpd 服务器的根目录，该目录中包括了运行 Web 站点必需的目录和文件。默认的根目录为 "/etc/httpd"，与 httpd 的安装目录相同。在 httpd.conf 配置文件中，如果设置的目录或文件不使用绝对路径，都认为是在服务器根目录下。

5.4.3　设置保存 httpd 服务器程序进程号的文件：PidFile

配置文件中默认配置如下：

```
PidFile run/httpd.pid
```

PidFile 用于设置保存 httpd 服务器程序进程号（PID）的文件，默认设置为 "run/httpd.pid"，"run" 目录位于/var 目录中。

5.4.4　设置 Web 服务器与浏览器之间网络连接的超时秒数：Timeout

配置文件中默认配置如下：

```
Timeout 60
```

Timeout 用于设置 Web 服务器与浏览器之间网络连接的超时秒数，默认设置为 60 秒。

5.4.5　设置是否使用保持连接功能：KeepAlive

配置文件中默认配置如下：

```
KeepAlive Off
```

KeepAlive 用于设置是否使用保持连接功能。设置为 Off 时表示不使用，客户机的每次连接只能从服务器请求返回一个文件，传输的效率比较低；当设置为 On 时，客户机与服务器建立一次连接后可以请求传输多个文件，将提高服务器传输文件的效率。

5.4.6　设置客户端每次连接允许请求响应的最大文件数：MaxKeepAliveRequests

配置文件中默认配置如下：

```
MaxKeepAliveRequests 100
```

MaxKeepAliveRequests 用于设置客户端每次连接允许请求响应的最大文件数，默认设置为 100 个。当 KeepAlive 设置为 On 时才生效。

5.4.7　设置保持连接的超时秒数：KeepAliveTimeout

配置文件中默认配置如下：

```
KeepAliveTimeout 15
```

KeepAliveTimeout 用于设置保持连接的超时秒数，当客户机的两次相邻请求超过该设置值时需要重新进行连接请求，默认设置为 15 秒。

5.4.8　设置 Apache 服务器监听的网络端口号：Listen

```
Listen 80
```

Listen 用于设置 Apache 服务器监听的网络端口号，默认为 80。

5.4.9　用于包含另一个配置文件的内容：Include

配置文件中默认配置如下：

```
Include conf.d/*.conf
```

Include 用于包含另一个配置文件的内容，可以将实现一些特殊功能的配置单独放到一个文件里，再使用 Include 配置项包含到 httpd.conf 主配置文件中，便于独立维护。

5.4.10　设置运行 httpd 进程时的用户身份：User

配置文件中默认配置如下：

```
User apache
```

User 用于设置运行 httpd 进程时的用户身份。

5.4.11　设置运行 httpd 进程时的组身份：Group

配置文件中默认配置如下：

```
Group apache
```

Group 用于设置运行 httpd 进程时的组身份。

5.4.12　设置 Apache 服务器管理员的 E-mail 地址：ServerAdmin

配置文件中默认配置如下：

```
ServerAdmin root@localhost
```

ServerAdmin 用于设置 Apache 服务器管理员的 E-mail 地址，可以通过此 E-mail 地址及时联系 Apache 服务器管理员。

5.4.13　设置 Apache 服务器的完整主机名：ServerName

配置文件中默认配置如下：

```
ServerName www.benet.com
```

ServerName：用于设置 Apache 服务器的完整主机名（FQDN）。

5.4.14　设置网页文档根目录：DocumentRoot

配置文件中默认配置如下：

```
DocumentRoot "/var/www/html"
```

DocumentRoot：用于设置网页文档根目录在系统中的实际路径。DocumentRoot 配置项比较容易和 ServerRoot 混淆，需要格外注意。

5.4.15　设置网站的默认索引页：DirectoryIndex

配置文件中默认配置如下：

```
DirectoryIndex index.html indexhtmlvar
```

DirectoryIndex：用于设置网站的默认索引页（首页），可以设置多个文件，以空格分开，默认的首页文件名为 index.html。

5.4.16　设置错误日志文件的路径和文件名：ErrorLog

配置文件中默认配置如下：

```
ErrorLog "logs/error_log"
```

ErrorLog 用于设置错误日志文件的路径和文件名，默认设置为 logs/error_log。

5.4.17　设置记录日志的级别：LogLevel

配置文件中默认配置如下：

```
LogLevel warn
```

LogLevel 用于设置记录日志的级别，默认为 warn（警告）。

5.4.18　设置访问日志文件的路径和格式类型：CustomLog

配置文件中默认配置如下：

```
CustomLog "logs/access_log" common
```

CustomLog 用于设置 Apache 服务器中访问日志文件的路径和格式类型。

5.4.19　httpd.conf 中的区域设置

除了全局设置项外，httpd.conf 文件中的大多数配置都包括在区域中。区域设置使用一对组合标记，限定了配置项的作用范围。例如，配置文件中常用的目录区域形式如下：

```
<Directory />
    AllowOverride none
    Require all denied
</Directory>
```

在以上的区域定义中，使用<Directory />定义区域的开始，使用</Directory>定义该区域的结束。<Directory />与</Directory>间的设置内容只作用于区域内部，而不会在全局或其他区域中生效。目录区域设置主要用于为特定的目录（如系统根目录"/"）设置访问控制权限。

除了目录区域外，经常会设置的还有虚拟主机区域"<VirtualHost>......</VirtualHost>"。下面先介绍一下虚拟 Web 主机。

虚拟 Web 主机指的是在同一台服务器中运行多个 Web 站点的应用，其中的每一个站点并不独立占用一台真正的计算机。例如，当用户访问两个不同的网站 www.benet.com、www.accp.com 时，所看到的网页内容也不相同，而如果这两个网站实际上是在同一台服务器中运行的，那么就可以称为是"虚拟的"Web 主机，一般简称为"虚拟主机"。

使用 httpd 服务可以非常方便地构建虚拟主机服务器，只需要启用一个 httpd 服务，就能够同时运行多个 Web 站点。支持的虚拟主机类型包括基于域名的虚拟主机、基于 IP 地址的虚拟主机、基于端口的虚拟主机 3 种。

注意：因各类型虚拟主机的区分机制各不相同，建议不要同时使用，以避免相互混淆。

5.5　日　志　文　件

Web 服务器安装成功后，会创建两个日志文件。日志文件名分别为 access_log、error_log，它们分别用来记录 Web 服务器被访问机运行的结果。本节将介绍这两个文件。

5.5.1　访问日志文件：/var/log/httpd/access_log

该文件用于记录客户端访问 Web 服务器的事件。文件中的每一行对应一条访问记录，记录客户机的 IP 地址、访问服务器的日期和时间、请求的网页对象等信息。

【实例 5-4】查看 httpd 服务器访问日志文件 access_log 的最后两行内容。

```
[root@www ~]# tail -2 /var/log/httpd/access_log
192.168.1.100 - - [03/Jun/2013:17:06:25 +0800] "GET /favicon.ico HTTP/1.1" 404 289
192.168.1.100 - - [04/Jun/2013:11:11:58 +0800] "GET / HTTP/1.1" 200 14
```

用户可以从 access_log 文件中查找到指定时间来自指定 IP 地址的客户机对 Apache 服务器进行的访问动作，还可以通过访问日志文件分析出客户机的访问行为和 Apache 服务器各时段的访问统计。

5.5.2 错误日志文件：/var/log/httpd/error_log

该文件用于记录 httpd 服务器启动或运行过程中出现错误的事件。文件中的每一行对应一条错误记录，将会记录发生错误的日期和时间、错误事件类型、错误事件的内容描述等信息。

【实例 5-5】查看 httpd 服务器错误日志文件 error_log 的最后两行内容。

```
[root@www ~]# tail -2 /var/log/httpd/error_log
[Mon Jun 03 17:05:10 2013] [notice] caught SIGTERM, shutting down
[Mon Jun 03 17:05:10 2013] [notice] Apache/2.2.15 (Unix) DAV/2 configured
-- resuming normal operations
```

通过 error_log 文件进行查看和分析，用户可以及时了解到 Apache 服务器在运行过程中出现的错误情况，从而及时加以解决，以保障服务器的稳定运行。

5.5.3 日志轮询文件：/etc/logrotate.d/httpd

日志轮询是 Linux 中对日志文件的一种处理方式，为防止日志文件过大造成一些应用的问题。日志轮询按时间或者文件大小将日志文件更名，让应用将新的日志写入新的文件中，旧的日志文件可以设置保留一段时间以备检查。在 RedHat 所有系统中，日志轮询默认是每一周轮转一次日志，保留 4 个旧日志文件备份。下面看一些该文件的默认配置信息：

```
[root@www benet]# cat /etc/logrotate.d/httpd
/var/log/httpd/*log {
    missingok
    notifempty
    sharedscripts
    delaycompress
    postrotate
        /sbin/service httpd reload > /dev/null 2>/dev/null || true
    endscript
}
```

从默认的信息中没有看到具体设置的日志轮询信息。因为 Linux 中日志轮询的服务是 logrotate，主配置文件是/etc/logrotate.conf 和/etc/logrotate.d 中的文件。默认的设置保存在 /etc/logrotate.conf 文件中。应为任何一个服务搭建成功都会生成一个日志文件的，所以这些服务都是定时每一周轮转一次日志。如果想对某个服务进行设置，则修改/etc/logrotate.d 目录下相应的文件即可。

5.6 可执行文件

Web 服务器搭建成功后，有大量的命令来控制该服务。本节将介绍 Web 服务下的命令的语法格式和使用方法。

5.6.1 Web 服务器性能测试工具：/usr/bin/ab

ab 命令是 Apache 超文本传输协议（HTTP）服务器的性能测试工具。可以使用它来测试当前所安装的 Apache 服务器的运行性能，显示 Apache 服务器每秒钟可以处理多少个 HTTP 请求。下面将介绍 ab 命令的语法格式和使用方法。

ab 命令的语法格式：

```
ab [选项]
```

常用选项含义如下。

- ❑ -A 用户名:密码：向服务器提供基本认证信息。用户名和密码之间由一个 ":" 隔开，并以 base64 编码形式发送。无论服务器是否需要（即是否发送了 401 认证需求代码），此字符串都会被发送。
- ❑ -b windowsize：TCP 发送/接收缓存区字节数的大小。
- ❑ -c 并发请求数：在同一时间执行多个请求的数量。默认值是一次一个。
- ❑ -C cookie 名=值：对请求附加一个 "Cookie:" 头行，其典型形式是 cookie 名=cookie 值的参数对。可以重复使用此参数。
- ❑ -d：不显示 "percentage served within XX [ms] table" 消息主要是为以前的版本提供支持。
- ❑ -e csv 文件：指定产生的 CSV 文件，ab 指令可以产生一个以逗号分隔的（CSV）文件，其中包含了处理每个相应百分比请求（从 1%到 100%）所需要的相应百分比时间（以微秒为单位）。
- ❑ -f 协议：指定 SSL 或者 TLS 协议。
- ❑ -g gnuplot 文件：把所有测试结果写入指定的 gnuplot 或者 TSV（以 Tab 分隔）文件中。gnuplot 文件可以方便地导入到 Gnuplot、IDL、Mathematica 和 Excel 中。文件中的第一行为标题行。
- ❑ -h：显示帮助信息。
- ❑ -H 定制的头信息：对请求附加额外的头信息。定制的头信息的典型形式是一个有效的头信息行，其中包含了以冒号分隔的字段和值（例如："Accept-Encoding: zip/zop;8bit"）。
- ❑ -i：执行 HTTP 协议中的 HEAD 请求，而不是 GET 请求。
- ❑ -k：启用 KeepAlive 功能，即在一个 HTTP 会话中执行多个 HTTP 请求。默认情况下，不启用 KeepAlive 功能。
- ❑ -n 请求个数：指定在测试会话中所执行的请求个数。

- ❏ -p POST-file：指定包含 POST 数据的文件。
- ❏ -P 代理人在用户名:密码：提供基本的身份验证凭据的代理信息。该用户名和密码之间由一个 ":" 隔开，并以 base64 编码形式发送。无论服务器是否需要（即是否发送了 407 代理认证需求代码），此字符串都会被发送。
- ❏ -q：如果处理的请求数大于 150，ab 每处理大约 10% 或者 100 个请求时，会在标准错误中输出一个进度计数。使用此标记可以屏蔽这些信息。
- ❏ -s：当编译（ab -h）使用了 SSL 保护 HTTPS 而不是 HTTP 协议。它的功能是实验性并非常简陋，建议尽可能不要使用它。
- ❏ -S：不显示中位数和偏差值，也不显示警告或错误消息。默认显示最小、最大、平均值。
- ❏ -t 最大秒数：指定测试所持续的最大秒数。默认情况下，没有时间限制。
- ❏ -T content-type：指定 POST 数据时所使用的 Content-type 头信息。
- ❏ -u PUT-file：文件包含数据 PUT。
- ❏ -v verbosity：设置显示信息的详细程度，4 或更大值会显示头信息，3 或更大值可以显示 HTTP 响应代码（例如 404，200 等），2 或更大值可以显示警告和其他信息。
- ❏ -V：显示版本信息。
- ❏ -w：以 HTML 表格形式输出结果。默认情况下，输出的 HTML 表格是白色背景的两列宽度的一张表。
- ❏ -x <table 标记属性>：设置 <table> 标记的属性的字符串。用于生成 HTML 表格时，格式化输出表格。
- ❏ -X 代理服务器端口号：对 HTTP 请求使用指定的代理服务器。
- ❏ -y <tr 标记属性>：设置 <tr> 标记的属性字符串。用于生成 HTML 表格时，格式化输出表格。
- ❏ -z<td 标记属性>：设置 <td> 标记的属性字符串。用于生成 HTML 表格时，格式化输出表格。
- ❏ -Z 密码组：指定 SSL 或 TLS 密码组。

【实例 5-6】测试目标 HTTP 服务器的性能。使用 ab 指令的 -n 选项指定发送请求的次数，使用 -c 选项指定并发请求的数目，在命令行中输入的命令示例如下：

```
[root@www benet]# ab -n 10 -c 10 http://www.benet.com/
```

输出信息如下：

```
This is ApacheBench, Version 2.3 <$Revision: 655654 $>
Copyright 1996 Adam Twiss, Zeus Technology Ltd, http://www.zeustech.net/
Licensed to The Apache Software Foundation, http://www.apache.org/

Benchmarking www.benet.com (be patient).....done


Server Software:        Apache/2.2.15
Server Hostname:        www.benet.com
Server Port:            80

Document Path:          /
```

```
Document Length:          14 bytes

Concurrency Level:        10
Time taken for tests:     0.008 seconds
Complete requests:        10
Failed requests:          0
Write errors:             0
Total transferred:        2820 bytes
HTML transferred:         140 bytes
Requests per second:      1221.45 [#/sec] (mean)
Time per request:         8.187 [ms] (mean)
Time per request:         0.819 [ms] (mean, across all concurrent requests)
Transfer rate:            336.38 [Kbytes/sec] received

Connection Times (ms)
            min  mean[+/-sd] median    max
Connect:      1    4   1.9       5        6
Processing:   2    3   1.7       3        6
Waiting:      0    2   1.4       2        5
Total:        7    8   0.3       8        8

Percentage of the requests served within a certain time (ms)
   50%       8
   66%       8
   75%       8
   80%       8
   90%       8
   95%       8
   98%       8
   99%       8
  100%       8 (longest request)
```

【实例 5-7】如果希望将测试结果以网页格式输出，可以使用 ab 指令的-w 选项，在命令行中输入的命令如下：

```
[root@www benet]# ab -w http://www.benet.com/
```

输出信息如下：

```
<p>
 This is ApacheBench, Version 2.3 <i>&lt;$Revision: 655654 $&gt;</i><br>
 Copyright    1996    Adam    Twiss,    Zeus    Technology    Ltd,
http://www.zeustech.net/<br>
 Licensed to The Apache Software Foundation, http://www.apache.org/<br>
</p>
<p>
..done


<table >
<tr ><th colspan=2 bgcolor=white>Server  Software:</th><td  colspan=2
bgcolor=white>Apache/2.2.15</td></tr>
<tr ><th colspan=2 bgcolor=white>Server  Hostname:</th><td  colspan=2
bgcolor=white>www.benet.com</td></tr>
<tr  ><th  colspan=2  bgcolor=white>Server    Port:</th><td    colspan=2
bgcolor=white>80</td></tr>
<tr  ><th  colspan=2  bgcolor=white>Document    Path:</th><td    colspan=2
bgcolor=white>/</td></tr>
<tr  ><th  colspan=2  bgcolor=white>Document    Length:</th><td    colspan=2
bgcolor=white>14 bytes</td></tr>
<tr ><th colspan=2 bgcolor=white>Concurrency  Level:</th><td  colspan=2
```

```
bgcolor=white>1</td></tr>
<tr ><th colspan=2 bgcolor=white>Time taken for tests:</th><td colspan=2
bgcolor=white>0.001 seconds</td></tr>
<tr ><th colspan=2 bgcolor=white>Complete requests:</th><td colspan=2
bgcolor=white>1</td></tr>
<tr ><th colspan=2 bgcolor=white>Failed requests:</th><td colspan=2
bgcolor=white>0</td></tr>
<tr ><th colspan=2 bgcolor=white>Total transferred:</th><td colspan=2
bgcolor=white>282 bytes</td></tr>
<tr ><th colspan=2 bgcolor=white>HTML transferred:</th><td colspan=2
bgcolor=white>14 bytes</td></tr>
<tr ><th colspan=2 bgcolor=white>Requests per second:</th><td colspan=2
bgcolor=white>1915708.81</td></tr>
<tr ><th colspan=2 bgcolor=white>Transfer rate:</th><td colspan=2
bgcolor=white>540229.89 kb/s received</td></tr>
<tr ><th bgcolor=white colspan=4>Connnection Times (ms)</th></tr>
<tr ><th bgcolor=white> </th> <th bgcolor=white>min</th>    <th
bgcolor=white>avg</th>   <th bgcolor=white>max</th></tr>
<tr ><th bgcolor=white>Connect:</th><td bgcolor=white>        0</td><td
bgcolor=white>   0</td><td bgcolor=white>        0</td></tr>
<tr ><th bgcolor=white>Processing:</th><td bgcolor=white>        0</td><td
bgcolor=white>    0</td><td bgcolor=white>        0</td></tr>
<tr ><th bgcolor=white>Total:</th><td bgcolor=white>        0</td><td
bgcolor=white>    0</td><td bgcolor=white>        0</td></tr>
</table>
```

上面的输出信息是标准的 HTML 代码，可以将其另存为 ".html" 文件，然后使用网页浏览器查看。

5.6.2　操作 DBM 数据库：/usr/bin/htdbm

htdbm 命令是用来操作 DBM 格式的文件，用来存储用户名和密码。htdbm 命令的语法格式如下：

```
htdbm [选项]
```

常用选项含义如下。

❑ -b：使用批处理模式。也就是说，在命令行中得到的是密码而不是提示。

❑ -c：创建 passwdfile 文件。如果 passwdfile 已经存在，则会被改写并截断。这个选项不能和-n 选项一起使用。

❑ -n：将结果标准输出，而不是更新数据库。这个选项更改命令行的语法，因为 passwdfile 参数被省略了。它不能结合-c 选项。

❑ -m：使用 MD5 加密密码。在 Windows、Netware 和 TPF 中是默认的加密方法。

❑ -d：使用 crypt()对密码进行加密，默认在所有平台都支持。

❑ -s：使用 SHA 对密码进行加密。

❑ -p：使用明文密码。虽然 htdbm 命令支持创建在所有平台上，但是在 Windows、Network 和 TPF 上 httpd 守护进程将只接受纯文本的密码。

❑ -l：标准输出数据库的用户名和评论。

❑ -t：解释最后一个参数作为注释。

❑ -v：验证用户名和密码。该程序将显示所提供的密码是否有效的消息。如果密码是无效的，程序退出时的错误代码为 3。
- [ ] -x：删除用户。如果该用户名在指定的 DBM 文件中存在，也将被删除。
- [ ] filename：DBM 格式的文件通常没有扩展.db、.pag 或.dir。
- [ ] username：用户名创建或更新 passwdfile 文件。如果用户名不存在这个文件，添加一个条目；如果确实存在，密码修改成功。
- [ ] password：明文密码进行加密并存储在 DBM 文件中。
- [ ] -TDBTYPE：指定 DBM 文件类型。

5.6.3　摘要式身份认证文件：/usr/bin/htdigest

htdigest 命令建立和更新 Apache 服务器用于摘要认证的存放用户认证信息的文件。如果要使用该命令，需要先对 Apache 服务器进行一定的配置。使用 htdigest 命令创建认证文件，限制授权给认证文件中的所有有效用户。下面将介绍该命令的语法格式和使用方法。
htdigest 的语法格式如下：

```
htdigest [选项]
```

常用选项含义如下。
- [ ] -c：创建认证所需的密码文件。如果文件已存在，则首先将其删除然后再创建新的文件。
- [ ] 用户认证密码文件：指定包含用户认证信息的文件。如果同时使用了-c 选项，若该文件不存在则创建该文件，否则先删除该文件再创建。
- [ ] 域：指定用户所属的域。
- [ ] 用户名：指定要在用户认证密码文件中要创建或更新的用户。如果用户名在用户认证密码文件中不存在，则新增加一项，否则改变此用户的认证密码。

【实例 5-8】创建摘要认证文件。

（1）使用 htdigest 的-c 选项创建摘要认证文件。在命令行中输入的命令示例如下：

```
[root@localhost ~]# htdigest -c passwdfile benet.com bob  #输出摘要认证文件
```

输出信息如下：

```
Adding password for bob in realm benet.com.
New password:                                    #此处输入的密码不回显
Re-type new password:                            #此处输入的密码不回显
```

在上例中，将创建摘要认证文件 passwdfile，并在文件中添加 bob 用户的认证信息。
（2）使用 cat 指令显示生成的摘要认证文件的内容。在命令行中输入的命令示例如下：

```
[root@localhost ~]# cat passwdfile                     #显示摘要认证文件
```

输出信息如下：

```
bob:baidu.com:d309e36244bf8b5fd5f3bf80702cf40a
```

从上面的输出信息可以看出，用户的密码是加密后存放在摘要认证文件中。

5.6.4 基本的身份认证文件：/usr/bin/htpasswd

htpasswd 命令用于建立和更新用于基本认证的用户认证密码文件。htpasswd 必须有权限读写用户认证密码文件，否则返回出错代码，而不做任何修改。htpasswd 命令只能管理存放在用户认证密码文件中的用户名和密码。htpasswd 指令可以加密并显示密码信息。

htpasswd 命令有不同的返回值，返回值的情况如下：

- ❑ 当操作成功时，返回 0。
- ❑ 当访问用户认证密码文件发生错误时，返回 1。
- ❑ 当命令行语法错误时，返回 2。
- ❑ 当密码验证失败时，返回 3。
- ❑ 当正在进行中的操作被打断时，返回 4。
- ❑ 若值（username, filename, password, 计算结果）长度超标时，返回 5。
- ❑ 当用户名包含非法字符时，返回 6。
- ❑ 当指定的文件不能被正确识别时，返回 7。

下面将介绍 htpasswd 命令的语法格式和使用方法。

htpasswd 命令的语法格式如下：

```
htpasswd [选项]
```

常用选项含义如下。

- ❑ -b：用批处理方式，直接从命令行获取密码而不提示用户输入密码。使用此选项时，通过历史命令可以查看到输入的密码，存在严重的安全隐患。
- ❑ -c：创建用户认证密码文件。如果用户认证密码文件已经存在，那么其内容将被清空并且重新改写。此选项不能和-n 选项同时使用。
- ❑ -n：将结果显示到标准输出，而不更新文件。此选项不能和-c 选项同时使用。
- ❑ -m：将用户密码使用 MD5 加密。
- ❑ -d：将用户密码使用 crypt()函数进行加密。在 Linux 系统中此选项是默认的。
- ❑ s：将用户密码使用 SHA 加密方法进行加密。
- ❑ -p：使用名为密码。虽然 htpasswd 命令支持所有的平台，但是 Windows、Netware 和 TFP 平台将只接受 httpd 守护进程的纯文本密码。
- ❑ -D：从用户认证密码文件中删除指定的用户记录。
- ❑ 用户认证密码文件：包含用户名和密码的文本文件的名称。如果使用了-c 选项，若文件已存在则更新它，若不存在则创建它。
- ❑ 用户名：在 passwdfile 中添加或更新记录。若 username 不存在则添加一条记录，若存在则更新其密码。
- ❑ 密码：指定用户的明文密码。此参数必须和-b 选项同时使用。在保存到用户认证密码文件时，密码将被加密。

【实例 5-9】创建 apache 服务器使用的基本认证文件。

（1）使用 htpasswd 指令的-c 选项创建基本认证文件，并向文件中添加用户认证信息。在命令行中输入的命令示例如下：

```
[root@localhost ~]# htpasswd -c .htpasswd-users bob        #创建基本认证文件
```

输出信息如下：

```
New password:                                             #此处输入的密码不回显
Re-type new password:                                     #此处输入的密码不回显
Adding password for user bob
```

（2）使用 cat 指令显示生成的基本认证。在命令行中输入的命令示例如下：

```
[root@localhost ~]# cat .htpasswd-users                   #显示文件内容
```

输出信息如下：

```
bob:PqSoUpYTexfB.
```

在上例中，用户 bob 的密码加密后存放在基本认证文件".htpasswd-users"中。

5.6.5　控制 Apache HTTP 的程序：/usr/sbin/apachectl

apachectl 命令主要用来控制 Apache HTTP 的程序。apachectl 命令也可以使用 configtest 参数来检测 httpd.conf 文件内容进行语法检查。如果没有语法错误，将会显示 Syntax OK 的信息，否则需要根据错误信息中的提示，将语法错误修正后再重新检查。下面分别介绍 apachectl 命令的使用方法和语法格式。

apachectl 命令的语法格式如下：

```
apachectl [参数]
```

常用参数含义如下。
- start：启动 Apache httpd 守护进程。
- stop：停止 Apache httpd 守护进程。
- restart：重新启动 Apache httpd 守护进程。
- fullstatus：显示由 Apache 服务器的 mod_status 模块提供的完整的服务器状态报告。在使用此参数时，要保证已经激活了 Apache 服务器的 mod_status 模块，并且在 Linux 系统中有纯文本的网页浏览器（如 lynx）。
- graceful：优雅地重新启动 Apache httpd 守护进程。
- graceful-stop：优雅地停止了 Apache httpd 守护进程。
- configtest：检查配置文件 httpd.con 的语法是否有误。

【实例 5-10】检查 httpd.conf 主配置文件是否存在语法错误。

```
[root@www ~]# apachectl -configtest
Syntax OK
```

5.6.6　清理磁盘缓存：/usr/sbin/htcacheclean

htcacheclean 命令用来保持磁盘缓存存储大小，这个工具可以手动运行或在守护进程模式下运行。在守护进程模式下运行时，大部分时间它在后台"休息"，但会定期检查缓存目录并删除缓存的内容。可以通过发送 TERM 或 INT 信号来停止清理。下面来学习该命令的语法格式和使用方法。

htcacheclean 命令的语法格式如下：

```
htcacheclean [选项]
```

常用选项含义如下。

- ❑ -d interval：每隔 interval 分钟进行一次清理。这个选项和-D、-v、-r 互斥，不能同时使用。要关闭清理进程，可以使用 SIGTERM 或 SIGINT 信号。
- ❑ -D：进行一次清理"演习"，而不会真正清理任何内容。这个选项和-d 互斥，不能同时使用。
- ❑ -v：显示详细的统计信息。这个选项和-d 互斥，不能同时使用。
- ❑ -r：进行彻底清理。这个选项和-d 互斥，不能同时使用。同时该选项隐含了-t 选项。
- ❑ -n：该选项会导致处理速度较慢，但是有利于其他程序的运行。
- ❑ -t：删除所有空目录。默认情况下，只删除缓存文件。因为在某些配置情况下会建立数量庞大的目录，这样很可能导致 inode 或文件分配表耗尽。建议你使用这个选项。
- ❑ -p path：指定磁盘高速缓存的根目录路径。它必须和 CacheRoot 指定的目录相同。
- ❑ -l limit：指定限制的总磁盘高速缓存的大小限制。该值是默认情况下，以字节为单位表示。
- ❑ -i：当只有一个磁盘高速缓存修改，使用该选项。它是一个唯一可以与-d 选项一起使用的选项。

5.6.7 Apache 服务器的主程序：/usr/sbin/httpd

httpd 是 Apache 超文本传输协议服务器的主程序，它被设计为一个独立运行的守护进程。当执行 httpd 时，它会创建一个处理请求的子进程或线程池。在一般情况下，httpd 不应该被直接调用，而应该在类 UNIX 系统中由 apachectl 调用。下面先介绍一下 httpd 命令的语法格式及使用方法。

httpd 命令的语法格式如下：

```
httpd [选项]
```

常用语法格式如下。

- ❑ -C <配置指令>：在读取 Apache 服务器配置文件之前，先处理指定的配置指令。
- ❑ -c <配置指令>：在读取 Apache 服务器配置文件之后，处理指定的配置指令。
- ❑ -D <参数>：设置服务器参数，它配合 Apache 服务器配置文件中的<IfDefine>段，用于在服务器启动和重新启动时，有条件地跳过或处理某些配置指令。
- ❑ -d <服务器根目录>：设置服务器的根目录，对应于 Apache 服务器配置文件中的 ServerRoot 指令。
- ❑ -e <日志等级>：在服务器启动时，设置 LogLevel 为指定的日志等级。它用于在 httpd 启动时，临时增加出错信息的详细程度以帮助排错。

- ❏ -E <错误文件>：将服务器启动过程中的出错信息发送到指定的错误文件。
- ❏ -f <服务器配置文件>：指定 Apache 服务器的配置文件。如果配置文件使用的不是绝对路径，则它是相对于 ServerRoot 的路径。
- ❏ -h：显示帮助信息。输出简短的命令行选项说明。
- ❏ -k：向 Apache 服务器进程 httpd 发送信号使 httpd 启动、重新启动或停止。支持的参数有：start 表示启动 httpd；restart 表示重新启动 httpd；graceful 表示优雅的启动 httpd；stop 表示停止 httpd；graceful-stop 表示优雅的停止 httpd。
- ❏ -l：显示静态编译进 httpd 的模块的列表。
- ❏ -L：输出 Apache 服务器配置文件中的指令列表，并且指出指令的有效参数和使用区域。
- ❏ -M：显示 httpd 中启用的模块列表，包括静态编译进 httpd 的模块和作为 DSO（Dynamic Share Object）动态加载的模块。
- ❏ -S：显示 Apache 服务器配置文件中的虚拟主机配置。
- ❏ -t：检查 Apache 服务器配额制文件的语法。如果返回 Syntax OK，表示配置文件语法正确；否则，显示配置文件的错误信息。
- ❏ -v：显示版本信息。
- ❏ -V：显示编译时的配置参数。
- ❏ -X：在前台以调试模式运行 httpd。

【实例 5-11】检查 httpd.conf 主配置文件是否存在语法错误。

```
[root@www ~]# httpd -t
Syntax OK
```

5.6.8　控制 Web 服务文件：/etc/rc.d/init.d/httpd

httpd 文件是一个可执行的脚本文件。使用 service 命令的 start、stop、restart 参数来启动、关闭、重启 Apache 服务。该文件也可以使用它的绝对路径带 start、stop、restart 参数来控制服务的运行。启动 Apache 服务的命令如下：

```
[root@www ~]# /etc/init.d/httpd start
正在启动 httpd:                                      [确定]
```

或者

```
[root@www ~]# service httpd start
正在启动 httpd:                                      [确定]
```

5.6.9　控制 htcacheclean 文件：/etc/rc.d/init.d/htcacheclean

htcacheclean 文件是一个可执行的脚本文件。使用 service 命令的 start、stop、restart 参数来启动、关闭、重启 Apache 服务。该文件也可以使用它的绝对路径带 start、stop、restart 参数来控制服务的运行。启动 htcacheclean 服务的命令如下：

```
[root@www ~]# /etc/rc.d/init.d/htcacheclean start
正在启动 htcacheclean:                               [确定]
```

或者

```
[root@www ~]# service htcacheclean start
正在启动 htcacheclean:                                    [确定]
```

5.6.10　纯文本网页浏览器：/usr/sbin/elinks

elinks 命令类似于 lynx 的纯文本网页浏览器。它支持颜色、表格渲染、背景下载、菜单驱动的配置界面，选项卡式浏览等，而且 elinks 访问速度很快，显示效果也比较好。在命令行下可以直接使用该命令测试 Web 服务器的配置。下面介绍 elinks 命令的语法格式和使用方法。

elinks 命令的语法格式如下：

```
elinks [选项] [URL]
```

常用选项含义如下。

❑ -auto-submit<值>：对应偶然遇到的第一个表单是否自动提交。可选值 0 或 1。
❑ -h：显示帮助信息。
❑ URL：指定要访问的网址。支持本地访问（file://）和远程访问（http://, ftp://, https://）。

【实例 5-12】使用 elinks 访问本地文件。可以使用 elinks 指令访问 "file://PATH" 方式的 URL 来访问本地文件，在命令行中输入的命令示例如下：

```
[root@wyh ~]# elinks file:///etc                    #访问本地/etc 目录
```

执行命令后将显示如图 5.4 所示的界面。

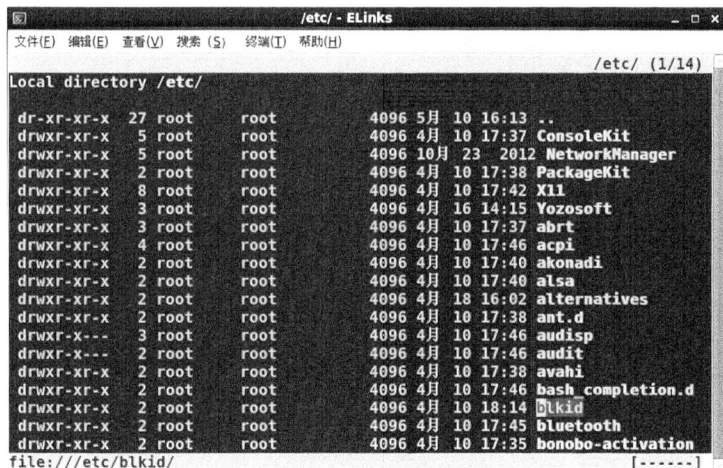

图 5.4　/etc 目录下的内容

在上例中可以使用鼠标或 Alt+S 键激活菜单命令，对文件或目录进行相关操作。

【实例 5-13】使用 elinks 指令访问远程网站。直接将网址传递给 elinks 指令并回车，即可访问远程网站，在命令行中输入的命令示例如下：

```
[root@localhost root]# elinks 192.168.1.1
```

执行以上命令后将显示如图 5.5 所示的界面。

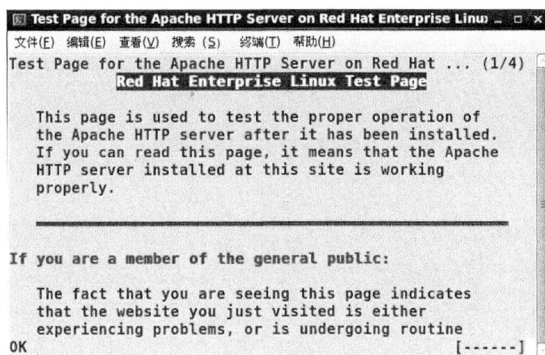

图 5.5　Web 服务器的测试页面

5.7　其他配置文件

除了在上面列出的文件，Web 服务器还有几个比较特殊的文件需要了解。下面将介绍这些文件的作用。

5.7.1　禁用 RHEL 下 Apache 的测试页面：/etc/httpd/conf.d/welcome.conf

在 RHEL 中安装 apache 并启动后，默认 RHEL 会为 Apache 添加一个测试页面。安装完毕并且对 apache 保持默认配置，之后在浏览器中输入 Apache 服务器的站点的域名或 IP 地址，将打开如图 5.6 所示的界面。

图 5.6　Apache 服务的测试页面

这时可以正常访问到 Apache 服务的测试页面。如果要禁用该测试页面，通过修改 /etc/httpd/conf.d/welcome.conf 文件中的内容即可达到目的。下面查看一下该文件的默认内容：

```
[root@www ~]# cat /etc/httpd/conf.d/welcome.conf
#
# This configuration file enables the default "Welcome"
# page if there is no default index page present for
# the root URL.  To disable the Welcome page, comment
# out all the lines below.
#
<LocationMatch "^/+$">
    Options -Indexes
    ErrorDocument 403 /error/noindex.html
</LocationMatch>
```

该文件中前面"#"的内容为注释内容，也就是来说明该文件的主要作用以及关闭该作用的方法。其实该文件也是一个普通的配置文件，并包含进了 Apache 服务器 httpd.conf 主文件中，只要用"#"将 welcome.conf 的内容注释掉即可，修改后如下：

```
[root@www ~]# cat /etc/httpd/conf.d/welcome.conf
#
# This configuration file enables the default "Welcome"
# page if there is no default index page present for
# the root URL.  To disable the Welcome page, comment
# out all the lines below.
#
#<LocationMatch "^/+$">
#    Options -Indexes
#    ErrorDocument 403 /error/noindex.html
#</LocationMatch>
```

修改完该文件后，重新启动下 Apache 服务。再访问，将不会看到图 5.3 的界面了。

5.7.2　网站根目录：/var/www/html

使用 RPM 包安装成功的 Apache 服务，默认的根目录是"/var/www/html"。当客户端访问服务器时，访问页面显示的内容就是该目录下以后缀名为".html"的文件内容。在该目录下也可以创建目录和文件，但是文件的后缀一定是".html"。

【实例 5-14】如果想要测试网站时，访问到的内容为"My Web Site."，创建网页内容如下：

```
[root@www ~]# cd /var/www/html/
[root@www html]# vi index.html
My Web Site.
```

5.7.3　Web 服务命令参数配置文件：/etc/sysconfig/httpd

httpd 文件通过其中的内容提供给 httpd 进程在系统引导时使用。该文件保存着 Apache 服务的默认配置信息，该文件不需要做任何修改。

5.7.4　Web 服务进程文件：/etc/httpd/run/httpd.pid

当 Web 服务器启动成功后，就会在/etc/httpd/run 目录下生成 httpd.pid 文件。该文件保存了 Web 服务器的进程号，下面看当前服务器中该文件的内容如下：

```
[root@www ~]# cat /etc/httpd/run/httpd.pid
9670
```

输出的信息表示该服务的进程号为 9670。

5.8　Web 站点的典型应用

使用虚拟 Web 主机服务，可以充分利用服务器的硬件资源，大大降低网站构建及运行成本。本节将介绍 3 种虚拟主机的配置方法。

5.8.1　构建基于域名的虚拟主机

基于域名的虚拟主机为每个虚拟主机使用不同的域名，但是其对应的 IP 地址是相同的。例如，www.benet.com 和 www.accp.com 站点的 IP 地址都是 192.168.1.1。这里使用最普遍的虚拟 Web 主机类型。

【实例 5-15】本例以实现两个虚拟 Web 主机 www.benet.com 和 www.accp.com 为例，其对应的服务器 IP 地址为 192.168.1.1。具体步骤如下。

（1）确定服务器的主机名、IP 地址等参数。

向域名注册机构申请 Web 站点的域名，使得所有的用户的访问域名 www.benet.com、www.accp.com 时，指向的 IP 地址对应为 192.168.1.1。在实验过程中也可以自行搭建 DNS 服务器，具体请参考第 2 章中的内容。

将服务器的 IP 地址设置为 192.168.1.1，主机名设置为虚拟站点域名中的一个，例如 www.benet.com。

（2）分别准备两个虚拟站点的网页文件。

在 httpd 服务器的网页根目录下建立两个文件夹 benet、accp，并分别建立两个测试网页。

```
[root@www ~]# cd /var/www/html/
[root@www html]# mkdir benet accp
[root@www html]# echo "www.benet.com" > benet/index.html
[root@www html]# echo "www.accp.com" > accp/index.html
```

（3）修改 httpd.conf 文件，添加虚拟主机配置。

编辑 httpd.conf 文件，使用 NameVirtualHost 配置项指定运行虚拟主机的服务器 IP 地址，并为每一个虚拟站点增加一段 "<VirtualHost 虚拟主机 IP 地址>......</VirtualHost>" 区域设置，其中至少包括虚拟主机的域名、网页文档根目录的配置行，其他的设置内容可以参考 httpd.conf 文件中的全局配置。如果虚拟主机数较多，建议为每个虚拟主机使用独立的访问日志和错误日志文件。

```
[root@www html]# vi /etc/httpd/conf/httpd.conf
...//省略部分内容
<VirtualHost 192.168.1.1>
#    ServerAdmin webmaster@dummy-host.example.com
```

```
      DocumentRoot /var/www/html/benet
      ServerName www.benet.com
      ErrorLog logs/www.benet.com.error.log
      CustomLog logs/www.benet.com.access.log common
</VirtualHost>
<VirtualHost 192.168.1.1>
#     ServerAdmin webmaster@dummy-host.example.com
      DocumentRoot /var/www/html/accp
      ServerName www.accp.com
      ErrorLog logs/www.accp.com.error.log
      CustomLog logs/www.accp.com.access.log common
</VirtualHost>
```

（4）重新启动 httpd 服务。

```
[root@www html]# service httpd restart
```

如果配置是源码包安装的 Apache 服务器的话，应该使用如下命令重新启动服务。

```
[root@www htdocs]# /usr/local/apache2/bin/apachectl restart
```

（5）在客户机浏览器中访问虚拟 Web 站点。

首先要确保客户机能够正确解析这两个虚拟主机的域名，并能够连接到该服务器。如果在实验中没有搭建可用的 DNS 服务器，也可以通过修改客户机的 hosts 文件来完成域名解析——如果是 Linux 客户机，则修改"/etc/hosts"文件；如果是 Windows 7 客户机，则修改"C:\Windows\System32\drivers\etc\hosts"文件，添加如下域名——IP 地址映射记录即可。

```
192.168.1.1    www.benet.com      www.accp.com
```

在客户端浏览器中分别访问两个虚拟主机站点 www.benet.com、www.accp.com，将会看到显示不同的网页内容。

5.8.2　构建基于 IP 地址的虚拟主机

基于 IP 地址的虚拟主机为每个虚拟主机使用不同的域名，且各自对应的 IP 地址也不相同。这种方式需要为服务器配备多个网络接口，因此应用并不广泛。

构建基于 IP 地址的虚拟主机服务器时，与构建基于域名虚拟主机的过程基本类似，但是在 httpd.conf 文件中的配置稍微有些区别；不再需要指明 NameVirtualHost 配置行，每个虚拟主机的"<VirtualHost 虚拟主机 IP 地址>......</VirtualHost>"区域设置中，也要改为各自域名对应的 IP 地址。

【实例 5-16】以域名 www.benet.com 对应的 IP 地址为 192.168.1.1，www.accp.com 对应的 IP 地址为 192.168.2.1 为例，具体步骤如下。

（1）确定服务器的 IP 地址。这里需要设置两块网卡，分别设置 IP 地址为 192.168.1.1 和 192.168.1.2。如果只有一块网卡的话，使用以下命令设置虚拟 IP 地址。

```
[root@www ~]#ifconfig eth0:0 192.168.2.1
```

（2）修改 httpd.conf 文件，添加虚拟主机配置。

```
[root@www html]# vi /etc/httpd/conf/httpd.conf
```

```
...//省略部分内容
<VirtualHost 192.168.1.1>
    DocumentRoot /var/www/html/benet
    ServerName www.benet.com
    ErrorLog logs/www.benet.com.error.log
    CustomLog logs/www.benet.com.access.log common
</VirtualHost>
<VirtualHost 192.168.2.1>
    DocumentRoot /var/www/html/accp
    ServerName www.accp.com
    ErrorLog logs/www.accp.com.error.log
    CustomLog logs/www.accp.com.access.log common
</VirtualHost>
```

（3）在客户机浏览器中访问虚拟 Web 站点。

5.8.3　构建基于端口的虚拟主机

这种方式并不使用域名、IP 地址来区分不同的站点内容，而是使用了不同的 TCP 端口号，因此用户在浏览不同的虚拟站点时需要同时指定端口号才能访问。使用不同的端口号可以为企业网站提供一个额外的入口，借此进入另一部分站点内容（例如网站的后台管理界面等）。

构建基于端口的虚拟主机服务器时，httpd 服务监听的 IP 地址、端口号需要与各虚拟主机使用的 IP 地址、端口号相对应，一般也无须指定 NameVirtualHost 配置行。

【实例 5-17】以访问 80 端口时对应站点 www.benet.com，访问 8080 端口时对应站点 www.accp.com 为例。具体步骤如下。

（1）修改 httpd.conf 文件中的设置形式如下：

```
Listen 192.168.1.1:80
Listen 192.168.1.1:8080
<VirtualHost 192.168.1.1:80>
#    ServerAdmin webmaster@dummy-host.example.com
    DocumentRoot /var/www/html/benet
    ServerName www.benet.com
    ErrorLog logs/www.benet.com.error.log
    CustomLog logs/www.benet.com.access.log common
</VirtualHost>
<VirtualHost 192.168.1.1:8080>
#    ServerAdmin webmaster@dummy-host.example.com
    DocumentRoot /var/www/html/accp
    ServerName www.accp.com
    ErrorLog logs/www.accp.com.error.log
    CustomLog logs/www.accp.com.access.log common
</VirtualHost>
```

（2）防火墙开着时，需要对外开放 8080 号端口。执行命令如下：

```
[root@www ~]# iptables -I INPUT -p tcp --dport 8080 -j ACCEPT
```

（3）在客户机浏览器中访问虚拟 Web 站点。

5.8.4　建立系统用户的个人主页

httpd 服务自带的个人主页功能，可以非常方便地为 Linux 系统用户提供 Web 站点服务。服务器中启用该功能以后，每个系统用户只需在宿主目录中的响应位置（默认为 public_html 子目录）建立网页文件，就可以在浏览器中访问自己的个人主页了。

【实例 5-18】本例以 Linux 系统用户 bob（已经创建该用户）建立个人主页为例，讲解在 httpd 服务器中实现个人主页服务的过程。

（1）修改 httpd 文件，启用个人主页功能。添加"UserDir public_html"配置行，并添加"<Directory "/home/*/public_html">......</Directory>"目录区域设置，以便允许客户机系统用户的个人网页目录。

```
#UserDir disabled
        //RPM 包安装的 Apache 服务器的默认配置文件中，这一项默认是开启的，需要注释掉
UserDir public_html
<Directory /home/*/public_html>
    AllowOverride FileInfo AuthConfig Limit
    Options MultiViews Indexes SymLinksIfOwnerMatch IncludesNoExec
Order allow,deny
    Allow from all
</Directory>
```

（2）建立个人主页测试文件。切换为目标用户 bob，在宿主目录中建立 public_html 文件夹，并添加测试网页文件。

```
[root@www ~]# su - bob
[bob@www ~]$ mkdir public_html
[bob@www ~]$ echo "Bob's Home Page" >> public_html/index.html
```

由于 Linux 系统对用户的宿主目录默认设置了较严格的访问权限，因此还需要为其他用户增加执行权限，以便运行 Web 服务的程序用户有权限访问用户宿主目录中的 public_html 子目录。

```
[bob@www ~]$ ls -dl /home/bob/
drwx------. 5 bob bob 4096 6月  4 14:24 /home/bob/
[bob@www ~]$ chmod o+x /home/bob/
[bob@www ~]$ ls -dl /home/bob/
drwx-----x. 5 bob bob 4096 6月  4 14:24 /home/bob/
```

（3）重新启动 httpd 服务。

```
[root@www ~]# service httpd restart
停止 httpd:                                    [确定]
正在启动 httpd:                                [确定]
```

（4）在客户机浏览器中访问个人主页。

在客户机的浏览器中访问"http://www.benet.com/~bob/"，即可看到 bob 用户的个人主页站点，如图 5.7 所示。

图 5.7　测试 bob 用户的个人主页

⌂注意：访问地址中的"~"符号不能省略，否则会将 bob 当成普通目录。

5.9　测 试 服 务

在前面学习了服务的搭建和运行，现在应该来使用该服务了。本节将介绍在 Linux、Windows 客户端下测试 Apache 服务器的功能。

5.9.1　Linux 客户端

为测试前面实例的配置，现在使用 Linux 客户端分别测试 3 种虚拟主机的结果。

（1）测试基于域名的虚拟主机。在客户端浏览器中分别访问两个虚拟主机站点 www.benet.com 和 www.accp.com，将会看到显示不同的网页内容，如图 5.8 所示。

图 5.8　访问基于域名的虚拟 Web 主机

（2）测试基于 IP 地址的虚拟主机。在客户端浏览器中分别访问两个虚拟主机的 IP 地址 192.168.1.1 和 192.168.2.1，将会看到显示不同的网页内容，如图 5.9 所示。

图 5.9　访问基于 IP 地址的虚拟主机

（3）测试基于端口的虚拟主机。在客户端浏览器中分别使用虚拟主机不同的端口 80 和 8080 进行访问，将会看到显示不同的网页内容，如图 5.10 所示。

图 5.10　访问基于端口的虚拟主机

5.9.2　Windows 客户端

为测试前面实例的配置，现在使用 Windows 客户端分别测试 3 种虚拟主机的结果。

（1）测试基于域名的虚拟主机。在客户端浏览器中分别访问两个虚拟主机站点 www.benet.com 和 www.accp.com，将会看到显示不同的网页内容，如图 5.11 所示。

图 5.11　访问基于域名的虚拟 Web 主机

（2）测试基于 IP 地址的虚拟主机。在客户端浏览器中分别访问两个虚拟主机的 IP 地址 192.168.1.1 和 192.168.2.1，将会看到显示不同的网页内容，如图 5.12 所示。

图 5.12　访问基于 IP 地址的虚拟主机

（3）测试基于端口的虚拟主机。在客户端浏览器中分别使用虚拟主机不同的端口 80 和 8080 进行访问，将会看到显示不同的网页内容，如图 5.13 所示。

图 5.13　访问基于端口的虚拟主机

第6章　CUPS 打印服务

CUPS（Common UNIX Printing System，通用 UNIX 打印系统）是一种非常有效的打印机管理系统。它支持 IPP 服务，即 Internet Printing Protocol，也就是通过 Internet 来提供打印服务。本章将介绍 CUPS 打印服务的基本信息、构建、配置文件等详细信息。

6.1　基　本　信　息

在搭建 CUPS 服务之前，需要先了解搭建该服务的网络环境及基本配置信息。下面将介绍 CUPS 服务的基本知识，包括网卡配置、软件包、进程、端口等内容。

6.1.1　网卡配置文件：/etc/sysconfig/network-scripts/ifcfg-XXX

为了方便客户端能够连接到 CUPS 服务器中的某台打印机上，所以需要为安装打印服务的计算机配置一个固定的 IP 地址。下面设置该服务器的地址为 192.168.1.1。

```
[root@localhost ~]# cat /etc/sysconfig/network-scripts/ifcfg-eth0
HWADDR=00:0C:29:88:77:96
IPADDR=192.168.1.1
NETMASK=255.255.255.0
GATEWAY=192.168.1.1
```

6.1.2　软件包：cups

如表 6.1 列出了 RedHat L 中 cups 服务的软件包位置及源码包下载地址。

表 6.1　软件包位置

软件包类型	位　　　置
RHEL 6RPM 包	光盘：/Packages
RHEl 5RPM 包	光盘：/Server
源码包	http://www.squid-cache.org/

本章讲解安装 cups 的方法适合 REHL 5.X～6.4（后续版本的安装方式需要读者自行查找）的所有版本。不同版本的软件包与其所对应的 RHEL 版本，如表 6.2 所示。

表 6.2　不同发行版本的软件包

RHEL 6.4	cups-1.4.2-48.el6_3.3.i686.rpm
RHEL 6.3	cups-1.4.2-48.el6.i686.rpm

RHEL 6.2	cups-1.4.2-44.el6.i686.rpm
RHEL 6.1	cups-1.4.2-39.el6.i686.rpm
RHEL 6.0	cups-1.4.2-35.el6.i686.rpm
RHEL 5	cups-1.3.7-18.el5.i386.rpm

6.1.3　进程名：cups

CUPS 服务启动后，会自动启动一个名为 cupsd 的进程。可以使用如下命令进行查看：

```
[root@www ~]# ps -eaf | grep cups
root     24975     1  0 14:02 ?        00:00:00 cupsd -C /etc/cups/cupsd.conf
root     25404 16133  0 14:29 pts/6    00:00:00 grep cups
```

6.1.4　端口：631

CUPS 服务器运行后，默认在 TCP 协议上监听 631 端口号。可以使用如下命令查看：

```
[root@www ~]# netstat -anput | grep 631
tcp    0    0 127.0.0.1:631    0.0.0.0:*       LISTEN    24975/cupsd
tcp    0    0 ::1:631          :::*            LISTEN    24975/cupsd
udp    0    0 0.0.0.0:631      0.0.0.0:*                 24975/cupsd
```

6.1.5　防火墙所开放的端口号：631

当一台 CUPS 打印服务器搭建成功后，就到了万事俱备只欠东风的时候了。此时，如果服务器的防火墙不开放 631 端口，客户端是无法与服务器建立连接的，想要打印也是不可能的。所以必须要设置防火墙的 631 号端口对外开放。执行命令如下：

```
iptables -I INPUT -p tcp --dport 631 -j ACCEPT
```

6.2　构建打印服务

打印系统的基础是一个假脱机程序，它可以管理打印任务队列，而一个队列通常和一个打印机相关联，并且用户提交的任务都是按照先进先出的原则来处理的。本节将介绍打印服务器的运行机制和搭建。

6.2.1　运行机制

打印服务器包括客户端、打印服务器和打印机 3 部分。它的工作流程如图 6.1 所示。

这里的客户端也就是给打印服务器提交打印任务的用户。客户端将需要打印的稿件交给打印服务器，打印机与服务器一起工作将稿件打印出来。如果打印的稿件较多，在传输的过程会形成一个打印队列，先到先打印。

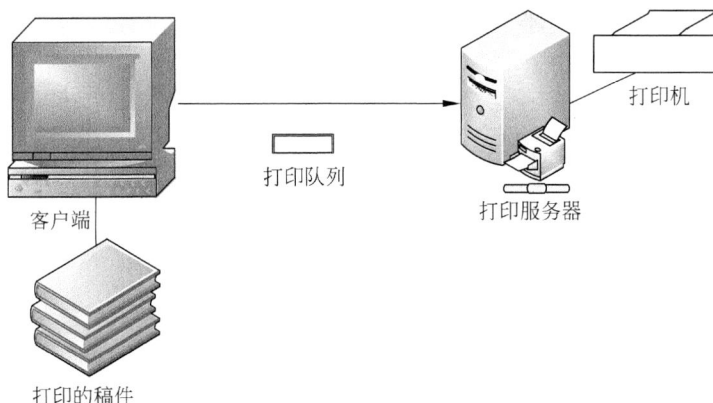

图 6.1　打印服务工作流程

6.2.2　搭建服务

默认情况下，在安装 RHEL 时已经安装了打印服务器的主程序包。在 RHEL 6.4 系统中，与打印服务相关的几个主要软件包如下：

- ❏ cups-1.4.2-48.el6_3.3.i686.rpm；
- ❏ cups-devel-1.4.2-48.el6_3.3.i686.rpm；
- ❏ cups-libs-1.4.2-48.el6_3.3.i686.rpm；
- ❏ cups-lpd-1.4.2-48.el6_3.3.i686.rpm；
- ❏ gutenprint-cups-5.2.5-2.el6.i686.rpm；
- ❏ cups-pk-helper-0.0.4-12.el6.i686.rpm；
- ❏ ptouch-driver-1.3-2.1.el6.i686.rpm；
- ❏ system-config-printer-1.1.16-23.el6.i686.rpm。

对于以上的软件包，不需要全部安装。一般情况下安装 cups、cups-libs、cups-pk-helper 和 gutenprint-cups 这几个包就可以了。

（1）使用如下命令查看系统中是否已经安装了 cups 软件。

```
[root@www ~]# rpm -qa | grep cups
```

输出信息如下：

```
cups-1.4.2-48.el6_3.3.i686
cups-libs-1.4.2-48.el6_3.3.i686
cups-pk-helper-0.0.4-12.el6.i686
```

这里默认安装了 3 个相关的软件包。

（2）挂载 RHEL 6.4 系统光盘，并安装打印服务需要的软件包。

```
[root@localhost ~]# mount /dev/cdrom /mnt/cdrom/
mount: block device /dev/sr0 is write-protected, mounting read-only
[root@localhost ~]# cd /mnt/cdrom/Packages/
[root@localhost Packages]# rpm -ivh cups-1.4.2-48.el6_3.3.i686.rpm
warning: cups-1.4.2-48.el6_3.3.i686.rpm: Header V3 RSA/SHA256 Signature,
key ID fd431d51: NOKEY
Preparing…                        ########################################### [100%]
```

```
   1:cups              ######################################### [100%]
[root@ localhost Packages]# rpm -ivh gutenprint-cups-5.2.5-2.el6.i686.rpm
warning:  gutenprint-cups-5.2.5-2.el6.i686.rpm:  Header  V3  RSA/SHA256
Signature, key ID fd431d51: NOKEY
Preparing…            ######################################### [100%]
   1:gutenprint-cups   ######################################### [100%]
```

6.3　文　件　组　成

当 CUPS 服务安装成功后，会自动生成一些文件。与 CUPS 服务相关的文件如表 6.3
所示。

表 6.3　CUPS服务中的文件

目　　　录	文　件　名	文　件　类　型	功　能　说　明
/etc/cups	cupsd.conf	配置文件	CUPS 服务的主配置文件
	classes.conf	配置文件	CUPS 中类（class）配置文件
	client.conf	配置文件	CUPS 客户端配置文件
	printers.conf	配置文件	CUPS 打印配置文件
	subscriptions.conf	配置文件	CUPS 的订阅文件
/etc/cron.daily	cups	配置文件	每天定时删除 CUPS 服务中的目录
/etc/dbus-1/system.d	cups.conf	只读文件	定义了向 CUPS 发送消息的的策略
/etc/logrotate.d	cups	配置文件	日志转储
/etc/pam.d	cups	配置文件	PAM 认证文件
/etc/portreserve	cups	配置文件	端口映射
/etc/rc.d/init.d	cups	可执行文件	控制 CUPS 服务的运行情况
/var/log/cups	error_log	日志文件	记录错误日志信息
	access_log	日志文件	记录访问日志信息
/usr/bin	lp	可执行文件	打印文件
	lpoptions	可执行文件	显示或设置打印选项和默认值
	lpq	可执行文件	显示打印队列状态
	lpr	可执行文件	打印文件
	lprm	可执行文件	取消打印作业
	lpstat	可执行文件	打印 CUPS 状态信息
	lpunlock	可执行文件	要求锁定等待的打印机
	lppasswd	可执行文件	添加、修改或删除摘要密码
	pr	可执行文件	打印前转换文本格式文件
/usr/sbin	accept	可执行文件	接受打印请求
	lpc	可执行文件	控制打印机
	lpasswd	可执行文件	改变组或用户密码
	cupsaccept	可执行文件	接受打印请求
	cupsaddsmp	可执行文件	输出 Windows 客户端的打印机到 Samba 服务
	cupsctl	可执行文件	配置 cupsd.conf 文件中的选项
	cupsd	可执行文件	CUPS 调度
	cupsdisable	可执行文件	停止打印机和类
	cupsenable	可执行文件	启动打印机和类
	cupsfilter	可执行文件	使用 CUPS 过滤器，转换为另一种格式的文件

续表

目　　录	文　件　名	文件类型	功　能　说　明
	cupsreject	可执行文件	拒绝打印请求
	lpmove	可执行文件	移动一个作业或所有作业到一个新的目标
	lpinfo	可执行文件	显示可用的设备或驱动程序
	lpadmin	可执行文件	配置 cups 打印机和类
	reject	可执行文件	拒绝打印请求

下面以图的形式表示出表 6.3 中这些文件的工作流程，如图 6.2 所示。

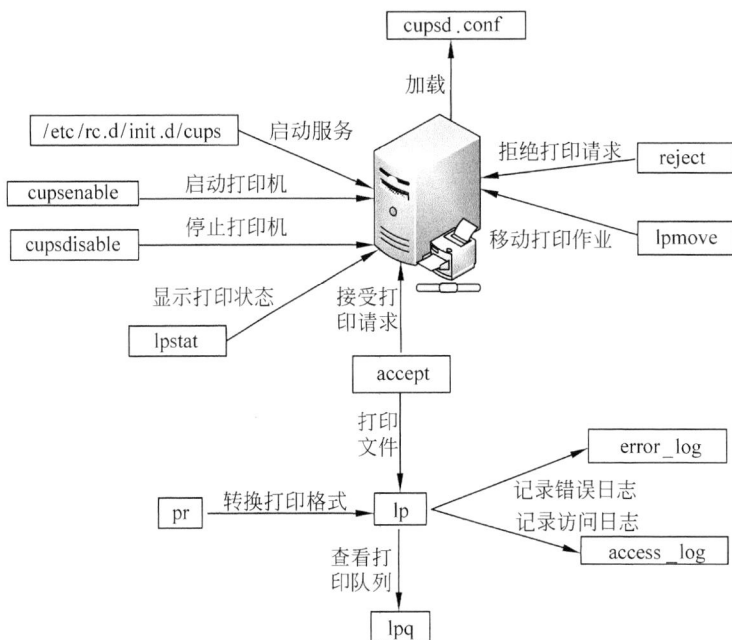

图 6.2　CUPS 服务文件工作流程

6.4　配置文件：/etc/cups/cupsd.conf

CUPS 打印系统与其他服务软件类似，CUPS 也提供了一个配置文件，位于/etc/cups/ 目录中。配置文件中已经对一些选项设置好了默认值，下面详细介绍配置文件中的各选项。

6.4.1　设置 CUPS 服务进程监听的端口号：Listen

这个配置选项指定了连接的服务器地址和端口号。该选项的格式如下：

```
Listen IP 地址:端口
```

这里的 Listen 为关键字，IP 地址是允许连接服务器的地址或网段，这里的端口默认监听 631。配置文件中默认设置如下：

```
Listen localhost:631
```

默认设置的含义是只监听本地的 631 端口，使用 Web 管理界面配置打印服务时，只能使用 "http://localhost:631" 地址访问。如果使用其他客户端的地址访问，则都将被拒绝。如果要允许其他客户机连接 CUPS 打印服务器的话，这里可以指定服务器的 IP 地址或者设置为 "Listen 0.0.0.0:631" 和 "Listen *.631"，表示监听所有的 631 端口。

6.4.2　设置认证类型：DefaultAuthType

该选项设置 CUPS 服务默认认证类型，这里默认的类型是 "Basic"（基本认证）。配置文件中的默认设置如下：

```
DefaultAuthType Basic
```

如果设置这一项需要身份验证时，客户机连接服务器需要输入密码才可以连接。关于这一项可以设置的值有 None、Basic、BasidDigest、Digest 和 Negotiate 共 5 种，详细介绍可以使用 man cupsd.conf 命令查看。

6.4.3　设置访问 CUPS 服务器的主机：<Location />......</Location>

以<Location />开头，以</Location>结尾来限制访问 CUPS 服务器的主机，中间的内容可以自己定义，查看配置文件中默认设置：

```
<Location />
  Order allow,deny
</Location>
```

默认的配置中没有具体设置允许那台客户机进行访问。Order allow deny 这一行意思是客户机访问服务器的顺序是先允许后拒绝，默认拒绝所有没有被明确允许的客户端地址。

这里必须要设置允许访问的客户端，该选项的设置格式如下：

```
"Allow 地址"
```

如果允许所有客户机都可以进行连接服务器的话，该选项设置为 Allow all。

6.4.4　设置访问 CUPS 管理页的主机：<Location /admin>......</Location>

以<Location /admin>开头，以</Location>结尾限制访问 CUPS 管理页的主机，中间部分的内容可以自己定义，下面查看配置文件中默认设置：

```
<Location /admin>
  Order allow,deny
</Location>
```

默认的配置中没有具体设置允许哪台客户机进行访问。Order allow deny 这一行意思是客户机访问 CUPS 服务器管理页的顺序是先允许后拒绝。如果需要对某些客户端进行设置，使用 "Allow from 地址" 和 "Deny from 地址" 选项设置。

这里必须要设置访问 CUPS 管理页的客户端，该选项的设置格式如下：

```
"Allow 地址"
```

如果允许所有客户机都可以进行连接服务器的话，该选项设置为 Allow all。

6.4.5　设置访问配置文件的用户：<Location /admin/conf>......</Location>

以<Location /admin/conf>开头，以</Location>结尾限制访问 CUPS 配置文件的用户。这里中间部分的内容可以自己定义，下面查看配置文件中默认设置：

```
<Location /admin/conf>
  AuthType Default
  Require user @SYSTEM
  Order allow,deny
</Location>
```

现在解释一下中间部分内容的含义。
- ❏　AuthType Default 表示设置认证类型为 Default，这里的 Default 指的是 Basic。
- ❏　Require user @SYSTEM 表示设置允许 SYSTEM 组的所有用户。
- ❏　Order allow,deny 表示用户访问的顺序是先允许后拒绝。

这部分设置可以不用修改，使用默认设置客户机也可以连接到服务器。

6.4.6　设置最大日志文件大小：MaxLogSize

MaxLogSize 配置项用来设置日志文件的最大尺寸，默认的值为 0。默认配置如下：

```
MaxLogSize 0
```

这里设置的值为 0 表示对日志文件没有要求。

6.4.7　设置日志级别：LogLevel

LogLevel 用来设置日志级别，默认为 warn（警告）。配置文件中的默认设置如下：

```
LogLevel warn
```

该选项的值还可以设置为 debug、alert、crit、emerg、error、info、none、notice。下面分别介绍这几种日志级别的情况。
- ❏　warn：警告情况。
- ❏　debug：调试信息。
- ❏　alert：必须立即采取措施。
- ❏　crit：致命情况。
- ❏　emerg：紧急，系统无法使用。
- ❏　error：错误情况。
- ❏　info：普通信息。
- ❏　notice：一般重要情况。

6.4.8　设置系统管理组：SystemGroup

该选项用来设置系统组，该选项的语法格式如下：

```
SystemGroup group-name [group-name...]
```

配置文件中默认定义了一个系统组，名为 sys。默认设置显示如下：

```
SystemGroup sys root
```

6.5　可执行文件

配置完成 CUPS 服务并启动服务后，可使用相应的命令来操作 CUPS 服务。本节将介绍这些命令的语法格式和使用方法。

6.5.1　配置 CUPS 打印机和类文件：/usr/sbin/lpadmin

使用 lpadmin 命令配置 CUPS 提供的打印机和类队列，而且也可以将服务器设置为默认打印机或类。lpadmin 的语法格式如下：

```
lpadmin [选项]
```

该命令常用选项含义如下。

- ❏　-c 类：添加命名打印机类。
- ❏　-d<目的打印机>：设置目的打印机。
- ❏　-E：强制使用加密方式与打印服务器连接。
- ❏　-h <打印服务器>：指定要连接的打印服务器。
- ❏　-i 接口：为打印机设置一个 V 类型接口脚本。
- ❏　-m 模型：设置一个标准的系统 V 接口脚本或 PPD 文件从模型目录中。
- ❏　-P ppd 文件：指定使用一个打印机说明文件。
- ❏　-r：删除命名打印机和类。
- ❏　-x：删除指定的打印机。

【实例 6-1】使用 lpadmin 命令的-x 选项可以删除指定的打印机。执行命令如下：

```
[root@localhost ~]# lpadmin -x hp
```

此命令没有任何输出信息。

6.5.2　打印前转换文本格式文件：/usr/bin/pr

pr 命令用于转换打印文件的格式。它可以将较大的文档分割成多个页面，并为每个页面添加标题。pr 命令的语法格式：

```
pr [选项]
```

该命令常用选项含义如下。

- ❑ -a：将竖排转为横排。
- ❑ -c：使用 "^" 符号加上英文字母来显示控制字符。
- ❑ -d：行与行之间插入一个空白行。
- ❑ -h<文件头>：设置文件头字符串来取代的文件名称。
- ❑ -J：把文件的所有内容合并为一行。
- ❑ -l<行数>：设置每页的总行数。
- ❑ -m：同时打印多个文件。
- ❑ -o <偏移量>：设置左边界往右的偏移量，单位为字符。
- ❑ -r：文件无法打开时，不显示错误信息。
- ❑ -t：不显示每页的页首跟页尾。
- ❑ -w<字符数>：显示每行所能显示的最大字符数。
- ❑ -<栏数>：设置每页要分为多少栏数，默认是一栏。
- ❑ --help：显示帮助信息。
- ❑ --version：显示版本信息。
- ❑ 文件：指定要转换格式的文件。

【实例 6-2】使用 pr 指令的-h 选项，可以为要打印的文档添加标题。在命令行中输入的命令如下：

```
[root@localhost root]# [root@www ~]# pr -h "ls help file" lshelp.txt
#转换文件格式添加页标题
```

输出信息如下：

```
2013-07-31 17:02                  ls help file                 第 1 页


LS(1)                     User Commands                    LS(1)



NAME
     ls - list directory contents

SYNOPSIS
     ls [OPTION]…[FILE] …

DESCRIPTION
     List  information  about    the FILEs (the current directory by default).
     Sort entries alphabetically if none of -cftuvSUX nor --sort.

     Mandatory arguments to long options are  mandatory  for  short  options
     too.

     -a, --all
        do not ignore entries starting with .

     -A, --almost-all
        do not list implied . and ..

     --author
```

```
      with -l, print the author of each file

  -b, --escape
     print octal escapes for nongraphic characters

  --block-size=SIZE
     use SIZE-byte blocks.  See SIZE format below

  -B, --ignore-backups
     do not list implied entries ending with ~

  -c   with -lt: sort by, and show, ctime (time of last modification of
     file status information) with -l: show ctime and sort  by  name
     otherwise: sort by ctime

  -C    list entries by columns

  --color[=WHEN]
     colorize  the  output.  WHEN defaults to 'always' or can be
     'never' or 'auto'. More info below

  -d, --directory
     list directory entries instead of contents, and do not  derefer-
     ence symbolic links

  -D, --dired
     generate output designed for Emacs' dired mode

  -f    do not sort, enable -aU, disable -ls --color

  -F, --classify
     append indicator (one of */=>@|) to entries
```

```
  --file-type
     likewise, except do not append '*'

  --format=WORD
     across  -x, commas -m, horizontal -x, long -l, single-column -1,
     verbose -l, vertical -C

  --full-time
     like -l --time-style=full-iso

  -g    like -l, but do not list owner

  --group-directories-first
     group directories before files.

     augment with a --sort option, but any use of  --sort=none  (-U)
     disables grouping
```

```
...
2013-07-31 17:02                    ls help file                   第 5 页


        Written by Richard M. Stallman and David MacKenzie.

REPORTING BUGS
        Report ls bugs to bug-coreutils@gnu.org
        GNU coreutils home page: <http://www.gnu.org/software/coreutils/>
        General help using GNU software: <http://www.gnu.org/gethelp/>
        Report ls translation bugs to <http://translationproject.org/team/>

COPYRIGHT
        Copyright © 2010 Free Software Foundation, Inc.  License GPLv3+: GNU
        GPL version 3 or later <http://gnu.org/licenses/gpl.html>.
        This is free software: you are free  to  change  and  redistribute  it.
        There is NO WARRANTY, to the extent permitted by law.

SEE ALSO
        The  full  documentation   for ls is maintained as a Texinfo manual.  If
        the info and ls programs are properly installed at your site, the   com-
        mand

            info coreutils 'ls invocation'

        should give you access to the complete manual.



GNU coreutils 8.4        April 2012                    LS(1)
```

上例中示例文件内容比较多，显示了 5 页信息。由于章节的原因，中间使用 "…" 代替了部分内容。从输出的信息中可看到该文件内容已经自动分页，而且在每页都添加了标题 "ls help file"。

6.5.3　控制打印机程序文件：/usr/sbin/lpc

lpc 命令提供了打印机和类的队列的交互式控制功能。用户也可以使用此命令查询打印队列的状态。如果没有指定任何参数，lpc 将显示一个提示符，并接受从标准输入的命令。下面介绍一些 lpc 命令的语法格式和使用方法：

lpc 命令的语法格式：

```
lpc [参数]
```

❑ 参数：可用的命令参数包括 exit、help、quit、status、？ 。其中，help 和 "？" 的作用一样，可以查看一些帮助信息的。exit 和 quit 命令都是退出命令。status 可以查看当前计算机中打印机的状态。

【实例 6-3】使用 lpc 命令进入交互式界面。执行命令如下：

```
 [root@localhost ~]# lpc
lpc&gt;
```

执行 lpc 命令后将出现 "lpc>" 提示符信息，表示已经进入了 lpc 命令的交互式界面。

6.5.4　打印文件：/usr/bin/lpr

lpr 命令用来提交并打印文件。该命令使用很简单，在命令行中输入要打印的文件给该命令。如果没有指定文件，则 lpr 命令要求从标准输入读取要打印的文件。lpr 命令的语法格式如下：

```
lpr [选项]
```

常用选项含义如下。
- -C <名字>：设置打印任务名称。
- -E：强制使用加密方式与打印服务器连接。
- -h <打印服务器>：指定要连接的打印服务器。
- -J <名字>：设置打印任务名称。
- -o <选项>：设置打印任务选项。
- -p <打印机>：指定打印文件的打印机，预设值为 lp。
- -T <名字>：设置打印任务名称。
- -# <打印副本数>：设置打印的副本数。范围为 1～100。

如果命令后没有带任何参数，而直接附加文件名，将打印对应的文件。

【实例 6-4】使用 lpr 打印 lshelp.txt 文件。执行命令如下：

```
[root@localhost ~]# lpr lshelp.txt
```

执行该命令没有任何信息输出。

6.5.5　删除当前打印队列中的文件：/usr/bin/lprm

lprm 命令用来取消已排队等待打印的打印作业。该命令可以通过指定一个或多个作业 ID 号码来取消这些作业，或使用 "-" 取消所有作业。lprm 命令的语法格式如下：

```
lprm [选项]
```

常用选项含义如下。
- -：删除打印队列中的所有任务。
- -P：指定打印机的位置。
- -E：强制使用加密方式与打印服务器连接。

【实例 6-5】删除打印队列中的打印任务。

（1）使用 lpq 显示打印队列中的打印任务。在命令行中输入的命令如下：

```
[root@localhost ~]# lpq                    #显示打印队列
```

输出信息如下：

```
[root@www ~]# lpq
hp5800 已准备就绪，正在打印
```

```
顺序       所有者      作业       文件                        总大小
active  root     11     httpd.conf              35840 字节
1st     root     12     passwd                   3072 字节
2nd     root     13     lshelp.txt               8192 字节
```

输出的信息中可以看到当前系统中有 3 个作业等待打印。

（2）使用 lprm 指令的"-"选项，删除打印队列中的所有打印任务。在命令行中输入的命令如下：

```
[root@localhost root]#lprm -             #删除打印队列中所有任务
```

此命令没有任何输出信息。

（3）再次使用 lpq 指令的显示打印队列。在命令行中输入的命令如下：

```
[root@localhost root]#lpq -a             #显示打印队列
```

输出信息如下：

```
无条目
```

上面的输出信息表明 lprm 执行成功，在打印队列中已经没有打印任务。

6.5.6　显示当前打印队列：/usr/bin/lpq

lpq 命令显示当前打印机打印队列状态。如果没有指定打印机或类，则会显示默认目标的作业队列。

lpq 命令的语法格式：

```
lpq [选项]
```

常用选项含义如下。

❑　-a：显示当前打印机的状态。

❑　-h：指定一个备用服务器。

❑　-l：显示错误信息到标准输出。

❑　-E：强制使用加密方式与打印服务器连接。

❑　-P：指定的备用打印机或类名。

【实例 6-6】使用 lpq 指令的-a 选项显示打印队列。在命令行中输入的命令如下：

```
[root@localhost ~]# lpq -a               #显示打印队列
```

输出信息如下：

```
hp5800 已准备就绪，正在打印
顺序       所有者      作业       文件                        总大小
active  root     1      httpd.conf              35840 字节
1st     root     2      passwd                   3072 字节
2nd     root     3      lshelp.txt               8192 字节
```

在上面的输出信息中，共有 3 个打印作业。其中 1 号作业正在打印，其他的作业在等待。

6.5.7　显示 CUPS 的状态信息文件：/usr/bin/lpstat

lpstat 命令显示当前类、作业、打印的状态详细信息。当没有使用任何参数时，lpstat 命令会列出当前用户排队的作业。lpstat 命令的语法格式：

```
lpstat [选项]
```

常用选项含义如下。
- ❑ -a：显示打印机队列的接受状态。
- ❑ -c：显示打印机类和属于它们的打印机。
- ❑ -d：显示当前默认的目的打印机。
- ❑ -E：强制使用加密方式与打印服务器连接。
- ❑ -H：显示服务器主机名和端口。
- ❑ -l：显示打印机、类和打印任务的长格式。
- ❑ -R：显示打印队列。
- ❑ -r：显示 CUPS 打印服务是否在运行。

【实例 6-7】查看 CUPS 服务的状态信息。在命令行中输入的命令如下

```
[root@www ~]# lpstat                      #显示 CUPS 状态
```

输出信息如下：

```
hp5800-20        root        8192    2013 年 07 月 31 日 星期三 17 时 28 分 10 秒
```

6.5.8　打印文件：/usr/bin/lp

lp 命令要来提交要打印的文件或改变挂起作业。使用 "-" 强制从标准输入打印指定的文件。lp 命令的语法格式如下：

```
lp [选项]
```

常用选项含义如下。
- ❑ -c：提供向后兼容性。
- ❑ -d<目的打印机>：将文件发给指定的目的打印机进行打印。
- ❑ -E：强制使用加密方式与打印服务器连接。
- ❑ -h<打印服务器>：指定要连接的打印服务器。
- ❑ -H<时间>：指定打印任务开始的时间。时间参数可以是 imediate 表示立即打印、类似 HH:MM 的时间格式。
- ❑ -i<作业号>：修改指定的打印作业号。
- ❑ -m：任务完成时发送邮件。
- ❑ -n<打印副本数>：设置打印的副本数。范围为 1～100。
- ❑ -o<选项>：设置一个打印任务的选项。
- ❑ -P<页码范围>：指定打印的页码范围，如 1、3-5、16。

- ❑ -q 优先级：设置作业的优先级。范围为 1～100。默认的优先级为 50。
- ❑ -s：安静模式。
- ❑ -t：设置打印任务的名称。
- ❑ -u 用户名：指定用户名与打印服务器连接。
- ❑ 文件：指定要打印的文件。

【实例 6-8】使用 lp 命令打印 lshelp.txt 文件。执行命令如下：

```
[root@www ~]# lp lshelp.txt                    #打印 lshelp.txt 文件
```

输出信息如下：

```
请求 id 是 Microsoft_XPS_Document_Writer:2-23（1 个文件）
```

输出的信息表示 lshelp.txt 文件要被 Microsoft_XPS_Document_Writer:2 打印机所打印。

6.5.9　添加、修改或删除摘要密码：/usr/bin/lppasswd

lppasswd 命令用来添加、修改或删除在摘要密码文件中的密码。密码文件是初次执行该命令时，会在目录/etc/cups 下生成一个名为 passwd.md5 的文件。当使用普通用户运行时，会提示输入旧的和新的密码。如果使用超级用户运行时，lppasswd 可以向摘要密码文件中添加新账户（用户名），改变现有的账户（用户名），或删除账户。

lppasswd 命令的语法格式：

```
lppasswd [选项]
```

常用选项含义如下。
- ❑ -a 用户名：为指定的用户添加密码。
- ❑ -x 用户名：删除指定用户的密码。
- ❑ -g 组名：指定一个组。默认是系统组。

【实例 6-9】使用 lppasswd 命令为用户 bob 和组 bob 设置密码。执行命令如下。

```
[root@www cups]# lppasswd -a bob -g bob
Enter password:
Enter password again:
```

这时，可以查看/etc/cups 目录，会自动生成一个名为 passwd.md5 的文件。该文件内容如下：

```
[root@www cups]# cat passwd.md5
bob:bob:521e171f2fad31007e1ea76d1583d03d
```

6.5.10　接受打印作业：/usr/bin/accept

accept 命令用于接受向目标打印机发送打印任务。目标打印机可以是一台打印机或一类打印机。accept 的语法格式如下：

```
accept [选项]
```

常用选项含义如下。

❑ -E：强制加密与服务器连接。
❑ -U 用户名：设置用户连接到服务器。
❑ -h 主机名[:port]：选择一个备用服务器。
❑ -r：设置拒绝打印作业的字符串。

【实例 6-10】允许向 hp 打印机发送打印任务。在命令行中输入的命令如下：

```
[root@localhost ~]# accept  hp              #允许向指定打印机 hp 发送任务
```

此命令没有任何输出信息。

6.5.11　接受打印作业：/usr/sbin/cupsaccept

cupsaccept 命令用于接受向目标打印机发送打印任务。目标打印机可以是一台打印机或一类打印机。cupsaccept 命令的语法格式如下：

```
cupsaccept [选项]
```

常用选项含义如下。
❑ -E：强制加密与服务器连接。
❑ -U 用户名：设置用户与服务器连接。
❑ -h 主机名[:port]：选择一个备用服务。
❑ -r 原因：设置显示在打印机上拒绝打印的理由。

6.5.12　改变组和用户密码：/usr/sbin/lpasswd

lpasswd 命令用来更改用户或组的密码。如果没有提供任何参数，则默认为当前的用户修改密码。该命令只有超级用户才有权限。

lpasswd 命令的语法格式如下：

```
lpasswd [选项]
```

常用选项含义如下。
❑ -F,--plainpassword-fd=fd：从描述 fd 文件中读取密码。
❑ -f,--password-fd=fd：从描述 fd 文件中读取 hash 密码。
❑ -g,--group：改变组密码。
❑ -i,--interactive：当连接到用户数据库时，访问所有问题。
❑ -P,--plainpassword=密码：修改密码。
❑ -p,--password=encrypted：设置为使用 hash 加密的密码。

【实例 6-11】为 bob 用户修改密码。执行命令如下：

```
[root@www ~]# lpasswd bob
密码：
新密码：
新密码(确认)：
密码被改变。
```

从输出的信息中可以看到 bob 用户的密码已经被修改了。

6.5.13　配置 cupsd.conf 选项：/usr/sbin/cupsctl

cupsctl 命令用于为服务器更新或查询 cupsd.conf 文件。当没有变化要求，当前的配置值被标准输出。输出内容的格式为"名称=值"。cupsctl 命令的语法格式如下：

```
cupsctl [选项]
```

常用选项含义如下。
❑ -E：启用加密连接调度程序。
❑ -U 用户名：指定一个备用的用户名身份验证来连接调度程序。
❑ -h 服务[:port]指定服务器地址。

【实例 6-12】使用 root 用户为服务器更新 cupsd.conf 文件。执行命令如下：

```
[root@www ~]# cupsctl -U root        #指定使用 root 用户更新 cupsd.conf 文件
```

输出的信息如下：

```
_debug_logging=0
_remote_admin=1
_remote_any=1
_remote_printers=1
_share_printers=0
_user_cancel_any=0
BrowseLocalProtocols=CUPS dnssd
DefaultAuthType=Basic
MaxLogSize=0
SystemGroup=sys root
```

输出的信息是 cupsd.conf 文件中的配置。

6.5.14　启动打印机和类：/usr/sbin/cupsenable

cupsenable 命令用来启动打印机和类。下面即为 cupsenable 命令的语法格式和使用方法。cupsenable 命令的语法格式如下：

```
cupsenable [选项]
```

常用选项含义如下。
❑ -E：强制使用加密的方式连接服务器。
❑ -U 用户名：使用指定的用户连接到服务器。
❑ -c：取消要打印的所有作业。
❑ -h 服务[:port]：使用指定的服务器和端口号。
❑ --hold：保持等待的作业在打印机上。让当前队列中非常有用的任务完成后再进行维修。
❑ -r 原因：设置停止打印机相关联的消息。
❑ --release：释放等待打印的作业。执行该命令后，运行 cupsdisable --hold 命令来恢复打印。

【实例 6-13】取消 hp 打印机上的所有打印任务。执行命令如下：

```
[root@www ~]# cupsenable -c hp
```

此时没有任何信息输出。

6.5.15　停止打印机和类：/usr/sbin/cupsdisable

cupsdisable 命令用来停止打印机和类。cupsdisable 命令的语法格式如下：

```
cupsdisable [选项]
```

该命令所使用的选项和 cupsenable 命令的相同，这里不再介绍。

6.5.16　移动一个或多个作业到新的位置：/usr/sbin/lpmove

lpmove 命令用来移动指定的作业或所有作业从原位置到新的位置。这里的位置指的是打印机。作业可以是 ID 号或者旧的目标位置和作业 ID 号。lpmove 命令的语法格式如下：

```
lpmove [选项]
```

常用选项含义如下。

- ❑ -E：强制加密与服务器连接。
- ❑ -U 用户名：指定备用的用户名。
- ❑ -h 服务[:port]：指定一个备用的服务。

【实例 6-14】将名为 hp 打印机上的作业移动到另一台名为 hp5800 的打印机上。

（1）先查看当前正在打印的作业。

```
[root@www ~]# lpq
hp 已准备就绪，正在打印
顺序      所有者    作业    文件                          总大小
Active   root     27     httpd.conf                   35840 字节
1st      root     28     lshelp.txt                   8192 字节
```

（2）将 hp 打印机上作业号为 27 的作业移动到 hp5800 的打印机上。

```
[root@www ~]# lpmove 27 hp5800
```

此时没有任务信息输出。

（3）使用 lpq 命令查看。

```
[root@www ~]# lpq
hp        已准备就绪，正在打印
顺序      所有者    作业    文件                          总大小
Active   root     28     lshelp.txt                   8192 字节
```

输出的信息可以看到作业号为 27 的作业已经不在当前打印机的打印队列中了。

6.5.17　显示可用的设备或驱动程序：/usr/sbin/lpinfo

lpinfo 命令用来列出可用的设备或 CUPS 服务器的驱动程序。第一种形式使用-m 选项

列出可用的驱动器，第二种形式使用-v 选项列出可用的设备。lpinfo 命令的语法格式如下：

```
lpinfo [选项]
```

常用选项含义如下。

❑ -E：强制加密与服务器进行连接。

❑ -U 用户名：使用指定的用户名与服务器进行连接。

❑ -h 服务[:端口]：选择一个备用服务器。

❑ -l：显示长存在的设备或驱动程序。

【实例 6-15】列出可用的设备。执行命令如下：

```
[root@www ~]# lpinfo -v
serial serial:/dev/ttyS0?baud=115200
serial serial:/dev/ttyS1?baud=115200
network smb
network http
direct scsi
network socket
network lpd
network https
network ipp
network tpvmlp
network tpvmgp
direct parallel:/dev/lp0
```

输出的信息为当前系统中所有可用的设备。

6.5.18　拒绝打印作业：/usr/sbin/reject

reject 命令用来拒绝向指定的目标打印机发送打印任务。目标打印机可以是一台打印机或一类打印机。reject 命令的语法格式如下：

```
reject [选项]
```

该命令所使用的选项和 accept 命令的选项相同，这里不再解释。

6.5.19　拒绝打印作业：/usr/sbin/cupsreject

cupsreject 命令用来将拒绝打印的作业发送到目的打印机上。使用 cupsreject 命令的-r 选项可以设置拒绝打印作业的原因。cupsreject 命令的语法格式如下：

```
cupsreject [选项]
```

该命令所使用的选项和 cupsaccept 命令的选项相同，这里就不再解释了。

6.5.20　控制服务文件：/etc/init.d/cups

打印服务的控制脚本文件为 cups，该脚本文件保存在/etc/init.d/目录下。通过执行该脚本文件来启动打印服务。启动打印服务的命令如下：

```
[root@www ~]# service cups start
正在启动 cups:                                        [确定]
```

或者
```
[root@www ~]# /etc/init.d/cups start
正在启动 cups:                                        [确定]
```

6.6　日　志　文　件

当 CUPS 服务运行后，会在/var/log/cups 目录下生成两个日志文件。它们分别用来记录连接 CUPS 服务和访问错误的日志信息。本节将介绍 CUPS 服务下的日志文件。

6.6.1　访问日志文件：/var/log/cups/access_log

该文件中记录了某台客户端访问并与该 CUPS 打印服务器建立连接的日志信息。下面是本服务器访问日志文件中的一些信息。

```
192.168.1.111 - - [07/Jun/2013:13:37:30 +0800] "POST /admin/ HTTP/1.1" 426
118 CUPS-Set-Default successful-ok
localhost - - [07/Jun/2013:13:38:16 +0800] "POST / HTTP/1.1" 200 252
Create-Printer-Subscription successful-ok
192.168.1.111 - root [07/Jun/2013:13:41:34 +0800] "POST /admin/ HTTP/1.1"
200 147 CUPS-Set-Default successful-ok
localhost - - [07/Jun/2013:13:58:19 +0800] "POST /admin/ HTTP/1.1" 401 118
CUPS-Set-Default successful-ok
localhost - root [07/Jun/2013:13:58:19 +0800] "POST /admin/ HTTP/1.1" 200
118 CUPS-Set-Default successful-ok
localhost - root [07/Jun/2013:13:58:19 +0800] "PUT /admin/conf/lpoptions
HTTP/1.1" 201 8 - -
```

在该文件中可以清楚地看到 IP 地址为 192.168.1.111 的客户端，与 CUPS 打印服务器成功地建立了连接信息。

6.6.2　错误日志文件：/var/log/cups/error_log

错误日志文件记录了关于 CUPS 服务的错误信息，如服务器不能正常启动，或者客户端无法与服务器建立连接失败等，这些信息都会在该日志文件中记录下来。下面是本计算机 error_log 文件中的部分信息。

```
E  [07/Jun/2013:14:00:48  +0800]  Unable  to  remove  temporary  file
"/var/spool/cups/tmp/vmware-root" - Is a directory
E  [07/Jun/2013:14:09:58  +0800]  Unable  to  encrypt  connection  from
192.168.1.10 - Resource temporarily unavailable, try again.
E  [07/Jun/2013:14:10:36  +0800]  Unable  to  remove  temporary  file
"/var/spool/cups/tmp/vmware-root" - Is a directory
```

6.7　其他配置文件

CUPS 服务中除了上面介绍的各类文件，还有几个文件需要了解一下。本节将介绍这几个文件的作用。

6.7.1　CUPS 客户端配置文件：/etc/cups/client.conf

该文件默认没有任何内容，也不需要任何配置。如果想要了解该文件的配置，可以在终端执行 man client.conf 命令查看详细介绍。对于客户端的限制可以在主配置文件中进行设置。

6.7.2　CUPS 打印配置文件：/etc/cups/printers.conf

该文件中保存着本计算机中的虚拟打印机、网络打印机、本地打印机的详细配置信息。该文件只有超级用户 root 才有权限打开并编辑这个文件。不过若没有特殊需求，不推荐用户手动修改这个配置文件，使用 CUPS 的 Web 管理界面是一个比较好的选择。下面给出了这个文件的部分内容，每台打印机用一对尖括号（<>）开头，默认打印机以 DefaultPrinter 表示。

```
# Printer configuration file for CUPS v1.4.2
# Written by cupsd on 2013-06-07 14:12
# DO NOT EDIT THIS FILE WHEN CUPSD IS RUNNING
...
<Printer hp>
Info hp color printer
Location office
DeviceURI parallel:/dev/lp0
State Idle
StateTime 1370568428
Type 4
Filter */* 0 /etc/cups/interfaces/hp
Accepting Yes
Shared Yes
...
</Printer>
<DefaultPrinter Microsoft_XPS_Document_Writer:2>
Info Microsoft XPS Document Writer
DeviceURI tpvmlp://Microsoft_XPS_Document_Writer:2
State Idle
StateTime 1370479674
...
```

这段内容中，其中使用"..."代替了一部分信息。前 3 行使用"#"开头的内容表示注释信息，是对该文件内容的一个解释。对于每台打印机都有详细的信息，包括打印机描述信息、位置、驱动路径、访问权限、是否共享等信息。

6.7.3　CUPS 中类（class）配置文件：/etc/cups/classes.conf

该文件中的信息和/etc/cups/printers.conf 文件中的内容类似。在 CUPS 的 Web 管理界面可以添加打印机、打印类。打印机信息保存在 printers.conf 文件中，classess.conf 文件中就保存着打印类的详细信息。该文件也不需要做任何修改，该文件中的内容如下：

```
# Class configuration file for CUPS v1.4.2
# Written by cupsd on 2013-06-07 14:44
# DO NOT EDIT THIS FILE WHEN CUPSD IS RUNNING
<Class Office>
Info
Location
State Idle
StateTime 1370587454
Accepting Yes
Shared Yes
JobSheets none none
Printer hp
QuotaPeriod 0
PageLimit 0
KLimit 0
OpPolicy default
ErrorPolicy retry-current-job
</Class>
```

文件中的内容显示出了当前计算机中有一个名为 Office 类。该文件中某些部分内容为空值，是因为在创建类时，没有配置这些信息。前面注释的信息同样是对文件的一个解释。

6.8　实 例 应 用

为了对前面讲述的配置文件有更深刻的理解，下面以实例的形式具体演示一下这些配置选项。

【实例 6-16】在 CUPS 打印系统上添加一台名为 hp 的打印机。操作步骤如下。

（1）修改主配置文件 cupsd.conf。

```
Listen 192.168.1.1:631
<Location />
  Order allow,deny
  Allow all
</Location>
<Location /admin>
  Encryption Required
  Order allow,deny
  Allow all
</Location>
<Location /admin/conf>
  AuthType Default
  Require user @SYSTEM
  Order allow,deny
  Allow all
</Location>
```

（2）使用 Web 界面配置添加打印机。在浏览器的地址栏中输入"http：//192.168.1.1：631"，即可打开如图 6.3 所示的页面。这里的"192.168.1.1"为 CUPS 打印服务器的地址。

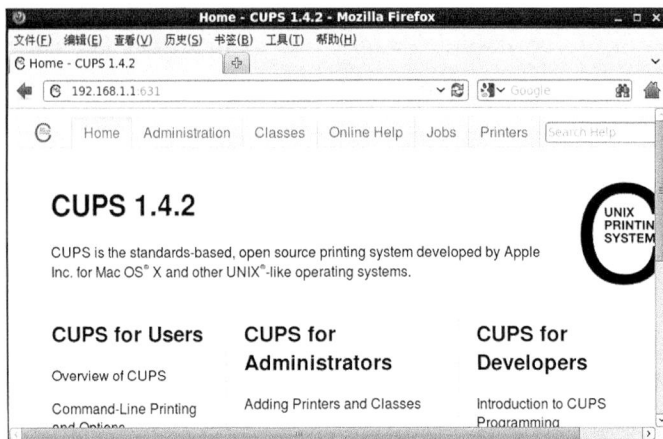

图 6.3　CUPS 打印服务的主页

（3）在页面中选择 Administration 选项卡将显示如图 6.4 所示的页面。

图 6.4　CUPS 打印服务管理页面

（4）在 Printers 栏下单击 Add Printer 按钮，将会显示如图 6.5 所示的页面。

图 6.5　要求使用安全连接访问

（5）单击"https://192.168.1.1:631/admin"链接，将显示如图 6.6 所示的页面。

图 6.6　连接链接

（6）单击"我已充分了解可能的风险"，展开此选项，将在最下面显示"添加例外"按钮，如图 6.6 所示。单击该按钮，将显示如图 6.7 所示对话框。

图 6.7　添加安全例外

（7）在其中单击"确认安全例外"按钮，将出现如图 6.8 所示对话框。

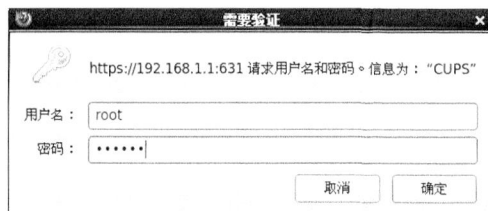

图 6.8　密码验证对话框

（8）这里输入超级用户名 root 和密码，单击"确定"按钮将显示 6.9 所示的页面。

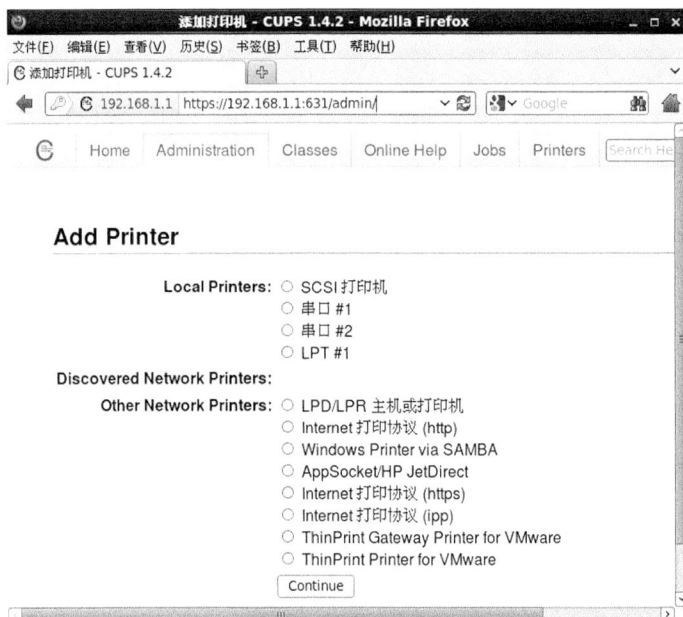

图 6.9 选择本地连接打印类型

（9）在 Local Printers 下面选中"LPT#1"复选框，单击 Continue 按钮，将显示如图 6.10
所示的页面。

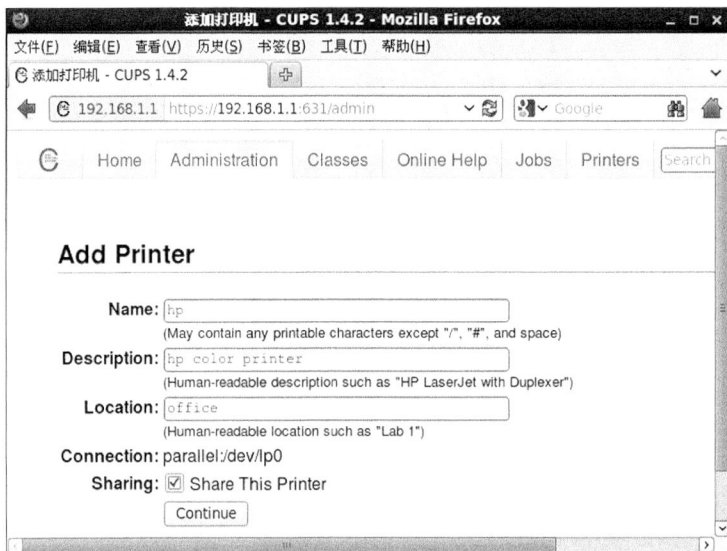

图 6.10 添加打印机

在 Name 文本框中输入打印机的名称，这里输入 hp。接着在 Description 文本框中输
入一些描述信息、在 Location 中输入打印机的位置，这两部分信息也可以不输入。选中
Sharing This Printer 复选框，表示将该打印机共享。

（10）单击 Continue 按钮，打开如图 6.11 所示的页面。

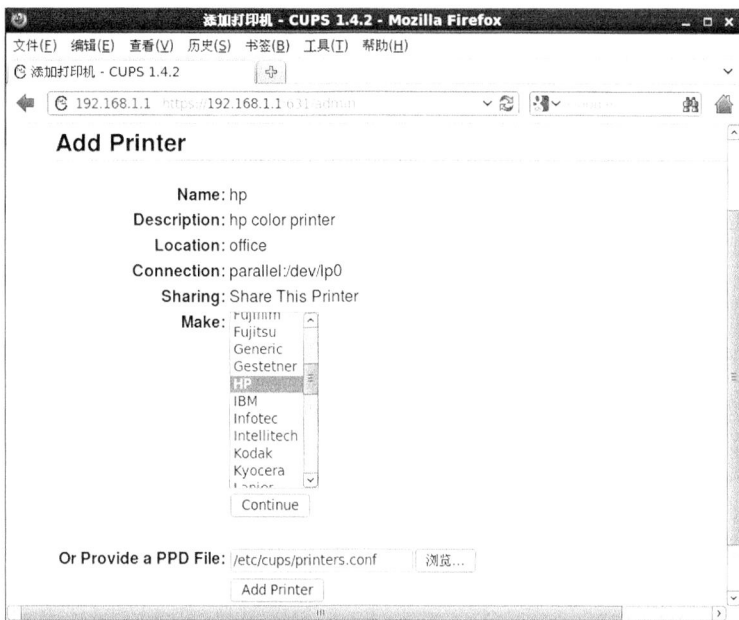

图 6.11　选择驱动程序

（11）在该界面显示出了添加打印机过程中的一些配置信息。如果需要安装驱动，可在 Or Provide a PPD File 文本框中找到驱动文件所放的位置。单击 Add Printer 按钮，将显示如图 6.12 所示的页面。

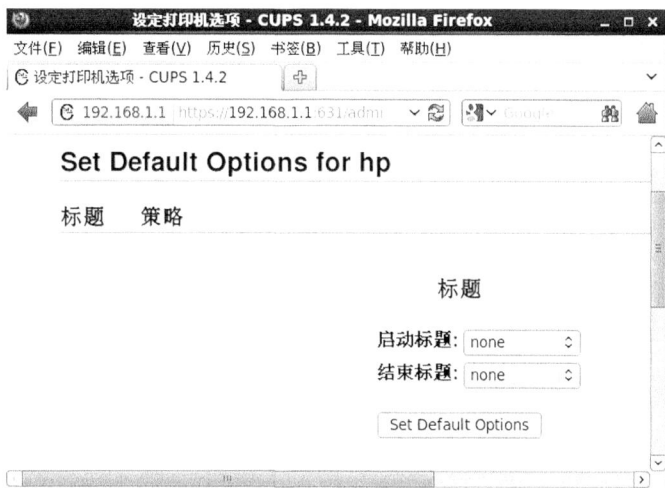

图 6.12　设定打印机选项

（12）在该页面中如果想要对"标题"和"策略"进行设置的话，选择相应的选项卡在其中进行设置就可以了。这里按默认设置，单击 Set Default Options 按钮，将显示如图 6.13 所示的页面。这时不用做任何操作，将自动跳转到如图 6.14 所示的页面。

（13）在图 6.14 中显示了添加成功的打印机的详细信息。了解这些配置信息后，返回到 CUPS 管理主页界面。选择右上角的 Printers 选项卡，即可看到添加的 hp 打印机，如图 6.15 所示。

图 6.13　设定打印机选项成功

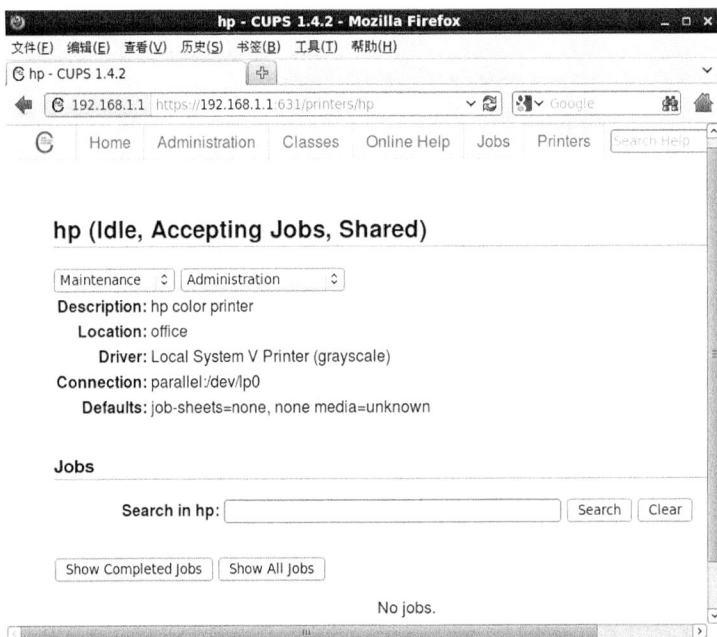

图 6.14　显示打印机信息

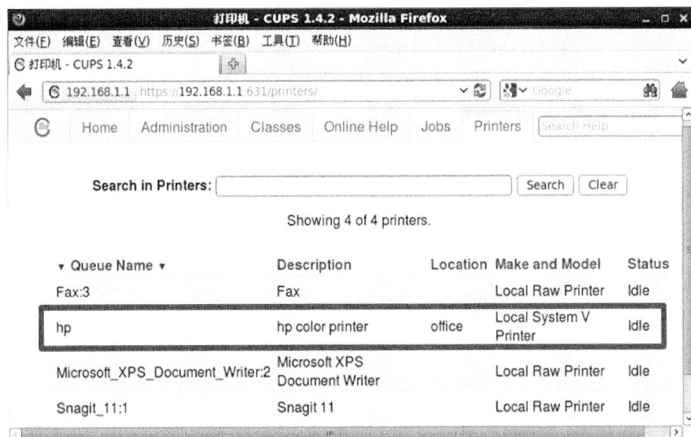

图 6.15　成功添加的打印机

（14）客户端连接到添加的 hp 打印机进行测试。

6.9 测 试 服 务

为了确认前面添加的打印机是否添加成功，下面使用 Linux 客户端进行连接。具体步骤如下。

（1）在 Linux 客户端同样需要安装 cups 的相关软件，前面已经介绍了，这里不再赘述。成功安装相关软件后，在图行界面中依次选择"系统"|"管理"|"打印"命令，将打开如图 6.16 所示的窗口。在该窗口中选择"服务器"|"连接"命令将显示如图 6.17 所示对话框。

图 6.16　打印机配置

图 6.17　连接到 CUPS 打印服务器

（2）在图 6.17 的"CUPS 服务器（s）"对话框中输入 CUPS 服务器的地址 192.168.1.1，单击"连接"按钮，将出现如图 6.18 所示的页面。

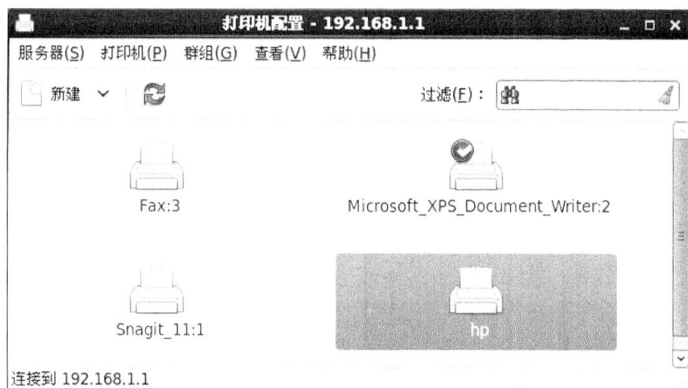

图 6.18　连接到添加的打印机

（3）可以在图 6.18 中选择 hp 打印机，右击，在弹出的快捷菜单中将其设置为个人默认打印机。以后打印任何文件时，就会主动选择该默认打印机来打印文件。

第 7 章　流媒体服务

流媒体技术也称为流式传输技术，是指在网络上按时间先后次序传输和播放的连续音频、视频数据流。随着网络速度的提高，以流媒体技术为核心的视频点播、在线电视、远程培训等业务开展得越来越广泛。本章主要介绍利用流媒体服务的基本信息、构建及文件的内容等。

7.1　基　本　信　息

7.1.1　网络配置文件：/etc/sysconfig/network-scripts/ifcfg-XXX

在一台安装流媒体服务器的主机上，需要有一个固定的 IP 地址。当需要将服务器的网络配置信息固定下来时，仅仅使用网络配置命令的方式会显得费时费力。因为重启计算机后，这些信息将失效。而直接修改相关配置文件更加有效率，系统重启后所做的修改也仍然有效。下面设置当前主机流媒体服务器的 IP 地址为 192.168.1.1。

```
[root@localhost ~]# cat /etc/sysconfig/network-scripts/ifcfg-eth0
HWADDR=00:0C:29:88:77:96
IPADDR=192.168.1.1
NETMASK=255.255.255.0
GATEWAY=192.168.1.1
```

7.1.2　软件包：gnump3d

在 Linux 发行版中，默认不提供流媒体的软件包。需要到 http://www.gnu.org/software/gnump3d/ 中将流媒体的软件包下载到本地。本书中用的软件包名为 gnump3d-3.0.tar.gz。

7.1.3　进程名：gnump3

流媒体服务启动后，会自动运行一个名为 gnump3 的进程。可以使用以下命令查看：

```
[root@server ~]# ps -eaf | grep gnump3
nobody   4137  3200  0 13:35 pts/0  00:00:00 /usr/bin/perl -w /usr/bin/gnump3d
root     4751  3200  0 13:53 pts/0  00:00:00 grep gnump3
```

7.1.4　端口：8888

流媒体服务运行后，默认在 TCP 协议上监听 8888 端口号。可以使用如下命令查看：

```
[root@server ~]# netstat -antpul | grep 8888
tcp    0    0 0.0.0.0:8888        0.0.0.0:*           LISTEN        4137/perl
```

7.1.5　防火墙所开放的端口号：8888

当流媒体服务运行后，客户端就可以连接到服务器后看一些电影、电视剧等。一般服务器上的防火墙是处于开启状态，若没设置开放端口，则客户端无法通过此端口访问服务器服务。所以，此时需要对外开放 8888 端口才可以使客户端连接到服务器。执行命令如下：

```
[root@server ~]# iptables -I INPUT -p tcp --dport 8888 -j ACCEPT
```

7.2　构建流媒体服务

流媒体是指利用流式传输技术传送的音频、视频等连续媒体数据，它的核心是串行计算和数据压缩技术，具有连续性、实时性、时序性 3 个特点。本节将介绍流媒体服务的运行机制和搭建。

7.2.1　运行机制

实现流式传输需要使用缓存机制，因为音频或视频数据在网络中是以包的形式传输的，而网络是动态变化的，各个数据包选择的路由可能不相同，到达客户端所需的时间也就不一样，有可能会出现先发的数据包却后到。因此，客户端如果按照包到达的次序播放数据，必然会得到不正确的结果。使用缓存机制就可以解决这个问题，客户端收到数据包先缓存起来，播放器再从缓存中按次序读取数据。

使用缓存机制还可以解决停顿问题。网络由于某种原因经常会有一些突发流量，此时会造成暂时的拥塞，使流数据不能实时到达客户端，客户端的播放就会出现停顿。如果采用了缓存机制，暂时的网络阻塞并不会影响播放效果，因为播放器可以读取以前缓存的数据，等网络正常后，新的流数据将会继续添加到缓存中。

当传输流数据时，需要使用合适的传输协议。TCP 虽然是一种可靠的传输协议，但由于需要的开销较多，并不适合传输实时性要求很高的流数据。因此，在实际的流式传输方案中，TCP 协议一般用来传输控制信息，而实时的音视频数据则是用效率更高的 RTP/UDP 等协议来传输。流媒体传输的基本原理如图 7.1 所示。

在图 7.1 中，Web 服务器只是为用户提供了使用流媒体的操作界面。客户机上的用户在浏览器中选中播放某一流媒体资源后，Web 服务器把有关这一资源的流媒体服务器地址、资源路径及编码类型等信息提供给客户端，于是客户端就启动了流媒体播放器，与流媒体服务器进行连接。

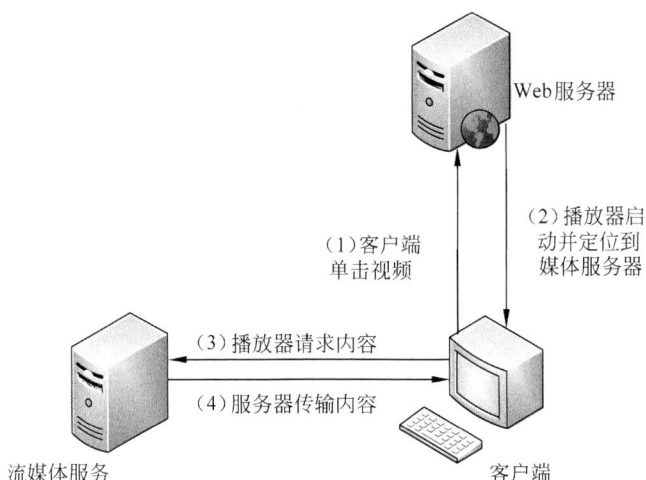

图 7.1　流媒体工作原理

7.2.2　搭建服务

GNUMP3d 是一款小巧易用的流媒体服务器，它支持 mp3、ogg、movies 或其他媒体格式。该产品具有如下 4 个特点：

❑　小巧、容易安装和使用，安全稳定。
❑　跨平台，支持 UNIX 和 Windows。
❑　支持随机播放，支持按作者、日期索引，支持搜索等。
❑　支持统计。

本节将介绍在 RHEL 6.4 环境下利用 GNUMP3d 安装流媒体服务。具体步骤如下。

（1）下载 gnump3d 软件包，下载链接在前面已经给出。在下载页面，有 UNIX 版本和 Windows 版本。

（2）解压软件包。执行命令如下：

```
[root@server ~]# tar zxvf gnump3d-3.0.tar.gz
```

执行以上命令后，会在当前目录下解压出一个 gnump3d-3.0 文件夹。

（3）进入解压出来的目录中，执行 make install 进行安装，如下所示。

```
[root@server ~]# cd gnump3d-3.0
[root@server ~]# make install
```

7.3　文　件　组　成

流媒体服务安装成功后，自动创建好一些目录和文件。流媒体服务所创建的文件如表 7.1 所示。

表 7.1　流媒体服务中的文件

目　　录	文　　件	文 件 类 型	功 能 说 明
/etc/gnump3d/	file.types	配置文件	设置我们熟悉的文件类型
	gnump3d.conf	配置文件	主配置文件
	mime.types	配置文件	MIME 类型文件
/usr/bin/	gnump3d	可执行文件	启动流媒体服务
	gnump3d2	可执行文件	启动流媒体服务
	gnump3d-index	可执行文件	创建一个简单的音频标签的数据库
	gnump3d-top	可执行文件	查看 GNUMP3d 的使用情况

图 7.2 列出了流媒体服务器中文件的工作流程。

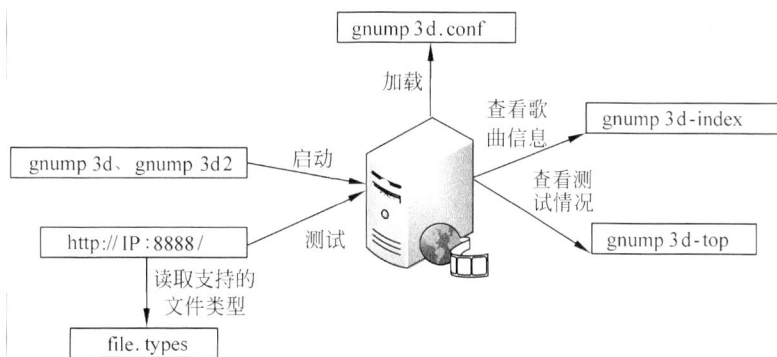

图 7.2　流媒体服务中各文件工作流程

7.4　配置文件：/etc/gnump3d/gnump3d.conf

GNUMP3d 的配置文件默认保存在/etc/gnump3d/gnump3d.conf 文件中。要更改流媒体服务的设置时，可以在此文件中修改。本节将介绍该配置文件中各参数的作用及使用。

7.4.1　设置服务器监听的端口：port

port 参数用来设置服务器监听的端口。该端口可能是在主机中没有使用的任何端口号。默认监听的端口是 8888，配置信息如下：

```
port 8888
```

7.4.2　设置服务器监听的地址：binding_host

binding_host 参数用来设置服务器监听的地址。如果用户的主机中有多个地址，然后设置允许服务器监听控制的地址。默认配置信息如下：

```
binding_host = 192.168.1.10
```

7.4.3　设置允许控制的主机名：hostname

hostname 参数用来设置允许控制该服务的主机名。当客户端访问服务器时，指定该主机名与服务器建立连接。如果服务器中有多个域名时，该参数才有效。默认配置信息如下：

```
hostname = mp3d.foo.org
```

7.4.4　设置媒体文件的存放位置：root

root 参数用来设置媒体文件的存放位置。此参数设置的目录中包含用户希望分享的 MP3、OGG 和 Movie 等视频音频文件。默认的位置是/home/mp3 目录中。配置信息如下：

```
root = /home/mp3
```

注意：如果服务器运行一个假的用户 ID 时，那么该用户必须有权限读取在 root 参数目录下的文件。

7.4.5　设置日志文件的位置：logfile

logfile 参数用来设置日志文件的位置。该文件将会保存在 Apache 常见的日志文件格式，所以该日志文件可以通过像 gnump3d-top 一样的常见工具进行分析脚本。默认配置信息如下：

```
logfile = /var/log/gnump3d/access.log
```

7.4.6　设置日志文件的格式：log_format

log_format 参数用来设置日志文件格式。该格式可以使用任何有效的变量，这些变量被定义在包 main 中。默认配置信息如下：

```
log_format = $connected_address - $user [$date] "GET $REQUEST" $HTTP_CODE
$SERVED_SIZE "-" "$USER_AGENT"
```

7.4.7　设置错误日志文件的位置：errorlog

errorlog 参数用来设置错误日志文件的位置。当服务运行在调试模式时，错误信息不会保存在该文件中，而是直接显示在控制台上。默认配置信息如下：

```
errorlog = /var/log/gnump3d/error.log
```

7.4.8　设置 gnump3d-top 程序的位置：stats_program

stats_program 配置项允许设置 gnump3d-top 程序的位置。当服务器请求显示最流行的歌曲目录、歌手等时，该选项调用 gnump3d-top 命令显示请求的所有信息。默认配置信息如下：

```
stats_program = /usr/bin/gnump3d-top
```

7.4.9　设置允许指定附加选项给 gnump3d-top 程序：stats_arguments

stats_arguments 参数的作用是，当 gnump3d-top 被服务器调用时，确认是否允许指定附加选项给 gnump3d-top 程序。关于 gnump3d-top 程序的更多选项，在后面内容中将进行介绍。默认配置信息如下：

```
stats_arguments = --count=10
stats_arguments = --hide
stats_arguments = --logfiles = /var/log/gnump3d/access.log*
stats_arguments = --count=40 --hide --logfiles=/var/log/gnump3d/access.log*
```

7.4.10　设置运行服务器的用户：user

user 参数决定了该服务的运行用户身份。运行服务后，该服务将会以设定的用户身份执行读写文件操作。在设置用户时必须保证该用户对存放音乐和视频文件的目录有读和执行权限，而对于日志文件必须有读和写的权限。默认配置信息如下：

```
user = nobody
```

7.4.11　设置允许访问服务器的客户端：allowed_clients

allowed_clients 参数用来设置允许访问服务器的客户端的 IP 地址。默认设置是指允许所有 IP 地址进行访问，配置信息如下：

```
allowed_clients = all
```

该参数可以设置为以下 IP 方式访问：相同子网中的客户端、单个客户端、不允许任何 IP、本子网中的所有用户和一个远程地址等。分别对应设置如下：

```
allowed_clients = 192.168.2.0/8
allowed_clients = 192.168.2.12
allowed_clients = none
allowed_clients = 192.168.2.0/8; 194.247.82.33
```

7.4.12　设置拒绝访问服务器的客户端：denied_clients

denied_clients 参数用来设置拒绝访问服务器的客户端。该参数的作用与 allowed_clients 正好相反，设置方法是相同的。配置信息如下：

```
denied_clients = 192.168.2.12; 192.168.2.25; 192.168.6.0/8
denied_clients = none
```

7.4.13　设置允许一个特殊的 URL：valid_referrers

valid_referrers 参数用来设置一个特殊的反向链接。该链接只能有一个。默认配置信息如下：

```
valid_referrers = http://somesite.com/
```

7.4.14　控制播放单个 MP3 文件：always_stream

always_stream 参数用来控制播放单个 MP3 文件。当服务器需要连接到文件时，有两种方法：可以直接链接到该文件，或者链接到包含该文件的播放列表。这两个方法略有不同。当一个播放列表形成，设置"always_stream=1"，该歌曲马上就可以播放。如果客户端没有该文件，会下载到客户端，然后播放。默认配置信息如下：

```
always_stream = 1
```

7.4.15　设置歌曲播放模式：recursive_randomize

recursive_randomize 参数用来设置歌曲是否随机播放或顺序播放。默认配置信息如下：

```
recursive_randomize = 1
```

7.4.16　设置播放列表文件格式：advanced_playlists

advanced_playlists 参数用来设置播放列表文件的格式。该服务器支持两种格式，简单的播放列表仅是音乐歌曲清单，然而高级的播放列表包含歌曲标记注释的副本。默认配置信息如下：

```
advanced_playlists = 1
```

7.4.17　设置主题：theme

theme 参数用来设置主题。默认的配置信息如下：

```
theme = Tabular
```

7.4.18　设置流媒体服务主题的位置：theme_directory

theme_directory 参数用来设置流媒体服务主题的位置。默认的配置信息如下：

```
theme_directory = /usr/share/gnump3d/
```

7.4.19　设置配置文件本身的格式：directory_format

directory_format 参数用来设置配置文件本身的格式。它允许指定一个模板，默认配置信息如下：

```
directory_format = <tr><td width="10%"> </td><td><a href="$LINK">
$DIR_NAME</a>
$NEW</td><td>$SONG_COUNT</td><td>$DIR_COUNT</td><td>[$RECURSE]</td></tr>
</a>
```

7.4.20　文本插入：new_format

new_format 参数用来设置文本插入的目录是否是最近修改的。默认配置信息如下：

```
new_format = <font color="red"><b>New</b></font>
```

7.4.21　设置目录的使用时间：new_days

new_days 参数用来设置目录的使用时间。默认配置信息如下：

```
new_days  = 7
```

7.4.22　设置配置文件本身的格式字符串：file_format

file_format 参数的值是一个格式字符串，用于记录在配置文件本身内。该参数与 directory_format 参数的作用类似。它允许指定一个模板，该模板将被用于为每个文件生成的输出。默认配置信息如下：

```
file_format = <tr><td width="10%"> </td><td><a href="$LINK">$SONG_
FORMAT</a></td><td align="right">[<a href="/info$PLAINLINK">Info</a>] [<a
href="$PLAINLINK">Download</a>]</td></tr>
```

7.4.23　设置歌曲格式：song_format

song_format 参数用来设置歌曲格式。该参数允许配置多少个 MP3 和 OGG Vorbis 压缩格式文件被显示。如果已找到的文件中包含任何标签信息，则下面的值将被提供。

- ❑ $ARTIST：歌曲的艺术家。
- ❑ $ALBUM：专辑歌曲的由来。
- ❑ $COMMENT：如果有该值时，注释字符串附加到这首歌后。不能用于 OGG 文件。
- ❑ $SONGNAME：歌曲名。
- ❑ $YEAR：表示歌曲录制的年代，该值不能用于 OGG 压缩格式文件。
- ❑ $GENRE：歌曲的风格，不能用于 OGG 文件。
- ❑ $BPS：歌曲的采样率，不能用于 OGG 文件。
- ❑ $LENGTH：表示音轨的长度，以 MM:SS 形式显示。不能用于 OGG 文件或 VBR MP3 的文件。
- ❑ $SECONDS：表示音轨的长度，以秒的形式显示。不能用于 OGG 文件或 VBR MP3 的文件。

❑ $SIZE：音频流的大小。不能用于 OGG 文件或 VBR MP3 的文件。

❑ $TRACK：歌曲编号。

❑ $FILENAME：该值总是有用的（这是文件的名称，没有任何后缀或目录信息）。

默认的配置信息如下：

```
song_format = $TRACK - $ARTIST - $ALBUM - $SONGNAME [ $GENRE - $LENGTH /
$SIZE ] $NEW
```

7.4.24　改变文本显示：play_recursively_text

play_recursively_text 参数用来改变文本显示。默认配置信息如下：

```
play_recursively_text = Play
```

7.4.25　设置歌曲顺序：sort_order

sort_order 参数根据播放列表中列出歌曲设置歌曲顺序。该配置项是特别有用的，包含有大量的文件。用户可以使用 song_format 参数中介绍的$值中的任何一个（如按歌曲名排序）。配置信息如下：

```
sort_order = $SONGNAME
```

默认排序是通过歌曲编号，由于流行。配置信息如下：

```
sort_order = $TRACK
```

7.4.26　启用采样支持：downsample_enabled

downsample_enabled 参数设置是否启用采样支持。如果该参数被禁用，即使它们被设置，也没有其他的采样选项应用。如果采用支持禁用了首选项页，将不允许客户选择它们自己的比特率。默认配置信息如下：

```
downsample_enabled = 1
```

7.4.27　设置采样范围：downsample_clients、no_downsample_clients

downsample_clients 参数用来设置采样范围。采样是基于 IP 地址而不是启用全局选项，对用户的权限比设置 user 参数指定用户的权限更紧密。设置采样范围有如下两种情况：

```
downsample_clients = ALL
no_downsample_clients = 192.168.0.0/24
```

🔔注意：no_downsample_clients 参数优先于 downsample_clients 参数。

用户也可以使用单一的 IP 地址、地址范围、NONE、ALL，如下所示。

```
#允许每个人
downsample_clients = ALL
```

```
no_downsample_clients = NONE
#Downsample 远程，允许本地有完整的质量
downsample_clients = ALL
no_downsample_clients = 192.168.0.0/24
#允许除两个地址以外的所有
downsample_clients = ALL
no_downsample_clients = 192.168.0.162; 192.168.0.33
#除了 192.168.0.99，完整质量所有本地
downsample_clients = 192.168.0.99
no_downsample_clients = 192.168.0.0/24
```

7.4.28　设置默认的品质：default_quality

default_quality 配置项用来设置默认的品质。如果用户总是想强制一个特定的比特率向客户端输出，则使用该参数指定。默认配置信息如下：

```
default_quality = medium
```

7.4.29　设置插件目录的位置：plugin_directory

plugin_directory 参数用来设置插件目录的位置。服务器的几个功能是通过外置插件来控制的，这些都是服务器响应请求调用的简单的 Perl 脚本。默认配置信息如下：

```
plugin_directory = /usr/share/perl5/gnump3d/plugins
```

7.4.30　分割音乐目录：plugin_random_exclude

plugin_random_exclude 参数用来分割多个目录，使用"|"字符。默认配置信息如下：

```
plugin_random_exclude = Talk|Midi|Video
```

7.4.31　设置 MIME 类型文件的位置：mime_file

mime_file 参数用来设置 MIME 类型文件的位置。当文件服务需要有一个适当的 MIME 类型与它们一起发送时,这允许浏览器通过响应返回一个 MP3 播放器。大部分 UNIX 系统默认使用/etc/mime.types 文件。如果没有指向 MIME 类型文件的位置,可以使用下面的方法来设置,如下所示。

```
mime_file = /etc/gnump3d/mime.types
```

7.4.32　设置不同类型文件的位置：file_types

file_types 参数用来设置不同类型文件的位置。这里支持多种音频、视觉和播放列表文件。这样就能够查找一个文件，并且确定文件的类型。默认配置信息如下：

```
file_types = /etc/gnump3d/file.types
```

7.4.33　设置现在播放歌曲的位置：now_playing_path

now_playing_path 参数用来设置正在播放歌曲的位置。为了记录正在播放的歌曲，服务器将创建一个包含每个文件位置的临时文件。默认配置信息如下：

```
now_playing_path = /var/cache/gnump3d/serving
```

7.4.34　设置缓存信息的位置：tag_cache

tag_cache 参数用来设置标签缓存信息的位置。缓存中的信息方便用户读取，加快了运行速度。当服务器启动时，它将自动加载缓存信息默认配置信息如下：

```
tag_cache = /var/cache/gnump3d/song.tags
```

7.4.35　设置 gnump3d-index 脚本的位置：index_program

index_program 参数用来设置 gnump3d-index 脚本的保存位置。默认配置信息如下：

```
index_program = /usr/bin/gnump3d-index
```

7.4.36　设置歌曲的标题信息：shoutcast_streaming

shoutcast_streaming 参数以 shoutcast 格式来设置歌曲的标题信息。如果客户端支持它，则在客户端启用该选项，否则不要启用它。该参数正常运行在 Winamp 和 XMMS 播放器上，默认配置信息如下：

```
shoutcast_streaming = 1
```

7.4.37　是否要清除日志文件：truncate_log_file

truncate_log_file 参数用来设置是否要清除日志文件。默认情况下，当我们启动服务时，服务的日志信息将被追加到日志文件中。如果设置该参数，将会清空最早的日志信息。这样，可以节省空间，但是会影响服务器统计功能。默认配置信息如下：

```
truncate_log_file = 0
```

7.4.38　设置连接服务器超时时间值：read_time

read_time 参数用来设置连接服务器超时时间值。如果服务器在设定时间内，没有收到一个有效的请求，则服务器将关闭连接。默认是 10 秒，配置信息如下：

```
read_time = 10
```

7.4.39　是否启用浏览音乐：enable_browsing

enable_browsing 参数用来设置是否启用浏览音乐。默认配置信息如下：

```
enable_browsing = 1
```

7.4.40　是否使用客户端的'Host:'标题：use_client_host

use_client_host 参数用来设置是否使用客户端提供的'Host:'标题。该标题只能通过 HTTP/1.1 协议，由客户端被发送但是可能被欺骗。如果通过 SSH 隧道或执行类似的操作，用户将只需要使用它。默认配置信息如下：

```
use_client_host = 1
```

7.4.41　设置重写 hostname:port 组合：host_rewrite

在用户播放列表的 URLs 中，host_rewrite 参数用来设置重写 hostname:port 组合。大多数情况不需要这样设置，除非是使用代理或运行多个流媒体服务器。如果设置该选项，需要设置"use_client_host=0"才可以。配置信息如下：

```
host_rewrite = ""
```

7.4.42　设置使用是否启用自动点唱机模式：jukebox_mode

jukebox_mode 参数用来设置是否启用自动点唱机模式。该配置项设置为"1"，表示启用该功能，但是需要设置"jukebox_player"指向一个特定的回放。默认配置信息如下：

```
jukebox_mode = 1
```

7.4.43　指定一个命令行播放器：jukebox_player

jukebox_player 参数用来设置必须指向一个命令模式 MP3/Ogg 播放器。默认配置信息如下：

```
jukebox_player = /usr/bin/mpg123 $FILENAME
```

7.4.44　设置是否隐藏歌曲标签：hide_song_tags

hide_song_tags 参数用来设置隐藏歌曲标签并且仅显示文件名。默认配置信息如下：

```
hide_song_tags = 0
```

7.4.45　是否禁用缓存：disable_tag_cache

disable_tag_cache 参数用来设置禁用标签缓存以节省内存。配置信息如下：

```
disable_tag_cache = 0
```

7.4.46　设置添加自定义的元标记：add_meta_tag

add_meta_tag 参数用来设置添加自定义的元标记在每个输出的页眉。默认配置信息如下：

```
add_meta_tag = <meta name="author" value="Steve Kemp" />
add_meta_tag  =  <meta  http-equiv="Content-Type"  content="text/html;
charset=iso-8859-1">
```

7.5　可执行文件

安装成功流媒体服务后，需要启动后才可以使用该服务。启动该服务是一个可执行的脚本文件，类似的还有其他可执行文件来管理服务。本节将介绍流媒体服务下面命令的语法格式和使用方法。

7.5.1　控制服务文件：/usr/bin/gnump3d

gnump3d 是一个简单服务，允许 MP3、OGG 和 Movie 压缩格式文件在网络上播放。它设计简单，并支持可扩展的外加插件。通过添加主题，可以改变它的用户界面。gnump3d命令的语法格式如下：

```
gnump3d [选项]
```

常用选项含义如下：
- --background：在后台运行服务器。
- --debug：在前台运行，向控制台输出任何诊断信息。
- --fast：快速启动服务。如果为了建立一个歌曲标记数据库，不需要指定音乐档案文件。
- --quiet：当服务器启动时，不显示欢迎信息。
- --version：显示 gnump3d 版本号。
- --help：显示帮助信息。
- --lang xx：输出服务器设置的语言。
- --plugin-dir：指定保存插件的目录。
- --theme-dir：指定主题文件保存的目录。
- --dump-plugins：显示服务器已发现的所有插件的版本、作者和描述信息。
- --port：设置程序应该监听的端口。
- --root：指定出现在客户端音乐档案的根。

【实例 7-1】执行 gnump3d 启动流媒体服务。执行命令如下：

```
[root@server ~]# gnump3d &
[1] 4137
```

```
[root@server ~]# GNUMP3d v3.0 by Steve Kemp
http://www.gnump3d.org/

GNUMP3d is free software, covered by the GNU General Public License,
and you are welcome to change it and/or distribute copies of it under
certain conditions.

For full details please visit the COPYING URL given below:

  Copying details:
    http://localhost:8888/COPYING

  GNUMP3d now serving upon:
    http://localhost:8888/

  GNUMP3d website:
    http://www.gnump3d.org/

 Indexing your music collection, this may take some time.

 (Run with '--fast' if you do not wish this to occur at startup).

  Indexing complete.
```

7.5.2　创建一个简单音频标签的数据库：gnump3d-index

gnump3d-index 命令是一个索引程序，gmump3d 将构建一个简单的数据库和所有标签信息，包含音频文件在用户的音乐根目录下。整个 gnump3d 程序中都将使用该数据库，以快速访问音乐所包含的标签。下面介绍 gnump3d-index 的语法格式和使用方法。

gnump3d-index 的语法格式如下：

```
gnump3d-index [选项]
```

常用选项含义如下。

- ❑　--debug：显示所有标签，该标签可以在用户索引的每个文件中找到。
- ❑　--help：显示帮助信息。
- ❑　--root：指定用户音频档案的根。
- ❑　--stats：显示在用户档案内音频文件的总数量和它们占用的空间。
- ❑　--version：显示脚本的版本号。
- ❑　--verbose：显示用户加入索引的进度。

【实例 7-2】显示所有的标签。执行命令如下：

```
[root@news ~]# gnump3d-index --debug
/home/mp3
/home/mp3/爸爸去哪儿.mp3
```

7.5.3　观察 gnump3d 使用统计：gnump3d-top

gnump3d-top 命令允许用户查看 gnump3d 记录的最流行歌曲、目录和最活跃的用户。
gnump3d-top 命令语法格式如下：

```
gnump3d-top [选项]
```

常用选项含义如下。

- ❑ --debug：显示调试信息。
- ❑ --users：显示前 N 个用户。
- ❑ --dirs：显示前 N 个目录。
- ❑ --hide：隐藏所有由插件提供的目录。
- ❑ --files：显示前 N 个文件。
- ❑ --last：显示最后送达的 N 个歌曲。
- ❑ --search：显示前 N 个搜索请求。
- ❑ --agents：显示前 N 个已送达的用户代理。
- ❑ --count=N：设置显示值的数量，默认是 20。

【实例 7-3】显示最后送达的 1 个歌曲。执行命令如下：

```
[root@server ~]# gnump3d-top --last 1
<tr><td><b>Host</b></td><td><b>Time</b></td><td><b>Song</b></td></tr>
<tr><td>192.168.1.20</td><td>01/Nov/2013:05:51:02 </td><td><a href="/爸爸
去哪儿.mp3.m3u">/爸爸去哪儿.mp3</a></td></tr>
```

从输出的结果中可以看到，客户端播放了"爸爸去哪儿"这首歌曲。

7.6　其他配置文件

前面介绍了在流媒体服务下的主配置文件和可执行文件，接下来还有几个配置文件需要了解一下。本节将介绍这些文件的作用。

7.6.1　访问日志文件：/var/log/gnump3d/access.log

access.log 文件用于记录客户端访问流媒体服务的情况。文件中的每一行对应一条访问记录。它会记录客户机的 IP 地址、访问服务器的歌曲等信息。

【实例 7-4】查看流媒体服务访问日志文件的信息如下：

```
[root@server ~]# tail /var/log/gnump3d/access.log
192.168.1.20 - - [01/Nov/2013:05:49:53 +0000] "GET /" 200 3206 "-"
"Mozilla/4.0 (compatible; MSIE 8.0; Windows NT 6.1; Trident/4.0; SLCC2; .NET
CLR 2.0.50727; .NET CLR 3.5.30729; .NET CLR 3.0.30729; Media Center PC 6.0;
BRI/2)"
192.168.1.20 - - [01/Nov/2013:05:49:53 +0000] "GET /favicon.ico" 404 2939
"-" "Mozilla/4.0 (compatible; MSIE 8.0; Windows NT 6.1; Trident/4.0;
SLCC2; .NET CLR 2.0.50727; .NET CLR 3.5.30729; .NET CLR 3.0.30729; Media
Center PC 6.0; BRI/2)"
192.168.1.20 - - [01/Nov/2013:05:50:02 +0000] "GET /recurse.m3u" 200 420
"-" "Mozilla/4.0 (compatible; MSIE 8.0; Windows NT 6.1; Trident/4.0;
SLCC2; .NET CLR 2.0.50727; .NET CLR 3.5.30729; .NET CLR 3.0.30729; Media
Center PC 6.0; BRI/2)"
192.168.1.20 - - [01/Nov/2013:05:51:02 +0000] "GET /爸爸去哪儿.mp3" 200
4425742 "-" "NSPlayer/12.00.7601.17514 WMFSDK/12.00.7601.17514"
```

输出的信息可以看到客户端 192.168.1.20 播放过流媒体服务器上的歌曲"爸爸去哪儿"。

7.6.2　错误日志文件：/var/log/gnump3d/error.log

error.log 日志文件用来记录客户端连接流媒体服务时发生的错误信息。当客户端向服务器发送请求未响应时，就可以通过查看该文件的信息来调试服务器。

【实例 7-5】查看流媒体服务错误日志文件的信息。执行命令如下：

```
[root@server ~]# tail /var/log/gnump3d/error.log
Wide character in print at /usr/bin/gnump3d line 2106.
Header: HTTP/1.0 200 OK
Connection: close
Server: GNUMP3d 3.0
Content-type: audio/mpeg
Content-Range: bytes 0-4425458/4425458
Content-length: 4425458
Last-Modified: Fri,  1 Nov 2013 05:39:59 GMT
Set-Cookie: theme=Tabular;path=/; expires=Mon, 10-Mar-08 14:36:42 GMT;
```

7.6.3　指定用户了解的文件类型：file.types

file.types 文件中保存用户可能用到的音频文件后缀列表、播放列表文件的后缀列表和电影文件的后缀列表。这些后缀的文件将包含在 HTML 页面供客户端使用。下面列出几个默认的配置信息：

```
#音频文件
669  = audio
aac  = audio
ape  = audio
m4a  = audio
dsm  = audio
#播放列表
m3u  = playlist
ram  = playlist
pls  = playlist
#电影文件
mov  = movie
mpg  = movie
mpeg = movie
avi  = movie
wmv  = movie
```

7.6.4　MIME 文件类型：mime.types

mime.types 文件是 mime-support 软件包的一部分。如果想添加新类型或者扩展类型，需要发送电子邮件到 mime-support@packages.debian.org。这是因为所有类型由 mime-support 包管理。如果用户希望在他们的 Home 目录下创建一个".mime.types"文件，这时用户能添加他们自己的类型。定义列入的将优先于在该文件中列出的。该文件默认不需要修改，默认配置即可。

7.7　测　试　服　务

搭建成功流媒体服务器后，接下来就可以使用 Linux 或 Windows 客户端测试该服务器了。本节将介绍流媒体服务器客户端的使用。

7.7.1　Windows 客户端

当流媒体服务搭建成功后，将下载好的媒体文件存放在/home/mp3 目录下，就可以使用客户端测试服务器了。下面演示在 Windows 下如何连接到流媒体服务器，具体操作步骤如下。

在 IE 浏览器地址栏中输入 http://192.168.1.1:8888/即可登录到流媒体服务器上。打开界面如图 7.3 所示。

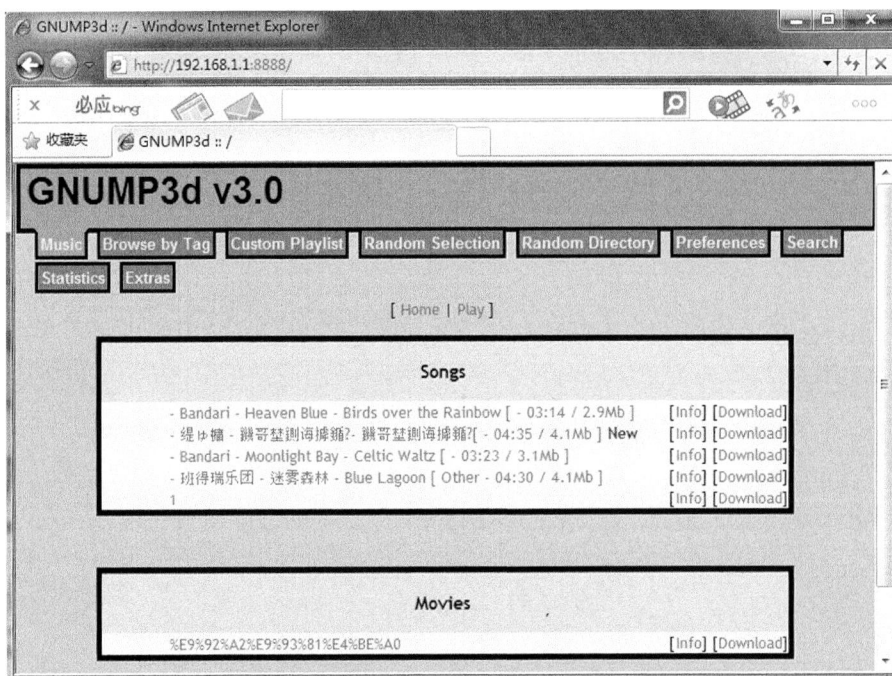

图 7.3　服务器页面

在该页面可以看到有 5 首歌曲和 1 部电影。可以双击该歌曲或者单击 Play 按钮，进行播放。播放界面如图 7.4 所示。也可以从服务器上下载下媒体文件，然后播放。

注意：在 Windows 客户端，一定要安装支持所下载的媒体文件格式播放器，否则不能打开播放文件。

图 7.4 播放歌曲"爸爸去哪儿"

7.7.2 Linux 客户端

在 Linux 下连接流媒体的方法与使用 Windows 客户端相同。Linux 默认不识别 MP3 格式的文件,需要安装 MPEG-1 Layer(MP3)解码器才可以播放 MP3 音乐。这里就不演示在 Linux 下测试流媒体服务的方法了。

第 8 章 新 闻 服 务

新闻组服务（Newsgroup）是 Internet 上与 WWW、E-mail、FTP 齐名的四大网络信息服务之一，其作用是向网络用户提供分类的专题讨论组，供人们在网络上就自己关心的问题进行交流、讨论。本章将介绍新闻服务器的基本信息、构建及各文件的作用等。

8.1 基 本 信 息

在搭建新闻服务器之前，需要先了解搭建该服务的网络环境及配置信息。下面将介绍新闻服务的基本知识，包括网卡配置、软件包、进程和端口等内容。

8.1.1 网卡配置文件：/etc/sysconfig/network-scripts/ifcfg-XXX

在安装一台新闻服务器的计算机上，需要有一个固定的 IP 地址。下面设置当前主机新闻服务器的 IP 地址为 192.168.1.1。

```
[root@mail ~]# cat /etc/sysconfig/network-scripts/ifcfg-eth0
HWADDR=00:0C:29:88:77:96
IPADDR=192.168.1.1
NETMASK=255.255.255.0
GATEWAY=192.168.1.1
```

8.1.2 软件包：inn

在 RHEL 的安装光盘中没有提供有新闻服务器的 RPM 软件包。要想得到该软件包需要到 http://www.isc.org/software/inn 网站上下载 inn-2.5.3.tar.gz 的软件包。

8.1.3 用户和组：news

安装之前需要为新闻服务器创建一个用户和组，用来启动新闻服务器的进程。执行命令如下：

```
[root@www ~]# groupadd news
[root@www ~]# useradd -g news -d /opt/inn news
```

8.1.4 进程名：innd

新闻服务器启动后，会自动运行 innd 的进程。可以执行如下命令查看：

```
[root@www ~]# ps -eaf | grep innd
news    10643    1   1 17:52 ?        00:00:00 /opt/inn/bin/innd
root    15495 4148   0 17:53 pts/2    00:00:00 grep innd
```

8.1.5 端口：119

新闻服务器运行后，在 TCP 协议上的 119 号端口将被监听。可以执行如下命令查看：

```
[root@www ~]# netstat -antpul | grep :119
tcp    0     0 0.0.0.0:119        0.0.0.0:*        LISTEN      10643/innd
```

8.1.6 防火墙所开放的端口号：119

为了确保客户端能通过新闻服务器发送帖子，需要使防火墙对外开放 119 号端口。可以输入以下命令打开 TCP 协议的 119 号端口。

```
[root@www ~]# iptables -I INPUT -p tcp --dport 119 -j ACCEPT
```

8.2 构建新闻服务

在 Linux 中，通过 inn 软件包提供新闻组服务器。本节将介绍新闻服务器的运行机制和构建。

8.2.1 运行机制

新闻组服务使用的网络协议是 Network news Transfer Protocol，简称 NNTP。NNTP 是一个客户机/服务器协议。

新闻组是一个信息集合的地方，客户可以发表自己的帖子，而不需要事先进行注册。新闻组客户通过客户端软件连接到新闻服务器上，然后把自己感兴趣的帖子下载到自己的计算机上讨论回复，也可以在线阅读。新闻组服务器是一个基于网络的计算机组合，信息组包含成千上万的信息，使得寻找感兴趣的信息变得非常困难。不过新闻组客户端程序可以分类的组织各个新闻组，帮助用户找到感兴趣的信息。

服务器上的帖子不仅可以是文字，也可以带有图形、音频，以及其他多媒体内容。新闻组服务器定时的与相邻服务器交换内容，这样可以定时更新服务器内容。同时，系统也会自动删除过时的信息。客户端查看信息的流程如图 8.1 所示。

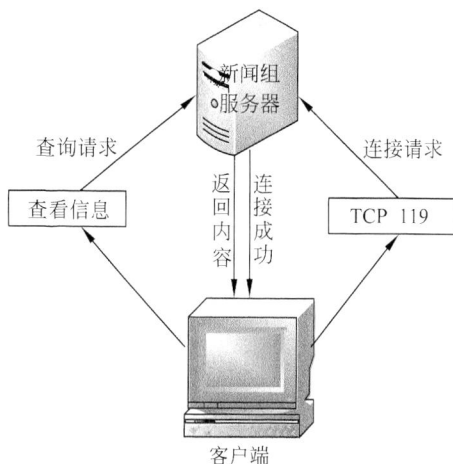

图 8.1　客户端查看信息流程

8.2.2　搭建服务

在 RHEL 6.4 的安装光盘中没有提供 inn 软件包。需要到 http://www.isc.org/software/inn 网站上下载名为 inn-2.5.3.tar.gz 的软件包，2.5.3 是该软件当前的最新版本。

【实例 8-1】使用源码包安装新闻服务器。具体操作步骤如下：

（1）使用 tar 命令解压缩 inn 软件包。

```
[root@www ~]# tar zxvf inn-2.5.3.tar.gz
```

该软件将会解压到 inn-2.5.3 目录中。

（2）进入 inn-2.5.3 目录中，执行 configure 命令。

```
[root@www  inn-2.5.3]#  ./configure  --prefix=/opt/inn  --sysconfdir=/etc
--localstatedir=/var/state    --enable-libtool    --with-log-dir=/var/log
--enable-tagged-hash --with-perl --enable-shared --with-gnu-ld
```

执行该命令使用几个参数。其中，--prefix 表示指定安装位置，--sysconfdir 指定配置文件的位置，--with-log-dir 表示日志文件位置。这些参数可以使用下面的命令查看：

```
[root@www inn-2.5.3]# ./configure --help
```

（3）执行 make 命令进行编译。

```
[root@www inn-2.5.3]# make
cd include   && make all
make[1]: Entering directory `/root/inn-2.5.3/include'
../support/mksystem gawk config.h > inn/system.h
../support/mkversion '2.5.3' '' > inn/version.h
make[1]: Leaving directory `/root/inn-2.5.3/include'
cd lib       && make all
make[1]: Entering directory `/root/inn-2.5.3/lib'
../libtool --mode=compile gcc -g -O2 -I../include  -c setproctitle.c
libtool: compile: gcc -g -O2 -I../include -c setproctitle.c -fPIC -DPIC
-o .libs/setproctitle.o
libtool:  compile:   gcc  -g  -O2  -I../include  -c  setproctitle.c  -o
setproctitle.o >/dev/null 2>&1
../libtool --mode=compile gcc -g -O2 -I../include  -c strlcat.c
libtool:  compile:   gcc  -g  -O2  -I../include  -c  strlcat.c  -fPIC  -DPIC
-o .libs/strlcat.o
libtool:  compile:   gcc  -g  -O2  -I../include  -c  strlcat.c  -o  strlcat.o >
/dev/null 2>&1
../libtool --mode=compile gcc -g -O2 -I../include  -c strlcpy.c
libtool:  compile:   gcc  -g  -O2  -I../include  -c  strlcpy.c  -fPIC  -DPIC
-o .libs/strlcpy.o
libtool:  compile:   gcc  -g  -O2  -I../include  -c  strlcpy.c  -o  strlcpy.o >
/dev/null 2>&1
../libtool --mode=compile gcc -g -O2 -I../include  -c argparse.c
libtool:  compile:   gcc  -g  -O2  -I../include  -c  argparse.c  -fPIC  -DPIC
-o .libs/argparse.o
libtool:  compile:   gcc  -g  -O2  -I../include  -c  argparse.c  -o  argparse.o >
/dev/null 2>&1
../libtool --mode=compile gcc -g -O2 -I../include  -c buffer.c
libtool:  compile:    gcc  -g  -O2  -I../include  -c  buffer.c   -fPIC  -DPIC
```

```
-o .libs/buffer.o
libtool: compile:  gcc -g -O2 -I../include -c buffer.c -o buffer.o >/dev/null
2>&1
../libtool --mode=compile gcc -g -O2 -I../include  -c cleanfrom.c
libtool: compile:  gcc -g -O2 -I../include -c cleanfrom.c  -fPIC -DPIC
-o .libs/cleanfrom.o
libtool: compile: gcc -g -O2 -I../include -c cleanfrom.c -o cleanfrom.o
>/dev/null 2>&1
...
```

（4）执行 make install 命令安装新闻服务器。安装过程如下：

```
[root@news inn-2.5.3]# make install
for D in /opt/inn /opt/inn/bin /opt/inn/bin/auth/opt/inn/bin/auth/resolv
/opt/inn/bin/auth/passwd/opt/inn/bin/control/opt/inn/bin/filter/opt/inn
/bin/rnews.libexec/opt/inn/db/opt/inn/doc/etc/opt/inn/http/opt/inn/lib/
opt/inn/lib/perl/opt/inn/lib/perl/INN/opt/inn/share/opt/inn/share/man/opt
/inn/share/man/man1/opt/inn/share/man/man3/opt/inn/share/man/man3/opt/inn
/share/man/man5/opt/inn/share/man/man8/opt/inn/spool/opt/inn/tmp  /opt/inn
/spool/archive/opt/inn/spool/articles/opt/inn/spool/incoming/opt/inn/spool
/incoming/bad/opt/inn/spool/innfeed/opt/inn/spool/overview/opt/inn/spoo
l/ outgoing /var/log /var/log/OLD /opt/inn/include ; do \
        support/install-sh -o news -g news -m 0755 -d $D ; \
    done
support/install-sh -o news -g news -m 0750 -d /opt/inn/run

make[1]: Entering directory `/root/inn-2.5.3/include'
../support/install-sh -o news -g news -m 0755 -d /opt/inn/include/inn
for F in inn/*.h ; do \
        ../support/install-sh -c -o news -g news -m 0644 -B .OLD $F /opt/inn
/include/$F ; \
    done
make[1]: Leaving directory `/root/inn-2.5.3/include'
...
If this is a first-time installation, a minimal active file and
history database have been installed.  Do not forget to update
your cron entries and configure INN.  See INSTALL for more
information.
```

注意：安装新闻服务器之前需要使用域名进行解析。通常设置新闻服务器主机名为 news。

8.3 文 件 组 成

新闻服务器安装成功后，自动创建好一些目录和文件。新闻服务所创建的文件如表 8.1 所示。

表 8.1 新闻服务器中的文件

目　录	文　件	文件类型	功　能
/etc/	inn.conf	配置文件	新闻服务主配置文件
	storage.conf	配置文件	设置存储方式的配置文件
	expire.ctl	配置文件	过期配置文件
	readers.conf	配置文件	权限配置文件

续表

目　录	文　件	文件类型	功　能
/opt/inn/bin	inncheck	可执行文件	检查新闻服务配置文件和数据文件
	ctlinnd	可执行文件	控制主程序
	innd	可执行文件	核心守护进程
	nnrpd	可执行文件	NNTP 读取服务
	rc.news	可执行文件	启动和停止新闻服务
	tinyleaf	可执行文件	非常简单的 IHAVE-only NNTP 服务

如图 8.2 列出了新闻服务器中文件的工作流程。

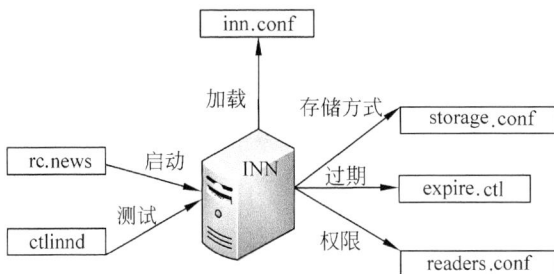

图 8.2　新闻服务各文件工作流程

8.4　配置文件: /etc/inn.conf

innd.conf 是新闻服务器的主配置文件,位于/etc/目录中。其中的参数主要用于设定新闻服务器的状态,如服务器组织的名称、新闻服务器的域等。本节将介绍该文件各配置项的作用。

8.4.1　设置邮件传输代理: mta

mta 配置项用来设置邮件传输代理。默认使用服务器的 sendmail 命令。默认配置信息如下:

```
mta:                    "/usr/sbin/sendmail -oi -oem %s"
```

8.4.2　设置新闻服务器组织的信息: organization

organization 配置项用来设置新闻服务器组织的信息。当通过该服务器播放新闻时,该名称将会出现在帖子的组织标头文件上。默认的配置信息如下:

```
organization:           "A poorly-installed InterNetNews site"
```

8.4.3　设置帖子的存储方法: ovmethod

ovmethod 配置项用来设置帖子的存储方法。可设置为 tradindexed、buffindexed 和

ovdb 值。如果 enableoverview 配置项设置为 true，则必须设置 pathnews 值。默认配置信息如下：

```
ovmethod:                    tradindexed
```

8.4.4　设置存储新闻的根目录：pathnews

pathnews 配置项设置存储新闻的根目录和新闻使用者的 Home 目录。默认配置信息如下：

```
pathnews:                    /opt/inn
```

8.4.5　设置能够代表新闻服务器的名称：pathhost

pathhost 配置项用来设置能够代表新闻服务器的名称。当处理一些控制信息和域名服务器的状态报告时，所有文章的标题，包括本地的帖子都被允许通过该系统将文章发送到服务器。默认配置信息如下：

```
pathhost:                    news
```

8.4.6　设置使用的历史记录存储方法：hismethod

hismethod 配置项用来设置使用的历史记录存储方法，当前仅支持的值是 hisv6。该配置项必须设置。配置信息如下：

```
hismethod:                   hisv6
```

8.4.7　设置新闻服务器的域名：domain

domain 配置项用来设置新闻服务器使用的域名称。通常这个选项可以为空。默认配置信息如下：

```
domain
```

8.4.8　设置新闻服务器的路径：mailcmd

mailcmd 配置项用于设置邮寄报告和控制消息的路径，默认是 innmail。配置信息如下：

```
mailcmd:                     /opt/inn/bin/innmail
```

8.4.9　设置新闻服务器的名称：server

server 配置项用来设置新闻服务器的命令。配置信息如下：

```
server:                      NNTP
```

8.4.10　运行新闻组服务器的用户：runasuser

runasuser 配置项用来设置运行新闻组服务器的用户。默认是 news，通常不需要修改。配置信息如下：

```
runasuser:                news
```

8.4.11　运行新闻组服务器的组：runasgroup

runasgroup 配置项用来设置运行新闻组服务器的组。默认是 news，通常不需要修改。配置信息如下：

```
runasgroup                news
```

8.4.12　启动标志：innflags

innflags 配置项设置在启动时传递给 innd 的标志。默认值未设置。配置信息如下：

```
innflags
```

8.4.13　设置文章过期的天数：artcutoff

artcutoff 配置项用于设置文章过期的天数。默认值是 10，当文章超过此天数时，该文章将被删除。配置信息如下：

```
artcutoff:                10
```

8.4.14　设置 innd 监听的地址：bindaddress

bindaddress 配置项用来设置绑定 innd 程序的 IP 地址。地址格式为 nnn.nnn.nnn.nnn。此项若不做设置，与将其设置为监听所有接口时一样，innd 将监听所有接口。如果设置 INND_BIND_ADDRESS 环境变量，则覆盖此设置。默认没有设置值，配置信息如下：

```
bindaddress
```

8.4.15　设置是否接收所有的文章：dontrejectfiltered

dontrejectfiltered 配置项设置接收所有的文章。通常 innd 拒绝指向过滤器的文章。然而，设置该参数后能够接收所有的文章，但是不被发送。如果设置此参数为 true，所有文章都将被本机接受。但是指向过滤器被拒绝的文章，将不会被发送到在 newsfeeds 文件中使用 af 标志指定的接收端。默认配置信息如下：

```
dontrejectfiltered:                false
```

8.4.16　设置缓存的大小：hiscachesize

hiscachesize 配置项用来设置缓存的大小。如果设置为 0 以外的值，最近收到的消息 ID 的哈希值保存在内存中，以加快查找历史记录。该值是以字节为单位。缓存仅用于提供传入消息 ID，较小的缓存可以容纳相当多的消息 ID，所以大值不一定有用。默认的值是 256，配置信息如下：

```
hiscachesize:           256
```

8.4.17　忽略新闻组：ignorenewsgroups

ignorenewsgroups 配置项设置是否忽略新闻组。默认配置信息如下：

```
ignorenewsgroups:       false
```

8.4.18　设置存储方法：immediatecancel

immediatecancel 配置项设置使用 timecaf 的存储方法时，文章撤销通常只是缓存撤销，而不是立即撤销。如果设置为 true，这些文章会尽快撤销处理。这是一个布尔值，默认为 false。配置信息如下：

```
immediatecancel:        false
```

8.4.19　设置检查文章的行数：linecountfuzz

linecountfuzz 配置项用来设置检查文章的行数。如果设置为 0 以外的数，将检查文章的行数：如果该值超过这个数量，文章的标题和文章都被拒绝。一般合理的设置为 5，这是标准的最大签名长度。默认值是 0，意思是告诉 INN 不检查传入文章的标题。配置信息如下：

```
linecountfuzz:          0
```

8.4.20　设置文章的最大值：maxartsize

maxartsize 配置项设置文章的最大值，以字节为单位。如果该配置项设置为 0，则允许任何大小的文章传入到服务器。需要注意，如果系统内存超过这个设定值，innd 服务容易崩溃。默认值为 1000000，配置信息如下：

```
maxartsize:             1000000
```

8.4.21　设置 innd 可接受的最大连接数目：maxconnections

maxconnections 配置项设置 innd 可接受的最大连接数。默认值是 50，配置信息如下：

```
maxconnections:              50
```

8.4.22　是否启用 PGP 验证：pgpverify

pgpverify 配置项用来设置是否启用撤销以外的控制消息的 PGP 验证。这是一个布尔值，默认的配置是基于是否配置找到 pgp、pgpv 或 gpgv。默认配置信息如下：

```
pgpverify:                   true
```

8.4.23　设置监听端口号：port

port 配置项用来设置 innd 程序监听的端口号。默认值为 119，配置信息如下：

```
port:                        119
```

8.4.24　是否拒绝所有 ID 开头的文章：refusecybercancels

refusecybercancels 配置项用来设置是否拒绝所有消息 ID 开头带有<cancel 的文章。默认配置信息如下：

```
refusecybercancels:          false
```

8.4.25　是否记录被拒绝的文章：remembertrash

remembertrash 配置项用来设置是否记录被拒绝的文章。如果再次提供相同的文章，则在发送之前就直接拒绝。如果希望禁用此行为，将此配置项设置为 false。默认配置信息如下：

```
remembertrash:               true
```

8.4.26　是否检查全部注销的消息：verifycancels

当 verifycancels 配置项设置为 true 时，简单地检查所有的注销信息，尝试验证注销信息是否来自一个人原来的帖子。如果这个文章在注销前到达服务器，该文章是非常容易欺骗服务器的。默认的配置信息如下：

```
verifycancels:               false
```

8.4.27　是否拒绝传入的文章：verifygroups

当 verifygroups 配置项设置为 true 时，将拒绝一个未知新闻组中传入的文章。该文章被发送到新闻组的整个列表中。默认配置信息如下：

```
verifygroups:                false
```

8.4.28　是否想将文章传送到未知的垃圾新闻组：wanttrash

如果你想将文章传送到未知的垃圾新闻组，而不是拒绝它们，就设置该配置项为 true。这有时可用于一个中转新闻服务器，需要传播所有新闻组中的文章。默认配置信息如下：

```
wanttrash:              false
```

8.4.29　设置向同一个渠道提供文章的响应时间：wipcheck

wipcheck 配置项设置一个渠道上的对等用户提供一篇文章给服务器，新闻服务器将返回推迟多长时间后响应其他用户提供的文章。默认配置信息如下：

```
wipcheck:               5
```

8.4.30　设置过期的时间：wipexpire

wipexpire 配置项设置文章没有被发送之前的时间，记录提供在一个渠道上的消息 ID。默认值是 10，以秒为单位。配置信息如下：

```
wipexpire:              10
```

8.4.31　检查 CNFS 中缓存文章的大小：cnfscheckfudgesize

当 cnfscheckfudgesize 配置项设置为 0 以外的值时，以 CNFS cycbuff 存储方式存储的文章的大小要求被检查。文章的大小是 maxartsize 参数值加上该参数的值，如果该参数值较大，CNFS cycbuff 被视为损坏的。该选项用于检查系统崩溃是有用的。但是要小心使用这个参数。默认的配置信息如下：

```
cnfscheckfudgesize:     0
```

8.4.32　是否写出文章概述数据：enableoverview

enableoverview 配置项设置是否写出文中概述数据。如果设置为 false，INN 将运行的更快，但是这将导致无法从系统中读取文章。如果这个选项被设置为 true，也必须设置 ovmethod 配置项。默认的配置信息如下：

```
enableoverview:         true
```

8.4.33　设置额外的头信息：extraoverviewadvertised

extraoverviewadvertised 配置项用来设置额外的头信息，如头名。该配置项是概要数据库中的第九个字段，用于生成一个列表。配置信息如下：

```
extraoverviewadvertised:    [ Path Injection-Info ]
```

8.4.34　设置哪些被隐藏的额外的头信息：extraoverviewhidden

extraoverviewhidden 配置项用于设置哪些被隐藏的额外的头信息。该配置项应该与 extraoverviewadvertised 配置项结合使用。默认配置信息如下：

```
extraoverviewhidden:        [ To ]
```

8.4.35　是否启用新闻组的有效期：groupbaseexpiry

groupbaseexpiry 配置项用来设置是否启用新闻组有效期。如果设置为 false，文章有效期生效是基于存储方法的存储类。如果设置为 true（并且概要信息是有效的），文章有效期生效是依据新闻组的名称确定的。默认配置信息如下：

```
groupbaseexpiry:            true
```

8.4.36　设置新闻组中有效文件：mergetogroups

mergetogroups 配置项用来设置新闻组中的有效文件。如果设置为 true，新闻组中一定存在 active 文件。否则 INN 将不会启动。默认配置信息如下：

```
mergetogroups:              false
```

8.4.37　确定文章是否以 NFS 存储：nfswriter

nfswriter 配置项用来确定文章是否以 NFS 方式存储。对于写文章的服务器，确定缓冲文章是否在 NFS 文件系统上存储的。如果设置该参数，INN 尝试马上缓存文件到缓存区，而不是依靠操作系统缓存文件，如存储在 CNFS 文件系统上。如果在一个主机上尝试使用一个 NFS 共享文件系统缓存文件，只能设置该参数。默认配置信息如下：

```
nfswriter:                  false
```

8.4.38　设置缓存量：overcachesize

overcachesize 配置项为打开的概要文件设置多少个缓存量。如果 INN 正在向概要文件写信息，则 ovmethod 方法设置为 tradindexed，并且该配置项设置为 0 以外的值。假如更多的文章来自其他的新闻组，INN 新闻服务器将保持最近写入过的概要文件为打开状态。每个概要缓存消耗两个文件的描述符，所以要小心不要将此值设置太大。用户可以使用 limit 命令查看操作系统允许打开的文件描述符。默认值为 64，配置信息如下：

```
overcachesize:              64
```

8.4.39　设置是否存储 Xref 格式的新闻组名称：storeonxref

storeonxref 配置项用来设置是否存储 Xref 格式的新闻组名称。如果设置为 true，文章将存储基于 Xref 格式的新闻组名称。默认配置信息如下：

```
storeonxref:                true
```

8.4.40　是否创建概述数据：useoverchan

useoverchan 配置项用来设置 innd 是否应该通过内部 libstorage 命令创建概述数据。如果设置为 false，innd 创建概述数据本身。如果设置为 true，innd 不创建。默认配置信息如下：

```
useoverchan:                false
```

8.4.41　是否使用 tradspool 存储方法：wireformat

只有使用 tradspool 存储方式时，wireformat 是否以 wire 格式写文章。wire 格式意思是存储文章时，每行结尾使用\r\n，开头使用两个句号。这种文章格式是 NNTP 协议规定的。文章以这种格式存储，适合直接发送到网络连接而不需要格式变换。因此设置该选项设置为 true，能使服务效率更高。默认配置信息如下：

```
wireformat:                 false
```

8.4.42　是否设置辅助服务器：xrefslave

xrefslave 配置项用来设置是否将另一台计算机作为辅助服务器。如果设置该参数，INN 尝试复制服务器提供的准确的文章编号，该编号是通过查看 Xref 获取到的。默认配置信息如下：

```
xrefslave:                  false
```

8.4.43　是否使用 newnews 命令：allownewnews

allownewnews 配置项用来设置是否允许客户端使用 newnews 命令。在旧版本的 INN 服务器上，该命令使用时，重复的发送数据会导致一个重载。但现在不存在这个问题了，至少有一个新闻组被客户端指定。默认配置信息如下：

```
allownewnews:               true
```

8.4.44　是否设置 mmap 函数：articlemmap

aritclemmap 配置项设置是否尝试 mmap 函数映射文章。该选项设置为 true，在大部分系统上将产生更好的性能。但是一些系统使用 mmap 函数有问题。如果该选项设置为 false，文章将被读入内存中，然后被发送到读者。默认配置信息如下：

```
articlemmap:                true
```

8.4.45　设置客户端连接前的时间：clienttimeout

clienttimeout 配置项用来设置客户端连接多长时间可以闲置退出，单位为秒。当设置此参数时，服务器应该意识到一些新闻客户端使用相同的连接阅读和发送帖子，并且不处理连接超时后客户端发来的帖子。如果系统长期连接没有太多的问题，建议将此值增加到3600（1 小时）。默认配置信息如下：

```
clienttimeout:              1800
```

8.4.46　nnrpd 等待连接命令的时间：initialtimeout

initialtimeout 设置删除连接之前，nnrpd 将等待客户端输入第一个命令的时间，以秒为单位。该选项是一个保护性的超时值。默认配置信息如下：

```
initialtimeout:             10
```

8.4.47　设置存储消息 ID 的大小：msgidcachesize

msgidcachesize 配置项用来设置缓存槽储备消息的 ID 存储大小。当服务向客户端发送数据时，nnrpd 能缓存存储标记与消息 ID，并保存在历史文件中。对于一些配置，设置该参数能节省 90%以上的会话持续时间。默认配置信息如下：

```
msgidcachesize:             16000
```

8.4.48　设置文章是否以 NFS 方式存储：nfsreader

nfsreader 配置项用来确定文章是否以 NFS 方式存储。对于读文章的服务器，确定缓冲文章是否在 NFS 文件系统上存储的。如果设置该参数，INN 将尝试强制文章和概述从 NFS 缓存区直接读取，而不是从缓存副本中读取。如果在一个主机上尝试使用一个 NFS 共享文件系统缓存文件，只能设置该参数。默认配置信息如下：

```
nfsreader:                  false
```

8.4.49　设置文章到达客户端延迟的时间：nfsreaderdelay

如果设置 nfsreader 选项，INN 将使用 nfsreaderdelay 配置项的值延迟文章到达客户端的时间。默认配置信息如下：

```
nfsreaderdelay:             60
```

8.4.50　是否检查文章的存在：nnrpdcheckart

nnrpdcheckart 配置项设置 nnrpd 是否应该检查一篇文章的存在。如果概述数据中存在文章的内容，但服务器上已经不保存该文章，此设置就可以防止 nnrpd 试图返回该文章内容。默认配置信息如下：

```
nnrpdcheckart:              true
```

8.4.51 启动 nnrpd 的参数：nnrpdflags

当从 innd 守护进程调用 nnrpd 时，这些标志将作为参数传递给 nnrpd 进程。此设置不影响在守护进程模式下启动的 nnrpd 的实例，或另一个侦听器进程（如 inetd 或 xinetd）启动的实例。这是一个字符串值，默认情况下未设置。配置信息如下：

```
nnrpdflags:                 ""
```

8.4.52 设置连接到 nnrpd 平均系统负荷值：nnrpdloadlimit

当设置 nnrpdloadlimit 配置项值为 0 以外的值时，如果系统平均负荷高于此值，连接到 nnrp 的请求将被拒绝。这样避免 nnrp 占用太多的系统资源。默认值是 16，配置信息如下：

```
nnrpdloadlimit:             16
```

8.4.53 设置连接的副本：noreader

通常情况下，innd 将分离 nnrpd 的一个副本，处理所有 incoming.conf 文件中未列出的主机的请求。如果将此参数设置为 true，则这些连接将被拒绝，并出现 502 错误代码。默认的配置信息如下：

```
noreader:                   false
```

8.4.54 是否允许客户端连接到服务器：readerswhenstopped

readerswhenstopped 配置项用来设置当服务器资源不足时，是否允许客户端连接到服务器。只有当 nnrpd 是由 innd 调用或在守护进程模式下该选项才有意义，而不是消耗所有的 inetd 连接。默认配置信息如下：

```
readerswhenstopped:         false
```

8.4.55 是否启用跟踪客户端操作：readertrack

readertrack 配置项设置是否启用跟踪客户端操作。跟踪的信息记录到 pathlog/tracklogs/log-ID 中，这里的 ID 是由 nnrpd 的 PID 和启动时间决定。当前信息记录包括初始连接和帖子，仅列出在 nnrpd.track 中与客户有关的信息。此外，每个发表的文章将被保存在 pathlog/trackposts/track.message-id 中。默认配置信息如下：

```
readertrack:                false
```

8.4.56　是否使用 tradindexed 模式存储概述文章：tradindexedmmap

tradindexedmmap 配置项设置是否使用 tradindexed 模式存储概述文章。在大多数系统上将该选项设置为 true 会有更好的性能，但一些系统使用 mmap()有问题。如果此设置为 false，概述文章在发送到客户端之前先被读入内存中。默认配置信息如下：

```
tradindexedmmap:              true
```

8.4.57　是否启用 keyword 支持：keywords

keywords 配置项设置是否应该启用 keyword 生成支持。启用后，会自动为新闻添加关键字。如果新闻已经包含关键字，则不会再添加。默认配置信息如下：

```
keywords:                     false
```

8.4.58　设置生成关键字的文章大小：keyartlimit

keyartlimit 配置项设置生成关键字的文章大小，以字节为单位。如果文章内容大于该配置项的值，将不会为它们添加关键字。默认配置信息如下：

```
keyartlimit:                  100000
```

8.4.59　为关键字数据分配的最大字节数：keylimit

keylimit 配置项设置为关键字数据分配的最大字节数。如果关键字超过设定范围，则范围以内关键字会采用逗号分隔，超过的部分将被丢弃。默认配置信息如下：

```
keylimit:                     512
```

8.4.60　设置为一篇文章生成关键词的最大数目：keymaxwords

keymaxwords 配置项用来设置为一篇文章生成的关键词最大数目。默认值是 250，配置信息如下：

```
keymaxwords:                  250
```

8.4.61　是否要添加 NNTP-Posting-Date：addnntppostingdate

addnntppostingdate 配置项用来设置是否要添加 NNTP-Posting-Date(所有本地帖子头)。默认配置信息如下：

```
addnntppostingdate:           true
```

8.4.62　是否要添加 NNTP-Posting-Host：addnnttppostinghost

addnnttppostinghost 配置项用来设置是否要添加 NNTP-Posting-Host。NNTP-Posting-Host 是从邮政接收到本地所有帖子的 FQDN 或系统的 IP 地址的头。这是一个布尔值，并且默认值是 true。默认配置信息如下：

```
addnnttppostinghost:        true
```

8.4.63　是否检查本地帖子的比值：checkincludedtext

如果这个比值低于 50%，则 checkincludedtext 配置项设置是否检查本地帖子的比值，该比值是新引用文本与拒绝文本相比得到的。这是一个布尔值，默认配置信息如下：

```
checkincludedtext:        false
```

8.4.64　设置本地投递文章的大小：localmaxartsize

localmaxartsize 配置项设置本地投递最大文章的大小，以字节为单位。当文章大于该值时，将被拒绝。默认配置信息如下：

```
localmaxartsize:        1000000
```

8.4.65　是否生成发件人：nnrpdauthsender

nnrpdauthsender 配置项设置是否生成发件人。如果设置此参数（可设置任何值），“发件人:主题”将被添加到本地帖子中，包含由 readers.conf 配置文件中指定的身份。如果 readers.conf 指定的身份不包含@，将使用读者的主机名。如果此参数被设置（可设置任何值），但没有指定的身份，“发件人:主题”将从所有帖子中删除，即使包含一个海报。默认配置信息如下：

```
nnrpdauthsender:        false
```

8.4.66　设置连接到服务器上的端口：nnrpdpostport

nnrpdpostport 配置参数设置要连接到远程服务器上的端口。默认值是 119，配置信息如下：

```
nnrpdpostport:        119
```

8.4.67　是否以 spool 方式处理文章：spoolfirst

spoolfirst 配置项设置是否以 spool 方式处理文章。如果设置为 true，nnrpd 将以 spool

方式处理新的文章，而不是尝试发送它们给 innd。如果设置为 false，nnrpd 也以 spool 方式处理新的文章，但是只有当它接收到试图发送这些文章到 innd 服务程序的一个错误时，才会处理这些文章。如果 nnrpd 必须尽可能地响应客户端，该配置项最好设置为 true。当设置该配置项时，文章将不会显示给读者，直到这些文章被发送给 innd 服务程序。默认配置信息如下：

```
spoolfirst:              false
```

8.4.68　是否要剥去 To:、Cc:和 Bcc:标题：strippostcc

strippostcc 配置项设置是否要剥去 To:、Cc 和 Bcc:标题。此设置的主要目的是防止新闻服务器的弊端，此弊端包括邮递到中继组和 To:、Cc:标题的新闻服务器，以至于新闻服务器将文章发送到任意收信人。默认配置信息如下：

```
strippostcc:             false
```

8.4.69　设置是否由用户发布退避指数：backoffauth

strippostcc 设置是否由用户发布退避指数，而不是源 IP 地址。默认配置信息如下：

```
backoffauth:             false
```

8.4.70　设置服务器接收过多帖子的休眠时间：backoffk

backoffk 配置项为每个服务器接收过多的帖子设置休眠时间。如果该配置项的值为 2，将为每个帖子加倍休眠时间。默认配置信息如下：

```
backoffk:                1
```

8.4.71　设置触发增加休眠操作时要增加的时间：backoffpostfast

backoffpostfast 配置项用来设置触发增加的休眠时间。同一个用户发送的帖子，在设定时间内未到达服务器，这时将触发退避算法（backoff algorlithm）增加休眠时间。以秒为单位。默认配置信息如下：

```
backoffpostfast:             0
```

8.4.72　重置退避算法：backoffpostslow

backoffpostslow 配置项设置重置退避算法。一个用户发送的帖子在一定时间内没有到达目的主机（服务器）时，退避算法会被重置。而 backoffpostslow 设置的参数即为此处的"一定时间"，默认的值为 1，以秒为单位。配置信息如下：

```
backoffpostslow:             1
```

8.4.73　设置退避算法触发前允许发送的帖子数：backofftrigger

backofftrigger 配置项用来设置退避算法触发前允许发送的帖子数。默认值为 10000，配置信息如下：

```
backofftrigger:            10000
```

8.5　可执行文件

新闻服务器搭建成功后，需要了解几个可执行文件。因为它们对控制服务有着重要的作用。本节将介绍几个可执行文件的使用方法。

8.5.1　检查 INN 配置文件和数据文件：inncheck

inncheck 命令检查 INN 服务相关配置文件的语法是否正确。该命令通常检查配置文件的权限、所有权、语法错误等。inncheck 命令不修改任何文件，它只报告它认为可能是错误的信息。inncheck 命令的语法格式如下：

```
inncheck [选项]
```
常用选项含义如下。

- -a,--all：如果指定任何 file 或 file=path 的值时，通常只检查它们引用的文件。使用该选项，指定的所有文件都被检查。既然这样，file=path 是比较有用的。
- -f，--fix：指定该选项，使用适当的 chown/chgrp/chmod 命令，在必要时修复的 inncheck 所报告的问题。
- --noperm：使用该选项，避免做任何文件权限或所有权的检查。
- --pedantic：使用该选项得到不必要的错误报告，但可能指出一个坏的配置。如 inn.conf 错误。
- --perm：检查所有文件的权限问题。使用该选项，这里的文件仅指命令行参数 file 或 file=path 检查问题的文件，除了权限问题。
- -q，--quit：使用该选项显示简单的报告信息。
- -v，--verbose：显示详细的报告信息。

【实例 8-2】检查配置文件和文件属性。输入 inncheck 命令检查配置文件中设置的选项是否正确，各目录的权限设置是否正确。使用 inncheck 命令的-v 选项，显示详细的信息。执行命令如下：

```
[news@news ~]$ /opt/inn/bin/inncheck -v
Looking at /opt/inn/db/active...
Looking at /etc/control.ctl...
Looking at /etc/control.ctl.local...
Looking at /etc/expire.ctl...
Looking at /etc/incoming.conf...
Looking at /etc/inn.conf...
Looking at /etc/innfeed.conf...
```

```
Looking at /etc/moderators...
Looking at /etc/newsfeeds...
ME, controlchan!, done.
Looking at /etc/nntpsend.ctl...
Looking at /etc/passwd.nntp...
Looking at /etc/readers.conf...
Looking at /etc/storage.conf...
```

从输出的结果中看到没有任何错误信息，证明 INN 服务中各配置文件不存在语法错误。

8.5.2　设置 INN 新闻组服务器：ctlinnd

ctlinnd 命令可以对新闻组服务器发出控制命令，直接设置相关数值。ctlinnd 命令的语法格式如下：

```
ctlinnd [选项]
```

常用选项含义如下。
- ❑ -h：显示帮助信息。
- ❑ -s：不显示指令执行过程。
- ❑ -t timeout：指定等待服务器应答的时间。设置为 0 时，表示永远等待。

8.5.3　网络服务守护进程：innd

innd 是网络服务守护进程，用来处理所有 NNTP（Network News Transfer Protocol）资料。innd 命令的语法格式如下：

```
innd [选项]
```

常用选项含义如下。
- ❑ -4 address：绑定 IPv4 的地址。
- ❑ -6 address：仅绑定 IPv6 的地址。
- ❑ -a：默认情况下，如果一台主机连接到 innd，但是没有被列出 incoming.conf 文件，该连接由 nnrpd 处理。如果使用该选项，则任何主机都可以连接和传输文章。
- ❑ -c days：innd 通常拒绝任何文章。如果指定该选项，将覆盖在 inn.conf 文件中 artcutoff 配置项的值。
- ❑ -C：该标志告诉 innd 接受和传播，但实际上没有处理取消或取代消息。
- ❑ -d,-f：innd 通常在后台运行，将 innd 的标准输出和错误输入到日志文件，并从终端分离。使用-d 选项将阻止这样的操作，导致日志消息被写到标准输出，该选项一般只对调试有用。
- ❑ -H count,-T count,-X seconds：-H、-T 和-X 这 3 个选项控制每分钟允许连接到服务的数量。
- ❑ -i count：设置 NNTP 同时连接的值。
- ❑ -l size：指定拒绝文章的大小。

- ❏ -m mode：指定 innd 启动模式。
- ❏ -N：innd 启动之前，禁止过滤。
- ❏ -n flag：设置是否允许读卡器连接、暂停或节流。
- ❏ -o count：文件描述符的数量限制。
- ❏ -P port：设置 innd 监听的端口。
- ❏ -r：重新编排活动启动文件。
- ❏ -s：检查 newsfeeds 文件的语法并退出。
- ❏ -S：通过系统日志查找 incoming.conf 文件的错误报告。
- ❏ -t seconds：通常情况下，300 秒不活动后，innd 将刷新任何变化的历史记录、活动的文件。
- ❏ -u：不输出缓存日志。

8.5.4　NNTP 读取服务：nnrpd

nnrpd 是一个 NNTP 服务，用于新闻阅读。nnrpd 接受命令的标准输入，对其反应在标准输出。它通常由 innd 调用这些描述符连接到远程客户端。nnrpd 可以运行，作为一个独立的守护进程。nnrpd 命令的语法格式如下：

```
nnrpd [选项]
```

常用选项含义如下。

- ❏ -4 address：当使用-D 启动一个独立的守护进程时，该选项指定绑定 IPv4 地址。
- ❏ -6 address：当使用-D 启动一个独立的守护进程时，该选项指定绑定 IPv6 地址。
- ❏ -b address：类似-4 选项。该选项是保持向后兼容性。
- ❏ -c configfile：默认情况下，nnrpd 读取 readers.conf，以确定如何验证连接。
- ❏ -D：指定该选项的话，这个参数会使得 nnrpd 操作变为一个守护进程。也就是说，它分开自己并在后台运行，为每个连接分一个进程。默认情况下，nnrpd 监听端口 119。所以 innd 必须在另一个端口上启动，或者使用-p 参数。
- ❏ -f：当使用-D 选项作为一个独立的守护进程启动时，nnrpd 不分离本身并且运行在前台。
- ❏ -i initial：指定初始命令 nnrpd。使用时，初始好像是 nnrpd 收到的第一个命令。nnrpd 回应之后，将关闭连接。
- ❏ -I instance：如果指定该选项，instance 被用作一个额外的静态部分产生的内部消息 ID。
- ❏ -n：关闭 IP 地址名称解析。如果仅适用基于 IP 地址限制在 readers.conf 文件中，并且能处理在日志文件中的 IP 地址。使用此选项，可能会导致一些额外的速率。
- ❏ -o：该选项使所有文章进行后台打印，而不是将它们发送到 innd。
- ❏ -p port：指定 nnrpd 监听的端口。
- ❏ -P prefork：该选项指示 nnrpd 的 prefork 等待连接。
- ❏ -r reason：如果使用该选项，然后 nnrpd 将拒绝传入的连接，以文本形式显示原因。
- ❏ -s padding：当收到每个命令时，nnrpd 试图改变其 argv 数组，以便 ps 命令显示出系统中正在执行的命令。要获得完整的显示，-s 选项可能会用一个长的字符串作为其参数。当程序改变它的标题时，该参数将被重写。

- □ -S：如果指定该选项，nnrpd 将启动一个谈判，为了一个 TLS 会话尽快连接。
- □ -t：使用该选项，则所有客户端命令和初始响应被跟踪，报告信息在系统日志文件中显示。

8.5.5　启动或停止新闻服务器：rc.news

rc.news 可以用来启动或停止新闻服务器。该检查以确定 INN 尚未运行不正常关机的处理情况，完成关机任务。邮件确定 newsmaster 启动时的警告信息，通常比直接启动和停止服务更安全、更容易。它运行需要新闻用户，以便有权限在 pathrun 中创建文件。该命令的语法格式如下：

```
rc.news [start|stop]
```

以上选项含义如下。
- □ start：启动 INN 服务。
- □ stop：停止 INN 服务。

8.5.6　非常简单的 IHAVE-only NNTP 服务：tinyleaf

tinyleaf 被规定为最简单合适的传输新闻服务器，该服务在某些方面也是有用的。它运行 inetd 或等价于 inetd 的命令在交互模式下，仅能实现 3 个功能（HELP、IHAVE 和 QUIT）。当它收到一个文章时，将其保存到目录 spool 中。如果 processor 被指定，关于文章的传输信息将通过一个管道到 processor。tinyleaf 命令的语法格式如下：

```
tinyleaf spool [processor]
```

8.6　其他配置文件

除了主配置文件和一些可执行文件外，新闻服务器中还有几个主要的配置文件需要了解。本节将介绍这些文件的作用及使用方法。

8.6.1　存储方式配置文件：/etc/storage.conf

storage.conf 文件包含在指定文章使用不同存储方法的规则。这些规则确定了哪些传入的文章将被存储。

storage.conf 文件包含一系列存储方法条目。文章被存储和被存储为存储类。有 4 种方式保存新闻组中的帖子，这几种方式如下。

- □ tradspool：这是在 inn 2.0 之前就已经使用的存储方式。帖子以单独的文件存储，并分布在基于新闻组名的目录中。这种存储方式非常简单，并且很多第三方的 inn

插件依赖这种存储方式。其缺点是效率不高。

- □ timehash：这种方式帖子也是以单独的文件存储，但是目录名依据帖子的时间而确定。这就保障了一个目录下不会存在有过多的文件。其缺点是，仍然没有解决过多文件操作造成的低效率问题，并且这种方式保存帖子，不能像 tradspool 那样确定某个新闻组的帖子数量，也不能方便的进行手动修改。
- □ timecaf：这种方式类似于 timehash，帖子根据时间分类。但不再将每一篇帖子保存为一个文件，而是使用一个文件来统一存储。其缺点是，很难理解和手工修改服务器端的存储结构。这种方式没有被广泛使用。
- □ cnfs：这种方式将帖子存储在预先定义好的文件缓冲区中，循环使用文件缓冲区，缓冲区满则覆盖前面的帖子，因而这种方式下帖子的过期设置比较特殊且没有那么重要。

每种存储方式描述如下：

```
method <methodname> {
    newsgroups: <wildmat>
    class: <storage class #>
    size: <minsize>[,<maxsize>]
    expires: <mintime>[,<maxtime>]
    options: <options>
    exactmatch: <bool>
}
```

在这个结构中，关键字的含义如下。

- □ method：设置可用的一种存储方式，对于符合该规则的新闻组使用该存储方式。
- □ newsgroups：用来匹配新闻组名。如果 inn.conf 中设置 storeonxref 为 true，则和帖子 header 中的 Xref 去匹配，否则就与帖子 header 中的 Newsgroups 匹配。
- □ class：设置该存储配置规则的 ID。该 ID 应该是全局唯一的一个数字。
- □ size：设置使用这种存储方式存储文章大小的范围。
- □ expires：设置使用这种存储方式存储文章过期时间范围。
- □ options：为存储方法指定选项。
- □ exactmatch：如果这个键被设置为 true，在 Newsgroups 中的所有的新闻组中，传入的文章头将进行检查，看看它们是否符合新闻组模式。

默认的配置信息如下：

```
method tradspool {
    newsgroups: *
    class: 0
}
```

8.6.2　过期设置文件：/etc/expire.ctl

expire.ctl 文件用来对服务器中帖子的过期进行设置。该文件可以设置的内容很少，根据 inn.conf 文件中的配置不同，帖子过期设置的格式也不相同。该文件的语法格式如下：

```
Format:
    /remember/:<keep>
    <class>:<min>.<default>:<max>
```

```
<wildmat>:<flag>:<min>:<default>:<max>
```

语法格式中，第 1 行设置全局的过期天数。第 2、3 行设置过期的格式。根据 inn.conf 中的 groupbaseexpiry 的设置不同，过期设置分两种情况。若其值设置为 false 时（即不按新闻组设置过期），过期设置的格式如下：

```
<class>:<min>:<default>:<max>
```

🔎注意：对于在头信息中定义了 Expires 的帖子，将忽略 Expires 日期，而使用<keep>和<purge>来定义其过期时间。

共设置以下 4 个段。
- ❑ <class>：是在 storage.conf 中存储配置定义的 class number。
- ❑ <default>：对于普通的帖子（没有在后信息中定义 Expires），定义了帖子保留的天数。
- ❑ <min>：帖子至少要保存的天数。
- ❑ <max>：帖子过期的天数。

对于后 3 个段，都可以设置为 never，其含义如下：
- ❑ 如果<default>定义为 never，对于没有定义 Expires 头信息的普通帖子将永不过期。
- ❑ 如果<keep>定义为 never，则定义了 Expires 头信息的帖子永不过期，而忽略<purge>的过期设置配置。
- ❑ 如果<purge>设置为 never，则定义了 Expires 头信息的帖子永不过期。

若在 inn.conf 中的 groupbaseexpiry 的值设置为 true 时（即按新闻组设置过期），过期设置的格式：

```
<wildmat>:<flag>:<min>:<default>:<max>
```

共设置了以下 5 段。
- ❑ <wildmat>：用来匹配新闻组名称，可以使用通配符。
- ❑ <flag>：可以取值为：M（受控），U（非受控），A（任何一种）。
- ❑ <min>、<default>、<max>：和第一种格式相同。

8.6.3　权限设置文件：/etc/readers.conf

readers.conf 文件用来进行权限控制。控制可以连接新闻服务器的用户以及用户的访问权限。配置文件中有两种不同的配置组组成，即 auth 和 access。
- ❑ auth 组用来设置哪些用户可连接到新闻服务器。
- ❑ access 组用来设置用户的访问权限。

auth 组的格式如下：

```
auth "<name>" {
        hosts: "<hostlist>"
        auth: "<authprog>"
        res: "<resprog>"
        default: "<identity>"
        default-domain: "<email-domain>"
    }
```

```
access "<name>" {
        users: "<userlist>"
        newsgroups: "<newsgroups>"
        read: "<read>"
        post: "<post>"
        access: "<perm>"
}
```

8.7 实 例 应 用

为了能够更深地理解新闻服务器中各配置文件，本节演示如何配置一个具体的实例。

【**实例 8-3**】配置新闻服务器的相关文件，使客户端能添加、删除新闻组或帖子。配置步骤如下。

（1）修改配置文件 inn.conf，配置内容如下：

```
mta:                    "/usr/sbin/sendmail -oi -oem %s"
organization:           "benet.com InternetNews site"
ovmethod:               tradindexed
pathnews:               /opt/inn
```

（2）修改 storage.conf 配置文件，修改内容如下：

```
method tradspool {
    newsgroups: *
    class: 0
}
```

以上配置信息表示设置新闻服务器使用 tradspool 方式存储帖子。

（3）修改配置文件 expire.ctl，修改内容如下：

```
/remember/:10
*:A:1:10:never
```

第 1 行表示全局设置过期时间为 10 天，第 2 行表示对于所有新闻组中的帖子的有效时间为 1~10 天，而在帖子中定义了 Expires 头信息永不过期。

（4）修改 readers.conf 文件，修改后内容如下：

```
1    auth "localhost" {
2        hosts: "192.168.174.0/24"
3        default: "<localhost>"
4    }
5    access "localhost" {
6        users: "<localhost>"
7        newsgroups: "*"
8        access: RPA
9    }
```

（5）为 news 账户设置密码，该用户用来管理新闻组。执行命令如下：

```
[root@news ~]# passwd news
更改用户 news 的密码 。
新的 密码:
重新输入新的 密码:
passwd:  所有的身份验证令牌已经成功更新。
```

（6）初始化操作，就是创建历史文件、生成数据库文件。执行命令如下：

```
[root@news ~]# /opt/inn/bin/makehistory
[root@news ~]# /opt/inn/bin/makedbz -i -o
```

（7）启动 inn 服务。执行命令如下：

```
[root@news ~]# /opt/inn/bin/rc.news
INND is running
```

（8）测试新闻服务器。具体测试方法将在 8.8 节介绍。

8.8　访问新闻服务器

新闻服务器安装好之后，就可在 Windows 或 Linux 中的客户端访问新闻服务器，订阅自己感兴趣的新闻组并参与其中的讨论。本节将分别介绍在 Windows 下测试新闻服务的方法。

根据第 8.7 节中的配置，下面演示在 Windows 中使用 Windows Live Mail 客户端工具实现订阅新闻组的方法。

【实例 8-4】在 Windows Live Mail 中连接内网 IP 地址为 192.168.1.1 的新闻服务器。具体操作步骤如下。

（1）在 Windows 中打开 Windows Live Mail 工具。

（2）选择菜单栏中的"账号"|"新闻组"命令，打开"添加新闻组账户"对话框，输入显示名 test，如图 8.3 所示，单击"下一步"按钮。

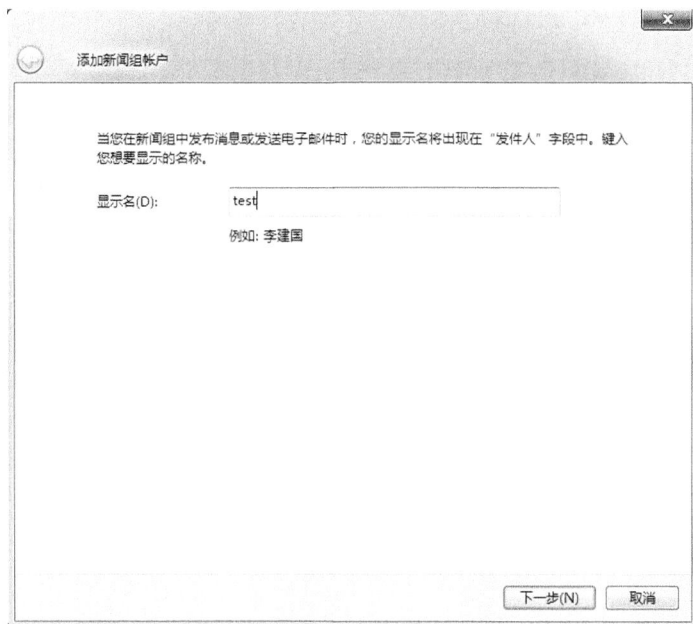

图 8.3　输入姓名

（3）接着在进入的对话框中输入邮件地址，单击"下一步"按钮，如图 8.4 所示。

图 8.4　输入电子邮件地址

（4）在进入的图 8.5 所示对话框中输入新闻服务器的名称或 IP 地址，单击"下一步"按钮。

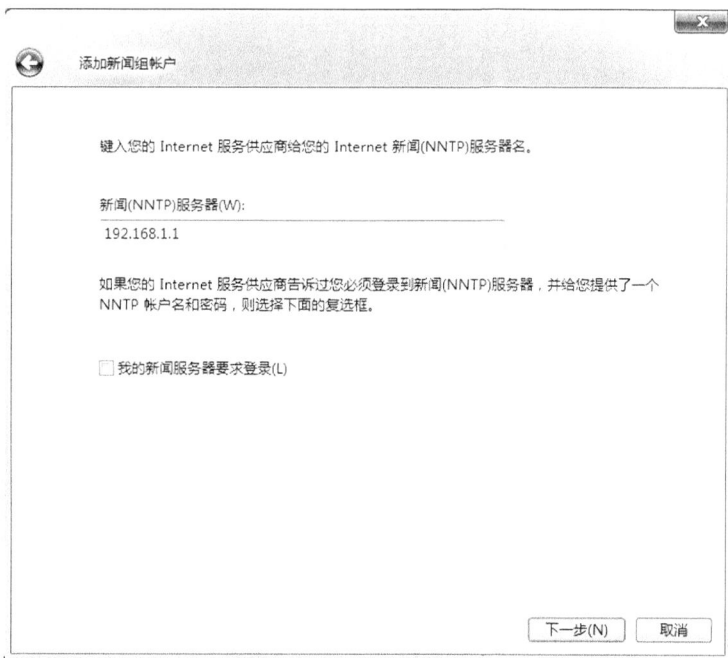

图 8.5　输入服务器名称

（5）此时将进入如图 8.6 所示对话框，在其中设置邮件用户 test 的密码，然后单击"下一步"按钮。

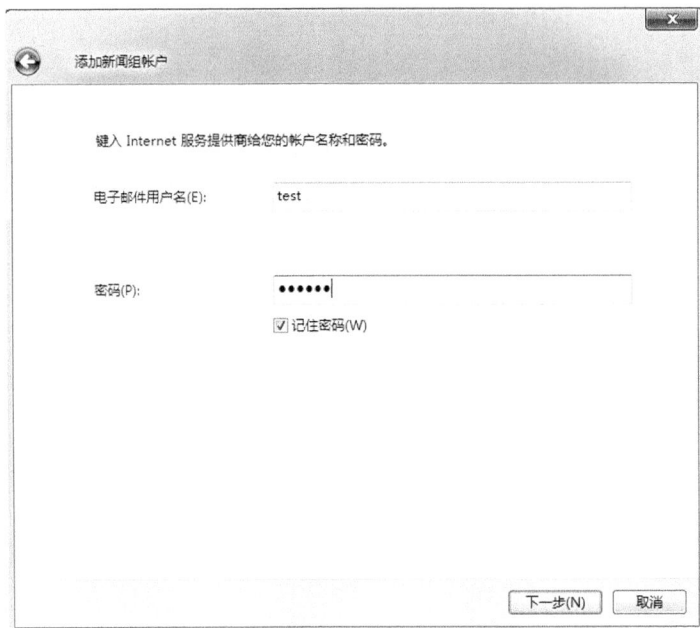

图 8.6　输入密码

（6）在进入的图 8.7 中单击"完成"按钮，完成新闻组的添加。之后会弹出一个新闻组订阅对话框，单击"订阅"按钮，可以订阅服务器上的新闻组，如图 8.8 所示。

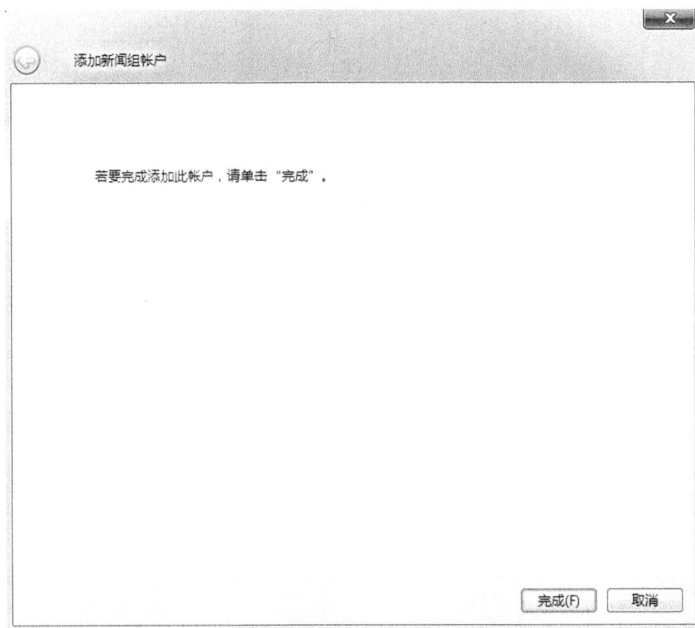

图 8.7　新闻组账户添加完成

（7）订阅好该新闻组后，单击"确定"按钮。

使用以上步骤将本章设置的新闻服务器 news.benet.com 添加到 Windows Live Mail 中，后面介绍对新闻组的管理时，就可通过添加的连接查看相关命令执行的效果。

图 8.8　新闻组预订

8.9　管理新闻组

从 8.8 节的实例可看出，对于新安装好的新闻组服务器还没有添加相关的新闻组。本节介绍对新闻组的管理，包括添加新闻组、删除新闻组、删除帖子等操作。

8.9.1　添加新闻组

新闻服务器架设好之后，应按主题分类，添加相应的新闻组，方便订阅者参与讨论。

大部分对新闻组的管理工作都必须以 news 身份登录到服务器，以 ctlinnd 命令来执行相关操作。

【实例 8-5】向新闻服务器中添加 news.soft 和 news.dev 两个新闻组。具体操作步骤如下。

（1）用 news 账户登录到 Shell。

（2）输入以下命令添加新闻组分类。

```
[news@news ~]$ /opt/inn/bin/ctlinnd newgroup news.soft
Ok
[news@news ~]$ /opt/inn/bin/ctlinnd newgroup news.dev
Ok
```

这两个步骤执行成功，就向服务器中添加了两个新闻组。

【实例 8-6】在 Windows Live Mail 中查看新添加的新闻组。具体操作步骤如下。

（1）在 Windows 中打开 Windows Live Mail。双击左边列表中的 192.168.1.1 显示该服务器的订阅列表，如图 8.9 所示，由于还未订阅新闻组，所以列表是空的。

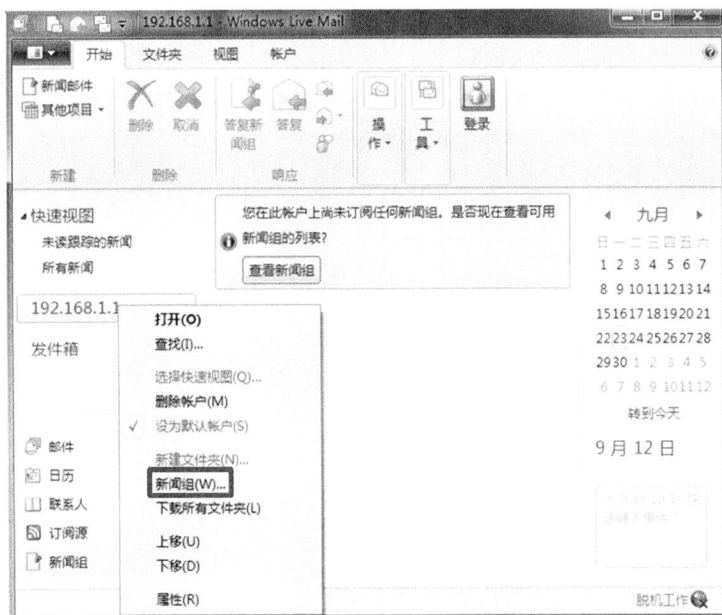

图 8.9　新闻组列表

（2）在图 8.9 中选择 192.168.1.1 右击，在弹出的快捷菜单中选择"新闻组（W）"命令，打开"新闻组订阅"窗口，单击该窗口右侧的"重值列表"，即可看到上例中新添加的两个新闻组的名称，如图 8.10 所示。

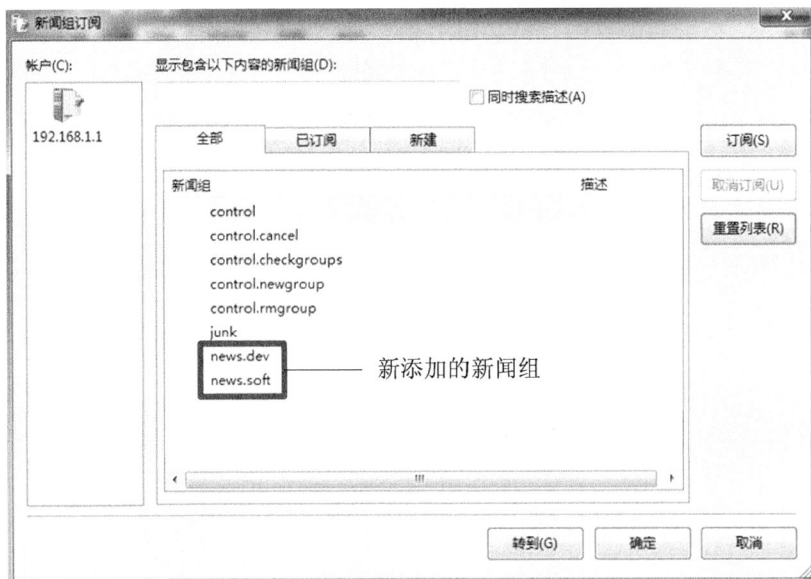

图 8.10　新添加的新闻组

（3）在列表中双击这两个新闻组，对其进行订阅，或者选择要订阅的新闻组，然后单击"订阅"按钮也可以实现订阅。最后单击"确定"按钮关闭预订窗口，返回 Windows Live Mail 窗口，可看到预订的两个新闻组，如图 8.11 所示。

图 8.11　订阅的新闻组

8.9.2　删除帖子

前面的例子只是向服务器中添加了新闻组分类，各类中还没有相应的帖子，在演示删除帖子之前，需要先向新建的新闻组中发几个帖子。

【实例 8-7】在 Windows 的 Windows Live Mail 中进行发帖，参与新闻组的讨论。具体操作步骤如下。

（1）在 Windows 中打开 Windows Live Mail。在左侧列表中双击 192.168.1.1 中的 news.soft，查看该新闻组中的帖子列表。

（2）单击工具栏中的"新闻邮件"按钮，打开一个类似编写电子邮件的窗口，在其中输入主题和内容，如图 8.12 所示。

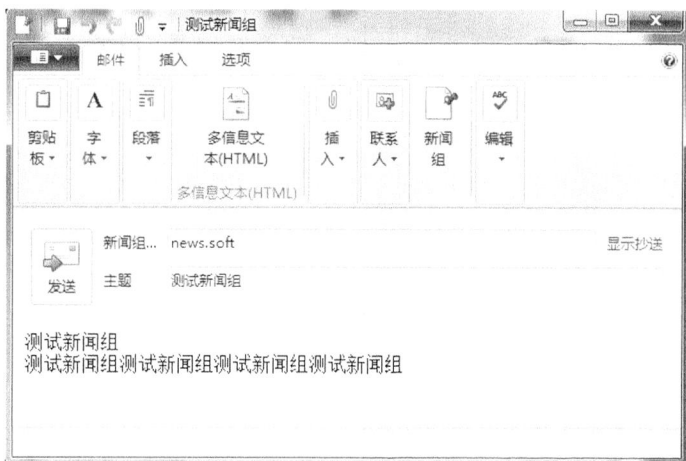

图 8.12　发送帖子

（3）输入完信息后单击"发送"按钮，将帖子发送到服务器。

（4）稍等一会，再进行与新闻服务器的同步操作，在 news.soft 新闻组中即可看到所发帖子的内容，如图 8.13 所示。

新发布了一个帖子之后，就可以演示删除帖子的操作了。

可通过 Windows Live Mail 查看帖子的 message-id，具体的删除操作如下。

【实例 8-8】在服务器端删除上例中发的测试帖子。具体步骤如下。

（1）在 Windows Live Mail 中右击要删除的帖子，从弹出的快捷菜单中选择"属性"命令，打开如图 8.14 所示的窗口，从中可看到 message-id 值。

图 8.13　新闻组中的帖子

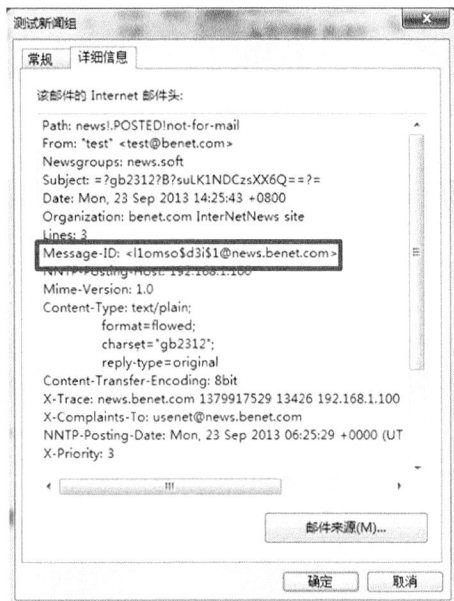

图 8.14　查看帖子的 message-id

（2）在新闻服务器中以 news 账户登录，执行以下命令对帖子进行删除操作。

```
[news@news ~]$ ctlinnd cancel l1omso$d3i$1@news.benet.com
Ok
```

执行以上命令输出 Ok 信息，说明刚才的帖子成功删除了。

8.9.3　删除新闻组

与添加新闻组类似，使用 ctlinnd 命令也可以删除不需要的新闻组分类。删除新闻组时，需要在执行 ctlinnd 命令后跟上 rmgroup 参数。

【实例 8-9】删除新闻组 news.dev。具体操作步骤如下。

（1）以 news 账户身份登录到新闻服务器。

（2）执行以下命令删除新闻组 news.dev。

```
[news@news ~]$ ctlinnd rmgroup news.dev
```

第 3 篇　数据库服务

第 9 章　MySQL 服务

MySQL 是一种开放源代码的关系数据库管理系统，支持各种各样的操作系统平台。它采用客户机/服务器工作模式，是一个多用户、多线程的 SQL 数据库。本章将介绍在 Red Hat Enterprise 6.4 平台下的 MySQL 数据库服务器的基本信息、安装、配置文件等内容。

9.1　基　本　信　息

在构建 MySQL 服务之前，先了解一下该服务的基本信息，如包括地址的配置、软件包、数据库用户、进程、端口等信息。

9.1.1　网卡配置文件：/etc/sysconfig/network-scripts/ifcfg-XXX

MySQL 服务器中保存着大量的数据信息，供客户端进行查询和访问。所以，该服务器需要有一个固定的 IP 地址，使得用户的客户端可以找到网络中的服务端，并进行相关查询和操作。配置固定 IP 地址的信息如下：

```
[root@localhost ~]# cat /etc/sysconfig/network-scripts/ifcfg-eth0
HWADDR=00:0C:29:88:77:96
IPADDR=192.168.1.1
NETMASK=255.255.255.0
GATEWAY=192.168.1.1
```

9.1.2　软件包：mysql

大部分 Linux 的发行版本中都提供了 MySQL 服务的安装包。下面以表格的形式列出了 RedHat Linux 中 MySQL 服务的 mysql 软件包位置及源码包下载地址，如表 9.1 所示。

表 9.1　软件包位置

软件包类型	位　　　置
RHEL 6 RPM 包	光盘：/Packages
RHEL 5 RPM 包	光盘：/Server
源码包	http://dev.mysql.com/downloads/

本章讲解安装 mysql 软件的方法适合 REHL5.X～6.4 的所有版本。不同版本的软件包名如表 9.2 所示。

表 9.2　不同发行版本的软件包

RHEL 6.4	mysql-5.1.66-2.el6_3.i686.rpm
RHEL 6.3	mysql-5.1.61-4.el6.i686.rpm
RHEL 6.2	mysql-5.1.52-1.el6_0.1.i686.rpm
RHEL 6.1	mysql-5.1.52-1.el6_0.1.i686.rpm
RHEL 6.0	mysql-5.1.47-4.el6.i686.rpm
RHEL 5	mysql-5.0.77-4.el5_4.2.i386.rpm

9.1.3　数据库用户：mysql

如果要安装 MySQL 的源码包，则需要用户手动创建运行 MySQL 数据库的系统用户、组（如果已存在，则无须重复创建）。执行如下命令来创建用户、组。

```
[root@www ~]# useradd -M -s /sbin/nologin mysql
```

9.1.4　进程名：mysqld

MySQL 服务运行后，会自动运行一个名为 mysqld 的进程。可以执行如下命令查看：

```
[root@www ~]# ps -eaf | grep mysql
root     17999     1  0 14:04 pts/8    00:00:00 /bin/sh /usr/bin/mysqld_safe
--datadir=/var/lib/mysql            --socket=/var/lib/mysql/mysql.sock
--pid-file=/var/run/mysqld/mysqld.pid --basedir=/usr --user=mysql
mysql    18088 17999  0 14:04 pts/8    00:00:00 /usr/libexec/mysqld
--basedir=/usr          --datadir=/var/lib/mysql            --user=mysql
--log-error=/var/log/mysqld.log   --pid-file=/var/run/mysqld/mysqld.pid
--socket=/var/lib/mysql/mysql.sock
root     18107  7389  0 14:04 pts/8    00:00:00 grep mysql
```

9.1.5　端口：3306

MySQL 服务运行后默认监听 TCP 协议上的 3306 端口号。可以执行如下命令查看：

```
[root@www ~]# netstat -antpul | grep mysql
tcp      0      0 0.0.0.0:3306        0.0.0.0:*     LISTEN     18088/mysqld
```

9.1.6　防火墙所开放的端口号：3306

MySQL 数据库中保存着重要的数据。客户端要想访问、查看这些数据需要先登录到服务器才可以。但是防火墙默认拒绝任何客户端连接，所以服务端需要开放 MySQL 服务的 3306 端口使客户端能够登录到服务器。执行如下命令开放 3306 端口号：

```
[root@www ~]# iptables -I INPUT -p tcp --dport 3306 -j ACCEPT
```

9.2　构建 MySQL 服务

MySQL 数据库是 Linux 操作系统上用得最多的数据库系统。它可以非常方便地与其他服务器，如 Apache、PHP、Postfix 等集成在一起。在 Linux 中可采用多种方式安装 MySQL：如通过 RPM 安装程序包进行安装；使用 MySQL 源代码包进行安装；在 Linux 图形界面中使用"添加/删除软件"功能进行安装。本节主要讲解使用 RPM 安装程序来构建 MySQL 服务。

9.2.1　运行机制

数据、数据库、数据库系统和数据管理系统是数据库领域最基本的概念。数据库是数据的有序集合，数据库管理系统是人们操作、管理数据库的工具，而数据库系统包含了所有与数据有关的内容。下面分别介绍这 4 个概念。

1．数据

数据（data）是数据库中存储的基本对象。说起数据，人们首先想到的是数字。其实，数字只是最简单的一种数据。数据的种类很多，在日常生活中无处不在，像文字、图形、图像、声音、学生的档案、货物的运输情况等，这些都是数据。

在日常生活中，人们直接用自然语言（如汉语）描述事物。在计算机中，为了存储和处理这些事物，就要抽出对这些事物感兴趣的特征组成一个记录来描述。例如，在学生档案中，人们最感兴趣的是学生的学号、姓名、性别、出生年月、籍贯、所在系别、入学时间，我们可以用以下记录的形式来描述一个学生。

（020907，小琪，女，1984，山西，计算机系，2002）

2．数据库

数据库（database，简称 DB），顾名思义，是存放数据的仓库。只不过这个仓库是在计算机的存储设备上，而且数据是按一定的格式存放的。所谓数据库是指长期储存在计算机内的、有组织的、可共享的数据集合。数据库中的数据按一定的数据模型组织、描述和储存，具有较小的冗余度、较高的数据独立性和易扩展性，并可为各种用户共享。

3．数据库管理系统

某种应用所需要的大量数据收集之后，为了能科学地组织这些数据并将其存储在数据库中，然后又能高效地对这些数据进行各种处理，需要借助于数据库管理系统的使用。DBMS（Database Management System，数据库管理系统）是位于用户和操作系统之间的一层数据管理软件，它的功能主要包括以下几个方面。

❑ 数据定义功能；
❑ 数据操纵功能；

❑　数据库的运行管理；
❑　数据库的建立和维护功能。

4．数据库系统

DBS（Database System，数据库系统）是指在计算机系统中引入数据库后的系统。一般由数据库、数据库管理系统（及其开发工具）、应用系统、数据库管理员和用户构成。在一般不引起混淆的情况下，常常把数据库系统简称为数据库。数据库系统的组成与结构可以用图 9.1 表示。

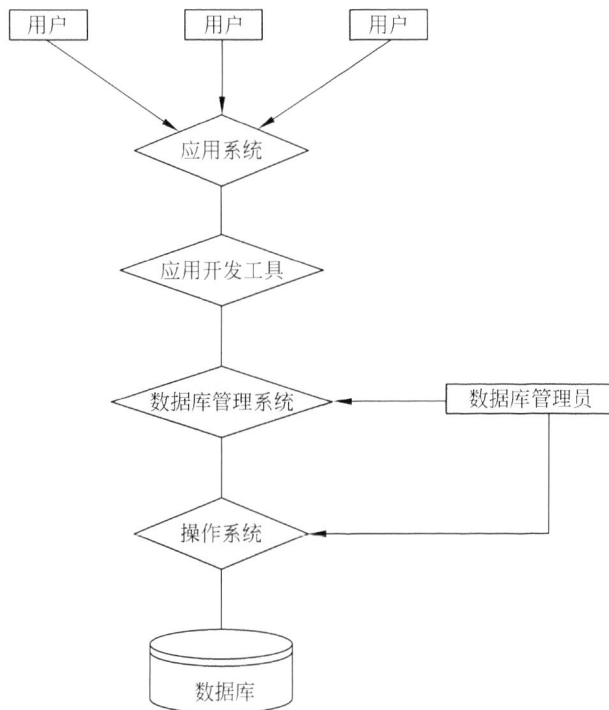

图 9.1　数据库系统的组成与结构

由图 9.1 可见，数据库系统包含的内容非常广泛，所有为数据库服务的计算机系统以及用户都是数据库系统的组成部分。

9.2.2　搭建服务

本节介绍使用 RHEL 6.4 安装光盘中的程序包搭建 MySQL 服务。默认情况下，安装 Red Hat Enterprise 6.4 中已经安装了该服务。如果没有安装可以使用以下步骤来安装该服务。

（1）使用 rpm 命令查看系统中是否已安装了 mysql 包。

```
[root@www ~]# rpm -q mysql
package mysql is not installed
```

显示的信息说明 mysql 软件包没有安装。如果该软件包安装的话，会输出该软件包的名。

（2）使用以下命令安装 mysql 软件包。

```
[root@www ~]# mount  /dev/cdrom  /mnt/cdrom
mount: block device /dev/sr0 is write-protected, mounting read-only
[root@www ~]# rpm -ivh /mnt/cdrom/Packages/mysql-5.1.66-2.el6_3.i686.rpm
warning:  /mnt/cdrom/Packages/mysql-5.1.66-2.el6_3.i686.rpm:  Header  V3
RSA/SHA256 Signature, key ID fd431d51: NOKEY
Preparing…            ########################################### [100%]
  1:mysql             ########################################### [100%]
```

看到上面的输出结果表示 mysql 软件包已安装成功。

9.3　文件组成

当某一个服务安装后，会自动创建一些目录和文件。MySQL 服务所创建的文件如表 9.3 所示。

表 9.3　MySQL服务中的文件

目　　录	文　　件	文件类型	功　　能
/etc	my.cnf	配置文件	MySQL 的主配置文件
/usr/bin	msql2mysql	可执行文件	为使用 MySQL，转换 mSQL 程序
	my_print_defaults	可执行文件	显示选项文件中的选项
	mysql	可执行文件	MySQL 命令工具
	mysql_config	可执行文件	显示编译选项
	mysql_find_rows	可执行文件	从文件中提取 SQL 语句
	mysql_waitpid	可执行文件	杀死进程并等待其终止
	myisampack	可执行文件	生成压缩、只读 MyISAM 表
	myisamlog	可执行文件	显示 MyISAM 日志文件内容
	mysqlaccess	可执行文件	检查访问权限的客户端
	mysqladmin	可执行文件	管理 MySQL 服务器的客户端
	mysqlbinlog	可执行文件	处理二进制日志文件的实用工具
	mysqlcheck	可执行文件	MySQL 数据库修复工具
	mysqldump	可执行文件	备份数据库
	mysqlimport	可执行文件	MySQL 数据库导入工具
	mysqlshow	可执行文件	查看数据库、表和列信息
	mysqlslap	可执行文件	加载模拟客户端
/usr/lib/mysql	mysql_config	脚本文件	用于编译 mysql 客户端程序
	mysqlbug	脚本文件	查看已安装 MySQL 的编译参数

下面以图的形式表示出表 9.3 中这些文件的工作流程，如图 9.2 所示。

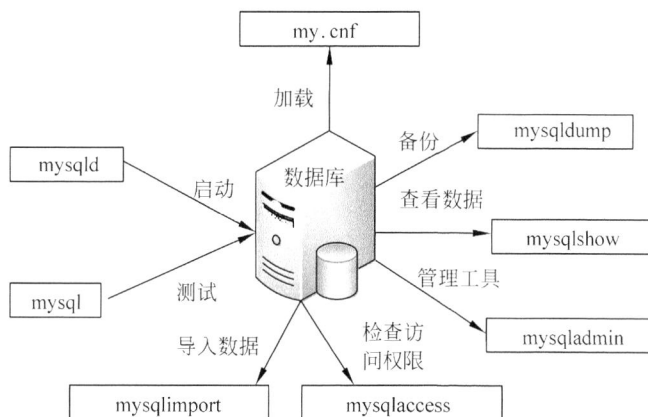

图 9.2　MySQL 服务文件工作流程

9.4　配置文件：/etc/my.cnf

my.cnf 文件是 MySQL 服务的主配置文件。如果使用 RPM 包安装的 MySQL 服务，会在/etc 目录下自动生成 my.cnf 配置文件。默认文件的内容很少，但在/usr/share/mysql 下提供了该配置文件的示例文件，如 my-medium.cnf。本节将介绍该配置文件中各个配置项的作用。

9.4.1　设置数据库目录位置：datadir

MySQL 数据库中所创建的数据库及表保存在/var/lib/mysql 中。这是因为在 my.cnf 文件中，使用 datadir 配置项设置的。默认配置信息如下：

```
datadir=/var/lib/mysql
```

9.4.2　设置数据库用户：user

my.cnf 文件使用 user 配置项定义了运行 MySQL 数据库的用户。默认指定为 mysql 用户，这也是为什么需要创建 mysql 用户的原因。默认配置信息如下：

```
user=mysql
```

9.4.3　设置 socket 链接文件：socket

socket 选项为 MySQL 客户程序与服务器之间的本地通信指定一个套接字文件。在 Windows 环境下，如果 MySQL 客户与服务器是通过命名管道进行通信的，-sock 选项给出的将是该命名管道的名字（默认设置是 MySQL）。默认的配置信息如下：

```
socket=/var/lib/mysql/mysql.sock
```

9.4.4　设置链接文件：symbolic-links

symbolic-links 配置项创建一个包含目标目录路径的文件来做符号链接。配置信息如下：

```
symbolic-links=0
```

9.4.5　设置日志文件：log-error

log-error 配置选项用来设置错误日志的位置，默认保存在/var/log/mysqld.log 中。配置信息如下：

```
log-error=/var/log/mysqld.log
```

9.4.6　设置进程文件：pid-file

pid-file 配置选项用来设置 MySQL 服务的进程文件位置，默认保存在/var/run/mysqld/mysqld.pid 中。默认的配置信息如下：

```
pid-file=/var/run/mysqld/mysqld.pid
```

9.4.7　设置监听端口号：port

port 配置项为 MySQL 程序指定一个 TCP/IP 通信端口。默认的端口号为 3306。配置信息如下：

```
port          = 3306
```

9.4.8　设置存放索引区块的 RMA 值：key_buffer_size

key_buffer_size 配置项用来设置存放索引区块的 RMA 值，默认值是 16M。配置信息如下：

```
key_buffer_size = 16M
```

9.4.9　设置读取数操作保留的缓存区的长度：read_buffer_size

read_buffer_size 配置项为设置从数据表顺序读取数据的读取操作保留的缓存区的长度。默认值是 256K。这个选项的设置值在必要时可以用 SQL 命令 SET SESSION read_buffer_size = n 命令来改变。默认配置信息如下：

```
read_buffer_size = 256K
```

9.4.10　设置输出查询结果的缓存区长度：read_rnd_buffer_size

read_rnd_buffer_size 配置项类似于 read_buffer_size 选项。不同的是 read_rnd_buffer_size 选项针对的是按某种特定顺序输出的查询结果。默认值是 512K，配置信息如下：

```
read_rnd_buffer_size = 512K
```

9.4.11　设置服务器的编号：server-id

server-id 配置项给服务器分配一个独一无二的 ID 编号。该配置项的取值范围是 $1 \sim 2^{32}$ 次方。默认的服务器编号为 1。默认配置信息如下：

```
server-id               = 1
```

9.4.12　设置本地连接的方式：skip-networking

skip-networking 选项只允许通过一个套接字文件或通过命名管道进行本地连接，不允许 TCP/IP 连接。这样提高了安全性，但阻断了来自网络的外部连接和所有的 Java 客户程序。默认情况下，该选项被注释掉了。如果想要开启，只需要将前面的"#"去掉。配置信息如下：

```
#skip-networking
```

9.4.13　设置主控服务器：master-host

master-host 配置项用来设置主控服务器的主机名或 IP 地址。如果从属服务器上存在 master.info 文件，将忽略此选项。语法格式如下：

```
master-host = <hostname>
```

9.4.14　设置连接主控服务器的用户名：master-user

master-user 配置项设置从属服务器用来连接主控服务器的用户名。如果从属服务器上存在 master.info 文件，将忽略此选项。语法格式如下：

```
master-user = <username>
```

9.4.15　设置连接主控服务器的密码：master-password

master-password 配置项设置从属服务器用来连接主控服务器的密码。如果从属服务器上存在 master.info 文件，将忽略此选项。语法格式如下：

```
master-password = <password>
```

9.4.16　设置连接主控服务器的端口：master-port

master-port 配置项设置从属服务器用来连接主控服务器的 TCP/IP 端口，默认值为
3306。语法格式如下：

```
master-port = <port>
```

9.4.17　设置 InnoDB 主目录：innodb_data_home_dir

innodb_data_home_dir 选项指定了 InnoDB 的主目录，所有与 InnoDB 数据表有关的目
录或文件路径都相对于该选项指定的路径。在默认的情况下，这个主目录就是 MySQL 的
数据目录。配置信息如下：

```
innodb_data_home_dir = /var/lib/mysql
```

9.4.18　设置容纳 InnoDB 为数据表的表空间：innodb_data_file_path

innodb_data_file_path 选项用来采纳 InnoDB 为数据表的表空间，可能涉及一个以上的
文件。给出的每一个表空间文件的最大长度必须以字节（B）、兆字节（MB）或千兆字
节（GB）为单位。表空间的名字必须以分号隔开；最后一个表空间文件还可以带一个
autoextend 属性和一个最大长度（max:n）。

例如 ibdata1:1G; ibdata2:1G:autoextend:max:2G 的意思是：表空间文件 ibdata1 的最大
长度是 1GB，ibdata2 的最大长度是 1G，但允许它扩充到 2GB。除了文件名外，还可以用
硬盘分区的设置名来定义表空间，此时必须给表空间的最大初始长度值加上 newraw 关键
字做后缀，给表空间的最大扩充长度值加上 raw 关键字做后缀。MySQL 4.0 及更高版本的
默认设置是 ibdata1:10M:autoextend。默认配置如下：

```
innodb_data_file_path = ibdata1:10M:autoextend
```

9.4.19　设置 InnoDB 日志文件的路径：innodb_log_group_home_dir

innodb_log_group_home_dir 配置项用来存放 InnoDB 日志文件的目录路径。在默认的
情况下，InnoDB 驱动程序将使用 MySQL 数据目录作为自己保存日志文件的位置。默认
配置信息如下：

```
innodb_log_group_home_dir = /var/lib/mysql
```

9.4.20　设置 InnoDB 存储引擎的最大缓存区大小：innodb_buffer_pool_size

innodb_buffer_pool_size 配置项用来定义 InnoDB 存储引擎的数据和索引数据的最大

内存缓冲区大小。它和 MyISAM 存储引擎不同，MyISAM 的 key_buffer_size 只能缓存索引键，而 innodb_buffer_pool_size 却可以缓存数据块和索引键。适当的增加这个参数的大小，可以有效减少 InnoDB 类型的表的磁盘 I/O 请求。在一个以 InnoDB 为主的专用数据库服务器上，可以考虑把该参数设置为物理内存大小为 50%～80%。该配置项默认设置信息如下：

```
innodb_buffer_pool_size = 16M
```

9.4.21　设置缓存区最大长度：innodb_additional_mem_pool_size

innodb_additional_mem_pool_size 配置项主要为用于内部管理的各种数据结构分配的缓存区最大长度。默认值为 2M，默认配置信息如下：

```
innodb_additional_mem_pool_size = 2M
```

9.4.22　设置网站访问速度：innodb_log_file_size

innodb_log_file_size 配置项的值影响着网站访问速度。该配置项的值适当调大后，网站访问速度明显加快。默认值为 5M，配置信息如下：

```
innodb_log_file_size = 5M
```

9.4.23　设置事务日志文件写操作缓存区的最大长度：innodb_log_buffer_size

innodb_log_buffer_size 配置项用来设置事务日志文件写操作缓存区的最大长度，默认值是 8M。默认配置信息如下：

```
innodb_log_buffer_size = 8M
```

9.4.24　设置日志信息写到硬盘上的时间：innodb_flush_log_at_trx_commit

innodb_flush_log_at_trx_commit 配置项决定着什么时候把日志信息写入日志文件以及什么时候把这些文件同步写到硬盘上。设置值 0 的意思是每隔一秒写一次日志并进行同步，这样可以减少硬盘写操作次数，但可能造成数据丢失；设置值为 1 的意思是在每执行完一条 COMMIT 命令就写一次日志并进行同步，这样可以防止数据丢失，但硬盘写操作可能会很频繁；设置值为 2 的意思是折衷的办法，即每执行完一条 COMMIT 命令写一次日志，每隔一秒进行一次同步。默认的值为 1，配置信息如下：

```
innodb_flush_log_at_trx_commit = 1
```

9.4.25　设置等待获取资源的时间：innodb_lock_wait_timeout

MySQL 可以自动地检测行锁导致的死锁并进行相应的处理，但是对于表锁导致的死锁不能自动检测，所以 innodb_lock_wait_timeout 配置项主要被用于在出现类似情况的时候，等待指定的时间后回滚。如果某个事务在等待 n 秒后还没有获得所需要的资源，就使用 ROLLBACK 命令放弃这个事务。这个选项的默认设置值为 50 秒。默认配置信息如下：

```
innodb_lock_wait_timeout = 50
```

9.4.26　设置排序缓存区大小：sort_buffer_size

sort_buffer_size 配置项用来设置缓存区的大小。该选项设置的排序缓存区是每个连接独占的，也就是说如果有 100 个连接，而 sort_buffer_size 选项设置为 5M，那么总的排序内存区大小就是 5×100=500M。配置信息如下：

```
sort_buffer_size = 5M
```

9.5　可执行文件

MySQL 服务成功运行后，有大量的命令可以管理该服务。本节将介绍 MySQL 服务下面命令的语法格式和使用方法。

9.5.1　MySQL 命令工具：/usr/bin/mysql

mysql 命令是 MySQL 数据库服务器的客户端连接工具。mysql 命令用于连接 MySQL 服务器以执行相应的数据库管理操作。下面将介绍 mysql 命令的语法格式和使用方法。

mysql 命令的语法格式如下：

```
mysql [选项] 数据库
```

常用选项含义如下。

- ❑ -? 或--help：显示帮助信息。
- ❑ --auto-rehash：激活自动 rehash 功能。
- ❑ -A 或--no-auto-rehash：激活自动 rehash 功能。
- ❑ --character-sets-dir=<目录>：指定字符集所在的目录。
- ❑ --default-character-set=<字符集>：设定默认字符集。
- ❑ -C 或--compress：在客户端和服务器端使用压缩方式传递信息。
- ❑ -D 或--database=<数据库>：指定要使用的数据库名。
- ❑ -e 或--execute=<外部指令>：指定要使用的外部指令。
- ❑ -E 或--vertical：逐行的输出信息。
- ❑ -f 或--force：强制进行连接，即使出现错误。
- ❑ -i 或--ignore-spaces：忽略空格。
- ❑ --local-infile：开启/关闭 LOAD DATA LOCAL INFILE 功能。
- ❑ -b 或--no-beep：在出错时关闭声音提示功能。
- ❑ -h 或--host=<主机>：指定要连接的 MySQL 服务器的主机名或 IP 地址。
- ❑ -H 或--html：以 html 格式输出 MySQL 指令的输出结果。

❑ -u 或--user=<MySQL 用户>：指定连接远程 MySQL 服务器时使用的 MySQL 用户名。如果不使用此选项，默认用户为 root 用户。

❑ 数据库：指定登录后默认使用的数据库，此选项可以省略。

【实例 9-1】显示 mysql 命令的内置命令帮助信息。

（1）默认安装的 MySQL 数据库服务器，通常是没有设置安全权限的。所以能够直接输入 mysql 指令并回车，发起向本机的数据库连接请求，并进入本机 mysql 指令的操作界面。在命令行中输入命令如下：

```
[root@www ~]# mysql                    #连接本机 MySQL 数据库服务器
```

输出信息如下：

```
Welcome to the MySQL monitor.  Commands end with ; or \g.
Your MySQL connection id is 2
Server version: 5.1.66 Source distribution

Copyright (c) 2000, 2012, Oracle and/or its affiliates. All rights reserved.

Oracle is a registered trademark of Oracle Corporation and/or its
affiliates. Other names may be trademarks of their respective
owners.

Type 'help;' or '\h' for help. Type '\c' to clear the current input statement.

mysql>
```

执行命令后，看到 mysql>提示符表示当前用户已经登录到了 MySQL 服务器。

（2）在 mysql 命令的提示符下输入 help 命令获取其内部命令的帮助列表，在命令行中输入的命令如下：

```
mysql> help                            #输入 help 命令以获得内部命令帮助信息
For information about MySQL products and services, visit:
   http://www.mysql.com/
For developer information, including the MySQL Reference Manual, visit:
   http://dev.mysql.com/
To buy MySQL Enterprise support, training, or other products, visit:
   https://shop.mysql.com/

List of all MySQL commands:
Note that all text commands must be first on line and end with ';'
?         (\?) Synonym for `help'.
clear     (\c) Clear the current input statement.
connect   (\r) Reconnect to the server. Optional arguments are db and host.
delimiter (\d) Set statement delimiter.
edit      (\e) Edit command with $EDITOR.
ego       (\G) Send command to mysql server, display result vertically.
exit      (\q) Exit mysql. Same as quit.
go        (\g) Send command to mysql server.
help      (\h) Display this help.
nopager   (\n) Disable pager, print to stdout.
notee     (\t) Don't write into outfile.
pager     (\P) Set PAGER [to_pager]. Print the query results via PAGER.
print     (\p) Print current command.
prompt    (\R) Change your mysql prompt.
```

```
quit      (\q) Quit mysql.
rehash    (\#) Rebuild completion hash.
source    (\.) Execute an SQL script file. Takes a file name as an argument.
status    (\s) Get status information from the server.
system    (\!) Execute a system shell command.
tee        (\T) Set outfile [to_outfile]. Append everything into given
outfile.
use       (\u) Use another database. Takes database name as argument.
charset   (\C) Switch to another charset. Might be needed for processing
binlog with multi-byte charsets.
warnings  (\W) Show warnings after every statement.
nowarning (\w) Don't show warnings after every statement.

For server side help, type 'help contents'

mysql>
```

上面显示的结果就是 MySQL 数据库服务器下所有的内置命令。

9.5.2　显示编译选项：/usr/bin/mysql_config

mysql_config 命令提供有用的编译信息并连接到 MySQL。mysql_config 命令的语法格式如下：

```
mysql_config [选项]
```

常用选项含义如下。

❑ --cflags：编译器标志找到包括文件、重要的编译器标志和定义编译时使用的 libmysqlclient 库。

❑ --include：找到 MySQL 编译选项包括的文件。

❑ --libmysqld-libs，--embedded：管理数据库连接 MySQL 服务器所需的选项。

❑ --libs：管理数据库连接 MySQL 客户端所需的选项。

❑ --libs_r：需要线程安全的 MySQL 客户端连接库和选项库。

❑ --plugindir：默认插件目录的路径名。

❑ --port：默认的 TCP/IP 端口号。

❑ --socket：默认的 UNIX 套接字文件。

❑ --version：显示 MySQL 的版本号。

【实例 9-2】使用 mysql_config 命令查看编译选项的详细信息。执行命令如下：

```
[root@www ~]# mysql_config
Usage: /usr/lib/mysql/mysql_config [OPTIONS]
Options:
       --cflags          [-I/usr/include/mysql  -g -pipe -Wp,-D_FORTIFY_
SOURCE=2 -fexceptions -fstack-protector --param=ssp-buffer-size=4 -m32
-fasynchronous-unwind-tables  -D_GNU_SOURCE    -D_FILE_OFFSET_BITS=64
-D_LARGEFILE_SOURCE -fno-strict-aliasing -fwrapv -fPIC   -DUNIV_LINUX
-DUNIV_LINUX]
       --include         [-I/usr/include/mysql]
       --libs            [-rdynamic -L/usr/lib/mysql -lmysqlclient -lz
-lcrypt -lnsl -lm -lssl -lcrypto]
```

```
        --libs_r            [-rdynamic -L/usr/lib/mysql -lmysqlclient_r -lz
-lpthread -lcrypt -lnsl -lm -lpthread -lssl -lcrypto]
        --plugindir       [/usr/lib/mysql/plugin]
        --socket          [/var/lib/mysql/mysql.sock]
        --port            [0]
        --version         [5.1.66]
        --libmysqld-libs  [-rdynamic -L/usr/lib/mysql -lmysqld -ldl -lz
-lpthread -lcrypt -lnsl -lm -lpthread -lrt -lssl -lcrypto]
```

输出的结果中显示了该命令下所有的编译选项。

9.5.3　从文件中提取 SQL 语句：/usr/bin/mysql_find_rows

mysql_find_rows 命令读取文件。该文件中包含 SQL 语句、正则表达式或包含 USE db_name 的 SET 语句。由于该文件被写入日志文件中，因此需要使用分号";"字符终止语句。它也可以读取其他文件，只要包含有用的 SQL 语句并且以分号结尾就可以。下面将介绍 mysql_find_rows 命令的语法格式和使用方法。

mysql_find_rows 命令的语法格式如下：

```
mysql_find_rows [选项]
```

常用选项含义如下。
- --help，--information：显示帮助信息。
- --regexp=pattern：显示查询匹配的模式。
- --rows=N：显示 N 条查询语句。
- --skip-use-db：输出不包括 db_name 的语句。
- --start_row=N：启动此行的输出。

9.5.4　杀死进程并等待其终止：/usr/bin/mysql_waitpid

mysql_waitpid 用来杀死进程并等待进程退出。它使用系统调用 kill()和 UNIX 信号，所以运行在 UNIX 和类 UNIX 系统。mysql_waitpid 命令的语法格式如下：

```
mysql_waitpid [选项]
```

常用选项含义如下。
- --help，-?，-I：显示帮助信息。
- --verbose，-v：显示 mysql_waitpid 命令的详细信息。
- --version，-V：显示版本号。

9.5.5　检查访问权限的客户端：/usr/bin/mysqlaccess

mysqlaccess 是 Yves Carlier 为 MySQL 提的一种诊断工具。使用该命令检查访问权限的主机名、用户名和数据库组合。注意 mysqlaccess 只使用用户、DB 和 host 表。它不检查表、列或指定的例行特权 tables_priv、columns_priv 或 procs_priv 的表。下面介绍

mysqlaccess 命令的语法格式和使用方法。

mysqlaccess 命令的语法格式如下：

```
mysqlaccess [host_name [user_name [db_name]]] [选项]
```

在语法格式中 host_name、user_name 和 db_name 代表的含义如下。

❑ host_name 表示主机名。

❑ user_name 表示数据库用户名。

❑ db_name 表示数据库。

常用选项含义如下。

❑ --help，-?：显示帮助信息。

❑ --brief，-b：以单行表格格式生成报告。

❑ --commit：从原始授予权限的临时表复制新的访问权限。授予权限的表必须刷新，新的权限才生效。例如，执行 mysqladmin 重新加载命令。

❑ --copy：从原授权表重载临时授权表。

❑ --db=数据库名：指定数据库名。

❑ --debug=N：指定调试级别。级别范围是 0～3。

❑ --host=主机名：主机名中使用的访问权限。

❑ --howto：显示如何使用 mysqlaccess 的一些例子。

❑ --old_server：指定以老版本的 MySQL 模式处理。因为 MySQL 3.1.2 之前的版本还没有专门技术处理完整的 where 子句。

❑ --password，-p：连接到服务器时使用的密码。如果省略密码的值，则在命令行上会有一个提示符。在命令行上输入的密码被认为是不安全的。

❑ --plan：显示未来版本的建议和想法。

❑ --preview：显示临时授权表更改后不同的权限。

❑ --relnotes：显示发行说明。

❑ --rhost=主机名：连接到指定主机上的 MySQL 服务器。

❑ --rollback：撤销临时授权表的最新变化。

❑ --spassword：使用连接到服务器的超级用户的密码。

❑ --superuser=用户名：使用指定的用户名作为超级用户连接服务器。

❑ --table，-t：生成表格式的报告。

❑ --user=用户名：使用访问权限的用户名。

❑ --version，-v：显示版本信息。

【实例 9-3】使用 mysqlaccess 命令查看本机中，用户 root 对 mysql 数据库的默认权限。执行命令如下：

```
[root@server ~]# mysqlaccess localhost root mysql -P
mysqlaccess Version 2.06, 20 Dec 2000
By RUG-AIV, by Yves Carlier (Yves.Carlier@rug.ac.be)
Changes by Steve Harvey (sgh@vex.net)
This software comes with ABSOLUTELY NO WARRANTY.
Password for MySQL superuser :
```

```
Access-rights
for USER 'root', from HOST 'localhost', to DB 'mysql'
    +-----------------+---+---+----------------+---+
    | Select_priv     | Y | | Execute_priv        | Y |
    | Insert_priv     | Y | | Repl_slave_priv     | Y |
    | Update_priv     | Y | | Repl_client_priv    | Y |
    | Delete_priv     | Y | | Create_view_priv    | Y |
    | Create_priv     | Y | | Show_view_priv      | Y |
    | Drop_priv       | Y | | Create_routine_priv | Y |
    | Reload_priv     | Y | | Alter_routine_priv  | Y |
    | Shutdown_priv   | Y | | Create_user_priv    | Y |
    | Process_priv    | Y | | Event_priv          | Y |
    | File_priv       | Y | | Trigger_priv        | Y |
    | Grant_priv      | Y | | Ssl_type            | ? |
    | References_priv | Y | | Ssl_cipher          | ? |
    | Index_priv      | Y | | X509_issuer         | ? |
    | Alter_priv      | Y | | X509_subject        | ? |
    | Show_db_priv    | Y | | Max_questions       | 0 |
    | Super_priv      | Y | | Max_updates         | 0 |
    | Create_tmp_table_priv | Y | | Max_connections | 0 |
    | Lock_tables_priv | Y |    | Max_user_connections | 0 |
    +-----------------+---+---+----------------+---+
NOTE:     A password is required for user `root' :-(

The following rules are used:
 db    : 'No matching rule'
 host  : 'Not processed: host-field is not empty in db-table.'
 user  :
'127.0.0.1','root','*6BB4837EB74329105EE4568DDA7DC67ED2CA2AD9','Y','Y',
'Y','Y','Y','Y','Y','Y','Y','Y','Y','Y','Y','Y','Y','Y','Y','Y','Y','Y'
,'Y','Y','Y','Y','Y','Y','Y','Y','','','','','0','0','0','0'

BUGs can be reported by email to bugs@mysql.com
```

从输出的信息中可以看到 root 用户对本机中的 MySQL 数据库的权限。其中，括号中为 Y 就表示有权限执行该操作。

9.5.6　管理 MySQL 服务器的客户端：/usr/bin/mysqladmin

mysqladmin 命令是数据库服务器的管理工具。该命令可以用来检查服务器的配置和当前状态，创建和删除数据库等。下面介绍 mysqladmin 命令的语法格式和使用方法。

mysqladmin 命令的语法格式如下：

```
mysqladmin [选项]
```

常用选项含义如下。

❑ -?或--help：显示帮助信息。

❑ -V：显示版本信息。

❑ --character-sets-dir=<目录>：指定字符集所在的目录。

❑ --default-character-set=<字符集>：指定默认字符集。

❑ -C 或--compress：在客户端和服务器端使用压缩方式传递信息。

❑ -t：指定连接超时时间。

❑ -p：需要输入用户密码。

- --password[=password]：指定登录 MySQL 服务器的口令。
- -h：指定要连接的 MySQL 服务器的主机名或 IP 地址。
- create：在 MySQL 服务器上创建新的数据库。
- drop：在 MySQL 服务器上删除指定数据库。
- extened-status：显示 MySQL 服务 iq 扩展的状态信息。
- flush-hosts：刷新 MySQL 服务器所有缓存的主机。
- flush-status：刷新 MySQL 服务器状态信变量。
- flush-logs：刷新 MySQL 服务器所有的日志。
- flush-tables：刷新 MySQL 服务器所有的表。
- flush-privilege：重新加载 MySQL 服务器的授权表，功能与 reload 相同。当修改了 MySQL 用户的权限时，需要使用此参数使权限立即生效。
- kill：杀死指定的 MySQL 线程。
- password：修改 MySQL 服务器上指定用户的密码。
- ping：检查 MySQL 服务器是否是活动的。
- processlist：显示 MySQL 服务器上活动的线程。
- reload：重新加载 MySQL 服务器的授权表。
- refresh：刷新 MySQL 服务器所有的表并且关闭和打开日志文件。
- shutdown：关闭 MySQL 服务器。
- status：显示 MySQL 服务器。
- start-slave：启动 slave。
- stop-slave：关闭 slave。
- variables：显示可用的 MySQL 服务器变量及其值。
- version：获得 MySQL 服务器版本信息。

【实例 9-4】使用 mysqladmin 命令为 root 用户设置密码为 root，则再次登录时就需要输入所设置的密码。

（1）设置密码。执行命令如下：

```
[root@www ~]# mysqladmin -u root password "root"
```

此时没有任何输出信息。

（2）登录 MySQL 服务器。执行命令如下：

```
[root@www ~]# mysql -u root -p                    #登录服务器
Enter password:                                   #此次输入 root 用户的密码
Welcome to the MySQL monitor.  Commands end with ; or \g.
Your MySQL connection id is 5
Server version: 5.1.66 Source distribution

Copyright (c) 2000, 2012, Oracle and/or its affiliates. All rights reserved.

Oracle is a registered trademark of Oracle Corporation and/or its
affiliates. Other names may be trademarks of their respective
owners.

Type 'help;' or '\h' for help. Type '\c' to clear the current input statement.

mysql>
```

【实例 9-5】显示当前 MySQL 服务器上的活动线程。在命令行中输入命令如下：

```
[root@www ~]# mysqladmin -u root -h localhost -p processlist
      #查看活动线程
Enter password:
+----+------+-----------+----+---------+------+-------+--------------+
| Id | User | Host      | db | Command | Time | State | Info         |
+----+------+-----------+----+---------+------+-------+--------------+
| 2  | root | localhost |    | Sleep   | 3524 |       |              |
| 6  | root | localhost |    | Query   | -1   |       | show processlist |
+----+------+-----------+----+---------+------+-------+--------------+
```

9.5.7　备份数据库：/usr/bin/mysqldump

mysqldump 命令是 MySQL 数据库服务器的备份工具，可以用来转储数据库或收集数据库的备份或转移到另一个 SQL 服务器。下面介绍 mysqldump 命令的语法格式和使用方法。

mysqldump 命令的语法格式如下：

```
mysqldump [选项]
```

常用选项含义如下如下：

- ❑ -A 或--all-databases：备份 MySQL 服务器上的所有数据库。
- ❑ --add-drop-database：在每个数据库前，增加删除数据库语句。
- ❑ --add-drop-table：在每张表前，增加删除表语句。
- ❑ --add-locks：在输出 insert 语句时增加锁表语句。
- ❑ -B 或--databases：指定要备份的数据库。
- ❑ -F 或--flush-logs：在运行 mysqldump 指令前，刷新 MySQL 服务器上的 mysql 日志。
- ❑ --ignore-table=<表名>：在备份数据库时，忽略指定的数据库表。
- ❑ -l 或--lock-tables：在备份数据库表时锁定表。
- ❑ -d 或--no-data：在备份数据库时，只备份数据库结构，不备份数据库中的数据。
- ❑ -t 或--no-create-info：在备份数据库时，不输出创建表语句。
- ❑ --opt：该选项是简略的表达方式，等同于--add-drop-table、--add-locks、--create-options、--disable-keys、--extended-insert、--lock-tables、--quick、--set-charset。它可以很快地进行转储操作，并产生一个可以快速加载 MySQL 服务器的转储文件。该选项默认是启用的，使用--skip-opt 来禁用它。
- ❑ 数据库名：指定要备份的数据库名。
- ❑ 表名：指定要备份的数据库表。

【实例 9-6】使用 mysqldump 备份 test 数据库。执行命令如下：

```
[root@www ~]# mysqldump -u root -p test
Enter password:
-- MySQL dump 10.13  Distrib 5.1.66, for redhat-linux-gnu (i686)
--
```

```
-- Host: localhost     Database: test
-- ------------------------------------------------------
-- Server version     5.1.66

/*!40101 SET @OLD_CHARACTER_SET_CLIENT=@@CHARACTER_SET_CLIENT */;
/*!40101 SET @OLD_CHARACTER_SET_RESULTS=@@CHARACTER_SET_RESULTS */;
/*!40101 SET @OLD_COLLATION_CONNECTION=@@COLLATION_CONNECTION */;
/*!40101 SET NAMES utf8 */;
/*!40103 SET @OLD_TIME_ZONE=@@TIME_ZONE */;
/*!40103 SET TIME_ZONE='+00:00' */;
/*!40014 SET @OLD_UNIQUE_CHECKS=@@UNIQUE_CHECKS, UNIQUE_CHECKS=0 */;
/*!40014       SET       @OLD_FOREIGN_KEY_CHECKS=@@FOREIGN_KEY_CHECKS,
FOREIGN_KEY_CHECKS=0 */;
/*!40101 SET @OLD_SQL_MODE=@@SQL_MODE, SQL_MODE='NO_AUTO_VALUE_ON_ZERO'
*/;
/*!40111 SET @OLD_SQL_NOTES=@@SQL_NOTES, SQL_NOTES=0 */;
/*!40103 SET TIME_ZONE=@OLD_TIME_ZONE */;

/*!40101 SET SQL_MODE=@OLD_SQL_MODE */;
/*!40014 SET FOREIGN_KEY_CHECKS=@OLD_FOREIGN_KEY_CHECKS */;
/*!40014 SET UNIQUE_CHECKS=@OLD_UNIQUE_CHECKS */;
/*!40101 SET CHARACTER_SET_CLIENT=@OLD_CHARACTER_SET_CLIENT */;
/*!40101 SET CHARACTER_SET_RESULTS=@OLD_CHARACTER_SET_RESULTS */;
/*!40101 SET COLLATION_CONNECTION=@OLD_COLLATION_CONNECTION */;
/*!40111 SET SQL_NOTES=@OLD_SQL_NOTES */;

-- Dump completed on 2013-08-07 15:10:31
```

输出的信息就是 test 数据库的结果。默认情况下，mysqldump 命令将备份信息输出到标准设备，可以使用 shell 的重定向功能将其保存到指定文件中，在命令行中输入的命令如下：

```
[root@www ~]# mysqldump -u root -p test > test.bak      #备份 test 数据库
```

输出信息如下：

```
Enter password:                                          #此处输入的密码不回显
```

Mysqldump 命令的输出内容将被重定向到文件 test.bak 中。

9.5.8　查看数据库、表和列信息：/usr/bin/mysqlshow

mysqlshow 命令用于显示 MySQL 数据库服务器中的数据库、表和列信息。使用该命令时，如果没有添加任何参数，则输出当前 MySQL 服务器的所有数据库。下面介绍 mysqlshow 命令的语法格式和使用方法。

mysqlshow 命令的语法格式如下：

```
mysqlshow [选项]
```

常用选项含义如下：

❑ --character-sets-dir=<目录>：指定字符集所在的目录。

❑ --compress：在客户端和服务器端使用压缩方式传递信息。

- ❏ --debug：输出调试日志。
- ❏ --default-character-set=<字符集>：指定默认使用的字符集。
- ❏ --force：忽略错误，强制执行此命令。
- ❏ --host=<主机>：指定要显示信息的 MySQL 服务器的主机 IP 地址或主机名。默认值是 localhost。
- ❏ --help：显示帮助信息。
- ❏ --password=<密码>：指定 MySQL 用户的密码。
- ❏ --port=<端口>：指定 MySQL 服务器的 TCP 端口号。
- ❏ --protocol=<协议>：指定连接 MySQL 服务器使用的协议。可以使如下协议：TCP、SOCKET、PIPE、MEMORY。
- ❏ --silent：静默模式，仅在出错时产生输出信息。
- ❏ --user=<用户>：指定连接 MySQL 数据库服务器的用户名。
- ❏ --verbose：显示该程序操作的详细信息。
- ❏ --version：显示版本信息。
- ❏ 数据库：显示指定数据库中的表信息。
- ❏ 数据库表：显示指定数据库表中的字段信息。

【实例 9-7】显示 MySQL 服务器上的数据库信息。执行命令如下：

```
[root@www ~]# mysqlshow -u root -p        #显示本地 MySQL 数据库服务器上的数据库
Enter password:
+--------------------+
|     Databases      |
+--------------------+
| information_schema |
| mysql              |
| test               |
+--------------------+
```

输出的结果显示了当前的 MySQL 数据库服务中所有的数据库。

【实例 9-8】显示 MySQL 数据库服务器上指定数据库的数据表信息。执行命令如下：

```
[root@www ~]# mysqlshow -u root -p mysql           #显示数据库中的表信息
Enter password:
```

输出信息如下：

```
Database: mysql
+---------------------------+
|          Tables           |
+---------------------------+
| columns_priv              |
| db                        |
| event                     |
| func                      |
| general_log               |
| help_category             |
| help_keyword              |
| help_relation             |
| help_topic                |
| host                      |
```

```
| ndb_binlog_index          |
| plugin                    |
| proc                      |
| procs_priv                |
| servers                   |
| slow_log                  |
| tables_priv               |
| time_zone                 |
| time_zone_leap_second     |
| time_zone_name            |
| time_zone_transition      |
| time_zone_transition_type |
| user                      |
+---------------------------+
```

输出的结果显示了 MySQL 服务器中 MySQL 数据库中所有的表。

【实例 9-9】显示 MySQL 服务器上指定数据表的字段信息。执行命令如下：

```
[root@www ~]# mysqlshow -u root -p mysql func            #显示表中的字段信息
Enter password:
Database: mysql  Table: func
+-------+----+-------+------+-----+---------+-------+----+---------+
| Field | Type                          | Collation        | Null | Key | Default
| Extra | Privileges                         | Comment |
+-------+----+-------+------+-----+---------+-------+----+---------+
| name  | char(64)                      | utf8_bin         | NO   | PRI |
| select,insert,update,references |         |
| ret   | tinyint(1)                    |                  | NO   |     | 0
| select,insert,update,references |         |
| dl    | char(128)                     | utf8_bin         | NO   |     |
| select,insert,update,references |         |
| type  | enum('function','aggregate')  | utf8_general_ci  | NO   |     |
|       | select,insert,update,references |         |
+-------+---+-------+------+-----+---------+-------+----+---------+
```

输出的结果是服务器中 MySQL 数据库中 func 表的详细信息。输出的信息就是 func 表的结构。

9.5.9　压力测试工具：/usr/bin/mysqlslap

mysqlslap 是 MySQL 官方提供的压力测试工具，通过模拟多个并发客户端访问 MySQL 数据库来执行测试，使用起来非常简单。下面将介绍该命令的语法格式和使用方法。

mysqlslap 命令的语法格式如下：

```
mysqlslap [选项]
```

常用选项含义如下。

- ❑ --defaults-file：配置文件存放位置。
- ❑ --create-schema：运行测试架构。该选择被添加在 MySQL 5.1.5 版本中。
- ❑ --concurrency：指定客户端并发数量。
- ❑ --engines：该选项用于创建表，存储引擎。

- ❑　--iterations：迭代的实验次数。
- ❑　--socket=path，-S path：对于连接到本地主机 UNIX 套接字文件若要使用，或在 Windows 中要使用的命名管道的名称。
- ❑　--debug-info：打印内存和 CPU 的信息。
- ❑　--only-print：只打印测试语句而不实际执行。
- ❑　--auto-generate-sql：自动产生测试 SQL。
- ❑　--auto-generate-sql-load-type：测试 SQL 的类型。类型有 mixed、update、write、key、read。
- ❑　--number-of-queries：代表总共要运行多少次查询。每个客户运行的查询数量可以用查询总数/并发数来计算。
- ❑　--number-int-cols：创建测试表的 int 型字段数量。
- ❑　--number-char-cols：创建测试表的 char 型字段数量。
- ❑　--query=name：使用自定义脚本执行测试。例如可以调用自定义的一个存储过程或者 SQL 语句来执行测试。

【实例 9-10】使用 mysqlslap 命令测试当前 MySQL 数据库的性能。执行命令如下：

```
[root@www ~]# mysqlslap --defaults-file=/etc/my.cnf --concurrency=200
--iterations=1         --number-int-cols=1        --auto-generate-sql
--auto-generate-sql-load-type=write            --engine=myisam,innodb
--number-of-queries=200 -S /var/lib/mysql/mysql.sock --debug-info -u root
-p root
Enter password:
Benchmark
    Running for engine myisam
    Average number of seconds to run all queries: 0.117 seconds
    Minimum number of seconds to run all queries: 0.117 seconds
    Maximum number of seconds to run all queries: 0.117 seconds
    Number of clients running queries: 200
    Average number of queries per client: 1

Benchmark
    Running for engine innodb
    Average number of seconds to run all queries: 0.942 seconds
    Minimum number of seconds to run all queries: 0.942 seconds
    Maximum number of seconds to run all queries: 0.942 seconds
    Number of clients running queries: 200
    Average number of queries per client: 1


User time 0.00, System time 0.06
Maximum resident set size 6104, Integral resident set size 0
Non-physical pagefaults 2723, Physical pagefaults 0, Swaps 0
Blocks in 0 out 0, Messages in 0 out 0, Signals 0
Voluntary context switches 4450, Involuntary context switches 67
```

9.5.10　MySQL 数据库导入工具：/usr/bin/mysqlimport

mysqlimport 命令是 MySQL 数据库服务器的一个客户端工具，它可以将保存在文本文件中的数据导入到数据库中。下面介绍 mysqlimport 命令的语法格式和使用方法。

mysqlimport 命令的语法格式如下：

```
mysqlimport [选项]
```

常用选项含义如下。

- ❑ --character-sets-dir=<目录>：指定字符集所在的目录。
- ❑ --columns=<字段列表>：设置字段列表（使用逗号隔开），字段的顺序要和文本文件的列顺序对应。
- ❑ --compress：在客户端和服务器端使用压缩方式传递信息。
- ❑ --debug：创建一个调试日志文件。
- ❑ --default-character-set=<字符集>：指定默认使用的字符集。
- ❑ --delete：导入数据前，清空数据库表。
- ❑ --force：忽略错误，强制执行该命令。
- ❑ --help：显示帮助信息。
- ❑ --host=<主机>：指定要导入数据的 MySQL 服务器的主机 IP 或域名。默认值是 localhost。
- ❑ --ignore：与"--replace"选项功能相同。
- ❑ --ignore-lines=<行数>：忽略文件开头指定行数的内容。
- ❑ --local：从客户端主机读取输入文件。
- ❑ --lock-tables：在执行写操作之前锁定所有要操作的表。
- ❑ --low-priority：当加载表时使用低优先级。
- ❑ --password=<密码>：指定连接 MySQL 服务器的密码。
- ❑ --port=<端口>：指定连接 MySQL 服务器使用的 TCP 端口号。
- ❑ --protocol=<协议>：指定连接 MySQL 服务器使用的协议。可以使 TCP、SOCKET、PIPE、MEMORY 协议。
- ❑ --replace：当要导入的数据在表中已存在时，则覆盖原有记录。
- ❑ --silent：静默模式，仅在出错时产生输出信息。
- ❑ --user=<用户>：指定连接 MySQL 数据库服务器的用户名。
- ❑ --verbose：显示详细信息。
- ❑ --version：显示版本信息。
- ❑ 数据库名：指定要导入数据的数据库名。
- ❑ 文本文件：指定保存数据的文本文件，可以是多个文件的列表。文本文件的名字要和指定的数据库中的表名对应，并且文件的内容要和数据库表的结构一致。

【实例 9-11】将文本文件中的数据导入 MySQL 数据库。

（1）使用 msyql 指令创建数据库表 student。在命令行中输入的命令示例如下：

```
[root@localhost ~]# mysql -u root -e 'create table student (id int ,name
char(20))' -p test #创建数据库表
```

在上例中，在 test 数据库中创建表 student。student 表有两个字段，分别是 id 字段（int 型）和 name（字符型）字段。

（2）使用 cat 指令，显示文本文件内容，在命令行中输入的命令示例如下：

```
[root@localhost ~]# cat student.txt                          #显示文本文件内容
```

输出信息如下：

```
1        zhangsan
2        lisi
3        wangwu
4        zhaoli
5        wangwang
6        lilo
7        unix
8        linux
```

文本文件由两列组成，分别对应于 student 表中的相应字段。

【实例 9-12】使用 mysqlimport 指令导入文本文件的数据到数据库中。在命令行中输入的命令示例如下：

```
[root@localhost ~]# mysqlimport -u root --local --verbose -p test
student.txt
#导入数据
```

输出信息如下：

```
Enter password:
Connecting to localhost
Selecting database test
Loading data from LOCAL file: /root/student.txt into student
test.student: Records: 8 Deleted: 0 Skipped: 0 Warnings: 0
Disconnecting from localhost
```

在上例中，成功地将文本文件 student.txt 中的 8 行数据导入到 test 数据库的 student 表中。

【实例 9-13】使用 mysql 指令，查询数据库中的记录。在命令行中输入的命令示例如下：

```
[root@localhost ~]# mysql -e 'select * from student' -u root -p test
#查询时间表中的记录
```

输出信息如下：

```
+------+----------+
| id   | name     |
+------+----------+
|    1 | zhangsan |
|    2 | lisi     |
|    3 | wangwu   |
|    4 | zhaoli   |
|    5 | wangwang |
|    6 | lilo     |
|    7 | unix     |
|    8 | linux    |
+------+----------+
```

从输出的结果中可以看到，student.txt 文件中的内容已经被导入到 test 数据库的 student 表中。

9.5.11　初始化数据库：/usr/bin/mysql_install_db

mysql_install_db 是一个可执行的脚本文件，用来初始化 MySQL 数据目录并创建系统表。执行该脚本需要使用 mysql 用户来运行，所以需要修改相关目录的所有权，以便 mysql 用户可以读写数据库。mysql_install_db 的语法格式如下：

```
mysql_install_db [选项]
```

常用选项含义如下。

❑ --basedir=路径：指定 MySQL 安装目录的路径。

❑ --force：即使 DNS 不能正常运行，mysql_install_db 也要运行。

❑ --datadir=路径，--ldata=路径：指定 MySQL 数据目录的路径。

❑ --rpm：此选项用于在 MySQL 的 RPM 文件安装过程。

❑ --skip-name-resolve：创建授权表条目时使用 IP 地址，而不是主机名。

❑ --srcdir=路径：mysql_install_db 目录下寻找支持该错误消息的文件和该文件用于填充的帮助文件。

❑ --user=user_name：指定运行 mysqld 登录使用的用户名。创建的文件和目录 mysqld 将被该用户所拥有。使用此选项，必须使用 root 用户执行。

❑ --verbose：显示该程序的详细信息。

❑ --windows：此选项用于创建 Windows 分布。

【实例 9-14】以 mysql 用户的身份对 MySQL 数据库进行初始化。执行命令如下：

```
[root@www ~]# mysql_install_db --user=mysql
Installing MySQL system tables...
OK
Filling help tables...
OK

To start mysqld at boot time you have to copy
support-files/mysql.server to the right place for your system

PLEASE REMEMBER TO SET A PASSWORD FOR THE MySQL root USER !
To do so, start the server, then issue the following commands:

/usr/bin/mysqladmin -u root password 'new-password'
/usr/bin/mysqladmin -u root -h www password 'new-password'

Alternatively you can run:
/usr/bin/mysql_secure_installation

which will also give you the option of removing the test
databases and anonymous user created by default.  This is
strongly recommended for production servers.

See the manual for more instructions.

You can start the MySQL daemon with:
cd /usr ; /usr/bin/mysqld_safe &

You can test the MySQL daemon with mysql-test-run.pl
cd /usr/mysql-test ; perl mysql-test-run.pl

Please report any problems with the /usr/bin/mysqlbug script!
```

9.5.12　数据库修复工具：/usr/bin/ mysqlcheck

mysqlcheck 客户端可以检查和修复 MyISAM 表，还可以优化和分析表。mysqlcheck 的功能类似 myismachk，但其工作不同。主要差别是当 MySQL 服务在运行时，必须使用 mysqlcheck，而 myisamchk 应用于服务器没有运行时。使用 mysqlcheck 的好处是不需要停止服务器来检查或修复表。

mysqlcheck 为用户提供了一种方便的使用 SQL 语句 CHECK TABLE、REPAIR TABLE、ANALYZE TABLE 和 OPTIMIZE TABLE 的方式。它确定在要执行的操作中使用哪个语句，然后将语句发送到要执行的服务器上。有 3 种方式来调用 mysqlcheck：

```
shell> mysqlcheck[options] db_name [tables]
shell> mysqlcheck[options] --database_DB1[DB2 DB3...]
shell> mysqlcheck[options] --all-database
```

如果没有指定任何表或使用--database 或--all-database 选项，则检查整个数据库。同其他客户端相比，mysqlcheck 有一个特殊性，重新命名二进制可以更改检查表的默认行为。如果你想要一个默认可以修复表的工具，只需要将 mysqlcheck 重新复制为 mysqlrepair，或者使用一个符号链接 mysqlrepair 链接 mysqlcheck。如果调用 mysqlrepair，可按照命令修复表。

下面的名可用来更改 mysqlcheck 的默认行为。

❑ mysqlrepair：默认选项为--repair。

❑ mysqlanalyze：默认选项为--analyze。

❑ mysqloptimize：默认选项为--optimize。

mysqlcheck 命令常用选项含义如下。

❑ --help,-?：显示帮助信息并退出。

❑ --all-databases, -A：检查所有数据中的所有表。与使用--database 选项相同，在命令行中命名所有数据库。

❑ --all-in-1, -1：不是为每个表发出一个语句，而是为命名数据库中待处理的所有表的每个数据库执行一个语句。

❑ --analyze, -a：分析表。

❑ --auto-repair：如果被检查的表损坏了，则自动修复。检查完所有表后自动进行所有需要的修复。

❑ --bind-address=ip_address：绑定计算机中某个网络接口的地址。

❑ --character-sets-dir=path：设置字符集的安装目录。

❑ --check, -c：检查表的错误。

❑ --check-only-changed, -C：仅检查自上次检查时没有被正确关闭的数据表。

❑ --check-upgrade, -g：调用检查表。该选项被添加在 MySQL 5.0.19 版本。

❑ --compress：压缩在客户端和服务器之间发送的所有信息。

❑ --databases, -B：处理数据库中命名的所有表。使用该选项，所有名称参数被看作数据库名，而不是表名。

❑ --debug[=debug_options],-#[debug_options]：写调试日志。

❑ --debug-check：在程序退出时，显示一些调试信息。

- ❑ --debug-info：当程序退出时，显示调试信息、内存和 CPU 使用率。
- ❑ --default-character-set=charset_name：使用 charsetas 默认字符集。
- ❑ --extended，-e：如果正在使用该选项来检查表，可以确保它们是 100%一致，但需要很长一段时间。
- ❑ --fast，-F：只检查没有正确关闭的表。
- ❑ --fix-db-names：转换数据库的名称为 5.1 格式。包含特殊字符的唯一的数据库名称受影响。
- ❑ --fix-table-names：转换表名为 5.1 格式。只有包含特殊的表名字符受影响。
- ❑ --force，-f：即使出现 SQL 错误也继续执行。
- ❑ --host=host_name，-h host_name：连接指定主机上的 MySQL 服务器。
- ❑ --medium-check，-m：执行比--extended 操作更快的检查。
- ❑ --optimize，-o：优化表。
- ❑ --password[=password],-p[password]：指定连接服务器时所使用的密码。如果使用短选项形式（-p），选项和密码之间不能有空格。如果在命令行中--password 或-p 选项后面没有密码值，则提示输入一个密码。
- ❑ --pipe，-W：在 Windows 上，使用一个命名管道连接到服务器。
- ❑ --port=port_num,-P port_num：用于连接的 TCP/IP 端口号。
- ❑ --protocol={TCP|SOCKET|PIPE|MEMORY}：使用的连接协议。
- ❑ --quick，-q：如果正使用该选项在检查表，它防止扫描行以检查错误链接的检查。这是最快的检查方法。如果正使用该选项在修复表，它尝试只修复索引树。这是最快的修复方法。
- ❑ --repair，-r：执行可以修复大部分问题的修复，但是唯一值不唯一时不能修复。
- ❑ --silent，-s：沉默模式。只打印错误消息。
- ❑ --socket=path,-S path：用于连接的套接字文件。
- ❑ --ssl*：使用--ssl 开头的选项指定是否要连接到服务器。
- ❑ --tables：覆盖--database 或-B 选项。选项后面的所有参量被视为表名。
- ❑ --use-frm：对于 MyISAM 表上的修改操作，需要从.frm 文件获得表结构。这样即使 MYI 表标题被损坏，也可以修改。
- ❑ --user=user_name,-u user_name：指定连接服务器时使用的 MySQL 用户名。
- ❑ --verbose，-v：冗长模式。显示关于各阶段程序操作的信息。
- ❑ --version，-V：显示版本信息并退出。
- ❑ --write-binlog：此选项默认启用。使分析表 OPTIMIZE TABLE、mysqlcheck 的 REPAIR TABLE 语句被写入二进制日志。

【实例 9-15】检查所有数据库的信息。执行命令如下：

```
[root@www ~]# mysqlcheck --all-database -u root -p
Enter password:
auth.users                              OK
mysql.columns_priv                      OK
mysql.db                                OK
mysql.event                             OK
mysql.func                              OK
mysql.general_log
```

```
Error    : You can't use locks with log tables.
status   : OK
mysql.help_category                         OK
mysql.help_keyword                          OK
mysql.help_relation                         OK
mysql.help_topic                            OK
mysql.host                                  OK
mysql.ndb_binlog_index                      OK
mysql.plugin                                OK
mysql.proc                                  OK
mysql.procs_priv                            OK
mysql.servers                               OK
mysql.slow_log
Error    : You can't use locks with log tables.
status   : OK
mysql.tables_priv                           OK
mysql.time_zone                             OK
mysql.time_zone_leap_second                 OK
mysql.time_zone_name                        OK
mysql.time_zone_transition                  OK
mysql.time_zone_transition_type             OK
mysql.user                                  OK
test.student                                OK
```

9.5.13　处理二进制日志文件：/usr/bin/mysqlbinlog

服务器生成的日志文件为二进制格式。要想检查这些文件格式的文件，应使用 mysqlbinlog 实用工具。mysqlbinlog 语句格式如下：

```
shell> mysqlbinlog [options] log_file ......
```

例如，要显示二进制日志 binlog.000003 的内容，使用下面的命令：

```
shell> mysqlbinlog binlog.000003
```

输出包括在 binlog.000003 中包含的所有语句以及其他信息，包括每个语句花费的时间、客户发出的线程 ID、发出线程的时间戳等。

通常情况下，可以使用 mysqlbinlog 直接读取二进制日志文件并将它们用于本地 MySQL 服务器。也可以使用--read-from-remote-server 选项从远程服务器读取二进制日志。

当读取远程二进制日志时，可以通过连接参数选项指示如何连接服务器，但它们经常被忽略，除非还指定了--read-from-remote-server 选项。这些选项是--host、--password、--port、--protocol、--socket 和--user。

还可以使用 mysqlbinlog 来读取在复制过程中从服务器所写的中继日志文件。中继日志格式与二进制日志文件相同。

mysqlbinlog 命令常用选项含义如下。

❑ -help,-?：显示帮助信息并退出。

❑ --base64-output[=value]：指定此选项后，以 base-64 编码显示使用 BINLOG 语句的字符串。

❑ --bind-address=ip_address：绑定计算机中某个网络接口的地址。

❑ --character-sets-dir=path：设置字符集的安装位置。

❑ --database=db_name,-d db_name：只列出该数据库的条目。

- ❑ --debug[=debug_options]，-#[debug_options]：写调试日志。
- ❑ --debug-check：当退出程序时，显示调试信息。
- ❑ --debug-info：当程序退出时，显示调试信息、内存和 CPU 使用率。
- ❑ --disable-log-bin，-D：禁用二进制日志。
- ❑ --force-if-open，-F：读取二进制日志文件。
- ❑ --force-read，-f：如果 mysqlbinlog 读取不能识别的二进制日志事件，则会显示警告，忽略该事件并继续。如果不指定该选项，则 mysqlbinlog 读到此类事件则停止。
- ❑ --hexdump，-H：在注释中显示日志的十六进制转储。该输出可以帮助复制过程中的调试。
- ❑ --host=host_name，-h host_name：获取给定主机上的 MySQL 服务器的二进制日志。
- ❑ --local-load=path，-l path：为指定目录中的 LOAD DATA INFILE 预处理的本地临时文件。
- ❑ --offset=N，-o N：跳过前 N 个条目。
- ❑ --password：指定连接服务器时使用的密码。如果使用-p 选项，选项和密码之间不能有空格。如果在命令行中--password 或-p 选项后面没有密码值，则提示输入一个密码。
- ❑ --port=port_num，-P port_num：用于连接远程服务器的 TCP/IP 端口号。
- ❑ --position=N：过时的位置。
- ❑ --protocol={TCP|SOCKET|PIPE|MEMORY}：指定使用的连接协议。
- ❑ --read-from-remote-server，-R：从 MySQL 服务器读二进制日志。如果未给出选项，任何连接参数选项将被忽略。该选项是--host、--password、--port、--protocol、--socket 和--user。
- ❑ --result-file=name，-r name：将输出指向给定的文件。
- ❑ --server-id=id：仅显示那些具有给定的服务器 ID 创建的事件。
- ❑ --server-id-bits=N：使用 server_id 的第 N 位识别服务器。
- ❑ --set-charset=charset_name：为用于处理日志文件，添加一个指定的字符。
- ❑ --short-form，-s：只显示日志中包含的语句，不显示其他信息。
- ❑ --socket=path，-S path：用于连接的套接字文件。
- ❑ --start-datetime=datetime：从二进制日志中第 1 个日期时间等于或大于 datetime 参数的事件开始读取。datetime 值相对于运行 mysqlbinlog 的机器上的本地时区。
- ❑ --start-position=N，-j N：从二进制日志中第 1 个位置等于 N 参数时的事件开始读。
- ❑ --stop-position=N：从二进制日志中第 1 个位置等于和大于 N 参数时的事件起停止读。
- ❑ --stop-datetime=datetime：从二进制日志中第 1 个日期时间等于或大于 datetime 参量的事件起停止读取。
- ❑ --to-last-log，-t：在 MySQL 服务器中请求的二进制日志的结尾处不停止，而是继续显示下一个二进制日志文件，直到最后一个二进制日志的结尾。如果将输出发送给同一台 MySQL 服务器，会导致无限循环。
- ❑ --user=user_name，-u user_name：连接远程服务器时使用的 MySQL 用户名。
- ❑ --version，-V：显示版本信息并退出。

9.5.14　控制 MySQL 服务文件：/etc/rc.d/init.d/mysqld

mysqld 是一个可执行的脚本文件。使用 service 命令的 start、stop、restart 参数来启动、关闭、重启 MySQL 服务。该文件也可以使用它的绝对路径带 start、stop、restart 参数来控制服务的运行。启动 MySQL 服务的命令如下：

```
[root@www ~]# /etc/rc.d/init.d/mysqld start
正在启动 mysqld:                                    [确定]
```

或者

```
[root@www ~]# service mysqld start
正在启动 mysqld:                                    [确定]
```

9.6　其他配置文件

MySQL 服务中除了上面介绍的各类文件，还有几个文件需要了解一下。本节将介绍这些文件的作用。

9.6.1　日志文件：/var/log/mysqld.log

该文件用于记录客户端访问 MySQL 数据库服务器的所有事件及服务器端执行的一些操作。下面是本服务器的一段日志信息：

```
130808 17:56:23 [Note] /usr/libexec/mysqld: Shutdown complete

130808 17:56:23 mysqld_safe mysqld from pid file /var/run/mysqld/mysqld.pid
ended
130808 17:56:23 mysqld_safe Starting mysqld daemon with databases from
/var/lib/mysql
130808 17:56:23 InnoDB: Initializing buffer pool, size = 8.0M
130808 17:56:23 InnoDB: Completed initialization of buffer pool
130808 17:56:23 InnoDB: Started; log sequence number 0 228878
130808 17:56:23 [Note] Event Scheduler: Loaded 0 events
130808 17:56:23 [Note] /usr/libexec/mysqld: ready for connections.
Version: '5.1.66'  socket: '/var/lib/mysql/mysql.sock'  port: 3306  Source
distribution
```

9.6.2　企业应用的数据库文件：my-huge.cnf

my-huge.cnf 文件是为企业应用的 MySQL 数据库而设计的，这样的数据库需要专用的服务器主机和 1GB 或 1GB 以上的 RAM。

9.6.3　InnoDB 引擎的数据库文件：my-innodb-heavy-4G.cnf

my-innodb-heavy-4G.cnf 文件是为使用 InnoDB 引擎的 MySQL 数据库而设计的。它应该

运行在专用的服务器主机上，拥有的内存至少有 4GB，数据连接比较少，但查询非常复杂。

9.6.4　运行数据库的主机文件：my-large.cnf

my-large.cnf 文件是为专门运行 MySQL 数据库的主机而设计的，这种主机应该为 MySQL 数据库提供多达 512MB 的内存。一般情况下，这种类型的系统一般要达到 1GB 的内存，以便它能够同时处理操作系统与数据库应用程序。

9.6.5　运行小内存的数据库文件：my-small.cnf

my-small.cnf 文件是为运行在小内存（<=64MB）主机上的数据库而设计的。在这种配置下，mysqld 进程没有占用很多的资源，MySQL 数据库只是偶尔地使用一下。

9.6.6　运行小内存的数据库文件：my-medium.cnf

my-medium.cnf 文件也是为运行在小内存（32MB～64MB）主机的数据库而设计的，但此时的 MySQL 起到重要的作用。最常见的情况是这个数据库与其他应用系统一起运行在一台主机上，如 Web 等。而主机的内存会在 128MB 以上。

9.7　MySQL 的应用

通过前面的介绍对 MySQL 服务有了一个清晰的认识，知道了 MySQL 是一种数据服务，该服务中有相应的工具对数据进行新增、修改、删除、查询等。本节将简单地介绍 MySQL 的应用。

9.7.1　登录及退出 MySQL 环境

使用 MySQL 客户端命令工具 mysql 可以连接并登录到 MySQL 环境，在带有提示符 mysql>的交互式命令环境中进行操作。在该操作环境中，输入的每一条数据库管理命令以分号 ";" 表示结束，可以不区分大小写。

对于刚初始化完毕的 MySQL 数据库服务器来说，其管理员账号 root 默认是没有设置密码的。只要直接执行 "mysql -u root" 命令，即可以 root 用户身份登录本机的 MySQL 服务器。在 mysql>环境中，输入 exit 命令即可退出。

【实例 9-16】使用 mysql 命令以 root 用户身份连接本机的 mysqld 服务，执行命令如下：

```
[root@www ~]# mysql -u root
Welcome to the MySQL monitor.  Commands end with ; or \g.
Your MySQL connection id is 4
Server version: 5.1.66 Source distribution

Copyright (c) 2000, 2012, Oracle and/or its affiliates. All rights reserved.
```

```
Oracle is a registered trademark of Oracle Corporation and/or its
affiliates. Other names may be trademarks of their respective
owners.

Type 'help;' or '\h' for help. Type '\c' to clear the current input statement.

mysql>
```

为了安全起见，建议使用 mysqladmin 命令工具为 MySQL 数据库的 root 用户设置一个密码。再次连接 mysqld 服务时，需要在 mysql -u root 命令后加上-p 参数，根据参数提示输入正确的密码后才可以登录 MySQL 环境。

【实例 9-17】将 root 用户的密码设置为 root，并再次登录 mysqld 服务器。

```
[root@www ~]# mysqladmin -u root password "root"
[root@www ~]# mysql -u root -p
Enter password:
Welcome to the MySQL monitor.  Commands end with ; or \g.
Your MySQL connection id is 4
Server version: 5.1.66 Source distribution

Copyright (c) 2000, 2012, Oracle and/or its affiliates. All rights reserved.

Oracle is a registered trademark of Oracle Corporation and/or its
affiliates. Other names may be trademarks of their respective
owners.

Type 'help;' or '\h' for help. Type '\c' to clear the current input statement.
mysql>
```

注意：这个 root 用户是用来访问 mysqld 服务的，而不是登录 Linux 系统的 root 用户。

9.7.2　数据库的备份与恢复

1．备份数据库

及时备份数据库是信息安全管理的重要工作内容之一。MySQL 数据备份可以使用多种方式，直接备份数据库目录 "/var/lib/mysql" 是一种比较快捷的方式，而更广泛使用的做法是使用 mysqldump 命令来完成备份。

使用 mysqldump 命令可以将数据库信息导出为 SQL 脚本文件，这样的脚本文件还能够在不同版本的 MySQL 服务器上使用。例如，当需要升级 MySQL 数据库软件的版本时，使用 mysqldump 命令将原有数据库信息导出，直接在更新后的 MySQL 服务器中导入即可。

mysqldump 命令可以完成全部数据库、指定数据库、数据表的备份。命令格式如下：

```
mysqldump -u 用户名 -p [密码] [options] [数据库名] [表名] > /备份路径/备份文件名
```

【实例 9-18】备份整个 auth 数据库。执行命令如下：

```
[root@www ~]# mysqldump -u root -p auth > mysql-auth.sql
Enter password:
[root@www ~]# ll mysql-auth.sql
-rw-r--r-- 1 root root 1897 9月  11 16:21 mysql-auth.sql
```

【**实例 9-19**】备份数据库 MySQL 中的 user 表、host 表。执行命令如下：

```
[root@www ~]# mysqldump -u root -p mysql host user > mysql.host-user.sql
Enter password:
```

【**实例 9-20**】备份 MySQL 服务器中所有数据库的内容（添加--all-databases 选项），当需要备份的信息较多时，可以添加--opt 选项进行优化，以加快备份速度。

```
 [root@www ~]# mysqldump -u root -p --all-databases > mysql-all.sql
Enter password:
```

2. 恢复数据库

对于使用 mysqldump 命令导出的备份文件，在需要恢复时可以直接通过 mysql 命令进行导入。使用 mysql 命令导入.sql 脚本文件时，命令格式如下：

```
mysql -u root -p [数据库名] < /备份路径/备份文件名
```

【**实例 9-21**】备份文件 mysql-all.sql 包括所有的（或多个）数据库信息时，执行 mysql 导入时可以不指定数据库名。

```
[root@www ~]# mysql -u root -p < mysql-all.sql
Enter password:
```

【**实例 9-22**】备份文件只包含单个数据库或单个数据表时，执行 mysql 导入时需要知道目标数据库的名称。

```
[root@www ~]# mysql -u root -p < mysql-all.sql
Enter password:
[root@www ~]# mysql -u root -p < mysql-auth.sql
Enter password:
ERROR 1046 (3D000) at line 22: No database selected
[root@www ~]# mysql -u root -p auth < mysql-auth.sql
Enter password:
[root@www ~]# mysql -u root -p mysql < mysql.host-user.sql
Enter password:
```

第 10 章　PostgreSQL 服务

PostgreSQL 是一个自由的对象-关系数据库服务器（数据库管理系统），它在灵活的 BSD-风格许可证下发行。它提供了相对其他开放源代码数据库系统（比如 MySQL 和 Firebird）和专有系统（比如 Oracle、Sybase、IBM 的 DB2 和 Microsoft SQL Server）的一种选择。本章将介绍 PostgreSQL 服务的基本信息、安装和配置文件等内容。

10.1　基 本 信 息

在构建 PostgreSQL 服务之前，先了解一下该服务的基本信息，如包括地址的配置、软件包、数据库用户、进程、端口等信息。

10.1.1　网卡配置文件：/etc/sysconfig/network-scripts/ifcfg-XXX

下面为安装 PostgreSQL 数据库服务的主机设置一个固定的 IP 地址为 192.168.1.1。

```
[root@localhost ~]# cat /etc/sysconfig/network-scripts/ifcfg-eth0
HWADDR=00:0C:29:88:77:96
IPADDR=192.168.1.1
NETMASK=255.255.255.0
GATEWAY=192.168.1.1
```

10.1.2　软件包：postgresql

下面以表格的形式列出了 Red Hat Linux 中 PostgreSQL 服务的 postgresql 软件包位置及源码包下载地址，如表 10.1 所示。

表 10.1　软件包位置

软件包类型	位　　　置
RHEL6 RPM	光盘：/Packages
RHEL5 RPM	光盘：/Server
源码包	http://www.postgresql.org/ftp/source/v9.3.1/

本章讲解安装 postgresql 软件的方法，适合 RHEL 5.X～6.4 的所有版本。不同版本的软件包名，如表 10.2 所示。

表 10.2　不同发行版本的软件包

RHEL 6.4	postgresql-server-8.4.13-1.el6_3.i686.rpm
RHEL 6.3	postgresql-server-8.4.11-1.el6_2.i686.rpm
RHEL 6.2	postgresql-server-8.4.9-1.el6_1.1.i686.rpm
RHEL 6.1	postgresql-server-8.4.7-2.el6.i686.rpm
RHEL 6.0	postgresql-server-8.4.4-2.el6.i686.rpm
RHEL 5	postgresql-server-8.1.18-2.el5_4.1.i386.rpm

10.1.3　数据库用户：postgres

如果要安装 PostgreSQL 数据库服务的源码包，则需要用户手动创建运行 PostgreSQL 数据库的用户和组。执行如下命令来创建用户和组。

```
[root@localhost ~]# groupadd postgres
[root@localhost ~]# useradd -g postgresql postgres
```

10.1.4　进程名：postmaster

PostgreSQL 服务启动后，会自动运行一个名为 postmaster 的进程。可使用以下命令查看：

```
[root@localhost ~]# ps -eaf | grep postmaster
postgres 18818     1  0 15:11 ?        00:00:00 /usr/bin/postmaster -p 5432
-D /var/lib/pgsql/data
root     19013 6933  0 15:23 pts/0    00:00:00 grep postmaster
```

10.1.5　端口：5432

PostgreSQL 服务运行后，默认监听 5432 号端口。可以使用以下命令查看：

```
[root@localhost ~]# netstat -antpul | grep 5432
tcp     0  0 127.0.0.1:5432      0.0.0.0:*       LISTEN    18818/postmaster
tcp     0  0 ::1:5432                            :::*         LISTEN
18818/postmaster
```

10.1.6　防火墙所开放的端口号：5432

```
[root@localhost ~]# iptables -I INPUT -p tcp --dport 3128 -j ACCEPT
```

10.2　构建 PostgreSQL 服务

本节介绍使用 RHEL 6.4 安装光盘中的程序包搭建 PostgreSQL 服务。安装 PostgreSQL 数据库服务的步骤如下。

（1）使用 rpm 命令查看系统中是否已经安装了 postgresql-server 包。

```
[root@localhost ~]# rpm -q postgresql-server
package postgresql-server is not installed
```

显示的信息说明 postgresql-server 软件包没有安装。如果该软件包已安装，则会输出该软件包的名称。

（2）使用以下命令安装 postgresql-server 软件包。

```
[root@localhost ~]# mount /dev/cdrom /mnt/cdrom/
mount: block device /dev/sr0 is write-protected, mounting read-only
[root@localhost ~]# cd /mnt/cdrom/Packages/
[root@localhost Packages]# rpm -ivh postgresql-server-8.4.13-1.el6_3.i686.
rpm
warning: postgresql-server-8.4.13-1.el6_3.i686.rpm: Header V3 RSA/SHA256
Signature, key ID fd431d51: NOKEY
Preparing...              ###########################################
[100%]
   1:postgresql-server    ###########################################
[100%]
```

看到上面的输出结果表示 postgresql-server 软件包已安装成功。

10.3　文件组成

当某一个服务安装后，会自动创建一些目录和文件。PostgreSQL 服务所创建的文件，如表 10.3 所示。

表 10.3　PostgreSQL服务中的文件

目　　录	文　件　名	文　件　类　型	功　能　说　明
/etc/pam.d/	postgresql	配置文件	PAM 认证配置文件
/etc/rc.d/init.d/	postgresql	脚本文件	控制服务的运行状态
/usr/bin	initdb	可执行文件	创建一个新的 PostgreSQL 数据库集群
	pg_controldata	可执行文件	显示一个 PostgreSQL 数据库集群的控制信息
	pg_ctl	可执行文件	启动、停止或重启 PostgreSQL 服务
	pg_resetxlog	可执行文件	重置 PostgreSQL 数据库集群的预写日志和其他控制信息
	postgres	可执行文件	以单用户模式运行 PostgreSQL 服务器
	postmaster	可执行文件	PostgreSQL 多用户数据库服务
	psql	可执行文件	PostgreSQL 服务客户端工具
/var/lib/pgsql/data/	postgresql.conf	配置文件	主配置文件
	pg_hba.conf	配置文件	客户端认证文件
	pg_ident.conf	配置文件	用户映射文件
	postmaster.opts	配置文件	记录命令参数文件
	postmaster.pid	配置文件	记录服务进程的文件
	pgstartup.log	配置文件	日志文件

下面以图的形式表示表 10.3 中这些文件的工作流程，如图 10.1 所示。

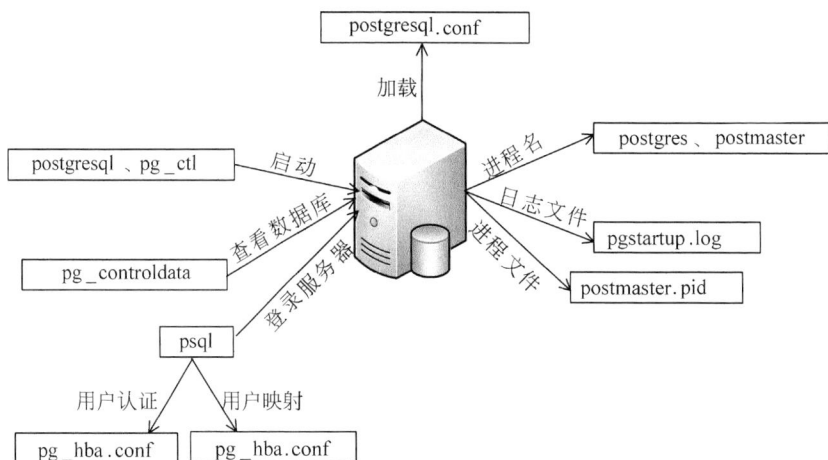

图 10.1　PostgreSQL 服务中各文件工作流程

10.4　配置文件：/var/lib/pgsql/data/postgresql.conf

postgresql.conf 主配置文件默认保存在数据库安装目录/var/lib/pgsql/data 下。该文件中保存有大量的信息，本节将介绍该配置文件中各配置项的作用。

10.4.1　设置数据存储的目录：data_directory

data_directory 参数用来设置数据存储使用的目录，该选项只能在服务器启动的时候配置。默认配置信息如下：

```
data_directory = 'ConfigDir'
```

在默认安装里，不会明确设置一些文件位置的参数，取而代之的是用命令行参数-D 或者环境变量 PGDATA 声明数据库目录，而配置文件都放在数据目录里。如果想把配置文件放在别的地方，那么 postmaster 的命令行参数-D 或者环境变量 PGDATA 必须指向包含配置文件的目录，而 postgresql.conf 里（或者命令行上）的 data_directory 参数必须设置为表示数据目录实际存放的位置。注意 data_directory 覆盖-D 和 PGDATA 上的数据目录的设置，但是不覆盖配置文件的目录。

10.4.2　设置基础的认证配置文件的文件名：hba_file

hba_file 参数用来设置主机为基础的认证（HBA）配置文件的文件名，通常名称为pg_hba.conf。该选项只能在服务器启动的时候设置。默认配置信息如下：

```
hba_file = 'ConfigDir/pg_hba.conf'
```

10.4.3 设置 ident（身份）认证的配置文件：ident_file

ident_file 参数用来设置 ident（身份）认证的配置文件，通常叫做 pg_ident.conf。该选项只能在服务器启动的时候设置。默认配置信息如下：

```
ident_file = 'ConfigDir/pg_ident.conf'
```

10.4.4 设置 postmaster 进程号文件的位置：external_pid_file

external_pid_file 参数用来设置服务器管理程序使用的一个附加 postmaster 进程号（PID）文件的位置。该选项只能在服务器启动的时候设置。默认配置信息如下：

```
external_pid_file = '(none)'
```

10.4.5 监听的 IP 地址：listen_address

listen_address 参数用来设置服务器监听客户端应用连接的 TCP/IP 地址。如果这个列表是空的，表示服务器不会监听任何 IP 接口。这种情况下，只有 UNIX 域套接字可以用于连接数据库。"*"表示监听所有可用 IP 接口。默认值是 localhost，只允许进行本地 loopback 连接。配置信息如下：

```
listen_addresses = 'localhost'
```

10.4.6 监听的端口号：port

port 参数设置服务器监听的 TCP 端口。默认监听的端口是 5432，配置信息如下：

```
port = 5432
```

10.4.7 设置数据库连接的并发连接数目的最大值：max_connections

max_connections 参数设置客户端与数据库连接的并发连接数目的最大值。默认值为100，但是如果用户的内核设置不支持这么大，可能会比这个数少。增大这个参数可能导致 PostgreSQL 要求更多的 System V 共享内存或者信号量，可能超过用户的操作系统默认配置的许可值。配置信息如下：

```
max_connections = 100
```

10.4.8 设置为 PostgreSQL 超级用户连接而保留的连接：superuser_reserved_connections

superuser_reserved_connections 参数用来设置为 PostgreSQL 超级用户连接而保留的连

接数。服务一次最多可以同时激活 max_connections 参数所设定的连接数。在活跃的并发连接达到 max_connections 减去 superuser_reserved_connections 的时候，新的连接就只能由超级用户发起了。默认值为 3，该值必须小于 max_connections 的值。配置信息如下：

```
superuser_reserved_connections = 3
```

10.4.9　设置监听客户端连接的 UNIX 域套接字的目录：unix_socket_directory

unix_socket_directory 参数设置服务器监听客户端应用连接的 UNIX 域套接字的目录。默认配置信息如下：

```
unix_socket_directory = ''
```

10.4.10　设置 UNIX 域套接字的所有者：unix_socket_group

unix_socket_group 参数用来设置 UNIX 域套接字的所有者（套接字的所属用户总是启动服务器的用户）。该参数与 unix_socket_permission 同时设置，就可以用于控制套接字类型的附加访问控制。默认的时候，这是一个空字符串，表示使用当前用户的默认组。配置信息如下：

```
unix_socket_group = ''
```

10.4.11　设置 UNIX 域套接字的访问权限：unix_socket_permissions

unix_socket_permissions 参数用来设置 UNIX 域套接字的访问权限。UNIX 域套接字使用普通的 UNIX 文件系统权限集。这个选项值应该是数值的形式，也就是那种 UNIX 域套接字调用 chmod 和 umask 接受的形式。要使用客户端的八进制格式，数字必须以 0（零）开头。默认配置信息如下：

```
unix_socket_permissions = 0777
```

10.4.12　设置 Bonjour 的广播地址：bonjour_name

bonjour_name 参数用来设置 Bonjour 的广播地址。默认使用计算机名，配置信息如下：

```
bonjour_name = ''
```

10.4.13　设置客户端认证的最长时间：authentication_timout

authentication_timout 参数用来设置客户端认证的最长时间，以秒计。如果一个客户端没有在这段时间里完成认证协议，服务器将中断连接。这样就避免了出问题的客户端无限制地占据连接资源。默认配置信息如下：

```
authentication_timeout = 1min
```

10.4.14　是否打开 ssl 连接：ssl

ssl 参数用来设置是否打开 ssl 连接。默认配置信息如下：

```
ssl = off
```

10.4.15　设置是否加密：ssl_ciphers

ssl_ciphers 参数用来设置服务器是否使用加密。默认允许使用加密。如果要禁用加密，将该参数的值设置为 NULL。默认配置信息如下：

```
ssl_ciphers = 'ALL:!ADH:!LOW:!EXP:!MD5:@STRENGTH'
```

10.4.16　设置协商之间的数据量问题：ssl_renegotiation_limit

ssl_renegotiation_limit 参数用来设置客户端与服务器之间协商的数据量问题。如果设置为 0，表示完全地禁止协商。默认配置信息如下：

```
ssl_renegotiation_limit = 512MB
```

10.4.17　设置是否要加密口令：password_encryption

password_encryption 参数用来设置是否要加密口令。可设置的值为 on 和 off，默认配置信息如下：

```
password_encryption = on
```

10.4.18　设置是否允许使用命名空间：db_user_namespace

db_user_namespace 参数设置是否允许每个数据库的用户打开命名空间。默认是关闭的，配置信息如下：

```
db_user_namespace = off
```

如果要打开该参数，应该设置为 username@dbname 的格式来创建用户。在给一个正在连接的客户端传递 username 的时候，用户名后必须附加@和数据库名字，然后服务器查找该数据库相关的用户名字。打开这个选项之后，还能够创建普通的全局用户，只要在客户端声明用户的时候附加一个@即可。在服务器查找这个用户名之前，@会被剥除。

10.4.19　设置 Kerberos 服务器密钥文件的位置：krb_server_keyfile

krb_server_keyfile 参数用来设置 Kerberos 服务器密钥文件的位置。默认配置信息如下：

```
krb_server_keyfile = ''
```

10.4.20　设置 Kerberos 服务名：Krb_srvname

Krb_srvname 参数用来设置 Kerberos 服务名。默认配置信息如下：

```
krb_srvname = 'postgres'
```

10.4.21　设置 Kerberos 用户名是否与大小写无关：Krb_caseins_users

Krb_caseins_users 参数用来设置 Kerberos 用户名是否与大小写无关。默认是 off，表示与大小写相关。默认配置信息如下：

```
krb_caseins_users = off
```

10.4.22　设置发送保持活跃信号的时间间隔：tcp_keepalives_idle

在支持 TCP_KEELIDLE 套接字选项的系统上，tcp_keepalives_idle 参数设置发送保持活跃信号的间隔秒数，不发送保持活跃信号，连接就会处于闲置状态。0 值的话则使用系统默认的。如果不支持 TCP_KEEPIDLE，这个参数必须为 0。在通过 UNIX 域套接字进行的连接上，这个参数被忽略。默认配置信息如下：

```
tcp_keepalives_idle = 0
```

10.4.23　设置在重新传输之间等待响应的时间：tcp_keepalives_interval

在支持 TCP_KEEPINTVL 套接字选项的系统上，tcp_keepalives_interval 参数设置重新传输之间等待响应的时间。如果不支持 TCP_KEEPINTVL，这个参数必须为 0。在通过 UNIX 域套接字进行的连接上，这个选项被忽略。默认配置信息如下：

```
tcp_keepalives_interval = 0
```

10.4.24　设置连接断掉之前可以丢失多少个保持活跃的信号：tcp_keepalives_count

在支持 TCP_KEEPCNT 选项的系统上，tcp_keepalives_count 参数用来设置在人为连接断掉之前可以丢失多少个保持活跃的信号，默认值为 0。如果不支持 TCP_KEEPCNT，这个参数必须是 0。这个选项在通过使用 UNIX 域套接字建立的连接上被忽略。默认配置信息如下：

```
tcp_keepalives_count = 0
```

10.4.25　设置数据库服务器使用的共享内存缓冲区数目：shared_buffers

shared_buffers 参数用来设置数据库服务器使用的共享内存缓冲区数目。默认配置信息如下：

```
shared_buffers = 32MB
```

10.4.26　设置每个数据库会话使用的临时缓冲区的最大数目：temp_buffers

temp_buffers 参数用来设置每个数据库会话使用的临时缓冲区的最大数目。这些都是会话的本地缓冲区，只用于访问临时表。该参数设置可以在独立的会话内部设置，但是只有在会话第一次使用临时表时才能增加，否则改变数值将不起作用。一个会话将按照 temp_buffers 给出的限制，根据需要分配临时缓冲区。如果在一个并不需要大量临时缓冲区的会话里设置一个大的数值，其花费只是一个缓冲区描述符，或者说每次 temp_buffers 里的增加大概是 64 字节。但是，如果一个缓冲区实际上被使用，那么就会有额外的 8192 字节为之消耗。默认配置信息如下：

```
temp_buffers = 8MB
```

10.4.27　设置预备事务的最大数目：max_prepared_transactions

max_prepared_transactions 参数用来设置同时处于预备状态事务的最大数目。把这个参数设置为 0，则关闭预备事务的特性。默认值为 0，表示不使用预备事务。如果使用它们，需要把 max_prepared_transactions 设置成至少和 max_connections 一样大，以避免在预备不足时的失败。增加这个参数可能会导致 PostgreSQL 要求比默认配置更多的 System V 共享内存。配置信息如下：

```
max_prepared_transactions = 0
```

10.4.28　设置排序和散列表使用内存的数目：work_mem

work_mem 参数用来设置内部排序操作和散列表使用的内存数量。当超过这个数量时，将使用临时磁盘文件。数值是以兆为单位的，默认值为 1MB。配置信息如下：

```
work_mem = 1MB
```

10.4.29　设置在维护性操作中使用的最大内存数：maintenance_work_mem

maintenance_work_mem 参数用来设置在维护性操作中使用最大内存数，如 VACUUM、CREATE INDEX 和 ALTER TABLE ADD FORELGN KEY 等。数值是用于千字节计算的，默认值是 16MB。在一个数据库会话里，任意时刻只有一个这样的操作可以执行，并且一个数据库安装通常不会有太多这样的工作并发执行。把这个数值设置得比 work_mem 更大是安全的，因为更大的设置可以加快清理和恢复数据库转储的速度。默认配置信息如下：

```
maintenance_work_mem = 16MB
```

10.4.30　设置堆栈的最大安全深度：max_stack_depth

max_stack_depth 参数用来设置服务器执行堆栈的最大安全深度。因为在服务器里，并非所有过程都检查了堆栈深度，而只是尽可能执行递归的过程，如表达式计算。如果这个参数大于实际的内核限制，将意味着一个正在执行的递归函数可能会导致服务器进程的崩溃。默认值是 2MB，这个值相对比较小，不容易导致崩溃。但是如果这个值太小了，会导致无法执行复杂的函数。默认配置信息如下：

```
max_stack_depth = 2MB
```

10.4.31　设置服务器进程允许同时打开的最大文件数：max_files_per_process

max_files_per_process 参数用来设置每个服务器进程允许同时打开最大文件数目。如果内核已经有了一个合理的限制，那么就不需要这个设置。但是在一些平台上（如大多数 BSD 系统），内核允许独立的进程打开的文件数大于系统实际支持的文件数。如果有 too many open file 这样的失败现象，那么尝试将该参数的值减少。该参数的最小值为 25。默认配置信息如下：

```
max_files_per_process = 1000
```

10.4.32　设置访问 debugger 动态库路径：shared_preload_libraries

shared_preload_libraries 参数用来设置访问 debugger 动态库路径。配置信息如下：

```
shared_preload_libraries = '$libdir/plugins/plugin_debugger.so'
```

10.4.33　设置基于开销的清理延迟：vacuum_cost_delay

vacuum_cost_delay 参数设置基于开销的清理延迟特性，以毫秒计算时间长度。如果超过了这个开销限制，进程将休眠。默认值为 0，表示关闭基于开销的清理延迟特性。正数值表示打开基于开销的清理。注意，在许多系统上，sleep 延迟的有效分辨率是 10 毫秒。默认配置信息如下：

```
vacuum_cost_delay = 0ms
```

10.4.34　设置清理在共享缓存里找到的缓冲区的开销：vacuum_cost_page_hit

vacuum_cost_page_hit 参数用来设置清理在共享缓存里一个找到的缓存区的预计开销。它包含锁住缓冲地，查找共享的散列表以及扫描页面的内容的开销。默认配置信息如下：

```
vacuum_cost_page_hit = 1
```

10.4.35　设置清理从磁盘上读取的缓冲区的预计开销：vacuum_cost_page_miss

vacuum_cost_page_miss 参数用来设置清理一个要从磁盘上读取的缓冲区的预计开销。这个行为包含锁住缓冲地，查找共享散列表，从磁盘读取需要的数据块以及扫描它的内容的开销。默认值为 10，配置信息如下：

```
vacuum_cost_page_miss = 10
```

10.4.36　设置清理修改一个干净块的预计开销：vacuum_cost_page_dirty

vacuum_cost_page_dirty 参数用来设置清理修改一个干净块的预计开销。它包含一个把脏块写入到磁盘中的额外开销。默认值为 20，配置信息如下：

```
vacuum_cost_page_dirty = 20
```

10.4.37　设置清理进程休眠的累积开销：vacuum_cost_limit

vacuum_cost_limit 参数用来设置导致清理进程休眠的累积开销。默认值为 200，配置信息如下：

```
vacuum_cost_limit = 200
```

10.4.38　设置后端写进程活跃回合之间的延迟：bgwriter_delay

bgwriter_delay 参数用来设置后端写进程活跃回合之间的延迟。在每个回合中，后端写进程都会发出命令，将脏数据写入磁盘，然后它就休眠 bgwriter_delay 毫秒，然后重复动作。默认值是 200 毫秒，该参数的值处于 10～10000 毫秒之间。默认配置信息如下：

```
bgwriter_delay = 200ms
```

10.4.39　设置后端写进程重复使用的最大缓冲区：bgwriter_lru_maxpages

bgwriter_lru_maxpages 参数设置在每个回合中，后端写进程使用的最大缓冲区数量，这些缓冲区将被扫描，作为即将重复使用的缓冲区并写入磁盘。配置信息如下：

```
bgwriter_lru_maxpages = 100
```

10.4.40　设置后端写进程扫描 LRU 链表的数：bgwriter_lru_multiplier

bgwriter_lru_multiplier 参数设置扫描 LRU 链表的数。系统每隔 bgwriter_delay 指定的

时间启动后端写进程。该进程将从后向前扫描缓冲区的 LRU 链表，写出至多 bgwriter_lru_multiplier*N 个脏页，并且不超过 bgwriter_lru_maxpages 值的限制。其中，N 是最近一段时间在两次后端写进程运行期间系统新申请的缓冲页数。在后端写进程参数的配置中，如果后端写进程过于频繁地将脏页写出，则经常被更新的数据页可能会被多次写入磁盘，反而增加了数据库的 I/O 次数，导致系统性能下降。另一方面，若该进程写周期过长，又不能起到优化数据库写 I/O 操作的作用。因此确定后端写进程以什么速率将脏页写出才能达到最佳效果，需要综合考虑系统的实际运行状态。默认配置信息如下：

```
bgwriter_lru_multiplier = 2.0
```

10.4.41　设置并发磁盘 I/O 操作的数量：effective_io_concurrency

effective_io_concurrency 参数用来设置并发磁盘 I/O 操作的数量。通过提高 effective_io_concurrency 参数的值，可以增加 I/O 操作的数目（试图发起并行连接会话的数目）。如果设置为 0，表示禁止异步 I/O 请求。该参数允许的范围是 1~1000。默认配置信息如下：

```
effective_io_concurrency = 1
```

10.4.42　是否启用 fsync：fsync

fsync 参数用来设置是否启用 fsync。如果这个选项打开，则 PostgreSQL 服务器将在多个地方使用 fsync()系统调用来确保更新已经物理上写到磁盘中。这样就保证了数据库集群将在操作系统或者硬件崩溃的情况下恢复到一个一致的状态，但是使用 fsync()会对性能有影响。在事务提交的时候，PostgreSQL 必须等待操作系统把预写日志写入磁盘。在关闭 fsync 的时候，操作系统可以尽可能优化缓冲，排序和推迟写协作。这样可以显著提高性能。如果系统崩溃，最后提交的几个事务的结果可能不全或者全部丢失。最糟糕的情况是可能出现不可恢复的崩溃。

因为涉及的风险太高，fsync 的设置没有普适的原则。有些管理员总是关闭 fsync，而其他一些只是在批量装载的时候关闭它。因为这个时候如果出现了错误，那么就有个明确的重新开始的点。而另外一些管理员总是打开 fsync。默认是打开 fsync，目的是最大限度的可靠性。默认配置信息如下：

```
fsync = on
```

10.4.43　设置是否启用异步提交功能：synchronous_commit

synchronous_commit 参数用来设置是否启用异步提交功能。当宕机时，如果允许丢失少量数据，则这个功能非常有用。将该参数值设置 on 时，表示打开该功能。需要注意的是，虽然设置为了异步提交，当主机宕机时，PosgreSQL 只会丢失少量数据，异步提交并不会导致数据损坏或者数据库无法启动。默认配置信息如下：

```
synchronous_commit = on
```

10.4.44　设置向磁盘强制更新 WAL 数据的方法：wal_sync_method

wal_sync_method 参数用来设置向磁盘强制更新 WAL 数据的方法。如果 fsync 是关闭的，那么这个设置无法生效，因为所有更新都不会强制输出。该选项可能的值是：open_datasync、fdatasync、fsync_writethrough、fsync、open_sync。默认配置信息如下：

```
wal_sync_method = fsync
```

10.4.45　设置是否将整个 page 写入 WAL：full_page_writes

full_page_writes 参数设置是否将整个 page 写入 WAL。打开这个选项后，PostgreSQL 服务器在 checkpoint 时，在对页面第一次写的时候，将整个页面写入 WAL 里。当操作系统崩溃后，不会因为只有部分页面写入磁盘导致新旧数据的混杂。把完整的页面保存，这样可以保证正确存储页面，但是增加了写入 WAL 的数据量。把这个选项关闭会加快正常操作的速度，但是可能导致系统崩溃或者掉电之后的数据库损坏，它的危害比较小，但是类似 fsync。如果用户有减小部分页面写入风险的硬件支持或者文件系统软件支持，并且可以把风险降低到一个可以接受的低范畴，那么可以关闭这个选项。默认配置信息如下：

```
full_page_writes = on
```

10.4.46　设置 WAL 数据的缓存区大小：wal_buffers

wal_buffers 参数设置用于存放 WAL 数据的缓存区大小。默认配置信息如下：

```
wal_buffers = 64kB
```

10.4.47　WalWriter 进程的写间隔时间：wal_writer_delay

wal_writer_delay 参数用来设置 WalWriter 进程的写操作间隔时间。默认值是 200ms（毫秒），如果时间过长可能造成 WAL 缓冲区的空间不足；时间过短将会引起 WAL 的不断写入，增加磁盘 I/O 负担。默认配置信息如下：

```
wal_writer_delay = 200ms
```

10.4.48　设置时间延迟：commit_delay

commit_delay 参数用来设置 WAL 数据和其他数据写入磁盘之间的时间延迟，以微秒计。一个非零的延迟允许，如果系统性能足够高，可以在给定的间隔时间内，事务可能已经准备好写入的数据，那么多个事务可以共用一个 fsync() 系统完成数据写入。这时，可以将该选项设置为 0。如果没有其他事务准备提交，那么这个间隔就会浪费时间。因此，这个延迟只是在一个服务器进程写其提交日志时，至少 commit_siblings 个其他事务在活跃的情况下执行。默认值是 0（无延迟），配置信息如下：

```
commit_delay = 0
```

10.4.49　设置打开的并发事务数目：commit_siblings

commit_siblings 参数设置在执行 commingle_delay 延迟的时候，要求最少打开的并发事务数目。设置较大的数值可以使得在延迟期间内，有至少一个事务准备好提交。默认值是 5，配置信息如下：

```
commit_siblings = 5
```

10.4.50　设置 WAL 检查点之间的最大距离：checkpoint_segments

checkpoint_segments 参数用来设置 WAL 检查点之间的最大距离，以日志文件段（每个段通常 16MB）计算。默认值是 3，配置信息如下：

```
checkpoint_segments = 3
```

10.4.51　设置 WAL 检查点之间的最长时间：checkpoint_timeout

checkpoint_timeout 参数用来设置 WAL 检查点之间的最长时间。该参数的范围是 30 秒-1 小时。默认值是 5 分钟，配置信息如下：

```
checkpoint_timeout =5min
```

10.4.52　设置 checkpoint 的完成目标：checkpoint_completion_target

checkpoint_completion_target 设置 checkpoint 的完成目标。默认值为 0.5，也就是说每个 checkpoint 需要在 checkpoints 间隔时间的 50%内完成目标。配置信息如下：

```
checkpoint_completion_target = 0.5
```

10.4.53　设置检查点段文件发生的检查点的间隔：checkpoint_warning

checkpoint_warning 参数用来设置检查点段文件发生的检查点的间隔。如果超过该值，会向服务器日志发送一个消息。如果设置该参数值为 0，表示关闭警告。默认值是 30 秒，配置信息如下：

```
checkpoint_warning = 30s
```

10.4.54　是否启用 wal 归档功能：archive_mode

archive_mode 参数用来设置是否启用 WAL 归档功能。一般在配置 PosggreSQL 流复制时，通常开启 archive_mode，但并不一定会配置 archive_command 的 shell 脚本命令，因为 PostgreSQL 的归档非常大，而且保留归档 WAL 需要很大的存储空间，当然有条件的情况下建议开启并设置保留策略。默认配置信息如下：

```
archive_mode = off
```

10.4.55　设置 WAL 文件序列归档的 shell 命令：archive_command

archive_command 参数用来设置将一个完整的 WAL 文件归档所可执行的 shell 命令。如果该值是一个空字符串，那么 WAL 归档功能就关闭。字符串中任何%p 都被要归档文件的绝对路径代替，而任何%f 都只被该文件名代替。如果需要在命令里使用真正的%，需要写为%%。默认配置信息如下：

```
archive_command = ''
```

10.4.56　设置限制未归档数据的最长时间：archive_timeout

archive_timeout 参数用来设置限制未归档的数据最多时间。设置该参数可以强制数据库切换到一个新的 WAL 文件，便于进行归档操作。默认配置信息如下：

```
archive_timeout = 0
```

10.4.57　是否优化器启用位图扫描计划类型：enable_bitmapscan

enable_bitmapscan 参数用来设置是否优化器启用位图扫描（bitmap-scan）计划类型功能。默认值是 on，配置信息如下：

```
enable_bitmapscan = on
```

10.4.58　是否优化器启用哈希聚合计划类型：enable_hashagg

enable_hashagg 参数用来设置是否启用优化器哈希聚合（hashed aggregation）计划类型。默认值是 on，配置信息如下：

```
enable_hashagg = on
```

10.4.59　是否优化器启用哈希连接计划类型：enable_hashjoin

enable_hashjoin 参数用来设置是否优化器启用哈希连接（hash-join）计划类型。默认值是 on，配置信息如下：

```
enable_hashjoin = on
```

10.4.60　是否优化器启用索引扫描计划类型：enable_indexscan

enable_indexscan 参数用来设置是否优化器启用索引扫描（index-scan）计划类型。默认值是 on，配置信息如下：

```
enable_indexscan = on
```

10.4.61　是否优化器启用混合连接计划类型：enable_mergejoin

enable_mergejoin 参数用来设置是否优化器启用混合连接（merge-join）计划类型。默认值是 on，配置信息如下：

```
enable_mergejoin = on
```

10.4.62　是否优化器启用循环嵌套连接计划类型：enable_nestloop

enable_nestloop 参数用来设置是否优化器启用循环嵌套连接（nested-loop join）计划类型。虽然用户无法完全消除嵌套循环，但是有其他计划类型可用时，建议关闭该功能。优化器默认值是 on，配置信息如下：

```
enable_nestloop = on
```

10.4.63　是否优化器启用顺序扫描计划类型：enable_seqscan

enable_seqscan 参数用来设置是否优化器启用顺序扫描（sequential scan）计划类型。虽然用户不可能完全消除顺序扫描，但是如果有其他计划类型可使用，则关闭该功能优化器。默认值是 on，配置信息如下：

```
enable_seqscan = on
```

10.4.64　是否优化器启用明确排序操作：enable_sort

enable_sort 参数用来设置是否启用查询计划的明确排序操作优化器。虽然不可能完全消除排序操作，但是如果有其他计划方式可以使用，建议关闭该功能。优化器默认值是 on，配置信息如下：

```
enable_sort = on
```

10.4.65　是否优化器启用 TID 扫描计划类型：enable_tidscan

enable_tidscan 参数用来设置是否优化器启用 TID 扫描（TID scan）计划类型。默认值是 on，配置信息如下：

```
enable_tidscan = on
```

10.4.66　设置获取顺序扫描一个页面的开销：seq_page_cost

seq_page_cost 参数用来设置顺序扫描时，读取一个磁盘页面的预估开销值。默认配置信息如下：

```
seq_page_cost = 1.0
```

10.4.67　设置获取非顺序扫描一个页面的开销：random_page_cost

random_page_cost 参数用来设置非顺序扫描时，读取一个磁盘页面的预估开销。默认配置信息如下：

```
random_page_cost = 4.0
```

10.4.68　设置优化器处理每行数据的开销：cpu_tuple_cost

cpu_tuple_cost 参数用来设置优化器在一次查询中，处理一个数据行的预估开销。这是以一次顺序页面抓取的开销的分数来计量的。默认值是 0.01，配置信息如下：

```
cpu_tuple_cost = 0.01
```

10.4.69　设置优化器每次索引扫描进入索引的开销：cpu_index_tuple

cpu_index_tuple 参数用来设置在一次索引扫描中，优化器进入一个索引的预估开销。默认值是 0.005，配置信息如下：

```
cpu_index_tuple_cost = 0.005
```

10.4.70　设置优化器查询中执行操作和函数的开销：cpu_operator_cost

cpu_operator_cost 参数用来设置优化器一个查询中，执行一个运算或者一个函数的预估开销。默认值是 0.0025，配置信息如下：

```
cpu_operator_cost = 0.0025
```

10.4.71　设置在一次索引扫描中可用的磁盘缓冲区的大小：effective_cache_size

effective_cache_size 参数为优化器设置在一次索引扫描中可用的磁盘缓冲区的有效大小。这个参数在计算一个索引的开销预计值时会加以考虑；一个更高的数值会导致很可能使用索引扫描，数值低了会更有可能选择顺序扫描。

在设置这个参数的时候，应该考虑 PostgreSQL 的数据文件使用的共享缓冲区和内核的磁盘缓冲。另外，还要考虑并发查询的预期数目，因为它们共享使用这些内存空间。这个参数对 PostgreSQL 分配的共享内存大小没有影响，它也不会使用内核磁盘缓冲，只用于估算。默认配置信息如下：

```
effective_cache_size = 128MB
```

10.4.72　是否启用基因查询优化：geqo

geqo 参数设置是否启用基因查询优化。这是一种试图不通过穷举搜索来实现查询规划的算法。默认值是启用，配置信息如下：

```
geqo = on
```

10.4.73　设置什么时候才使用基因查询优化：geqo_threshold

geqo_threshold 参数设置当涉及的 FROM 关系数量至少有 gepo_threshold 的时候，才使用基因查询优化。默认值是 12，对于数量小于此数的查询，也许是判定性的穷举搜索更有效，但是对于有许多表的查询，优化器做判断要花很多时间。默认配置信息如下：

```
geqo_threshold = 12
```

10.4.74　控制 GEQO 里规划时间和查询规划之间的平衡：geqo_effort

geqo_effort 参数用来设置控制 GEQO 里优化时间和优化效果之间的平衡。这个变量必须是 1～10 之间的一个整数。大的数值将增加优化所需要的时间，但是也可以增加选中更有效的查询规划的概率。默认配置信息如下所示：

```
geqo_effort = 5
```

10.4.75　控制 GEQO 使用的池大小：geqo_pool_size

geqo_pool_size 参数用来设置控制 GEQO 使用的池的大小，必须至少是 2，并且通常在 100～1000 之间。如果把它设置为 0（默认），那么就会根据 geqo_effort 和查询中表的数量选取一个合适的值。默认配置信息如下：

```
geqo_pool_size = 0
```

10.4.76　控制 GEQO 迭代的次数：geqo_generations

geqo_generations 参数设置控制 GEQO 迭代的次数。它至少是 1，通常设置与 geqo_pool_size 相同。如果设置为 0（默认），那么将基于 geqo_pool_size 选取合适的值。默认配置信息如下：

```
geqo_generations = 0
```

10.4.77　控制 GEQO 使用的选择偏差：geqo_selection_bias

geqo_selection_bias 参数设置控制 GEQO 使用的选择偏差。选择偏差是在一种群中的选择性压力。数值可以是 1.50～2.00 之间。默认配置信息如下：

```
geqo_selection_bias = 2.0
```

10.4.78　设置统计字段的数量：default_statistics_target

当 没 有 使 用 ALTER TABLE SETSTATISTICS 指定目标统计字段时，default_statistics_target 参数设定默认统计目标字段的数量。较大的数值会增加 ANALYZE 所需要的时间，但是可能会提升优化的质量。默认配置信息如下：

```
default_statistics_target = 100
```

10.4.79　控制优化器是否使用表间约束：constraint_exclusion

constraint_exclusion 参数用来控制优化器如何使用表约束。该参数可设置的值为 on、off 或 partition。默认配置信息如下：

```
constraint_exclusion = partition
```

10.4.80　设置光标的行：cursor_tuple_fraction

cursor_tuple_fraction 参数用来设置光标的行，将检索到部分计划者的估计值。这一设置偏向于光标，将快速检索的前几行也许需要很长时间来获取所有行时使用"快速启动"计划者的较小值。该参数的默认值是 0.1，配置信息如下：

```
cursor_tuple_fraction = 0.1
```

10.4.81　控制优化器何时把子查询平面化：from_collapse_limit

from_collapse_limit 参数控制优化器何时把子查询平面化。如果超过这个限制，优化器将把子查询合并到上层查询。较小的数值可以降低优化时间，但是可能会舍弃子查询的优化计划。默认值是 8。通常，把它限制在小于 geqo_threshold 的数值是比较好的。配置信息如下：

```
from_collapse_limit = 8
```

10.4.82　控制何时把显式的连接平面化：join_collapse_limit

join_collapse_limit 参数控制何时把显式的连接平面化。from_collapse_limit 和 join_collapse_limit 名字类似，它们的作用几乎相同。通常把 join_collapse_limit 和

from_collapse_limit 设置成一样的值。如果把 join_collapse_limit 设置为 1，可以防止 JOINS 语句中的排序（如果你想用明确连接控制连接顺序）。默认配置信息如下：

```
join_collapse_limit = 8
```

10.4.83　设置记录服务器日志的方法：log_destination

log_destination 参数用来设置记录服务器日志的方法，包括 stderr、csvlog 和 syslog。默认配置信息如下：

```
log_destination = 'stderr'
```

10.4.84　设置是否启动日志收集器：logging_collector

logging_collector 参数设置数据库系统是否启动日志收集器（logging collector）。日志收集器是一个后台进程，它可以捕获发送到标准输出的日志消息，并重定向到日志文件中。使用日志收集器通常比记录到系统日志更有用，因为某些类型的消息可能不会出现在系统日志输出。默认配置信息如下：

```
logging_collector = on
```

10.4.85　设置日志文件的位置：log_directory

log_directory 参数用来设置日志收集器（logging collector）生成的日志文件保存的位置。它可以设定成绝对路径，或者是基于集群的数据目录的相对路径。默认配置信息如下：

```
log_directory = 'pg_log'
```

10.4.86　设置日志文件的文件名：log_filename

log_filename 参数用来设置生成的日志收集器（logging collector）生成的日志文件的文件名。默认配置信息如下：

```
log_filename = 'postgresql-%a.log'
```

10.4.87　设置是否截断日志文件：log_truncate_on_rotation

log_truncate_on_rotation 参数用来设置是否截断日志文件。如果打开了 redirect_stderr，这个选项将导致 PostgreSQL 截断（覆盖）同名日志文件，而不是附加到同名的现有日志文件上。不过，截断只是发生在因为以时间为基础的循环周期，而不是发生在服务器启动的时候或者以文件大小为基础的循环周期上。如果为 off，将在任何情况下都是向已经存在的文件追加日志信息。默认配置信息如下：

```
log_truncate_on_rotation = on
```

10.4.88　保留单个文件的最大时长：log_rotation_age

log_rotation_age 参数用来设置保留单个日志文件的最大时长。在该参数指定的数值之后，将创建一个新的日志文件。设置为 0，将禁用以时间为基础创建新日志文件的规则。默认值是 1 天（1d，也可以设置为 1h、1min、1s），配置信息如下：

```
log_rotation_age = 1d
```

10.4.89　设置独立日志文件的最大尺寸：log_rotation_size

log_rotation_size 参数用来设置一个独立的日志文件的最大尺寸。在数值指定的千字节写入日志文件之后，将会创建一个新的日志文件。设置为 0 可以关闭以尺寸为基础的新日志文件的创建规则。默认配置信息如下：

```
log_rotation_size = 0
```

10.4.90　设置使用的 syslog 设备：syslog_facility

如果把日志记录到 syslog 功能打开，syslog_facility 选项在打开 syslog 后判断要使用的 syslog "设备"。用户可以从 LOCAL0，LOCAL1、LOCAL2、LOCAL3、LOCAL4、LOCAL5、LOCAL6 和 LOCAL7 中选择。默认配置信息如下：

```
syslog_facility = 'LOCAL0'
```

10.4.91　设置用于在 syslog 日志中标识 PostgreSQL 的程序名：syslog_ident

如果打开了向 syslog 中记录日志的功能，syslog_ident 选项设置用于在 syslog 日志中标识 PostgreSQL 的程序名。默认配置信息如下：

```
syslog_ident = 'postgres'
```

10.4.92　是否启用安静模式：silent_mode

silent_mode 参数设置是否启用安静模式。如果启用了该设置，服务器将自动在后台运行，并且与控制端脱开。服务器的标准输出和标准错误重定向到/dev/null，因此发生的任何信息都将丢失。除非打开了 syslog 日志或者打开了 redirect_stderr，否则不建议使用这个选项，因为它让用户很难看到错误信息。默认配置信息如下：

```
silent_mode = off
```

10.4.93　设置发送到客户端的信息：client_min_messages

client_min_messages 参数用来设置发送到客户端的信息。有效的数值是 DEBUG5、

DEBUG4、DEBUG3、DEBUG2、DEBUG1、LOG、NOTICE、WARNING 和 ERROR。每个级别包含所有它后面的级别，级别越靠后，发送的信息越少。这里的 LOG 和 log_min_message 里的 LOG 级别不同。默认配置信息如下：

```
client_min_messages = notice
```

在这个参数里用到的信息严重程度类型的列表如下。
- DEBUG[1-5]：提供开发人员使用的信息。
- INFO：提供用户隐含要求的信息，如在 VACUUM VERBOSE 过程中的信息。
- NOTICE：提供可能对用户有帮助的信息。例如，长标识符的截断作为主键一部分创建的索引。
- WARNING：提供给用户的警告，如在事务块范围之外的 COMMIT。
- ERROR：报告导致当前命令退出的错误。
- LOG：报告一些管理员感兴趣的信息，如检查点活跃性。
- FATAL：报告为什么当前会话终止。
- PANIC：报告导致所有会话退出的原因。

10.4.94　设置写到服务器日志里信息的详细程度：log_min_messages

log_min_messages 参数用来设置写到服务器日志里的信息的详细程度。有效值是 DEBUG5、DEBUG4、DEBUG3、DEBUG2、DEBUG1、INFO、NOTICE、WARNING、ERROR、LOG、FATAL 和 PANIC。关于这些级别的信息在第 10.4.93 节中有详细介绍。每个级别都包含它后面的级别。越靠后的数值发往服务器日志的信息越少。这里的 LOG 和 client_min_message 里的同名级级别优先级不同。只有超级用户才可以修改这个设置。默认配置信息如下：

```
log_min_messages = warning
```

10.4.95　控制记录的信息写到日志里的详细程度：log_error_verbosity

log_error_verbosity 参数用来设置记录的每条信息写到服务器日志里的详细程度。有效的值是 TERSE、DEFAULT 和 VERBOSE，每个都会向显示的信息里增加更多的字段。只有超级用户可以改变这个设置。默认配置信息如下：

```
log_error_verbosity = default
```

10.4.96　设置是否输出导致错误的SQL语句：log_min_error_statement

log_min_error_statement 参数用来设置是否在服务器日志里输出哪些导致错误发生的 SQL 语句。所有导致一个特定级别（或者更高级别）的错误的 SQL 语句都要被记录日志。有效的值有 DEBUG5、DEBUG4、DEBUG3、DEBUG2、DEBUG1、INFO、NOTICE、WARNING、ERROR、FATAL 和 PANIC。关于这些级别的信息在 10.4.93 节中有详细介绍。

例如，如果设置该参数为 ERROR，那么所有导致错误、致命错误，或者恐慌的 SQL 语句都将被记录日志。打开这个选项可以帮助跟踪那些在服务器日志里出现的任何错误的源头。只有超级用户可以改变这个设置。默认配置信息如下：

```
log_min_error_statement = error
```

10.4.97　设置语句的执行时间：log_min_duration_statement

log_min_duration_statement 参数用来设置语句的执行时间。如果某个语句的执行时间大于或者等于该参数的值，那么在一个日志行上记录该语句以及其执行时间。把这个设置为 0，将记录所有的语句和它们的执行时间。如果设置为 -1，则关闭这个功能。默认配置信息如下：

```
log_min_duration_statement = -1
```

10.4.98　是否输出调试信息：debug_print_parse

debug_print_parse 参数用来设置是否输出调试信息。如果设置了该参数，则在服务器日志中可以看到查询树。默认配置信息如下：

```
debug_print_parse = off
```

10.4.99　是否输出重写信息：debug_print_rewritten

debug_print_rewritten 参数用来设置是否输出重写信息。如果设置了该参数，则在服务器日志中可以看到查询重写信息。默认配置信息如下：

```
debug_print_rewritten = off
```

10.4.100　是否输出计划信息：debug_print_plan

debug_print_plan 参数用来设置是否输出调试计划信息。如果设置了该参数，则在服务器日志中可以看到每个执行查询的计划信息。默认配置信息如下：

```
debug_print_plan = off
```

10.4.101　设置数据库是否输出运行时的调试信息：debug_pretty_print

debug_pretty_print 参数用来设置数据库是否输出运行时的调试信息。默认配置信息如下：

```
debug_pretty_print = on
```

10.4.102　设置是否记录检查点操作信息：log_checkpoints

log_checkpoints 参数用来设置是否记录检查点操作信息。默认配置信息如下：

```
log_checkpoints = off
```

10.4.103　设置是否记录连接信息：log_connections

log_connections 参数设置在客户端每次成功连接到服务器时，向服务器日志里写入一行详细信息。默认是关闭的。注意，有些客户端程序连接数据库的时候，会因为判断是否需要口令而连接两次。这样会导致重复记录两次连接请求信息 "connection receive（收到连接请求）"。默认配置信息如下：

```
log_connections = off
```

10.4.104　设置是否记录断开连接信息：log_disconnections

log_disconnections 参数用来设置会话结束的时候在服务器日志里写入一行信息。默认配置信息如下：

```
log_disconnections = off
```

10.4.105　设置是否将语句执行时间写入日志：log_duration

log_duration 参数用来设置满足 log_statement 条件的语句的执行时间都写入日志。如果要使用这个选项，而不使用 syslog，建议用户用 log_line_prefix 记录 PID 或者会话 ID.这样用户就可以用进程 ID 或者会话 ID 把语句和执行时间关联起来。默认配置信息如下：

```
log_duration = off
```

10.4.106　设置记录连接的主机名：log_hostname

log_hostname 参数用来设置日志是否记录连接主机的名称。默认值 ff 表示只记录所连接主机的 IP 地址。如果打开这个选项，则会同时记录主机名。默认配置信息如下：

```
log_hostname = off
```

10.4.107　设置每行日志的前缀：log_line_prefix

log_line_prefix 参数用来设置在日志每行开头输出的字串。默认是一个空字串。每个可识别的转化标志都会按照表 10.4 说明的那样进行转化。其他字符都直接复制到日志行中。有些转化标志只被会话进程识别，不能应用于后端进程，如 postmaster。syslog 生成自己的时间戳和进程 ID 信息，因此如果使用了 syslog，可能不需要使用转化标志。配置信息如下：

```
log_line_prefix = ''
```

表 10.4　可识别的逃逸

转化标志	效　果	仅用于会话
%u	用户名	是
%d	数据库名	是
%r	远程主机名或者 IP 地址，以及远端端口	是
%h	远程主机名或者 IP 地址	是
%p	进程 ID	否
%t	时间戳（没有毫秒）	否
%m	带毫秒的时间戳	否
%i	命令标签。这是生成日志行的命令	是
%c	会话 ID。每个会话的唯一标识符。它是两个 4 字节的十六进制数字，用句点分开。数字是会话开始时间和进程 ID，因此也可以用做一种打印这些项目的节约空间的方法	是
%l	每个进程的日志行的编号，从 1 开始	否
%s	会话开始的时间戳	是
%x	事务 ID	是
%q	不生成任何输出，但是告诉非会话进程在字串的这个位置停止。被会话进程忽略	否
%%	文本%	否

10.4.108　设置是否记录超时的锁：log_lock_waits

如果一个会话等待某个类型的锁时间超过了 deadlock_timeout 的值，log_lock_waits 参数决定是否在数据库日志中记录这个信息。默认配置信息如下：

```
log_lock_waits = off
```

10.4.109　设置记录 SQL 语句的类型：log_statement

log_statement 参数设置记录哪些类型的 SQL 语句。有效的值是 none、ddl、all。ddl 记录所有数据定义命令，比如 CREATE、ALTER 和 DROP 命令。mod 记录所有 ddl 语句，加上 INSERT、UPDATE、DELETE、TRUNCATE 和 COPY FROM。默认配置信息如下：

```
log_statement = 'none'
```

10.4.110　设置临时日志文件的大小：log_temp_files

log_temp_files 参数设置临时日志文件的大小，单位为千字节。设置为-1，表示禁用该选项。设置为 0，表示显示所有临时文件的日志。默认配置信息如下：

```
log_temp_files = -1
```

10.4.111　设置时区：log_timezone

Log_timezone 参数用来为日志中的时间戳设置使用的时区。该参数和 timezone 不同，它的值是集群范围的，因此所有会话的时间戳是一致的。该参数默认值是 unknown，表示使用系统使用的时区。配置信息如下：

```
log_timezone = unknown
```

10.4.112　是否收集会话的统计数据：track_activities

track_activities 参数设置是否收集每个会话当前正在执行的命令的统计数据，包括命令开始执行的时间。默认配置信息如下：

```
track_activities = on
```

10.4.113　设置是否收集数据库活动的统计数据：track_counts

track_counts 参数用来设置是否收集数据库活动的统计数据。默认配置信息如下：

```
track_counts = on
```

10.4.114　是否收集函数的使用信息：track_functions

track_functions 参数用来设置是否启用函数调用计数和时间使用的跟踪。指定 pl 跟踪仅仅是程序语言功能，所有跟踪是 SQL 和 C 语言功能。默认值为 none，表示禁用该功能。配置信息如下：

```
track_functions = none
```

10.4.115　设置保留当前查询的字节数：track_activity_query_size

track_activity_query_size 参数为每个活跃会话的 ps_stat_activity.current_query 字段，设置保留当前执行命令的字节数。默认值为 1024，配置信息如下：

```
track_activity_query_size = 1024
```

10.4.116　是否启用进程标题更新：update_process_title

当一个信息 SQL 命令发送到服务器时，update_process_title 参数是否启用进程标题更新。该进程标题代表使用 ps 命令查看的结果。默认配置信息如下：

```
update_process_title = on
```

10.4.117　设置存储临时统计数据的目录：stats_temp_directory

stats_temp_directory 参数用来设置存储临时统计数据的目录。该值可以是一个相对路径，也可以是一个绝对路径。默认配置信息如下：

```
stats_temp_directory = 'pg_stat_tmp'
```

10.4.118　是否记录语句的统计数据：log_statement_stats

log_statement_stats、log_planner_status、log_executor_stats 和 log_parser_stats 这 4 个
参数用来决定是否在数据库的运行日志里记载每个 SQL 语句执行的统计数据。如果
log_statement_stats 的值是 on，其他的 3 个参数的值必须是 off。这 3 个参数后面将会介绍。
默认值为 off，表示记录整个语句的统计数据。配置信息如下：

```
log_statement_stats = off
```

10.4.119　是否记录数据库查询优化器的统计数据：log_planner_status

log_planner_status 参数设置是否记录数据库查询优化器的统计数据。默认配置信息
如下：

```
log_planner_stats = off
```

10.4.120　是否记录数据库执行器的统计数据：log_executor_stats

log_executor_stats 参数用来设置是否记录数据库执行器的统计数据。默认配置信息
如下：

```
log_executor_stats = off
```

10.4.121　是否记录数据库查询优化器的统计数据：log_parser_stats

log_parser_stats 参数用来设置是否记录数据库查询优化器的统计数据。默认配置信息
如下：

```
log_parser_stats = off
```

10.4.122　设置是否启动自动清理功能：autovacuum

autovacuum 参数用来设置是否打开数据库的自动清理功能。如果该参数设置为
on，则参数 track_counts 也要被设为 on，自动垃圾收集功能才能正常工作。默认配置信息
如下：

```
autovacuum = on
```

10.4.123　设置操作被记录在数据库运行日志中的时间：
　　　　　log_autovacuum_min_duration

log_autovacuum_min_duration 参数用来设置多长时间内的清理操作被记录在数据库

运行日志中。单位为毫秒。如果该值为 0，所有的清理操作都会被记录在数据库运行日志中。如果它的值是−1，所有的清理操作都不会被记录在数据库运行日志中。如果设置 250 毫秒，只要自动清理发出的 VACUUM 和 ANALYZE 命令的执行时间超过 250 毫米，VACUUM 和 ANALYZE 命令的相关信息就会被记录在数据库运行日志中。默认配置信息如下：

```
log_autovacuum_min_duration = -1
```

10.4.124　设置最大自动清理进程的数目：autovacuum_max_workers

autovacuum_max_workers 参数设置能同时运行的最大的自动清理进程的数目。默认配置信息如下：

```
autovacuum_max_workers = 3
```

10.4.125　设置自动清理控制进程的睡眠时间：autovacum_naptime

autovacum_naptime 参数用来设置自动清理控制进程的睡眠时间。默认值为 1min（分钟），配置信息如下：

```
autovacuum_naptime = 1min
```

10.4.126　设置触发清理操作的阈值：autovacum_vacuum_threshold

autovacum_vacuum_threshold 参数用来设置设置触发清理操作的阈值。只有一个表上被删除或更新的记录数目超过了 autovacum_vacuum_threshold 的值，才会对这个表执行清理操作。默认配置信息如下：

```
autovacuum_vacuum_threshold = 50
```

10.4.127　设置触发 ANALYZE 操作的阈值：autovacuum_analyze_threshold

autovacuum_analyze_threshold 参数用来设置触发 ANALYZE 操作的阈值。只有一个表上被删除、插入或更新的记录数目超过了该参数的值，才会对这个表执行 ANALYZE 操作。默认配置信息如下：

```
autovacuum_analyze_threshold = 50
```

10.4.128　清理缩放系数：autovacuum_vacuu_scale_factor

当集群中有多个数据库时，需要对每个库进行清理。Vacuumdb 脚本可以帮助用户清理，其清理的缩放系数是 autovacuum_vacuu_scale_factor。该参数默认值是.02，配置信息如下：

```
autovacuum_vacuum_scale_factor = 0.2
```

10.4.129　进行 ANALYZE 操作的阈值：autovacuum_analyze_scalt_factor

autovacuum_analyze_scalt_factor 参数设置对一个表进行 ANALYZE 操作的阈值。默认配置信息如下：

```
autovacuum_analyze_scale_factor = 0.1
```

10.4.130　设置最大的事务值：autovacuum_freeze_max_age

autovacuum_freeze_max_age 参数设置最大的事务值。如果表的 pg_class.relfrozenxid 字段达到该参数设置的值，VACUUM 执行整个表的扫描。默认值是 2 亿。尽管用户能设置该值从 0 到 1 亿，但是 VACUUM 默认地现在有效值为 autovacuum_freeze_max_age 的 95%。所以在 antiwrapparound autovacuum 运行之前，将需要留一些闲余空间要运行 VACUUM 来处理。默认配置信息如下：

```
autovacuum_freeze_max_age = 200000000
```

10.4.131　设置在自动 VACUUM 操作里使用的开销延迟数值：autovacum_vacuum_cost_delay

autovacum_vacuum_cost_delay 参数用来设置在自动 VACUUM 操作里，使用的开销延迟数值。如果设置该值为-1，将使用普通的 vacuum_cost_delay 数值。这个设置可以在 pg_autovacuum 表里通过给不同的表设置不同的数据行来覆盖。默认配置信息如下：

```
autovacuum_vacuum_cost_delay = 20ms
```

10.4.132　设置自动的 VACUUM 操作里使用的开销限制数值：autovacuum_vacuum_cost_limit

autovacuum_vacuum_cost_limit 参数用来设置在自动的 VACUUM 操作里，使用的开销限制数值。如果设置值为-1（默认），将使用普通的 vacuum_cost_limit 数值。这个数值可以在 pg_autovacuum 表里通过给不同的表设置不同的数据行来覆盖。默认配置信息如下：

```
autovacuum_vacuum_cost_limit = -1
```

10.4.133　设置模式的搜索顺序：search_path

search_path 参数设置模式的搜索顺序。在一个被引用对象（表、数据类型、函数等）只是一个简单名字，没有附加模式部分时需要这样的搜索。如果在另外一个模式里有一个相同的对象名，那么使用在这个搜索路径中找到的第一个。一个没有在搜索路径中任何一个模式里出现的对象只能通过其所在模式的全称名字来设置。默认配置信息如下：

```
search_path = '"$user",public'
```

10.4.134　设置创建对象的默认表空间：default_tablespace

当 CREATE 命令没有明确指定表空间时，default_tablespace 参数确定所创建之对象（表和索引等）的默认表空间。默认配置信息如下：

```
default_tablespace = ''
```

10.4.135　设置存放临时对象的表空间：temp_tablespaces

temp_tablespaces 参数用来设置存放临时对象的表空间。默认值为空。它的值由一个或多个表空间组成，不同的值用逗号隔开。默认配置信息如下：

```
temp_tablespaces = ''
```

10.4.136　设置是否启用字符串合法性检查：check_function_bodies

check_function_bodies 参数用来设置是否启用字符串合法性检查。默认该参数是开启的。如果设置为 off，那么就关闭在 CREATE FUNCTION 时候的函数体字串的合法性检查。关闭合法性检查在某些方面是有用的，如可以避免在从转储中恢复函数定义的时候类似向前引用的问题。默认配置信息如下：

```
check_function_bodies = on
```

10.4.137　设置每个 SQL 事务都有一个隔离级别：default_transaction_isolation

default_transaction_isolation 参数用来设置每个 SQL 事务都有一个隔离级别。可以设置的值包括"读未提交"、"读已提交"、"可重复读"或者是"可串性化"。这个参数控制每个新的事务的隔离级别。默认配置信息如下：

```
default_transaction_isolation = 'read committed'
```

10.4.138　设置是否启用每个新事务的只读状态：default_transaction_read_only

default_transaction_read_only 参数设置每个新事务的只读状态。只读的 SQL 事务不能修改非临时表。默认配置信息如下：

```
default_transaction_read_only = off
```

10.4.139　控制触发器和规则的行为：session_replication_role

session_replication_role 参数用来控制与复制有关的触发器和规则的行为。可设置的值为 origin、replica 和 local。默认配置信息如下：

```
session_replication_role = 'origin'
```

10.4.140　设置某语句的超时时间：statement_timeout

statement_timeout 参数用来设置退出任何使用了超过此参数指定时间的语句。如果 log_min_error_statement 设置为 ERROR 或者更低，那么也会记录超时的语句。默认值为 0，表示关闭这个计时器。配置信息如下：

```
statement_timeout = 0
```

10.4.141　指定截止的事务：vacuum_freeze_min_age

vacuum_freeze_min_age 参数用来设置指定截止的事务。当扫描表时，VACUUM 应该使用 FrozenXID 决定是否更换事务 IDs。默认配置信息如下：

```
vacuum_freeze_min_age = 50000000
```

10.4.142　是否扫描整个表：vacuum_freeze_table_age

如果表的 pg_class.relfrozenxid 字段达到 vacuum_freeze_table_age 参数设置的值，则 VACUUM 执行整个表的扫描。默认配置信息如下：

```
vacuum_freeze_table_age = 150000000
```

10.4.143　设置 XML 文档中二进制数据的编码类型：xmlbinary

xmlbinary 参数用来设置 XML 文档中二进制数据的编码类型。该参数可设置的值为 base64 和 hex。默认配置信息如下：

```
xmlbinary = 'base64'
```

10.4.144　设置类型转换时使用的 XML 文档类型：xmloption

xmloption 参数设置在字符串和 XML 数据之间进行类型转换时，使用的 XML 文档类型。可设置的值为 document 和 content。默认配置信息如下：

```
xmloption = 'content'
```

10.4.145　设置日期和时间值的显示格式：datestyle

datestyle 参数用来设置日期和时间值的显示格式，也可以设置解析有歧义的输入值。默认配置信息如下：

```
datestyle = 'iso, ymd'
```

10.4.146　设置时间间隔类型：intervalstyle

intervalstyle 参数用来设置时间间隔类型。默认配置信息如下：

```
intervalstyle = 'postgres'
```

10.4.147　设置时区：timezone

timezone 参数设置用于显示和解析时间戳的时区。默认值是 unknows，意味着使用系统环境声明使用的时区。默认配置信息如下：

```
timezone = unknown
```

10.4.148　设置数据库接受的时区缩写值：timezone_abbreviations

timezone_abbreviations 参数用来设置数据库接受的时区缩写值。默认值是 Default，代表一些通用的时区缩写。配置信息如下：

```
timezone_abbreviations = 'Default'
```

10.4.149　设置浮点数值显示的数据位数：extra_float_digits

extra_float_digits 参数用来设置浮点数值显示的数据位数，浮点类型包括 flost4、flost8 和几何数据类型。数值可以设置的最高值为 2，以包括部分关键的数据位。这个功能对转储那些需要精确恢复的浮点数据特别有用，或者可以把它设置为负数以消除不需要的数据位。

```
extra_float_digits = 0
```

10.4.150　设置客户端编码：client_encoding

client_encoding 参数用来设置客户端编码。默认值是使用数据库编码，配置信息如下：
```
client_encoding = sql_ascii
```

10.4.151　设置信息显示的语言：lc_messages

lc_messages 参数用来设置信息显示的语言。可接受的值是系统相关的。如果该参数设置为空字符串，那么其值以一种系统相关的方式从服务器的执行环境中继承过来。默认配置信息如下：

```
lc_messages = 'zh_CN.UTF-8'
```

10.4.152　设置区域：lc_monetary

lc_monetary 参数为格式化金额数量设置区域。默认配置信息如下：

```
lc_monetary = 'zh_CN.UTF-8'
```

10.4.153　设置格式化数字的区域：lc_numeric

lc_numeric 参数设置用于格式化数字的区域。默认配置信息如下：

```
lc_numeric = 'zh_CN.UTF-8'
```

10.4.154　设置格式化日期和时间值的区域：lc_time

lc_time 参数设置用于格式化日期和时间值的区域。默认配置信息如下：

```
lc_time = 'zh_CN.UTF-8'
```

10.4.155　设置全文检索的配置信息：default_text_search_config

default_text_search_config 参数用来设置全文检索的配置信息。默认配置信息如下：

```
default_text_search_config = 'pg_catalog.simple'
```

10.4.156　设置动态库的路径：dynamic_library_path

dynamic_library_path 参数用来设置设置动态库的路径。如果默认配置信息如下：

```
dynamic_library_path = '$libdir'
```

10.4.157　指定一个或多个共享库：local_preload_libraries

local_preload_libraries 参数用来指定一个或多个共享库，该库用于加载连接开始。如果设置多个库时，单独的名之间用逗号分隔。默认配置信息如下：

```
local_preload_libraries = ''
```

10.4.158　设置死锁超时检测时间：deadlock_timeout

deadlock_timeout 参数用来设置死锁超时检测时间。死锁检测是一个消耗许多 CPU 资源的操作，这个参数值不能太小。在数据库负载比较大的情况下，应当增大这个参数的值。默认配置信息如下：

```
deadlock_timeout = 1s
```

10.4.159　设置事务得到的对象锁的个数：max_locks_per_transaction

max_locks_per_transaction 参数用来设置每个事务能够得到的平均对象锁的个数。默认值是 64。数据库在启动以后，创建的共享锁表最大可以保存 max_locks_per_transaction* （max_connections + max_prepared_transactions）个对象锁。单个事务可以同时获得的对象锁的数目可以超过 max_locks_per_transaction 的值，只要共享锁表中还有空间。配置信息如下：

```
max_locks_per_transaction = 64
```

10.4.160　是否启用查询引用的表添加到 FROM 中：add_missing_from

add_missing_from 参数设置是否启用查询引用的表添加到 FROM 中。如果开启该选项，查询引用的表将自动增加到 FROM 中。默认配置信息如下：

```
add_missing_from = off
```

注意：如果打开了这个变量，则查询每次隐含的 FROM 项引用都会触发一个警告信息。

10.4.161　是否启用空值元素的输入：array_nulls

array_nulls 参数设置是否在数组中启用空值元素的输入。默认值是 on，允许数组值（包含空值）进入，但是 PostgreSQL 8.2 版本之前不支持数组中包含空值。因此，将对待 NULL 作为指定的一个正常数组元素字符串值"NULL"。默认配置信息如下：

```
array_nulls = on
```

10.4.162　设置字符串中的文本是否能用"\\"表示：backslash_quote

backslash_quote 参数用来设置字符串中的文本是否能用"\\"表示。首选的符合 SQL 标准的方式是双引号（"），但是 PostgreSQL 在历史上也可以用"\\"来表示。不过使用"\\"容易导致安全漏洞，因为在某些多字节字符集中存在最后一个字节等于"\\"的 ASCII 值的字符。如果客户端代码没有做到正确的转义，将会导致 SQL 注入攻击。如果服务器拒绝使用"\\"来表示单引号，那么就可以避免这种风险。该参数可用的值是 on（总是允许）、off（总是拒绝）、safe_encoding（仅在客户端字符集编码允许，不会在多字节字符末尾包含\\的 ASCII 值时允许）。默认配置信息如下：

```
backslash_quote = safe_encoding
```

10.4.163　设置是否在新创建的表中包含一个 OID 字段：default_with_oids

如果没有设置 WITH OIDS，也没有设置 WITHOUT OIDS，则 default_with_oids 参数设置 CREATE TABLE 和 CREATE TABLE AS 命令是否在新创建的表中包含一个 OID 字段，还决定 SELECT INTO 创建的表里面是否包含 OID。默认配置信息如下：

```
default_with_oids = off
```

10.4.164　设置是否启用对特定字符串发出警告：escape_string_warning

escape_string_warning 参数设置是否启用在普通的字符串文本里出现了一个反斜杠

（\），则会发出一个警告。默认配置信息如下：

```
escape_string_warning = on
```

10.4.165　设置正则表达式的模式：regex_flavor

regex_flavor 参数设置正则表达式的模式，可以设置的值为 advanced、extended 和 basic。默认配置信息如下：

```
regex_flavor = advanced
```

10.4.166　设置是否启用继承：sql_inheritance

sql_inheritance 参数设置是否启用继承语义，尤其是在默认时是否在各种命令里把子表包括进来。默认配置信息如下：

```
sql_inheritance = on
```

10.4.167　设置是否将字符"\"作为普通字符：standard_conforming_strings

standard_conforming_strings 参数用来设置是否启用将字符"\"作为普通字符处理。如果设置值为 on，则系统会将 sql 命令中的字符串中的字符"\"作为普通字符处理，而不是作为转义字符处理。如果设置值为 off，系统会将 sql 命令中的字符"\"作为转义字符看待。默认配置信息如下：

```
standard_conforming_strings = off
```

10.4.168　设置是否启用同步顺序扫描：synchronize_seqscans

synchronize_seqscans 参数用来设置是否启用同步顺序扫描。如果设置为 on，则多个查询如果同时顺序扫描一个表中的同一个数据页，系统只会发出一个 I/O 操作来读取这个数据页，读出来的数据被多个查询共享，减少不必要的 I/O 操作，提高系统执行的效率。但是不带 ORDER BY 子句的查询产生的结果中数据行的顺序可能发生改变。如果值为 off，则表示关闭这个特性。默认配置信息如下：

```
synchronize_seqscans = on
```

10.4.169　设置是否启动 expr IS NULL 处理：transform_null_equals

transform_null_equals 参数设置是否启动 expr IS NULL 处理。如果开启该选项，则表达式 expr=NULL（或 NULL=expr）被当作 expr IS NULL 处理。也就是说，如果 expr 得出 NULL 值则返回真，否则返回假。expr=NULL 正确的 SQL 标准兼容的行为总是返回 NULL。因此这个参数的默认值是 off，配置信息如下：

```
transform_null_equals = off
```

10.4.170 设置用于客户变量的类名称：custom_variable_classes

custom_variable_classes 参数用来设置一个或者多个用于客户变量的类名称。如果设置
多个客户变量时，它们之间以逗号分隔。一个客户变量通常是 PostgreSQL 不知道的变量，
但是被一些附加的模块使用。这个变量的名字必须由一个类别名、一个点以及一个变量名
组成。默认配置信息如下：

```
custom_variable_classes = ''
```

10.5 可执行文件

PostgreSQL 数据库服务安装成功后，有一些可执行文件来控制该服务。本节将介绍
PostgreSQL 服务下可执行文件的语法格式及使用方法。

10.5.1 创建一个新 PostgreSQL 数据库集群：/usr/bin/initdb

initdb 命令用来创建一个新的 PostgreSQL 数据库集群。一个数据库集群是由单个服务
器实例管理的数据库集合。创建数据库系统包括创建数据的宿主目录，生成共享的系统表
和创建 template1 和 postgres 数据库。当用户以后再创建一个新数据库时，template1 数据
库里所有内容都会复制过来。postgres 数据库是一个默认数据库，为用户、工具或者第三
方应用提供默认数据库。

尽管 initdb 命令会尝试创建相应的数据目录，但经常会提示没有权限来执行该操作。
因为所需要的目录的父目录通常是 root 所有的目录，要初始化这种设置，用 root 创建一
个空数据目录，然后用 chown 命令把目录的所有权设置为数据库用户账号。然后切换成数
据库用户，以数据库用户身份运行 initdb 命令。下面将介绍 initdb 命令的语法格式和使用
方法。

initdb 命令的语法格式如下：

```
initdb [ option... ]  [ --pgdata ]  [ -D ] directory
```

以上命令常用选项含义如下：
- -A authmethod|--auth=authmethod：指定一个认证方法，为使用在 pg_hba.conf 文件
中的本地用户。
- -D directory|--pgdata=directory：指定数据库集群存储的目录。
- -E encoding|--enconding=encoding：选择模板数据库的编码方式。
- --locale=locale：为数据库集群设置默认的区域。如果没有声明这个选项，那么区
域是从 initdb 运行的环境中继承过来的。类似 --locale 的选项还有
--lc-collate=locale、--lc-ctype=locale、--lc-messages=locale、--lc-monetary=locale、
--lc-numeric=locale 和 --lc-time=locale。这些选项是用来设置特殊范畴的区域。
- --no-locale：等效于 --locale=C。

- ❑ --xlogdir=directory：指定事务日志应该存储的位置。
- ❑ -U username|--username= username：指定数据库超级用户的用户名。默认是运行 initdb 用户的有效用户。
- ❑ -W|--pwprompt：使 initdb 命令提示为数据库超级用户输入一个密码。
- ❑ --pwfile=filename：使 initdb 命令从一个文件里读取数据库超级用户的密码。
- ❑ --text-search-config=CFG：设置默认文本搜索配置。
- ❑ -d|--debug：显示调试信息。该选项会输出大量的信息。
- ❑ -L directory：指定 initdb 命令到哪里查找初始化数据库所需要输入的文件。
- ❑ -n|--noclean：当 initdb 发现阻止它创建数据库集群的错误时，它检测到不能结束工作之前，将其创建的所有文件删除。该选项禁止任何清理动作，因而对调试很有用。

【实例 10-1】使用 initdb 在/var/lib/pgsql/data1 下创建一个数据库集群。执行命令如下：

```
-bash-4.1$ initdb -D /var/lib/pgsql/data1/
属于此数据库系统的文件宿主为用户 "postgres".
此用户也必须为服务器进程的宿主.
数据库簇将带有 locale zh_CN.UTF-8 初始化.
默认的数据库编码已经相应的设置为 UTF8.
initdb：无法为语言环境"zh_CN.UTF-8" 找到合适的文本搜索配置
默认的文本搜索配置将会被设置到"simple"

修复已存在目录 /var/lib/pgsql/data1 的权限 ... 成功
正在创建子目录 …成功
选择默认最大联接数 (max_connections) … 100
选择默认共享缓冲区大小 (shared_buffers) … 32MB
创建配置文件 … 成功
在 /var/lib/pgsql/data1/base/1 中创建 template1 数据库 … 成功
初始化 pg_authid … 成功
初始化 dependencies … 成功
创建系统视图 … 成功
正在加载系统对象描述 … 成功
创建字符集转换 … 成功
正在创建字典 … 成功
对内建对象设置权限 … 成功
创建信息模式 … 成功
清理数据库 template1 … 成功
拷贝 template1 到 template0 … 成功
拷贝 template1 到 template0 … 成功

警告：为本地连接启动了 "trust" 认证.
你可以通过编辑 pg_hba.conf 更改或你下
次运行 initdb 时使用 -A 选项.

成功. 您现在可以用下面的命令运行数据库服务器:

    postmaster -D /var/lib/pgsql/data1
或者
    pg_ctl -D /var/lib/pgsql/data1 -l logfile start
```

输出的信息为创建数据库集群 data1 的过程，最后提示了运行数据库服务器的命令。

10.5.2　显示一个 PostgreSQL 集群的控制信息：/usr/bin/pg_controldata

pg_controldata 命令用来在 initdb 过程中初始化的信息，如表版本和服务器的区域等。它还显示有关预写日志和检查点处理相关的信息。这些信息在集群范围中有效，并不和某个数据库相关。该命令只有安装服务器的用户才能运行，因为它要求对数据库目录有读访问权限。用户也可以在命令行上指定数据位置，或者使用环境变量 PGDATA。pg_controldata 命令的语法格式如下：

```
pg_controldata [ datadir ]
```

【实例 10-2】显示 PostgreSQL 集群的控制信息，如下。

```
[root@localhost ~]# pg_controldata /var/lib/pgsql/data
pg_control 版本：                   843
Catalog 版本：                      200904091
数据库系统标识符：                  5943781714487672831
数据库簇状态：                      关闭
pg_control 最后修改：               2013 年 11 月 15 日 星期五 17 时 16 分 21 秒
最新检查点位置：                    0/4B8D24
优先检查点位置：                    0/4B8CE0
最新检查点的 REDO 位置：            0/4B8D24
最新检查点的 TimeLineID：           1
最新检查点的 NextXID：              0/659
最新检查点的 NextOID：              16390
最新检查点的 NextMultiXactId: 1
最新检查点的 NextMultiOffsetD: 0
最新检查点的时间：                  2013 年 11 月 15 日 星期五 17 时 16 分 21 秒
最小恢复结束位置: 0/0
最大数据校准：    4
数据库块大小：                      8192
大关系的每段块数：                  131072
WAL 的块大小：    8192
每一个 WAL 段字节数：               16777216
标识符的最大长度：                  64
在索引中可允许使用最大的列数：      32
TOAST 区块的最大长度：              2000
日期/时间 类型存储：                64 位整数
正在传递 Flloat4 类型的参数：        由值
正在传递 Flloat8 类型的参数：        由引用
```

10.5.3　控制服务的运行：/usr/bin/pg_ctl

pg_ctl 是一个用于启动、停止或重启 PostgreSQL 服务器，并且查看服务运行状态的工具。该命令的语法格式如下：

```
pg_ctl start [ -w ] [ -t seconds ] [ -s ] [ -D datadir ] [ -l filename ]
[ -o options ] [ -p path ] [ -c ]
pg_ctl stop [ -W ] [ -t seconds ] [ -s ] [ -D datadir ] [ -m[ s[mart] ]
[ f[ast] ] [ i[mmediate] ]]
pg_ctl restart [ -w ] [ -t seconds ] [ -s ] [ -D datadir ] [ -c ] [ -m
```

```
[ s[mart] ] [ f[ast] ] [ i[mmediate] ]] [ -o
options ]
pg_ctl reload [ -s ] [ -D datadir ]
pg_ctl status [ -D datadir ]
pg_ctl kill signal_name process_id
pg_ctl register [ -N servicename ] [ -U username ] [ -P password ] [-D
datadir ] [ -w ] [ -t seconds ] [ -s ] [ -o options ]
pg_ctl unregister [ -N servicename ]
```

该语法中相关选项含义如下。

❑ start：启动服务器。

❑ stop：停止服务器。

❑ restart：重新启动服务器。

❑ reload：重新加载配置文件。

❑ status：查看服务的运行状态。

❑ kill：向服务器发送信号。

❑ -c：试图使服务器崩溃，生成 core 文件。该文件通过提升任何软资源限制放置它们在一个平台上，是有效的。允许从服务器进程启动失败后获得堆栈跟踪，在调试或诊断问题时非常有用。

❑ -D datadir：指定数据库文件的位置。如果不使用该选项，可以设置环境变量 PGDATA。

❑ -l filename：添加服务器日志输出信息到 filename 文件中。如果该文件不存在，会自动创建。它的掩码值为 077，所以默认不允许其他用户访问该日志文件。

❑ -m mode：指定关机的模式。mode 可能是 smart、fast 或 immediate，或者是这 3 种模式之一的第一个字母。

❑ -o options：指定的选项直接传递给 postgres 命令。

❑ -p path：指定 postgres 可执行文件的位置。默认 postgres 可执行文件与 pg_ctl 在同一个目录下，否则就是在数据库的安装目录下。除非用户做一些不寻常的事或者得到错误信息 posgres 可执行文件没有找到时，使用该选项，否则没有必要使用这个选项。

❑ -s：只显示错误信息，不显示通知信息。

❑ -t：指定等待启动或关闭服务时，等待的秒数。

❑ -w：指定等待启动或关闭服务完成的时间。默认等待时间是 60 秒。这个默认选项是关闭服务的值。成功的关闭是以删除 PID 文件为标志的。对于启动而言，一次成功的 psql -l 就标志着成功。pg_ctl 将试图使用 psql 合适的端口，如果存在环境变量 PGPORT，则用它，否则将查找在 Postgresql.conf 文件里是否设置了一个端口。如果都没有，将使用 PosgresSQL 编译时的默认端口（5432）。在等待的时候，pg_ctl 将根据启动或者关闭的成功状况返回一个准确的退出代码。

❑ -W：不等待启动或停止的完成。

❑ -N servicename：注册系统服务的名称。这个名字将被用作做服务名称和显示名称。

❑ -P password：指定启动服务用户的密码。

❑ -U username：指定启动服务的用户名。对于域名用户，使用格式为 DOMAIN\username。

【实例 10-3】启动服务。执行命令如下：

```
-bash-4.1$ pg_ctl start
正在启动服务器进程
-bash-4.1$ pg_ctl status
pg_ctl: 正在运行服务器进程(PID: 26361)
/usr/bin/postgres
```

10.5.4　重置数据库集群的预写日志以及其他控制内容：/usr/bin/pg_resetxlog

pg_resetxlog 命令用来清理预写日志格式（WAL），并且可以选择重置其他一些存储在 pg_control 文件中的控制信息。如果这些文件损坏了，这个功能是有用的。当服务器由于文件损坏导致不能启动时，这个功能被使用是万不得已的。

运行这个命令后，应该可以启动服务器了。但是，一定要记住数据库可能因为部分提交的事务而包含不完整的数据。这时应该马上转储所有的数据，运行 initdb，然后重新加载数据库。重新加载后，检查不完整的部分，根据需要进行修复。

pg_resetxlog 命令的语法格式如下：

```
pg_resetxlog [ -f ]  [ -n ]  [ -ooid ]  [ -x xid ]  [ -e xid_epoch ]  [ -m
mxid ]  [ -O mxoff ]  [ -l timelineid,fileid,seg ]  datadir
```

当 pg_resetxlog 无法判断用于 pg_control 的有效数据时，使用-f 选项强制继续处理。在这种情况下，那些丢失了的数据值将用模糊的近似数值代替。大多数字段都可以匹配上，但是下一个 OID、下一个事务 ID、下一个多事务 ID 和偏移量，WAL 开始地址及数据库区域字段可能需要手动设置，前面 5 种情况讨论如下。

-o、-x、-m、-O 和-l 选项允许用户手动设置下一个 OID、下一个事务 ID、下一个多事务 ID，下一个多事务偏移量，以及 WAL 起始位置的数值。只有在 pg_resetxlog 无法通过读取 pg_control 判断合适的数值时才需要它。安全的数值可以用下面方法判断：

- 对于下一个事务 ID 而言，一个安全的数值是看看数据目录里的/pg_clog 里数值最大的文件名，然后加一，然后再乘以 1048576。这些文件名是十六进制的。
- 下一个多事务 ID（-m）的安全值可以通过查看数据目录里 pg_multixact/pffsets 子目录里的数字最大的文件名加一，然后乘以 65536 得到。和上面一样，文件名是十六进制。
- 下一个多事务偏移量（-O）的安全值可以通过查看数据目录里 pg_multixact/members 子目录下的数字最大的文件名，加一，乘以 65536 得到。和上面一样，文件名是十六进制。
- WAL 的起始位置（-l）应该比目前存在于数据目录里的/pg_xlog 里的任何文件号都大。它的文件名也是十六进制，并且有三部分。第一部分是"时间线 ID"，通常应该保持相同。第三部分不要选择大于 255（0xFF）；应该是在达到 255 的时候给第二部分增一，然后重置第三部分为 0。如果 000000010000000320000004A 是 pg_xlog 里最大的条目，那么-l 0x1、0x32 和 0x4B 就可以了；但如果最大的条目是 000000010000003A000000FF，选择 -l 0x1、0x3B 和 0x0 或更多。
- 没有很简便的办法来判断比较数据库中最大的 OID 大一号的下一个 OID。
- -n：显示从 pg_control 中重新构造数值。

【实例 10-4】重置事务日志。执行命令如下：

```
-bash-4.1$ pg_resetxlog -f /var/lib/pgsql/data
事务日志重置
```

10.5.5　以单用户模式运行 PostgreSQL 服务器：/usr/bin/postgres

postgres 是处理查询 PostgreSQL 数据库服务的进程。通常不会直接调用，而是启动一个 postmaster 多用户服务器。下面介绍 postgres 命令的语法格式和使用方法。postgres 命令的语法格式如下：

```
postgres [选项]
```

常用选项含义如下。

- ❑ -A 0|1：打开运行时要求检查，这个检查是一个调试信息，帮助编程中出现的错误。
- ❑ -B nbuffers：为服务器进程分配和管理的共享内存缓存区数量。
- ❑ -c name=value：设置一个命名的运行时参数。
- ❑ -d debug-level：设置调试级别。
- ❑ -D datadir：指定数据目录或者配置文件的文件系统路径。
- ❑ -e：设置日期格式为 European，也就是说用 DMY 规则解释日期输入，并且在一些日期输出格式里天在月份前面显示。
- ❑ -h hostname：指定 postgres 监听的 IP 主机或地址。
- ❑ -i：打开 TCP/IP 连接，运行远程客户端连接服务器。如果设置所有地址，使用*。空值表示不监听任何 IP 地址，而只是使用 UNIX 域套接字用于与 postgres 的连接。默认只监听 localhost。
- ❑ -k directory：指定 postgres 监听客户端应用程序连接的 UNIX 域套接字的位置。默认通常是/tmp。
- ❑ -l：打开 SSL 的安全连接。
- ❑ -N max-connections：设置服务器允许客户端最大的连接数。
- ❑ -o extra-options：指定 extra-options 传递给所有由 postgres 启动的服务进程。如果该选项字符串包含任何空间，则整个字符串必须被引用。
- ❑ -p port：指定 postgres 监听着等待客户端应用连接的 TCP/IP 端口或本地 UNIX 域套接字文件扩展。默认监听的端口号是 5432。
- ❑ -s：在每条命令结束时，显示时间信息和其他统计信息。
- ❑ -S work-mem：指定内部排序和散列在求助于临时磁盘文件之前，可以使用的内存数量。
- ❑ --name=value：设置一个运行时名称的参数值。
- ❑ --describe-config：该选项用来转储服务器的内部配置变量、描述和格式的默认值。
- ❑ -f {s|i|m|n|h}：禁止某种扫描和连接方法的使用。s 和 i 分别关闭顺序和索引扫描，而 n、m 和 h 分别关闭嵌套循环，融合和散列连接。
- ❑ -n：该选项是为调试服务进程异常崩溃的问题。
- ❑ -O：允许修改系统表的结构。

❑ -P：当读取系统表时，忽略系统索引。

❑ -t pa[rser]|pl[anner]|e[xecutor]：显示查询每个主系统模块相关的统计时间。

❑ -T：该选项是为调试服务器进程异常崩溃的问题。

❑ -v protocol：为一个特定的会话，指定版本号的前台/后台协议。

❑ -W seconds：当一个新的服务器进程启动时，延迟多少秒后进行身份验证。

❑ --single：选择单用户模式。在命令行必须是第一个参数。

❑ database：指定访问的数据库名。在命令行必须是最后一个参数。

❑ -E：输出所有命令。

❑ -j：禁用换行符作为一个语句的分隔符。

❑ -r filename：发送所有服务器日志输出到 filename 文件中。在正常的多用户模式下，忽略该选项，并且标准错误被用于所有进程。

10.5.6　PostgreSQL 多用户数据库服务：/usr/bin/postmaster

postmaster 是 PostgreSQL 多用户数据库服务器。一个客户端为了访问一个数据库，连接到一个运行着的 postmaster。然后 postmaster 启动一个独立的服务器进程 postgres。postmaster 命令的语法格式和选项与 postgres 一样，这里就不再赘述了。

10.5.7　PostgreSQL 服务客户端工具：/usr/bin/psql

psql 命令是一个以终端为基础的 PostgreSQL 程序。它允许用户交互地输入查询，并发送给 PostgreSQL，然后查看查询的结果。另外，输入可能来自一个文件。同时，它提供了一些元命令和多种类 shell 特性来实现书写脚本以及对大量任务的自动化实现。

psql 命令的语法格式如下：

```
psql [ option… ] [ dbname [ username ] ]
```

常用选项含义如下。

❑ -a|--echo-all：在读取行时向标准输出打印所有内容。

❑ -A|--no-align：切换为非对齐输出模式。

❑ -c command|--command command：指定 psql 将执行一条查询字符串语句。

❑ -d dbname|--dbname dbname：指定想要连接的数据库名称。

❑ -e|--echo-queries：复制所有 SQL 命令发送到服务器标准输出。

❑ -E|--echo-hidden：回显由\d 和其他反斜杠命令生成的实际查询。

❑ -f filename|--file filename：使用 filename 作为命令的语句源而不是交互式读入查询。

❑ -F separator|--field-separator：使用 separator 作为未对齐输出的域分隔符。

❑ -h hostname|--host hostname：指定正在运行服务器的主机名。

❑ -H|--html：打开 HTML 格式输出。

❑ -l|--list：列出所有可用的数据库后退出程序。

❑ -L filename|--log-file filename：除正常输出目的地外，把所有查询输出记录到文件 filename 中。

- ❏ -n|--no-readline：不要使用 readline 方法和历史编辑行。当剪切和粘贴时，为了扩展 tab 该选项可能非常有用。
- ❏ -o filename|--output filename：将所有查询输出定向到文件 filename 中。该选项等效于命令\o。
- ❏ -p port|--port port：指定服务器监听的 TCP 端口或使用的默认本地 UNIX 域套接字文件。
- ❏ -P assignmet|--pset assignment：允许在命令行上以\pset 的风格设置打印选项。
- ❏ -q|--quiet：指定 psql 将安静地执行处理任务。默认时，psql 将显示欢迎和许多其他输出信息。
- ❏ -R separator|--record-separator：使用 separator 做为非对齐输出的记录分隔符。等效于\pset recordse 命令。
- ❏ -s|--single-step：进入单步模式运行。
- ❏ -S|--single-line：进入单行运行模式，这时每个命令都将由换行符结束，像分号那样。
- ❏ -t|--tuples-only：关闭打印列名称和结果行计数脚注等信息。等效于\t 命令。
- ❏ -T table_options|--table-attr table_options：允许用户指定放在 HTML 表标记里的选项。
- ❏ -U username|--username username：强制 psql 在和数据库连接时，提示输入用户的用户名和口令。
- ❏ -v |--set|--variable assignment：进行一次变量分配，像内部命令\set 那样。
- ❏ -V |--version：显示版本信息。
- ❏ -w|--no-password：连接数据库时不提示输入口令。如果服务器要求密码验证，并且一个密码通过其他方式不可用（如.pgpass 文件），则该连接请求将失败。
- ❏ -W| --password：强制 psql 在与一个数据库连接前提示输入口令。
- ❏ -x|--expanded：打开扩展表格式模式。等效于命令\x。
- ❏ -X|--no-psqlrc：不读取启动文件。
- ❏ -1|--single-transaction：当执行一个脚本 psql 使用-f 选项时，添加该选项包括 BEGIN/COMMIT 周围脚本来执行它，作为单独的事务。
- ❏ -?|--help：显示 psql 命令行参数的帮助信息。

【实例 10-5】使用 psql 命令登录到 PostgreSQL 数据库服务。执行命令如下：

```
-bash-4.1$ psql
psql (8.4.13)
输入 "help" 来获取帮助信息.

postgres=#
```

10.6　其他配置文件

除了前面介绍过的 postgresql.conf 文件之外，PostgreSQL 还使用另外两个手工编辑的配置文件，它们控制客户端认证。此外，还有几个配置文件需要了解。本节将介绍这几个文件的作用。

10.6.1　客户端认证文件：/var/lib/pgsql/data/pg_hba.conf

pg_hba.conf 文件用来控制客户端认证，存放在数据库集群的数据库目录里。一个用户要想成功连接到特定的数据库，需要通过该配置文件的检查。在 initdb 初始化数据目录的时候，会安装一个默认的文件。该文件常用的格式是一条条记录，每行一条。空白行和以井号（#）开头的注释都被忽略。一条记录是由若干用空格、/或 tab 键分隔的字段组成。如果字段用引号包围起来，则该字段可以为空。记录不能跨行存在。

每条记录声明一种连接类型、一个客户端 IP 地址范围、一个数据库名、一个用户名字以及对匹配这些参数的连接使用的认证方法。第一条匹配连接类型，客户端地址和连接企图请求的数据库名和用户名的记录将用于执行认证。这个处理过程不能跨越或返回操作。如果选择了一条记录而且认证失败，那么将不考虑后面的记录。如果没有匹配的记录，那么访问被拒绝。

每条记录可以使用下面 4 种格式之一：

```
local       DATABASE  USER                METHOD  [OPTIONS]
host        DATABASE  USER  CIDR-ADDRESS  METHOD  [OPTIONS]
hostssl     DATABASE  USER  CIDR-ADDRESS  METHOD  [OPTIONS]
hostnossl   DATABASE  USER  CIDR-ADDRESS  METHOD  [OPTIONS]
```

各个字段的含义如下。

- local：这条记录匹配通过 UNIX 域套接字进行的连接。没有这种类型的记录，就不允许 UNIX 域套接字的连接。
- host：这个记录匹配通过 TCP/IP 进行的连接尝试。host 记录匹配 SSL 和非 SSL 的连接请求。

注意：除非服务器带着合适的 listen_address 配置参数值启动，否则将不可能进行远程的 TCP/IP 连接，因为默认只监听本地回环地址 localhost。

- hostssl：这条记录匹配使用 TCP/IP 的 SSL 连接，但必须是使用 SSL 加密的连接。要使用这个选项，搭建服务器的时候必须打开 SSL 支持，而且在服务器启动的时候，SSL 配置项必须打开。
- hostnossl：这条记录与 hostssl 的作用正好相反。它只匹配那些在 TCP/IP 上不使用 SSL 的连接请求。
- DATABASE：声明记录所匹配的数据库。该值设置为 all 时，表名该记录匹配所有数据库；值为 samegroup 时，表示请求的用户必须是一个与数据库同名组中的成员。在其他情况里，这是一个特定的 PostgreSQL 的名字。用户可以通过用逗号分隔的方法声明多个数据库。一个包含数据库名的文件可以通过对该文件前缀添加@来声明。
- USER：为这条记录声明所匹配的 PostgreSQL 用户。值 all 表明它匹配于所有用户。否则，它就是特定 PostgreSQL 用户的名字。多个用户名可以通过用逗号分隔的方法声明。组名字可以通过用"+组名"前缀来声明。一个包含用户名的文件可以通过在文件名前面添加前缀@来声明。该文件必需和 pg_hba.conf 文件在同一个目录。

❑ METHOD：声明通过这条记录连接的时候使用的认证方法。常用的认证方法有 trust、reject、md5、password、sspi、krb5、ident、pam、ldap 或 cert。

下面详细的介绍这些认证方法之间的区别。

（1）trust：允许连接。只要知道数据库用户名不需要密码或 ident 就能登录。

（2）reject：拒绝连接。

（3）md5：要求客户端提供一个 MD5 加密的口令进行认证。

（4）password：要求客户端提供一个未加密的口令进行认证。因为口令是以明文形式在网络上传递的，所以建议用户不要在不安全的网络上使用这个方式。

（5）sspi：要求使用 SSPI 集成认证，访问数据库服务器。

（6）krb5：用 Kerberos V5 认证用户。只有在进行 TCP/IP 连接的时候才能用。

（7）ident：是 Linux 下 PostgreSQL 默认的 local 认证方式，凡是能正确登录服务器的操作系统用户就能使用本地用户映射的数据库用户，不需要密码登录数据。用户映射文件为 pg_ident.conf，这个文件记录着与操作系统用户匹配的数据库用户。如果某操作系统用户在该文件中没有映射用户，则默认的映射数据库用户与操作系统用户同名。例如服务器上有名为 users1 的操作系统用户，同时数据库上也有同名的数据库用户，user1 登录操作系统可以直接输入 psql，以 user1 数据用户身份登录数据库，并且不需要密码。如果使用了 ident 认证方式，但是没有同名的操作系统用户或没有相应的映射用户，这时可以在 pg_ident.conf 文件中添加映射用户或改变认证方式。

（8）pam：使用操作系统提供的认证模块服务（Pluggable Authentication Modules，PAM）来认证。

（9）ldap：LDAP 认证就是把用户数据放在 LDAP 服务器上，通过 LDAP 服务器上的数据对用户进行认证处理。

（10）cert：认证中心系统是一种使用非对称密码体制和数字签名等密码技术建立的严密的身份认证系统，以确保地址交易安全、顺利地进行。

❑ CIDR-ADDRESS：声明这条记录匹配的客户端机器的 IP 地址范围。它由一个 IP 地址和一个 CIDR 掩码组成。（IP 地址只能用数值声明，不能用域或者主机名。）掩码长度表示客户端 IP 地址必须匹配的二进制位数。在给出的 IP 地址里，这个长度的右边的二进制位必须为 0。在 IP 地址、/和 CIDR 掩码长度之间不能有空格。

❑ OPTIONS：这个为可选字段，代表的意思取决于选择的认证方法。

在 pg_hba.conf 文件中，默认记录的一些例子。配置信息如下：

```
# TYPE  DATABASE    USER        CIDR-ADDRESS        METHOD

# "local" is for Unix domain socket connections only
local  all         all                             ident
# IPv4 local connections:
```

```
host    all        all        127.0.0.1/32        ident
# IPv6 local connections:
host    all        all        ::1/128            ident
```

10.6.2　用户映射文件：/var/lib/pgsql/data/pg_ident.conf

pg_ident.conf 文件是用来配置系统用户映射为数据库用户的。在前面介绍过 ident 认证方式，需要建立映射用户或具备同名用户。同名用户操作简单，各新建一个同名的操作系统用户和数据库用户，两个用户密码不必相同，但名字必须相同。用该用户登录到操作系统或使用 su 命令切换为该用户。

如果不想新建同名用户，这时就可以配置 pg_ident.conf 文件。配置的格式如下：

```
# MAPNAME      SYSTEM-USERNAME    PG-USERNAME
usermap        username           dbuser
```

usermap 为映射名，在 pg_hba.conf 文件中用到，多个映射可以共用同一个映射名；username 为操作系统用户名；dbuser 为映射到的数据库用户。

【实例 10-6】系统用户为 sysbob，使用数据库用户 dbbob 连接数据库，而操作系统用户 sysalice，使用数据库用户 dbalice 连接数据库。配置信息如下：

```
[root@localhost data]# vi pg_ident.conf
# MAPNAME      SYSTEM-USERNAME    PG-USERNAME
mapbob         sysbob             dbbob
mapbob         sysalice           dbalice
[root@localhost data]# vi pg_hba.conf
# TYPE  DATABASE    USER        CIDR-ADDRESS        METHOD
local   all         all                     ident       map=mapbob
```

map 为 pg_hba.conf 的可选项，map=mapbob 至少该认证条件使用 mapbob 映射。指定映射后原来同名的操作系统用户就不能连接数据库了。

10.6.3　记录命令参数的文件：/var/lib/pgsql/data/postmaster.opts

postmaster.opts 文件用来记录数据库服务最后一次启动时，使用的命令行参数的文件。该文件是 PostgreSQL 数据库服务启动之后创建的。该文件不需要做任何修改。

10.6.4　记录服务进程的文件：/var/lib/pgsql/data/postmaster.pid

postmaster.pid 文件是 PostgreSQL 服务启动产生的，用来记录服务的进程号。该文件不需要人为去改动它。当 PostgreSQL 服务停止时，该文件会自动删除。

10.6.5　日志文件：/var/lib/pgsql/pgstartup.log

pgstartup.log 文件为 PostgreSQL 服务的日志文件。默认保存在/var/lib/pgsq/目录下。该文件中记录与数据库相关操作的所有信息。当无法对数据库进行操作时，可以参考该日志文件来修改相关的错误信息。下面看一个日志文件例子信息如下：

```
[root@localhost pgsql]# cat pgstartup.log
属于此数据库系统的文件宿主为用户 "postgres".
此用户也必须为服务器进程的宿主.
数据库簇将带有 locale zh_CN.UTF-8 初始化.
默认的数据库编码已经相应的设置为 UTF8.
initdb: 无法为语言环境"zh_CN.UTF-8" 找到合适的文本搜索配置
默认的文本搜索配置将会被设置到"simple"

修复已存在目录 /var/lib/pgsql/data 的权限 … 成功
正在创建子目录 … 成功
选择默认最大连接数 (max_connections) … 100
选择默认共享缓冲区大小 (shared_buffers) … 32MB
创建配置文件 … 成功
在 /var/lib/pgsql/data/base/1 中创建 template1 数据库 … 成功
初始化 pg_authid … 成功
初始化 dependencies … 成功
创建系统视图 … 成功
正在加载系统对象描述 … 成功
创建字符集转换 … 成功
正在创建字典 … 成功
对内建对象设置权限 … 成功
```

10.7　PostgreSQL 的应用

通过前面的介绍，读者对 PostgreSQL 服务有了一个清晰的认识。本节将介绍 PostgreSQL 数据库服务的简单应用。

10.7.1　登录及退出 PostgreSQL 环境

使用 PostgreSQL 客户端命令工具 psql 可以连接并登录到 PostgreSQL 环境，在带有提示符"postgres=#"的交互式命令环境中进行操作。使用 psql 登录服务器，默认连接到的数据库是 postgres。

【实例 10-7】执行 psql 命令登录数据库服务。

```
-bash-4.1$ psql
psql (8.4.13)
输入 "help" 来获取帮助信息.

postgres=#
```

执行以上命令后，输出"postgres=#"就表示服务器登录成功。在输出的信息中提示输入 help 来获取帮助信息。

```
postgres=#help
您正在使用 psql, 这是一种用于访问 PostgreSQL 的命令行界面
键入: \copyright 显示发行条款
```

```
      \h 显示 SQL 命令的说明
      \? 显示 pgsql 命令的说明
      \g 或者以分号(;)结尾以执行查询
      \q 退出
```

输出的信息为当前环境下可执行的命令。输入"\?"可以查看在该环境下可执行的命令。如查看所有的数据库，可执行"\l"命令。

```
postgres=# \l
                              资料库列表
    名称     |  拥有者   |字元编码|   排序规则    |    Ctype     |  存取权限
-----------+----------+-------+-------------+-------------+-----------
 mydb       | postgres |  UTF8 | zh_CN.UTF-8 | zh_CN.UTF-8 |
 postgres   | postgres |  UTF8 | zh_CN.UTF-8 | zh_CN.UTF-8 |
 template0  | postgres |  UTF8 | zh_CN.UTF-8 | zh_CN.UTF-8 | =c/postgres
                                                            : postgres=CTc/postgres
 template1  | postgres|  UTF8 |    zh_CN.UTF-8 | zh_CN.UTF-8 | =c/postgres
                                                            : postgres=CTc/postgres
(4 行记录)
```

以上信息为 postgres 的数据库表信息。执行"\q"命令退出 PostgreSQL 环境。

```
postgres=# \q
-bash-4.1$
```

10.7.2 数据库的备份与恢复

1．SQL转储

SQL 转储的方法是创建一个文本文件，这个文本里面都是 SQL 命令。当把这个文件导入服务器时，将重建与转储状态一样的数据库。PostgreSQL 为这个用途提供了应用工具 pg_dump。这条命令的基本语法如下：

```
pg_dump dbname > outfile
```

pg_dump 是一个普通的 PostgreSQL 客户端应用，这就意味着用户可以从任何可以访问该数据库的远端主机上进行备份工作。但是 pg_dump 不会以任何特殊权限运行，具体来说，就是它必须要有你想要备份的表的读权限，因此实际上几乎要成为数据库超级用户。

【实例 10-8】备份 postgres 数据库到 backup.file 文件中。执行命令如下：

```
-bash-4.1$ pg_dump postgres > backup.file
```

执行以上命令后，postgres 数据库信息就保存到 backup.file 文件中了。

2．从转储中恢复

pg_dump 生成的文本文件可以由 psql 程序读取。从转储中恢复的常用命令如下：

```
psql dbname < infile
```

以上命令中 infile 就是 pg_dump 命令中 outfile 参数。这条命令不会创建数据库 dbname，用户必须在执行 psql 前自己从 template0 创建。psql 支持类似 pg_dump 的选项用以控制数据库服务器位置和用户名。

在开始运行恢复之前，目标库和所有在转储出来的库中拥有对象的用户，以及曾经在某些对象上被赋予权限的用户都必须已经存在。如果这些不存在，那么恢复将失败，因为恢复过程无法把这些对象恢复成原有的所有权或权限。

【**实例 10-9**】恢复 postgres 数据库。执行命令如下：

```
-bash-4.1$ psql postgres < backup.file
SET
SET
SET
SET
SET
SET
REVOKE
REVOKE
GRANT
GRANT
```

第 11 章　LDAP 目录服务

随着网络规模的增大,网络的管理变得越来越复杂。目录服务由于灵活方便、安全可靠、支持分布式环境等优点,逐渐从提供公共查询服务的角色变为网络资源管理的平台,并成为网络智能化管理的一种基础服务。本章主要介绍 LDAP 目录服务的基本信息、构建及各文件的配置信息。

11.1　基　本　信　息

在搭建 LDAP 服务之前,需要先了解搭建该服务的网络环境及基本配置信息。下面介绍 LDAP 服务的基本知识,包括网卡配置、软件包、进程、端口等内容。

11.1.1　网卡配置文件:/etc/sysconfig/network-scripts/ifcfg-XXX

在安装一台 LDAP 服务器的计算机上,需要有一个固定的 IP 地址。下面设置当前主机 LDAP 服务器的 IP 地址为 192.168.1.1。

```
[root@localhost ~]# cat /etc/sysconfig/network-scripts/ifcfg-eth0
HWADDR=00:0C:29:88:77:96
IPADDR=192.168.1.1
NETMASK=255.255.255.0
GATEWAY=192.168.1.1
```

11.1.2　软件包:openldap

安装 LDAP 服务器的软件包是 openldap 软件包。大部分 Linux 的发行版本中都提供了 openldap 软件包。下面以表格的形式列出了 RedHat Linux 中 LDAP 服务的 openldap 软件包位置及源码包下载地址,如表 11.1 所示。

表 11.1　软件包位置

软件包类型	位　　置
RHEL 6 RPM 包	光盘:/Packages
RHEL 5 RPM 包	光盘:/Server
源码包	http://www.openldap.org/

本章讲解安装 LDAP 的方法适合 RHEL 5.X～6.4 的所有版本。不同版本的软件包名如表 11.2 所示。

表 11.2　不同发行版本的软件包

RHEL 6.4	openldap-servers-2.4.23-31.el6.i686.rpm
RHEL 6.3	openldap-servers-2.4.23-26.el6.i686.rpm
RHEL 6.2	openldap-servers-2.4.23-20.el6.i686.rpm
RHEL 6.1	openldap-servers-2.4.23-15.el6.i686.rpm
RHEL 6.0	openldap-servers-2.4.19-15.el6.i686.rpm
RHEL 5	openldap-servers-2.3.43-12.el5.i386.rpm

11.1.3　用户和组：ldap

在安装 LDAP 服务之前需要创建相应的用户和用户组。创建的用户和组用来运行 LDAP 服务。创建命令如下：

```
[root@localhost ~]# groupadd ldap
[root@localhost ~]# useradd -g ldap ldap
[root@localhost ~]# passwd ldap
```

11.1.4　进程名：slapd

LDAP 服务成功启动后，会自动运行名为 slapd 的进程。可以使用如下命令查看：

```
[root@localhost ~]# ps -eaf | grep slapd
ldap     18837    1  0 14:15 ?        00:00:00 /usr/sbin/slapd -h ldap:///
ldapi:/// -u ldap
root     18851 3775  0 14:16 pts/2    00:00:00 grep slapd
```

11.1.5　端口：389

LDAP 服务成功启动后，会默认监听 TCP 协议上的 389 端口。可以执行如下命令查看 LDAP 监听的端口。

```
[root@localhost ~]# netstat -antpul | grep 389
tcp    0    0 0.0.0.0:389      0.0.0.0:*        LISTEN       18837/slapd
tcp    0    0 :::389           :::*             LISTEN       18837/slapd
```

11.1.6　防火墙所开放的端口号：389

LDAP 服务用来保存数据。如果客户端想访问或者向 LDAP 服务中添加一些条目，都需要登录到服务器才可以。但是防火墙默认拒绝所有客户端的连接，所以服务端需要开放 LDAP 服务的默认端口 389，使客户端能够登录到服务器。执行如下命令开放 389 端口号。

```
[root@localhost ~]# iptables -I INPUT -p tcp --dport 389 -j ACCEPT
```

11.2　构建 LDAP 服务

目录服务是一种特殊的数据库系统，专门针对读取、浏览和搜索操作进行了特定的优化。目录一般用来包含描述性的、基于属性的信息并支持精细复杂的过滤能力。本节将介绍 LDAP 服务的运行机制和搭建。

11.2.1　运行机制

LDAP 是轻量级的目录访问协议，英文全称是 Lightweight Directory Access Protocol，一般都简称为 LDAP。LDAP 是一个用来发布目录信息到许多不同资源的协议。通常它都作为一个集中的地址被使用，但是根据组织者的需要，它可以完成更强的功能。LDAP 实现了指定的数据结构的存贮，是一种特殊的数据库。但是 LDAP 和一般的数据库不同，明确这一点很重要。LDAP 对查询进行了优化，与写性能相比 LDAP 的读性能要优秀很多。

就像 Sybase、Oracle、Informix 或 Microsoft 的数据库管理系统（DBMS）是用于处理查询和更新关系型数据库那样，LDAP 服务器也用来处理查询和更新 LDAP 目录。也就是说 LDAP 目录也是一种类型的数据库，但不是关系型数据库。要特别注意的是，LDAP 通常作为一个 hierarchical 数据库使用，而不是一个关系数据库。

LDAP 的基本模型是建立在"条目"的基础上。一个条目是一个或多个属性的集合，并且具有一个全局唯一的"可区分名称"（用 dn 表示）。它与关系型数据进行类比，关系型数据库中一个条目相当于数据库中的一条记录，而 dn 相当于数据库中记录的关键字，属性相当于数据库中的字段。

LDAP 中，将数据组织成一个树型结构，这与现实生活中的很多数据结构可以对应起来，而不像设计关系型数据库的表，需要进行多种变化。下面是一个树型结构的数据，如图 11.1 所示。

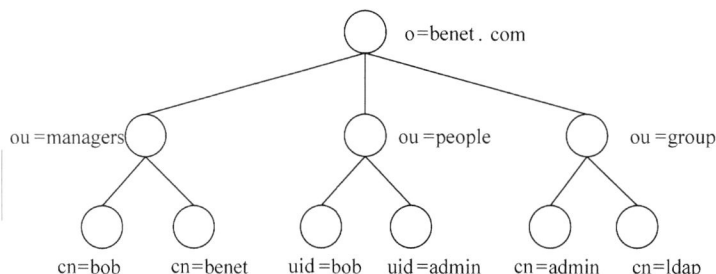

图 11.1　目录树

11.2.2　搭建服务

默认情况下，在安装 RHEL 时并未安装 LDAP 服务器程序。在使用 LDAP 服务前，首先必须将 LDAP 服务器程序安装到系统中。

为了方便安装，本节使用光盘中自带的 RPM 包安装 LDAP 服务。具体操作步骤如下。
（1）先使用 rpm 命令检查系统中是否已经安装 openldap 软件包。执行命令如下。

```
[root@localhost ~]# rpm -q openldap
```

输出信息如下：

```
package openldap is not installed
```

输出的信息说明软件包 openldap 没有安装。

（2）挂载 RHEL 6.4 系统光盘，并安装其中的 openldap-servers-2.4.23-31.el6.i686.rpm 软件包。执行命令如下：

```
[root@localhost ~]# mount /dev/cdrom /mnt/cdrom/
mount: block device /dev/sr0 is write-protected, mounting read-only
[root@localhost ~]# rpm -ivh /mnt/cdrom/Packages/openldap-servers-2.4.
23-31.el6.i686.rpm
warning:    /mnt/cdrom/Packages/openldap-servers-2.4.23-31.el6.i686.rpm:
Header V3 RSA/SHA256 Signature, key ID fd431d51: NOKEY
Preparing...        ########################################### [100%]
   1:openldap-servers ########################################### [100%]
```

11.3　文 件 组 成

使用 rpm 命令安装好 openldap 软件包之后，与 LDAP 服务器相关的主要目录和文件如表 11.3 所示。

表 11.3　LDAP服务中的文件

目　录	文 件 名	文 件 类 型	功 能 说 明
/etc/openldap/	slapd.conf	配置文件	LDAP 服务的主配置文件
	ldap.conf	配置文件	LDAP 配置文件/环境变量
/etc/portreserver/	slapd	配置文件	控制 LDAP 服务
/etc/rc.d/init.d/	slapd	脚本文件	启动服务进程文件
/etc/sysconfig/	ldap	配置文件	命令行参数配置文件
/usr/libexec/openldap/	generate-server-cert.sh	脚本文件	为本地主机创建证书并添加数据库到 /etc/openldap/ldap.conf 中
/usr/bin/	ldapadd	可执行文件	LDAP 添加条目工具
	ldapdelete	可执行文件	LDAP 删除条目工具
	ldapmodify	可执行文件	LDAP 修改条目工具
	ldappasswd	可执行文件	改变 LDAP 条目的密码
	ldapurl	可执行文件	LDAP URL 格式设置工具
	ldapcompare	可执行文件	LDAP 比较工具
	ldapexop	可执行文件	发布扩展 LDAP 操作
	ldapmodrdn	可执行文件	LDAP 重命名条目工具
	ldapsearch	可执行文件	LDAP 查询工具
	ldapwhoami	可执行文件	谁是 LDAP 工具
/usr/sbin/	slapacl	可执行文件	检查访问的属性列表
	slapadd	可执行文件	向 SLAPD 数据库添加条目
	slapauth	可执行文件	检查 LDAPauthc/authz 代表字符串 ID 的列表
	slapcat	可执行文件	SLAPD 到 LDIF 实用程序数据库

续表

目　　录	文 件 名	文 件 类 型	功 能 说 明
	slapd	可执行文件	独立 LDAP 守护进程
	slapdn	可执行文件	检查基于架构的字符串表示 LDAP DNs 的列表语法
	slapindex	可执行文件	重新建立索引 SLAPD 数据库中的条目
	slappasswd	可执行文件	OpenLDAP 密码实用程序
	slapschema	可执行文件	SLAPD 在数据库中的架构检查实用程序
	slaptest	可执行文件	请检查该二进制拷贝到文件的适宜性

图 11.2 所示为表 11.3 中文件的工作流程。

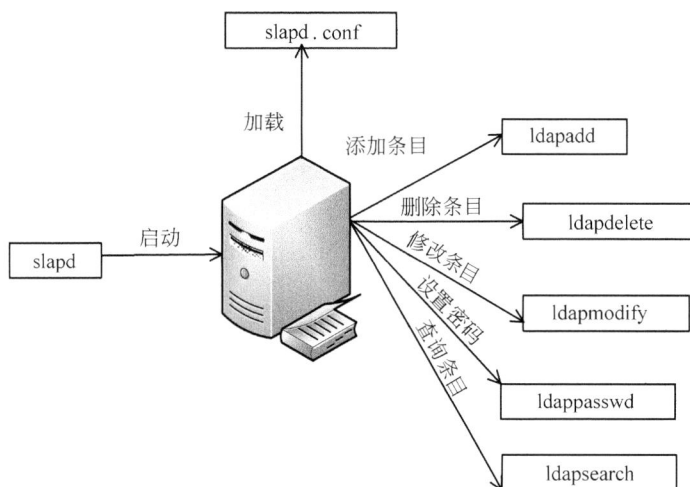

11.2　LDAP 文件工作流程

11.4　配置文件：/etc/openldap/slapd.conf

slapd.conf 配置文件需要手动创建。系统中提供了模板文件 slapd.conf.obsolete，将该文件复制到/etc/openldap 目录下就可以了。执行以下命令创建名为 sladp.conf 的文件。

```
[root@localhost ~]# cp -p /usr/share/openldap-servers/slapd.conf.obsolete
/etc/openldap/slapd.conf
```

本节将介绍 slapd.conf 文件中各个配置项的作用。

11.4.1　schema 文件：include

对于 LDAP 目录中保存的信息，可以使用 LDIF（LDAP Interchange Format）格式来保

存。这是一种标准文本文件格式。使用这种格式保存 LDAP 服务器数据库中的数据方便读取和修改，这也是其他多数服务配置文件所采取的格式。

LDIF 文件常用来向目录导入或更改记录信息，这些信息需要按照 LDAP 中的 schema 的格式进行组织，并会接受 schema 的检查，如果不符合其要求的格式将会出现报错信息。有关 LDIF 文件的格式和创建将在后面进行介绍，这里简单介绍一下组织 LDAP 数据格式的 schema 文件。

在 LDAP 中，schema 用来指定一个目录中所包含的对象（objects）的类型（objectClass），以及每一个类型（objectClass）中必须提供的属性（Atrribute）和可选的属性。

可将 schema 理解为面向对象程序设计中的类，通过类定义一个具体的对象。LDIF 中的数据条目可理解为一个具体的对象，是通过 schema 来规划创建的。

因此 schema 是一个数据模型，用来决定数据按什么方式存储，并定义存储在不同条目（Entry）下的数据之间的关系。schema 需要在主配置文件 slapd.conf 中指定，以用来决定在目录中可以使用哪些 objectClass。在/etc/openldap/schema/目录中提供了许多 schema 文件，只需要在配置文件 slapd.conf 中使用 include 指令将需要使用的 schema 包含即可。默认配置信息如下：

```
include          /etc/openldap/schema/corba.schema
include          /etc/openldap/schema/core.schema
include          /etc/openldap/schema/cosine.schema
include          /etc/openldap/schema/duaconf.schema
include          /etc/openldap/schema/dyngroup.schema
include          /etc/openldap/schema/inetorgperson.schema
include          /etc/openldap/schema/java.schema
include          /etc/openldap/schema/misc.schema
include          /etc/openldap/schema/nis.schema
include          /etc/openldap/schema/openldap.schema
include          /etc/openldap/schema/ppolicy.schema
include          /etc/openldap/schema/collective.schema
```

11.4.2　设置一组功能：allow

allow 指定一组功能（以空格分隔），默认没有设置。bind_v2 允许接受的 LDAPv2 绑定请求。默认的配置信息如下：

```
allow bind_v2
```

11.4.3　设置 LDAP 服务进程 ID 文件的位置：pidfile

pidfile 配置项用来设置 slapd 服务的进程 ID 文件的位置。默认配置保存在/var/run/openldap 目录下，配置信息如下：

```
pidfile          /var/run/openldap/slapd.pid
```

11.4.4　设置命令行参数文件的位置：argsfile

argsfile 配置项用来设置包含当前正在运行的 slapd 进程所用到的命令行参数文件。默认保存在/var/run/openldap/目录下，配置信息如下：

```
argsfile        /var/run/openldap/slapd.args
```

11.4.5　设置架构值：modulepath

modulepath 配置项用来设置架构依赖值。设置的值为 32 位或 64 位系统。配置信息如下：

```
modulepath /usr/lib/openldap                      #32 位架构
modulepath /usr/lib64/openldap                     #64 位架构
```

11.4.6　指定动态加载的模块名称：moduleload

moduleload 配置项用来指定要加载的动态可加载模块的名称。该文件可以是绝对路径名称或一个简单的文件名。默认配置信息如下：

```
moduleload accesslog.la
moduleload auditlog.la
moduleload back_sql.la
moduleload chain.la
moduleload collect.la
moduleload constraint.la
moduleload dds.la
moduleload deref.la
moduleload dyngroup.la
moduleload dynlist.la
moduleload memberof.la
moduleload pbind.la
```

11.4.7　指定包含证书的目录的路径：TLSCACertificatePath

TLSCACertificatePath 配置项用来指定一个目录的路径，该目录下包含认证的证书，以个人档案分开。默认配置信息如下：

```
TLSCACertificatePath /etc/openldap/certs
```

11.4.8　指定包含 slapd 服务证书的文件：TLSCertificateFile

TLSCertificateFile 配置项用来指定包含 slapd 服务证书的文件。默认配置信息如下：

```
TLSCertificateFile "\"OpenLDAP Server\""
```

11.4.9　指定包含 slapd 服务私钥的文件：TLSCertificateKeyFile

TLSCertificateKeyFile 配置项用来指定包含 slapd 服务私钥的文件。该私钥文件与相匹配的证书存储在 TLSCertficateFile 中的证书文件。默认配置信息如下：

```
TLSCertificateKeyFile /etc/openldap/certs/password
```

11.4.10　设置安全性的规则：security

security 配置项用来让管理员设置加强安全性的一般规则。默认配置信息如下：

```
security ssf=1 update_ssf=112 simple_bind=64
```

11.4.11　指定访问目录时遵循的规则和条件：Require

Require 配置项用来让管理员指定访问目录时必须遵循的规则和条件。这种指定可以是全局的，也可以用来限制对某个后端数据库的访问限制。默认配置信息如下：

```
Require integrity protection (prevent hijacking)
Require 112-bit (3DES or better) encryption for updates
Require 63-bit encryption for simple bind
```

11.4.12　设置使用的后端数据存储方式：database

database 配置项用来设置使用的后端数据存储方式。该配置项可以设置的值有 bdb、config、dnssrv、hdb、ldap、ldif、meta、monitor、null、passwd、perl、relay、shell 或 sql。根据不同的后端将为数据库提供服务。默认配置信息如下：

```
database config                        #启用 on-the-fly 配置
database monitor                       #启用服务器的状态监控
database bdb                           #数据库定义
```

11.4.13　设置访问权限：access

access 配置项用来设置访问控制权限。如果没有访问控制存在，默认的策略允许任何人。每个人都能读取任何东西，但是限制 rootdn 更新。默认配置信息如下：

```
access to * by * read
```

11.4.14　设置 DN 后缀：suffix

suffix 配置项用来设置传递给 DN 后缀。默认配置信息如下：

```
suffix          "dc=my-domain,dc=com"
```

11.4.15　设置执行 checkpoint 的时间：checkpoint

checkpoink 配置项设置执行 checkpoint 的时间。checkpoint 操作就是将内存中的数据回写数据库文件的操作。配置信息如下：

```
checkpoint     1024 15
```

以上配置表示每写 1024KB 数据或者每隔 15 分钟，bdb 会执行一次 checkpoint 的操作。

在 bdb 库中提供了一个命令 db_checkpoint，用来执行 checkpoint。例如，当用户需要删除日志的时候，需要先执行 db_checkpoint 确保数据已经回写到数据库文件中了，这时才能放心地删掉日志。

11.4.16　设置超级管理员账号：rootdn

rootdn 配置项用来设置 LDAP 的管理员账号。设置之后，就可以对整个 LDAP 系统资料做新增、删除、修改等操作。一般 cn 值是 Manager。默认配置信息如下：

```
rootdn          "cn=Manager,dc=my-domain,dc=com"
```

11.4.17　设置超级管理员账号的密码：rootpw

rootpw 用来设置超级管理员账号的密码。该密码可以使用明文或加密两种方式。使用明文密码是不安全的，建议使用加密方式存储。此服务中可以使用的加密方式有 CRYPT、MD5、SMD5、SHA 和 SSHA。产生加密密码字符串的方法是使用 slappasswd 命令。

```
rootpw          secret                      #明文密码
rootpw          {crypt}ijFYNcSNctBYg        #加密密码
```

11.4.18　设置目录相关数据的存放位置：direcotry

direcotry 配置项用来指定目录相关数据的存放位置。此目录最好只能由运行 slapd 进程的用户所有，建议设置权限为 700。默认配置信息如下：

```
directory       /var/lib/ldap
```

11.4.19　设置 slapd 索引时用到的属性：index

index 配置项用来设置 slapd 索引时用到的属性。默认配置信息如下：

```
index objectClass                        eq,pres
index ou,cn,mail,surname,givenname       eq,pres,sub
index uidNumber,gidNumber,loginShell     eq,pres
index uid,memberUid                      eq,pres,sub
index nisMapName,nisMapEntry             eq,pres,sub
```

以上配置中，eq 指索引时的匹配规则，主要是用来优化查询。常用到的匹配规则有 approx（模糊匹配，approximate）、eq（精确匹配，equality）、pres（现有值匹配，若某记录的此 attribute 没有值则不进行匹配，presence）和 sub（子串匹配，substring）。

11.4.20　设置日志文件的位置和名称：replogfile

replogfile 配置项用来设置日志文件的位置和名称。默认保存在/var/lib/ldap/openldap-master-replog 目录下，配置信息如下：

```
replogfile /var/lib/ldap/openldap-master-replog
```

11.4.21　设置从服务器域名和端口号：replica

replica 配置项用来设置从服务器的域名或 IP 地址。默认配置信息如下：

```
replica host=ldap-1.example.com:389 starttls=critical
```

以上配置信息中，389 表示 LDAP 服务进程的默认端口。

11.4.22　设置认证方式：bindmethod

bindmethod 配置项用来设置认证方式。默认配置信息如下：

```
bindmethod=sasl saslmech=GSSAPI
```

11.4.23　设置内存中缓存的记录条数：cachesize

cachesize 是 ldap 在内存中缓存的记录条数。这个缓存是 openldap 自己维护的，与 bdb 库无关。为了提高效率，bdb 在修改数据库时是先修改内存里面，然后分批回写到数据库文件里。配置信息如下：

```
cachesize 5000
```

11.5　可执行文件

LDAP 服务成功运行后，有大量的命令来控制该服务。本节将介绍 LDAP 服务下的命令语法格式和使用方法。

11.5.1　检查访问的属性列表：/usr/sbin/slapacl

slapacl 用于检查 slapd 的行为，通过验证目录数据的访问，根据其配置的访问控制列表。将打开条目添加到新建配置文件或约束的 config 在命令行中指定的后端，在 access/olcassess 中读取命令，然后分析属性列表。如果没有设置，会测试访问该项目的伪属性。下面将介绍 slapacl 命令的语法格式和使用方法。

slapacl 命令的语法格式如下：

```
slapacl [选项]
```

常用选项含义如下。
- ❑ -b DN：指定被请求访问的 DN。相应的条目从数据库中提取它，因此它必须存在。DN 还用于确定规则应用，因此它必须在创建配置数据库的命名上下文。
- ❑ -d 调试级别：启用指定级别的调试。
- ❑ -D authcDN：当在访问列表中选择合适的<by>条款时，指定 DN 作为一种身份通过测试会话。

❑ -f slapd.conf：指定一个 slapd.conf 替代文件。

❑ -F confdir：指定一个 config 目录。如果-f 和-F 都被指定，config 文件将被读取并且转换 config 目录格式，写到指定的目录。如果两个选项都没指定，则尝试使用默认 config 文件。如果一个有效的 config 目录存在，则默认的 config 文件被忽略。

❑ -o option[=value]：指定一个选项的值。一般可能的选项/值是：syslog=<subsystems>、syslog-level=<level>、syslog-user=<user>。指定 slapacl 可能选项/值是 authzDN、domain、peername、sasl_ssf、sockname、sockurl、ssf、tls_ssf、transport_ssf。

❑ -u：不从数据库获取条目。在这种情况下，如果条目不存在，使用-b 选项指定 DN 一个假条目。

❑ -U authcID：指定一个 ID 被映射到一个 DN，作为通过 zuthz-regexp 或 authz-rewrite 的规则。该选项和-D 是互相排斥的。

❑ -v：启用详细模式。

❑ -X authzID：指定一个认证 ID 被映射到一个 DN，作为 authz- regexp 或 authz-rewrite 的规则。该选项与使用-o authzDN=DN 是互相排斥的。

【实例 11-1】检查 DN 的属性列表。执行命令如下：

```
[root@localhost ldap]# slapacl -f /etc/openldap/slapd.conf -b "dc=benet,
dc=com"
entry: read(=rscxd)
children: read(=rscxd)
objectClass=top: read(=rscxd)
objectClass=dcObject: read(=rscxd)
objectClass=organization: read(=rscxd)
dc=benet: read(=rscxd)
o=benet,Inc: read(=rscxd)
structuralObjectClass=organization: read(=rscxd)
entryUUID=914b6226-c4d5-1032-96c2-4d8d984bdfc2: read(=rscxd)
creatorsName=cn=Manager,dc=benet,dc=com: read(=rscxd)
createTimestamp=20131009022345Z: read(=rscxd)
entryCSN=20131009022345.524750Z#000000#000#000000: read(=rscxd)
modifiersName=cn=Manager,dc=benet,dc=com: read(=rscxd)
modifyTimestamp=20131009022345Z: read(=rscxd)
```

11.5.2　向 SLAPD 数据库添加条目：/usr/sbin/slapadd

slapadd 用来将 LDAP 目录交换格式中指定的条目（LDIF）添加到 slapd 的数据库。它通过数据库编号或后缀打开了给定的数据库，并且添加条目对应于数据库提供的 LDIF 文件。下面介绍 slapadd 命令的语法格式和使用方法。

slapadd 命令的语法格式如下：

```
slapadd [选项]
```

常用选项含义如下。

❑ -b suffix：为添加到数据库的条目指定后缀名。-b 选项不能与-n 选项一起使用。

❑ -c：启用 continue 模式。

❑ -d debug-level：启用由指定调试级别的调试消息。

- -f slapd.conf：指定一个替代 slapd.conf 的文件。
- -F confdir：指定一个配置目录。如果-f 和-F 都指定，配置文件将被读取并转换为 confdir 格式，并写入到指定的目录。如果两个选项都没有指定，将在读取默认的配置文件之前，尝试读取默认配置目录。如果有效的配置目录存在，则默认配置文件将被忽略。如果也同时指定了 dry-run 模式，将显示不能转换。
- -g：禁止处理关联存储数据库。指定该选项仅处理指定的数据库，不处理任何关联存储数据库。
- -j lineno：在处理任何条目之前，跳转到 LDIF 文件中指定的行号。当该文件有错时，可以使用该选项加载错误信息后的内容。当该错误被纠正后，不需要使用该选项。
- -l ldif-file：从指定的文件读取 LDIF，以代替标准输入。
- -n dbnum：指定条目添加的 dbnum-th 数据库。该数据库需要在配置文件中列出。
- -o option[=value]：指定一个带值的选项。通用的选项/值是 syslog=<subsystems>、syslog-level=<level>、syslog-user=<user>。
- -q：启用 quick 模式。
- -s：禁用架构检查。该选项用于加载数据库包含特殊的对象，如分式的对象上部分副本。如果加载的对象不符合架构，可能会导致错误发生。
- -S SID：使用 entryCSN 生成中所使用的服务器 ID。默认值为 0。
- -u：启用 dry-run 模式。
- -v：启用 verbose 模式。
- -w：写 syncrepl 上下文信息。所有条目都被添加后，contextCSN 将使用数据库中最大的 CSN 进行更新。

11.5.3　检查 LDAP authc/authz 代表字符串 ID 的列表：/usr/sbin/slapauth

slapauth 命令用来检查 slapd 的行为，该行为用来映射身份，为了验证和授权的目的。它打开 slapd.conf 配置文件或 slapd-config 备份文件，读取 authz-policy/olcAuthPolicy 和 authz-regexp/olcAuthzRegexp 指令，并且分析在命令行上的 ID 列表。下面介绍 slapauth 命令的语法格式和使用方法。

slapauth 命令的语法格式如下：

```
slapauth [选项]
```

常用选项含义如下。

- -d debug-level：启用指定级别的调试。
- -f slapd.conf：指定一个文件，用以替代 slapd.conf 文件。
- -F confdir：指定一个配置目录。如果-f 和-F 都指定，配置文件将读取并转换 config 目录格式，并写入到指定的目录。如果两个选项都没有指定，将读取默认的配置文件之前，尝试默认的配置目录。如果一个有效的配置目录存在，则默认配置文件将被忽略。
- -M mech：指定一个机制。

- -o option[=value]：指定一个带值的选项。通用的选项/值是：syslog=<subsystems>、syslog-level=<level>、syslog-user=
- -R realm：指定一个领域。
- -U authcID：指定一个 ID，用于 authcID 整个测试会话。
- -X authzID：指定一个 ID，用于 authzID 整个测试会话。
- -v：启用 verbose 模式。

【实例 11-2】检查会话 ID 为 1 的列表信息。执行命令如下：

```
[root@localhost ldap]# slapauth -f /etc/openldap/slapd.conf -v -U 1
ID: <1> check succeeded
authcID:      <uid=1,cn=auth>
```

11.5.4　SLAPD 到 LDIF 实用程序数据库：/usr/sbin/slapcat

slapcat 命令读取 LDAP 数据库服务的内容，生成一个 LDAP 目录交换格式（LDIF）的输出。它打开指定的数据库，通过数据库编号或后缀写入相应的 LDIF 标准输出或写入到指定的文件。下面介绍 slapcat 命令的语法格式和使用方法。

slapcat 命令的语法格式如下：

```
slapcat [选项]
```

常用选项含义如下。

- -a filter：仅转储指定的筛选器匹配的条目。
- -b suffix：使用指定的后缀确定要添加到数据库的条目。-b 选项不能与-n 选项一起使用。
- -c：启用 continue 模式。
- -d debug-level：启用指定级别的调试。
- -f slapd.conf：指定一个替代 slapd.conf 的文件。
- -F confdir：指定一个配置目录。如果-f 和-F 都指定，配置文件将读取并转换 config 目录格式并写入到指定的目录。如果两个选项都没有指定，将在读取默认配置文件之前，尝试读取默认配置目录。如果有效的配置目录存在，则默认配置文件将被忽略。
- -g：禁止处理关联存储数据库。指定该选项仅处理指定的数据库，不处理任何关联存储数据库。
- -H URI：使用 dn、scope 和 filter 从 URI 只处理匹配的条目。
- -l ldif-file：从指定的文件读取 LDIF。
- -n dbnum：为 dbnum-th 数据库生成输出，导入到配置文件。
- -o option[=value]：指定一个带值的选项。通用的选项/值是 syslog=<subsystems>、syslog-level=<level>、syslog-user=<user>。
- -s subtree-dn：仅转储由 DN 指定的子树中的条目。
- -v：启用 verbose 模式。

【实例 11-3】检查数据库中所有的条目。执行命令如下：

```
[root@localhost ldap]# slapcat
The first database does not allow slapcat; using the first available one
(2)
dn: dc=benet,dc=com
objectClass: top
objectClass: dcObject
objectClass: organization
dc: benet
o: benet,Inc
structuralObjectClass: organization
entryUUID: 914b6226-c4d5-1032-96c2-4d8d984bdfc2
creatorsName: cn=Manager,dc=benet,dc=com
createTimestamp: 20131009022345Z
entryCSN: 20131009022345.524750Z#000000#000#000000
modifiersName: cn=Manager,dc=benet,dc=com
modifyTimestamp: 20131009022345Z

dn: ou=managers,dc=benet,dc=com
ou: managers
objectClass: organizationalUnit
structuralObjectClass: organizationalUnit
entryUUID: 9158a9b8-c4d5-1032-96c3-4d8d984bdfc2
creatorsName: cn=Manager,dc=benet,dc=com
createTimestamp: 20131009022345Z
entryCSN: 20131009022345.611778Z#000000#000#000000
modifiersName: cn=Manager,dc=benet,dc=com
modifyTimestamp: 20131009022345Z

dn: cn=benet,ou=managers,dc=benet,dc=com
cn: benet
sn: zhangsan
objectClass: person
structuralObjectClass: person
entryUUID: 915b3cf0-c4d5-1032-96c4-4d8d984bdfc2
creatorsName: cn=Manager,dc=benet,dc=com
createTimestamp: 20131009022345Z
entryCSN: 20131009022345.628656Z#000000#000#000000
modifiersName: cn=Manager,dc=benet,dc=com
modifyTimestamp: 20131009022345Z
```

11.5.5　LDAP 独立守护进程：/usr/sbin/slapd

slapd 是一个独立的 LDAP 守护进程，它监听任何的 LDAP 连接，并监听 LDAP 操作响应的端口（默认 389）。slapd 命令的语法格式如下：

```
slapd [选项]
```

常用选项含义如下。

❑ -4：仅监听 IPv4 地址。

❑ -6：仅监听 IPv6 地址。

❑ -T tool：运行在 Tool 模式。

❑ -d debug-level：启用指定级别的调试。

❑ -s syslog-level：该选项告诉 slapd 在调试级别调试语句应该登录到 syslog 设备。

❑ -n service-name：指定日志记录和其他目的的服务名称。

❑ -l syslog-local-user：选择 syslog 设备的本地用户。

❑ -f slapd-config-file：指定 slapd 配置文件。默认是/etc/openldap/slapd.conf。
❑ -F slapd-config-directory：指定 slapd 配置目录。默认是/etc/openldap/slapd.d。如果 -f 和-F 都指定了，配置文件将读取并转换 config 目录格式并写入到指定的目录。如果两个选项都没有指定，将在读取默认配置文件之前，尝试读取默认配置目录。如果有效的配置目录存在，则默认配置文件将被忽略。
❑ -h URLlist：slapd 默认将使用协议。意思是，它使用 INADDR_ANY 绑定端口号 389。
❑ -r directory：指定要成为根目录下的目录。
❑ -u user：使用指定的用户名或 ID 运行 slapd。
❑ -g group：使用指定的组名或 ID 运行 slapd。
❑ -c cookie：该选项为 syncrepl 复制的消费者提供一个 cookie。
❑ -o option[=value]：该选项提供一个通用的方法。指定选项需要预定一个单独的字母。支持的选项有 slp={on|off|slp-attrs}。

11.5.6　将重建索引的条目添加到 SLAPD 数据库：/usr/sbin/slapindex

slapindex 命令根据当前数据库的内容，重新创建索引。它通过数据库的编号或后缀打开指定的数据，并且更新所有条目的所有属性值。下面介绍 slapindex 命令的语法格式和使用方法。

slapindex 命令的语法格式如下：

```
slapindex [选项]
```

常用选项含义如下。
❑ -b suffix：使用指定的 suffix 确定哪些数据库生成输出。该选项不能结合使用-n 选项。
❑ -c：启用 continue 模式。
❑ -d debug-level：启用指定级别的调试。
❑ -f slapd.conf：指定一个替代 slapd.conf 的文件。
❑ -F confdir：指定 slapd 配置目录。默认是/etc/openldap/slapd.d。如果-f 和-F 都指定了，配置文件将读取并转换 config 目录格式并写入到指定的目录。如果两个选项都没有指定，将在读取默认配置文件之前，尝试读取默认配置目录。如果有效的配置目录存在，则默认配置文件将被忽略。
❑ -g：禁止处理关联存储数据库。指定该选项仅处理指定的数据库，不处理任何关联存储数据库。
❑ -n dbnum：生成配置中列出的 dbnum-th 数据库输出文件。
❑ -o option[=value]：指定一个带值的选项。通用的选项/值是 syslog=<subsystems>、syslog-level=<level>、syslog-user=<user>。
❑ -q：启用 quick 模式。
❑ -t：启用 truncate 模式。
❑ -v：启用 verbose 模式。

11.5.7　OpenLDAP 密码实用程序：/usr/sbin/slappasswd

slappasswd 命令用于生成用户密码值。该值用于 ldapmodify 命令、slapd.conf 中 rootpw 配置项。slappasswd 命令的语法格式如下：

```
slappasswd [选项]
```

常用选项含义如下。
- ❑　-v：启用 verbose 模式。
- ❑　-u：生成 RFC 2307 用户密码值。
- ❑　-s secret：输出 secret 加密后的密码字符串。
- ❑　-g：生成密码。
- ❑　-T "file"：哈希文件的内容。
- ❑　-h "scheme"：如果指定了-h，下列的一种 RFC 2307schemes 可能被指定，具体为 {CRYPT}、{MD5}、{SMD5}、{SHA}。默认是{SSHA}。
- ❑　-c crypt-salt-format：指定当生成{CRYPT}密码时，crypt 的撒盐格式。
- ❑　-n：省略尾部换行符。

【实例 11-4】创建加密密码字符串。执行命令如下：

```
[root@localhost ldap]# slappasswd
New password:                                    #不显示输入的密码
Re-enter new password:
{SSHA}iI9P0DrlNRYhCsoKWECrrHTwztPsBRIb
```

最后一行显示的就是加密后的密码形式。

11.5.8　SLAPD 在数据库中 schema 的检查使用程序：/usr/sbin/slapschema

slapschema 用来按照 schema 标准检查 slapd 数据库的内容。它通过数据库编号或后缀打开指定的数据库，并检查其内容是否符合相应的 schema。错误信息将采用标准方式输出或写入到指定的文件。下面介绍 slapschema 命令的语法格式和使用方法。

slapschema 命令的语法格式如下：

```
slapschema [选项]
```

常用选项含义如下。
- ❑　-a filter：只检查和 filter 配置的条目。
- ❑　-b suffix：使用指定的后缀确定要检查的数据库。
- ❑　-c：启用 continue 模式。
- ❑　-d debug-level：启用指定级别的调试。
- ❑　-f slapd.conf：指定一个替代 slapd.conf 的文件。
- ❑　-F confdir：指定 slapd 配置目录。默认是/etc/openldap/slapd.d。如果-f 和-F 都指定了，配置文件将读取并转换 config 目录格式并写入到指定的目录。如果两个选项都没有指定，将在读取默认配置文件之前，尝试读取默认配置目录。如果有效的配置目录存在，则默认配置文件将被忽略。

- ❑ -g：禁止处理关联存储数据库。指定该选项仅处理指定的数据库，不处理任何关联存储数据库。
- ❑ -H URI：从 URI 中，使用 dn、scope 和筛选器仅处理匹配的条目。
- ❑ -l error-file：将错误写入指定的文件，而不是标准输出。
- ❑ -n dbnum：检查配置文件中列出的 dbnum_th 数据库。配置数据库 slapd-config 总是第一个数据库，因此使用-n 0。
- ❑ -o option[=value]：指定一个带值的选项。通用的选项/值是 syslog=<subsystems>、syslog-level=<level>、syslog-user=<user>。
- ❑ -s subtree-dn：仅检查由 DN 指定的子树中的条目。
- ❑ -v：启用 verbose 模式。

11.5.9　检查该二进制拷贝到文件的适宜性：/usr/sbin/slaptest

slaptest 命令用来检查 slapd.conf 配置文件的一致性。它将打开 slapd.conf 配置文件或 slapd-config 后端，并解析它根据一般的和后端特定规则，检查它的明确性。slaptest 命令的语法格式如下：

```
slaptest [选项]
```

常用选项含义如下。
- ❑ -d debug-level：启用指定级别的调试。
- ❑ -f slapd.conf：指定一个替代 slapd.conf 的文件。
- ❑ -F confdir：指定 slapd 配置目录。默认是/etc/openldap/slapd.d。如果-f 和-F 都指定了，配置文件将读取并转换 config 目录格式并写入到指定的目录。如果两个选项都没有指定，将在读取默认配置文件之前，尝试读取默认配置目录。如果有效的配置目录存在，则默认配置文件将被忽略。
- ❑ -n dbnum：只是打开和测试配置中列出的 dbnum-th 数据库文件。若要仅测试配置数据库 slapd-config，使用-n 0 作为它每次测试的第一个数据库。
- ❑ -o option[=value]：指定一个带值的选项。通用的选项/值是 syslog=<subsystems>、syslog-level=<level>、syslog-user=<user>。
- ❑ -Q：退出代码指示成功。
- ❑ -u：启用 dry-run 模式。
- ❑ -v：启用 verbose 模式。

【实例 11-5】检查配置文件的情况。执行命令如下。

```
[root@localhost ldap]# slaptest
config file testing succeeded
```

输出的信息表示配置文件检测成功。

11.5.10　LDAP 修改条目工具：/usr/bin/ldapmodify

ldapmodify 可以打开并连接到一个 LDAP 服务，然后绑定、修改或添加相应的条目。

该条目信息可以是从标准输入读取，也可以是读取-f 选项所指定的文件。ldapmodify 命令的语法格式如下：

```
ldapmodify [选项]
```

常用选项含义如下。

- ❑ -V[V]：显示版本信息。如果给定-VV，显示唯一的版本信息。
- ❑ -d debuglevel：设置 LDAP 调试级别。
- ❑ -n：显示该命令会做什么，但实际上并不执行。
- ❑ -v：使用详细模式，将大量的执行结果进行标准输出。
- ❑ -c：连续操作模式。当错误信息出现时，ldapmodify 命令仍将继续完成修改操作。
- ❑ -a：修改已存在的条目。
- ❑ -f file：从文件读取条目修改信息，而不是标准输入。
- ❑ -S file：当添加或修改记录出错时，将操作的记录和服务器返回的错误信息写入指定的 file 文件中。
- ❑ -M[M]：启用管理 DSAIT 控制。
- ❑ -x：使用简单的认证代替 SASL。
- ❑ -D binddn：指定一个区别名称 binddn 绑定到 LDAP 目录。
- ❑ -W：简单身份验证的提示。该选项用来代替在命令行上指定的密码。
- ❑ -w passwd：为简单的身份验证模式指定密码。
- ❑ -y passwdfile：使用 passwdfile 的完整内容用作简单的身份验证的密码。
- ❑ -H ldapuri：指定提交到 LDAP 服务器的 URI（s），仅允许提交 URI 的协议、主机、端口字段。一个 URI 的列表由空格或逗号进行分隔。
- ❑ -h ldaphost：指定一个主机来作为 LDAP 服务正在运行的主机。
- ❑ -p ldapport：指定替代 LDAP 服务正在监听的端口。
- ❑ -P {2|3}：指定使用的 LDAP 协议版本。
- ❑ -o opt[=optparam]：指定通用选项。通用选项有 nettimeout=<timeout>（in seconds, or "none" or "max"）。
- ❑ -O security-properties：指定 SASL 安全属性。
- ❑ -I：启用 SASL 交互模式。
- ❑ -Q：启用 SASL 安静模式。
- ❑ -N：不使用反向 DNS 来转换 SASL 主机名。
- ❑ -U authcid：指定身份验证 ID，为 SASL 绑定。ID 的形式取决于实际使用的 SASL 机制。
- ❑ -R realm：指定认证 ID 的范围，为 SASL 绑定。该范围的格式取决于实际使用的 SASL 机制。
- ❑ -X authzid：指定请求认证 ID，为 SASL 绑定。认证 ID 必须是下列格式之一：dn:<distinguished name>或 u:<username>。
- ❑ -Y mech：指定用于验证的 SASL 机制。如果没有指定，该程序将选择服务器最好的机制。
- ❑ -Z[Z]：发布 StartTLS 扩展操作。如果使用-ZZ 选项，该命令将要求该操作是成功的。

11.5.11 LDAP 删除条目工具：/usr/bin/ldapdelete

ldapdelete 打开一个连接到 LDAP 服务器、绑定并删除一个或多个条目。如果一个或多个 DN（Distinguished Names，可辨别名称）提供了参数，这些 DN 条目将被删除。如果没有 DN 提供任何参数，从读取的 DNs 列表标准输入。ldapdelete 命令的语法格式如下：

```
ldapdelete [选项]
```

常用选项含义如下。

- ❑ -V[V]：显示版本信息。如果给定-VV，显示唯一的版本信息。
- ❑ -d debuglevel：设置 LDAP 调试级别。
- ❑ -n：显示会做什么，但实际上不修改条目。
- ❑ -v：使用详细模式，将大量的诊断程序的运行结果进行标准输出。
- ❑ -c：连续操作模式。当错误信息被报告时，ldapdelete 将继续删除 LDAP 数据库条目。默认的是报告一个错误后退出操作程序。
- ❑ -f file：从 file 中读取 DNs 的一系列。如果删除每个 DN，执行 ldapdelete 命令。
- ❑ -r：递归的删除。如果指定的 DN 不是一个叶结点，它的子结点及其他所有的子结点都将删除。如果添加此选项，ldapdelete 将删除 LDAP 目录树很大部分的子结点，所以要小心使用。
- ❑ -z sizelimit：当搜索子 DN 来删除时，使用 sizelimit 值避免服务器端大小限制。
- ❑ -M[-M]：启用管理 DSA IT 控制。-MM 使控件成为关键。
- ❑ -x：使用简单的认证取代 SASL 认证。
- ❑ -D binddn：指定唯一识别一个条目的名称 binddn 绑定到 LDAP 目录。为 SASL 预期绑定，服务器将忽略此值。
- ❑ -W：简单身份验证的提示。该选项用来代替在命令行上指定的密码。
- ❑ -w passwd：指定密码，为了简单的身份验证。
- ❑ -y passwdfile：使用 passwdfile 的完整内容用作简单的身份验证的密码。
- ❑ -H ldapuri：指定提交到 LDAP 服务器的 URI（s），仅允许提交 URI 的协议、主机、端口字段。一个 URI 的列表，由空格或逗号进行分隔。
- ❑ -h ldaphost：指定代替 LDAP 服务器正在运行的主机。
- ❑ -p ldapport：指定替代 LDAP 服务正在监听的端口。
- ❑ -P {2|3}：指定使用的 LDAP 协议版本。
- ❑ -o opt[=optparam]：指定通用选项。通用选项有 nettimeout=<timeout>（in seconds, or "none" or "max"）。
- ❑ -O security-properties：指定 SASL 安全属性。
- ❑ -I：启用 SASL 交互模式。
- ❑ -Q：启用 SASL 安静模式。
- ❑ -N：不使用反向 DNS 转换 SASL 主机名。
- ❑ -U authcid：指定身份验证 ID，为 SASL 绑定。ID 的形式取决于实际使用的 SASL

机制。

❏ -R realm：指定认证 ID 的范围，为 SASL 绑定。该范围的格式取决于实际使用的
SASL 机制。

❏ -X authzid：指定请求认证 ID，为 SASL 绑定。认证 ID 必须是下列格式之一：
dn:<distinguished name>或 u:<username>。

❏ -Y mech：指定用于验证的 SASL 机制。如果没有指定，该程序将选择服务器最好
的机制。

❏ -Z[Z]：发布 StartTLS 扩展操作。如果使用-ZZ 选项，该命令要求操作是成功的。

11.5.12　LDAP 添加条目工具：/usr/bin/ldapadd

ldapadd 命令用来向目录数据库中添加条目。ldapadd 是 ldapmodify 工具的一个硬链接。
当 ldapadd 命令调用时，-a 选项自动地被打开。ldapadd 命令的语法格式如下：

```
ldapadd [选项]
```

该命令所使用的选项和 ldapmodify 命令的选项一样，这里不再赘述。

11.5.13　改变 LDAP 条目的密码：/usr/bin/ldappasswd

ldappasswd 是一种工具，用来设置 LDAP 用户的密码。ldappasswd 使用 LDAPv3 密码
修改扩展操作。ldappasswd 设置用户的密码。ldappasswd 命令的语法格式如下：

```
ldappasswd [选项]
```

常用选项含义如下。

❏ -V[V]：显示版本信息。如果给定-VV，显示唯一的版本信息。

❏ -d debuglevel：设置 LDAP 调试级别。

❏ -n：不设置密码。

❏ -v：增加输出的冗长。可以指定多次。

❏ -A：提示输入旧密码。该密码被用来代替在命令行上的密码。

❏ -a oldPasswd：将旧的密码设置为 oldPasswd。

❏ -t oldPasswdFile：设置旧密码到 oldPasswdFile 的内容。

❏ -S：提示输入新密码。该密码被用来代替在命令行上的密码。

❏ -s newPasswd：将新的密码设置为 newPasswd。

❏ -T newPasswdFile：设置新密码到 newPasswdFile 的内容。

❏ -x：使用简单的认证代替 SASL。

❏ -D binddn：DN 使用 binddn 绑定到 LDAP 目录。为 SASL 绑定，服务器将忽略此
值。

❏ -W：简单身份验证的提示。该选项用来代替在命令行上指定的密码。

❏ -w passwd：指定密码，为了简单的身份验证。

❏ -y passwdfile：使用 passwdfile 的完整内容用作简单的身份验证的密码。

- ❑ -H ldapuri：指定提交到 LDAP 服务器的 URI（s），仅允许提交 URI 的协议、主机、端口字段。一个 URI 的列表，由空格或逗号来进行分隔。
- ❑ -h ldaphost：指定代替 LDAP 服务器正在运行的主机。
- ❑ -p ldapport：指定替代 LDAP 服务正在监听的端口。
- ❑ -P {2|3}：指定使用的 LDAP 协议版本。
- ❑ -o opt[=optparam]：指定通用选项。通用选项有 nettimeout=<timeout>（in seconds, or "none" or "max"）。
- ❑ -O security-properties：指定 SASL 安全属性。
- ❑ -I：启用 SASL 交互模式。
- ❑ -Q：启用 SASL 安静模式。
- ❑ -N：不使用反向 DNS 来转换 SASL 主机名。
- ❑ -U authcid：指定身份验证 ID，为 SASL 绑定。ID 的形式取决于实际使用的 SASL 机制。
- ❑ -R realm：指定认证 ID 的范围，为 SASL 绑定。该范围的格式取决于实际使用的 SASL 机制。
- ❑ -X authzid：指定请求认证 ID，为 SASL 绑定。认证 ID 必须是下列格式之一：dn:<distinguished name>或 u:<username>。
- ❑ -Y mech：指定用于验证的 SASL 机制。如果没有指定，该程序将选择服务器最好的机制。
- ❑ -Z[Z]：发布 StartTLS 扩展操作。如果使用-ZZ 选项，该命令将要求该操作是成功的。

11.5.14　LDAP URL 格式设置工具：/usr/bin/ldapurl

ldapurl 是一个命令，允许以撰写或分解 LDAP 的 URL。当调用-H 选项时，ldapurl 提取 ldapurl 的组件选项参数，按要求转义为十六进制转义字符串。ldapurl 命令的语法格式如下：

```
ldapurl [选项]
```

常用选项含义如下。
- ❑ -a attrs：设置一个逗号分隔的属性选择器列表。
- ❑ -b searchbase：设置 searchbase。
- ❑ -f filter：设置 URL 过滤器。
- ❑ -H ldapurl：指定 URL
- ❑ -h ldaphost：设置主机。
- ❑ -p ldapport：设置 TCP 端口。
- ❑ -S scheme：设置 URLscheme。默认对于其他字段，像 ldapport，可能取决于 scheme 的值。
- ❑ -s {base|one|sub|children}：指定搜索的范围。

11.5.15　LDAP 比较工具：/usr/bin/ldapcompare

ldapcompare 打开一个连接到 LDAP 服务器，绑定并执行比较实用指定的参数。DN 是在目录中一个唯一识别一个条目的名称。Attr 应该是一个已知的属性。如果后跟一个冒号，该值应以字符串形式提供。如果跟两个冒号，base64 编码值被提供。下面介绍 ldapcompare 命令的语法格式和使用方法。

ldapcompare 命令的语法格式如下：

```
ldapcompare [选项]
```

常用选项含义如下。

- ❏ -V[V]：显示版本信息。如果给定-VV，显示唯一的版本信息。
- ❏ -d debuglevel：设置 LDAP 调试级别。
- ❏ -n：显示会做什么，但实际上不修改条目。
- ❏ -v：使用详细模式，将大量的诊断程序的运行结果进行标准输出。
- ❏ -z：运行在安静模式下，没有输出将被写入。
- ❏ -M[M]：启用管理 DSA IT 控制。-MM 作为控制的关键。
- ❏ -x：使用简单认证代理 SASL。
- ❏ -D binddn：指定唯一识别一个条目的名称 binddn 绑定到 LDAP 目录。为 SASL 绑定，服务器将忽略此值。
- ❏ -W：简单身份验证的提示。该选项用来代替在命令行上指定的密码。
- ❏ -w passwd：指定密码，为了简单的身份验证。
- ❏ -y passwdfile：使用 passwdfile 的完整内容用作简单的身份验证的密码。
- ❏ -H ldapuri：指定提交到 LDAP 服务器的 URI（s），仅允许提交 URI 的协议、主机、端口字段。一个 URI 的列表，由空格或逗号来分隔。
- ❏ -h ldaphost：指定代替 LDAP 服务器正在运行的主机。
- ❏ -p ldapport：指定替代 LDAP 服务正在监听的端口。
- ❏ -P {2|3}：指定使用的 LDAP 协议版本。
- ❏ -o opt[=optparam]：指定通用选项。通用选项有 nettimeout=<timeout>（in seconds, or "none" or "max"）。
- ❏ -O security-properties：指定 SASL 安全属性。
- ❏ -I：启用 SASL 交互模式。
- ❏ -Q：启用 SASL 安静模式。
- ❏ -N：不使用反向 DNS 来转换 SASL 主机名。
- ❏ -U authcid：指定身份验证 ID，为 SASL 绑定。ID 的形式取决于实际使用的 SASL 机制。
- ❏ -R realm：指定认证 ID 的范围，为 SASL 绑定。该范围的格式取决于实际使用的 SASL 机制。
- ❏ -X authzid：指定请求认证 ID，为 SASL 绑定。认证 ID 必须是下列格式之一：dn:<distinguished name>或 u:<username>。

- ❑ -Y mech：指定用于验证的 SASL 机制。如果没有指定，该程序将选择服务器最好的机制。
- ❑ -Z[Z]：发布 StartTLS 扩展操作。如果使用-ZZ 选项，将要求该操作是成功的。

11.5.16　发布 LDAP 扩展操作：/usr/bin/ldapexop

ldapexop 发布 LDAP 扩展操作，通过 oid 或特殊的关键字 whoami、cancel 或 refresh 之一。扩展操作的额外数据可以传递到使用数据的服务器或 64 位编码为 b64data 的 oid，或使用额外参数上述的特殊命名扩展操作的情况。下面将介绍 ldapexop 命令的语法格式和使用方法。

ldapexop 命令的语法格式如下：

```
ldapexop [选项]
```

常用选项含义如下。

- ❑ -V[V]：显示版本信息。如果给定-VV，显示唯一的版本信息。
- ❑ -d debuglevel：设置 LDAP 调试级别。
- ❑ -n：显示会做什么，但实际上不修改条目。
- ❑ -v：使用详细模式，将大量的诊断程序的运行结果进行标准输出。
- ❑ -f file：从 file 中读取操作。
- ❑ -x：使用简单认证代理 SASL。
- ❑ -D binddn：指定标志的名称 binddn 绑定到 LDAP 目录。为 SASL 绑定，服务器将忽略此值。
- ❑ -W：简单身份验证的提示。该选项用来代替在命令行上指定的密码。
- ❑ -w passwd：指定密码，为了简单的身份验证。
- ❑ -y passwdfile：使用 passwdfile 的完整内容用作简单的身份验证的密码。
- ❑ -H ldapuri：指定提交到 LDAP 服务器的 URI（s），仅允许提交 URI 的协议、主机、端口字段。一个 URI 的列表，由空格或逗号来进行分隔。
- ❑ -h ldaphost：指定代替 LDAP 服务器正在运行的主机。
- ❑ -p ldapport：指定替代 LDAP 服务正在监听的端口。
- ❑ -P {2|3}：指定使用的 LDAP 协议版本。
- ❑ -o opt[=optparam]：指定通用选项。通用选项有 nettimeout=<timeout>（in seconds, or "none" or "max"）。
- ❑ -O security-properties：指定 SASL 安全属性。
- ❑ -I：启用 SASL 交互模式。
- ❑ -Q：启用 SASL 安静模式。
- ❑ -N：不使用反向 DNS 来转换 SASL 主机名。
- ❑ -U authcid：指定身份验证 ID，为 SASL 绑定。ID 的形式取决于实际使用的 SASL 机制。
- ❑ -R realm：指定认证 ID 的范围，为 SASL 绑定。该范围的格式取决于实际使用的 SASL 机制。

- -X authzid：指定请求认证 ID，为 SASL 绑定。认证 ID 必须是下列格式之一：dn:<distinguished name>或 u:<username>。
- -Y mech：指定用于验证的 SASL 机制。如果没有指定，该程序将选择服务器最好的机制。
- -Z[Z]：发布 StartTLS 扩展操作。如果使用-ZZ 选项，将要求该操作是成功的。

11.5.17　LDAP 查询工具：/usr/bin/ldapsearch

ldapsearch 打开一个连接到 LDAP 服务器，绑定并执行搜索使用指定的参数。筛选器应符合的字符串表示形式，如在 RFC 4515 中定义搜索筛选器。如果未提供，则使用默认筛选器。如果 ldapsearch 发现一个或多个条目，返回由 attrs 指定的属性。如果*被列出，则返回所有用户属性。如果+被列出，所有操作属性被返回。如果没有属性列出，用户的所有属性都被返回。如果仅列出了 11，则将没有属性返回。下面将介绍 ldapsearch 命令的语法格式和使用方法。

ldapsearch 命令的语法格式如下：

```
ldapsearch [选项]
```

常用选项含义如下。

- -V[V]：显示版本信息。如果给定-VV，显示唯一的版本信息。
- -d debuglevel：设置 LDAP 调试级别。
- -n：显示会做什么，但实际上不修改条目。
- -v：使用详细模式，将大量的诊断程序的运行结果进行标准输出。
- -c：连续操作模式。当错误信息报告时，ldapsearch 将继续搜索。默认的是报告一个错误后退出程序。
- -u：从 DN 中标准输出的形式，包括用户友好的名称。
- -t[t]：单个-t 将检索非打印值写入到临时文件的一套。这是用于处理包含如非字符数据值 jpegPhoto 或 audio。两个 t 将所有检索到的值写入到文件。
- -T path：有 path 指定的目录中写入临时文件。默认是/var/tmp。
- -F prefix：临时文件的 URL 前缀。默认值是 file://path，path 是/var/tmp 或使用-T 指定。
- -A：仅检索属性。
- -L：搜索结果都显示在 LDAP 数据交换格式 ldif 中详细说明。单个-L 限制输出到 LDIFv1，第二个-L 禁用评论，第三个禁用 LDIF 版本。默认情况下是使 LDIF 的扩展版本。
- -S attribute：返回基于属性条目的排序。默认情况下不对返回的条目进行排序。如果属性是一个零长度的字符串("")，条目按其 DN 的组件进行排序。
- -b searchbase：使用 searchbase 作为起始点而不是搜索默认值。
- -s {base|one|sub|children}：指定搜索的范围。
- -a {never|always|search|find}：指定取消引用别名如何完成的。
- -l timelimit：设置搜索时等待的时间。0 或无设置表示没有限制。时限 max 是指通过协议允许的最大整数。一个服务器可施加最大的时限，只有根 root 用户可重写。

- -z sizelimit：检索最大限制为搜索条目。0 或无设置表示没有限制。max 是指通过协议允许的最大整数。服务器可设置最大的限制，只有根 root 用户可重写。
- -f file：从 file 中读取一系列的行，执行 LDAP 搜索每行。
- -M[M]：启用管理 DSA IT 控制。-MM 作为控制的关键。
- -x：使用简单认证代理 SASL。
- -D binddn：指定唯一识别一个条目的名称 binddn 绑定到 LDAP 目录。为 SASL 绑定，服务器将忽略此值。
- -W：简单身份验证的提示。该选项用来代替在命令行上指定的密码。
- -w passwd：指定密码，为了简单的身份验证。
- -y passwdfile：使用 passwdfile 的完整内容用作简单的身份验证的密码。
- -H ldapuri：指定提交到 LDAP 服务器的 URI（s），仅允许提交 URI 的协议、主机、端口字段。一个 URI 的列表，由空格或逗号进行分隔。
- -h ldaphost：指定代替 LDAP 服务器正在运行的主机。
- -p ldapport：指定替代 LDAP 服务正在监听的端口。
- -P {2|3}：指定使用的 LDAP 协议版本。
- -o opt[=optparam]：指定通用选项。通用选项有 nettimeout=<timeout>（in seconds, or "none" or "max"）。
- -O security-properties：指定 SASL 安全属性。
- -I：启用 SASL 交互模式。
- -Q：启用 SASL 安静模式。
- -N：不使用反向 DNS 来转换 SASL 主机名。
- -U authcid：指定身份验证 ID，为 SASL 绑定。ID 的形式取决于实际使用的 SASL 机制。
- -R realm：指定认证 ID 的范围，为 SASL 绑定。该范围的格式取决于实际使用的 SASL 机制。
- -X authzid：指定请求认证 ID，为 SASL 绑定。认证 ID 必须是下列格式之一：dn:<distinguished name>或 u:<username>。
- -Y mech：指定用于验证的 SASL 机制。如果没有指定，该程序将选择服务器最好的机制。
- -Z[Z]：发布 StartTLS 扩展操作。如果使用-ZZ 选项，将要求该操作是成功的。

11.6　实　例　应　用

前面详细介绍了 LDAP 服务下的文件及各文件的作用等内容，为了对 LDAP 服务器配置文件中的配置项有深刻的了解，本节将演示一个具体实例的配置。

11.6.1　配置 LDAP 服务

下面演示一个 LDAP 服务器的配置。操作步骤如下。

（1）编辑配置文件 slapd.conf，修改的内容如下：

```
1    ########################################################
2    # ldbm and/or bdb database definitions
3    ########################################################
4
5    database          bdb
6    suffix            "dc=benet,dc=com"
7    checkpoint        1024 15
8    rootdn            "cn=Manager,dc=benet,dc=com"
9    # Cleartext passwords, especially for the rootdn, should
10   # be avoided.  See slappasswd(8) and slapd.conf(5) for details.
11   # Use of strong authentication encouraged.
12   rootpw            secret
```

以上内容中，主要修改第 6 行，将后缀修改为"dc=benet,dc=com"，同时第 8 行的超级管理员的后缀部分也需要随之修改。将第 12 行的注释符号删除，设置超级管理员的密码为明文密码 secret。修改后，保存退出。

（2）重新启动 slapd 服务。

```
[root@localhost ~]# service slapd restart
停止 slapd:                                          [确定]
正在启动 slapd:                                      [确定]
```

（3）创建 LDIF 文件。在创建之前，先介绍一下该文件的格式和组成等。

1．LDIF文件格式

LDIF 是一种普遍使用的文件格式，用来描述目录信息或可对目录执行的修改操作。LDIF 完全独立于在所有特定目录中使用的储存格式，方便用户创建、阅读和修改。在 LDIF 文件中，一个条目的基本格式如下：

```
# 注释
dn: 条目名
属性描述: 值
属性描述: 值
属性描述: 值
...
```

dn 行类似于关系数据库中一条记录的关键字，不能与其他的 dn 重复。一个 LDIF 文件中可以包含多个条目，每个条目之间用一个空行分割。

2．LDIF文件组成部分

LDIF 文件组成部分如表 11.4 所示。

表 11.4　LDIF文件组成部分

部　　分	说　　明
版本限定符	LDIF 文件的第一行包含版本号。冒号和版本号（当前定义为 1）之间可以无空格，也可以有多个空格。如果缺少版本号，允许任何处理 LDIF 文件的应用程序将该文件的版本号假定为 0。但是也可能因为语法上的错误而拒绝处理该 LDIF。如果缺少版本号，处理 LDIF 的 Novell 实用程序将假定文件的版本号为 0

部　　分	说　　明
判别名限定符	每个内容记录的第一行（如上面示例中的第 2、6、11 和 16 行）指定所代表项的 DN。 DN 限定符必须使用以下两种格式之一：（1）dn:安全 UTF-8 判别名；（2）dn::Base64 编码的判别名
行分界符	行分隔符可以是换行符或回车符/换行符对。这就解决了 Linux*和 Solaris*文本文件（将换行符用作行分隔符）与 MS-DOS 和 Windows* 文本文件（将回车符/换行符对用作行分隔符）间常见的不兼容问题
记录分界符	使用空行（如上面记录中的第 5、10、15 和 26 行）作为记录分界符。LDIF 文件中的每个记录（包括最后一个记录）必须使用记录分界符（一个或多个空行）作为终止。虽然某些情况也会默认地接受没有终止记录分界符的 LDIF 文件，但 LDIF 规范要求使用终止记录分界符
特性值限定符	内容记录中其他的行均是值限定符。值限定符必须使用以下 3 种格式之一：（1）特性说明:值；（2）特性说明::Base64 编码的值；（3）特性说明:<URL

3．了解Attribute

属性（Attribute）类似于程序设计中的变量，可以被赋值。在 openldap 中声明了许多常用的 Attribute（用户也可自己定义 Attribute）。常见的 Attribute 含义如下。

- ❑ c：国家。
- ❑ cn：common name，指一个对象的名字；如果指人，需要使用其全名。
- ❑ dc：domain Component，常用来指一个域名的一部分。
- ❑ givenName：指一个人的名字，不能用来指姓。
- ❑ l：指一个地名，如一个城市或者其他地理区域的名字。
- ❑ mail：电子信箱地址。
- ❑ o：organizationName，指一个组织的名字。
- ❑ ou：organizationalUnitName，指一个组织单元的名字。
- ❑ sn：surname，指一个人的姓。
- ❑ telephoneNumber：电话号码，应该带有所在的国家的代码。
- ❑ uid：userid，通常指某个用户的登录名，与 Linux 系统中用户的 uid 不同。

对于不同的 objectclass，通常具有一些必设属性值和一些可选属性值，例如，可使用 person 这个 objectclass 来表示系统中一个用户的条目，系统中的用户通常需要有这样一些信息：姓名、电话、密码、描述等，如图 11.3 所示。

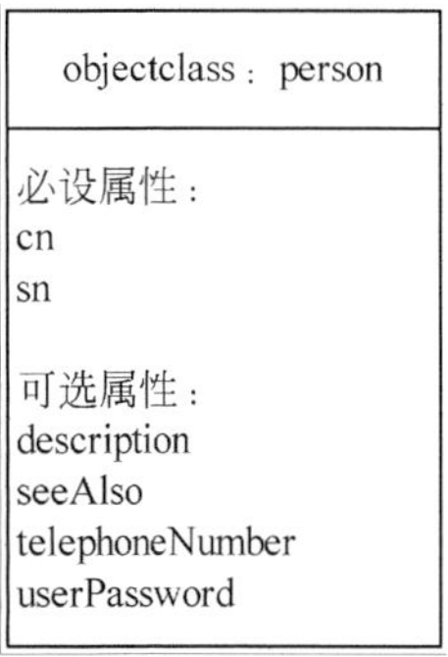

```
┌─────────────────────────┐
│ objectclass：person      │
├─────────────────────────┤
│ 必设属性：               │
│ cn                       │
│ sn                       │
│                          │
│ 可选属性：               │
│ description              │
│ seeAlso                  │
│ telephoneNumber          │
│ userPassword             │
└─────────────────────────┘
```

图 11.3　objectclass 属性

如图 11.3 所示，对于 person，通过 cn 和 sn 设置用户的名和姓，这是必须设置的，而其他的属性则是可选的。

下面列出了部分常用 objectclass 要求必设的属性。

❑ account：userid；

❑ organization：o；

❑ person：cn 和 sn；

❑ organizationalPerson：与 person 相同；

❑ organizationalRole：cn；

❑ organizationUnit：ou；

❑ posixGroup：cn、gidNumber；

❑ posixAccount：cn、gidNumber、homeDirectory、uid、uidNumber。

对以上内容有一定了解之后，就可以编写输入 LDIF 文件，编辑需要向目录数据库添加的条目了。根据如图 11.4 所示的结构，创建 LDIF 文件 benet.ldif。

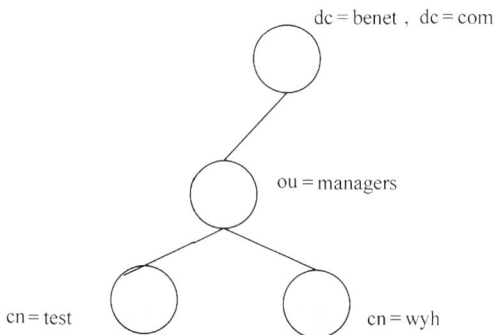

图 11.4　目录的树型结构

注意：在 LDIF 文件中，每个冒号后面都需要空一格，而每行结束处不能留有空格字符。

对图 11.4 进行分析，该目录结构分为 3 层，其有 4 个结点。根据图 11.4 创建 LDIF 文件如下：

```
1   dn: dc=benet, dc=com
2   objectclass: top
3   objectclass: dcobject
4   objectclass: organization
5   dc: benet
6   o: benet,Inc
7
8   dn: ou=managers, dc=benet, dc=com
9   ou: managers
10  objectclass: organizationalUnit
11
12  dn: cn=benet, ou=managers, dc=benet, dc=com
13  cn: benet
14  sn: wuyunhui
15  objectclass: person
16
17  dn: cn=test, ou=managers, dc=benet, dc=com
```

```
18  cn: test
19  sn: Test User
20  objectclass: person
```

以上文件中各行的含义如下。

❑ 第 1～6 行创建根结点。

❑ 第 7、11、16 行为空行，用来分割 4 个 dn 条目（4 个结点）。

❑ 第 8～10 行定义 managers 结点的条目，该条目的 objectclass 为 organizationalUnix，因此需要用 ou 属性定义组织名称。

❑ 第 12～15 行定义 cn=benet 结点的条目，该条目使用的 objectclass 为 person，因此需设置 cn 和 sn 两个属性值。

❑ 第 17～20 行与第 12～15 行的意义相同。

在以上 LDIF 文件中，第 1、8、12、17 行以 dn 开头，这部分内容必须唯一，并且在向目录数据库添加这些数据时，也要确保这些数据不能与目录数据库中已有数据相同，否则，添加操作将中断。

注意：每个结点可用一个 dn 表示，对于每个结点，又可继续添加新的结点。如在根结点中可添加其他部门 ou，在 ou=managers 结点也可继续添加其他管理人员的信息。

（4）从 LDIF 文件添加到目录数据库。添加成功后，就可以对数据库中的条目进行查询、修改、删除等操作了。

11.6.2 测试 LDAP 服务

根据第 11.6.1 节中编写的 LDIF 文件，下面分别演示将 LDIF 文件中的条目数据添加到目录数据库中。然后对数据库中的条目进行查询、修改和删除。

【实例 11-6】添加 LDIF 文件的条目到目录数据库中。执行命令如下：

```
[root@localhost ldap]# ldapadd -x -D "cn=Manager,dc=benet,dc=com" -w secret
-f benet.ldif
adding new entry "dc=benet, dc=com"

adding new entry "ou=managers, dc=benet, dc=com"

adding new entry "cn=benet, ou=managers, dc=benet, dc=com"

adding new entry "cn=test, ou=managers, dc=benet, dc=com"
```

【实例 11-7】使用 ldapsearch 命令查询"dc=benet,dc=com"下的所有条目。执行命令如下：

```
[root@localhost ldap]# ldapsearch -x -b "dc=benet,dc=com"
# extended LDIF
#
# LDAPv3
# base <dc=benet,dc=com> with scope subtree
# filter: (objectclass=*)
# requesting: ALL
#
```

```
# benet.com
dn: dc=benet,dc=com
objectClass: top
objectClass: dcObject
objectClass: organization
dc: benet
o: benet,Inc

# managers, benet.com
dn: ou=managers,dc=benet,dc=com
ou: managers
objectClass: organizationalUnit

# benet, managers, benet.com
dn: cn=benet,ou=managers,dc=benet,dc=com
cn: benet
sn: zhangsan
objectClass: person

# test, managers, benet.com
dn: cn=test,ou=managers,dc=benet,dc=com
cn: test
sn: lisi
objectClass: person

# search result
search: 2
result: 0 Success

# numResponses: 5
# numEntries: 4
```

【实例 11-8】使用 ldapmodify 命令对目录数据库中的条目进行修改。使用该命令修改
条目信息可以有两种方式，一种是交互式修改，另一种是通过文件进行修改。

1．交互式修改

修改前面创建的条目“cn=test,ou=managers,dc=benet,dc=com”，将其 sn 属性修改为 lisi
Modify，并添加一个 description 属性，设置其值为 add Attribute。执行命令如下：

```
[root@localhost ldap]# ldapmodify -x -D "cn=Manager,dc=benet,dc=com" -w
secret
```

执行以上命令后，输入需要修改条目的 dn，输入以下内容：

```
1    dn: cn=test,ou=managers,dc=benet,dc=com
2    changetype: modify
3    replace: sn
4    sn: lisi Modify
5    -
6    add: description
7    description: add Attribute
```

以上输入内容中，第 1 行查找需要修改的条目，第 2 行设置修改模式，第 3 行设置需
要替换的属性 sn，第 4 行给属性 sn 重新设置一个值，替换该属性原有的值，第 5 行用一
个短横线分割，第 6 行添加一个属性 description，第 7 行设置新添加属性 description 的值。

输入完以上内容之后回车，程序将按以上设置更新数据，然后按 Ctrl+C 退出修改命令。

执行结果如下:

```
[root@localhost ldap]# ldapmodify -x -D "cn=Manager,dc=benet,dc=com" -w
secret
dn: cn=test,ou=managers,dc=benet,dc=com
changetype: modify
replace: sn
sn: lisi Modify
-
add: description
description: add Attribute

modifying entry "cn=test,ou=managers,dc=benet,dc=com"

^C
[root@localhost ldap]#
```

使用以上命令修改条目数据之后,可使用以下命令查看是否修改成功:

```
[root@localhost ldap]# ldapsearch -x -b 'dc=benet,dc=com' 'cn=test'
# extended LDIF
#
# LDAPv3
# base <dc=benet,dc=com> with scope subtree
# filter: cn=test
# requesting: ALL
#

# test, managers, benet.com
dn: cn=test,ou=managers,dc=benet,dc=com
cn: test
objectClass: person
sn: lisi Modify
description: add Attribute

# search result
search: 2
result: 0 Success

# numResponses: 2
# numEntries: 1
[root@localhost ldap]#
```

从输出的结果可以看到 test 条目的数据中 sn 属性被修改了,同时添加了一个 description 属性。

2. 通过文件修改

通过上例所示的方式对条目进行修改时很不方便,如果在交互式方式时输错了某个字符,只中断命令后重新进行修改。因此,更好的修改方法是首先将修改时输入的文字保存到一个文件中,然后以该文件作为输入进行修改。

这种方式首先需要创建一个临时文件,用来保存需要进行的修改操作,下面演示这种方式的修改过程。

【实例 11-9】通过修改命令将前面 LDAP 数据库中的信息还原,即将 sn 属性由 lisi Modify 修改为 lisi,并将 description 属性删除。具体步骤如下。

(1) 使用 vi 编辑器创建一个文件 modify,在其中输入以下内容:

```
dn: cn=test,ou=managers,dc=benet,dc=com
changetype: modify
replace: sn
sn: lisi
-
delete: description
-
```

从以上输出内容可看到，与在交互式时输入的内容完全相同。

（2）使用以下命令调用 modify 的内容进行修改。

```
[root@localhost ldap]# ldapmodify -x -D "cn=Manager,dc=benet,dc=com" -w
secret -f modify
modifying entry "cn=test, ou=managers, dc=benet, dc=com"
```

输出的结果表示该条目已经被修改。

【实例 11-10】对于目录数据库中不用的条目，可使用 ldapdelete 命令将其删除。删除目录数据库中的 "cn=test,ou=managers,dc=benet,dc=com" 条目，具体命令如下：

```
[root@localhost ldap]# ldapdelete -x -D "cn=Manager,dc=benet,dc=com" -w
secret "cn=test,ou=managers,dc=benet,dc=com"
[root@localhost ldap]#
```

执行以上命令后，终端上将不会有任何信息输出，表示完成了删除操作。

注意：使用 ldapdelete 命令只能删除树型结构中的叶结点条目，如果删除非叶结点条目，将出现错误提示。

第4篇 文件服务

第 12 章　FTP 服务

FTP 是 Internet 上用于文件传输服务的一种使用非常广泛的通信协议,用于在不同的主机之间进行文件传输。用户可以通过 FTP 将个人计算机与世界各地所有运行 FTP 协议的服务器连接起来,通过 FTP 上传或下载程序和数据。本章将详细介绍 FTP 服务的基本信息、安装及配置等。

12.1　基 本 信 息

在学习 FTP 服务器之前,需要先了解搭建该服务的网络环境及基本信息。下面将介绍 FTP 服务的基本知识,包括网卡配置、软件包、进程、端口等内容。

12.1.1　网卡配置文件:/etc/sysconfig/network-scripts/ifcfg-XXX

为了使客户端能与 FTP 服务器建立很好的连接,需要为安装 FTP 服务的计算机上配置一个固定的 IP 地址。下面设置当前主机 FTP 服务器的 IP 地址为 192.168.1.1。

```
[root@localhost ~]# cat /etc/sysconfig/network-scripts/ifcfg-eth0
HWADDR=00:0C:29:88:77:96
IPADDR=192.168.1.1
NETMASK=255.255.255.0
GATEWAY=192.168.1.1
```

12.1.2　软件包:vsftpd

大部分 Linux 的发行版本中都提供了 FTP 服务器的安装包。下面以表格的形式列出了 Red Hat Linux 中 FTP 服务的 vsftpd 软件包位置及源码包下载地址,如表 12.1 所示。

表 12.1　软件包位置

软件包类型	位　　　置
RHEL 6 RPM 包	光盘:/Packages
RHEL 5 RPM 包	光盘:/Server
源码包	http://vsftpd.beasts.org/

本章讲解安装 FTP 的方法适合 RHEL 5.X~6.4 的所有版本。不同 RHEL 版本所对应的软件包名如表 12.2 所示。

表 12.2　不同发行版本的软件包

RHEL 6.4	vsftpd-2.2.2-11.el6.i686.rpm
RHEL 6.3	vsftpd-2.2.2-11.el6.i686.rpm
RHEL 6.2	vsftpd-2.2.2-6.el6_0.1.i686.rpm
RHEL 6.1	vsftpd-2.2.2-6.el6_0.1.i686.rpm
RHEL 6.0	vsftpd-2.2.2-6.el6.i686.rpm
RHEL 5	vsftpd-2.2.2-6.el6.i686.rpm

12.1.3　进程名：vsftpd

FTP 服务器启动后，将自动启动名为 vsftpd 的进程。可以执行如下命令查看：

```
[root@www ~]# ps -ef | grep vsftpd
root   17059  1  0 13:53 ? 00:00:00 /usr/sbin/vsftpd /etc/vsftpd/vsftpd.conf
root   17063 3284  0 13:53 pts/0   00:00:00 grep vsftpd
```

12.1.4　端口：21

FTP 服务运行后，默认监听 TCP 协议上的 21 端口号。可以执行如下命令查看：

```
[root@www ~]# netstat -antup | grep vsftpd
tcp   0   0 0.0.0.0:21    0.0.0.0:*    LISTEN   17059/vsftpd
```

12.1.5　防火墙所开放的端口号：21

当 FTP 服务器配置成功后，需要使用客户端验证 FTP 是否能实现文件传输的功能。如果要验证 FTP 服务，需要从客户端登录到服务器才可以。实际生活中，由于服务器中的防火墙是开启的，不允许任何客户端进行连接，所以需要在服务器中开放 21 号端口。执行命令如下：

```
iptables -I INPUT -p udp --dport 21 -j ACCEPT
```

12.2　构建 FTP 服务

为了更深入的了解 FTP 服务，就必须要学习它的运行机制及安装。成功安装该服务后，才可以对 FTP 服务下相关文件进行分析。本节将介绍 FTP 服务的运行机制和构建。

12.2.1　运行机制

首先从 FTP 的工作过程来了解 FTP。FTP 是一个客户机/服务器系统，即使用 FTP 进行文件传输，需要两个条件：

❑ 一个服务器端的 FTP 服务程序（如第 12.2.2 节中将要介绍的 vsftp 服务器程序）。

❑ 一个连接到 FTP 服务器的客户端程序（如 ftp 命令，Windows 操作系统中的 IE 浏览器等）。

FTP 服务工作过程如图 12.1 所示。

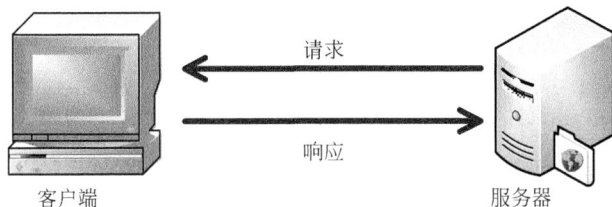

图 12.1　FTP 工作流程

图 12.1 的具体工作过程如下。

（1）通过 FTP 客户端程序连接到远程主机上的 FTP 服务器程序。

（2）通过客户端程序向服务器程序发出命令，服务器程序执行用户所发出的命令，并将执行的结果返回到客户机。例如，用户发出获取服务器中某个文件的命令（使用 get 命令），服务器程序响应这条命令，将指定文件送至客户端。客户端程序接受服务器传送的文件。

FTP 有两种工作模式，主动模式和被动模式。下面分别介绍这两种模式的特点。

1．主动模式

主动模式（Standard），又称为 PORT 模式。在这种工作模式下，FTP 客户端首先和 FTP 服务器的 21 端口建立连接，通过这个通道传输控制命令。客户端需要接收数据时，通过这个控制通道发送 PORT 命令。PORT 命令中包含了客户端用哪个端口（端口号应大于 1024）接收数据。在数据进行传输时，服务器端通过 20 端口连接到客户端的指定端口来发送数据。这样，FTP 服务器端和客户端就建立一个新的连接来传送数据。

主动模式要求客户端和服务器端同时打开，并且监听一个端口以建立连接。在这种情况下，客户端如果安装了防火墙，就会产生一些问题。

2．被动模式

被动模式（Passive），又称为 PASV 模式。被动模式在建立控制通道的时候和主动模式类似，也是通过 21 端口来建立控制通道连接。在建立好连接后，当 FTP 客户端要发送指令需要数据返回时，不是向服务器端发送 PART 命令，而是 PASV 命令。在 PASV 命令中，客户端向服务器端传送了一个端口号，申请服务器端使用该端口号与客户端进行连接。如果这时服务器端该端口是空闲的，则可以进行连接传送数据。若服务器端中该端口号不空闲（已被占用），则服务器返回一个 UNACK 信号，客户端又需再次发送 PASV 命令重新申请建立数据连接。

主动模式中，数据传输通道是由服务器端使用 20 端口连接客户端的一个大于 1024 的端口，服务器端处于主动状态。而在被动模式中，数据传输通道是由客户端使用本地的一个大于 1024 的端口连接服务器端的一个大于 1024 的端口，服务器端的端口号由客户端指定。因此，服务器处于被动状态。

在这两种模式中，控制通道都是通过 21 端口建立的，在整个 FTP 过程中，该连接将被一直保持，若该连接被释放，则结束一次 FTP 操作过程。而数据传输通道是临时建立的，在有数据传输时才建立，数据传输完成后，该连接即被释放。

12.2.2　搭建服务

在配置 FTP 服务器之前，需要正确安装 vsftpd 软件包。下面将介绍在 RHEL 6.4 系统中安装 vsftpd 软件包的过程。

（1）先使用 rpm 命令检查系统中是否已经安装了 vsftpd 软件包。

```
[root@www ~]# rpm -q vsftpd
```

输出信息如下：

```
package vsftpd is not installed
```

输出的信息说明软件包 vsftpd 没有安装。

（2）挂载 RHEL 6.4 安装光盘，并安装其中的软件包。

```
[root@www ~]# mount /dev/cdrom /mnt/cdrom/
mount: block device /dev/sr0 is write-protected, mounting read-only
```

（3）使用 rpm 命令安装 vsftpd 软件包，执行命令如下：

```
[root@www ~]# rpm -ivh /mnt/cdrom/Packages/vsftpd-2.2.2-11.el6.i686.rpm
warning:  /mnt/cdrom/Packages/vsftpd-2.2.2-11.el6.i686.rpm:  Header  V3
RSA/SHA256 Signature, key ID fd431d51: NOKEY
Preparing...         ########################################### [100%]
   1:vsftpd          ########################################### [100%]
```

（4）再次查看，可以看到该软件包已经成功安装。

```
[root@www ~]# rpm -q vsftpd
vsftpd-2.2.2-11.el6.i686
```

12.3　文　件　组　成

FTP 服务安装成功后，自动创建好一些目录和文件。FTP 服务所创建的文件如表 12.3 所示。

表 12.3　FTP服务器中的文件

目　录	文　件	文件类型	功　能
/etc/logrotate.d	vsftpd	配置文件	日志转储文件
/etc/pam.d/vsftpd	vsftpd	配置文件	PAM 认证文件
/etc/rc.d/init.d/	vsftpd	脚本文件	控制服务的运行状态
/etc/vsftpd	ftpusers	配置文件	禁止登录 FTP 服务器的用户列表文件
	user_list	配置文件	用户列表文件

目录	文件	文件类型	功能
/etc/vsftpd	vsftpd.conf	配置文件	FTP 服务的主配置文件
	vsftpd_conf_migrate.sh	脚本文件	FTP 操作的一些变量和设置脚本
/usr/bin	ftp	可执行文件	FTP 服务的客户端工具
/usr/sbin	vsftpd	可执行文件	VSFTP 服务守护进程

下面以图的形式列出 FTP 服务中文件的工作流程，如图 12.2 所示。

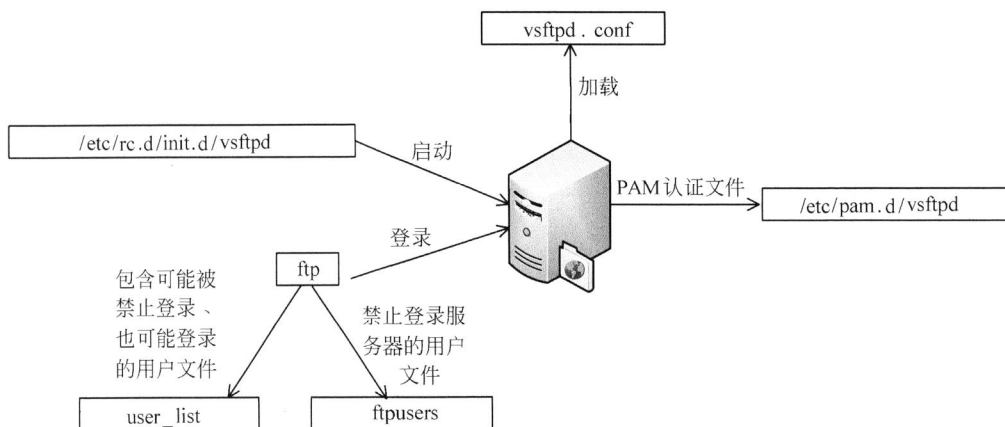

图 12.2　FTP 服务中文件的工作流程

12.4　配置文件：/etc/vsftpd/vsftpd.conf

FTP 服务的主配置文件默认位于/etc/vsftpd 目录中。在 vsftpd.conf 文件中，配置行采用"配置项=参数"的格式。下面介绍 vsftpd.conf 文件的配置项及其含义说明。本节介绍的所有配置项在 vsftpd.conf 文件中默认不一定都存在。

12.4.1　是否允许匿名访问：anonymous_enable

anonymous_enable 配置项用来设置是否允许匿名用户访问 FTP 服务器。该配置项的可设置的值为 YES 或 NO。默认允许匿名用户访问，默认配置信息如下：

```
anonymous_enable=YES
```

12.4.2　匿名用户权限掩码值：anon_umask

anon_umask 配置项设置匿名用户所上传文件的默认权限掩码值。掩码的默认权限为对某文件或文件夹的组权限。权限掩码由 3 个数字组成，将现有的存取权限减掉权限掩码后，即可产生建立文件时默认的权限。默认的权限掩码值为 022，默认配置信息如下：

```
anon_umask=022
```

12.4.3　设置匿名用户的 FTP 根目录：anon_root

anon_root 配置项设置匿名用户的 FTP 根目录，默认为/var/ftp/。这里的根目录是指客户端登录服务器后的位置，而不是 Linux 中文件系统的根目录"/"。配置信息如下：

```
anon_root=/var/ftp
```

12.4.4　是否允许匿名用户上传文件：anon_upload_enable

anon_upload_enable 配置项设置是否允许匿名用户上传文件。该配置项可设置的值为 YES 或 NO。默认允许匿名用户上传文件，配置信息如下：

```
anon_upload_enable=YES
```

12.4.5　是否允许匿名用户的写权限：anon_mkdir_write_enable

anon_mkdir_write_enable 配置项设置是否允许匿名用户有创建目录的写入权限。如果有写权限，匿名用户就拥有创建目录的权限。该配置项可设置的值为 YES 或 NO。默认的配置信息如下：

```
anon_mkdir_write_enable=YES
```

12.4.6　是否允许匿名用户有其他写入权限：anon_other_write_enable

anon_other_write_enable 配置项用来设置是否允许匿名用户有其他写入权限,如对文件改名、覆盖及删除文件等作。默认的配置信息如下：

```
anon_mkdir_write_enable=YES
```

12.4.7　限制匿名用户的最大传输率：anon_max_rate

anon_max_rate 配置项用来设置限制匿名用户的最大传输速率,单位为字节。默认值为 0，表示无限制。配置信息如下：

```
anon_max_rate=0
```

12.4.8　是否允许本地系统用户访问：local_enable

local_enable 配置项用来设置是否允许本地系统用户访问 FTP 服务器。该配置项可设置的值为 YES 或 NO。配置信息如下：

```
local_enable YES
```

12.4.9　本地用户权限掩码值：local_umask

local_umask 配置项用来设置本地用户所上传文件的默认权限掩码值。默认值为 022，默认配置信息如下：

```
local_umask=022
```

12.4.10　设置本地用户的 FTP 根目录：local_root

local_root 配置项用来设置本地用户的 FTP 根目录。默认为用户的宿主目录，这里设置为/var/ftp。配置信息如下：

```
local_root=/var/ftp
```

12.4.11　是否将 FTP 本地用户禁锢在宿主目录：chroot_local_user

chroot_local_user 配置项设置是否将 FTP 本地用户禁锢在宿主目录中。如果启用该配置项，本地用户登录后就只能在它的 home 目录中操作，不可以切换到其他目录中。该配置项可设置的值为 YES 或 NO。配置信息如下：

```
chroot_local_user YES
```

12.4.12　启用虚拟用户：guest_enable

guest_enable 配置项用来启用虚拟用户。如果开启虚拟用户，所有非匿名登录的用户名都会被切换成 guest_username 指定的用户名。默认配置信息如下：

```
guest_enable=YES
```

12.4.13　定义 guest 的使用者名称：guest_username

guest_username 配置项用户定义虚拟用户使用者的名称。配置信息如下：

```
guest_username=virtual
```

12.4.14　限制本地用户的最大传输速率：local_max_rate

local_max_rate 配置项设置限制本地用户的最大传输速率（0 为无限制），单位为字节。默认配置信息如下：

```
local_max_rate=0
```

12.4.15　是否以独立运行的方式监听服务：listen

FTP 服务可以通过 xinetd 和 standalone（独立）两种方式来启动服务。standalone 一次性启动，运行期间一直驻留在内存中。优点是对接入信号反应快，缺点是损耗了一定的系统资源，因此经常应用于对实时反应要求较高的专业 FTP 服务器。xinetd 恰恰相反，由于只在外部连接发送请求时才调用 FTP 进程，因此不适合应用在同时连接数量较多的系统。此外，inetd 模式不占用系统资源。除了反应速度和占用资源两方面的影响外，vsftpd 还提供了一些额外的高级功能，如 inetd 模式支持 per_IP（单一 IP）限制，而 standalone 模式则更有利于 PAM 验证功能的应用。如果使用独立运行的方式就需要配置 listen 配置项。默认配置信息如下：

```
listen=YES
```

12.4.16　设置监听 FTP 服务的端口号：listen_port

listen_port 配置项用来设置监听 FTP 服务的端口号。FTP 服务默认的端口号为 21，默认配置信息如下：

```
listen_port=21
```

12.4.17　启用任何形式的写入权限：write_enable

write_enable 配置项设置启用任何形式的写入权限。例如上传、删除文件等都需要开启此选项。默认配置信息如下：

```
write_enable=YES
```

12.4.18　是否允许下载文件：download_enable

download_enable 配置项设置是否允许下载文件。该配置项可设置的值为 YES 或 NO。默认配置信息如下：

```
download_enable=YES
```

12.4.19　用户切换进入目录时显示.message 文件的内容: dirmessage_enable

dirmessage_enable 配置项设置用户切换进入目录时显示.message（如果存在）文件的内容。默认配置信息如下：

```
dirmessage_enable=YES
```

12.4.20　启用 xferlog 日志：xferlog_enable

xferlog_enable 配置项用来启用 xferlog 日志。如果启用 xferlog 日志的话，默认会记录到"/var/log/xferlog"文件中。该文件能够详细记录访问 FTP 服务器的信息。默认配置信息如下：

```
xferlog_enable=YES
```

12.4.21　启用标准 xferlog 日志格式：xferlog_std_format

xferlog_std_format 配置项设置是否启用标准 xferlog 日志格式。若禁用此选项，将使用 vsftpd 自己的日志格式。默认配置信息如下：

```
xferlog_std_format=YES
```

12.4.22　设置 FTP 服务日志文件的位置：vsftpd_log_file

vsftpd_log_file 配置项用来指定 FTP 服务日志文件的位置。配置信息如下：

```
vsftpd_log_file=/var/log/vsftpd.log
```

这里设置 FTP 服务的信息保存在/var/log/vsftpd.log 文件中。

12.4.23　允许服务器主动模式：connect_from_port_20

connect_from_port_20 配置项设置是否允许服务器主动模式（从 20 端口建立数据连接）。默认配置信息如下：

```
connect_from_port_20=YES
```

12.4.24　允许被动模式连接：pasv_enable

pasv_enable 配置项设置是否允许被动模式连接。默认允许被动模式连接，配置信息如下：

```
pasv_enable=YES
```

12.4.25　设置用于被动模式的服务器最大端口号：pasv_max_port

pasv_max_port 配置项设置用于被动模式的服务器最大端口号。默认端口号为 60000，配置信息如下：

```
pasv_max_port=60000
```

12.4.26　设置用于被动模式的服务器最小端口号：pasv_min_port

pasv_min_port 配置项设置用于被动模式的服务器最小端口号。默认端口号为 50000，配置信息如下：

```
pasv_max_port=50000
```

12.4.27　设置用于用户认证的 PAM 文件：pam_service_name

pam_service_name 配置项设置用于用户认证的 PAM 文件，该文件保存在 "/etc/pam.d/"

目录对应的文件名中。默认配置信息如下：

```
pam_service_name=vsftpd
```

12.4.28 是否启用 user_list 用户列表文件：userlist_enable

userlist_enable 配置项设置是否启用 user_list 用户列表文件。user_list 文件用来设置一些用户是否可以登录到服务器。默认启用 user_list 用户列表文件，配置信息如下：

```
userlist_enable=YES
```

12.4.29 是否禁止 user_list 列表文件中的用户账号：userlist_deny

userlist_deny 配置是否禁止 user_list 列表文件中的用户账号。默认禁止 user_list 列表文件中，该配置项与 userlist_enable 配置项的作业相反。配置信息如下：

```
userlist_deny=YES
```

12.4.30 最多允许多少个客户端同时连接：max_clients

max_clients 配置项设置最多允许多少个客户端同时连接的服务器，0 为无限制。默认配置信息如下：

```
max_clients=0
```

12.4.31 设置最多允许多少个并发连接：max_per_ip

max_per_ip 配置项设置最多允许多少个并发连接，0 为无限制。默认配置信息如下：

```
max_per_ip=0
```

12.4.32 是否启用 TCP_Wrappers 主机访问控制：tcp_wrappers

tcp_wrappers 配置项设置是否启用 TCP_Wrappers 主机访问控制。默认启用该选项，配置信息如下：

```
tcp_wrappers=YES
```

12.4.33 空闲连接超时时间：idle_session_timeout

idle_session_timeout 配置项设置连接超时时间。当使用者在该配置项设置的时间范围内没有任何操作，则强制该用户离线。默认的时间为 600 秒（s），配置信息如下：

```
idle_session_timeout=600
```

12.4.34 设置数据连接的超时时间：data_connection_timeout

data_connection_timeout 配置项设置数据连接的超时时间。如果客户端与服务器间的数据传送在设置的范围内没有传送成功，则客户端的连接就会被 FTP 服务强制退出。默认的时间为 120 秒（s），配置信息如下：

```
data_connection_timeout=120
```

12.4.35 指定一个安全账户：nopriv_user

nopriv_user 配置项用来指定一个安全账户，让 FTP 完全隔离和没有特权的账户。建议可以设置为 nobody 用户作为此服务执行的权限，因为 nobody 的权限相当低，因此即使被入侵，入侵者仅能取得 nobody 的权限。默认配置信息如下：

```
nopriv_user=ftpsecure
```

12.4.36 允许使用 sync 命令：async_abor_enable

当允许客户端使用 sync 等命令时，async_abor_enable 配置项才需要启用。一般来说，由于这个设定并不安全，所以通常都是将它取消的。默认配置信息如下：

```
async_abor_enable=YES
```

12.4.37 是否允许使用 ASCII 格式上传档案：ascii_upload_enable

ascii_upload_enable 配置项的值如果设置为 YES，那么客户端就可以使用 ASCII 格式上传档案。一般来说，由于启动了这个设定项目可能会导致 DOS 的攻击，因此建议设置为 NO。默认配置信息如下：

```
ascii_upload_enable=YES
```

12.4.38 是否允许使用 ASCII 格式下载档案：ascii_download_enable

ascii_ download _enable 配置项设置是否允许使用 ASCII 格式下载档案。该配置项与 ascii_upload_enable 配置项的设定类似。默认配置信息如下：

```
ascii_download_enable=YES
```

12.4.39 设置欢迎信息：ftpd_banner

ftpd_banner 配置项设置登录时显示的欢迎信息。如果设置了 banner_file，则该设置无效。默认配置信息如下：

```
ftpd_banner=Welcome to blah FTP service.
```

12.4.40　启用文件方式保存某些匿名电子邮件的黑名单：deny_email_enable

启用 deny_email_enable 配置项可以创建一个文件，用来保存某些匿名电子邮件的黑名单，以防止这些人使用 DOS 攻击。默认配置信息如下：

```
deny_email_enable=YES
```

12.4.41　设置保存电子邮件黑名单的文件：banned_email_file

banned_email_file 配置项设置保存电子邮件黑名单的目录。如果 deny_email_enable=YES 时，可以利用这个配置项规定哪个 E-mail 地址不可登录 FTP 服务器。在该文件中设定的信息，一行输入一个 E-mail 地址即可。默认配置信息如下：

```
banned_email_file=/etc/vsftpd/banned_emails
```

12.4.42　禁锢使用者在自己的家目录：chroot_local_user

chroot_local_user 配置项用来限制本地用户只能在自己的家目录，不能切换到其他目录。默认配置信息如下：

```
chroot_local_user=YES
```

12.4.43　是否启用将某些本地用户限制在他们的家目录：chroot_list_enable

chroot_list_enable 配置项设置是否启用将某些实体用户限制在他们的家（Home）目录内。默认配置信息如下：

```
chroot_list_enable=YES
```

12.4.44　禁锢本地用户的文件位置：chroot_list_file

如果 chroot_list_enable =YES 时，设置 chroot_list_file 配置项才生效。默认配置信息如下：

```
chroot_list_file=/etc/vsftpd/chroot_list
```

12.4.45　配置虚拟 FTP 服务器：listen_address

所谓虚拟 FTP 服务器，是指在一台计算机中使用多个 IP 地址虚拟出多个 FTP 服务器。这些服务器在逻辑上是独立的，对于远程登录用户来说，看到的是两台或多台不同的 FTP 服务。假设当前计算机还有一个 IP 地址为 192.168.1.10，这时就需要使用 listen_address 配置项来指定。配置信息如下：

```
listen_address=192.168.1.10
```

12.4.46　指定一个空的数据目录：secure_chroot_dir

secure_chroot_dir 配置项用来指定一个空的数据目录,任何登录用户都不能对该目录有写的权限。当 vsftpd 不需要文件系统的权限时，就会将使用者限制在此目录中。配置信息如下：

```
secure_chroot_dir=/usr/share/empty
```

12.5　可执行文件

FTP 服务器搭建成功后，需要了解几个可执行文件，因为它们对控制服务有着重要的作用。下面将介绍几个可执行文件的使用方法。

12.5.1　vsftpd 迁移脚本：/etc/vsftpd/vsftpd_conf_migrate.sh

vsftpd_conf_migrate.sh 脚本文件主要用来迁移 "vsftpd.*" 的文件到 FTP 服务的主目录下。原有文件使用一个链接文件代替，生成的新文件以源文件的后缀来命名。下面看一个例子：

【实例 12-1】执行 vsftpd_conf_migrate.sh 脚本，看显示的结果。

```
[root@www etc]# /etc/vsftpd/vsftpd_conf_migrate.sh
/etc/vsftpd.conf moved to /etc/vsftpd/conf
```

输出的结果可以看到/etc/vsftpd.conf 文件被移动到/etc/vsftpd/目录下，并命名为 conf。

12.5.2　VSFTP 服务的守护进程：/usr/sbin/vsftpd

vsftpd 是非常安全的文件传输协议守护进程。该服务可以通过超级服务器启动,如 inetd 或者 xinetd。除此之外，vsftpd 还可以在独立模式下启动 FTP 服务。vsftpd 命令的语法格式如下：

```
vsftpd [配置文件或选项]
```

支持的选项含义如下。

❑ -v：显示版本信息。

❑ -ooption=value：设置一个选项值，设置值的格式和配置文件的格式相同。

【实例 12-2】使用 vsftpd 命令修改 listen 和 ftpd_banner 选项。执行命令如下：

```
[root@www ~]# vsftpd -olisten=NO /etc/vsftpd/vsftpd.conf -oftpd_
banner=blah
```

执行该命令没有输出任何信息。

12.5.3　控制 FTP 服务文件：/etc/rc.d/init.d/vsftpd

　　vsftpd 是一个可执行的脚本文件。使用 service 命令的 start、stop、restart 参数来启动、关闭、重启 FTP 服务。该文件也可以使用它的绝对路径带 start、stop、restart 参数来控制服务的运行。启动 FTP 服务的命令如下：

```
[root@www ~]# service vsftpd start
为 vsftpd 启动 vsftpd:                                    [确定]
```

　　或者

```
[root@www ~]# /etc/rc.d/init.d/vsftpd start
为 vsftpd 启动 vsftpd:                                    [确定]
```

12.5.4　FTP 服务客户端工具：/usr/bin/ftp

　　ftp 是 Internet 标准文件传输协议的用户接口。ftp 命令可以远程到某个网络站点，用户之间可以传输文件。ftp 命令的语法格式如下：

```
ftp [选项] [主机]
```

　　常用选项含义如下。
- ❑ -A：使用主动模式进行数据传输。
- ❑ -p：使用被动模式进行数据传输。
- ❑ -d：启用调试功能。
- ❑ -e：禁用命令编辑和历史记录的支持。
- ❑ -g：禁用文件名通配符。
- ❑ -i：在多个文件传输时关闭交互提示。
- ❑ -m：在被动模式下，默认需要 FTP 明确绑定到相同接口的控制通道的数据通道。
- ❑ -n：约束 FTP 从初始连接时尝试自动登录。如果自动登录被启用，FTP 将检查在远程计算机上 netrc 文件中的用户信息。
- ❑ -v：显示详细信息。

　　【实例 12-3】通过命令方式登录到 FTP 服务器。具体操作步骤如下。
　　（1）在 Linux 中登录 FTP 服务器的命令方法。执行命令如下：

```
[root@www ~]# ftp 192.168.1.1
```

　　系统将连接到 FTP 服务器并要求输入用户名和密码，如图 12.3 所示。

图 12.3　登录 FTP 服务器

（2）成功登录 FTP 服务器，将显示"ftp>"提示符。

（3）接下来，就可以使用 FTP 客户端命令进行操作了。若不知道有哪些 FTP 命令，可在提示符下输入一个问号"？"，将列出所有 FTP 命令，如图 12.4 所示。

```
root@localhost:~
文件(F) 编辑(E) 查看(V) 搜索(S) 终端(T) 帮助(H)
[root@localhost ~]# ftp 192.168.1.1
Connected to 192.168.1.1 (192.168.1.1).
220 Welcome to test FTP service.
Name (192.168.1.1:root): mike
331 Please specify the password.
Password:
230 Login successful.
Remote system type is UNIX.
Using binary mode to transfer files.
ftp> ?
Commands may be abbreviated. Commands are:

!          debug       mdir        sendport    site
$          dir         mget        put         size
account    disconnect  mkdir       pwd         status
append     exit        mls         quit        struct
ascii      form        mode        quote       system
bell       get         modtime     recv        sunique
binary     glob        mput        reget       tenex
bye        hash        newer       rstatus     tick
case       help        nmap        rhelp       trace
cd         idle        nlist       rename      type
cdup       image       ntrans      reset       user
chmod      lcd         open        restart     umask
close      ls          prompt      rmdir       verbose
cr         macdef      passive     runique     ?
delete     mdelete     proxy       send
ftp>
```

图 12.4　显示 FTP 命令

如表 12.4 列出了部分常用的 FTP 命令。

表 12.4　常用FTP命令

命　　令	作　　用
!	执行本地计算机中的命令
bye,quit	退出 ftp 会话过程
cd	在 FTP 服务器中切换目录
cdup	进入 FTP 服务器目录的父目录
close, disconnection	中断与远程服务器的 ftp 会话（与 open 对应）
delete	删除 FTP 服务器中的文件
dir,ls	显示 FTP 服务器中的目录
?,help	显示 FTP 内部命令帮助信息
mget	传输多个远程文件
mkdir	在 FTP 服务器创建一个目录
mput	将多个文件传输至 FTP 服务器
open	连接到指定 FTP 服务器
put,send	将本地文件上传到 FTP 服务器中
pwd	显示 FTP 服务器当前工作目录
rmdir	删除 FTP 服务器中的目录

12.6　其他配置文件

FTP 服务的配置文件默认位于/etc/vsftpd 文件夹中，主要包括用户控制列表文件

（ftpusers、user_list）和主配置文件。主配置文件在前面已经详细介绍了，下面将详细介绍用户控制列表文件及其他配置文件的内容和作用。

12.6.1　禁止登录 FTP 服务器的用户账户文件：/etc/vsftpd/ftpusers

ftpusers 文件中包含的用户账户将被禁止登录 FTP 服务器，不管该用户是否在 user_list 文件中出现。通常将 root、bin、daemon 等特殊用户列在该文件中，禁止用于登录 FTP 服务务。下面查看该文件的内容：

```
[root@www ~]# cat /etc/vsftpd/ftpusers
# Users that are not allowed to login via ftp
root
bin
daemon
adm
lp
sync
shutdown
halt
mail
news
uucp
operator
games
nobody
```

输出的信息中以"#"开头的内容为 ftpusers 文件的解释，后面每一行表示一个用户。

12.6.2　包含可能被禁止登录、也可能登录的用户：/etc/vsftpd/user_list

user_list 文件中包含的用户账户可能被禁止登录，也可能被允许登录，具体在主配置文件 vsftpd.conf 中决定。当主配置文件 vsftpd.conf 中存在 userlist_enable=YES 的配置项时，user_list 文件生效。如果配置 user_deny=YES，则又禁止列表中的用户账户登录。如果配置 userlist_deny=NO，则仅允许列表中的用户账户登录。查看该文件内容如下：

```
[root@www ~]# cat /etc/vsftpd/user_list
# vsftpd userlist
# If userlist_deny=NO, only allow users in this file
# If userlist_deny=YES (default), never allow users in this file, and
# do not even prompt for a password.
# Note that the default vsftpd pam config also checks /etc/vsftpd/ftpusers
# for users that are denied.
root
bin
daemon
adm
lp
sync
shutdown
halt
mail
news
uucp
```

```
operator
games
nobody
```

输出的信息中以"#"开头的内容为 user_list 文件的解释，后面一行表示一个用户。

12.6.3　PAM 认证文件：/etc/pam.d/vsftpd

PAM 配置文件主要用于对程序提供用户认证控制，vsftpd 服务使用的默认 PAM 配置文件为"/etc/pam.d/vsftpd"。在 FTP 服务中，可以参考该文件的格式建立新的 PAM 配置文件，用于虚拟用户认证控制。

12.7　实　例　应　用

前面详细介绍了 FTP 服务下的文件及各文件的作用等内容，为了对 FTP 服务器配置文件中的配置项有深刻的了解，下面演示几个实例的配置情况。

12.7.1　建立基于匿名用户的 FTP 服务

在 vsftpd.conf 配置文件中，默认是允许匿名用户登录 FTP 服务器，但不允许上传文件、不允许在服务器上创建目录。如果要实现上传、下载等功能需要进行设置。下面配置一个实例，使 FTP 服务器实现以下功能：

- ❑ 允许匿名用户登录。
- ❑ 允许匿名用户上传文件。
- ❑ 允许匿名用户创建目录。
- ❑ 用户登录成功后显示欢迎信息。

【实例 12-4】根据以上 4 个要求，为 FTP 服务器配置匿名用户。具体操作步骤如下。

（1）需要修改 vsftpd.conf 文件中的几个配置项，各选项的值分别设置如下：

```
anonymous_enable=YES
write_enable=YES
anon_upload_enable=YES
anon_mkdir_write_enable=YES
ftpd_banner= Welcom to test FTP service.
```

在 vsftpd.conf 文件中找到以上这 5 个配置项。如果某选项前加了一个"#"号将其注释了，则只需要将配置项前面的"#"号删除即可。若在该文件中没有找到对应的选项，可在该文件的后面直接输入这些配置项即可。

（2）修改了配置文件后，重新启动 FTP 服务。执行命令如下：

```
[root@www ~]# service vsftpd restart
关闭 vsftpd:                                        [确定]
为 vsftpd 启动 vsftpd:                              [确定]
```

重启完成后，就可以在 Windows 或 Linux 客户端下登录并测试该服务了。

12.7.2　建立基于本地用户的 FTP 服务

本地用户是指在 FTP 服务器中拥有账号的用户,即可以在 FTP 服务器中进行操作的用户。对于这些本地应用,可使用自己的账号和密码通过远程登录到 FTP 服务器中。

与匿名用户登录到设置的/var/ftp 目录不同,对于本地用户,将登录到用户的主目录(Home 目录),且操作权限与主目录操作权限相同,可将文件上传到主目录中。

下面介绍允许本地用户登录的配置。

默认情况下,vsftpd 是不允许本地用户登录到 FTP 的,可通过修改以下选项允许本地用户登录。

```
local_enable=YES
local_umask=022
```

在 vsftpd.conf 配置文件中将以上两个选项设置好之后,再重新启动 vsftpd 进程,就可以使用 FTP 服务器上的用户账号登录了。

使用本地用户登录 FTP 服务器的方法如下所示。首先输入本地用户名和密码进行登录,然后使用 pwd 命令查看登录的目录,从输出的结果可以看出,登录目录为用户的 home 目录。

```
[root@localhost ~]# ftp 192.168.1.1
Connected to 192.168.1.1 (192.168.1.1).
220 Welcome to test FTP service.
Name (192.168.1.1:root): bob
331 Please specify the password.
Password:
230 Login successful.
Remote system type is UNIX.
Using binary mode to transfer files.
ftp> pwd
257 "/home/bob"
ftp>
```

如果需要设置本地用户登录服务器后不进入用户的 home 目录,可使用以下选项进行设置:

```
local_root=/path
```

12.7.3　建立基于虚拟用户的 FTP 服务

FTP 服务器同时支持匿名用户、本地用户和虚拟用户 3 类用户账号。对于匿名登录,由于任何人都可进入 FTP 服务器,安全性方面可能会出现问题。而使用本地用户登录,由于本地用户有权限登录到服务器中,如果该用户的用户信息、密码泄露,可能对服务器的安全造成影响。使用虚拟用户账号可以提供集中管理的 FTP 根目录,同时将用户 FTP 登录的用户名、密码与系统用户账号区分开,进一步增强了 FTP 服务器的安全性。

本节将学习为 FTP 服务器设置使用虚拟用户账号的过程。

(1)建立虚拟用户的用户名/密码数据库。

FTP 服务的虚拟用户数据库是使用 Berkeley DB 格式的数据文件。建立该数据库文件需要用到 db_load 命令工具，从 RHEL 6.4 光盘中安装 db4-4.7.25-17.el6.i686.rpm 软件包后可获得该工具。

首先建立文本格式的用户名/密码列表文件，奇数行为用户名，偶数行为上一行用户所对应的密码。例如，添加用户 mike、john，密码分别为 123、456。

```
[root@www ~]# vi /etc/vsftpd/vusers.list
mike
123
john
456
```

然后用 db_load 工具将列表文件转化为 DB 数据库文件。

```
[root@www ~]# cd /etc/vsftpd/
[root@www vsftpd]# db_load -T -t hash -f vusers.list vusers.db
[root@www vsftpd]# file vusers.db
vusers.db: Berkeley DB (Hash, version 9, native byte-order)
[root@www vsftpd]# chown 600 /etc/vsftpd/vusers.*//降低文件权限以提高安全性
```

在 db_load 命令中，-f 选项用于指定用户名/密码列表文件，-T 选项允许非 Berkeley DB 的应用程序使用从文本格式转换的 DB 数据文件，t hash 选项指定读取数据文件的基本方法。关于 db_load 命令的详细说明，可参阅 "/usr/share/doc/db4-utils-4.7.25/utility/db_load.html" 文件。

（2）建立 FTP 访问的根目录及虚拟用户对应的系统账号。

vsftpd 虚拟用户需要有一个对应的系统用户账号（该账号无须设置密码及登录 Shell），该用户账号的宿主目录作为所有虚拟用户登录后的共同 FTP 根目录。

```
[root@www vsftpd]# useradd -d /var/ftproot -s /sbin/nologin virtual
      //建立映射账号 virtual
[root@www vsftpd]# chmod 755 /var/ftproot/      //更改 FTP 根目录权限
[root@www vsftpd]# ls -lh /boot/ > /var/ftproot/vutest.file
      //建立测试文件
```

（3）建立 PAM 认证文件。

PAM 配置文件在前面已经介绍过它的作用了，这里不再赘述。下面重新建立一个 PAM 配置文件，用于虚拟用户认证控制。

```
[root@www vsftpd]# vi /etc/pam.d/vsftpd.vu
#%PAM-1.0
auth        required     pam_userdb.so   db=/etc/vsftpd/vusers
account     required     pam_userdb.so   db=/etc/vsftpd/vusers
```

配置时注意将 db 选项指定为前面建立的虚拟用户数据库文件 vusers（省略.db 扩展名）。

（4）修改 vsftpd.conf 配置文件，添加虚拟用户支持。

在 vsftpd.conf 配置文件中添加 guest_enable、guest_username 配置项，将访问 FTP 服务的所有虚拟用户对应到同一系统用户账户 virtual。修改 pam_service_name 配置项，指向第（3）步建立的 PAM 配置文件 "/etc/pam.d/vsftpd.vu"。

```
anonymous_enable=NO
local_enable=YES
write_enable=YES
```

```
anon_upload_enable=YES
guest_enable=YES
guest_username=virtual
dirmessage_enable=YES
xferlog_enable=YES
connect_from_port_20=YES
xferlog_std_format=YES
listen=YES
pam_service_name=vsftpd.vu
userlist_enable=YES
tcp_wrappers=YES
```

在 FTP 服务中，虚拟用户账户默认作为匿名用户处理降低权限，因此对应的权限设置通常使用以 anon 开头的配置项。例如在设置虚拟用户所上传文件的默认权限掩码时，应采用配置项 anon_umask 而不是 local_umask。

（5）为不同的虚拟用户建立独立的配置文件。

对于每个虚拟用户，可分别设置不同的权限。例如，为每个虚拟用户设置一个 home 目录，则该虚拟用户将不能访问其他用户的目录。

首先在 vstpd.conf 配置文件中添加以下一行，用来指定个人配置文件的目录：

```
user_config_dir=/etc/vsftpd/vusers_dir
```

在/etc/vsftpd 目录中创建一个名为 vsftpd_user_conf 的目录，并在该目录中用每个虚拟用户的名称创建一个配置文件，例如，使用以下命令创建虚拟用户名 mike 的配置文件：

```
[root@www ~]# mkdir /etc/vsftpd/vusers_dir      //创建用户配置目录
[root@www ~]# cd /etc/vsftpd/vusers_dir/
[root@www vusers_dir]# vi mike      //为 mike 用户建立独立的配置文件
anon_upload_enable=YES
anon_mkdir_write_enable=YES
 [root@www vusers_dir]# touch john //为 john 用户建立空配置文件（无额外权限设置）
```

（6）重新启动 FTP 服务。

```
[root@www ~]# service vsftpd restart
关闭 vsftpd:                                        [确定]
为 vsftpd 启动 vsftpd:                              [确定]
```

（7）使用虚拟用户访问 FTP 服务。

以上步骤成功完成以后，在客户端使用虚拟用户 mike、john 分别登录 FTP 服务器进行下载、上传文件测试，应得到以下结果。

❑ 使用 mike 用户可以登录 FTP 服务器，并可以浏览、下载文件也可以上传文件。
❑ 使用 john 用户可以登录 FTP 服务器，并可以浏览、下载文件但无法上传文件。
❑ 使用匿名用户或其他系统用户时，将不能登录该 FTP 服务器。

12.8　测　试　服　务

在 12.7 节中演示了 FTP 服务中 3 种情况的配置，下面来测试这 3 个实例的功能。

12.8.1 Linux 客户端

以 12.7 节中的配置为例，下面演示如何使用 Linux 客户端测试基于匿名用户的 FTP 服务器。

```
[root@localhost ~]# ftp 192.168.1.1     //登录 FTP 服务
Connected to 192.168.1.1 (192.168.1.1).
220 Welcome to test FTP service.
Name (192.168.1.1:root): anonymous      //输入匿名用户
331 Please specify the password.
Password:                               //空密码或随便一个字符串
230 Login successful.                    //登录成功
Remote system type is UNIX.
Using binary mode to transfer files.
ftp> ls -l                              //查看匿名用户访问到 FTP 下的目录
227 Entering Passive Mode (192,168,1,1,109,14).
150 Here comes the directory listing.
drwxr-xr-x   2 0        0            4096 Mar 02  2012 pub
226 Directory send OK.
ftp> cd pub                             //切换目录
250 Directory successfully changed.
ftp> mkdir aa                           //创建目录 aa
257 "/pub/aa" created
ftp> put install.log                    //向 FTP 服务器上传 install.log
local: install.log remote: install.log
227 Entering Passive Mode (192,168,1,1,149,180).
150 Ok to send data.
226 Transfer complete.
59200 bytes sent in 0.0919 secs (643.98 Kbytes/sec)
ftp>
```

输出的结果，相应都验证了在第 12.7.1 节中需要实现的功能。

12.8.2 Windows 客户端

以 12.7 节中的配置为例，下面演示如何使用 Windows 客户端测试基于虚拟用户的 FTP 服务器。

（1）使用 mike 用户登录到 FTP 服务器进行测试结果如下：

```
C:\Users\Administrator>ftp 192.168.1.1
连接到 192.168.1.1。
220 Welcome to test FTP service.
用户(192.168.1.1:(none)): mike          //输入登录名 mike
331 Please specify the password.
密码:                                    //输入 mike 用户密码
230 Login successful.
ftp> ls                                 //查看 FTP 服务中的文件
200 PORT command successful. Consider using PASV.
150 Here comes the directory listing.
vutest.file
226 Directory send OK.
ftp: 收到 13 字节，用时 0.00 秒 13000.00 千字节/秒。
```

```
ftp> get vutest.file                    //下载 FTP 服务下的 vutest.file 文件
200 PORT command successful. Consider using PASV.
150 Opening BINARY mode data connection for vutest.file (613 bytes).
226 Transfer complete.
ftp: 收到 613 字节，用时 0.00 秒 613000.00 千字节/秒。
ftp> put C:/aa.txt                       //上传本地文件到 FTP 服务器
200 PORT command successful. Consider using PASV.
150 Ok to send data.
226 Transfer complete.
ftp>
```

上面输出的结果可以看到 mike 用户成功登录到了 FTP 服务器，而且也可以浏览、上传和下载文件。

（2）使用 john 用户登录到 FTP 服务器进行测试结果如下：

```
C:\Users\Administrator>ftp 192.168.1.1
连接到 192.168.1.1。
220 Welcome to test FTP service.
用户(192.168.1.1:(none)): john           //输入登录名 john
331 Please specify the password.
密码:                                    //输入 john 的密码
230 Login successful.
ftp> ls                                  //查看 FTP 服务中的文件
200 PORT command successful. Consider using PASV.
150 Here comes the directory listing.
aa.txt
install.log
vutest.file
226 Directory send OK.
ftp: 收到 34 字节，用时 0.00 秒 34000.00 千字节/秒。
ftp> get vutest.file                     //下载 FTP 服务中的文件
200 PORT command successful. Consider using PASV.
150 Opening BINARY mode data connection for vutest.file (613 bytes).
226 Transfer complete.
ftp: 收到 613 字节，用时 0.00 秒 613000.00 千字节/秒。
ftp> put C:/aa.txt                       //上传本地文件到 FTP 服务器
200 PORT command successful. Consider using PASV.
553 Could not create file.
ftp>
```

从输出的结果中可以看到 john 能成功登录到 FTP 服务器，并且可以浏览、下载文件，但是不能上传文件。

（3）使用匿名用户等录 FTP 服务器的结果如下：

```
C:\Users\Administrator>ftp 192.168.1.1
连接到 192.168.1.1。
220 Welcome to test FTP service.
用户(192.168.1.1:(none)): anonymous
331 Please specify the password.
密码:
530 Login incorrect.
登录失败。
ftp>
```

从输出的结果中可以看到使用匿名用户登录失败。

第 13 章 Samba 服务

Samba 服务器实现了 Linux 和 Windows 之间的资源共享。Samba 使用服务信息块协议（Server Message Block，简称 SMB），可以共享文件、磁盘、目录、打印机等资源。Linux 中的 Samba 内置 SMB 协议，使用 Samba 实现局域共享资源。这样 Windows 客户端可以访问这些共享资源。本章将介绍 Samba 服务的基本信息、构建及各种文件的配置等。

13.1 基 本 信 息

在搭建 Samba 服务之前，需要先了解搭建该服务的网络环境及基本配置信息。下面将介绍 Samba 服务的基本知识，包括网卡配置、软件包、进程、端口等内容。

13.1.1 网卡配置文件：/etc/sysconfig/network-scripts/ifcfg-XXX

在安装一台 Samba 服务器的计算机上，需要有一个固定的 IP 地址。下面设置当前主机 Samba 服务器的 IP 地址为 192.168.1.1。

```
[root@localhost ~]# cat /etc/sysconfig/network-scripts/ifcfg-eth0
HWADDR=00:0C:29:88:77:96
IPADDR=192.168.1.1
NETMASK=255.255.255.0
GATEWAY=192.168.1.1
```

13.1.2 软件包：samba

安装 Samba 服务器的软件包是 samba 软件包。大部分 Linux 的发行版本中都提供了 samba 软件包。下面以表格的形式列出了 RedHat Linux 中 Samba 服务的 samba 软件包位置及源码包下载地址，如表 13.1 所示。

表 13.1 软件包位置

软件包类型	位　　置
RHEL 6 RPM 包	光盘：/Packages
RHEL 5 RPM 包	光盘：/Server
源码包	http://httpd.apache.org/download.cgi

本章讲解安装 Samba 的方法适合 REHL5.X～6.4 的所有版本。不同版本的软件包名如表 13.2 所示。

表 13.2　不同发行版本的软件包

RHEL 6.4	samba-3.6.9-151.el6.i686.rpm
RHEL 6.3	samba-3.5.10-125.el6.i686.rpm
RHEL 6.2	samba-3.5.10-114.el6.i686.rpm
RHEL 6.1	samba-3.5.6-86.el6.i686.rpm
RHEL 6.0	samba-3.5.4-68.el6.i686.rpm
RHEL 5	samba-3.0.33-3.28.el5.i386.rpm

13.1.3　进程名：smbd

Samba 服务成功启动后，会运行 smbd 和 nmbd 两个进程。

❑ smbd：为客户机提供服务器中共享资源（目录和文件等）的访问。

❑ nmbd：提供基于 NetBIOS 主机名称的解析，为 Windows 网络中的主机进行名称解析。

可以使用如下命令查看这两个进程是否启动：

```
[root@www ~]# ps -eaf | grep mbd
root      3958     1  0 14:23 ?        00:00:00 smbd -D
root      3961  3958  0 14:23 ?        00:00:00 smbd -D
root      4066     1  0 14:27 ?        00:00:00 nmbd -D
root      4091  3375  0 14:28 pts/0    00:00:00 grep mbd
```

除了手动修改配置文件，Samba 服务器还提供了 SWAT 图形管理工具。管理员可以使用 Web 浏览器远程登录 Samba 主机，更直观地对共享资源进行配置。SWAT 图形管理工具的使用将在后面内容中进行讲解。

如果使用 SWAT 图形管理工具配置 Samba 服务的话，启动的服务进程名为 xinetd。可以使用如下命令查看：

```
[root@www ~]# ps -eaf | grep xinetd
root      3689     1  0 17:23 ?        00:00:00 xinetd -stayalive -pidfile
/var/run/xinetd.pid
root      4483  3425  0 18:04 pts/0    00:00:00 grep xinetd
```

13.1.4　端口：139、445

Samba 服务成功启动后，smbd 服务程序监听 TCP 协议的 139 端口（SMB）、445 端口（CIFS，Common Internet File System，通用互联网文件系统协议），nmbd 服务程序监听 UDP 协议的 137～138 端口（NetBIOS）。可以执行如下命令查看：

```
[root@www ~]# netstat -antpul | grep mbd
tcp   0   0 0.0.0.0:139        0.0.0.0:*    LISTEN    4210/smbd
tcp   0   0 0.0.0.0:445        0.0.0.0:*    LISTEN    4210/smbd
tcp   0   0 :::139             :::*         LISTEN    4210/smbd
tcp   0   0 :::445             :::*         LISTEN    4210/smbd
udp   0   0 192.168.1.255:137 0.0.0.0:*              4252/nmbd
udp   0   0 192.168.1.1:137    0.0.0.0:*             4252/nmbd
udp   0   0 192.168.2.255:137 0.0.0.0:*              4252/nmbd
udp   0   0 192.168.2.110:137 0.0.0.0:*              4252/nmbd
udp   0   0 192.168.122.255:137 0.0.0.0:*            4252/nmbd
```

```
udp    0    0 192.168.122.1:137      0.0.0.0:*              4252/nmbd
udp    0    0 0.0.0.0:137            0.0.0.0:*              4252/nmbd
udp    0    0 192.168.1.255:138      0.0.0.0:*              4252/nmbd
udp    0    0 192.168.1.1:138        0.0.0.0:*              4252/nmbd
udp    0    0 192.168.2.255:138      0.0.0.0:*              4252/nmbd
udp    0    0 192.168.2.110:138      0.0.0.0:*              4252/nmbd
udp    0    0 192.168.122.255:138    0.0.0.0:*              4252/nmbd
udp    0    0 192.168.122.1:138      0.0.0.0:*              4252/nmbd
udp    0    0 0.0.0.0:138            0.0.0.0:*              4252/nmbd
```

SWAT 服务默认监听 TCP 协议上的 901 端口，可以执行如下命令查看：

```
[root@www ~]# netstat -antpul | grep xinetd
tcp    0    0 :::901              :::*              LISTEN      3689/xinetd
```

13.1.5　防火墙所开放的端口号：139、445

为了使 Samba 服务为其他客户端提供共享资源的访问权限，需要将防火墙的 139、445 端口号对外开放。可以执行如下命令开放 TCP 协议上的 139、445 端口号。

```
[root@www ~]# iptables -I INPUT -p tcp --dport 139 -j ACCEPT
[root@www ~]# iptables -I INPUT -p tcp --dport 445 -j ACCEPT
```

如果使用 SWAT 的方式配置 Samba 服务器，需要对外开放 901 端口号。执行命令如下：

```
[root@www ~]# iptables -I INPUT -p tcp --dport 901 -j ACCEPT
```

13.2　构建 Samba 服务

要使主机提供 Samba 服务，首先必须将 Samba 软件包安装到系统中，并进行相应的配置。本节介绍该服务的运行机制及搭建。

13.2.1　运行机制

在 Windows 网络环境中，用户可以通过“网络”找到其他主机并访问其中的共享资源，主机之间进行文件和打印机共享时是通过微软公司自己的 SMB/CIFS 网络协议实现的。SMB（Server Message Block，服务消息块）和 CIFS（Common Internet File System，同用互联网文件系统）协议是微软的私有协议，在 Samba 项目出现之前，并不能直接与 Linux/UNIX 系统进行通信。

当客户端访问服务器时，信息通过 SMB 协议传输。其工作过程可以分成 3 个阶段。

阶段 1：建立 Samba 客户端与服务端之间的会话连接

该阶段工作通过以下几个步骤完成。

（1）协议协商。

客户端向 Samba 服务器发送 negprot 请求数据报，并送出当前客户端所支持的所有 SMB 协议版本信息。Samba 服务器收到客户端发来的请求信息后响应请求，并根据客户端情况回复客户端，服务器优选的 SMB 协议版本信息，如果没有可使用的协议版本则返回 0XFFFFH，结束通信。

（2）用户身份认证。

当 SMB 协议版本确定后，客户端会向服务器发起一个用户或共享的认证，这个过程是通过发送 session setup 请求数据报实现的。客户端向 Samba 服务器发送一对用户名和密码或一个简单密码，Samba 服务器将对接收到的账号信息进行身份认证。若认证通过，便会回送一个成功响应数据报给客户端，允许客户端进行连接。同时，Samba 服务器会为当前用户分配唯一的 UID，在客户端与服务器通信时使用。若身份认证没有通过，则 Samba 服务器会回送一个响应数据报拒绝本次连接。

（3）建立连接。

当客户端和服务器完成了协商和认证之后，客户端会发送一个 tree connect 数据包，并列出访问网络资源的名称。之后，服务器会回送一个 tree connect 应答数据报，以表示此次连接是否被接受或拒绝。

阶段 2：Samba 客户端与服务器之间进行各种会话操作

客户端连接到相应资源后，SMB 客户端就能够通过 open SMB 打开一个文件，通过 read SMB 读取文件，或通过 write SMB 写入文件。

阶段 3：Samba 客户端与服务端之间的会话结束后，释放当前的会话连接

会话连接使用完毕后，客户端向 Samba 服务器发送 tree disconnect 报文，请求断开当前的会话连接，Samba 服务器收到客户端发来的请求信息后响应请求，并断开连接。

13.2.2　搭建服务

Samba 分为服务器和客户端软件包。通常使用默认安装时，只安装了 Samba 客户端软件，服务器端软件需要另外进行安装。

【实例 13-1】安装 Samba 服务器软件包。具体操作步骤如下：

（1）使用以下命令查询系统中已安装 Samba 软件包的情况。

```
[root@www ~]# rpm -qa | grep samba
```

输出信息如下：

```
samba-client-3.6.9-151.el6.i686
samba-winbind-clients-3.6.9-151.el6.i686
samba4-libs-4.0.0-55.el6.rc4.i686
samba-winbind-3.6.9-151.el6.i686
samba-common-3.6.9-151.el6.i686
```

从输出的结果中可以看到当前系统中已安装了 samba-client、samba-winbind-clients、samba4-libs、samba-winbind、samba-common 这 5 个软件包。

（2）使用以下命令将 RHEL 安装光盘挂载到文件系统中。

```
[root@www ~]# mount /dev/cdrom /mnt/cdrom/
mount: block device /dev/sr0 is write-protected, mounting read-only
```

（3）使用 rpm 命令安装 samba 软件包，具体命令如下：

```
[root@www ~]# rpm -ivh /mnt/cdrom/Packages/samba-3.6.9-151.el6.i686.rpm
```

```
warning: samba-3.6.9-151.el6.i686.rpm: Header V3 RSA/SHA256 Signature, key
ID fd431d51: NOKEY
Preparing...          ################################### [100%]
  1:samba              ################################### [100%]
```

13.3 文件组成

使用 rpm 命令安装好 samba 软件包之后，与 Samba 服务器相关的主要目录和文件如表 13.3 所示。

表 13.3 Samba服务中文件

目　　录	文　件　名	文件类型	功　能　说　明
/etc/logrotate.d/	samba	配置文件	日志转储功能
/etc/pam.d/	samba	配置文件	PAM 认证文件
/etc/rc.d/init.d/	nmb	脚本文件	控制 Samba 服务的 nmbd 进程
	smb	脚本文件	控制 Samba 服务的 smbd 进程
/etc/samba	smbusers	配置文件	用户名称映射文件
	smb.conf	配置文件	Samba 服务的主配置文件
/usr/bin/	eventlogadm	可执行文件	存储 Samba 事件日志记录
	mksmbpasswd.sh	脚本文件	使用该脚本成批添加 Samba 账户
	smbstatus	可执行文件	报告当前 Samba 连接情况
	findsmb	可执行文件	列出 SMB 名称查询上机的信息
	nmblookup	可执行文件	通过 TCP/IP 客户端查找 NetBIOS 名称
	rpcclient	可执行文件	执行客户端的 MS-RPC 功能的工具
	sharesec	可执行文件	设置或获取 ACL 表
	smbcacls	可执行文件	在 NT 文件或目录名称中设置或获取 ACL
	smbclient	可执行文件	Samba 服务的客户端工具
	smbpasswd	可执行文件	改变 SMB 用户的密码
	testparm	可执行文件	检查 smb.conf 配置文件的内部正确性
	smbget	可执行文件	用于下载 Samba 服务器中的文件
	smbprint	可执行文件	打印 ASCII 文件
	smbspool	可执行文件	打印发送到 SMB 打印机上的文件

续表

目　　录	文　件　名	文 件 类 型	功　能　说　明
/usr/bin/	smbtar	可执行文件	直接备份 SMB 共享资源到 UNIX 磁带上
	smbtree	可执行文件	基于文本的 SMB 网络浏览器
/usr/sbin	nmbd	可执行文件	提供 IP 命名服务上的 NetBIOS 客户端
	smbd	可执行文件	提供 SMB/CIFS 服务

下面以图的形式列出 Samba 服务中文件的工作流程，如图 13.1 所示。

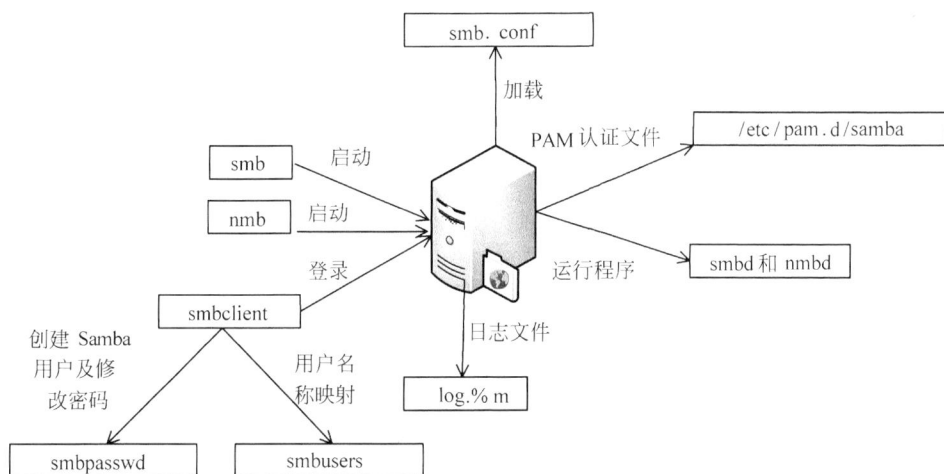

图 13.1　Samba 服务中文件工作流程

13.4　配置文件：/etc/samba/smb.conf

Samba 服务的配置文件位于 "/etc/samba" 目录，主配置文件为 smb.conf。在该文件中，注释行以 "#" 开始，配置样例行以 ";" 开始。样例行是对配置内容的举例，用户可以参考样例进行服务器设置。无论是注释行还是样例行，Samba 服务器都将予以忽略。本节将详细介绍配置文件中的配置项及其含义。

在 smb.conf 文件中默认包括以下 3 部分内容。

❑ [global]全局设置：这部分配置项的内容对整个 Samba 服务器有效。

❑ [homes]用户目录共享设置：设置对应 Samba 用户宿主目录的默认共享，即当用户访问服务器中与自己用户名同名的共享文件夹时，默认会映射到自己的宿主目录。

❑ [printers]打印机共享设置：如果需要共享打印机，则在这部分配置。

13.4.1　设置工作组名称：workgroup

workgroup 配置项用来设置服务器所在的工作组名称，如 WORKGROUP（Windows

主机默认的工作组名）。默认配置信息如下：

```
workgroup = MYGROUP
```

13.4.2　设置服务器的说明文字：server string

server string 配置项设服务器的说明文字，用于描述 Samba 服务器。用户可以设置任何字符串，也可以不填。默认配置信息如下：

```
server string = Samba Server Version %v
```

13.4.3　设置 NetBIOS 名称：netbios name

netbios name 配置项设置 Samba 服务器的 NetBIOS 名称。如果不填，则默认会使用该服务器的 DNS 名称的第一部分。建议 netbios name 和 workgroup 名字不要设置成相同的。默认配置信息如下：

```
netbios name = MYSERVER
```

13.4.4　设置 Samba 服务器监听哪些网卡：interfaces

interfaces 配置项设置 Samba 服务器监听哪些网卡，可以写网卡名，也可以写该网卡的 IP 地址。默认配置信息如下：

```
interfaces = lo eth0 192.168.12.2/24 192.168.13.2/24
```

13.4.5　设置允许访问共享的客户机地址：hosts allow

hosts allow 表示允许连接到 Samba 服务器的客户端，多个参数之间以空格隔开。可以用一个 IP 表示，也可以用一个网段表示。与 hosts allow 作用相反的配置项是 hosts deny，它们的配置方法相同。默认配置信息如下：

```
hosts allow = 127. 192.168.12. 192.168.13.
```

13.4.6　设置 Samba 服务的日志文件：log file

log file 配置项用来设置 Samba 服务器的日志文件。默认设置为 “/var/log/samba/log.%m”，表示日志文件保存到 “/var/log/samba” 目录中，“%m” 变量表示客户端主机名或 IP 地址（即以每个客户机的地址建立一个日志文件）。默认配置信息如下：

```
log file = /var/log/samba/log.%m
```

13.4.7　设置日志文件的最大容量：max log size

max log size 配置项设置日志文件的最大容量，默认为 50，单位为 KB。0 代表不限制。

默认配置信息如下：

```
max log size = 50
```

13.4.8　设置连接 Samba 服务的最大连接数目：max connection

max connection 配置项用来指定连接 Samba 服务器的最大连接数目。如果超出连接数目，则新的连接请求将被拒绝。0 表示不限制。配置信息如下：

```
max connection=0
```

13.4.9　设置切断连接的时间：deadtime

deadtime 配置项用来设置断掉一个没有打开任何文件的连接的时间。单位是分钟，0 表示 Samba 服务器不自动切断任何连接。配置信息如下：

```
deadtime=0
```

13.4.10　设置让 nmdb 成为 windows 客户端的时间服务器：time server

time server 配置项用来设置让 nmdb 成为 windows 客户端的时间服务器。该配置项可以设置的值为 yes 或 no。配置信息如下：

```
time server=no
```

13.4.11　设置服务器的安全级别：security

security 配置项用来设置服务器的安全级别，一共有 4 种安全级别。
- ❑　share：可匿名访问。
- ❑　user：需有本地服务器验证用户名及密码。
- ❑　server：由另一台服务器验证用户名及密码。
- ❑　domain：由 Windows 域控制器验证用户名及密码。

默认的安全级别为 user，配置信息如下：

```
security = user
```

13.4.12　用户后台：passdb backend

passdb backend 配置项有 3 种后台，分别为 smbpasswd、tdbsam、dapsam。下面分别介绍这 3 种后台的作用。
- ❑　smbpasswd：该方式是使用 SMB 工具 smbpasswd 给系统用户（真实用户或者虚拟用户）设置一个 Samba 密码，客户端就用此密码访问 Samba 资源。smbpasswd 在 /etc/samba 中，有时需要手工创建该文件。
- ❑　tdbsam：使用一个数据库文件创建用户数据库。数据库文件叫 passdb.tdb，保存在

/etc/samba 中。使用 smbpasswd -a 命令创建的 Samba 用户信息保存在 passdb.tdb 文件中。要创建的 Samba 用户必须先是系统用户，也可使用 pdbedit 创建 Samba 账户。pdbedit 命令在本章后面的内容做详细介绍。

❑ ldapsam：基于 LDAP 账户管理方式验证用户。首先要建立 LDAP 服务，设置"passdb backend=ldapsam:ldap://LDAP Server"。

该配置项的默认设置如下：

```
passdb backend = tdbsam
```

13.4.13　设置是否将认证密码加密：encrypt passwords

encrypt passwords 配置项设置是否将认证密码加密。因为现在 Windows 操作系统都是使用加密密码，所以一般要开启此选项。配置信息如下：

```
encrypt passwords=yes
```

13.4.14　设置 Samba 用户的密码文件：smb passwd file

smb passwd file 配置项用来定义 Samba 用户的密码文件。如果没有 smbpasswd 文件，就需要手工创建。配置信息如下：

```
smb passwd file = /etc/samba/smbpasswd
```

13.4.15　设置用户名映射：username map

username map 配置项用来定义用户名映射。例如，将 root 映射成 administrator、admin 等。但是，需要先在 smbusers 文件中定义好，如 root = administrator admin。这样就可以用 administrator 或 admin 这两个用户来代替 root 登录 Samba 服务器，更贴近 Windows 用户的习惯。配置信息如下：

```
username map = /etc/samba/smbusers
```

13.4.16　设置 guest 用户名：guest account

guest account 配置项用来设置 guest 用户名。配置信息如下：

```
guest account = nobody
```

13.4.17　设置服务器和客户端之间会话的 Socket 选项：socket options

socket options 配置项用来设置服务器和客户端之间会话的 Socket 选项，可以优化传输速度。配置信息如下：

```
socket options =TCP_NODELAY SO_RCVBUF=8192 SO_SNDBUF=8192
```

13.4.18　设置 Samba 服务器是否要成为网域主服务器：domain master

domain master 配置项用来设置 Samba 服务器是否要成为网预主浏览器,网域主浏览器可以管理跨子网域的浏览服务。配置信息如下:

```
domain master = yes
```

13.4.19　设置 Samba 服务器是否试图成为本地网域主浏览器：local master

local master 配置项用来指定 Samba 服务器是否试图成为本地网域主浏览器。如果设为 no，则永远不会成为本地网域主浏览器。但是即使设置为 yes，也不等于该 Samba 服务器就能成为主浏览器，还需要进行选择。配置信息如下:

```
local master = yes
```

13.4.20　设置Samba服务器开机就强迫进行主浏览器选项：preferred master

preferred master 配置项用来设置 Samba 服务器一开机就强迫进行主浏览器选择，可以提高 Samba 服务器成为本地网域主浏览器的机会。如果该参数指定为 yes 时,最好把 domain master 也指定为 yes。使用该参数时要注意：如果在本 Samba 服务器所在的子网有其他的机器也指定为首要主浏览器时，那么这些机器将会因为争夺主浏览器而在网络上广播，影响网络性能。配置信息如下:

```
preferred master = yes
```

13.4.21　设置新的共享文件夹：[myshare]

若需要在 smb.conf 文件中设置新的共享文件夹,只需要增加一段如[myshare]开始的共享设置即可。其中，myshare 为用户自定义的共享名。设置新的共享时，可以参考默认的[homes]和[printers]部分配置项，具体的配置过程可参考 13.6.1 和 13.6.2 节。配置信息如下:

```
[myshare]
```

13.4.22　设置对应共享目录的注释、说明信息：comment

comment 设置对应共享目录的注释、说明信息。可以自己随便设置，配置信息如下:

```
comment = All Printers
```

13.4.23　设置对应共享目录在服务器中的文件位置：path

path 配置项用来指定共享目录的路径。可以用%u、%m 这样的宏来代替路径里的 UNIX 用户和客户机的 NetBIOS 名，用宏表示主要用户[homes]共享域。配置信息如下:

```
path = /var/spool/samba
```

13.4.24　设置该共享目录在"网上邻居"中是否可见：browseable

browseable 配置项设置该共享目录在"网上邻居"中是否可见，设置为 no 时相当于隐藏共享目录。配置信息如下：

```
browseable = yes
```

13.4.25　设置是否允许 guest 账户访问共享目录：public

public 用来指定该共享资源是否允许 guest 账户访问。配置信息如下：

```
public=yes
```

13.4.26　设置是否所有人都可以访问共享目录：guest ok

guest ok 配置项设置是否所有人都可以访问共享目录，与 public 配置项作用相同。配置信息如下：

```
guest ok = no
```

13.4.27　设置用户对共享目录的访问是否为只读：read only

read only 配置项控制用户对共享目录的访问是否为只读。如果该选项设置为 yes，则用户无法对该目录进行写入。配置信息如下：

```
read only = yes
```

13.4.28　设置该共享目录是否可写：writable

writable 配置项设置该共享目录是否可写，与 readonly 的作用相同。配置信息如下：

```
writable = no
```

13.4.29　设置共享资源是否可用：available

available 配置项用来指定 Samba 服务中的共享资源是否可用。该配置项可设置的值为 yes 或 no。配置信息如下：

```
available=yes
```

13.4.30　设置共享的管理员：admin users

admin users 配置项用来指定该共享的管理员（对该共享具有完全控制权限）。在 Samba

3.0 中，如果用户验证方式设置成 security=share 时，此项无效。如果指定多个用户时，中间用逗号隔开。配置信息如下：

```
admin users =bobyuan,jane
```

13.4.31　设置允许访问该共享的用户：valid users

valid users 配置项用来设置允许访问 Samba 服务中共享资源的用户。多个用户或者组中间用逗号隔开，如果要加入一个组就用"@+组"表示。配置信息如下：

```
valid users = bobyuan,@bob,@tech
```

13.4.32　禁止访问该共享资源的用户：invalid users

invalid users 配置项用来指定不允许访问共享资源的用户。多个用户或者组中间用逗号隔开。配置信息如下：

```
invalid users = root,@bob
```

13.4.33　允许写入该共享的用户：write list

write list 配置项用来指定可以在共享资源下写入文件的用户。配置信息如下：

```
write list = bobyuan,@bob
```

13.5　可执行文件

Samba 服务搭建成功后，有大量的命令来控制该服务。本节将介绍 Samba 服务中命令的语法格式和使用方法。

13.5.1　存储 Samba 事件日志记录：/usr/bin/eventlogadm

eventlogadm 是一个过滤器，接受格式化的事件日志记录，并将其写入 Samba 事件日志存储。eventlogadm 命令的语法格式：

```
eventlogadm [选项]
```

常用选项含义如下。

- -s 文件：指定 eventlogadm 加载的配置文件名，而不是使用默认的 Samba 配置文件。
- -d：显示调试信息。
- -o addsource：创建一个新的事件日志源。
- -o write：从标准输入读取事件日志记录。
- -o dump：读取事件日志记录从 EVENTLOG 库并且转储它们标准输出。

❑ -h：显示帮助信息。

13.5.2　成批添加 Samba 账户：/usr/bin/mksmbpasswd.sh

mksmbpasswd.sh 是一个可执行的脚本文件。该脚本文件内容可以修改，先看下 mksmbpasswd.sh 脚本文件的内容。

```
[root@www ~]# cat /usr/bin/mksmbpasswd.sh
#!/bin/sh
awk 'BEGIN {FS=":"
    printf("#\n# SMB password file.\n#\n")
    }
{ printf( "%s:%s:XXXXXXXXXXXXXXXXXXXXXXXXXXXXXXXX:XXXXXXXXXXXXXXXXXXXXXXXX
XXXXXXXXXXX:[UD        ]:LCT-00000000:%s\n", $1, $3, $5) }
'
```

该脚本文件中的 X 的字符串表示用户的密码。如某个 Samba 用户的密码为 123456，加密后的字符串为“ 6CKD3ryICVnAS1VLy$MQyv0NQFyw2tFARi2pN5dwtp4FCTN-YMLLuG7ytN9Zu3rOu7aaE4ey W17NRjl.BefPpxmwTardjTjQFfJIpiwK.”。这时使用加密字符串将 X 替换掉，这样 smbpasswd 文件就不会出现密码问题了。另外[UD]这个里面的 D 代表 disable 表示用户是禁用的，用户也可以改成[U]。

该脚本文件修改后，就可以使用该脚本创建 Samba 账户文件了：

```
[root@www ~]# cat /etc/passwd | mksmbpasswd.sh > /etc/samba/smbpasswd
```

13.5.3　报告当前 Samba 连接情况：/usr/bin/smbstatus

smbstatus 是一个非常简单的程序，列出当前的 Samba 连接情况。smbstatus 的语法格式如下：

```
smbstatus [选项]
```

常用选项含义如下。

❑ -P|--profile：如果 samba 已编制与分析选项，只打印分析的内容共享内存区域。

❑ -b|--brief：简要输出

❑ -d|--debuglevel=级别：调试级别的范围是 0～10 的整数。如果没有指定该值，默认为 0。这个值越高，更多的细节将被记录到日志有关服务器活动的文件。在 0 级，只记录错误和严重警告信息。

❑ -V|--version：显示版本号。

❑ -s|--configfile：指定的文件包含服务器配置的详细信息。

❑ -l|--log-basename=logdirectory：日志/调试文件的基本目录名。

❑ -v|--verbose：输出详细信息。

❑ -L|--locks：只列出锁文件。

❑ -B|--byterange：列出 Samba 服务包括的字节范围锁。

❑ -p|--processes：显示 smbd 的进程。

❑ -S|--shares：只列出共享内容。

❑　-h|--help：显示帮助信息。

❑　-u|--user=用户名：列出用户相关信息。

【实例 **13-2**】查看当前服务器与哪些客户建立了连接并显示连接用户的信息。执行命令如下：

```
[root@www ~]# smbstatus -u
Ignoring unknown parameter "valid user"

Samba version 3.6.9-151.el6
PID     Username      Group          Machine
-------------------------------------------------------------------
15613    bob          bob            samba        (192.168.1.111)

Service       pid      machine        Connected at
-------------------------------------------------------------------
public        15613    samba          Wed Aug 14 17:36:18 2013

No locked files
```

从输出的结果中可以看到 192.168.1.111 主机使用 bob 用户与 Samba 服务器建立了连接。

13.5.4　列出 SMB 名称查询上机的信息：/usr/bin/findsmb

findsmb 是一个 perl 脚本，用来列出对应 SMB 名称查询的请求信息。findsmb 的语法格式如下：

```
findsmb [subnet broadcast address]
```

【实例 13-3】使用 findsmb 命令列出 SMB 名称查询的请求信息。执行命令如下：

```
[root@www ~]# findsmb

                        *=DMB
                        +=LMB
IP ADDR          NETBIOS NAME     WORKGROUP/OS/VERSION
-----------------------------------------------------------------------
192.168.1.1      WWW              +[MYGROUP] [Unix] [Samba 3.6.9-151.el6]
```

13.5.5　通过 TCP/IP 客户端查找 NetBIOS 名称：/usr/bin/nmblookup

nmblookup 命令通过 TCP/IP 的查询用于 NetBIOS 名称和它们映射到 IP 地址的网络。该选项允许 NetBIOS 查询，以指示特定的 IP 广播区域或到特定的主机。所有查询都是通过 UDP。nmblookup 命令的语法格式如下：

```
nmblookup [选项]
```

常用选项含义如下。

❑　-A：解释名称作为一个 IP 地址，并在此做一个节点的状态查询地址。

❑　-M：搜索一个主浏览器的 NetBIOS 名称。

❑　-R：设置所需的比特数据包中执行递归查找。

- ❑ -S：一旦名称查询返回一个 IP 地址，然后做一个节点的状态查询。
- ❑ -r：尝试绑定到 UDP 端口 137 发送和接收 UDP 数据包。
- ❑ -n|--netbiosname：允许覆盖 Samba 使用 NetBIOS 名称本身。
- ❑ -i|--scope：指定一个 NetBIOS 通信使用范围时产生 NetBIOS 名称。
- ❑ -W|--workgroup=域名：设置 SMB 域的用户名，这将覆盖在 smb.conf 中定义的域。如果指定的网域服务器的 NetBIOS 名称一样，则会导致客户端登录使用本地 SAM 服务器。
- ❑ -O|--socket-options：TCP 套接字选项设置 socket 的客户端。
- ❑ -h|--help：显示帮助信息。
- ❑ -B：查询发送到给定的广播地址。如果不使用该选项，nmblookup 默认发送查询到广播地址的网络接口。
- ❑ -U：做一个单播查询到指定的地址或主机单播地址。
- ❑ -d|--debuglevel=级别：设置调试级别，级别范围为 0～10 之间。默认值为 0。
- ❑ -V|--version：显示版本信息。
- ❑ -s|--configfile：指定的文件包含 Samba 服务器配置的详细信息。
- ❑ -l|--log-basename=logdirectory：日志/调试文件的基本目录名。
- ❑ -T：查找发现的任何 IP 地址。
- ❑ -f：显示适用于被查找的名称。
- ❑ name：这时被查询的 NetBIOS 名称。

【实例 13-4】解释主机 192.168.1.1 的 NetBIOS 名称信息。执行命令如下：

```
[root@www ~]# nmblookup -A 192.168.1.1
Looking up status of 192.168.1.1
    WWW             <00> -        B <ACTIVE>
    WWW             <03> -        B <ACTIVE>
    WWW             <20> -        B <ACTIVE>
    ..__MSBROWSE__. <01> - <GROUP> B <ACTIVE>
    MYGROUP         <1d> -        B <ACTIVE>
    MYGROUP         <1e> - <GROUP> B <ACTIVE>
    MYGROUP         <00> - <GROUP> B <ACTIVE>

    MAC Address = 00-00-00-00-00-00
```

13.5.6 执行客户端的 MS-RPC 功能的工具：/usr/bin/rpcclient

rpcclient 是最初 MS-RPC 功能开发测试 Samba 本身的一种实用工具。rpcclient 命令的语法格式：

```
rpcclient [选项]
```

常用选项含义如下。

- ❑ -c|--command：执行分号分隔命令。
- ❑ -I|--dest-ip：指定连接到服务器的 IP 地址。
- ❑ -p|--port：制作连接服务器使用的 TCP 端口号。默认是 139 端口号。
- ❑ -d|--debuglevel=级别：设置调试级别。调试级别范围为 0～10。

- ❑ -V|--version：显示版本信息。
- ❑ -s|--configfile：指定包含服务器详细配置的文件。
- ❑ -l|--log-basename：日志/调试文件的基本目录名。
- ❑ -N|--no-pass：不提示输入密码的信息。
- ❑ -k|--kerberos：使用 kerberos 进行身份验证。
- ❑ -C|--use-ccache：尝试使用 winbind 的缓存凭据。
- ❑ -A|--authentication-file=文件名：指定可以从中读取连接服务使用的用户名和密码文件。该文件的格式是用户名=<值>、密码=<值>、域=<值>。
- ❑ -U|--user=用户名：设置 SMB 用户名和密码。
- ❑ -n|--netbiosname：设置允许覆盖 Samba 使用的 NetBIOS 名称本身。
- ❑ -i|--scope：指定一个 NetBIOS 通信使用范围时产生 NetBIOS 名称。
- ❑ -w|--workgroup=域名：设置 SMB 域的用户名，这将覆盖在 smb.conf 中定义的域。如果指定的网域服务器的 NetBIOS 名称一样，则会导致客户端登录使用本地 SAM 服务器。
- ❑ -O|--socket-options：TCP 套接字选项设置 socket 的客户端。
- ❑ -h|--help：显示帮助信息。
- ❑ server：指定连接 NetBIOS 名称服务器。该服务器可以是任何 SMB/CIFS 服务器。

13.5.7　设置或获取 ACL 表：/usr/bin/smbcacls

smbcacls 程序操纵在 SMB 文件共享的访问控制列表（ACL）。smbcacls 命令的语法格式：

```
smbcacls [选项]
```

常用选项含义如下。
- ❑ -a|--add acls：添加指定的 ACL 的控制列表。
- ❑ -M|--modify acls：在命令行中指定修改 ACL 修改的掩码值。
- ❑ -D|--delete acls：删除指定的 ACL 控制列表。
- ❑ -S|--set acls：设置指定的 ACL 控制列表。
- ❑ -C|--chown name：更改一个文件或目录的所有者名称。
- ❑ -G|--chgrp name：更改文件或目录的组名称。
- ❑ -I|--inherit allow|remove|copy：设置或取消"允许可继承权限"复选框。
- ❑ --numeric：以数字格式显示所有 ACL 信息。默认设置转换的 SID 名称和 ACE 类型
- ❑ -t|--test-args：验证参数的正确性。
- ❑ -h|--help：显示帮助信息。
- ❑ -d|--debuglevel=级别：设置调试级别。调试级别范围为 0~10。
- ❑ -V|--version：显示版本信息。
- ❑ -s|--configfile：指定包含服务器详细配置的文件。
- ❑ -l|--log-basename=logdirectory：日志/调试文件的基本目录名。

- ❑ -N|--no-pass：不提示输入密码的信息。
- ❑ -k|--kerberos：使用 kerberos 进行身份验证。
- ❑ -C|--use-ccache：尝试使用 winbind 的缓存凭据。
- ❑ -A|--authentication-file=文件名：指定可以从中读取连接服务使用的用户名和密码文件。该文件的格式是：用户名=<值>、密码=<值>、域=<值>。
- ❑ -U|--user=用户名：设置 SMB 用户名或密码。

13.5.8 Samba 服务的客户端工具：/usr/bin/smbclient

smbclient 是 Samba 服务器的一个客户端工具，可以交互式的访问 Samba 服务器或者 Windows 文件服务器的共享资源。smbclient 命令的语法格式如下：

```
smbclient [选项]
```

常用选项含义如下。

- ❑ -B：指定发送广播数据包时 smbclient 使用的 IP 地址。
- ❑ -d：指定日志文件中所记录的事件的详细程度。
- ❑ -E：将信息送到标准错误输出设备。通常是显示终端。
- ❑ -h：显示帮助信息。
- ❑ -I：指定要连接的 Samba 服务器的 IP 地址。
- ❑ -l：指定使用的日志文件的存放目录。
- ❑ -L：使用此选项，可以显示 Samba 服务器所共享的所有资源列表。
- ❑ -M：使用此选项，可以使用 WinPopup 协议，向指定的主机发送信息。
- ❑ -n：使用此选项，可以指定客户端使用的 NetBIOS 名称。
- ❑ -N：提示用户输入密码。
- ❑ -O：指定客户端 TCP 套接口的连接选项。
- ❑ -p：指定 Samba 服务器的 TCP 端口。通常，默认的端口号是 TCP 端口 139。
- ❑ -R：指定将 NetBIOS 名称解析成对应的 IP 地址的顺序。
- ❑ -s：指定 smb.conf 的目录。
- ❑ -t：指定解析服务器端的文件名称的字符编码。
- ❑ -T：将服务器端共享的所有文件打包成 tar 格式。
- ❑ -U：指定要连接 Samba 服务器的用户名。
- ❑ -W：指定用户的 SMB 域。

【实例 13-5】使用 smbclient 命令连接服务器。执行命令如下：

```
[root@www ~]# smbclient //192.168.1.1/share -U bob #连接远程 samba 服务器
```

输出信息如下：

```
Enter bob's password:                           #此处输入的密码不回显
Domain=[MYGROUP] OS=[Unix] Server=[Samba 3.6.9-151.el6]
smb: \>
```

成功登录 Samba 服务器以后，会出现"smb:\>"的命令提示符，此时可以输入相应的命令进行查看目录，下载、上传文件等操作。

13.5.9　改变 SMB 用户的密码：/usr/bin/smbpasswd

smbpasswd 指令用来改变在 Samba 服务器上的 SMB 用户的密码。smbpasswd 指令同时具有添加 SMB 用户的功能。smbpasswd 命令的语法格式如下：

```
smbpasswd [选项] 用户名
```

常用选项含义如下。
- ❑ -a：添加 SMB 用户到 smbpasswd 文件中。使用此选项时，要求在/etc/passwd 中已经存在对应的系统用户，否则将导致失败。
- ❑ -c：指定 Samba 的配置文件 smb.conf 的路径。
- ❑ -d：暂停指定的用户。
- ❑ -D<调试等级>：指定调试等级，范围在 0～10 之间。如果没有指定调试等级时，默认使用 0。
- ❑ -e：重新激活暂停的用户。
- ❑ -h：显示帮助信息。
- ❑ -L：以本地模式运行。
- ❑ -n：当用户密码为空时使用。
- ❑ -r<远程主机名>：该选项用来指定想要修改 SMB 用户密码的主机。默认情况下，不使用该选项修改本地 SMB 用户密码。
- ❑ -U<用户名>：指定用户名。
- ❑ -x：将指定用户从 smbpasswd 文件中删除。

【实例 13-6】添加 Samba 用户。

（1）使用 useradd 创建一个系统用户为 zhangsan。执行命令如下：

```
[root@www ~]# useradd zhangsan                              #添加系统用户
```

（2）使用 smbpasswd 命令的-a 选项，添加 Samba 用户。执行命令如下：

```
[root@www ~]# smbpasswd -a zhangsan                         #添加 Samba 用户
```

输出信息如下：

```
New SMB password:                                           #此处输入的密码不回显
Retype new SMB password:                                    #此处输入的密码不回显
Added user zhangsan.
```

【实例 13-7】使用 smbpasswd 命令的默认功能改变 Samba 用户的密码。执行命令如下：

```
[root@www ~]# smbpasswd zhangsan            #改变 Samba 用户 zhangsan 的密码
```

输出信息如下：

```
New SMB password:                                           #此处输入的密码不回显
Retype new SMB password:                                    #此处输入的密码不回显
```

13.5.10　检查 smb.conf 配置文件的内部正确性：/usr/bin/testparm

testparm 是一个非常简单的测试程序，用于检查 smbd 配置文件的内部正确性。如果程序报告没有问题，则 smbd 将成功加载配置文件。如果 testparm 命令在 smb.conf 文件中找到一个错误，它将返回一个退出代码 1 到调用程序，否则它返回的退出代码为 0。下面介绍 testparm 命令的语法格式和使用方法。

testparm 命令的语法格式如下：

```
testparm [选项]
```

常用选项含义如下。
- -s：不使用这个选项，输入 testparm 命令后要求按下回车显示服务中定义的信息。
- -h|--help：显示帮助信息。
- -V|--version：显示版本信息。
- -v：指定此选项，testparm 命令将输出 smb.conf 中所有配置项。
- -t encoding：使用指定的编码输出数据。
- --parameter-name：转储命名参数。默认情况下，如果没有节名称设置，全局部分限制。
- --section-name：转储命名段。
- configfilename：这是检查配置文件的名称。如果此选项不存在，然后将检查默认的 smb.conf 文件。
- 主机名：指定要检查 smb.conf 文件的主机名。
- 主机 IP：指定检查 smb.conf 文件的 IP 地址。

【实例 13-8】使用 testparm 命令测试 smb.conf 文件是否正确。执行命令如下：

```
[root@www ~]# testparm
Load smb config files from /etc/samba/smb.conf
rlimit_max: increasing rlimit_max (1024) to minimum Windows limit (16384)
Processing section "[homes]"
Processing section "[printers]"
Processing section "[public]"
Unknown parameter encountered: "valid user"
Ignoring unknown parameter "valid user"
Loaded services file OK.
Server role: ROLE_STANDALONE
Press enter to see a dump of your service definitions
                                        #此处要求按下回车显示配置信息

[global]
    workgroup = MYGROUP
    server string = Samba Server Version %v
    log file = /var/log/samba/log.%m
    max log size = 50
    idmap config * : backend = tdb
    cups options = raw

[homes]
    comment = Home Directories
    read only = No
```

```
    browseable = No

[printers]
    comment = All Printers
    path = /var/spool/samba
    printable = Yes
    print ok = Yes
    browseable = No

[public]
    comment = Public Stuff
    path = /share
    read only = No
```

上面的输出结果中没有任何错误信息，所以没有发现有错误提醒。如果该文件存在错误时，将会有错误提醒。错误提醒信息如下：

```
[root@www ~]# testparm
Load smb config files from /etc/samba/smb.conf
rlimit_max: increasing rlimit_max (1024) to minimum Windows limit (16384)
Processing section "[homes]"
Processing section "[printers]"
Processing section "[public]"
Unknown parameter encountered: "vliid user"
Ignoring unknown parameter "vliid user"              #提示忽略未知参数
Loaded services file OK.
Server role: ROLE_STANDALONE
Press enter to see a dump of your service definitions
```

从输出的结果可以很清楚地发现 vliid user 参数出错了，所以使用 VI 编辑器查找 smb.conf 文件中出错的参数，然后修改正确就可以了。

13.5.11　用于下载 Samba 服务器中的文件：/usr/bin/smbget

smbget 是一个简单的工具，类似 wget 工具，即可以下载 Samba 服务器中的文件。smbget 命令的语法格式如下：

```
smbget [选项]
```

常用选项含义如下。

❑ -a,--guest：作为 guest 用户工作。

❑ -r,--resume：自动恢复终止文件。

❑ -R,--recursive：递归下载文件。

❑ -u,--username=STRING：指定用户名。

❑ -p,--password=STRING：指定使用的密码。

❑ -w,--workgroup=STRING：指定工作组。

❑ -n,--nonprompt：不访问任何信息。

❑ -d,--debuglevel=INT：使用调试级别。

❑ -D,--dots：显示进度点。

❑ -P,--keep-permissions：设置相同的权限在本地文件上。

❑ -o,outputfile：下载到指定的文件。

- -O,--stdout：下载的文件标准输出。
- -f,--rcfile：使用指定的 rcfile。
- -q,--quiet：安静模式。
- -v,--verbose：详细信息。
- -b,--blocksize：指定下载一个块中的字节数。默认为 64000。
- -?,--help：显示帮助信息。
- --usage：显示简要的用法消息。

13.5.12　打印发送到 SMB 打印机上的文件：/usr/bin/smbspool

smbspool 是一个很小的后台打印程序。该程序可以将打印的文件发送到 SMB 打印机上。smbspool 命令的语法格式如下：

```
smbspool {job} {user} {title} {copies} {options} [filename]
```

以上参数含义如下。
- job：指定作业号。
- user：指定打印用户名。
- title：指定打印主题。
- copies：指定文件打印份数。
- options：指定打印选择一个单一字符串。
- filename：指定打印的文件名称。

13.5.13　基于文本的 SMB 网络浏览器：/usr/bin/smbtree

smbtree 是一个 SMB 在文本模式下的浏览器程序，类似于 Windows 计算机上的“网上邻居”，但它以树状的形式打印所有域名。smbtree 命令的语法格式如下：

```
smbtree [选项]
```

常用选项含义如下。
- -b|--broadcast：通过广播查询网络结点，而不是发送请求查询本地主浏览器。
- -D|--domains：主浏览器只显示所有域名广播的列表。
- -S|--servers：主浏览器仅显示列表中所有的域和服务器响应广播。
- -d|--debuglevel=级别：指定调试等级，范围在 0～10 之间。如果没有指定调试等级时，默认使用 0。
- -V|--version：显示版本信息。
- -s|--configfile：指定包含服务器详细配置的文件。
- -l|--log-basename=logdirectory：日志/调试文件的基本目录名。
- -N|--no-pass：不提示输入密码的信息。
- -k|--kerberos：使用 kerberos 进行身份验证。
- -C|--use-ccache：尝试使用 winbind 的缓存凭据。

❑ -A|--authentication-file=文件名：指定可以从中读取连接服务使用的用户名和密码文件。该文件的格式是用户名=<值>、密码=<值>、域=<值>。

❑ -U|--user=用户名：设置 SMB 用户名或密码。

❑ -h|--help：显示帮助信息。

13.5.14　直接备份 SMB 共享资源到 UNIX 磁带上：/usr/bin/smbtar

smbtar 是个在 smbclient 基础上建立的非常小的 shell 脚本，用于把 SMB 共享资源直接写到磁带上。smbtar 命令的语法格式如下：

```
smbtar [选项]
```

常用选项含义如下。

❑ -a：DOS 归档复位模式来表示文件已被归档。

❑ -s server：指定提供共享资源的 Samba 服务器。

❑ -x service：指定要连接的共享资源。默认情况下就是备份。

❑ -X：排除模式，从建立或者恢复的备份项中排除文件名。

❑ -d directory：在恢复/备份文件前改变初始化目录 directory。

❑ -v：指定详细模式。

❑ -p password：指定要访问的共享资源的口令。默认是 none。

❑ -u user：指定连接时的用户账号。默认是 UNIX 登录账号。

❑ -t tape：指定所用的磁带设备。这里可能是正常的文件或磁带设备。默认是 TAPE 环境变量。如果不指定的话，以 tar.out 作为文件名。

❑ -b blocksize：指定块比例。默认是 20。

❑ -N filename：指定更新的文件。可以用在记录文件中以实现增量备份。

❑ -i：指定增量模式。

❑ -r：指定做恢复操作。

❑ -l log level：记录调试等级。与 smbclient 的-d 参数含义相当。

13.5.15　控制服务的运行：/etc/rc.d/init.d/smb 或 nmb

Samba 服务有两个服务程序，分别为 smb、nmb。这两个服务程序都可以使用 service 命令的 start、stop、restart 参数来启动、关闭、重启 Samba 服务。启动 Samba 服务的命令如下：

```
[root@www ~]# /etc/rc.d/init.d/smb start
启动 SMB 服务：                                        [确定]
[root@www ~]# /etc/rc.d/init.d/nmb start
启动 NMB 服务：                                        [确定]
```

或者

```
[root@www ~]# service smb restart
```

```
关闭 SMB 服务:                                          [确定]
启动 SMB 服务:                                          [确定]
[root@www ~]# service nmb restart
关闭 NMB 服务:                                          [确定]
启动 NMB 服务:                                          [确定]
```

13.6　其他配置文件

除了前面介绍的 Samba 主配置文件外，还有几个重要的配置文件需要了解。本节将介绍其他几个文件的作用及内容。

13.6.1　日志文件：/var/log/samba/ log.%m

Samba 服务中的日志信息默认被保存在/var/log/samba 目录中。Samba 服务配置日志文件的配置项在前面已经详细介绍了，这里不再介绍。下面看部分日志信息：

```
[2013/08/15  16:58:00.293873,    0]  smbd/service.c:1055(make_connection_
snum)
  canonicalize_connect_path failed for service share, path /shre
[2013/08/15  16:58:00.294986,    0]  smbd/service.c:1055(make_connection_
snum)
  canonicalize_connect_path failed for service share, path /shre
```

这部分日志中显示了启动服务失败的日志，该信息中有明显的提示。如"failed for service share, path /shre"，可知配置文件中共享资源的路径写错了，根据错误提示进行修改即可。

13.6.2　用户名称映射文件：/etc/samba/smbusers

smbusers 文件用来设置兼容 Windows 客户机的用户名映射。该文件默认添加了个用户，内容如下：

```
[root@www ~]# cat /etc/samba/smbusers
# Unix_name = SMB_name1 SMB_name2 ...
root = administrator admin
nobody = guest pcguest smbguest
```

这两条信息表示当客户端主机以 administrator 用户名访问共享时，Samba 服务器将其映射为 root 用户。同样地，guest 用户名映射为 nobody。当然，若要正常使用，还需要添加并启用对应的 Samba 用户。

13.6.3　PAM 认证文件：/etc/pam.d/samba

/etc/pam.d/samba 配置文件保存了 Samba 服务器的 PAM 认证信息。PAM 配置文件主要用于对程序提供用户认证控制。一般情况下，该文件不需要修改。

13.7　实　例　应　用

前面详细介绍了 Samba 服务下的文件及各文件的作用等信息,为了对 Samba 服务器的
配置文件中的配置项有深刻的了解,下面演示几个实例的配置。本节将介绍匿名访问、通
过验证访问 Samba 服务器及使用 SWAT 管理的配置。

13.7.1　匿名 Samba 服务器

如果 Samba 服务器中的文件不需要用户登录就能访问,则可在全局设置中将 security
设置为 share。下面以一个企业应用实例介绍配置匿名 Samba 服务器的方法,先来介绍实
例的环境。

企业计划架设一台 Samba 服务器,用来向局域网内各客户机提供软件共享服务。常用
软件的安装包都存放在服务器的/share 目录中,要求用户只能从该目录中读取文件,而不
能修改目录中的文件。另外,各客户端还可以利用 Samba 服务器进行临时文件交换,即任
何用户有权限将文件写到服务器的某一个目录(假设为 tmp)中。

【实例 13-9】根据以上要求,配置匿名 Samba 服务器。具体操作步骤如下。

(1)使用以下命令创建/share 目录,若该目录已存在,则不需要另外创建。

```
[root@www ~]# mkdir /share
```

(2)检查/share 目录的权限属性,因为所有用户都要有读权限,因此,该目录的权限
应该为 755(或 555),或直接使用以下命令将其设置为 755。

```
[root@www ~]# chmod 755 /share/
```

(3)将企业内常用到的软件复制到/share 目录中。
(4)使用以下命令创建临时的文件交换目录。

```
[root@www ~]# mkdir /home/tmp
```

(5)由于匿名用户也能在/home/tmp 目录中写入数据,需要将该目录的属性修改为
nobody(Samba 中使用匿名登录,默认的用户名为 nobody)。

```
[root@www ~]# chown nobody:nobody /home/tmp
```

(6)修改/etc/samba/smb.conf 文件,输入以下内容(不含前面的编号):

```
1   #========== Global Settings ====================
2   [global]
3     workgroup = WORKGROUP
4     server string = Samba Server Version %v
5     security = share
6     log file = /var/log/samba/log.%m
7     max log size = 50
8
9   #=============== Share Definitions =============
10  [share]
11    comment = share file
```

```
12    path = /share
13    public = yes
14    writable = no
15
16  [tmp]
17    comment = temp docs
18    path = /home/tmp
19    public = yes
20    writable = yes
```

在以上配置选项中，各行的含义如下：

❑ 第 2~7 行定义全局选项。

❑ 第 3 行定义工作组名称，要与 Windows 的工作组名称相同，在 Windows 的网络中才能看到该服务器。第 4 行设置描述字符串。第 5 行设置为匿名共享模式。第 6、7 行设置日志文件参数。

❑ 第 10~14 行设置一个共享目录 share（节的名称为 share，在其他计算机中将看到该名称）。第 12 行设置共享目录的实际位置。第 13 行设置允许匿名访问该目录，第 14 行设置不允许写（该目录为只读）。

❑ 第 16~20 行设置一个共享目录 tmp。第 17 行设置临时的文件交换目录，第 19 行允许匿名访问，第 20 行设置允许写。

（7）保存以上配置文件。重新启动 Samba 服务。

（8）使用 Windows 客户端测试是否达到实验需求。首先在 Windows 中打开"网络"，在地址栏中输入服务器的地址或服务器的主机名"\\192.168.1.1"如图 13.2 所示。

图 13.2　网络

（9）输入地址后，按下回车可以看到服务器中有共享目录 share 和 tmp，如图 13.3 所示。

图 13.3　Samba 服务器中的共享资源

（10）双击打开 share 目录，可看到其中有一些文件，如图 13.4 所示。

图 13.4　share 目录中的资源

（11）选中一个文件进行删除操作，将显示如图 13.5 的错误提示，即无法删除该目录中的文件。在该目录中也无法创建文件，测试过程就不列出来了。

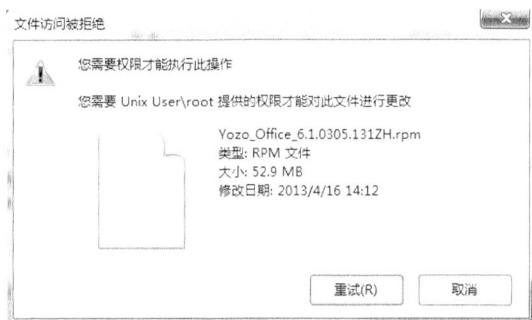

图 13.5　删除错误提示

（12）按类似的方法，打开 tmp 目录，试着在该目录中创建目录和文件，能成功创建（即匿名用户对该目录有写权限），如图 13.6 所示。

图 13.6　新建文件

13.7.2　需要登录 Samba 服务器

本节介绍一个使用用户登录 Samba 服务器的实例。实例环境如下：

假设某公司有多个部门，这些部门需要通过一台集中的文件共享服务器进行文件共享。具体需要如下。

- ❑ 公司的所有员工都可以在公司内流动办公（也就是办公用的计算机不固定），但不管在哪台计算机上工作，都要把自己的文件和数据保存到 Samba 服务器上。
- ❑ 市场部、人力资源部都有自己独立的目录，同一部门的员工共同拥有一个共享目录。
- ❑ 其他部门的员工都只能访问在 Samba 服务器上自己的个人主目录。
- ❑ 只允许网段 192.168.1.0/24 的计算机使用共享打印机。

【实例 13-10】为了满足上述的文件共享需求。配置 Samba 服务器的具体步骤如下。

（1）创建两个用户组，分别代表市场部和人力资源部。执行命令如下：

```
[root@www ~]# groupadd sh                    //市场部对应的用户组
[root@www ~]# groupadd rl                    //人力资源部对应的用户组
```

（2）创建用户并加入到相应的组中。执行命令如下：

```
[root@www ~]#useradd -g sh -s /sbin/nologin sh //创建市场部员工的用户账号，在
此仅创建一个用户作为示例
[root@www ~]#useradd -g rl -s /sbin/nologin rl //创建人力资源部员工的用户账
号，在此仅创建一个用户作为示例
```

（3）创建对应的 Samba 用户账号，执行命令如下：

```
[root@www ~]# smbpasswd -a sh                //创建 sh 用户
New SMB password:
Retype new SMB password:
Added user sh.
[root@www ~]# smbpasswd -a rl                //创建 rl 用户
New SMB password:
Retype new SMB password:
Added user rl.
```

（4）创建共享目录如下：

```
[root@www ~]# mkdir -p /soft/sh              //创建市场部员工的共享目录
[root@www ~]# chgrp sh /soft/sh/
[root@www ~]# chmod 770 /soft/sh/
[root@www ~]# chmod g+s /soft/sh/
[root@www ~]# mkdir /soft/rl                 //创建人力资源部员工的共享目录
[root@www ~]# chgrp rl /soft/rl
[root@www ~]# chmod 770 /soft/rl
[root@www ~]# chmod g+s /soft/rl
```

（5）修改 smb.conf 配置文件，修改后的内容如下所示（不含前面的编号）：

```
1   #=========== Global Settings ==================
2   [global]
3     workgroup = WORKGROUP
4     server string = Samba Server
```

```
5     security = user
6     log file = /var/log/samba/%m.log
7     max log size = 50
8
9     #=============== Share Definitions ===============
10    [home]
11      comment = Home Directories
12      browseable = no
13      writable = yes
14      valid users = %S
15      create mode = 0600
16      directory mode = 0700
17    [printers]
18       comment = Share Printers
19       path = /var/spool/samba
20       hosts deny = ALL EXCEPT 192.168.1.
21       browseable = no
22       public = yes
23       printable = yes
24    [sh]
24      path = /soft/sh
26      comment = sh's groups share directory
27      valid users = @sh
28      write list = @sh
29      create mask = 0770
30      directory mask = 0770
31    [rl]
32      comment = rl's groups share directory
33      path = /soft/rl
34      valid users = @rl
35      write list = @rl
36      create mask = 0770
37      directory mask = 0770
```

这个配置文件的内容要长一些，大部分都是相同的。

❑ 第 1～8 行全局设置与上例相同。

❑ 第 10～16 行设置用户的个人主目录。

❑ 第 17～23 行设置打印机共享。第 20 行设置只允许 192.168.1.0/24 网段的计算机访问。

❑ 第 24～30 行设置市场部员工的共享目录。其中第 27 行定义有访问权限的是 sh 用户组，第 28 行定义有写权限的是 sh 用户组，第 29 行设置建立的文件权限为 770，第 30 行设置建立的目录权限为 770。

❑ 第 31～37 行设置人力资源部员工的共享目录。各选项参数与 sh 目录类似。

（6）重新启动 Samba 服务器。

13.7.3　配置 SWAT 服务

在使用 SWAT 管理 Samba 服务器，首先必须将 samba4-swat 软件包安装到系统中，然后进行配置就可使用了。

SWAT 服务是通过 xinetd 系统守护进程启动的。其配置文件位于/etc/xinetd.d/目录下，使用以下命令打开配置文件。

```
[root@www ~]# vi /etc/xinetd.d/swat
```

默认状态下，是禁止使用 SWAT 服务的，将配置文件中的 disable=yes 修改为 disable=no。另外，为了局域网内其他计算机的浏览器也可查看、修改 smb.conf，在配置文件中增加了行：

```
only_from = 192.168.1.0
```

这样，凡是在 192.168.1.0 网段的计算机都可通过浏览器使用 SWAT 进行 Samba 的配置了。默认情况下只能从服务器本机（127.0.0.1）进行操作。该文件配置后的信息如图 13.7 所示。

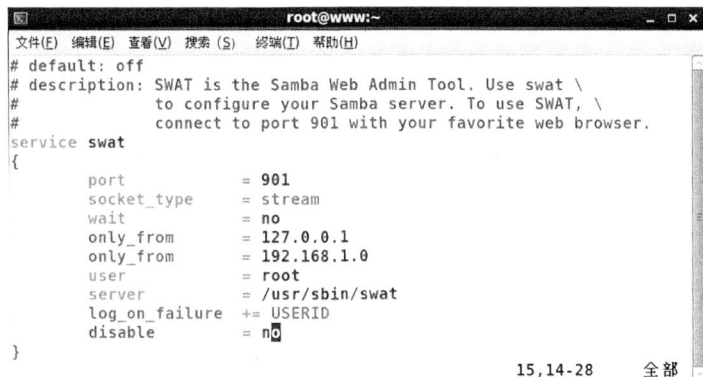

图 13.7　修改 SWAT 配置文件

将配置文件修改完成后，使用以下命令重启系统守护进程，即可启动 SWAT 服务。

```
[root@www ~]# service xinetd restart
停止 xinetd:                                              [确定]
正在启动 xinetd:                                          [确定]
```

SWAT 服务启动后，就可以在内网同一网段的任意一台计算机，通过浏览器进行 Samba 的配置了。

【实例 13-11】演示通过 SWAT 配置 Samba 服务的访问。具体操作步骤如下。

（1）在浏览器中输入地址：http://192.168.1.1:901，将首先打开如图 13.8 所示的登录窗口。

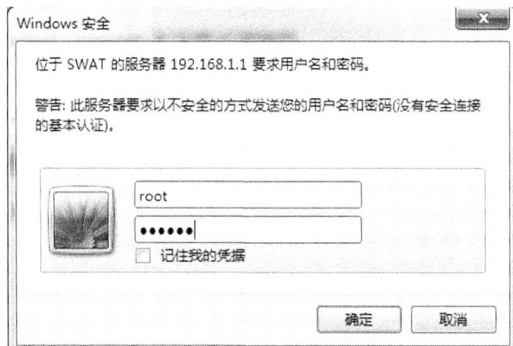

图 13.8　登录服务器

（2）输入管理员 root 和密码，单击"确定"按钮即可打开网页，如图 13.9 所示。

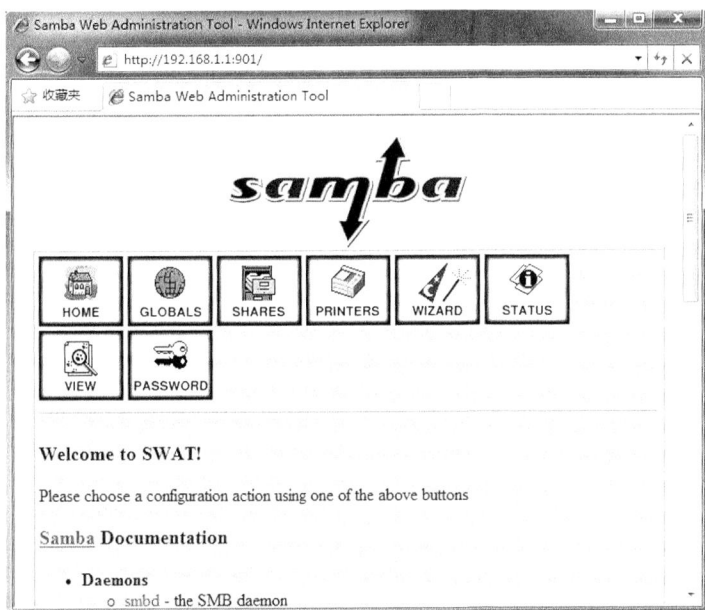

图 13.9　Samba We 管理页面

（3）在网页上部是一排按钮，可分别设置 Samba 服务器的不同选项。单击 GLOBALS
按钮可设置全局选项，网页变为如图 13.10 所示的内容。从图中可看到，全局可用选项在
这里以表单形式显示，在对应选项中输入值以后，单击表单上方的 Commit Changes 按钮即
可将设置的值保存到 smb.conf 文件中。

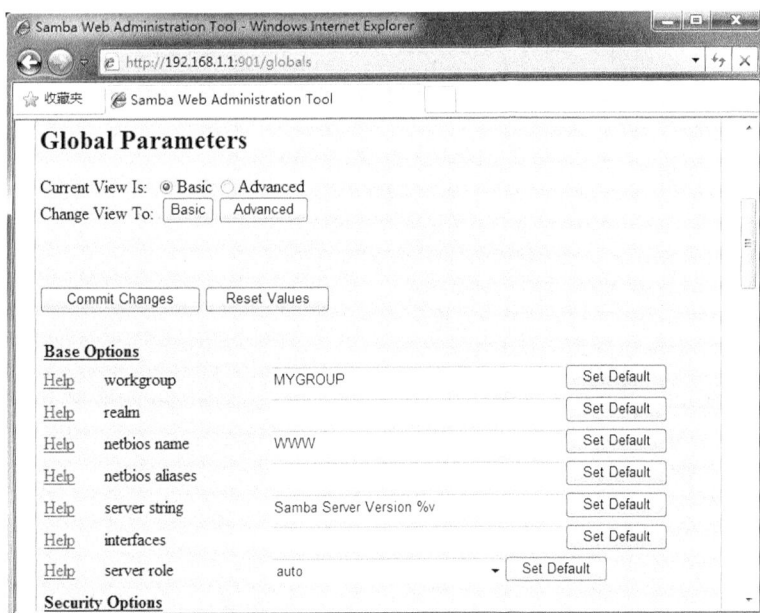

图 13.10　设置全局选项

（4）单击图 13.9 中的 PASSWORD 按钮，可打开如图 13.11 所示的界面。这里可设置
Samba 用户和密码，代替了命令方式的 smbpasswd 命令的功能。

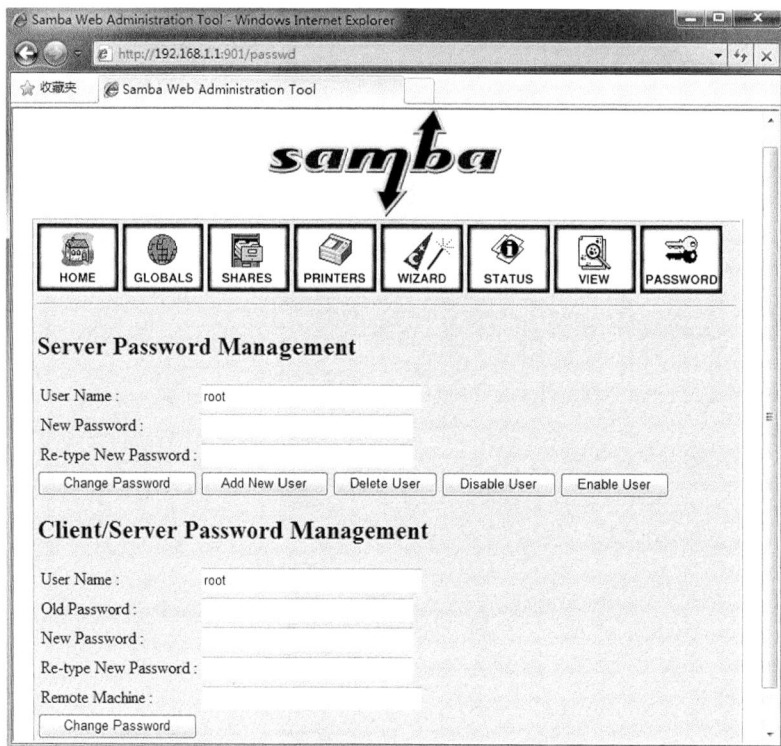

图 13.11　设置密码

使用 SWAT 网页形式设置各选项的配置都比较简单，这里就不再逐一介绍了。如果读者对这种方式感兴趣，可以逐项查看。

💬注意：使用 SWAT 服务对 Samba 服务器进行配置，其本质仍然是修改 smb.conf 配置文件，只是操作界面更直观。

13.8　测　试　服　务

对服务的配置进行了解后，则应该学习测试该服务的配置情况。本节下面以第 13.6.2 节的配置为例，分别介绍在 Linux 和 Windows 客户端测试 Samba 服务器的方法。

13.8.1　Linux 客户端访问文件共享服务

在 Linux 客户机中，访问 Samba 共享目录与访问其他 Windows 主机提供的共享目录，使用的方法也是相同的。主要包括两种方式：使用 smbclient 工具登录到 Samba 服务器、使用 mount 命令将共享目录挂载到本地，下面分别介绍这两种方法的使用。

1. 使用smbclient工具登录到Samba服务器

smbclient 是 Samba 服务器的字符模式客户端工具，使用的形式与 ftp 命令非常类似。

可以登录到 Samba 服务器中，进行上传、下载等操作。关于 smbclient 的使用方法及相关选项在前面已经介绍过了，这里就不再赘述了。

使用带-L 选项的 smbclient 命令可以显示指定 Samba 服务器中的共享资源列表。未指定用户账号时将以匿名登录的方式（提示输入密码时直接回车即可）查询服务器资源。

【实例 13-12】查看 Samba 服务器 192.168.1.1 中的共享资源列表，查询结果如图 13.12 所示。

```
root@Server01:~
文件(F) 编辑(E) 查看(V) 搜索(S) 终端(T) 帮助(H)
[root@Server01 ~]# smbclient -L 192.168.1.1
Enter root's password:
Anonymous login successful
Domain=[MYGROUP] OS=[Unix] Server=[Samba 3.6.9-151.el6]

        Sharename       Type      Comment
        ---------       ----      -------
        sh              Disk      sh's groups share directory
        rl              Disk      rl's groups share directory
        IPC$            IPC       IPC Service (Samba Server Version 3.6.9-151.el6)
        192.168.0.3\Lenovo_M7400_Printer:4 Printer    \\192.168.0.3\Lenovo M7400 Print
er
        Snagit_11:1     Printer   Snagit 11
        Fax:3           Printer   Fax
        Microsoft_XPS_Document_Writer:2 Printer   Microsoft XPS Document Writer
Anonymous login successful
Domain=[MYGROUP] OS=[Unix] Server=[Samba 3.6.9-151.el6]

        Server               Comment
        ---------            -------
        WWW                  Samba Server Version 3.6.9-151.el6

        Workgroup            Master
        ---------            -------
        MYGROUP              WWW
        WORKGROUP            WIN-RKPKQFBLG6C
[root@Server01 ~]#
```

图 13.12　共享资源

访问共享资源时，添加“//192.168.1.1/sh”形式的参数指定 Samba 服务器的地址及共享目录名。如果访问的是带用户验证的共享目录，还需添加-U 选项指定使用的 Samba 用户账号，在登录过程中会提示用户输入口令。

【实例 13-13】使用 sh 用户登录访问 Samba 服务器中的共享目录，如图 13.13 所示。

```
root@Server01:~
文件(F) 编辑(E) 查看(V) 搜索(S) 终端(T) 帮助(H)
[root@Server01 ~]# smbclient -U sh //192.168.1.1/sh
Enter sh's password:
Domain=[MYGROUP] OS=[Unix] Server=[Samba 3.6.9-151.el6]
smb: \> ls
  .                                   D        0  Thu Aug 15 17:25:40 2013
  ..                                  D        0  Thu Aug 15 15:58:27 2013
  dir                                 D        0  Thu Aug 15 17:25:40 2013
  file                                D        0  Thu Aug 15 17:25:31 2013

                48281 blocks of size 2097152. 41019 blocks available
smb: \> mkdir aa
smb: \> ls
  .                                   D        0  Thu Aug 15 17:30:57 2013
  ..                                  D        0  Thu Aug 15 15:58:27 2013
  dir                                 D        0  Thu Aug 15 17:25:40 2013
  file                                D        0  Thu Aug 15 17:25:31 2013
  aa                                  D        0  Thu Aug 15 17:30:57 2013

                48281 blocks of size 2097152. 41019 blocks available
smb: \>
```

图 13.13　市场部门的共享资源

成功登录 Samba 服务器以后，会出现"smb:\>"的命令提示符，此时可以输入相应的命令进行查看目录、下载、上传文件等操作。在图 13.13 中，以 sh 用户登录到 Samba 服务器后，先查看了共享目录下的内容，然后使用 mkdir 内部命令创建了一个 aa 目录。再次执行 ls 命令，可以看到 aa 目录被成功创建。

2．使用mount命令将共享目录挂载到本地

利用 smbclient 客户端工具可以非常方便地登录到 Samba 服务器，但是只有将文件下载到本地以后才能查看文件内容。若使用 mount 命令将共享资源挂载到本地，则无须下载，从挂载点目录中即可直接查看共享的文件内容，使用更加便捷。

用 mount 命令挂载 Samba 服务器共享资源时，同样要使用"//192.168.1.1/sh"形式的参数指定 Samba 服务器的地址及共享目录名。如果访问的是带用户验证的共享目录，还需添加"-o username="选项指定使用的 Samba 用户账号，在登录过程中会提示用户输入口令。

【实例 13-14】将 Samba 服务器 192.168.1.1 中的共享目录 sh 挂载到本地的文件夹"/media/samba"中，以 sh 用户账号进行验证。具体步骤如下。

（1）创建/media/samba 目录作为挂载点。执行命令如下：

```
[root@Server01 ~]# mkdir -p /media/samba
```

（2）使用 mount 命令挂载共享目录。执行命令如下：

```
[root@Server01 ~]# mount -o username=sh //192.168.1.1/sh /media/samba/
Password:                        #输入用户 sh 的密码，此处密码不显示
```

（3）查看挂载的共享目录。

```
[root@Server01 ~]# mount | grep samba
//192.168.1.1/sh on /media/samba type cifs (rw)
```

（4）接下来就可以进入挂载点下查看及操作共享目录中的内容了。

```
[root@Server01 ~]# cd /media/samba/              #进入挂载点
[root@Server01 samba]# mkdir a                   #创建目录a
[root@Server01 samba]# ls                        #查看共享资源
a aa dir file
```

13.8.2　使用 Windows 客户端访问文件共享服务

在 Window 客户机中，访问 Samba 共享目录与访问其他 Window 主机提供的共享目录，使用的方法完全相同。可以输入 UNC 路径访问 Samba 服务器的共享目录，也可以通过网络浏览的方式找到 Samba 服务器，然后再访问共享。下面分别介绍这两种方法的使用。

1．使用UNC路径访问Samba服务器

【实例 13-15】演示实验 UNC 路径访问的方法测试第 13.6.2 节中的配置。具体操作步骤如下。

（1）选择开始菜单，单击"运行"按钮，弹出如图 13.14 所示对话框。

（2）在"打开(O):"地址栏中输入"\\www\"，然后单击"确定"按钮，将显示如图13.15 所示对话框。这里输入的地址中 www 表示 Samba 服务器的主机名，也可以使用 Samba 服务器的 IP 地址。

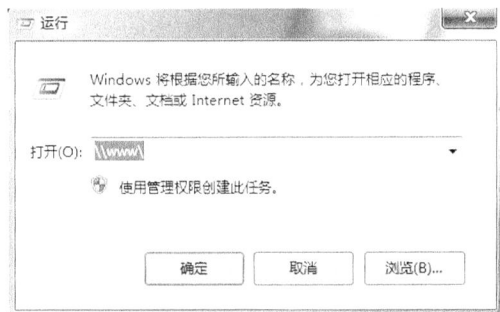

图 13.14　运行窗口

图 13.15　密码验证框

（3）在图 13.15 中输入允许访问 Samba 服务器中共享资源的用户名和密码。输入正确后，单击"确定"按钮，将显示如图 13.16 所示的窗口。

13.16　查看 rl 目录资源

（4）图 13.16 中显示了 Samba 服务器中的共享资源。在图 13.15 中输入登录服务器的用户为 rl，这时该用户可以正确地操作 rl 目录下的资源。但是该用户不能访问 sh 目录下的资源，这样就达到了实验的要求。对于如何访问及操作目录中的资源，这里就不再演示了。

2．使用网络访问Samba服务器

【实例 13-16】演示实验 UNC 路径访问的方法测试第 13.6.2 节中的配置。具体操作步骤如下。

（1）双击 Windows 7 桌面的"网络"图标，将打开如图 13.17 所示的界面。

（2）在其中可以看到名为 WIN-RKPKQFBLG6C 和 WWW 两台计算机。其中，WIN-RKPKQFBLG6C 表示本机，WWW 表示 Samba 服务器。这时双击 WWW 计算机，将显示如图 13.18 所示的界面。

图 13.17　网络　　　　　　　　　图 13.18　用户名和密码对话框

（3）在图 13.18 中输入允许访问 Samba 服务器的用户名和密码，然后单击"确定"按钮，将显示如图 13.16 所示的窗口。

（4）在图 13.16 中双击 sh 目录，可以打开如图 13.19 所示的界面。如果双击 rl 目录，将被拒绝访问。

图 13.19　查看 sh 目录资源

第 14 章　NFS 服务

NFS 是网络文件系统（Network File System）的简称，是一种用于在计算机间共享文件的系统。通过 NFS 可以让远程主机的文件系统看起来就像是在本地一样。这个由 Sun 公司与 1985 年推出的协议产品如今已被广泛采用，几乎所有的 Linux 发行版都支持 NFS。本章将介绍在 Linux 中安装、配置 NFS 服务及该服务中各文件的作用等。

14.1　基 本 信 息

在搭建 NFS 服务之前，需要先了解搭建该服务的网络环境及基本配置信息。下面将介绍 NFS 服务的基本知识，包括网卡配置、软件包、进程、端口等内容。

14.1.1　网卡配置文件：/etc/sysconfig/network-scripts/ifcfg-XXX

在安装一台 NFS 服务器的计算机上，需要有一个固定的 IP 地址。下面设置当前主机 NFS 服务器的 IP 地址为 192.168.1.1。

```
[root@localhost ~]# cat /etc/sysconfig/network-scripts/ifcfg-eth0
HWADDR=00:0C:29:88:77:96
IPADDR=192.168.1.1
NETMASK=255.255.255.0
GATEWAY=192.168.1.1
```

14.1.2　软件包：nfs

安装 NFS 服务器的软件包是 nfs 软件包。大部分 Linux 的发行版本中都提供了 nfs 软件包。下面以表格的形式列出了 Red Hat Linux 中 NFS 服务的 nfs 软件包位置及源码包下载地址，如表 14.1 所示。

表 14.1　软件包位置

软件包类型	位　　　　置
RHEL 6 RPM 包	光盘：/Packages
RHEL 5 RPM 包	光盘：/Server
源码包	http://sourceforge.net/projects/nfs/

本章讲解安装 NFS 的方法适合 RHEL 5.X～6.4 的所有版本。不同版本的软件包名如表 14.2 所示。

表 14.2 不同发行版本的软件包

RHEL 6.4	nfs-utils-1.2.3-36.el6.i686.rpm
RHEL 6.3	nfs-utils-1.2.3-26.el6.i686.rpm
RHEL 6.2	nfs-utils-1.2.3-15.el6.i686.rpm
RHEL 6.1	nfs-utils-1.2.3-7.el6.i686.rpm
RHEL 6.0	nfs-utils-1.2.2-7.el6.i686.rpm
RHEL 5	nfs-utils-1.0.9-44.el5.i386.rpm

14.1.3 进程名

NFS 服务启动后，会启动很多个进程。这里要使用一个远程进程调用端口的查看命令，执行 rpcinfo -p 命令查看 NFS 相关的开放端口。输出结果如下：

```
[root@www ~]# rpcinfo -p
  program vers proto   port  service
   100000    4   tcp    111  portmapper          //rpcbind 守护进程
   100000    3   tcp    111  portmapper
   100000    2   tcp    111  portmapper
   100000    4   udp    111  portmapper
   100000    3   udp    111  portmapper
   100000    2   udp    111  portmapper
   100011    1   udp    875  rquotad
   100011    2   udp    875  rquotad
   100011    1   tcp    875  rquotad
   100011    2   tcp    875  rquotad
   100005    1   udp  35026  mountd              //NFS mountd 守护进程
   100005    1   tcp  55562  mountd
   100005    2   udp  35014  mountd
   100005    2   tcp  47059  mountd
   100005    3   udp  51848  mountd
   100005    3   tcp  44024  mountd
   100003    2   tcp   2049  nfs                 //NFS 守护进程
   100003    3   tcp   2049  nfs
   100003    4   tcp   2049  nfs
   100227    2   tcp   2049  nfs_acl
   100227    3   tcp   2049  nfs_acl
   100003    2   udp   2049  nfs
   100003    3   udp   2049  nfs
   100003    4   udp   2049  nfs
   100227    2   udp   2049  nfs_acl
   100227    3   udp   2049  nfs_acl
   100021    1   udp  44405  nlockmgr
   100021    3   udp  44405  nlockmgr
   100021    4   udp  44405  nlockmgr
   100021    1   tcp  41688  nlockmgr
   100021    3   tcp  41688  nlockmgr
   100021    4   tcp  41688  nlockmgr
```

从输出的结果可以看到显示了很多个进程。正常情况下，输出的结果中应该看到 Portmapper、nfs 和 mountd 这 3 个进程，否则表示注册有问题，用户应该检查相关服务的运行情况。

14.1.4　端口

NFS 服务启动后，其使用的监听端口是随机的。可以通过如下命令查看 NFS 到底使用了哪些服务端口：

```
[root@www ~]# netstat -ntlnp | grep -E "Proto|rpcbind|rpc"
Proto Recv-Q Send-Q Local Address  Foreign Address  State  PID/Program name
tcp   0    0 0.0.0.0:41609    0.0.0.0:*     LISTEN    22451/rpc.mountd
tcp   0    0 0.0.0.0:56971    0.0.0.0:*     LISTEN    22451/rpc.mountd
tcp   0    0 0.0.0.0:875     0.0.0.0:*     LISTEN    22447/rpc.rquotad
tcp   0    0 0.0.0.0:111     0.0.0.0:*     LISTEN    22366/rpcbind
tcp   0    0 0.0.0.0:32770    0.0.0.0:*     LISTEN    22451/rpc.mountd
tcp   0    0 :::43657      :::*       LISTEN    22451/rpc.mountd
tcp   0    0 :::111       :::*       LISTEN    22366/rpcbind
tcp   0    0 :::49410      :::*       LISTEN    22451/rpc.mountd
tcp   0    0 :::40582      :::*       LISTEN    22451/rpc.mountd
```

可以看到，NFS 服务使用的端口非常多，其原因在于 NFS 不使用固定端口。其中 111 端口是 rpcbind 服务的端口。

14.1.5　防火墙所开放的端口号：2049（RPC）和 111（rpcbind）

当 NFS 服务搭建成功后，需要使用客户端测试验证服务器是否正常。在实际使用情况下，防火墙必须处于开启状态，此时有可能不允许客户端访问。所以需要在防火墙中开放 NFS 服务的 2049 和 111 端口。这里的端口 2049 和 111 是固定的，而其他的端口则是是动态的。根据自己主机的监听情况，开放相应的端口。

```
[root@www ~]# iptables -I INPUT -p tcp --dport 2049 -j ACCEPT
[root@www ~]# iptables -I INPUT -p tcp --dport 111 -j ACCEPT
```

14.2　构建 NFS 服务

NFS 服务器主要涉及的软件包有 rpcbind 和 nfs-utils。Red Hat Enterprise 6.4 中，默认已经安装了这两个软件包。如果没有安装，用户可以通过 Red Hat Enterprise 6.4 的安装光盘进行安装。本节介绍 NFS 服务的运行机制和安装等内容。

14.2.1　运行机制

NFS 文件系统要提供服务单靠本身的 NFS 服务是不够的，还需要调用其他服务。这个其他服务就是 RPC（Remote Procedure Call，远程进程调用）服务和 rpcbind 服务。由于 NFS 服务本身不提供文件传输功能，如果要远程使用 NFS 文件系统就需要 RPC 服务的支持。而 rpcbind 服务用来为 RPC 服务进行动态端口分配和映射。正是因为 NFS 的运行必须要有 RPC 服务，所以一般把 NFS 服务看作 RPC 服务的一种，开启 NFS 服务其实就是在开启 RPC 服务。

下面分别介绍 NFS 协议具体过程、NFS 服务的工作方式和 NFS 服务的组件。

1．NFS协议具体过程

（1）访问一个本地文件还是一个 NFS 文件对于客户端来说是透明的，当文件被打开时，由内核决定文件是一个本地文件还是一个 NFS 文件。文件被打开之后，内核将本地文件的所有引用传递到"本地文件访问"中，而将一个 NFS 文件的所有引用传递到"NFS 客户端"中。

（2）NFS 客户端通过其 TCP/IP 模块向 NFS 服务器发送 RPC 请求。NFS 主要使用 UDP，最新的实现也可以使用 TCP。

（3）NFS 服务器在端口 2049 接收作为 UDP 数据包的客户端请求。尽管 NFS 可以被实现为使用端口映射器，允许服务器使用一个临时端口，但是大多数实现都是直接指定 UDP 端口 2049。

（4）当 NFS 服务器收到一个客户端请求时，它将这个请求传递给本地文件访问进程，然后访问服务器主机上的一个本地磁盘文件。

（5）NFS 服务器需要花一定的时间来处理一个客户端的请求，访问本地文件系统一般也需要一部分时间，而在这段时间间隔内，服务器不应该阻止来自其他客户端的请求。为了实现这一功能，大多数的 NFS 服务器都是多线程的，服务器的内核中实际上有多个 NFS 服务器在 NFS 本身的加锁管理程序中运行，具体实现依赖于不同的操作系统。既然大多数 UNIX 内核不是多线程的，一个共同的技术就是启动一个用户进程（常被称为 nfsd）的多个实例。这个实例执行一个系统调用，使其作为一个内核进程保留在操作系统的内核中。

（6）在客户端主机上，NFS 客户端需要花一定的时间处理一个用户进程的请求。NFS 客户端向服务器主机发出一个 RPC 调用，然后等待服务器的应答。为了给使用 NFS 的客户端主机上的用户进程提供更多的并发性，在客户端内核中一般运行着多个 NFS 客户端，同样具体实现也依赖于操作系统。

2．NFS服务的工作方式与其工作端口

NFS 是一个很复杂的组件，且支持的功能相当多，不同的功能需要启动不同的服务程序。每当启动一项功能就会启用一些端口来传输数据。因此，NFS 的功能所对应的端口才没有固定，而是采用动态端口的方式来工作。

采用上述工作方式，每项功能提供服务时都会随机取用一些未使用的小于 1024 的端口作为传输之用。如此一来将会对客户端造成很大困扰，客户端无法知道访问哪个端口才能获得 NFS 提供的服务。这时的解决办法是使用 RPC 服务。

RPC 最主要的功能就是记录每个 NFS 功能所对应的端口，它工作在固定端口 111，当客户端需求 NFS 服务时，就会访问服务器的 111 端口（RPC 服务），RPC 会将 NFS 工作端口返回给客户端，如图 14.1 所示。RPC 知道 NFS 各个功能的运行端口。在 NFS 服务器动的时候，会自动向 RPC 服务器注册，告诉 RPC 服务器自己各个功能使用的端口。

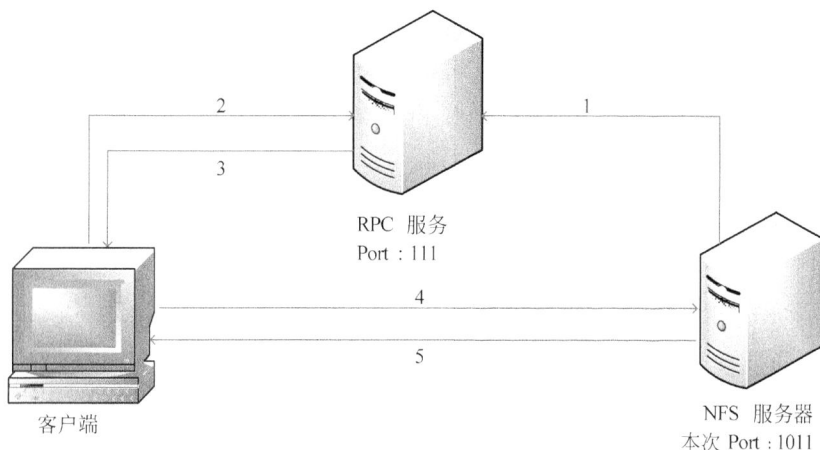

图 14.1　NFS 和 RPC 合作为客户端提供服务

图 14.1 中 NFS 服务执行过程如下：

（1）NFS 服务启动时，自动选择工作端口小于 1024 的 1011，并向 RPC 服务（工作与 111 端口）汇报，PRC 服务会记录 NFS 服务工作端口的注册信息。

（2）客户端需要访问 NFS 服务时，首先会向工作在 111 端口的 RPC 服务询问 NFS 服务工作的端口号。

（3）RPC 服务查询已注册的 NFS 服务信息并回答客户端，它工作在 1011 端口。

（4）客户端根据 RPC 服务反馈回来的信息，向 NFS 服务器的 1011 服务端口发起服务请求。

（5）NFS 服务经过权限认证，最终许可客户端访问自己的数据。

注意：因为 NFS 服务需要向 RPC 服务器注册，所以 RPC 服务必须优先 NFS 服务启用。并且 RPC 服务重新启动以后，要重新启动 NFS 服务，让它重新向 RPC 服务注册，这样 NFS 服务才能正常工作。

3．NFS服务的组件

Linux 下的 NFS 服务主要由以下 5 个部分组成。其中，只有前 2 个是必须的，后面的 3 个是可选的。

（1）rpc.nfsd 进程

rpc.nfsd 守护进程的主要作用就是判断、检查客户端是否具备登录主机的权限，并负责处理 NFS 请求。

（2）rpc.mounted 进程

rpc.mounted 守护进程的主要作用就是管理 NFS 的文件系统。当客户端顺利地通过 rpc.nfsd 验证并登录主机后，rpc.mounted 守护进程会去检查客户端的权限（根据/etc/exports 来对比客户端的权限）。在开始使用 NFS 主机提供的文件之前，rpc.mounted 守护进程会去检查客户端的权限（根据/etc/exports 来对比客户端的权限）。通过这一关之后，客户端才可以顺利地访问 NFS 服务器上的资源。

（3）rpc.locked 进程

rpc.locked 守护进程使用本进程来处理崩溃系统的锁定恢复。为什么要锁定文件呢？原因是 NFS 文件允许众多的用户并发访问，不同客户端在同一时刻访问同一个文件资源时，可能会造成资源并发访问冲突等一系列问题。用户可以通过合理使用 rpc.locked 守护进程解决此类问题。

（4）rpc.statd 进程

rpc.statd 守护进程负责处理客户与服务器之间的文件锁定问题，确定文件的一致性（与 rpc.locked 有关）。当因多个客户端并发访问一个文件资源造成文件破坏时，可以使用 rpc.stated 守护进程检测该文件并尝试恢复。

（5）rpc.quotad 进程

rpc.quotad 守护进程提供了 NFS 服务和配额管理程序之间的接口，不管客户端是否通过 NFS 对的数据进行处理，都会受到同样的磁盘配额限制。

14.2.2 搭建服务

如果不确定是否安装了 NFS 服务，可以检查本地主机中是否已经安装了 NFS 支持套件。如果没有安装，必须现在安装相应的组件。

1．所需要的组件

在 Red Hat Enterprise Linux 6.4 操作系统中，启用 NFS 服务器必须要求安装 rpcbind 和 nfs-utils 支持组件。

NFS 服务其实是一个 RPC 服务器，而激活任何一个 RPC 服务器之前，首要任务便是做好端口的映射（Mapping）工作。该项工作是由 rpcbind 服务所负责的。nfs-utils 则是提供 rpc.nfsd 和 rpc.mountd 这两个 NFS 守护进程与其他相关说明文件等的系统服务。

（1）rpcbind 服务

NFS 服务若要正常运行，必须借助 RPC 服务的支持，做好端口映射工作，而这个工作就是由 rpcbind 服务负责的。

（2）nfs-utils 服务

使用 NFS 服务至少需要启动两个系统守护进程。一个用于负责完成客户端主机登录验证工作，另一个用于负责完成已登录主机的客户端用户使用文件的权限控制任务。

rpc.nfsd 的主要功能是管理客户端主机登录服务端主机的权限，其中包含登录者的身份识别工作。

rpc.mountd 的主要功能是管理 NFS 的文件系统。当客户端主机顺利地通过 rpc.nfsd 身份认证，成功登录服务端主机之后，再使用 NFS 主机提供的文件前，还必须取得使用权限的认证。此时，系统会读 NFS 的/etc/exports 来比对客户端主机的权限。

2．查询nfs组件安装状况

如何判断当前服务器主机是否已经安装了 rpcbind 和 nfs-utils 服务组件呢？在 Red Hat Enterprise Linux 6.4 操作系统中，可以执行如下指令获取当前系统中相关组件的安装情况。

```
[root@www ~]# rpm -qa | grep nfs-utils
nfs-utils-1.2.3-36.el6.i686
```

```
nfs-utils-lib-1.1.5-6.el6.i686
[root@www ~]# rpm -qa | grep rpcbind
rpcbind-0.2.0-11.el6.i686
```

从输出的信息中可以看到，当前系统已经安装了组件 nfs-utils-1.2.3 和 rpcbind-0.2.0。如果没有看到任何信息，说明当前系统中尚未安装 NFS 组件。此时，需要到 Red Hat Enterprise 6.4 安装光盘或者 NFS 官方网站下载最新的 NFS 组件 rpm 安装包，并执行如下命令安装：

```
[root@www ~]# mount /dev/cdrom /mnt/cdrom/
mount: block device /dev/sr0 is write-protected, mounting read-only
 [root@www ~]#rpm -ivh /mnt/cdrom/Packages/nfs-utils-1.2.3-36.el6.i686.
rpm
warning: /mnt/cdrom/Packages/ nfs-utils-1.2.3-36.el6.i686.rpm: Header V3
RSA/SHA256 Signature, key ID fd431d51: NOKEY
Preparing...        ########################################### [100%]
   1:nfs-utils     ########################################### [ 100%]
[root@www ~]# rpm -ivh /mnt/cdrom/Packages/rpcbind-0.2.0-11.el6.i686.rpm
warning:  /mnt/cdrom/Packages/rpcbind-0.2.0-11.el6.i686.rpm:  Header  V3
RSA/SHA256 Signature, key ID fd431d51: NOKEY
Preparing...        ########################################### [100%]
   1:rpcbind       ########################################### [100%]
```

14.3　文　件　组　成

当某一个服务安装后，会自动创建一些目录和文件。NFS 服务所创建的文件如表 14.3 所示。

表 14.3　NFS服务中的文件

目　　录	文　件　名	文件类型	功　能　说　明
/etc/	exportfs	配置文件	NFS 服务的主配置文件
	nfsmount.conf	配置文件	NFS 挂载的配置文件
/etc/rc.d/init.d	nfs	脚本文件	启动或停止 NFS 服务
	nfslock	脚本文件	启动或停止 NFS 文件锁服务
	rpcbind	脚本文件	启动或停止 RPCbind 服务
	rpcgssd	脚本文件	启动或关闭 RPCSEC GSS 守护进程
	rpcidmapd	脚本文件	启动和关闭 RPC 名称
	rpcsvcgssd	脚本文件	启动或关闭 RPCSEC GSS 守护进程
/etc/request-key.d	id.resolver.conf	配置文件	被 request-key 调用的文件
/etc/sysconfig	nfs	配置文件	端口参数文件
/sbin	mount.nfs	可执行文件	挂载网络文件系统
	mount.nfs4	可执行文件	挂载网络文件系统
	nfs_cache_getent	脚本文件	从缓存中查询条目
	rpc.statd	可执行文件	NSM 服务进程
	umount.nfs	可执行文件	卸载网络文件系统
	umount.nfs4	可执行文件	卸载网络文件系统

目录	文件名	文件类型	功能说明
/usr/sbin	exportfs	可执行文件	显示 NFS 服务中的共享文件系统
	mountstats	可执行文件	显示 NFS 客户端挂载情况
	nfsidmap	可执行文件	ID 映射程序
	nfsiostat	可执行文件	使用 /proc/self/mountstats 模拟 iostat 的 NFS 挂载点
	nfsstat	可执行文件	显示网络文件系统状态
	rpc.gssd	可执行文件	rpcsec_gss 守护程序
	rpc.idmapd	可执行文件	名称映射程序
	rpc.mountd	可执行文件	NFS 挂载程序
	rpc.nfsd	可执行文件	NFS 服务进程
	rpc.svcgssd	可执行文件	rpcsec_gss 服务器端守护进程
	rpcdebug	可执行文件	设置和清除 NFS 和 RPC 内核的调试标志
	showmount	可执行文件	显示 NFS 服务器上的加载信息
	sm-notify	可执行文件	重启消息发送到所有 NFS 服务器
	start-statd	脚本文件	调用 rpc.statd 命令指定不显示提示

下面以图的形式表示表 14.3 中这些文件的工作流程，如图 14.2 所示。

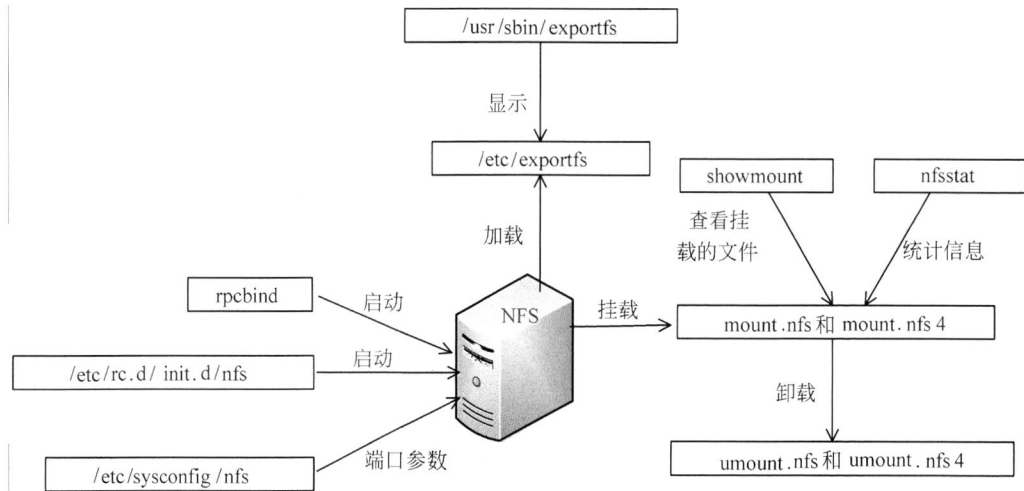

图 14.2   NFS 服务文件工作流程

14.4   配置文件：/etc/exports

NFS 服务器的配置文件是/etc/exports，这在所有的发行版上都是一样的。之所以选择这个名字，是因为客户机的挂载对于 NFS 服务器而言，是"导出（export）"了一个文件系统。该文件用于设置服务器的共享目录，以及目录允许访问的主机、访问权限、其他选项等。NFS 安装后会在/etc/目录下创建一个空白的 exports 文件，即没有任何的共享目录，用户需要对其进行手工编辑。文件中每一行定义了一个共享目录，其格式如下：

共享目录 [客户端 1(选项 1,选项 2 ...)] [客户端 2(选项 1,选项 2 ...)] ...

共享目录与各客户端之间以空格进行分割，除共享目录以外，其他的内容都是可选的。相关说明如下：

- ❑ 共享目录：即提供了 NFS 客户端使用的目录。
- ❑ 客户端：可以访问共享目录的计算机，可以通过 IP 地址和主机名进行指定，也可使用子网掩码指定网段或者使用通配符"*"或"?"进行模糊指定。当客户端为空时，表示共享目录可以给所有客户机访问，如表 14.4 列出了一些客户端设置示例。
- ❑ 选项：选项指定该共享目录的访问权限，如果不指定选项，则 NFS 将使用默认选项。常用的共享选项如表 14.5 所示。

表 14.4　客户端设置示例

客　户　端	说　明
Demoserver	主机名为 Demoserver 的计算机
192.168.0.1	IP 地址为 192.168.0.1 的计算机
192.168.1.0/255.255.255.0	子网 192.168.1.0 中的所有计算机
192.168.1.0/24	等价于 192.168.1.0/255.255.255.0
host?.example.com	?表示一个任意字符
*.example.com	.example.com 域中的所有计算机
*	所有计算机

表 14.5　客户端选项及说明

客户端选项	说　明
ro	客户端只能以只读方式访问共享目录中的文件，不能写入
rw	对共享目录可读写
sync	将数据同步写入内存与硬盘中。如果对数据安全性的要求非常高，可以使用该选项，以保证数据的一致性，减少数据丢失的风险，但与此同时也要以降低效率作为代价
async	异步 I/O 方式，数据会先暂存于内存中，待需要时再写入硬盘。效率高，但数据丢失的风险也随之升高
secure	限制 NFS 服务只能使用小于 1024 的 TCP/IP 端口进行数据传输
insecure	使用大于 1024 的端口
wdelay	如果有多个客户端要对同一个共享目录进行写操作，则将这些操作集中执行。对有很多小的 I/O 写操作时，使用该选项可以有效地提供性能
no_wdelay	有写操作则立即写入。当设置了 async 选项时，no_wdelay 选项无效
hide	共享一个目录时，不共享该目录中的子目录
no_hide	共享子目录
subtree_check	强制 NFS 检查共享目录父目录的权限
no_subtree_check	不检查父目录权限
all_squash	不管登录 NFS 的使用者身份是什么，都把他的 UID 和 GID 映射为匿名用户和用户组（通常是 nfsnobody）

客户端选项	说　　明
no_all_squash	保留用户原来的 UID 和 GID，不进行映射
anonuid=id	指定 NFS 服务器使用/etc/passwd 文件中 UID 为该值的用户作为匿名用户
anongid=id	指定 NFS 服务器使用/etc/group 文件中 GID 为该值的用户作为匿名用户组
root_squash	如果登录 NFS 服务器使用共享目录的使用者是 root，则把这个使用者的权限映射为匿名用户
no_root_squas	如果登录 NFS 服务器使用共享目录的使用者是 root，那么就保留它的 root 权限，不映射为匿名。这可能会导致严重的安全问题，一般不建议使用

下面是 exports 文件的一个配置示例：

```
[root@www ~]# cat /etc/exports
/tmp            192.168.1.*(rw,no_root_squash)
/share/info      192.168.1.*(ro,all_squash)
/share/sh   192.168.1.10(rw) 192.168.1.20(rw)  192.168.1.*(rw,all_squash)
/share/upload    192.168.1.*(rw,all_squash,anonuid=1000,anongid=1000)
```

输出的信息显示了该文件的格式。具体选项的含义在表格 14.5 中都有对应的说明，这里不再赘述。

14.5　可执行文件

NFS 服务成功运行后，有大量的命令来控制该服务。本节将介绍 NFS 服务下面的命令的语法格式和使用方法。

14.5.1　挂载网络文件系统：/sbin/mount.nfs

mount.nfs 是 NFS 的一个工具包，它用来提供 NFS 客户端功能。mount.nfs 命令被用来挂载 NFS 文件系统版本 3 或版本 2。mount.nfs 命令的语法格式如下：

```
mount.nfs remotetarget dir [-rvVwfnsh] [-o options]
```

以上选项含义如下。

❑ remotetarget：共享服务的格式是服务名:/path/to/share。
❑ dir：被挂载的文件系统。
❑ -r：以只读方式挂载文件系统。
❑ -v：显示详细信息。
❑ -V：显示版本信息。
❑ w：以可读可写的方式挂载文件系统。
❑ -f：假挂载。
❑ -n：不更新/etc/mtab 文件。默认情况下，在/etc/mtab 文件中创建了被挂载的每个文件系统信息。
❑ -s：草率的挂载选项，而不是失败。

❑　-h：显示帮助信息。

【实例 14-1】在客户端挂载 NFS 服务器中共享目录/share/sh。执行命令如下：

```
[root@Client ~]# mount.nfs 192.168.1.1:/share/sh /nfs/sh/
```

14.5.2　挂载 NFSv4 网络文件系统：/sbin/mount.nfs4

mount.nfs4 命令用来挂载 NFSv4 文件系统。该命令的使用方法、选项和 mount.nfs 的一样。这里就不再列举了。

14.5.3　NSM 服务进程：/sbin/rpc.statd

rpc.statd 是一个守护程序并侦听来自其他主机的重启通知。当本地系统重启时，管理主机列表通知。rpc.statd 命令的语法格式如下：

```
rpc.statd [选项]
```

常用选项含义如下。

❑　-d，--no-syslog：rpc.statd 将日志消息标准输出，而不是写入系统日志文件。

❑　-F，--foreground：在前台运行。

❑　-h，-?，--help：显示帮助信息。

❑　-H，--ha-callout：指定高可用性标注程序。

❑　-L，--no-notify：阻止 rpc.statd 当 sm-notify 运行时发出通知命令。

❑　-n，--name IP 地址|主机名：指定用于 RPC 监听端口绑定的地址。如果未指定此选项，rpc.statd 会使用通配符地址作为传输绑定地址。

❑　-N：因为 rpc.statd 命令运行 sm-notify 命令。

❑　-o，--outgoing-port：指定 sm-notify 命令时，应该使用发送源端口号重启通知。

❑　-p，--port：指定用于监听 RPC 的端口号。

❑　-P，--state-directory-path：指定服务目录 NSM 状态信息的路径名。如果没有指定这个选项，默认情况下，rpc.statd 会使用/var/lib/nfs/statd 路径。

❑　-v，-V，--version：显示版本信息。

14.5.4　卸载网络文件系统：/sbin/umount.nfs

umount.nfs 是一个 NFS 客户端的工具。该命令用来卸载 mount.nfs 挂载的文件系统。umount.nfs 命令的语法格式如下：

```
umount.nfs dir [-fvnrlh]
```

以上选项含义如下。

❑　dir：文件系统的挂载点。

❑　-f：强制卸载文件系统导致无法访问 NFS 系统。

❑　-v：显示详细信息。

- □ -n：不更新/etc/mtab 文件。默认情况下，在/etc/mtab 文件中创建了被挂载的每个文件系统信息。
- □ -r：卸载失败的情况下，尝试以只读方式挂载。
- □ -l：慢慢的卸载。从文件系统层次中分离文件系统，并清除所有引用文件系统。
- □ -h：显示帮助信息。

14.5.5　响应内核的密钥请求：/sbin/request-key

当内核请求密钥并且不能马上获取到时，request-key 程序将被内核调用，这时内核创建设置密钥一部分并且初始化该密钥。该程序不能直接的调用。

14.5.6　卸载 NFSv4 网络文件系统：/sbin/umount.nfs4

umount.nfs4 用来卸载 NFSv4 网络文件系统。它的子命令也可以作为一个独立的命令功能受限制。umount.nfs4 命令的语法及使用和 umount.nfs 一样，这里就不再列相关选项了。

14.5.7　显示网络文件系统状态：/usr/sbin/nfsstat

nfsstat 命令可以显示关于 NFS 和到内核的远程过程调用（RPC）接口的统计信息，可以使用该命令重新初始化该信息。nfsstat 命令的语法格式如下：

```
nfsstat [选项]
```

常用选项含义如下。

- □ -s，--server：只显示服务器端的状态信息。默认情况下，显示服务器端和客户端状态。
- □ -c，--client：只显示客户端的状态信息。
- □ -n，--nfs：仅显示 NFS 状态信息，默认情况下显示 NFS 状态信息和 RPC 状态信息。
- □ -2：显示 NFS 版本 2 的状态信息。
- □ -3：显示 NFS 版本 3 的状态信息。
- □ -4：显示 NFS 版本 4 的状态信息。
- □ -m，--mounts：显示被加载的 NFS 文件系统信息。
- □ -r，--rpc：仅显示 RPC 状态信息。
- □ -o facility：显示自定的设备信息。可以使用的设备信息有 nfs 表示 NFS 协议信息；rpc 表示 RPC 常规信息；net 表示网络层状态；fh 表示服务器的文件控制缓存的使用信息；rc 表示服务器上的请求应答缓存使用信息；all 表示显示所有的信息。
- □ -v，--verbose：该选项相当于-o all。
- □ -l，--list：以列表的形式打印信息。
- □ -s，--since file：打印目前的统计数据，使用 nfsstat 文件和统计显示那些与目前的统计数据之间的差异。

【**实例 14-2**】显示详细的网络文件系统状态信息。执行命令如下：

```
[root@www ~]# nfsstat -o all -234
Server packet stats:
packets    udp         tcp         tcpconn
0          0           0           0

Server rpc stats:
calls      badcalls    badauth     badclnt     xdrcall
0          0           0           0           0

Server reply cache:
hits       misses      nocache
0          0           0

Server file handle cache:
lookup     anon        ncachedir   ncachedir   stale
0          0           0           0           0

Server nfs v2:
null         getattr      setattr      root        lookup       readlink
0       0%  0       0%  0       0%  0       0%  0       0%  0          0%
read         wrcache      write        create      remove       rename
0       0%  0       0%  0       0%  0       0%  0       0%  0          0%
link         symlink      mkdir        rmdir       readdir      fsstat
0       0%  0       0%  0       0%  0       0%  0       0%  0          0%

Server nfs v3:
null         getattr      setattr      lookup       access       readlink
0       0%  0       0%  0       0%  0       0%  0       0%  0          0%
read         write        create       mkdir        symlink      mknod
0       0%  0       0%  0       0%  0       0%  0       0%  0          0%
remove       rmdir        rename       link         readdir      readdirplus
0       0%  0       0%  0       0%  0       0%  0       0%  0          0%
fsstat       fsinfo       pathconf     commit
0       0%  0       0%  0       0%  0       0%

Server nfs v4:
null         compound
0       0%  0       0%

Server nfs v4 operations:
op0-unused   op1-unused   op2-future   access       close        commit
0       0%  0       0%  0       0%  0       0%  0       0%  0          0%
create       delegpurge   delegreturn  getattr      getfh        link
0       0%  0       0%  0       0%  0       0%  0       0%  0          0%
lock         lockt        locku        lookup       lookup_root  nverify
0       0%  0       0%  0       0%  0       0%  0       0%  0          0%
open         openattr     open_conf    open_dgrd    putfh        putpubfh
0       0%  0       0%  0       0%  0       0%  0       0%  0          0%
putrootfh    read         readdir      readlink     remove       rename
0       0%  0       0%  0       0%  0       0%  0       0%  0          0%
renew        restorefh    savefh       secinfo      setattr      setcltid
0       0%  0       0%  0       0%  0       0%  0       0%  0          0%
setcltidconf verify       write        rellockowner bc_ctl       bind_conn
0       0%  0       0%  0       0%  0       0%  0       0%  0          0%
exchange_id  create_ses   destroy_ses  free_stateid getdirdeleg
getdevinfo
0       0%  0       0%  0       0%  0       0%  0          0%
```

```
getdevlist   layoutcommit layoutget    layoutreturn secinfononam sequence
0        0% 0         0% 0         0% 0        0% 0        0% 0        0%
set_ssv      test_stateid want_deleg   destroy_clid reclaim_comp
0        0% 0         0% 0         0% 0        0% 0        0%
```

输出的信息显示了 NFS 文件系统活动版本和不活动版本的信息。

14.5.8　管理 NFS 服务器共享的文件系统：/usr/sbin/exportfs

exportfs 命令用来管理当前 NFS 服务器共享的文件系统。exportfs 命令需要参考配置文件 "/etc/exportfs"。也可以直接在命令行中指定要共享的 NFS 文件系统。exportfs 命令的语法格式如下：

```
exportfs [选项]
```

常用选项含义如下。
- ❑ -a：共享文件 NFS 服务器的配置文件 "/etc/exports" 中所定义的所有目录。
- ❑ -o options：指定 NFS 服务器共享文件系统的相关选项。
- ❑ -i：忽略 NFS 服务器配置文件 "/etc/exports"，只使用 exportfs 指令的默认值和命令行指定的选项共享 NFS 文件系统。
- ❑ -r：重新共享所有的 NFS 文件系统。
- ❑ -u：取消一个或多个 NFS 文件系统的共享设置。
- ❑ -v：显示命令执行的详细信息。
- ❑ 共享的文件系统：当不使用配置文件时，在命令行中指定要共享的文件系统。格式为 client/path。

【实例 14-3】共享 "/etc/exports" 文件中指定的目录。

（1）使用 cat 指令显示 "/etc/exports" 文件的内容。在命令行中输入的命令如下：

```
[root@www ~]# cat /etc/exports        #显示文件内容
```

输出信息如下：

```
/share/data *(rw)
```

在上面的输出信息中，第一列表示要共享的目录，本例中要共享的目录是 "/share/data"。第二列表示共享目录的权限，"*" 表示共享给所有的主机（也可以使用具体的 IP 地址，网络地址以及域名等，使用域名时支持通配符）。"（rw）" 表示以读写方式共享目录（如果以只读方式共享则使用 "（ro）"）。

（2）使用 exportfs 指令抛出文件 "/etc/exports" 中定义的共享目录。在命令行中输入的命令示例如下：

```
[root@localhost ~]# exportfs -a        #共享/etc/exports 中的共享目录
```

此命令没有任何输出信息。

【实例 14-4】：显示执行指令的详细信息。在命令行中输入的命令示例如下：

```
[root@www ~]# exportfs -v
```

```
/share/data      <world>(rw,wdelay,root_squash,no_subtree_check)
```

14.5.9　显示 NFS 服务器上的加载信息：/usr/sbin/showmount

showmount 指令查询远程 NFS 服务器上的 mountd 守护进程，获得远程 NFS 服务器上的 NFS 文件系统加载信息。showmount 命令的语法格式如下：

```
showmount [选项]
```

常用选项含义如下。

- ❑ -a 或--all：显示客户机主机名和被加载（mounted）的目录，格式为主机名：加载目录。
- ❑ -d 或--directories：仅显示被客户端主机和加载的指定的目录。
- ❑ -e 或--exports：显示 NFS 服务器的输出列表（即共享的 NFS 文件系统列表）。
- ❑ -h 或--help：显示帮助信息。
- ❑ --no-headers：不显示描述性的头信息。
- ❑ -v 或--version：显示版本信息。
- ❑ 主机：指定远程 NFS 服务器主机 IP 或主机名。

【实例 14-5】显示 NFS 服务器上的共享信息。使用 showmount 命令的-a 选项显示 NFS 服务器信息。在命令行中输入的命令示例如下：

```
[root@www ~]# showmount -a 192.168.1.1            #显示 NFS 服务器信息
```

输出信息如下：

```
All mount points on 192.168.1.1:
192.168.1.1:/share
```

14.5.10　显示 NFS 客户端每个挂载统计情况：/usr/sbin/mountstats

mountstats 命令显示 NFS 客户端每个挂载点统计的情况。mountstats 命令的语法格式：

```
mountstats [选项] [挂载点]
```

常用选项含义如下。

- ❑ --nfs：仅显示 NFS 统计。
- ❑ --rpc：仅显示 RPC 统计。
- ❑ --version：显示版本信息。

【实例 14-6】查看/nfs/sh 挂载点的统计信息。执行命令如下：

```
[root@Client ~]# mountstats --nfs /nfs/sh
Stats for 192.168.1.1:/share/sh mounted on /nfs/sh:
  NFS  mount  options:  rw,vers=4,rsize=262144,wsize=262144,namlen=255,
acregmin=3,acregmax=60,acdirmin=30,acdirmax=60,hard,proto=tcp,port=0,ti
meo=600,retrans=2,sec=sys,clientaddr=192.168.1.10,minorversion=0,local_
lock=none
  NFS server capabilities: caps=0x7fff,wtmult=512,dtsize=32768,bsize=0,
namlen=255
  NFSv4 capability flags: bm0=0xfdffbfff,bm1=0xf9be3e,acl=0x3
```

```
   NFS security flavor: 1 pseudoflavor: 0

Cache events:
  data cache invalidated 0 times
  attribute cache invalidated 0 times
  inodes synced 0 times

VFS calls:
  VFS requested 2 inode revalidations
  VFS requested 0 dentry revalidations

  VFS called nfs_readdir() 0 times
  VFS called nfs_lookup() 15 times
  VFS called nfs_permission() 0 times
  VFS called nfs_file_open() 11 times
  VFS called nfs_file_flush() 0 times
  VFS called nfs_lock() 0 times
  VFS called nfs_fsync() 0 times
  VFS called nfs_file_release() 0 times

VM calls:
  VFS called nfs_readpage() 0 times
  VFS called nfs_readpages() 0 times
  VFS called nfs_writepage() 0 times
  VFS called nfs_writepages() 0 times

Generic NFS counters:
  File size changing operations:
    truncating SETATTRs: 0  extending WRITEs: 0
  0 silly renames
  short reads: 0  short writes: 0
  NFSERR_DELAYs from server: 0

NFS byte counts:
  applications read 0 bytes via read(2)
  applications wrote 0 bytes via write(2)
  applications read 0 bytes via O_DIRECT read(2)
  applications wrote 0 bytes via O_DIRECT write(2)
  client read 0 bytes via NFS READ
  client wrote 0 bytes via NFS WRITE
```

14.5.11　ID 映射程序：/usr/sbin/nfsidmap

nfsidmap 命令被用于将用户和组 ID 映射为用户名和组名，并且也可以将用户和组名映射为用户和组 ID。ID 映射使用 request-key 操作向上传输并缓存结果。nfsidmap 被 request-key 调用，并将操作转换和初始化结果信息中的一个密钥。nfsidmap 命令的语法格式如下：

```
nfsidmap [选项]
```

常用选项含义如下。

❏　-c：清除所有密钥环。

❏　-g user：撤销用户 gid 密钥。

❏　-r user：撤销用户的 uid 和 gid 密钥。

❏　-t timeout：设置过期时间。默认以秒为单位。

□　-u user：撤销用户 uid 密钥。

□　-v：增加系统日志输出冗余。该冗余可以被多次设定。

14.5.12　使用/proc/self/mountstats 模拟 iostat 的 NFS 挂载点：/usr/sbin/nfsiostat

nfsiostat 命令显示 NFS 客户端统计每个挂载点。nfsiostat 的语法格式如下：

```
nfsiostat [interval] [count] [options] [mount_point]
```

常用选项含义如下。

□　interval：指定每个报告之间的时间间隔量，以秒为单位。

□　count：如果指定该参数，以<count>确定的值间隔生成报告数。如果设定的时间参数未指定<count>参数，该命令会连续生成报告。

□　[mount_point]：指定一个或更多个挂载点，只有这些统计数据挂载点显示出来，否则，所有的 NFS 挂载点将在客户端列出来。

□　-a|--attr：统计显示属性缓存。

□　-d|--dir：统计显示目录操作。

□　-h|--help：显示帮助信息。

□　-l LIST|--list=LIST：仅显示第一个列表挂载点的统计。

□　-p|--page：统计显示页面缓存。

□　-s|--sort：排序 NFS 挂载点。

□　--version：显示版本信息。

14.5.13　rpcsec_gss 实例：/usr/sbin/rpc.gssd

rpcsec_gss 协议提供了一种功能，这种功能是使用 gss-api 通用安全服务应用接口为使用 RPC 协议提供安全（如 nfs）。使用 rpcsec_gss 交换任何 rpc 请求之前，这个 rpc 客户端必须先建立安全环境。rpcsec_gss 的 Linux 内核安装依赖于用户空间实例 rpc.gssd 与上下文建立安全环境。在 rpc.gssd 实例用 rpc_pipefs 文件系统与内核交流。下面介绍 rpc.gssd 命令的语法格式和使用方法。

rpc.gssd 命令的语法格式如下：

```
rpc.gssd [选项]
```

常用选项含义如下。

□　-f：在前台运行 rpc.gssd。

□　-n：指定访问的用户。默认的，rpc.gssd 命令使用 UID 为 0 的特殊用户访问，并且使用主机凭证访问请求的 kerberos 身份认证。

□　-k keytab：使 rpc.gssd 在 keytab 文件中寻找获得主机凭证的密钥。默认保存在/etc/krb5.keytab 文件中。

□　-l：使 rpc.gssd 限制单一的 DES 密钥会话，即使内核支持更强的加密类型。

□　-p path：指定 rpc_pipefs 文件系统的位置。默认保存在/var/lib/nfs/rpc_pipefs 中。

　　❏　-d directory：指定 rpc.gssd 查找 kerberos 凭证文件的位置。默认保存在/tmp 目录下。

　　❏　-v：增加输出的冗余。该冗余可以多次指定。

　　❏　-r：如果 rpcsec_gss 库支持设置调试级别，则增加输出冗余。该冗余可以多次指定。

　　❏　-R realm：当扫描可以凭证缓冲文件时从 realm 中选择 kerberos 凭证。该凭证来用
于创建一个环境。默认的在 kerberos 配置文件中 realm 被首选。

　　❏　-t timeout：设置 gss 内核环境的超时时间。默认以秒为单位。

14.5.14　设置和清除 NFS 和 RPC 内核的调试标志：/usr/sbin/rpcdebug

　　rpcdebug 命令允许管理员设置和清除了 Linux 内核的 NFS 客户端和服务器调试标志。
当调试 NFS 问题时，设置这些标志导致内核发出消息响应 NFS 活动到系统日志中，这样
通常是有用的。rpcdebug 语法格式如下：

```
rpcdebug [选项]
```

　　常用选项含义如下。

　　❏　-c：清除调试标志。

　　❏　-h：显示帮助信息。该选项可以结合-v 选项，显示出可用的调试标志。

　　❏　m module：指定设置或清除模块的标志。可用的模块有 nfsd、nfs、nlm、rpc。

　　❏　-s：设置调试标志。

　　❏　-v：显示 rpcdebug 的使用方法。

　　❏　-v：增加 rpcdebug 的输出冗余。

14.5.15　名称映射程序：/usr/sbin/rpc.idmapd

　　rpc.idmapd 是 NFSv4 ID 名映射程序，它提供了 NFSv4 的内核客户端和服务器被翻译
为用户和组 ID 名称的功能。rpc.idmapd 命令的语法格式如下：

```
rpc.idmapd [选项]
```

　　常用选项含义如下。

　　❏　-v：增加冗余级别。该冗余能被多次指定。

　　❏　-f：前台运行 rpc.idmapd 命令。

　　❏　-d 域：设置域名。该域名被 NFSv4 用于内部并且通常是被管理员指定的。

　　❏　-p 路径：指定 RPC pipefs 文件的位置。默认保存在/var/lib/nfs/rpc_pipefs。

　　❏　-U 用户名：指定 NFSv4 中 nobody 用户的用户名。默认用户是 nobody。

　　❏　-G 组名：指定 NFSv4 中 nobody 用户组的组名。默认组是 nobody。

　　❏　-c 路径：使用配置文件。

　　❏　-C：仅客户端可以映射。即使是检测到服务器，NFS 服务器也不进行 ID 映射。

　　❏　-S：仅服务器可以映射。即使是检测到客户端，NFS 客户端也不进行 ID 映射。

14.5.16　NFS 挂载程序：rpc.mountd

　　rpc.mountd 守护进程实现了服务器端的 NFS 挂载协议，NFS 端使用 NFS 版本 2[RFC

1094]和 NFS 版本 3[RFC 1813]。本地物理文件系统 NFS 服务器维护 NFS 客户端访问的一个表，在此表中的每个文件系统被称为导出的文件系统或输出共享目录。输出表中的每个文件系统为一个访问控制列表，rpc.mountd 使用这些访问控制列表，以确定是否一个 NFS 允许客户端访问一个给定的文件系统。

rpc.mountd 命令的语法格式如下：

```
rpc.mountd [选项]
```

常用选项含义如下。

- ❑　-d kind 或--debug kind：打开调试。有效的种类有 all、auth、call、general 和 parse。
- ❑　-F 或--foreground：在前台运行。
- ❑　-f 或--exports-file：指定 exports 文件。默认情况下，输出的文件是/etc/exports 文件。
- ❑　-h 或--help：显示帮助信息。
- ❑　-o num 或--descriptors num：设置打开的文件描述符的数量限制。默认不受限制。
- ❑　-N 或--no-nfs-version：该选项用来要求 rpc.mountd 不提供某些版本的 NFS。当前版本的 rpc.mountd 可以支持 NFS 版本 2、3 和 4。
- ❑　-n 或--no-tcp：不要宣告 TCP 挂载点。
- ❑　-P：忽略。
- ❑　-p 或--port num：指定用于 RPC 监听套接字的端口号。如果这个选项没有被指定，rpc.mountd 选择一个随机临时端口用于 RPC 监听。
- ❑　-H 或--ha-callout prog：指定高可用性标注程序。这个程序接收标注所有的装载和卸载请求。
- ❑　-s，--state-directory-path 目录：指定一个目录，在其中放置的 statd 状态信息。默认保存在/var/lib/nfs 目录下。
- ❑　-r，--reverse-lookup：rpc.mountd 跟踪在 rmtab 文件中的 IP 地址。
- ❑　-t N 或--num-threads=N：指定 rpc.mountd 产生的工作线程数。默认值是一个线程。
- ❑　-V 或--nfs-version：这个选项用来要求 rpc.mountd 的 NFS 版本。当前版本的 rpc.mountd 支持 NFS 版本 2 和新版本 3。
- ❑　-v 或--version：显示 rpc.mountd 的版本信息。
- ❑　-g 或--manage-gids：接受请求从内核到用户 ID 号映射到组 ID 号，用于访问控制列表。一个 NFS 请求将通常包含一个用户 ID 列表组 IDS。由于在 NFS 协议的限制，最多 16 组 ID 可以被列出。

14.5.17　rpcsec_gss 服务器端守护进程：/usr/sbin/rpc.svcgssd

rpcsec_gss 协议提供了一种功能。这种功能是使用 gss-api 通用安全服务应用接口为使用 RPC 协议提供安全（如 nfs）。使用 rpcsec_gss 交换任何 RPC 请求之前，这个 RPC 客户端必须先与 RPC 服务器建立安全环境。rpcsec_gss 的 Linux 内核安装依赖于用户空间实例 rpc.gssd 在 RPC 服务上处理上下文。这个实例用 proc 文件系统与内核交流。下面介绍 rpc.svcgssd 命令的语法格式和使用方法。

rpc.svcgssd 命令的语法格式如下：

```
rpc.svcgssd [选项]
```

常用选项含义如下。

- ❑ -f：在前台运行。
- ❑ -v：增加输出冗余。
- ❑ -r：如果 rpcsec_gss 库支持设置调试级别，该级别可以增加输出冗余。该冗余可以被指定多次。
- ❑ -i：如果 nfsidmap 库支持设置调试级别，该级别可以增加输出冗余。该冗余可以被指定多次。
- ❑ -p：使用 principal 代替默认的 nfs/DQSN@REALM。
- ❑ -n：使用系统默认的凭证 host/FQDN，而不是默认 nfs/FQDN@REALM。

14.5.18　重启通知发送到同行 NFS 服务器：/usr/sbin/sm-notify

sm-notify 是一个辅助程序，用来通知本地系统重启的消息给同行 NFS 服务器。文件锁定不属于持久的文件系统状态。因此，当一台主机重新启动，锁定状态丢失。一个远程主机被重启，导致锁状态文件被丢失，NFS 系统必须检查。一个 NFS 客户端重启后，一个 NFS 服务器必须释放所有锁文件保持被正在运行的客户端使用。一个服务重启后，一个客户端必须提醒锁文件的服务器与正在运行的客户端保持运行。

对于 NFS 版本 2 和版本 3，Network Status Monitor（NSM）网络状态监视协议被用于 NFS 重启的通知。在 Linux 中，NSM 服务由两个分离的用户空间组件构成。这两个组件为 sm-notify 和 rpc.statd。下面介绍 sm-notify 命令的语法格式和使用方法。

sm-notify 命令的语法格式如下：

```
sm-notify [选项]
```

常用选项含义如下。

- ❑ -d：使 sm-notify 连接到控制终端并运行在前台，以至于通知进程被直接监控。
- ❑ -f：发送通知。即使 sm-notify 已经运行或重启。
- ❑ -m retry-time：指定延迟的时间长度，对于反应慢的主机要继续重新通知。默认以分钟为单位。
- ❑ -n：防止 sm-notify 更新本地系统的 NSM 的号。
- ❑ -p port：当发送重启通知时，指定 sm-notify 应该使用的原端口号。如果没有指定该选项，一个随机的短暂的端口将被选择。
- ❑ -P，--state-directory-path 路径名：指定父目录的路径名。如果这个选项没有被指定，sm-notify 默认使用/var/lib/nfs/statd 路径。
- ❑ -v ipaddr|hostname：指定发送重启通知的网络地址。当发送 SM_NOTIFY 请求时使用 mon_name 参数。

14.5.19　控制 RPC 服务文件：/etc/rc.d/init.d/rpcbind

rpcbind 脚本文件用来启动 RPC 服务。前面介绍过要想启动 NFS 服务，必须先启动 RPC

服务。启动 RPC 服务执行的命令如下：

```
[root@www ~]# /etc/rc.d/init.d/rpcbind start
正在启动 rpcbind:                                        [确定]
```

或者

```
[root@www ~]# service rpcbind start
正在启动 rpcbind:                                        [确定]
```

14.5.20　控制服务文件：/etc/rc.d/init.d/nfs

NFS 服务的控制文件为 nfs。该文件是一个可执行的脚本文件。使用 service 命令的参数 start、stop、restart 来启动、停止、重新启动该服务。执行命令如下：

```
[root@www ~]# /etc/rc.d/init.d/nfs start
启动 NFS 服务:                                           [确定]
关掉 NFS 配额:                                           [确定]
启动 NFS mountd:                                         [确定]
正在启动 RPC idmapd:                                     [确定]
正在启动 RPC idmapd:                                     [确定]
启动 NFS 守护进程:                                        [确定]
```

或者

```
[root@www ~]# service nfs start
启动 NFS 服务:                                           [确定]
关掉 NFS 配额:                                           [确定]
启动 NFS mountd:                                         [确定]
正在启动 RPC idmapd:                                     [确定]
正在启动 RPC idmapd:                                     [确定]
启动 NFS 守护进程:                                        [确定]
```

14.6　其他配置文件

NFS 服务中除了上面介绍的各类文件，还有几个文件需要了解一下。本节将介绍这几个文件的作用。

14.6.1　端口参数文件：/etc/sysconfig/nfs

nfs 文件用来设置 NFS 服务的一些静态端口。因为/etc/sysconfig 目录下的文件都是为服务传递参数的文件，所以可以在/etc/sysconfig/nfs 中给 NFS 服务定义一些静态端口，这样就可以方便防火墙的设定控制了。可以设置的参数如下：

```
STATD_PORT=662
MOUNTD_PORT892
LOCKD_TCPPORT=32803
LOCKD_UDPPORT=32769
```

🔔注意：这些端口必须是/etc/services 未被定义过的端口。

14.6.2　NTP 挂载配置文件：/etc/nfsmount.conf

NFS 挂载配置文件允许为每台服务器、每个挂载点设置全局选项。该配置文件是由部分和变量组成。一个部分被定义为一个"[and]"字符串，变量的指定语句格式为变量名=值，例如：

```
[ NFSMount_Global_Options ]
Proto=Tcp
Defaultvers=4
Nfsvers=4
```

14.6.3　被 request-key 调用的文件：/etc/request-key.conf

当使用 request-key 命令时调用 id.resolver.conf 文件。该文件实例化处理配置文件。

14.6.4　被 request-key 调用的文件：/etc/request-key.d/id.resolver.conf

当使用 request-key 命令时调用 id.resolver.conf 文件。该文件不需要做任何修改。

14.7　实　例　应　用

本节以一个由若干计算机组成的小型办公网络的文件共享需求为例进行分析。下面将介绍在 Red Hat Enterprise 6.4 上演示服务器的完整配置过程。

14.7.1　用户需求

假设 NFS 服务器的 IP 地址为 192.168.1.1，办公网络的网段为 192.168.1.0/24，其中有两台市场资源部门使用的计算机，它们的地址分别为 192.168.1.10 和 192.168.1.20。但是这两台计算机并不是市场部门专用的，在某些时段会由其他部门员工使用。此外还有若干其他部门的计算机。服务器需要共享的目录清单如下。

- ❑ 将/tmp 以可读写的方式共享给 192.168.1.0/24 这个网段中的所有计算机用户使用。
- ❑ 将/share/info 以只读的方式共享给 192.168.1.0/24 这个网段中所有计算机用户使用。
- ❑ 将/share/sh 仅对市场部门的计算机 192.168.1.10 和 192.168.1.20 开放读写。其中，/share/sh 目录的所有者和属组都是 sh，UID 和 GID 都是 1000。其他计算机只能以只读方式访问。
- ❑ 将/share/upload 作为 192.168.1.0/24 网段中所有计算机用户的上传目录。其中，/share/upload 目录的所有者和属组都是 upload，UID 和 GID 都是 1001。

14.7.2　exports 文件配置

根据上面的需求，用户需要在 exports 文件中配置 4 个共享目录，分别是/tmp、/share/info、/share/sh 及/share/upload。关于该文件的具体配置内容如下：

```
[root@www ~]# vi /etc/exports
/tmp        192.168.1.*(rw,no_root_squash)
/share/info   192.168.1.*(ro,all_squash)
/share/sh     192.168.1.10(rw)   192.168.1.20(rw)
            192.168.1.*(rw,all_squash)
/share/upload   192.168.1.*(rw,all_squash,anonuid=1001,anongid=1001)
```

配置文件中各项内容的说明如下。

❑ /tmp 目录：由于不限制使用者的身份，所以指定 no_root_squash 选项，取消 root 用户的匿名映射。

❑ /share/info 目录：虽然已经使用 ro 选项设置为只读，但是为了进一步限制用户访问权限，指定 all_squash 选项把所有用户的身份都映射为匿名用户。

❑ /share/sh 目录：只开放了 192.168.1.10 和 192.168.1.20 对本目录的读写权限。由于这两台计算机有可能由非市场部门的员工使用，所以不使用映射用户方式，而是在这两台计算机上面创建名为 sh 的用户账号，UID 和 GID 与服务器上的用户一样，口令只有市场部门的员工知道。市场部门的员工要对共享目录/share/sh 的内容进行更改，首先必须要以 sh 用户在这两台计算机上登录然后再进行操作。

❑ /share/upload 目录：开放 192.168.1.0/24 网段中所有计算机对该目录的读写访问。不管用户登录的身份是什么都会被映射为 upload 用户，以获得对该目录读写的访问权限。

14.7.3　在服务端创建目录

用户需要在服务器端创建 3 个目录，包括/share/info、/share/sh 及/share/upload。具体的创建命令及权限设置如下。

1．创建/share/info目录

创建目录/share/info 并更改其访问权限为 755。这样用户被映射为匿名用户 nfs-nobody 后对该目录就只有读取权限，这样会更加安全。

```
[root@www ~]# mkdir /share/info
[root@www ~]# chmod 755 /share/info
```

2．创建/share/sh目录

创建 sh 用户和用户组，指定 UID 和 GID 都是 1000。

```
[root@www ~]# groupadd -g 1000 sh
[root@www ~]# useradd -g 1000 -u 1000 -M sh
```

创建目录/share/sh，更改目录的所有者和属组都为 sh，并更改目录访问权限为 755 这

样，用户要获得该目录的更改权限，就必须要在客户端以 sh 用户登录系统。

```
[root@www ~]# mkdir /share/sh
[root@www ~]# chown sh:sh /share/sh
[root@www ~]# chmod 755 /share/sh
```

3．创建/share/upload 目录

创建 upload 用户和用户组，指定 UID 和 GID 都是 1001。

```
[root@www ~]# groupadd -g 1001 upload
[root@www ~]# useradd -g 1001 -M upload
```

创建目录/share/upload，更改目录的所有者和属组都为 upload，并更改目录访问权限为 755。由于所有访问/share/upload 目录的用户都会被映射为 upload 用户，由此也获得了该目录的读写访问权限。

```
[root@www ~]# mkdir /share/upload
[root@www ~]# chown upload:upload /share/upload/
[root@www ~]# chmod 755 /share/upload/
```

14.7.4　输出共享目录

建立共享目录并在 exports 文件中配置完成后，需要执行 exports 命令把所有的共享目录输出。具体命令及运行结果如下：

```
[root@www ~]# exportfs -rv
exporting 192.168.1.10:/share/sh
exporting 192.168.1.20:/share/sh
exporting 192.168.1.*:/share/upload
exporting 192.168.1.*:/share/sh
exporting 192.168.1.*:/share/info
exporting 192.168.1.*:/tmp
```

查看服务器已经输出的共享目录列表。执行命令如下：

```
[root@www ~]# showmount -e 192.168.1.1
Export list for 192.168.1.1:
/share/upload 192.168.1.*
/share/info   192.168.1.*
/tmp          192.168.1.*
/share/sh     192.168.1.*,192.168.1.20,192.168.1.10
```

14.8　测　试　服　务

为了测试第 14.5 节的配置，本节将介绍 NFS 客户端的配置信息。为了区分市场部门的用户，需要在客户端上创建 sh 用户和用户组，用于访问 NFS 服务器上的/share/sh 共享目录。执行命令如下：

```
[root@Client ~]# groupadd -g 1000 sh
[root@Client ~]# useradd -g 1000 -u 1000 -M sh
```

创建共享目录的挂载点如下：

```
[root@Client ~]# mkdir -p /nfs/tmp
[root@Client ~]# mkdir -p /nfs/info
[root@Client ~]# mkdir -p /nfs/upload
[root@Client ~]# mkdir -p /nfs/sh
```

挂载共享目录如下：

```
[root@Client ~]# mount 192.168.1.1:/tmp/ /nfs/tmp/
[root@Client ~]# mount 192.168.1.1:/share/info /nfs/info/
[root@Client ~]# mount 192.168.1.1:/share/upload /nfs/upload/
[root@Client ~]# mount 192.168.1.1:/share/sh /nfs/sh/
```

其他客户端的配置与市场部门的客户端配置基本相同，只是不需要在本机创建 sh 用户，这里就不再重复。

以上步骤操作完后，就可以进入挂载点根据实例的要求做相应的操作了。

第 5 篇　邮件服务

第 15 章 Postfix 服务

电子邮件是 Internet 中最早的应用程序，直到今天，电子邮件仍然是 Internet 中的主要应用。电子邮件的应用十分普遍，这些邮件都是通过一个或多个邮件服务器进行传递的。企业内部的邮件服务器可用来解决内部通信问题，也可架设一个 Internet 邮件服务器，使企业内部的邮件可发送到 Internet 中去。本章将介绍 Postfix 服务的基本信息、构建及文件的配置等。

15.1 基 本 信 息

在搭建 Postfix 服务之前，需要先了解搭建该服务的网络环境及基本配置信息。下面将介绍 Postfix 服务的基本知识，包括网卡配置、软件包、进程、端口等内容。

15.1.1 网卡配置文件：/etc/sysconfig/network-scripts/ifcfg-XXX

在安装一台 Postfix 服务器的计算机上，需要有一个固定的 IP 地址。下面设置当前主机 Postfix 服务器的 IP 地址为 192.168.1.1。

```
[root@mail ~]# cat /etc/sysconfig/network-scripts/ifcfg-eth0
HWADDR=00:0C:29:88:77:96
IPADDR=192.168.1.1
NETMASK=255.255.255.0
GATEWAY=192.168.1.1
```

15.1.2 软件包：postfix

安装 Postfix 服务器的软件包是 postfix 软件包。大部分 Linux 的发行版本中都提供了 postfix 软件包。下面以表格的形式列出了 RedHat Linux 中 Postfix 服务的 postfix 软件包位置及源码包下载地址，如表 15.1 所示。

表 15.1 软件包位置

软件包类型	位　　置
RHEL 6 RPM 包	光盘：/Packages
RHEL 5 RPM 包	光盘：/Server
源码包	http://www.postfix.org/

本章讲解安装 Postfix 的方法适合 RHEL 5.X～6.4 的所有版本。不同版本的软件包名，

如表 15.2 所示。

表 15.2　不同发行版本的软件包

RHEL 6.4	postfix-2.6.6-2.2.el6_1.i686.rpm
RHEL 6.3	postfix-2.6.6-2.2.el6_1.i686.rpm
RHEL 6.2	postfix-2.6.6-2.2.el6_1.i686.rpm
RHEL 6.1	postfix-2.6.6-2.1.el6_0.i686.rpm
RHEL 6.0	postfix-2.6.6-2.el6.i686.rpm
RHEL 5	postfix-2.3.3-2.el5_2.i386.rpm

15.1.3　Postfix 服务的用户和用于组：postfix、postdrop

在使用源码包安装 Postfix 服务之前，首先需要使用以下命令创建相应的用户和用户组。创建的用户和组用来运行 Postfix 服务。如果使用 RPM 包安装，RPC 程序将自动完成很多设置工作，就不需要做这些操作了。

```
[root@mail ~]# groupadd -g 1000 postfix
[root@mail ~]# groupadd -g 1000 postdrop
[root@mail ~]# useradd -M -u 1000 -g postfix -G postdrop -s /sbin/nologin
postfix
```

在上述命令中，指定用户 postfix 的 UID 为 1000，所属组为 postfix，附加组为 postdrop，且不创建宿主目录，禁止直接登录到本地系统。

15.1.4　进程名：postfix

当 Postfix 服务运行后，会自动运行 postfix 的进程。可以执行如下命令查看：

```
[root@mail ~]# ps -eaf | grep postfix
root     18240    1  0 15:23 ?        00:00:00 /usr/libexec/postfix/master
postfix  18254 18240  0 15:23 ?        00:00:00 pickup -l -t fifo -u
postfix  18255 18240  0 15:23 ?        00:00:00 qmgr -l -t fifo -u
root     18260  3298  0 15:24 pts/0    00:00:00 grep postfix
```

15.1.5　端口：25

Postfix 服务运行后，在 TCP 协议上的 25 号端口将被监听。可以执行如下命令查看：

```
[root@mail ~]# netstat -anputl | grep :25
tcp    0    0 127.0.0.1:25        0.0.0.0:*           LISTEN      18240/master
tcp    0    0 ::1:25              :::*                LISTEN      18240/master
```

15.1.6　防火墙所开放的端口号：25

为了确保客户端能通过 Postfix 服务器来收发邮件，需要使防火墙对外开放 25 号端口。可以输入以下命令打开 TCP 协议的 25 号端口。

```
[root@ mail ~]# iptables -I INPUT -p tcp --dport 25 -j ACCEPT
```

15.2　构建 Postfix 服务

在使用 Postfix 邮件服务之前，首先需要搭建该服务。本节将介绍 Postfix 服务的运行机制及搭建等信息。

15.2.1　运行机制

在 Internet 网络中，电子邮件系统并不是一个孤立的体系。除了需要 DNS 服务提供邮件域的解析，使用 Web 服务器提供用户界面以外，邮件系统的内部也是由不同的软件程序组成的。首先了解一下邮件的传递流程，如图 15.1 所示。

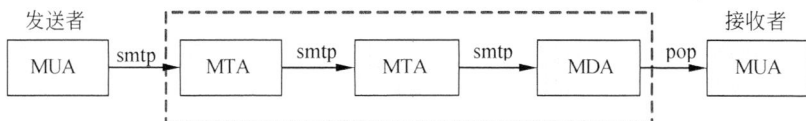

图 15.1　邮件的传递流程图

在邮件系统中，用户作为发送者或接收者，不需要了解中间部分的细节，只需要知道将邮件发送给谁，并设置好将邮件交给某个服务器就行了。而整个邮件系统的核心，是由图中虚线框出部分组成的，首先由一个邮件服务器接收用户发来的信件，然后检查目的地，再根据目的地不同，分别传送到不同的邮件服务器中。当到了目的服务器后将其保存，等待收信用户取信。收件用户登录到自己的邮件服务器收信时，将存储在服务器中的邮件读出即可。

在以上介绍的邮件传递过程中，都是使用代理（agent）程序来完成相应的功能。有 3 种代理程序分别如下。

- ❑ MTA（Mail Transport Agent，邮件传输代理）：一般被称为邮件服务器软件。MTA 软件负责接收客户端软件发送的邮件，并将邮件传输给其他的 MTA 程序，是电子邮件系统中的核心部分。Exchange、Sendmail、postfix 等服务器软件都属于 MTA。
- ❑ MUA（Mail User Agent，邮件用户代理）：一般被称为邮件客户端软件。MUA 软件的功能是为用户提供发送、接收和管理电子邮件的界面。在 Windows 平台中常用的 MUA 软件有 Outlook、Outlook Express、Foxmail 等，在 Linux 平台中常用的 MUA 软件有 Thunderbird、Kmail 等。
- ❑ MDA（Mail Delivery Agent，邮件分发代理）：MDA 软件负责在服务器中将邮件分发到用户的邮箱目录中。MDA 软件相对比较特殊，它并不直接面向邮件用户，而是在后台默默地工作。有时候 MDA 的功能可以直接集成在 MTA 软件中，因此经常被忽略。

通过对电子邮件系统中的代理程序的划分可以看出，电子邮件系统与其他 C/S（Client/Server，客户端服务器）默认的应用系统一样，包括独立的客户端和服务器软件。

发送和接收邮件是电子邮件系统的两个基本功能。在电子邮件系统中，发送和接收邮件分别使用不同的网络协议。

❏ SMTP（Simple Mail Transfer Protocol，简单邮件传输协议）：主要用于发送和传输邮件，MUA 使用 SMTP 协议将邮件发送到 MTA 服务器中，而 MTA 将邮件传输给其他 MTA 服务器时同样也使用 SMTP 协议。SMTP 协议使用的 TCP 端口为 25。对于支持发信认证的邮件服务器，将会采用扩展的 SMTP 协议（Extended SMTP）。

❏ POP（Post Office Protocol，邮局协议）：主要用于从邮件服务器中收取邮件，目前 POP 协议的最新版本是 POP3。大多数 MUA 软件都支持使用 POP3 协议，因此应用最为广泛。POP3 协议使用的 TCP 端口为 110。

❏ IMAP（Internet Message Access Protocol，互联网消息访问协议）：同样用于收取邮件，目前 IMAP 协议的最新版本是 IMAP4。与 POP3 相比较，IMAP4 协议提供了更为灵活和强大的邮件收取、邮件管理功能。IMAP4 协议使用的 TCP 端口为 143。

电子邮件客户端和服务器需要同时支持 SMTP 和 POP3/IMAP 协议，这样才能够实现完整的邮件收发功能。

15.2.2　搭建服务

在 RHEL 6.4 中默认已经安装了 Postfix 的 RPM 软件包。如果没有安装该软件包，可以执行如下命令进行安装。具体步骤如下。

（1）查看 postfix 软件包是否已经安装。执行命令如下：

```
[root@mail ~]# rpm -qa | grep postfix
postfix-2.6.6-2.2.el6_1.i686
```

如果有以上信息输出表示 postfix 软件包已经安装。反之，则没有安装。

（2）挂载 RHEL 6.4 的安装光盘，执行命令如下：

```
[root@www ~]# mount /dev/cdrom /mnt/cdrom/
mount: block device /dev/sr0 is write-protected, mounting read-only
```

（3）安装 postfix-2.6.6-2.2.el6_1.i686.rpm 软件包。执行命令如下：

```
[root@www ~]# rpm -ivh /mnt/cdrom/Packages/postfix-2.6.6-2.2.el6_1.i686.rpm
warning: /mnt/cdrom/Packages/postfix-2.6.6-2.2.el6_1.i686.rpm: Header V3
RSA/SHA256 Signature, key ID fd431d51: NOKEY
Preparing...            ########################################### [100%]
   1:postfix            ########################################### [100%]
```

看到以上输出信息，表示 postfix 软件包安装成功。

15.3　文　件　组　成

使用 rpm 命令安装好 postfix 软件包之后，与 Postfix 服务器相关的主要目录和文件如表 15.3 所示。

表 15.3　Postfix服务中文件

目　　录	文　件　名	文 件 类 型	功　能　说　明
/etc/	aliases	配置文件	定义 Postfix 别名的数据库
/etc/postfix/	main.cf	配置文件	Postfix 服务的主配置文件
	master.cf	配置文件	Postfix 服务的主配置文件
	access	配置文件	SMTP 服务的访问表
	canonical	配置文件	Postfix 的规范表格式
	generic	配置文件	Postfix 的通用表格式
	header_checks	配置文件	Postfix 的内置内容检查
	relocated	配置文件	Postfix 的迁移表格式
	transport	配置文件	Postfix 的传输表格式
	virtual	配置文件	Postfix 虚拟别名表格式
/etc/pam.d/	smtp.postfix	配置文件	PAM 认证文件
/etc/rc.d/init.d/	postfix	脚本文件	控制服务的运行情况
/etc/sasl2/	smtp.conf	配置文件	设置 SMTP 认证方式
/usr/bin/	mailq.postfix	可执行文件	Sendmail 的兼容性接口
	newaliases.postfix	可执行文件	Sendmail 的兼容性接口
	rmail.postfix	脚本文件	虚拟 UUCP 的 rmail 命令
/usr/lib/	sendmail.postfix	脚本文件	Sendmail 的兼容性接口
/usr/libexec/postfix/	anvil	配置文件	Postfix 的会话数和请求的速率控制
	bounce	配置文件	Postfix 的传递状态报告
	cleanup	配置文件	Postfix 规范化和排队的消息
	discard	配置文件	Postfix 丢弃邮件传输代理
	error	配置文件	Postfix 出错或重试邮件传输代理
	flush	配置文件	Postfix 快速更新服务器
	lmtp	配置文件	SMTP+LMTP 客户端
	local	配置文件	Shell 内置命令
	main.cf	配置文件	全局配置文件
	master	配置文件	Postfix 服务的主程序
	master.cf	配置文件	master 主程序配置文件
	nqmgr	配置文件	邮件队列管理员
	pickup	配置文件	截取本地邮件
	pipe	配置文件	传输给外部命令
	postfix-files	配置文件	保存着 Postfix 相关文件和目录的所有权
	postfix-script	脚本文件	Postfix 的管理命令
	postfix-wrapper	脚本文件	多实例管理器
	post-install	脚本文件	Postfix 安装后脚本
	postmulti-script	脚本文件	多实例文本
	proxymap	配置文件	查找代理服务表
	qmgr	配置文件	Postfix 服务队列管理
	qmqpd	配置文件	QMQP 服务
	scache	配置文件	Postfix 的共享连接缓存服务器
	showq	配置文件	列出 Postfix 邮件队列

续表

目 录	文 件 名	文件类型	功 能 说 明
/usr/libexec/postfix/	smtp	配置文件	Postfix SMTP+LMTP 客户端
	smtpd	配置文件	SMTP 服务
	spawn	配置文件	spaner 外部命令
	tlsmgr	配置文件	Postfix 的 TLS 会话缓存和 PRNG 管理
	trivial-rewrite	配置文件	Postfix 的地址重写和解析程序
	verify	配置文件	使用工具来验证证书
	virtual	配置文件	虚拟域名邮件传输代理
/usr/sbin/	postalias	可执行文件	Postfix 服务别名数据库维护
	postcat	可执行文件	显示邮件队列文件内容
	postconf	可执行文件	Postfix 服务配置程序
	postdrop	可执行文件	邮件工具
	postfix	可执行文件	Postfix 服务控制程序
	postkick	可执行文件	激活一个 Postfix 服务
	postlock	可执行文件	锁定邮件文件夹并执行命令
	postlog	可执行文件	Postfix 兼容日志记录实用程序
	postmap	可执行文件	查找表的管理
	postmulti	可执行文件	多实例管理
	postqueue	可执行文件	Postfix 邮件队列控制
	postsuper	可执行文件	Postfix 服务管理人
	sendmail.postfix	可执行文件	sendmail 兼容性接口
	smtp-sink	可执行文件	多线程的 SMTP/LMTP 服务
	smtp-source	可执行文件	多线程的 SMTP/LMTP 测试器

下面以图的形式表示表 15.3 中文件的工作流程，如图 15.2 所示。

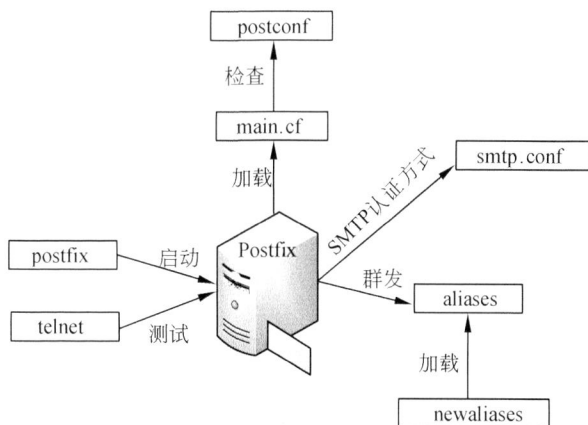

图 15.2 Postfix 文件工作流程

15.4 配置文件: /etc/postfix/main.cf

Postfix 系统主要的配置文件包括 main.cf 和 master.cf。前者是 Postfix 服务的配置文件，后者是 master 程序的配置文件。在 main.cf 中，可以设置的配置项有三百多个。大部分的配置参数都被自动设置了默认值，如果在 main.cf 文件中没有对应的设置，那么 Postfix 服务器将使用默认值来启动机器运行。本节将介绍 main.cf 配置文件中各配置项的作用。

15.4.1　是否启用网络安全测试：soft_bounce

soft_bounce 配置项为测试提供了限制安全网络。当启用该配置项时，邮件将保持排队状态，否则无法投递。此参数禁用本地产生的无法投递的邮件，并阻止永久拒收邮件的 SMTP 服务器。然而，soft_bounce 配置项没有解决地址重写错误或邮件路由错误。默认禁用该选项，配置信息如下：

```
soft_bounce = no
```

15.4.2　设置邮件队列位置：queue_directory

queue_directory 配置项用来设置 Postfix 服务的邮件队列位置，这也是 Postfix 守护进程的根目录。examples/chroot-setup 目录中的文件设置了 Postfix 服务的 chroot 环境。默认的邮件队列配置信息如下：

```
queue_directory = /var/spool/postfix
```

15.4.3　设置 PostXXX 命令位置：command_directory

command_directory 配置项设置 Postfix 服务中所有以 Post 开头的命令的位置。默认配置信息如下：

```
command_directory = /usr/sbin
```

15.4.4　设置 Postfix 服务程序位置：daemon_directory

daemon_directory 配置项用来设置所有 Postfix 服务程序的位置。该目录的所有者必须为 root。默认配置信息如下：

```
data_directory = /var/lib/postfix
```

15.4.5　设置 Postfix 可写数据文件的位置：data_directory

data_directory 配置项用来设置 Postfix 服务可写数据文件的位置。该目录的所有者必须为 mail_owner 配置项的用户。默认配置信息如下：

```
data_directory = /var/lib/postfix
```

15.4.6　设置 Postfix 服务的所有者：mail_owner

mail_owner 配置项设置 Postfix 服务的邮件队列和大部分 Postfix 服务程序的所有者。

该配置项指定的用户名不与其他账户公用用户或组 ID，并且该账户没有自由文件或进程。注意，这里不能指定 nobody 或 daemon 用户，必须使用一个用于邮寄服务的用户。默认配置信息如下：

```
mail_owner = postfix
```

15.4.7　设置默认的权利：default_privs

default_privs 配置项指定用于为传输外部文件或命令的本地传输代理默认的权利。这些权利被使用在接收方用户环境中使用，不要指定一个特权用户或 Postfix 服务的所有者。默认配置信息如下：

```
default_privs = nobody
```

15.4.8　设置 Postfix 服务器使用的主机名：myhostname

myhostname 配置项设置 Postfix 服务器的主机名。默认使用完全合格域名。默认配置信息如下：

```
myhostname = host.domain.tld
```

15.4.9　设置 Postfix 服务器使用的邮件域：mydomain

mydomain 配置项用来设置本地 Postfix 服务器使用的域名。默认的配置信息如下：

```
mydomain = domain.tld
```

15.4.10　设置外发邮件时发件人地址中的邮件域名：myorigin

myorigin 配置项设置外发邮件时发件人地址中的邮件域名。为了使发件人和收件人地址之间一致，myorigin 也指定被追加到没有@domain 部分地址的域名。默认配置信息如下：

```
myorigin = $myhostname
myorigin = $mydomain
```

15.4.11　设置 Postfix 服务器监听的 IP 地址：inet_interfaces

inet_interfaces 设置 Postfix 服务监听的 IP 地址。默认监听所有活跃的地址。该配置项也能控制邮件投递给 user@[ip.address]。默认配置信息如下：

```
inet_interfaces = all
```

15.4.12　设置 Postfix 服务支持的协议：inet_protocols

inet_protocols 配置项设置 Postfix 服务支持的协议。支持的协议包括 IPv4 和 IPv6。默认监听所有协议，配置信息如下：

```
inet_protocols = all
```

15.4.13　设置 proxy/NAT 的邮件地址：proxy_interfaces

proxy_interfaces 配置项用来指定邮件系统通过 proxy 或 NAT 方式接收邮件的网络接口地址。该设置扩大了 inet_interfaces 配置项指定的地址列表。如果 Postfix 服务通过 proxy 或 NAT 接收邮件时，这个设置是必须的。默认配置信息如下：

```
proxy_interfaces = 1.2.3.4
```

15.4.14　设置可接收的邮件地址中的域名：mydestination

mydestination 配置项设置可接收的邮件地址中的域名。指定 local_transport 配置项设置传输代理，这些域名被解析到传输代理。默认 UNIX 兼容的传输代理在/etc/passwd 和/etc/aliases 或其他类似的文件中查找所有收件人。默认设置格式是 $myhostname+localhost.$mydomain。在邮件域网关中，也应该包括$mydomain。默认配置信息如下：

```
mydestination = $myhostname, localhost.$mydomain, localhost
```

15.4.15　查找用户名或地址的信息：local_recipient_maps

local_recipient_maps 配置项查找本地$mydestination、$inet_interfaces、$proxy_interfaces 这 3 个配置项中所有的用户名和地址表。如果该配置项被定义后，SMTP 服务器将拒绝本地不知名用户的邮件。默认配置信息如下：

```
local_recipient_maps = unix:passwd.byname $alias_maps
```

15.4.16　设置 SMTP 服务响应编码：unknown_local_recipient_reject_code

unknown_local_recipient_reject_code 配置项设置 SMTP 服务响应匹配$mydestination 或 ${proxy,inet}_interfaces 的接收域编码。当$local_recipient_maps 配置项接收地址非空或本地部分地址没有找见，该配置项才生效。默认设置为 550，但是它是比以 450 开始的安全，除非用户确定 local_recipient_maps 配置项设置正确。默认配置信息如下：

```
unknown_local_recipient_reject_code = 550
```

15.4.17　控制网络邮件转发：mynetworks_style

mynetworks_style 配置项是用于控制网络邮件转发的参数，可供选择的选项包含以下 3 种，主要用来设置可转发邮件网络的方式。

❑ class：Postfix 根据邮件主机的 IP 地址获取其网络类型，即 A 类、B 类或 C 类，并开放相应网段。例如，邮件服务器的 IP 地址为 192.168.1.1，这是一个 C 类网络的 IP 地址，则 Postfix 自动开放 192.168.1.0/24 整个 C 类网络的转发授权。

❑ subnet：Postfix 根据邮件服务器网络接口上所设置的 IP 地址、子网掩码决定开放的 IP 网段，这也是 Postfix 的默认设置。如果邮件服务器的 IP 地址为 192.168.1.1，子网掩码为 255.255.255.0，则 Postfix 开放 192.168.1.0/24 子网。

❑ host：Postfix 只开放本机的转发权限。

另外，用户可以手动设置 mynetworks 列表，使 Postfix 服务器忽略 mynetworks_style 的设置。mynetworks_style 默认的配置信息如下：

```
mynetworks_style = class
mynetworks_style = subnet
mynetworks_style = host
```

15.4.18　控制外发邮件的网络地址：mynetworks

mynetworks 配置项设置控制外发邮件的网络地址。该配置项可以指定一个文件的路径取代各种格式的列表。默认配置信息如下：

```
mynetworks = 168.100.189.0/28, 127.0.0.0/8
mynetworks = $config_directory/mynetworks
mynetworks = hash:/etc/postfix/network_table
```

这三个配置信息分别表示该配置项的一种设置格式。

15.4.19　设置转发显示参数：relay_domains

relay_domains 配置项限制系统传递邮件的目的地。可以使用 postconf 命令查看 smtpd_recipient_restrictions 配置项的详细信息。默认地，Postfix 服务传输来自到达任何目的地信任的客户端邮件。不信任的客户端匹配$relay_domains 或 subdomains 到达目的地，除了 sender-specified 路由地址。relay_domains 默认的值是$mydestination，配置信息如下：

```
relay_domains = $mydestination
```

15.4.20　查找匹配$relay_domains 的所有地址：relay_recipient_maps

relay_recipient_maps 配置项查找匹配$relay_domains 域名的所有地址表。该配置项被定义后，这个 SMTP 服务将拒绝不知名用户的邮件。配置信息如下：

```
#relay_recipient_maps = hash:/etc/postfix/relay_recipients
```

15.4.21　设置邮件流量控制：in_flow_delay

in_flow_delay 配置项实现邮件流量控制。该配置项的值设置为 0 时，表示禁用该功能。该配置项设置值的范围是 0～10。该功能默认是开启的，配置信息如下：

```
in_flow_delay = 1s
```

15.4.22　设置别名数据库的列表：alias_maps

alias_maps 配置项设置用于本地传输代理别名数据库的列表。默认依赖系统列表。如果改变了别名数据库，运行"postalias /etc/aliases"或简单地运行 newaliases 建立 DBM 或 DB 文件。配置信息如下：

```
alias_maps = dbm:/etc/aliases
alias_maps = hash:/etc/aliases
alias_maps = hash:/etc/aliases, nis:mail.aliases
alias_maps = netinfo:/aliases
```

15.4.23　设置别名数据库：alias_database

alias_database 配置项指定建立 newaliases 或 sendmail -bi 别名数据库。这是一个单独的配置参数，因为 alias_maps 参数可能指定表，但该表未必被 Postfix 服务控制。默认配置信息如下：

```
alias_database = dbm:/etc/aliases
alias_database = dbm:/etc/mail/aliases
alias_database = hash:/etc/aliases
alias_database = hash:/etc/aliases, hash:/opt/majordomo/aliases
```

15.4.24　设置用户名和地址之间的分隔符：recipient_delimiter

recipient_delimiter 配置项设置用户名和地址之间的分隔符。默认配置信息如下：

```
recipient_delimiter = +
```

15.4.25　设置邮件存储位置和格式：home_mailbox

home_mailbox 配置项设置邮件存储位置和格式。默认的邮箱文件是/var/spool/mail/user/ 或/var/mail/user。指定"Maildir/"格式为 qmail-style 传输，这里的"/"不能省略。在 Posttfix 服务器中，支持"Mailbox"和"Maildir/"两种常见的邮箱存储方式。这两种存储方式的区别如下。

- ❑ Mailbox：这种方式将同一用户的所有邮件内容存储在同一个文件中，通常对应为目录"/var/spool/mail"中以用户名命名的文件。Mailbox 存储方式相对比较古老，在邮件数量较多时查询和管理的效率较低。
- ❑ Maildir：这种方式使用目录结构来存储用户的邮件内容，每一个用户对应有一个文件夹，每一封邮件作为一个独立的文件保存。与 Mailbox 存储方式相比，Maildir 方式的存取速度和效率更好，而且对于管理邮件内容也更加方便。大多数较新的邮件服务器中，都采用了 Maildir 的邮件存储方式。

默认配置信息如下：

```
home_mailbox = Maildir/
```

15.4.26　设置 UNIX-style 邮箱的位置：mail_spool_directory

mail_spool_directory 配置项用来设置 UNIX-style 邮箱的位置。默认配置信息如下：

```
mail_spool_directory = /var/mail
mail_spool_directory = /var/spool/mail
```

15.4.27　设置代替邮件传输的外部命令：mailbox_command

mailbox_command 配置项设置用来代替邮件传输的外部命令。默认配置信息如下：

```
mailbox_command = /some/where/procmail
mailbox_command = /some/where/procmail -a "$EXTENSION"
```

15.4.28　设置使用 master.cf 文件中所指定的 lmtp 服务：mailbox_transport

mailbox_transport 配置项设置使用 master.cf 文件中所指定的 lmtp 服务。该配置项优先于 mailbox_command、fallback_transport 和 luser_relay 配置项。该配置项用来指定一个字符串为 transport:nexthop，其中，transport 是定义在 master.cf 文件中的邮件传输名；":nexthop" 是可选择的部分。如果使用该功能的用户没有在 UNIX 密码文件中，必须要更新在 main.cf 文件中 local_recipient_maps 配置项的设置，否则 SMTP 服务将拒绝 non-UNIX 用户的邮件。默认配置信息如下：

```
mailbox_transport = lmtp:unix:/var/lib/imap/socket/lmtp
```

通过以下设置可以提高 LMTP 传输 Cyrus-IMAPD 的效率。配置信息如下：

```
local_destination_recipient_limit = 300
local_destination_concurrency_limit = 5
```

15.4.29　设置在 master.cf 文件中的传输方式：fallback_transport

当邮件用户在系统中没有找见时，使用 fallback_transport 配置项指定的传输方式。该配置项优先于 luser_relay。默认配置信息如下：

```
fallback_transport = lmtp:unix:/var/lib/imap/socket/lmtp
```

15.4.30　指定一个可选的目标地址：luser_relay

luser_relay 配置项为匿名接收用户指定一个可选的目标地址。默认的 unknown@$mydestination、unknown@[$inet_interfaces]或 unknown@[$proxy_interfaces]作为无法投递的邮件被返回。默认的配置信息如下：

```
#luser_relay = $user@other.host
#luser_relay = $local@other.host
#luser_relay = admin+$local
```

15.4.31　设置使用模式查询表：header_checks

header_checks 配置项设置 Postfix 对邮件标头进行模式匹配检查。默认配置信息如下：

```
header_checks = regexp:/etc/postfix/header_checks
```

15.4.32　控制目标地址：fast_flush_domains

fast_flush_domains 配置项用来控制服务的目标地址。默认地，这个服务将转发邮件给所有的域名。配置信息如下：

```
fast_flush_domains = $relay_domains
```

15.4.33　响应 220 的欢迎信息：smtpd_banner

smtpd_banner 配置项设置 SMTP 服务 220 后的欢迎信息。有的用户喜欢看邮件版本信息，默认地没有显示版本。RFC 要求必须在文本的开始指定$myhostname。默认配置信息如下：

```
smtpd_banner = $myhostname ESMTP $mail_name
#smtpd_banner = $myhostname ESMTP $mail_name ($mail_version)
```

15.4.34　控制投递的邮件数目：local_destination_concurrency_limit

local_destination_concurrency_limit 配置项用来设置同时向本地同一个用户投递的邮件最大数量，默认值为 2。因为对本地同一收件人投递邮件时投递工作只能一个接一个地进行，所以设的值再大也没用。默认配置信息如下：

```
local_destination_concurrency_limit = 2
```

15.4.35　控制并发连接数：default_destination_concurrency_limit

default_destination_concurrency_limit 配置项控制初始化连接后对同一目标主机的最大并发连接数目，默认值为20。配置信息如下：

```
default_destination_concurrency_limit = 20
```

15.4.36　日志记录级别：debug_peer_level

debug_peer_level 配置项用来设置日志记录级别。当 SMTP 客户端、服务器主机名或地址匹配一个模式 debug_peer_list 配置项中，debug_peer_level 配置项值增加。默认配置信息如下：

```
debug_peer_level = 2
```

15.4.37   设置域名或网络模式列表：debug_peer_list

debug_peer_list 配置项用来设置域名或网络模式的列表。表格式可以为/file/name 模式和 type:name。当 SMTP 客户端、服务器主机名或地址匹配一个模式时，可以通过指定 debug_peer_level 配置项增加详细的日志记录级别。默认的配置信息如下：

```
debug_peer_list = 127.0.0.1
debug_peer_list = some.domain
```

15.4.38   指定外部命令：debugger_command

debugger_command 配置项指定被执行的外部命令。默认的配置信息如下：

```
debugger_command =
        PATH=/bin:/usr/bin:/usr/local/bin:/usr/X11R6/bin
        ddd $daemon_directory/$process_name $process_id & sleep 5
```

15.4.39   设置 sendmail 命令的全路径：sendmail_path

sendmail_path 配置项指定 Postfix 邮件服务器 sendmail 命令的全路径。默认的配置信息如下：

```
sendmail_path = /usr/sbin/sendmail.postfix
```

15.4.40   设置 newaliases 命令的全路径：newaliases_path

newaliases_path 配置项用来指定 Postfix 服务器 newaliases 命令的全路径。默认配置信息如下：

```
newaliases_path = /usr/bin/newaliases.postfix
```

15.4.41   设置 mailq 命令的全路径：mailq_path

mailq_path 配置项指定 Postfix 服务器 mailq 命令的全路径。默认的配置信息如下：

```
mailq_path = /usr/bin/mailq.postfix
```

15.4.42   设置邮件组名：setgid_group

setgid_group 配置项指定邮件队列管理命令的组名。默认的配置信息如下：

```
setgid_group = postdrop
```

15.4.43   设置 HTML 文档位置：html_directory

html_directory 配置项设置 Postfix 服务器 HTML 文档的位置。默认的配置信息如下：

```
html_directory = no
```

15.4.44　设置在线手册页的位置：manpage_directory

manpage_directory 配置项设置 Postfix 服务器在线手册页的位置。默认配置信息如下：

```
manpage_directory = /usr/share/man
```

15.4.45　设置模板配置文件位置：manpage_directory

manpage_directory 配置项设置 Postfix 服务器默认配置文件的位置。该配置项在 Postfix 2.1 版本中已过时。默认配置信息如下：

```
sample_directory = /usr/share/doc/postfix-2.6.6/samples
```

15.4.46　设置 README 文件位置：readme_directory

readme_directory 配置项用来设置 Postfix 服务 README 文件的位置。默认的配置信息如下：

```
readme_directory = /usr/share/doc/postfix-2.6.6/README_FILES
```

15.4.47　限制用户可发送的邮件大小：message_size_limit

message_size_limit 配置项用来限制用户可发送的邮件大小。Postfix 服务默认支持投递 10MB 大小的邮件，需要注意的是这是编码后的邮件大小，而经过 base64 编码后邮件大小一般会增大。如果需要更改发送邮件大小的值，修改 message_size_limit 配置项即可。默认配置信息如下：

```
message_size_limit = 10240000
```

15.4.48　限制用户的邮箱空间大小：mailbox_size_limit 和 virtual_mailbox_limit

在 Postfix 邮件服务中，根据邮件用户的类型、邮件存储的方式不同，可以分别采取不同的方法限制用户的邮箱空间大小。这两种方式的区别及默认配置信息如下：

- ❑ mailbox_size_limit 配置项主要针对使用 Mailbox 邮件存储方式的情况，默认的限制值为 50MB。该配置项对系统用户起作用。
- ❑ virtual_mailbox_limit 配置项主要针对虚拟邮件用户的情况，默认的值也是 50MB。安装了 VDA 补丁以后，该配置项对使用 Mailbox 或 Maildir 存储方式的用户都起作用。

```
mailbox_size_limit = 51200000
virtual_mailbox_limit = 51200000
```

15.4.49　设置虚拟邮箱存储目录的位置：virtual_mailbox_base

virtual_mailbox_base 配置项指定虚拟邮箱存储目录的路径起点。配置信息如下：

```
virtual_mailbox_base = /mailbox
```

15.4.50　设置虚拟邮件用户对应的别名文件位置：virtual_alias_maps

virtual_alias_maps 配置项指定虚拟邮件用户对应的别名文件位置。默认配置信息如下：

```
virtual_alias_maps = $virtual_maps
```

15.4.51　设置映射文件位置：virtual_mailbox_maps

virtual_mailbox_maps 配置项指定记录虚拟邮箱地址与存储位置对应关系的映射文件位置。配置信息如下：

```
virtual_mailbox_maps = mysql:/etc/postfix/mysql_virtual_mailbox_maps.cf
```

15.4.52　设置 Postfix 服务器接收的虚拟邮件域的域名：virtual_mailbox_domains

virtual_mailbox_domains 配置项设置 Postfix 服务器可以接收的虚拟邮件域的域名，作用类似于配置参数 mydestination。默认配置信息如下：

```
virtual_mailbox_domains = $virtual_mailbox_maps
```

15.4.53　设置所有虚拟邮件用户映射的本地用户的 UID 号：virtual_uid_maps

virtual_uid_maps 配置项设置索引虚拟邮件用户映射的本地用户的 UID 号。配置信息如下：

```
virtual_uid_maps = static:1000
```

15.4.54　设置所有虚拟邮件用户映射的本地组的 GID 号：virtual_gid_maps

virtual_gid_maps 配置项设置所有虚拟邮件用户映射的本地组的 GID 号。配置信息如下：

```
virtual_gid_maps = static:1000
```

15.4.55　是否启用 SMTP 认证：smtpd_sasl_auth_enable

smtpd_sasl_auth_enable 配置项用来设置是否启用 SMTP 认证。该配置项可以设置 YES

或 NO 来启用或禁止 SMTP 认证。配置信息如下：

```
smtpd_sasl_auth_enable = no
```

15.4.56　禁止匿名登录：smtpd_sasl_security_options

smtpd_sasl_security_options 配置项禁止匿名用户登录。默认配置信息如下：

```
smtpd_sasl_security_options = noanonymous
```

15.4.57　设置收件人地址过滤规则：smtpd_recipient_restrictions

smtpd_recipient_restrictions 配置项设置收件人地址过滤规则，其匹配策略是："从上至下逐条检测，有匹配即停止"。其中：

❑ permit_mynetworks：允许 IP 为 mynetworks 的客户使用本邮件系统寄出邮件。
❑ permit_sasl_authenticated：允许通过 SMTP 认证的用户向外发送邮件。
配置信息如下：

```
smtpd_recipient_restrictions = permit_mynetworks,permit_sasl_authenticated,
reject_unauth_destination
```

配置信息中 reject_unauth_destination 表示当收件人地址不包括在 Postfix 的授权网络内时，将拒绝发送该邮件。Postfix 的授权网络包括以下配置项指定的域及其子域，即 mydestination、inet_interfaces、virtual_alias_maps、virtual_mailbox_maps、relay_domains。

15.4.58　客户端连接速率和其他速率的超时值：anvil_rate_time_unit

anvil_rate_time_unit 配置项设置客户端连接速率和其他速率的超时值。默认值为 60s（秒），配置信息如下：

```
anvil_rate_time_unit = 60
```

15.4.59　anvil 频繁连接和速率限制服务日志最大值：anvil_status_update_time

anvil_status_update_time 配置项设置 anvil 频繁连接和速率限制服务日志最大值。默认值为 600s（秒），配置信息如下：

```
anvil_status_update_time = 600
```

15.4.60　配置文件位置：config_directory

config_directory 配置项设置 Postfix 服务的 main.cf 和 master.cf 配置文件的位置。默认的配置在/etc/postfix 目录下，可以执行 postconf -d 命令查看默认的配置信息。postconf 命令在后面将会进行讲解。配置信息如下：

```
config_directory = /etc/postfix
```

15.4.61　监视处理一个请求所需的时间：daemon_timeout

daemon_timeout 配置项用来监视 Postfix 服务守护进程处理一个请求所需的时间。默认值为 18000s（秒），配置信息如下：

```
daemon_timeout = 180000
```

15.4.62　限制发送或接收内部通信的时间：ipc_timeout

ipc_timeout 配置项限制发送或接收内部通信的时间。默认值为 3600s（秒），配置信息如下：

```
ipc_timeout = 3600
```

15.4.63　等待邮件传入连接的最大空闲时间：max_idle

max_idle 配置项设置除了队列管理之外的 postfix 服务器进程，等待新服务请求的闲置时间上限。默认值为 100s，配置信息如下：

```
max_idle = 100
```

15.4.64　设置处理服务请求的最大数量：max_use

max_use 配置项设置在 Postfix 守护进程退出之前，该服务请求被处理的最大数量。默认值为 100，配置信息如下：

```
max_use = 100
```

15.4.65　设置 Postfix 锁目录的位置：process_id_directory

process_id_directory 配置项设置 Postfix 锁目录的位置。它应该指定有关的队列目录，通常会是一个简单的队列目录的子目录。配置信息如下：

```
process_id_directory = pid
```

15.4.66　Postfix 的命令或守护进程的进程名：process_name

process_name 配置项设置 Postfix 的命令或守护进程的进程名。配置信息如下：

```
process_name = read-only
```

15.4.67　Postfix 记录的系统日志设备：syslog_facility

syslog_facility 配置项设置 Postfix 记录的系统日志设备。默认配置信息如下：

```
syslog_facility = mail
```

15.4.68　在邮件系统名称中添加进程名：syslog_name

syslog_name 配置项设置在系统日志记录的邮件系统名称中添加进程名。配置信息如下：

```
syslog_name = ${multi_instance_name:postfix}${multi_instance_name?$multi_
instance_name}
```

15.4.69　无法投递投递邮件的用户：2bounce_notice_recipient

2bounce_notice_recipient 配置项用来设置无法投递邮件的收件人。收件人不能将邮件返回到发件人。默认的配置信息如下：

```
2bounce_notice_recipient = postmaster
```

15.4.70　是否能处理日志文件记录：backwards_bounce_logfile_compatibility

backwards_bounce_logfile_compatibility 配置项设置是否处理额外的日志文件记录，并且该日志文件能被 Postfix 2.0 之前的版本读取。默认配置信息如下：

```
backwards_bounce_logfile_compatibility = yes
```

15.4.71　通知接收邮件主题的收件人：bounce_notice_recipient

bounce_notice_recipient 配置项设置邮局使用邮件的头消息，通知收件人该邮件和邮件的 SMTP 的沟通记录不能被发送。Postfix 邮件服务无法接收该邮件。配置信息如下：

```
bounce_notice_recipient = postmaster
```

15.4.72　限制邮件未送达返回信息的大小：bounce_size_limit

当某一邮件不可投递时，会生成一个无可投递的报告。bounce_size_limit 配置项限制该报告的大小。默认值为 50000 字节。配置信息如下：

```
bounce_size_limit = 50000
```

15.4.73　退信模板配置文件的路径：bounce_template_file

bounce_template_file 配置项设置退信模板配置文件的路径。配置信息如下：

```
bounce_template_file = /etc/postfix/bounce.cf
```

15.4.74　推迟通知收件人：delay_notice_recipient

delay_notice_recipient 配置项设置邮局通知邮件主题消息的收件人。该邮件不能在

$delay_warning_time 配置项设置的时间范围内投递。默认配置信息如下：

```
delay_notice_recipient = postmaster
```

15.4.75　试图获取邮箱文件或 bounce 日志文件的最大数量：deliver_ lock_attempts

deliver_lock_attempts 配置项设置试图获取一个单独的锁邮箱文件或 bounce 日志文件的最大数量。默认的值为 20。配置信息如下：

```
deliver_lock_attempts = 20
```

15.4.76　试图获取邮箱文件或 bounce 日志文件之间的时间：deliver_ lock_delay

deliver_lock_delay 配置项设置试图获取一个单独的锁邮箱文件或 bounce 日志文件之间的时间。默认值为 1s（秒）。配置信息如下：

```
deliver_lock_delay = 1
```

15.4.77　Postfix 生成邮件主题前队列内容检查的类别：internal_mail_ filter_classes

internal_mail_filter_classes 配置项设置生成什么类别的邮件队列之前，都将被 non_smtpd_milters，header_checks 和 body_checks 内容检查。配置信息如下：

```
internal_mail_filter_classes = bounce,notify
```

15.4.78　设置 Postfix 管理员报告错误时的信息级别：notify_classes

notify_classes 配置项用来设置 Postfix 管理员报告错时的信息级别。该配置项可以设置的级别有 bounce、2bounce、delay、policy、protocol、resource 和 software 共 7 种。这 7 种级别的区别如下：

❑ bounce：将不可以投递的邮件备份发送给 Postfix 管理员。出于个人隐私的缘故，该邮件的备份不包含信头。

❑ 2bounce：将投递两次都失败的邮件备份发送给 Postfix 管理员。

❑ delay：将邮件的投递延迟信息发送给管理员，仅仅包含信头。

❑ policy：将由于 UCE 规则限制而被拒绝的用户请求发送给 Postfix 管理员，包含整个 SMTP 会话的内容。

❑ protocol：将协议的错误信息或用户企图执行不支持的命令的记录发送给 Postfix 管理员。记录将包含整个 SMTP 会话的内容。

❑ resource：将由于资源错误而不可投递的错误信息发送给 Postfix 管理员。如队列文件写错误等等。

❏ software：将由于软件错误而导致不可投递的错误信息发送给 postfix 管理员。
默认的配置信息如下所示：

```
notify_classes = resource, software, bounce, 2bounce
```

15.4.79　不接收邮件标头：undisclosed_recipients_header

undisclosed_recipients_header 配置项设置不包含邮件标头的信息。该配置项仅在 Postfix
2.1 版本中设置才生效。配置信息如下：

```
undisclosed_recipients_header = To: undisclosed-recipients:;
```

15.4.80　检查邮件正文内容：body_checks

body_checks 配置项用来检查邮件正文的内容。配置内容如下：

```
body_checks = pcre:/etc/postfix/body_checks
```

15.4.81　检查非 MIME 信头：header_checks

header_checks 配置项设置检查非 MIME 信头的内容。配置内容如下：

```
header_checks = pcre:/etc/postfix/header_checks
```

15.4.82　检查正文部分的文字数：body_checks_size_limit

body_checks_size_limit 配置项设置在邮件正文部分检查的文字量。默认值为 51200，
配置信息如下：

```
body_checks_size_limit = 51200
```

15.4.83　检查 MIME 信头：mime_header_checks

mime_header_checks 配置项设置检查信头为 MIME 的内容。配置信息如下：

```
mime_header_checks = $header_checks
```

15.4.84　检查非 MIME 信头附加消息的内容：nested_header_checks

nested_header_checks 配置项设置检查非 MIME 信头的附加消息中的内容。配置信息 如下：

```
nested_header_checks = $header_checks
```

15.4.85　拒绝邮件内容中的字符集：message_reject_characters

message_reject_characters 配置项设置 Postfix 服务不支持的字符集。使用这些字符集的

邮件将被拒收。该配置项默认值为空。配置信息如下

```
message_reject_characters =
```

15.4.86　设置 Postfix 服务不支持的字符集：message_strip_characters

message_strip_characters 配置项设置 Postfix 服务不支持的字符集。如果邮件内容使用到这些字符集，这部分内容将被删除。该配置项默认值为空。配置信息如下：

```
message_strip_characters =
```

15.4.87　设置邮件过滤器：non_smtpd_milters

non_smtpd_milters 配置项设置邮件过滤器的列表。该列表只针对不是通过 smtpd 传输的邮件。配置信息如下：

```
non_smtpd_milters = unix:/var/run/dkim-milter/dkim.sock
```

15.4.88　邮件过滤器的协议版本：milter_protocol

milter_protocol 配置项设置邮件过滤器的协议版本和可选扩展协议通信 Milter 的应用程序。默认配置信息如下：

```
milter_protocol = 6
```

15.4.89　默认的操作：milter_default_action

milter_default_action 配置项设置当邮件过滤器的应用程序不可用或错误配置时，使用该默认的操作。配置信息如下：

```
milter_default_action = tempfail
```

15.4.90　设置邮件过滤器 Mailter 宏{daemon_name}的值：milter_ macro_daemon_name

milter_macro_daemon_name 配置项用来设置邮件过滤器程序 Mailter 所使用宏 {daemon_name}的值。配置信息如下：

```
milter_macro_daemon_name = $myhostname
```

15.4.91　设置邮件过滤器 Mailter 宏{v}的值：milter_macro_v

milter_macro_v 配置项用来设置邮件过滤器 Mailter 应用程序宏{v}的值。配置信息如下：

```
milter_macro_v = $mail_name $mail_version
```

15.4.92　设置连接到邮件过滤器的超时时间：milter_connect_timeout

milter_connect_timeout 配置项用来设置连接到邮件过滤器 Milter 应用程序的超时时间。设置时间值的格式是一个整数值加上一个可选字母为后缀，该后缀为指定的时间单位。时间单位可以是 s（seconds）、m（minutes）、h（hours）、d（days）、w（weeks）这 5 种情况。默认的时间单位是 s（seconds），配置信息如下：

```
milter_connect_timeout = 30s
```

15.4.93　设置发送 SMTP 命令到邮件过滤器的超时时间：milter_command_timeout

milter_command_timeout 配置项用来设置发送 SMTP 命令到邮件过滤器 Milter 应用程序的超时时间，并且接收该响应。设置时间值的格式是：一个整数值加上一个可选字母为后缀，该后缀为指定的时间单位。时间单位可以是 s（seconds）、m（minutes）、h（hours）、d（days）、w（weeks）这五种情况。该功能在 Postfix 2.3 及更高的版本是有用的。配置信息如下：

```
milter_command_timeout = 30s
```

15.4.94　邮件内容发送到邮件过滤器的时间限制：milter_content_timeout

milter_content_timeout 配置项用来设置邮件内容发送到 Milter 的邮件过滤器应用程序和接收响应的时间限制。配置信息如下：

```
milter_content_timeout = 300s
```

15.4.95　SMTP 连接结束后发送的宏指令：milter_connect_macros

milter_connect_macros 配置项用来设置一个 SMTP 连接结束后，该参数指定的指令被发送到邮件过滤器 Milter 应用程序。该功能在 Postfix 2.3 及更高的版本中是有用的。配置信息如下：

```
milter_connect_macros = j {daemon_name} v
```

15.4.96　SMTP 发送的 HELO 或 EHLO 命令：milter_helo_macros

milter_helo_macros 配置项用来设置 SMTP HELO 或 EHLO 命令执行后，该参数指定的宏指令被发送到邮件过滤器 Milter 应用程序。该功能在 Postfix 2.3 及更高的版本是有用的。配置信息如下：

```
milter_helo_macros = {tls_version} {cipher} {cipher_bits} {cert_subject}
```

```
{cert_issuer}
```

15.4.97　SMTP 发送的 MAIL FROM 命令：milter_mail_macros

milter_mail_macros 配置项用来设置 SMTP MAIL FROM 命令执行后，该参数指定的宏指令被发送到邮件过滤器 Milter 应用程序。该功能在 Postfix 2.3 及更高的版本是有用的。配置信息如下：

```
milter_mail_macros = i {auth_type} {auth_authen} {auth_author} {mail_addr}
{mail_host} {mail_mailer}
```

15.4.98　SMTP 发送的 RCPT TO 命令：milter_rcpt_macros

milter_rcpt_macros 配置项用来设置 SMTP RCPT TO 命令执行后，该参数指定的宏指令被发送到邮件过滤器 Milter 应用程序。该功能在 Postfix 2.3 及更高的版本有效。配置信息如下：

```
milter_rcpt_macros = i {rcpt_addr} {rcpt_host} {rcpt_mailer}
```

15.4.99　SMTP 发送的 DATA 命令：milter_data_macros

milter_data_macros 配置项设置 SMTP DATA 命令执行后，该参数指定的宏指令被发送到版本 4 或更高版本的邮件过滤器 Milter 应用程序。该功能在 Postfix 2.3 及更高的版本是有用的。配置信息如下：

```
milter_data_macros = i
```

15.4.100　发送未知的 SMTP 命令：milter_unknown_command_macros

milter_unknown_command_macros 配置项设置当一个未知的 SMTP 命令执行后，该参数指定的宏指令被发送到版本 3 或更高版本的邮件过滤器 Milter 应用程序中。该功能在 Postfix 2.3 及更高的版本中是有用的。配置信息如下：

```
milter_unknown_command_macros =
```

15.4.101　设置收到消息 end-of-data 后的操作：milter_end_of_data_ macros

milter_end_of_data_macros 配置项设置收到消息 end-of-data 后，该参数指定的宏指令发送到邮件过滤器 Milter 应用程序。该功能在 Postfix 2.3 及更高的版本是有用的。配置信息如下：

```
milter_end_of_data_macros = i
```

15.4.102　设置是否关闭 MIME 处理：disable_mime_input_processing

disable_mime_input_processing 配置项设置当接收邮件时，是否关闭 MIME 处理。该功能在 Postfix 2.0 及更高的版本中是有用的。默认配置信息如下：

```
disable_mime_input_processing = no
```

15.4.103　设置 MIME 多边界字符串的最大长度：mime_boundary_length_limit

mime_boundary_length_limit 配置项用来设置 MIME 邮件分段边界标识字符串的最大长度。该功能在 Postfix 2.0 及更高的版本中是有用的。默认值为 2048，配置信息如下：

```
mime_boundary_length_limit = 2048
```

15.4.104　MIME 处理器的最大递归级别：mime_nesting_limit

mime_nesting_limit 配置项设置 MIME 处理器将处理的最大递归级别。该功能在 Postfix 2.0 及更高的版本中是有用的。配置信息如下：

```
mime_nesting_limit = 100
```

15.4.105　是否启用 strict_7bit_headers 和 strict_8bitmime_body：strict_8bitmime

strict_8bitmime 配置项用来设置是否启用 strict_7bit_headers 和 strict_8bitmime_body 配置项。该功能不应该启用在普通的邮件服务器上，因为它可能拒绝合理的邮件。配置信息如下：

```
strict_8bitmime_body = no
```

15.4.106　拒绝邮件：strict_7bit_headers

strict_7bit_headers 配置项用来设置拒绝带有 8 个比特位文本消息头的邮件。该功能不应该启用在普通的邮件服务器上，因为它可能拒绝合理的邮件。配置信息如下：

```
strict_7bit_headers = no
```

15.4.107　拒绝 8 位的消息正文：strict_8bitmime_body

strict_8bitmime_body 配置项用来设置拒绝 8 个比特位的消息正文文本，该正文文本没有 8 个比特位 MIME 内容编码信息。该功能不应该启用在普通的邮件服务器上，因为它可能拒绝合理的邮件。配置信息如下：

```
strict_8bitmime_body = no
```

15.4.108　拒绝无效的 Content-Transfer-Encoding 邮件：strict_mime_encoding_domain

strict_mime_encoding_domain 配置项用来设置拒绝无效的 Content-Transfer-Encoding 消息邮件，该消息是为了 message/*或 multipart/*MIME 内容类型。该功能不应该启用在普通的邮件服务器上，因为它可能拒绝一次违规后的邮件。默认配置信息如下：

```
strict_mime_encoding_domain = no
```

15.4.109　自动检测 8BITMIME：detect_8bit_encoding_header

detect_8bit_encoding_header 配置项设置自动检测 8BITMIME 主体内容，通过其看 Content-Transfer-Encoding 消息。该功能在 Postfix 2.5 及更高的版本中是有用的。配置信息如下：

```
detect_8bit_encoding_header = yes
```

15.4.110　备份邮件：always_bcc

always_bcc 配置项设置将所有的 Postfix 邮件都备份到指定的邮箱。配置信息如下：

```
always_bcc = backup@test.com
```

15.4.111　备份邮件到指定的邮箱：sender_bcc_maps

sender_bcc_maps 配置项设置将收件人包含在 map 文件中的 Postfix 邮件备份到指定邮箱。该功能在 Postfix 2.5 及更高的版本中是有用的。配置信息如下：

```
sender_bcc_maps = hash:/etc/postfix/sender_bcc
```

15.4.112　备份邮件到指定的邮箱：recipient_bcc_maps

recipient_bcc_maps 配置项设置将收件人包含在 map 文件中的 Postfix 邮件备份到指定邮箱。该功能在 Postfix 2.1 及更高的版本中是有用的。配置信息如下：

```
recipient_bcc_maps = hash:/etc/postfix/recipient_bcc
```

15.4.113　设置邮件的收件人为空地址：empty_address_recipient

empty_address_recipient 配置项设置邮件地址的收件人为空地址。在 SMTP 命令中，Postfix 服务器不接收这样的地址。但是它们仍然被创建在本地，作为配置或软件错误的结果。配置信息如下所示：

```
empty_address_recipient = MAILER-DAEMON
```

15.4.114　设置地址映射 lookup tables：canonical_maps

canonical_maps 配置项用来设置邮件主题和信封的可选地址映射为 lookup tables。这个映射应用于发件人和收件人地址。信封和邮件主题都被 canonical_classes 参数控制。配置信息如下：

```
canonical_maps = canonical_maps = hash:/etc/postfix/canonical
```

15.4.115　设置信封和邮件主题收件人地址：recipient_canonical_maps

recipient_canonical_maps 配置项设置信封和邮件主题收件人地址的可选地址映射 lookup tables。配置信息如下：

```
recipient_canonical_maps = hash:/etc/postfix/recipient_canonical
```

15.4.116　设置信封和邮件主题发件人地址：sender_canonical_maps

sender_canonical_maps 配置项设置信封和邮件主题收件人地址的可选地址映射 lookup tables。配置信息如下：

```
sender_canonical_maps = hash:/etc/postfix/sender_canonical
```

15.4.117　设置伪装地址：masquerade_classes

masquerade_classes 配置项用来设置哪种从属于伪装地址。配置信息如下：

```
masquerade_classes = envelope_sender, header_sender, header_recipient
```

15.4.118　地址欺骗：masquerade_domains

masquerade_domains 配置项能实现地址欺骗的功能。地址欺骗只对发件人地址有作用。配置信息如下：

```
masquerade_domains = test.org
```

15.4.119　对特定的用户不进行地址欺骗：masquerade_exceptions

masquerade_exceptions 配置项设置对特定的用户不进行地址欺骗。配置信息如下：

```
masquerade_exceptions = root
```

15.4.120　设置地址扩展：propagate_unmatched_extensions

propagate_unmatched_extensions 配置项设置地址 lookup tables 复制一个地址扩展，从

查找问题的答案到查找结果。该配置项在 Postfix 2.0 版本之前才是可用的。配置信息如下：

```
propagate_unmatched_extensions = canonical, virtual
```

15.4.121　虚拟域位置：virtual_maps

virtual_maps 配置项设置虚拟域的位置。该配置项在 Postfix 2.0 版本及最高版本中是可用的。配置信息如下：

```
virtual_maps = hash:/etc/postfix/virtual
```

15.4.122　指定映射表：virtual_alias_maps

virtual_alias_maps 配置项用来指定映射表。该配置项在 Postfix 2.2 版本及最高版本中是可用的。配置信息如下：

```
virtual_alias_maps = $virtual_maps
```

15.4.123　地址映射：canonical_classes

canonical_classes 配置项用来设置那些地址从属于 canonical_maps 参数的地址映射。默认地，canonical_maps 地址映射适用于信封的发件人、收件人地址、邮件主题发件人和邮件主题收件人地址。该功能在 Postfix 2.2 和更高的版本中是有用的。配置信息如下：

```
canonical_classes = envelope_sender, envelope_recipient, header_sender,
header_recipient
```

15.4.124　地址映射：recipient_canonical_classes

recipient_canonical_classes 配置项设置哪些地址从属于 recipient_canonical_maps 参数的地址映射。默认地，recipient_canonical_maps 参数的地址映射适用于信封收件人地址和邮件主题收件人地址。该功能在 Postfix 2.2 和更高的版本是有用的。配置信息如下：

```
recipient_canonical_classes = envelope_recipient, header_recipient
```

15.4.125　地址映射：sender_canonical_classes

sender_canonical_classes 配置项设置那些地址从属于 sender_canonical_maps 参数的地址映射。默认地 sender_canonical_maps 地址映射适用于信封发件人地址和邮件主题发件人地址。该功能在 Postfix 2.2 和更高的版本中是有用的。配置信息如下：

```
sender_canonical_classes = envelope_sender, header_sender
```

15.4.126　重新消息头：remote_header_rewrite_domain

remote_header_rewrite_domain 配置项设置当该配置项为空时，从远程客户端重写邮件主题。否则，重写邮件主题并且追加指定的域名给不完整的地址。该配置项默认值为空。配置信息如下：

```
remote_header_rewrite_domain =
```

15.4.127　地址的最大数目：duplicate_filter_limit

duplicate_filter_limit 配置项设置地址想起的最大数目。通过地址副本过滤器，为 aliases 或 virtual 别名扩展，或者为 showq 队列显示。默认值为 1000，配置信息如下：

```
duplicate_filter_limit = 1000
```

15.4.128　最大量的存储器：header_size_limit

header_size_limit 配置项设置用于存储消息头最大量的存储器。默认值为 102400，单位为字节。配置信息如下：

```
header_size_limit = 102400
```

15.4.129　收件人的最大数：hopcount_limit

Received 配置项设置收件人的最大数。默认配置信息如下：

```
hopcount_limit = 50
```

15.4.130　设置地址标记的最大数目：header_address_token_limit

header_address_token_limit 配置项设置一个邮件主题地址标记的最大数目。如果该标记信息超过限制则被丢弃。配置信息如下：

```
header_address_token_limit = 10240
```

15.4.131　属性的最大数：queue_file_attribute_count_limit

queue_file_attribute_count_limit 配置项用来设置存储在 Postfix 邮件队列文件中属性的最大数。配置信息如下：

```
queue_file_attribute_count_limit = 100
```

15.4.132　地址的最大数目：virtual_alias_expansion_limit

virtual_alias_expansion_limit 配置项设置虚拟别名扩展产生的地址的最大数目，该地址是来自原始收件人的。配置信息如下：

```
virtual_alias_expansion_limit = 1000
```

15.4.133　虚拟别名扩展最大嵌套深度：virtual_alias_recursion_limit

virtual_alias_recursion_limit 配置项设置虚拟别名扩展最大嵌套深度。默认配置信息如下：

```
virtual_alias_recursion_limit = 1000
```

15.4.134　最大数的延迟值：delay_logging_resolution_limit

delay_logging_resolution_limit 配置项设置小数点后的位数最大的 sub-second 延迟值。该值的范围是 0～6 之间。默认配置信息如下：

```
delay_logging_resolution_limit = 2
```

15.4.135　接收队列里面信息标题的时间：delay_warning_time

delay_warning_time 配置项设置发件人收到一份邮件的主题的时间，该邮件仍然在队列中。启用该功能，指定一个时间值，该值的格式是：一个整数值加上一个可选字母为后缀，该后缀为指定的时间单位。时间单位可以是 s（seconds）、m（minutes）、h（hours）、d（days）、w（weeks）这 5 种情况。默认的时间单位是 h（hours）默认配置信息如下：

```
delay_warning_time = 0h
```

15.4.136　是否启用 X-Original 邮件消息主题的支持：enable_original_ recipient

enable_original_recipient 配置项设置是否启用 X-Original 邮件消息主题的支持。配置信息如下：

```
enable_original_recipient = yes
```

15.5　可执行文件

配置完成 Postfix 服务并启动服务后，可使用相应的命令来操作 Postfix 服务。本节将介绍这些命令的语法格式和使用方法。

15.5.1　Postfix 服务别名数据库维护：/usr/sbin/postalias

postalias 命令创建或请求一个或多个 Postfix 别名数据库或更新已存在的一个。输入和输出的文件格式被要求兼容 Sendmail 版本 8 和使用合适的 NIS 别名映射。Postfix 服务别名输入文件的格式被描述在 aliases 的 man 文件中。下面将介绍 postalias 命令的语法格式和使用方法。

postalias 命令的语法格式如下：

```
postalias [选项] [文件名]
```

常用选项含义如下。

- ❑ -c config_dir：读取 config_dir 定义的 main.cf 配置文件的位置，代替默认的配置目录。
- ❑ -d key：搜索 key 和删除指定的。
- ❑ -f：在创建或查询表时，不要折叠查找键为小写。
- ❑ -i：增量模式。从标准输入读取条目不截断一个现有的数据库。默认情况下，postailas 创建一个新的数据库。
- ❑ -N：终止空字符，包括查找密钥和值。
- ❑ -n：不终止空字符，包括查找密钥和值。
- ❑ -o：当使用一个非 root 用户输入文件时，不要释放 root 用户的权限。默认地，postalias 降低 root 权限并代替原文件的所有者运行。
- ❑ -p：当创建一个新文件时，不继承输入文件的访问权限。代替创建一个新文件默认的访问权限 644。
- ❑ -q key：添加搜索指定的键。
- ❑ -r：当更新一个表时，不用试图更新已存在条目和使用任何的更新方法。
- ❑ -s：找回所有数据库元素，并写一行 "key:value" 的输出为每个元素。每个元素按数据库的顺序显示，不是必须和原始的输入顺序相同。
- ❑ -v：启用详细日志记录用于调试目的。
- ❑ -w：当更新表时，不要试图更新已存在的条目而且忽略这些操作。

15.5.2   显示邮件队列文件内容：/usr/sbin/postcat

postcat 命令显示以可读形式命名的文件。这个文件被扩展为邮件队列格式文件。如果没有指定该文件，这个程序将标准输出。postcat 命令的语法格式如下：

```
postcat [选项]
```

常用选项含义如下。

- ❑ -c config_dir：读取 config_dir 定义的 main.cf 配置文件的位置，代替默认的配置目录。
- ❑ -o：显示每个记录偏移的文件。
- ❑ -q：搜索 Postfix 队列命名文件，代替真实的名字。
- ❑ -v：启用详细日志记录用于调试目的。

15.5.3   Postfix 服务配置程序：/usr/sbin/postconf

postconf 命令显示 Postfix 邮件服务配置参数现在的值、改变配置参数值或其他配置信息。postconf 命令的语法格式如下：

```
postconf [选项]
```

常用选项含义如下。

- ❏ -a：列出可用的 SASL 服务器认证类型。SASL 认证类型被 smtpd_sasl_type 配置参数指定的。该配置参数可以指定 cyrus 和 dovecot 之一。其中，cyrus 类型需要支持 Cyrus SASL；dovecot 类型需要使用 Dovecot 认证服务。
- ❏ -A：列出有用的 SASL 客户端认证类型。SASL 认证类型被 smtp_sasl_type 或 lmtp_sasl_type 配置参数指定。可以指定的类型为 cyrus。
- ❏ -b：在传输状态通知（DSN）邮件消息的时候，显示文本消息。
- ❏ -c config_dir：读取 config_dir 定义的 main.cf 配置文件的位置，代替默认的配置目录。
- ❏ -d：显示默认设置的参数取代现在的设置。
- ❏ -e：修改 main.cf 配置文件。该文件被复制为一个临时文件，然后重命名。在命令行中指定参数和值。
- ❏ -h：显示参数值。
- ❏ -l：列出所有支持的邮箱锁定方法的名称。目前的 Postfix 支持 flock、fcntl、dotlock 这 3 种。
- ❏ -m：列出所有支持查找表类型的名称。在 Postfix 配置文件中，查找表被指定格式为 type:name。
- ❏ -n：显示参数设置。该参数不保留在其内置的默认值，因为它们明确地在 main.cf 文件中被指定。
- ❏ -t：显示发送状态通知（DSN）邮件的模板。
- ❏ -v：启用详细日志记录用于调试目的。
- ❏ -#：修改 main.cf 配置文件。

【实例 15-1】　使用 postconf 命令的 -d 选项显示默认的配置信息。执行命令如下：

```
[root@mail ~]# postconf -d
2bounce_notice_recipient = postmaster
access_map_defer_code = 450
access_map_reject_code = 554
address_verify_default_transport = $default_transport
address_verify_local_transport = $local_transport
address_verify_map =
address_verify_negative_cache = yes
address_verify_negative_expire_time = 3d
address_verify_negative_refresh_time = 3h
address_verify_poll_count = ${stress?1}${stress:3}
address_verify_poll_delay = 3s
address_verify_positive_expire_time = 31d
address_verify_positive_refresh_time = 7d
address_verify_relay_transport = $relay_transport
address_verify_relayhost = $relayhost
address_verify_sender = $double_bounce_sender
address_verify_sender_dependent_relayhost_maps = $sender_dependent_
relayhost_maps
address_verify_service_name = verify
address_verify_transport_maps = $transport_maps
address_verify_virtual_transport = $virtual_transport
alias_database = hash:/etc/aliases
```

```
alias_maps = hash:/etc/aliases, nis:mail.aliases
allow_mail_to_commands = alias, forward
allow_mail_to_files = alias, forward
allow_min_user = no
allow_percent_hack = yes
allow_untrusted_routing = no
alternate_config_directories =
always_add_missing_headers = no
always_bcc =
anvil_rate_time_unit = 60s
anvil_status_update_time = 600s
append_at_myorigin = yes
append_dot_mydomain = yes
application_event_drain_time = 100s
authorized_flush_users = static:anyone
authorized_mailq_users = static:anyone
authorized_submit_users = static:anyone
backwards_bounce_logfile_compatibility = yes
berkeley_db_create_buffer_size = 16777216
berkeley_db_read_buffer_size = 131072
best_mx_transport =
biff = yes
body_checks =
body_checks_size_limit = 51200
bounce_notice_recipient = postmaster
bounce_queue_lifetime = 5d
bounce_service_name = bounce
bounce_size_limit = 50000
bounce_template_file =
broken_sasl_auth_clients = no
canonical_classes = envelope_sender, envelope_recipient, header_sender,
header_recipient
canonical_maps =
cleanup_service_name = cleanup
command_directory = /usr/sbin
command_execution_directory =
command_expansion_filter = 1234567890!@%-_=+:,./abcdefghijklmnopqrstuvw
xyzABCDEFGHIJKLMNOPQRSTUVWXYZ
command_time_limit = 1000s
...
```

该命令执行后，输出了大量的配置信息。这里由于章节的原因，省略一部分内容省略的部分使用“...”代替。

15.5.4　邮件工具：/usr/sbin/postdrop

postdrop 命令在 maildrop 目录下创建一个文件并且复制它标准输入这个文件。postdrop 命令的语法格式如下：

```
postdrop [选项]
```

常用选项含义如下。

❑ -c config_dir：读取 config_dir 定义的 main.cf 配置文件的位置，取代默认的配置目录。

❑ -r：使用 Postfix 的内部协议，从标准输入中读取消息，并在标准输出上报告状态信息。

❑ -v：启用详细日志记录用于调试目的。

【实例 15-2】　查看 postdrop 工具的详细日志信息。执行命令如下：

```
[root@mail maildrop]# postdrop -v
postdrop: dict_eval: const  mail
postdrop: dict_eval: const  all
postdrop: dict_eval: const
postdrop: dict_eval: const
postdrop: dict_eval: const
postdrop: name_mask: all
postdrop: dict_eval: const  mail.benet.com
postdrop: dict_eval: const  benet.com
postdrop: dict_eval: const  Postfix
postdrop: dict_eval: expand ${multi_instance_name:postfix}${multi_
instance_name?$multi_instance_name} -> postfix
postdrop: dict_eval: const  postfix
postdrop: dict_eval: const  postdrop
postdrop: dict_eval: expand $myhostname, $mydomain -> mail.benet.com,
benet.com
postdrop: dict_eval: expand $mydomain -> benet.com
postdrop: dict_eval: const
postdrop: dict_eval: const  /usr/libexec/postfix
postdrop: dict_eval: const  /var/lib/postfix
postdrop: dict_eval: const  /usr/sbin
postdrop: dict_eval: const  /var/spool/postfix
postdrop: dict_eval: const  pid
postdrop: dict_eval: const  192.168.1.1,127.0.0.1
postdrop: dict_eval: const
postdrop: dict_eval: const  double-bounce
postdrop: dict_eval: const  nobody
postdrop: dict_eval: const  hash:/etc/aliases
postdrop: dict_eval: const  20100319
postdrop: dict_eval: const  2.6.6
postdrop: dict_eval: const  hash
postdrop: dict_eval: const  deferred, defer
postdrop: dict_eval: const
postdrop: dict_eval: expand $mydestination -> mail.benet.com, benet.com
postdrop: dict_eval: expand $relay_domains -> mail.benet.com, benet.com
postdrop: dict_eval: const  TZ MAIL_CONFIG LANG
postdrop: dict_eval: const MAIL_CONFIG MAIL_DEBUG MAIL_LOGTAG TZ XAUTHORITY
DISPLAY LANG=C
postdrop: dict_eval: const  subnet
postdrop: dict_eval: const
postdrop: dict_eval: const  +=
postdrop: dict_eval: const  -=+
postdrop: dict_eval: const debug_peer_list,fast_flush_domains,mynetworks,
permit_mx_backup_networks,qmqpd_authorized_clients,relay_domains,smtpd_
access_maps
postdrop: dict_eval: const
postdrop: dict_eval: const  bounce
postdrop: dict_eval: const  cleanup
postdrop: dict_eval: const  defer
postdrop: dict_eval: const  pickup
postdrop: dict_eval: const  qmgr
postdrop: dict_eval: const  rewrite
postdrop: dict_eval: const  showq
postdrop: dict_eval: const  error
postdrop: dict_eval: const  flush
postdrop: dict_eval: const  verify
postdrop: dict_eval: const  trace
```

```
postdrop: dict_eval: const  proxymap
postdrop: dict_eval: const  proxywrite
postdrop: dict_eval: const
postdrop: dict_eval: const
postdrop: dict_eval: const  2
postdrop: dict_eval: const  100s
postdrop: dict_eval: const  100s
postdrop: dict_eval: const  100s
postdrop: dict_eval: const  100s
postdrop: dict_eval: const  3600s
postdrop: dict_eval: const  3600s
postdrop: dict_eval: const  5s
postdrop: dict_eval: const  5s
postdrop: dict_eval: const  1000s
postdrop: dict_eval: const  1000s
postdrop: dict_eval: const  10s
postdrop: dict_eval: const  10s
postdrop: dict_eval: const  1s
postdrop: dict_eval: const  1s
postdrop: dict_eval: const  1s
postdrop: dict_eval: const  1s
postdrop: dict_eval: const  500s
postdrop: dict_eval: const  500s
postdrop: dict_eval: const  18000s
postdrop: dict_eval: const  18000s
postdrop: dict_eval: const  1s
postdrop: dict_eval: const  1s
postdrop: name_mask: subnet
postdrop: inet_addr_local: configured 3 IPv4 addresses
postdrop: inet_addr_local: configured 3 IPv6 addresses
postdrop: been_here: 127.0.0.0/8: 0
postdrop: been_here: 192.168.1.0/24: 0
postdrop: mynetworks: 127.0.0.0/8 192.168.1.0/24
postdrop: dict_eval: const  127.0.0.0/8 192.168.1.0/24
postdrop: dict_eval: const  static:anyone
postdrop: chdir /var/spool/postfix
postdrop: open maildrop/63E585612F3
postdrop: send attr queue_id = 63E585612F3
queue_id63E585612F3
```

输出的信息中显示了详细的日志信息。最下面的一行就是所创建的文件,这时在 /var/spool/postfix/maildrop 目录下,将出现一个名为 63E585612F3 的文件。

15.5.5　Postfix 服务控制程序：/usr/sbin/postfix

postfix 命令通过启动、停止和检查 master 守护进程控制 Postfix 服务系统。默认地, postfix 命令设置一个标准的环境并且运行 postfix-script 脚本控制 Postfix 系统。然而,当支持配置多个 Postfix 实例时,postfix 执行 multi_instance_wrapper 配置参数指定的命令。可被执行的命令如下:

- ❏ check：警告坏的目录/文件的所有权或权限警告,并创建丢失的目录。
- ❏ start：启动 Postfix 邮件系统。
- ❏ stop：停止 Postfix 邮件系统。
- ❏ abort：突然停止 Postfix 邮件系统。正在运行的进程马上停止。
- ❏ flush：强制传输。尝试在推迟邮件队列中传送每封邮件。

❑ reload：重新加载配置文件。

❑ status：查看 Postfix 邮件系统当前运行状态。

❑ set-permissions：设置 Postfix 相关文件和目录的所有权。这些权限被指定在
postfix-files 文件中。

❑ upgrade-configuration：为了 Postfix 系统的运行，更新 main.cf 和 master.cf 文件中
Postfix 系统需要的信息。

postfix 命令的语法格式如下：

```
postfix [选项] command
```

常用选项含义如下。

❑ -c config_dir：读取 config_dir 定义的 main.cf 配置文件的位置，取代默认的配置
目录。

❑ -D：通过 debugger_command 配置参数所指定的调试器的控制下运行每个 postfix
守护进程。

❑ -v：启用详细日志记录用于调试目的。

【实例 15-3】　重新加载服务的配置信息。执行命令如下：

```
[root@mail ~]# postfix -D reload
postfix/postfix-script: refreshing the Postfix mail system
```

15.5.6　指定在本地传输通道的服务器：/usr/sbin/postkick

postkick 命令发送请求到指定在本地传输通道的服务器。该命令使用 Postfix 个人的 IPC
通道。postkick 命令的语法格式如下：

```
postkick [选项] [参数]
```

常用选项含义如下。

❑ -c config_dir：读取 config_dir 定义的 main.cf 配置文件的位置，取代默认的配置
目录。

❑ -v：启用详细日志记录用于调试目的。

参数含义如下。

❑ class：本地的传输通道端点一类的名称。该名称可以是 public（本地任何用户都可
以访问）或 private（只有管理员可以访问）。

❑ service：本地传输端点的名字命名的类。

❑ request：一个字符串。有效地要求列表是服务特定的。

15.5.7　锁定邮件文件夹并执行命令：/usr/sbin/postlock

postlock 命令为独立访问锁定文件并执行命令。锁定的方法与 Postfix UNIX-style 的本
地传输代理兼容。postlock 命令的语法格式如下：

```
postlock [选项] [参数]
```

常用选项含义如下。

❑ -c config_dir：读取 config_dir 定义的 main.cf 配置文件的位置，取代默认的配置目录。

❑ -l lock_style：覆盖通过 mailbox_delivery_lock 配置参数指定的锁方法。

❑ -v：启用详细日志记录用于调试目的。

常用参数含义如下。

❑ file：一个邮箱文件。用户应该对该文件有读写权限。

❑ command：当锁定独立访问的锁文件时，该命令被执行。该命令被直接执行（不被 Shell 解释器解释）。

15.5.8　Postfix 兼容日志记录实用程序：/usr/sbin/postlog

postlog 命令实现使用日志兼容的接口。默认情况下，postlog 在命令行中给定的文本，作为一个记录日志。如果没有在命令行上指定文本，postlog 命令从标准输入中读取。日志每个输入行作为一个记录。postlog 命令的语法格式如下：

```
postlog [选项]
```

常用选项含义如下：

❑ -c config_dir：读取 config_dir 定义的 main.cf 配置文件的位置，取代默认的配置目录。

❑ -i：在日志标签中包括进程 ID。

❑ -p priority：指定日志严重性。可以指定的值有 info、warn、error、fatal 或 panic。默认的是 info。

❑ -t tag：指定日志标签。

❑ -v：启用详细日志记录用于调试目的。

【实例 15-4】　查看 postlog 的日志记录信息。执行命令如下：

```
[root@mail ~]# postlog -v
postfix/postlog: dict_eval: const  mail
postfix/postlog: dict_eval: const  all
postfix/postlog: dict_eval: const
postfix/postlog: dict_eval: const
postfix/postlog: dict_eval: const
postfix/postlog: name_mask: all
postfix/postlog: dict_eval: const  mail.benet.com
postfix/postlog: dict_eval: const  benet.com
postfix/postlog: dict_eval: const  Postfix
postfix/postlog: dict_eval: expand ${multi_instance_name:postfix}${multi_
instance_name?$multi_instance_name} -> postfix
postfix/postlog: dict_eval: const  postfix
postfix/postlog: dict_eval: const  postdrop
postfix/postlog: dict_eval: expand $myhostname, $mydomain -> mail.benet.
com, benet.com
postfix/postlog: dict_eval: expand $mydomain -> benet.com
postfix/postlog: dict_eval: const
postfix/postlog: dict_eval: const  /usr/libexec/postfix
postfix/postlog: dict_eval: const  /var/lib/postfix
postfix/postlog: dict_eval: const  /usr/sbin
```

```
postfix/postlog: dict_eval: const  /var/spool/postfix
postfix/postlog: dict_eval: const  pid
postfix/postlog: dict_eval: const  192.168.1.1,127.0.0.1
postfix/postlog: dict_eval: const
postfix/postlog: dict_eval: const  double-bounce
postfix/postlog: dict_eval: const  nobody
postfix/postlog: dict_eval: const  hash:/etc/aliases
postfix/postlog: dict_eval: const  20100319
...
postfix/postlog: dict_eval: const  500s
postfix/postlog: dict_eval: const  18000s
postfix/postlog: dict_eval: const  18000s
postfix/postlog: dict_eval: const  1s
postfix/postlog: dict_eval: const  1s
postfix/postlog: name_mask: subnet
postfix/postlog: inet_addr_local: configured 3 IPv4 addresses
postfix/postlog: inet_addr_local: configured 3 IPv6 addresses
postfix/postlog: been_here: 127.0.0.0/8: 0
postfix/postlog: been_here: 192.168.1.0/24: 0
postfix/postlog: mynetworks: 127.0.0.0/8 192.168.1.0/24
postfix/postlog: dict_eval: const  127.0.0.0/8 192.168.1.0/24
```

输出的信息显示了 postlog 命令的日志信息。由于章节的原因，中间省略了一部分，使用 "..." 取代了。

15.5.9　查询表的管理：/usr/sbin/postmap

postmap 命令创建或请求一个或多个 Postfix 服务查询表，或者是更新一个已存在的表。要求输入和输出文件格式与 makemap file_type file_name < file_name 兼容。如果结果文件不存在，该文件将被创建与同组和作为其源文件的读取权限。postmap 命令的语法格式如下：

```
postmap [选项] [file_type:] file_name
```

常用选项含义如下。

❑ -b：启用邮件正文查询模式。

❑ -c config_dir：读取 config_dir 定义的 main.cf 配置文件的位置，取代默认的配置目录。

❑ -d key：查找和删除集合中输入的每一个键。当请求信息找到时，退出状态为 0。

❑ -f：在创建或查询表时，不要折叠查找键为小写。

❑ -h：启用邮件标题查询模式。

❑ -i：增量模式。从标准输入读取条目不截断一个现有的数据库。默认情况下，postailas 创建一个新的数据库。

❑ -m：结合-b 和-h 选项启用 MIME 的解析。

❑ -N：终止空字符，包括查找密钥和值。

❑ -n：不终止空字符，包括查找密钥和值。

❑ -o：当使用一个非 root 用户输入文件时，不要释放 root 用户的权限。默认地，postalias 降低 root 权限并代替原文件的所有者运行。

❑ -p：当创建一个新文件时，不继承输入文件的访问权限。代替创建一个新文件默认的访问权限 644。

- [ ] -q key：从指定的集合中搜索键，将找到的匹配值标准输出。
- [ ] -r：当更新一个表时，不用试图更新已存在条目和使用任何的更新方法。
- [ ] -s：找回所有数据库元素，并写一行 key:value 的输出为每个元素。每个元素按数据库的顺序显示，不是必须和原始的输入顺序相同。
- [ ] -v：启用详细日志记录用于调试目的。
- [ ] -w：当更新表时，不要试图更新已存在的条目而且忽略这些操作。
- [ ] file_type：数据库类型。key 执行 postconf -m 命令查找该命令支持的类型。postmap 命令支持任何文件类型，但是它只能创建 btree、cdb、dbm、hash 和 sdbm 这 5 种文件类型。
- [ ] file_name：重建数据库时，查找源文件的名称。

15.5.10　多实例管理：/usr/sbin/postmulti

postmulti 命令允许 Postfix 的管理员在单一的主机上管理多个 Postfix 的实例。postmulti 实现操作的两个基本模式，在 iterator 模式中，多个 Postfix 实例执行相同的命令。在 life-cycle management 模式中，它添加或删除一个实例，或者改变一个实例的多实例状态。每种操作模式有自己的命令语法。由于该原因，每个模式被记录在单独的以下部分。

iterator：模式下的选项含义如下。

- [ ] -a：默认地，在所有实例中执行操作。
- [ ] -g group：仅在指定组的成员中执行操作。
- [ ] -i name：仅为指定名称的实例中执行操作。用户可以指定实例名称或实例配置目录的绝对路径名。
- [ ] -R：返回迭代的顺序。
- [ ] -l：列出 Postfix 实例的实例名称。
- [ ] -p：避免 postfix 执行指定的命令。该选项实现 postfix-wrapper 接口。
- [ ] -x：为所有 Postfix 实例执行指定的命令。
- [ ] -v：启用详细日志记录用于调试目的。

life-cyle management 模式下的选项含义如下。

- [ ] -a：当创建或导入一个实例时，将新的实例放在辅助实例列表的前面。
- [ ] -g group：当创建或导入一个实例时，将新实例之前第一、二个实例放在指定组的成员。
- [ ] -i name：当创建或导入一个实例时，将新的实例匹配第二个实例。
- [ ] -I name：分配指定的实例名称给一个已存在的或新创建的或导入的实例。
- [ ] -G group：分配指定的组名称给一个已存在的或新创建的或导入的实例。
- [ ] -e action：编辑管理实例。支持的 action 有 init、create、import、destroy、deport、assign、enable 和 disable。
- [ ] -v：启用详细日志记录用于调试目的。

15.5.11　Postfix 邮件队列控制：/usr/sbin/postqueue

postqueue 命令实现了 Postfix 邮件队列管理。postqueue 命令的语法格式如下：

```
postqueue [选项]
```

常用选项含义如下。

❑ -c config_dir：读取 config_dir 定义的 main.cf 配置文件的位置，取代默认的配置目录。

❑ -f：尝试传递所有队列邮件。

❑ -i queue_id：指定队列 ID。

❑ -p：制作一个传统的 sendmail 类型队列。

❑ -s site：处理所有邮件队列网站。

❑ -v：启用详细日志记录用于调试目的。

15.5.12　Postfix 服务管理：/usr/sbin/postsuper

postsuper 命令维护邮件队列上的作业。命令的使用受超级用户限制。postsuper 命令使用-s 和-p 选项对所有 postfix 的队列目录执行请求的操作，包括传入的、积极的和延迟的目录和邮件文件。postsuper 命令语法格式如下：

```
postsuper [选项]
```

常用选项含义如下。

❑ -c config_dir：读取 config_dir 定义的 main.cf 配置文件的位置，取代默认的配置目录。

❑ -d queue_id：从命名队列 ID 命名的邮件队列中删除一个消息。

❑ -h queue_id：保留邮件。

❑ -H queue_id：释放保留的邮件。

❑ -p：清除旧的临时文件后遗留下来的系统或软件崩溃。

❑ -r queue_id：从命名队列 ID 的邮件队列重新排队。

❑ -s：结构检查和结构修理。

❑ -v：启用详细日志记录用于调试目的。

15.5.13　多线程的 SMTP/LMTP 服务：/usr/sbin/smtp-sink

smtp-sink 监听主机名和端口。它从网络使用 SMTP 邮件并丢弃它们，目的是为了衡量用户的性能。

❑ -4：仅支持 IPv4 协议。

❑ -6：仅支持 IPv6 协议。

❑ -8：不宣告支持 8BITMIME。

❑ -a：不宣告支持 SASL 认证。

❑ -A delay：等待延迟多少秒后响应数据，然后提前终止 550 回复状态。

❑ -c：显示运行计算器 SMTP 会话结束时更新。

❑ -C：禁用 XCLIENT 支持。

❑ -d dump-template：添加指定邮件传输的存储文件命名方式。

❑ -D dump-template：为多信息转存文件添加邮件事务处理。

❑ -e：不宣告支持 ESMTP。

❑ -E：不宣告支持 ENHANCEDSTATUSCODES。

❑ -f command：使用严重的（5xx）错误代码拒绝指定的命令。

❑ -F：显示 XFORWARD 支持。

❑ -h hostname：使用 SMTP 问候语中的主机名，响应 HELO 和 EHLO 命令。

❑ -L：启用 LMTP 而不是 SMTP。

❑ -m count：smtp-sink 处理同时连接的最大数目的上限。默认的值是 256。

❑ -M count：终止后接收计数消息。

❑ -p：不宣告支持多线程的 ESMTP 命令。

❑ -P：更改问候服务器。

❑ -q command：接收一个指定的命令后，断开连接（没有响应）。

❑ -Q command：发送 421 答复并接收一个指定的命令后端口连接。

❑ -r command：使用轻松的（4xx）错误代码拒绝指定的命令。该选项包含-p。

❑ -R root-directory：改变根目录进程到指定的位置。

❑ -s command：named 命令登录到 syslogd。

❑ -S start-string：一个被前置的字符串。每个消息被写入转储文件。

❑ -t timeout：用于接收命令或发送一个响应时间限制。默认的值是 100。

❑ -T windowsize：覆盖默认的 TCP 窗口大小。指定的值范围是 0～65 536 之间。

❑ -u username：切换到指定的用户权限打开网络套接字后，可以改变进程的根目录。

❑ -v：显示 SMTP 会话。

❑ -w delay：响应数据命令前的延迟时间。

❑ -W command:delay[:odds]：等待延迟多长时间后响应命令。

15.5.14　多线程的 SMTP/LMTP 测试器：/usr/sbin/smtp-source

smtp-source 命令连接到指定的主机和 TCP 端口（默认端口为 25），并发送一个或多个消息。smtp-source 命令的语法格式如下：

```
smtp-source [选项]
```

常用选项含义如下。

❑ -4：使用 Ipv4 地址连接服务器。

❑ -6：使用 IPv6 地址连接服务器。

❑ -A：当服务器发送其他的东西不同于期望的代码时，不要停止。

❑ -c：每次递增 SMTP DATA 命令完成，显示正在运行的计数器。

❑ -C count：当主机发送 RESET，而不是 SYN/ACK 时，计算放弃前的时间。默认值是 1。

❑ -d：发送消息后，不要断开连接。发送下一个消息给相同的连接。

❑ -f from：使用指定的发送地址。

❑ -F file：在指定的文件发送 pre-formatted 消息头和身体。

- ❑ -l length：发送长度字节作为消息有效载荷。该长度不包括消息头部。
- ❑ -L：启用 LMTP 而不是 SMTP。
- ❑ -m message_count：发送指定消息的数目。默认值为 1。
- ❑ -M myhostname：使用指定的主机名或地址在 HELO 命令中，并且使用默认的发件人和收件人地址，而不是主机名。
- ❑ -N：每个收件人地址前面加上非重复序列号。
- ❑ -o：不发送 HELO 和消息头部。
- ❑ -r recipient_count：发送指定收件人的数量。默认值为 1。
- ❑ -R interval：等待两个消息的时间间隔。
- ❑ -s session_count：并行运行指定的 SMTP 会话。默认值为 1。
- ❑ -S subject：发送带命名的主题邮件。
- ❑ -t to：使用指定的收件人地址。
- ❑ -T windowsize：覆盖默认 TCP 窗口大小。指定范围的值为 0～65 536。
- ❑ -v：显示更详细的信息，用于调试。
- ❑ -w interva：等待消息之间最大的时间。
- ❑ [inet:]host[:port]：通过 TCP 主机、端口连接。默认端口是 smtp。
- ❑ unix:pathname：连接 UNIX 域套接字路径名。

15.6　其他配置文件

Postfix 服务中除了上面介绍的各类文件，还有一些文件需要了解。本节将介绍这些文件的作用。

15.6.1　日志文件：/var/log/maillog

maillog 文件是 Postfix 服务的日志文件。该文件中记录了 Postfix 服务器的运行状态信息，包括启动、出错及其他 SMTP 服务器的会话信息等。可以根据该文件的信息来判断 Postfix 服务器是否正常。下面看部分日志记录信息：

```
Aug 27 17:35:44 www postfix/smtpd[2391]: connect from Server01.benet.com
[192.168.1.10]
Aug 27 17:36:29 www postfix/smtpd[2391]: C5CD95612EA: client=Server01.
benet.com[192.168.1.10]
Aug 27 17:37:01 www postfix/cleanup[2398]: C5CD95612EA: message-id=<>
Aug 27 17:37:01 www postfix/qmgr[2374]: C5CD95612EA: from=<zhang@benet.
com>, size=230, nrcpt=1 (queue active)
Aug 27 17:37:01 www postfix/local[2403]: C5CD95612EA: to=<lisi@benet.com>,
relay=local, delay=42, delays=42/0.01/0/0.01, dsn=2.0.0, status=sent
(delivered to maildir)
Aug 27 17:37:01 www postfix/qmgr[2374]: C5CD95612EA: removed
Aug 27 17:37:36 www postfix/smtpd[2391]: disconnect from Server01.benet.
com[192.168.1.10]
```

这部分信息记录了 192.168.1.10 的客户端通过用户服务器发送邮件的过程。其中，发送邮件的用户为 zhang，接收邮件的用户为 lisi。

15.6.2　规定 Postfix 运行时的参数：/etc/postfix/master.cf

master.cf 文件主要用来规定 Postfix 运行时的参数。默认情况下，该文件已经配置完成，不需要进行修改。

15.6.3　Postfix 的存取控制文件：/etc/postfix/access

access 文件是 Postfix 的存取控制文件，功能与 sendmail 的配置文件/etc/sendmail/access 相同。主要是用来设置开放传递，拒绝联机的来源或者 IP 地址等信息。/etc/sendmail/access 文件需要先在 main.cf 中启用，并使用 postmap 处理为数据库，才能生效。

15.6.4　定义 Postfix 别名的数据库：/etc/aliases

aliases 文件用来定义 Postfix 别名的数据库。在该文件中，每一行对应为一条别名设置记录，配置格式为"别名:地址 1,地址 2,地址 3,......"。在对"/etc/aliases"文件的内容进行修改后，需要执行 newaliases 命令，以便更新生成"/etc/aliases.db"数据库文件。配置信息如下：

```
student: zhangsan,lisi,mike,john
```

15.6.5　Postfix 的会话数和请求的速率控制：/usr/libexec/postfix/anvil

anvil 服务维护统计客户端连接数或请求速率。该信息能被用于抵御客户端向服务器发送大量的并发会话或太多的连续配置请求。如果要配置低速率邮件系统，修改 main.cf 文件后自动作为 anvil 进程在限量的时间内运行。其他的邮件系统，使用 postfix reload 命令重新加载，使配置生效。

15.6.6　Postfix 的传递状态报告：/usr/libexec/postfix/bounce

bounce 守护进程维护传输状态信息的每个消息日志文件。每个日志文件（对应的队列文件）被命名后保存在 master.cf 文件中。

15.6.7　Postfix 规范化和排队的消息：/usr/libexec/postfix/cleanup

cleanup 服务于 trivial-rewrite 对邮件的格式进行整理重写。所谓的整理重写就是补足邮件中遗漏的标头字段。

15.6.8　Postfix 丢弃邮件传输代理：/usr/libexec/postfix/discard

discard 传输代理进程发送请求的队列管理器。每个请求指定一个队列文件，一个发送地址、一个域名或主机名被信任作为丢弃的邮件和接收信息的原因。该原因可能使用

RFC3463 兼容的详细信息代码。该程序计划从主进程管理器运行。

15.6.9　Postfix 出错或重试邮件传输代理：/usr/libexec/postfix/error

Postfix 的 error 传输代理进程处理队列管理器的请求。每个请求指定一个队列文件和一个发送地址为未送达和收件人信息的原因。其原因可能是 Postfix 使用 RFC3463 兼容的详细信息代码。

15.6.10　Postfix 快速更新服务器：/usr/libexec/postfix/flush

flush 服务保持延迟邮件到达目的地的记录。该信息用于提高性能的 SMTP ETRN 请求。

15.6.11　SMTP+LMTP 客户端：/usr/libexec/postfix/lmtp

PostfixSMTP+LMTP 客户端实现了 SMTP 和 LMTP 邮件传输协议。它处理从队列管理器传送请求的消息。

15.6.12　Postfix 服务的主程序：/usr/libexec/postfix/master

master 守护进程是运行 Postfix 进程的固定进程。守护进程通过网络发送或接收消息来传输本地邮件等。这些守护进程上创建一个可配置每个服务的最大数量的需求。

15.6.13　传输给外部命令：/usr/libexec/postfix/pipe

pipe 守护进程请求 Postfix 的队列管理器将邮件传递给外部命令。该守护进程更新队列文件和标记收件人完成后，或者通知队列管理器一段时间后再次尝试。传输状态报告发送给 bounce、dafer 或 trace 守护进程。

15.6.14　查找代理服务表：/usr/libexec/postfix/proxymap

proxymap 服务提供只读或只写查找 Postfix 服务进程表。该服务执行明显的服务名，分别为 proxymap 和 proxywrite。

15.6.15　Postfix 服务队列管理：/usr/libexec/postfix/qmgr

qmgr 守护进程等待传入邮件的到来，其邮件的传输通过 Postfix 传输进程安排。实际的邮件策略被授权为 trivial-rewrite 守护进程。

15.6.16　QMQP 服务：/usr/libexec/postfix/qmqpd

qmqpd 服务接收每个连接的消息。每个消息通过管道 cleanup 守护进程，并且作为一个单一的队列文件被放置到输入队列。QMQP 服务实现访问策略：只有明确授权的客户端主机被允许使用该服务。

15.6.17　Postfix 的共享连接缓存服务器：/usr/libexec/postfix/scache

scache 服务维护一个共享多连接缓存。该信息可以被使用，如 Postfix 的 SMTP 客户端或其他 Postfix 传输代理。

15.6.18　列出 Postfix 邮件队列：/usr/libexec/postfix/showq

showq 守护进程报告 Postfix 邮件队列状态。它是模拟 sendmail "mailq" 命令的程序。showq 守护进程也能够在单机模式下由超级用户运行。当 Postfix 邮件系统停机时，在单机工作模式下用于模拟 mailq 命令。

15.6.19　SMTP 服务：/usr/libexec/postfix/smtpd

SMTP 服务器接受网络连接请求，并执行处理 0 个或多个 SMTP 连接。每个收到的消息是通过管道 cleanup 守护进程，并且作为一个单一的队列文件被放置到输入队列。

15.6.20　spaner 外部命令：/usr/libexec/postfix/spawn

spawn 守护进程提供 inetd 的 Postfix 环境。它监听在 master.cf 文件中指定的端口，并且每建立一个连接产生一个外部命令。

15.6.21　Postfix 的 TLS 会话缓存和 PRNG 管理：/usr/libexec/postfix/tlsmgr

tlsmgr 管理 Postfix 的 TLS 会话缓存。它存储和检索缓存条目被 smtpd 和 smtp 进程请求，并且定期删除条目。tlsmgr 也管理 PRNG（pseudo random number generator）池。

15.6.22　Postfix 的地址重写和解析程序：/usr/libexec/postfix/trivial-rewrite

trivial-rewrite 守护进程处理 3 种类型客户服务请求。分别为 rewrite、resolve、verify。这 3 种服务请求介绍如下。

❑ rewrite context address：重写标准形式的地址，根据地址重写上下文件。
❑ resolve sender address：解析这个地址由 transport、nexthop、recipient、flags 这 4 部分组成。其中 transport 表示使用传输代理；nexthop 表示主机发送和可选的传输方法的信息；recipient 表示信封收件人地址被传送给 nexthop；flages 表示地址类、地址是否需要中继，是否地址有问题、该请求是否失败。
❑ verify sender address：为地址验证的目录进行解析地址。

15.6.23　虚拟域名邮件传输代理：/usr/libexec/postfix/virtual

virtual 传输代理为虚拟邮件服务设计的。最初是基于 Postfix 本地传输代理，此代理查找收件人与详细的收件人地址，而不是使用 hard-coded 的 UNIX 口令文件查找本地部分地址。

15.7　实　例　应　用

为了能够更深地理解 Postfix 服务配置文件中的配置项，本节演示如何配置一个具体的实例。

服务器所使用的相关配置环境如下。

（1）IP 地址：192.168.1.1/24。

（2）邮件域：@benet.com 或@mail.benet.com。

（3）主机名：mail.benet.com。

（4）邮件账号：使用本地系统用户。

（5）POP3/IMAP 服务器软件：使用 POP3 和 Dovecot 软件包。

（6）域名服务器：使用预先假设的 DNS 服务器，已做好 benet.com 域的解析设置，并为该域添加了到 192.168.1.1 的 MX 邮件交换记录。

【实例 15-5】　根据上述环境要求，配置 Postfix 服务器。具体步骤如下。

（1）编辑 main.cf 文件，调整 Postfix 的基本运行参数。

```
[root@mail ~]# vi /etc/postfix/main.cf
inet_interfaces = 192.168.1.1,127.0.0.1
myhostname = mail.benet.com
mydomain = benet.com
myorigin = $mydomain
mydestination = $mydomain,$myhostname
home_mailbox = Maildir/
```

在上述配置中，将 mydestination 配置项设置为"$mydomain,$myhostname"后，则发送到 xxx@benet.com 和 xxx@mail.benet.com 的邮件都可以被 Postfix 服务器接收。各邮箱用户的邮件将被投递到各自宿主目录下的 Maildir 子目录中。

（2）添加邮件用户的账号。

Postfix 服务器默认使用本机中的系统用户作为邮件账号，因此只需要添加 Linux 用户账号即可。测试时，可以添加两个邮件账号 zhang 和 lisi，并为其设置密码。

```
[root@mail ~]# groupadd mailusers        #创建组 mailusers
[root@mail ~]# useradd -g mailusers -s /sbin/nologin zhang
                                         #创建用户 zhang，所属组为 mailusers
[root@mail ~]# useradd -g mailusers -s /sbin/nologin lisi
                                         #创建用户 zhang，所属组为 mailusers
[root@mail ~]# passwd zhang               #为用户 zhang 设置密码
更改用户 zhang 的密码 。
新的密码：
```

```
重新输入新的密码：
passwd：所有的身份验证令牌已经成功更新。
[root@mail ~]# passwd lisi                              #为用户 lisi 设置密码
更改用户 lisi 的密码 。
新的密码：
重新输入新的密码：
passwd：所有的身份验证令牌已经成功更新。
[root@mail ~]#
```

因邮件用户并不需要使用 Shell 登录 Linux 系统，因此设为“/sbin/nologin”以禁止登录。

（3）重新加载 Postfix 服务，使 mail.cf 配置文件的内容生效。

```
[root@mail ~]# postfix reload
postfix/postfix-script: refreshing the Postfix mail system
```

（4）测试邮件服务。

15.8　测　试　服　务

为了验证 Postfix 服务的配置信息，需要学习测试该服务的一些工具及验证方法。本节将分别介绍在 Linux 和 Windows 下邮件客户端的配置及使用的方法。

15.8.1　Linux 邮件客户端

本节根据第 15.7 节配置的环境，现在来测试该邮件服务器。

【实例 15-6】　SMTP 发送测试邮件。

使用 telnet 命令登录邮件服务器的 25 端口，并输入相关的 SMTP 命令，以邮件账户 zhang@benet.com 作为发件人，给 lisi@benet.com 发送一封测试邮件。过程如下：

```
[root@mail ~]# telnet 192.168.1.1 25
Trying 192.168.1.1...
Connected to 192.168.1.1.
Escape character is '^]'.
220 mail.benet.com ESMTP Postfix
HELO 192.168.1.10                           //宣告客户端主机地址
250 mail.benet.com
MAIL FROM: zhang@benet.com                  //告知服务器发件人地址
250 2.1.0 Ok
RCPT TO: lisi@benet.com                      //告知服务器收件人地址
250 2.1.5 Ok
DATA                                         //告知服务器要传送数据
354 End data with <CR><LF>.<CR><LF>
Subject: A Test Mail                         //设置邮件主题

HELLO!                                       //输入信件的内容，最后以点号“.”结束
This is a test mail!
.
250 2.0.0 Ok: queued as 2D6A05612EA
QUIT                                         //断开连接并退出
```

```
221 2.0.0 Bye
Connection closed by foreign host.
```

邮件发送并投递成功以后，可以到服务器中 lisi 用户的宿主目录下进行查看，刚接收到的邮件保存在 Maildir 子目录中。

```
[root@mail ~]# cat /home/lisi/Maildir/new/1377596221.V803I140033M968782.
mail
Return-Path: <zhang@benet.com>
X-Original-To: lisi@benet.com
Delivered-To: lisi@benet.com
Received: from client (Server01.benet.com [192.168.1.10])
    by mail.benet.com (Postfix) with SMTP id C5CD95612EA
    for <lisi@benet.com>; Tue, 27 Aug 2013 17:36:19 +0800 (CST)
Subject: A Test Mail

HELLO!
This is a test mail!
```

通过以上测试过程，已经看到 Postfix 服务器可以成功地发送并投递邮件了。但是能够在服务器上查看收到的邮件信息。若要使邮件收件人能够从其他主机接收或查看邮件内容，还需要进一步安装 POP3 或 IMAP 服务器以提供邮件下载服务。

Dovecot 是一个安全性较好的 POP3/IMAP 服务器软件，响应速度快而且扩展性好。Dovecot 也默认使用 Linux 的系统用户，并通过 PAM（Pluggable Authentication Module，可插拔认证模块）方式进行身份认证，通过认证的用户才可以从邮箱中收取邮件。

【实例 15-7】　构建 Dovecot 服务来接收邮件。具体步骤如下。

（1）安装 Dovecot 软件包。为了方便，这里安装 Dovecot 的 RPM 软件包。

```
[root@mail ~]# mount /dev/cdrom /mnt/cdrom/
mount: block device /dev/sr0 is write-protected, mounting read-only
[root@mail ~]# rpm -ivh /mnt/cdrom/Packages/dovecot-2.0.9-5.el6.i686.rpm
warning:  /mnt/cdrom/Packages/dovecot-2.0.9-5.el6.i686.rpm:  Header  V3
RSA/SHA256 Signature, key ID fd431d51: NOKEY
Preparing...              ########################################### [100%]
   1:dovecot              ########################################### [100%]
```

（2）配置 Dovecot 服务的主配置文件 dovecot.conf。

```
[root@mail ~]# vi /etc/dovecot/dovecot.conf
protocols = imap pop3 lmtp
disable_plaintest_auth = no
mail_location = maildir:~/Maildir
ssl = no
```

（3）启动 Dovecot 服务，并验证其监听的 TCP 端口（110、143）。

```
[root@mail ~]# service dovecot start
正在启动 Dovecot Imap:                              [确定]
[root@mail ~]# netstat -antpul | grep dovecot
tcp       0      0 0.0.0.0:110    0.0.0.0:*       LISTEN    3066/dovecot
tcp       0      0 0.0.0.0:143    0.0.0.0:*       LISTEN    3066/dovecot
tcp       0      0 :::110         :::*            LISTEN    3066/dovecot
tcp       0      0 :::143         :::*            LISTEN    3066/dovecot
```

（4）开放防火墙的 110 端口。

```
[root@mail ~]# iptables -I INPUT -p tcp --dport 110 -j ACCEPT
```

（5）POP3 接收邮件测试。

使用 telnet 命令登录到邮件服务器的 110 端口，并输入相关的 POP3 命令，以 lisi@benet.com 邮件账户身份查看接收到的邮件内容。过程如下：

```
[root@client ~]# telnet 192.168.1.1 110
Trying 192.168.1.1...
Connected to 192.168.1.1.
Escape character is '^]'.
+OK Dovecot ready.
user lisi                              //使用系统用户 lisi 登录
+OK
pass 123.com                           //登录密码为 123.com
+OK Logged in.
list                                   //查看邮件列表
+OK 1 messages:
1 323
.
retr 1                                 //收取并查看第一封邮件的内容
+OK 323 octets
Return-Path: <zhang@benet.com>
X-Original-To: lisi@benet.com
Delivered-To: lisi@benet.com
Received: from client (Server01.benet.com [192.168.1.10])
    by mail.benet.com (Postfix) with SMTP id C5CD95612EA
    for <lisi@benet.com>; Tue, 27 Aug 2013 17:36:19 +0800 (CST)
Subject: A Test Mail

HELLO!
This is a test mail!
.
quit                                   //断开连接并退出
+OK Logging out.
Connection closed by foreign host.
```

15.8.2　Windows 邮件客户端

在前一部分内容中，先后介绍了使用 telnet 命令进行发信、收信的测试过程，这种方式相对更加直接和有效。但是，对于多数的普通电子邮件用户来说，图形界面的邮件客户端软件（MUA）要更受欢迎。本节以 Windows 系统中的 Foxmail 邮件客户端软件为例，验证邮件服务器的发信和收信功能。

【实例 15-8】　设置邮件客户端软件 Foxmail 操作步骤如下。

（1）下载 Foxmail 软件并安装。该软件安装比较简单，这里就不做讲解了。

（2）在 Windows 7 系统中，依次选择"开始菜单"|"所有程序"|Foxmail 命令，即可打开 Foxmail 程序，如图 15.3 所示。

（3）在使用邮件客户端软件进行发信、收信之前需要先设置一个邮件账号。要设置的内容包括邮件账号名称、登录口令、SMTP 服务器的地址和 POP3 服务器的地址。如果刚安装成功 Foxmail 软件，使用时要求创建用户。如果已经使用过该软件的打开如图 15.3 所示的界面，这时依次选择"工具"|"账号管理"命令打开如图 15.4 所示对话框。

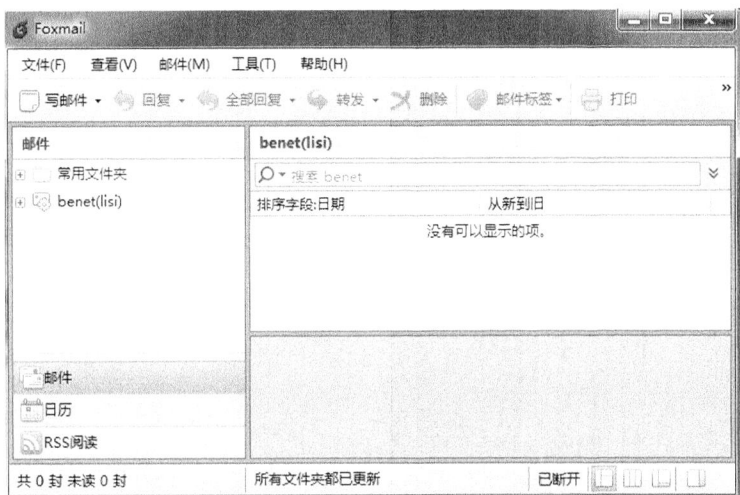

图 15.3　Foxmail 邮件客户端界面

图 15.4　账号管理

（4）单击"新建"按钮，打开如图 15.5 所示对话框。

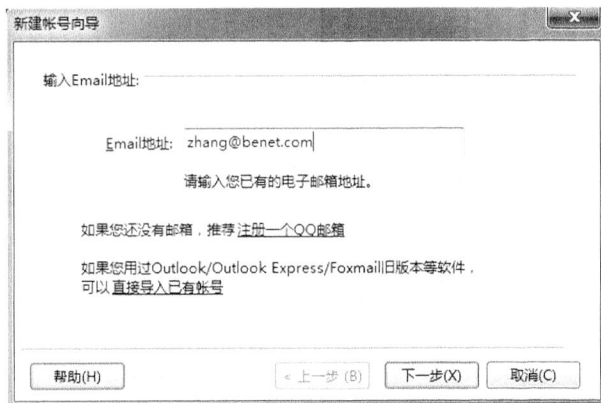

图 15.5　输入 Email 地址

（5）在"Email 地址:"对应的文本框中输入邮件服务账号名称 zhang@benet.com，单击"下一步"按钮，将进入如图 15.6 所示对话框。

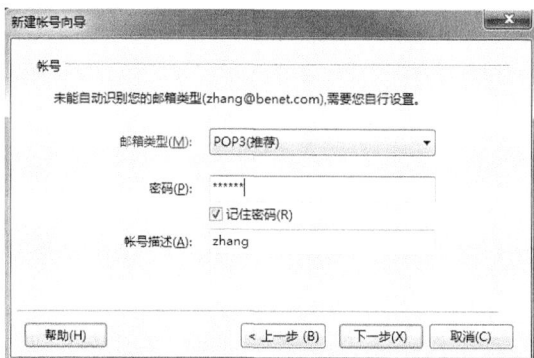

图 15.6　设置账号

（6）图 15.6 中默认选择的"邮箱类型（M）"是"POP3（推荐）"，这里只需要在"密码（P）"文本框中输入用户 zhang 的密码就可以了。然后单击"下一步"按钮，将进入如图 15.7 所示对话框。

图 15.7　服务器配置

（7）在图 15.7 中，只需要输入"接收邮件服务器（R）"和"发送邮件服务器（S）"的地址，其他设置默认就可以。本例中发送和接收邮件都是使用同一台服务器，所以这里输入的地址是相同的。然后，单击"下一步"按钮，将进入如图 15.8 所示对话框。

图 15.8　账号创建完成

（8）看到图 15.8 的界面，说明邮件账号"zhang@benet.com"创建成功了。在其中可以直接进行测试服务、修改服务器和再创建一个邮件账号操作。如果不做这些操作，单击"完成"按钮。为验证图 15.8 中的配置，还需要创建账号 lisi@benet.com。该账号创建成功后，可以在收件箱中看到有一封未读邮件，如图 15.9 所示。

图 15.9　邮件列表

（9）图 15.9 中用户 lisi 收到的邮件是在前面用户 zhang 所发的邮件。这时能够实现收发邮件功能，就说明该邮件服务器配置成功了。也可以通过建立新邮件来测试服务器，使用 Foxmail 客户端的测试方法比较简单，这里就不演示了。

第 16 章 Sendmail 服务

Sendmail 是多数 Linux 发行套件中内置的邮件服务器，要使该服务器能够完成一些特定的邮件服务功能，就需要进行相应的配置。本章介绍 Sendmail 服务的基本信息、构建、配置等信息。

16.1 基 本 信 息

在搭建 Sendmail 服务之前，需要先了解搭建该服务的网络环境及基本配置信息。下面介绍 Sendmail 服务的基本知识，包括网卡配置、软件包、进程、端口等内容。

16.1.1 网卡配置文件：/etc/sysconfig/network-scripts/ifcfg-XXX

在安装一台 Sendmail 服务器的计算机上，需要有一个固定的 IP 地址。下面设置当前主机 Sendmail 服务器的 IP 地址为 192.168.1.1。

```
[root@mail ~]# cat /etc/sysconfig/network-scripts/ifcfg-eth0
HWADDR=00:0C:29:88:77:96
IPADDR=192.168.1.1
NETMASK=255.255.255.0
GATEWAY=192.168.1.1
```

16.1.2 软件包：sendmail

安装 Sendmail 服务器的软件包是 sendmail 软件包。大部分 Linux 的发行版本中都提供了 sendmail 软件包。下面以表格的形式列出了 RedHat Linux 中 Sendmail 服务的 sendmail 软件包位置及源码包下载地址，如表 16.1 所示。

表 16.1 软件包位置

软件包类型	位　　　　置
RHEL 6 RPM 包	光盘：/Packages
RHEL 5 RPM 包	光盘：/Server
源码包	http://www.sendmail.com/

本章讲解的安装 Sendmail 的方法适合 RHEL 5.X～6.4 的所有版本。不同版本的软件包名如表 16.2 所示。

表 16.2　不同发行版本的软件包

RHEL 6.4	sendmail-8.14.4-8.el6.i686.rpm
RHEL 6.3	sendmail-8.14.4-8.el6.i686.rpm
RHEL 6.2	sendmail-8.14.4-8.el6.i686.rpm
RHEL 6.1	sendmail-8.14.4-8.el6.i686.rpm
RHEL 6.0	sendmail-8.14.4-8.el6.i686.rpm
RHEL 5	sendmail-8.13.8-8.el5.i386.rpm

16.1.3　进程名：sendmail

当 Sendmail 服务运行后，会自动运行 sendmail 的进程。可以执行如下命令查看：

```
[root@www ~]# ps -eaf | grep sendmail
root    4141    1  0 17:54 ?       00:00:00 sendmail: accepting connections
smmsp   4149    1  0 17:54 ?       00:00:00 sendmail: Queue runner@01:00:00
for /var/spool/clientmqueue
root    4155  3446  0 17:54 pts/0   00:00:00 grep sendmail
```

16.1.4　端口：25

Sendmail 服务运行后，在 TCP 协议上的 25 号端口将被监听。可以执行如下命令查看：

```
[root@www ~]# netstat -anputl | grep sendmail
tcp    0     0 127.0.0.1:25        0.0.0.0:*        LISTEN   4141/sendmail
```

16.1.5　防火墙所开放的端口号：25

为了确保客户端能通过 Sendmail 服务器收发邮件，需要使防火墙对外开放 25 号端口。可以输入以下命令打开 TCP 协议的 25 号端口。

```
[root@ mail ~]# iptables -I INPUT -p tcp --dport 25 -j ACCEPT
```

16.2　构建 Sendmail 服务

在使用 Sendmail 邮件服务之前，首先需要搭建该服务。本节将介绍 Sendmail 服务的运行机制及搭建等信息。

16.2.1　运行机制

Sendmail 是最重要的邮件传输代理程序。理解电子邮件的工作模式是非常重要的。一般情况下，把电子邮件程序分解成用户代理、传输代理和分发代理。这 3 种代理在第 15章已经详细介绍了，这里就不再赘述。

当 Sendmail 程序得到一封发送的邮件时，需要根据目标地址确定将信件投递给对应的服务器，这是通过 DNS 服务实现的。如一封邮件的目标地址是 zhang@benet.com，那么 Sendmail 首先确定这个地址是用户名（zhang）+机器名（benet.com）的格式，然后通过查询 DNS 来确定需要把信件投递给某个服务器。

DNS 数据中，与电子邮件相关的是 MX 记录。例如在 benet.com 域的 DNS 数据文件中有如下设置：

```
IN MX 10 mail
IN MX 20 mail1
mail IN A 192.168.1.1
mail1 IN A 192.168.1.2
```

显然，在 DNS 中说明 benet.com 有两个信件交换（MX）服务器。于是，Sendmail 试图将邮件发送给两者之一。一般来说，排在前面的 MX 服务器的优先级较高，因此服务器将试图连接 mail.benet.com 的 25 端口，试图将信件报文转发给它。

如果 DNS 查询无法找出对某个地址的 MX 记录，那么 Sendmail 将试图直接与来自邮件地址的主机对话并且发送邮件。

16.2.2　搭建服务

在 RHEL 6.4 中提供了 Sendmail 的 RPM 软件包。为了方便，下面介绍安装 Sendmail 的 RPM 软件包。具体步骤如下。

（1）查看 sendmail 软件包是否已经安装。执行命令如下：

```
[root@www ~]# rpm -qa | grep sendmail
sendmail-8.14.4-8.el6.i686
sendmail-cf-8.14.4-8.el6.noarch
```

输出的信息表示该软件包已经安装，反之则没有安装。

（2）挂载 RHEL 6.4 的安装光盘，执行命令如下：

```
[root@www ~]# mount /dev/cdrom /mnt/cdrom/
mount: block device /dev/sr0 is write-protected, mounting read-only
```

（3）安装 sendmail 软件包。执行命令如下：

```
[root@www ~]# rpm -ivh /mnt/cdrom/Packages/sendmail-8.14.4-8.el6.i686.rpm
warning: /mnt/cdrom/Packages/sendmail-8.14.4-8.el6.i686.rpm: Header V3
RSA/SHA256 Signature, key ID fd431d51: NOKEY
Preparing...                ########################################### [100%]
   1:sendmail              ########################################### [100%]
```

16.3　文件组成

使用 rpm 命令安装好 sendmail 软件包之后，与 Sendmail 服务器相关的主要目录和文件，如表 16.3 所示。

表 16.3　Sendmail服务中的文件

目　　录	文 件 名	文 件 类 型	功 能 说 明
/etc/mail	access	配置文件	访问数据库文件
	domaintable	配置文件	用于映射旧域名到新域名
	helpfile	配置文件	帮助文档
	local-host-names	配置文件	指定本地接收邮件的域
	mailertable	配置文件	邮件分发列表
	make	脚本文件	生成 db 和 cf 文件
	Makefile	配置文件	通过 make 编译的脚本
	sendmail.cf	配置文件	主配置文件
	sendmail.mc	配置文件	sendmail 的配置宏文件
	submit.cf	配置文件	被用于每次 sendmail 被一个用户工具所调用
	submit.mc	配置文件	使用 m4 程序生成 submit.cf 文件
	trusted-users	配置文件	添加可信任的用户
	virtusertable	配置文件	虚拟用户和域列表
/etc/NetworkManager/dispatcher.d	10-sendmail	脚本文件	重新加载配置文件
/etc/pam.d/	smtp.sendmail	配置文件	PAM 认证文件
/etc/rc.d/init.d/	sendmail	脚本文件	启动和停止 Sendmail 服务的
/etc/sasl2/	Sendmail.conf	配置文件	Sendmail 服务的认证方式
/etc/sysconfig/	sendmail	配置文件	Sendmail 启动参数文件
/usr/bin/	hoststat	可执行文件	列出所有远程主机最后处理的邮件的状态
	mailq.sendmail	可执行文件	显示邮件队列
	m4	可执行文件	宏处理器
	makemap	可执行文件	为 sendmail 创建数据库映射
	newaliases.sendmail	可执行文件	重建邮件别名文件
	purgestat	可执行文件	清除所有的主机状态信息保存在由 HostStatus-Directory 选项指定的目录
	rmail.sendmail	可执行文件	通过 UUCP 远程处理收到的邮件
/usr/sbin/	mailstats	可执行文件	显示邮件状态
	makemap	可执行文件	为 sendmail 创建数据库映射
	praliases	可执行文件	显示系统邮件别名
	sendmail.sendmail	可执行文件	电子邮件传输代理
	smrsh	可执行文件	sendmail 的受限 shell

下面以图的形式表示表 16.3 中这些文件的工作流程，如图 16.1 所示。

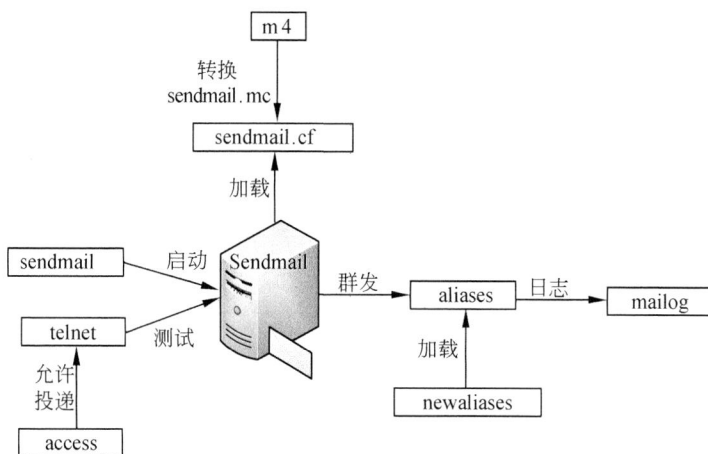

图 16.1   Sendmail 服务中配置文件工作流程

16.4   配置文件：/etc/mail/sendmail.mc

实际上 sendmail.mc 文件与 sendmail.cf 中的内容完全一样，但却拥有比较简单的语法。本节将介绍该文件的语法及相关参数。

这个环境参数设定文件的设定项目很多，其格式为：

```
设定元件(`设定项目',`参数一',`参数二')
```

仔细看上面的例子中，在设定的元件后面接上小括号，而小括号内则为该设定元件的项目内容，以及该项目内容的参数。而将设定项目由各参数包起来的，这里要注意在设定项目两边的符号。左边的是反撇号，也就是键盘上面数字 1 的左边那个按键 "` "。右边的是单引号 "'"。这里很容易被搞错，

注意：每个设定项目参数之间以逗号 "," 作为分割符。

下面介绍这个主要的设定元件底下的设定项目。

❑ divert：这个元件仅是在于提供是否要将说明资料或者注解资料写入输出文件中而已，如果在*.mc 文件中具有注解符号时，该文件的注解符可以是#，也可以是 dnl 这个字符串。如输出资料时不想将这些说明资料输出，可以使用 divert(-1)；反之，如果想将这些说明资料同时输出，那就使用 divert(0)。由于我们不想要手动修改 sendmail.cf，所有输出的资料当然就不太需要注明了。只要在环境设定文件*.mc 里面说明清楚即可。因此，该文件中常常默认的配置信息为 divert(-1)。配置信息如下：

```
divert(-1)dnl
```

❑ OSTYPE：这个元件功能在设定使用的操作系统类别。Sendmail 预设提供数种操作系统的模式，可以在/usr/share/sendmail-cf/ostype 这个目录中找到所支持的操作系统模式。默认的配置信息如下：

```
OSTYPE(`linux')dnl
```

❑ define：这个元件的作业比较多，它可以定义出许多有用的 sendmail 需要的参数。举个例子来说，如果用户将邮件别名设定文件放置在/etc/aliases 目录下，那么就可以使用下面的范例：

```
define(`ALIAS_FILE', `/etc/aliases')dnl
```

那个 ALIAS_FILE 就是主要的设定项目了。而这个项目主要规定邮件者别名的文件所在位置。所以，后面就直接接上完整的文件名称。更多详细的 define 说明，可以参考/usr/share/sendmail-cf/README 文件。

❑ undefine：该参数与 define 正好相反。Sendmail 预设会支持定义很多的项目，如果用户不需要定义该项目，则可以使用 undefine 将它们移除掉。配置信息如下。

```
undefine(`UUCP_RELAY')
```

❑ FEATURE：这个元件 FEATURE 字面上的意思是"特征、特色"，也就是说，这个元件里会规定出 Sendmail 所额外新增的以下任务。这些任务的支持必须要Sendmail 提供才可以。用户可以在/usr/share/sendmail-cf/feature 这个目录中找到Sendmail 提供的各个功能。举个例子来说，如果用户规定 Sendmail 存取权限设定的文件/etc/mail/access.db 时，设置信息如下：

```
FEATURE(`access_db', `hash -T<TMPF> -o /etc/mail/access.db')dnl
```

🔔注意：上面 access_db 是某个任务的项目，而后面接的 hash 是数据库格式。至于 Sendmail 所使用的数据库则是/etc/mail/access.db。更多的 FEATURE 相关设定项目可以参考/usr/share/sendmail-cf/README 文件。

❑ MAILER：这个元件在设定所使用的邮件主机传送邮件的代理人。一般而言，所使用的代理人都是 SMTP 协定。不过，如果主机内的用户想要使用 Sendmail 来寄信，那是否仍然要透过 smpt 这个代理人呢？不太需要的，sendmail 本身就是提供发信的功能，而要是主机上面的系统用户可以在登录主机环境中使用 sendmail，此时就必须要启动 local 这个本地端的邮件递送功能。因此，通常这个元件会设定为：

```
MAILER(local)
MAILER(smtp)dnl
MAILER(procmail)dnl
```

如此一来，当 sendmail 发信信件来自于主机内部时，那就会使用 local 来传送信件。当信件来自于主机外部时，那才会使用 SMTP 协定来寄信。sendmail 支持的 MAILER 可以在/usr/share/sendmail-cf/mailer 这个目录中查询到。

16.5　可执行文件

配置完成 Sendmail 服务并启动服务后，可使用相应的命令操作 Sendmail 服务。本节将介绍这些命令的语法格式和使用方法。

16.5.1　显示邮件队列：/usr/bin/mailq

mailq 用来显示未来传输的邮件队列汇总信息。mailq 命令的语法格式如下：

```
mailq [选项]
```

常用选项含义如下。
- ❑ -Ac：显示指定在 /etc/mail/submit.cf 文件的邮件呈递队列，而不是在 /etc/mail/sendmail.cf 文件中的 MTA 队列。
- ❑ -qL：显示在邮件队列中丢失的项目，而不是正常的队列项目。
- ❑ -qQ：显示隔离的项目，而不是正常的邮件队列项。
- ❑ -q[!]I substr：当!没有指定时，队列 Id 包含 substr 字符串不被处理，反之则处理。
- ❑ -q[!]Q substr：当!没有指定时，隔离包含 substr 字符串不被处理，反之则处理。
- ❑ -q[!]R substr：当!没有指定时，收件人包含 substr 字符串不被处理，反之则处理。
- ❑ -q[!]S substr：当!没有指定时，发送人包含 substr 字符串不被处理，反之则处理。
- ❑ -v：显示详细信息。

16.5.2　为 sendmail 创建数据库映射：/usr/bin/makemap

makemap 命令创建数据库映射。从标准输入读取输入，并且将它们输出指定的 mapname。根据 makemap 是如何编译，makemap 可以处理 3 种不同的数据库格式，用户可以使用 maptype 参数设定。3 种格式包括树格式的映射、散列格式的映射。本节将介绍 makemap 命令的语法格式和使用方法。

makemap 命令的语法格式如下：

```
makemap [选项]
```

常用选项含义如下。
- ❑ -C：使用指定的 sendmail 配置文件查找可信任的用户选项。
- ❑ -c：使用指定的 hash 和 B-Tree 的高速缓存大小。
- ❑ -D：使用指定的字符来表示注释，以代替默认的 "#"。
- ❑ -d：允许多个键映射。
- ❑ -e：允许空值。
- ❑ -f：禁止将大写字母转化为小写字母。
- ❑ -l：列出指定映射类型。
- ❑ -N：包括终止空字节串在映射。
- ❑ -o：追加一个旧的文件。
- ❑ -r：允许更新现有的密钥。
- ❑ -s：忽略安全检查正在创建的映射。
- ❑ -t：使用指定的分割符，而不是空格。
- ❑ -u：转储（取消映射）数据库的内容输出到标准输出。

❑　-v：显示详细的信息。

【实例 16-1】　显示 Sendmail 数据库的映射类型。执行命令如下：

```
[root@www mail]# makemap -l
hash
btree
```

16.5.3　重建邮件别名文件：/usr/bin/newaliases

newaliases 重建随机访问数据邮件别名文件/etc/aliases。为了使/etc/aliases 文件生效，每次修改完该文件，就运行 newaliases 命令。该命令没有任何选项和参数。

16.5.4　宏处理器：m4

m4 用来处理宏文件。如果没有指定文件或指定为"-"时，将读取标准输入。该命令的语法格式如下：

```
m4 [选项] [文件]
```

常用选项含义如下。

❑　--help：显示帮助信息。

❑　--version：显示版本信息。

❑　-E,--fatal-warnings：指定该选项后，对于同一个问题，第一次发生时将其警告级别提升为错误级别。第二次发生时则停止执行。

❑　-i,--interactive：对输出不缓存并忽略中断。

❑　-P,--prefix-builtins：强制为所有的内置模块添加一个"m4_"前缀。

❑　-Q,--quiet,--silent：忽略内置模块的一些警告信息。

❑　--warn-macro-sequence[=REGEXP]：指定一个正则表达式。如果该文件中宏的定义与指定的正则表达式 REGEXP 匹配，则发出警告。默认的正则表达式是\$\(({[^}]*}\|[0-9][0-9]+\)。

❑　-D,--define=NAME[=VALUE]：定义名称为 NAME 的宏名称。如果"=value"时，该值是空字符串。该值可以是任何字符串，可以定义宏参数。

❑　-I,--include=DIRECTORY：添加用户指定的 DIRECTORY 到 PATH 环境变量中。

❑　-s,--synclines：产生'# NUM "FILE"'行。其中，NUM 表示行号，FILE 为文件名。

❑　-U,--undefine=NAME：取消名称为 NAME 的宏的定义。

❑　-g,--gnu：覆盖-G 重新启用 GNU 扩展。

❑　-G,--traditional：禁止所有的 GNU 扩展。

❑　-H,--hashsize=PRIME：设置查找符号的哈希表大小。

❑　-L,--nesting-limit=NUMBER：改变嵌套限制，0 表示无限制。

❑　-F,--freeze-state=FILE：文件在冻结状态结束。

❑　-R,--reload-state=FILE：从文件开始重新冻结状态。

❑　-d,--debug[=FLAGS]：设置调试级别。

- □ --debugfile[=FILE]：重定向调试和跟踪输出文件。
- □ -l,--arglength=NUM：限制宏的追踪大小。
- □ -t,--trace=NAME：跟踪名称为 NAME 的宏的定义。

16.5.5　显示邮件统计：/usr/sbin/mailstats

mailstats 工具显示当前邮件统计。首先根据 ctime 指定的格式，统计信息的时间点的开始被持续显示在屏幕上。然后将每个邮件收发器的统计信息和后续空格显示在同一行中，并且以空格分隔每个字段。下面介绍 mailstats 命令的语法格式和使用方法。

mailstats 命令的语法格式如下：

```
mailstats [选项]
```

常用选项含义如下。
- □ -C：读取指定的文件，以代替默认的 sendmail 配置文件。
- □ -c：尝试用 submit.cf 文件代替默认的 sendmail 配置文件。
- □ -f：读取指定统计文件，以代替 sendmail 配置文件中指定的统计文件。
- □ -P：清除在程序可读模式不输出信息统计。
- □ -p：输出程序可读模式和明确的统计信息。
- □ -o：不要显示在输出中的邮件程序的名称。

【实例 16-2】　显示当前系统的邮件情况。执行命令如下：

```
[root@www mail]# mailstats
Statistics from Tue Sep  3 17:06:31 2013
 M   msgsfr  bytes_from   msgsto    bytes_to   msgsrej  msgsdis msgsqur
Mailer
======================================================================
 T      0        0K         0         0K          0        0       0
 C      0                   0                     0
```

16.5.6　显示系统邮件别名：/usr/sbin/praliases

praliases 实用程序显示当前系统的别名。每行一个，没有特定的顺序。如果存在，将以@：@的形式显示别名。praliases 命令的语法格式如下：

```
praliases [选项]
```

常用选项含义如下。
- □ -C file：读取指定的 sendmail 配置文件，而不是默认的 sendmail 配置文件。
- □ -f file：读取指定的文件，而不是配置的 sendmail 系统别名文件。

16.5.7　控制服务的运行：/etc/rc.d/init.d/sendmail

sendmail 文件是一个可执行的脚本文件。使用 service 命令的 start、stop、restart 参数来启动、关闭、重启 Sendmail 服务。该文件也可以使用它的绝对路径带 start、stop、restart

参数来控制服务的运行。启动 Sendmail 服务的命令如下：

```
[root@www ~]# /etc/rc.d/init.d/sendmail restart
关闭 sm-client:                               [确定]
关闭 sendmail:                                [确定]
正在启动 sendmail:                            [确定]
启动 sm-client:                               [确定]
```

或者

```
[root@www ~]# service sendmail restart
关闭 sm-client:                               [确定]
关闭 sendmail:                                [确定]
正在启动 sendmail:                            [确定]
启动 sm-client:                               [确定]
```

16.6　其他配置文件

Sendmail 服务中除了上面介绍的各类文件，还有一些文件需要了解。本节将介绍这些文件的作用。

16.6.1　Sendmail 主配置文件：/etc/mail/sendmail.cf

sendmail.cf 文件就是 sendmail 的主要设定文件，所有的参数都是它在管理的。但是，这个文件内的各个设定过于复杂，官方建议不要编辑该文件。若需要编辑的时候，使用 m4 命令。m4 命令可以将简单的环境参数以内定格式生成 sendmail.cf 文件。下面将介绍如何来转化该配置文件。

Sendmail 默认只为本机用户发送邮件，但是只有在整个网络中发挥作用才能成为真正的邮件服务器。所以需要修改 sendmail.mc 文件的一条语句。执行步骤如下。

（1）打开 sendmail 的配置宏文件/etc/mail/sendmail.mc。

```
[root@www ~]# vi /etc/mail/sendmail.mc
```

找到如下语句：

```
DAEMON_OPTIONS(`Port=smtp,Addr=127.0.0.1, Name=MTA')dnl
```

将其修改为如下语句，以接受任何地方的连接：

```
DAEMON_OPTIONS(`Port=smtp,Addr=0.0.0.0, Name=MTA')dnl
```

（2）生成新的 sendmail 配置文件，执行如下命令：

```
[root@www ~]# cd /etc/mail
[root@www mail]# mv sendmail.cf sendmail.org
```

为原来的 sendmail 配置文件做一个备份：

```
[root@www mail]# m4 sendmail.mc > sendmail.cf
```

以上命令执行成功后，就会生成新的配置文件。

在执行"m4 sendmail.mc > sendmail.cf"指令时，如果收到了"m4:sendmail.mc:10: cannot open `/usr/share/sendmail-cf/m4/cf.m4': No such file or directory"的报错信息，说明系统没有安装 sendmail-cf 包。这时需要安装该软件包，然后重新执行命令生成新的配置文件。

16.6.2　访问数据库：/etc/mail/access

access 即访问数据库，用来定义允许访问本地邮件服务器的主机、IP 地址以及访问的类型。其可能的选项包括 OK、REJECT、RELAY，或者是通过 sendmail 的出错处理程序检测出的一个给定的简单邮件错误信息。默认为 OK，即只要邮件的最后目的地是本地主机，就都允许传送邮件到主机；REJECT 会拒绝所有的邮件连接；如果带有 RELAY 选项，则说明该邮件服务器允许其通过并发送邮件到任何地方。access 文件的内容格式为"地址：操作"。默认配置信息如下：

```
Connect:localhost.localdomain          RELAY
Connect:localhost                      RELAY
Connect:127.0.0.1                      RELAY
```

16.6.3　用于映射旧域名到新域名：/etc/mail/domaintable

domaintable 文件用于映射旧域名到新域名。这个特性使得网络上多个域名可以由旧域名重写到新域名中。该文件一般用来做域名更换，假如某个公司@abc.com 可能被员工误打为 abd.com，此时就可以在该文件中进行修改。配置信息如下：

```
abd.com    abc.com
```

16.6.4　帮助文件：/etc/mail/helpfile

helpfile 文件中提供了在 sendmail 服务下可执行的内部命令的详细信息。如果登录到 sendmail 服务器中，不知道如何进行操作，这时候就可以参考该文件中提供的信息，来实现邮件的收发。

16.6.5　sendmail 接收邮件主机列表：/etc/mail/local-host-names

local-host-names 文件主要用来处理一个主机同时拥有多个主机名称时的收发信件主机名称问题。例如，如果这个邮件服务器从域 example.com 和主机 mail.example.com 接收邮件，该文件的配置如下：

```
example.com
mail.example.com
```

16.6.6　邮件分发列表：/etc/mail/mailertable

mailertable 数据库文件通过一种特殊的邮寄程序，把寻址到特定主机（或域）的邮件重定向到替代的目的地。这个特性使得网络上的邮件可以通过特殊的投递代理被投递到一个新的本地域名或远程域名。

16.6.7　生成 db 和 cf 文件工具：/etc/mail/make

make 文件是一个可执行的脚本文件，该文件用来处理 Makefile 文件。如有必要时，生成 db 和 cf 文件。

16.6.8　通过 make 编译的文件：/etc/mail/Makefile

Makefile 文件用来实现自动化编译。该文件一旦写好，只需要一个 make 命令。这个过程完全自动编译，极大提高了软件开发的效率。

16.6.9　Sendmail 的辅助程序：/etc/mail/submit.cf

submit.cf 和 submit.mc 是 Sendmail 的辅助程序。submit.mc 同样可以使用 m4 程序转化为 submit.cf 文件。submit.cf 被用于每次 sendmail 被一个用户工具所调用的时候，这两个文件通常不需要修改。

16.6.10　添加可信任的用户：/etc/mail/trusted-users

trusted-user 文件中的用户可以改变电子邮件的寄件人。在 trusted-users 文件中每个用户名占一行。这对运行在服务器上的脚本或应用程序给某个人或组发信息是非常有用的。它可以更容易地快速识别一个电子邮件的信息。

16.6.11　虚拟用户和域列表：/etc/mail/virtusertable

virtusertable 文件映射虚拟域名和邮箱到真实的邮箱。这些邮箱可以是本地的、远程的、/etc/mail/aliases 中定义的别名或一个文件。下面看一个配置例子：

```
root@example.com            root
postmaster@example.com      postmaster@noc.example.net
@example.com                joe
```

这个配置信息中，映射了一个域 example.com。这个文件是按照从上到下，首个匹配的方式来处理的。第一项将<root@example.com>映射到本地邮箱 root。下一项则将<postmaster@example.com>映射到位于 noc.example.net 域的 postmaster 用户。最后，如果没有来自 example.com 域的匹配，则将使用最后一条映射，它表示将所有的其他邮件发送给 example.com 域的某个人。这样，将映射到本地信箱 joe。

```
jax@bar.com   error:5.7.0:550 Address invalid
@baz.org      jane@example.net
```

16.7　实　例　应　用

在前面详细介绍了 Sendmail 服务器下的文件及文件的作用等信息。为了对 Sendmail 服务器的配置有更深的理解，下面演示一个实例的配置。

1. 主机别名

Sendmail 服务器的主机别名决定了本地用户可以使用的邮件地址，其一般保存在文件 /etc/mail/local-host-domain 中。

如果 local-host-domain 里定义了如下别名：

```
linux.benet.com
```

则本地账号 toplinux 能够正常接收发送到 toplinux@linux.benet.com 的邮件，却不能接收发送到 toplinux@mail.benet.com 的邮件。

2. 用户别名

用户别名在 Sendmail 邮件系统中起着重要的作用，下面通过实例来介绍别名数据库的使用。

【实例 16-3】　实现邮箱别名和邮件群发。操作步骤如下。

（1）创建别名文本文件/etc/mail/aliases。

```
[root@www ~]# vi /etc/mail/aliases
hmily: address1,address2
toplinux: newuser
maillistgroup: hmily,toplinux
```

（2）创建 aliases.db 数据库。将/etc/mail/aliases 文本文件转化为 aliases.db，执行命令如下：

```
[root@www ~]# cd /etc/mail
[root@www mail]# newaliases
```

3. 允许投递

Sendmail 服务器还可以限制用户的操作，这一功能是通过/etc/mail/access.db 文件来实现的。该文件决定了用户是否可以使用 Sendmail 服务器，以及在服务器中可进行哪些操作等。

【实例 16-4】　利用/etc/mail/access 文件实现以下功能：

❑　允许 benet.com 通过 Sendmail 服务器发送邮件；
❑　允许 192.168.1.网段使用 Sendmail 服务器发送邮件；
❑　拒绝 192.168.0.网段使用 Sendmail 服务器。

（1）编辑/etc/mail/access 文件。

```
[root@www ~]# vi /etc/mail/access
```

使用 vi 编辑，在/etc/mail/access 中，添加以下内容并保存退出。

```
benet.com                        RELAY
192.168.1                        RELAY
192.168.0                        REJECT
```

（2）使用 makemap 命令生成/etc/mail/access.db 数据库。

```
[root@www ~]# cd /etc/mail
[root@www mail]# makemap hash access.db < access
```

4. 虚拟域

如同 Apache 一样，Sendmail 也可以使用虚拟主机功能。其启用的方法是在 mc 文件中添加如下语句：

```
FEATURE(`virtusertable',`hash -o /etc/mail/virtusertable.db')dnl
```

/etc/mail/virtusertable.db 是虚拟主机的默认配置文件，类似于 Sendmail 中的用户别名，由 aliases/etc/mail/virtusertable 生成。aliases/etc/mail/virtusertable 的文件形式类似于 aliases，格式为"左地址 右地址"，中间用 Tab 键隔开。

Virtusertable 文件中各项的含义分别如下。

❑ someone@benet.com toplinux：将本来应该发送给 someone@benet.com 的邮件发送给本机用户 toplinux。

❑ otherdomain.com test@benet.com：将所有发送给@otherdomain.com 的邮件都发送到 test@benet.com。

❑ testdomain.com %ltest@linuxaid.com.cn：将所有发送给@testdomain.com 的邮件都发送到匹配%ltest@linuxaid.com.cn 模式的所有用户手中。%代表参数转义，例如 user1@testdomain.com 的邮件被发送到 user1test@linuxaid.com.cn。

参数转义

❑ u1@testdomain.com==>u1test@benet.com。

❑ u1@testdomain.com ==>u2@benet.com。

创建 virtusertable 的方法与建立 access 的方法相同。

```
[root@www ~]# cd /etc/mail
[root@www mail]# makemap hash virtusertable.db < virtusertable
```

再重新启动 sendmail 就完成了 virtusertable 文件的创建。

16.8　测　试　服　务

为了测试第 16.7 节的配置，本节将分别介绍在 Linux 和 Windows 中 Sendmail 客户端的配置信息。

16.8.1　Linux 邮件客户端

Sendmail 只是一个 MTA，如果要让客户端从 Sendmail 服务器上收取邮件，还需要其他一些软件支持。在 Red Hat Enterprise Linux 6.4 中提供了 dovecot 软件包，包括 POP3 和 IMAP 支持。本节将介绍 POP 与 IMAP 的配置。

（1）安装 dovecot。执行命令如下：

```
[root@www ~]# rpm -ivh /mnt/cdrom/Packages/dovecot-2.0.9-5.el6.i686.rpm
```

（2）打开 POP3 和 IMAP 支持。通过编辑 dovecot 的配置文件/etc/dovecot/dovecot.conf 实现。

```
[root@www ~]# vi /etc/dovecot/dovecot.conf
```

将以下语句开头的#去掉，即可打开 POP3 和 IMAP 支持。

```
protocols = imap pop3 lmtp
```

（3）为使配置生效，重新启动 dovecot。

```
[root@www ~]# service dovecot restart
停止 Dovecot Imap:                                        [确定]
正在启动 Dovecot Imap:                                    [确定]
```

在启动 dovecot 服务时，只报告 IMAP 服务已启动，但实际上 POP3 服务也启动了。如果希望 dovecot 随系统启动而自动运行，可以执行如下命令：

```
[root@www ~]# chkconfig dovecot on
```

（4）测试 POP3 服务。

启动了 dovecot 中的 POP3 和 IMAP 服务后，可以使用 telnet 测试其运行是否正确。执行命令如下：

```
[root@www ~]# telnet 192.168.1.1 110
```

POP3 服务的端口 110。

```
Trying 192.168.1.1...
Connected to 192.168.1.1.
Escape character is '^]'.
+OK Dovecot ready.                          #此信息表示 Dovecot 服务正常工作了
user hmily                                  #使用邮件用户 hmily 登录
+OK
pass 123456                                 #登录密码为 123.com
+OK Logged in.
list                                        #查看邮件列表
+OK 2 messages:
1 1808
2 1869
.
retr 2                                      #收取并查看第二封邮件的内容
+OK 1869 octets
Return-Path: <toplinux@benet.com>
X-Original-To: hmily@benet.com
Delivered-To: hmily@benet.com
Received: from WIN-RKPKQFBLG6C (unknown [192.168.1.100])
    by mail.benet.com (Postfix) with ESMTP id 84E81561340
    for <hmily@benet.com>; Wed,  4 Sep 2013 11:05:53 +0800 (CST)
Date: Wed, 4 Sep 2013 11:06:05 +0800
```

```
From: toplinux <toplinux@benet.com>
To: hmily <hmily@benet.com>
Reply-To: toplinux <toplinux@benet.com>
Subject: =?gb2312?B?suLK1NPKvP4=?=
X-Priority: 3
X-Has-Attach: no
X-Mailer: Foxmail 7.0.1.91[cn]
Mime-Version: 1.0
Message-ID: <201309041106053671170@benet.com>
Content-Type: multipart/alternative;
    boundary="----=_001_NextPart383360570108_=----"

This is a multi-part message in MIME format.

------=_001_NextPart383360570108_=-----
Content-Type: text/plain;
    charset="gb2312"
Content-Transfer-Encoding: base64

DQoNCg0KDQoNCkhlbGxvISAgVGhpcyBpcyBhIHRlc3QgbWFpbC4=

------=_001_NextPart383360570108_=-----
Content-Type: text/html;
    charset="gb2312"
Content-Transfer-Encoding: quoted-printable

<!DOCTYPE HTML PUBLIC "-//W3C//DTD HTML 4.0 Transitional//EN">
<HTML><HEAD>
<META content=3D"text/html; charset=3Dgb2312" http-equiv=3DContent-Type>
<STYLE>
BLOCKQUOTE {
    MARGIN-TOP: 0px; MARGIN-BOTTOM: 0px; MARGIN-LEFT: 2em
}
OL {
    MARGIN-TOP: 0px; MARGIN-BOTTOM: 0px
}
UL {
    MARGIN-TOP: 0px; MARGIN-BOTTOM: 0px
}
P {
    MARGIN-TOP: 0px; MARGIN-BOTTOM: 0px
}
BODY {
    LINE-HEIGHT:  1.5;  FONT-FAMILY:  =CE=A2=C8=ED=D1=C5=BA=DA;  COLOR:
    #000000;=FONT-SIZE: 10.5pt
}
</STYLE>

<META name=3DGENERATOR content=3D"MSHTML 8.00.7601.17514"></HEAD>
<BODY style=3D"MARGIN: 10px">
<DIV> </DIV>
<DIV> </DIV>
<HR style=3D"WIDTH: 210px; HEIGHT: 1px" align=3Dleft color=3D#b5c4df SIZE=
=3D1>

<DIV><SPAN>Hello!  This is a test mail.</SPAN></DIV></BODY></HTML>

------=_001_NextPart383360570108_=------

.
```

```
quit                                                    #端口连接并退出
+OK Logging out.
Connection closed by foreign host.
```

16.8.2　Windows 邮件客户端

在 SMTP、POP3、IMAP 服务都配置完成以后，又该如何使用这个邮箱呢？下边以 Windows 下的 Foxmail 为例进行介绍。操作步骤如下。

（1）打开 Foxmail 主窗口，如图 16.2 所示。在主窗口中选择"工具"|"账号管理"命令，将打开如图 16.3 所示对话框。

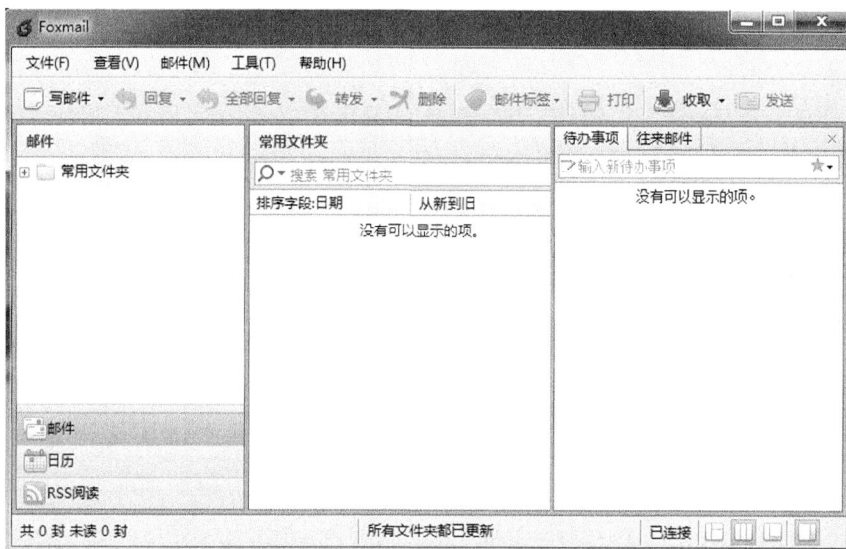

图 16.2　Foxmail 主窗口

图 16.3　账号管理界面

（2）单击"新建"按钮，将打开如图 16.4 所示对话框。

（3）在其中输入创建的邮箱 toplinux@benet.com，如图 16.4 所示。然后，单击"下一步"按钮，将进入如图 16.5 所示对话框。

图 16.4　输入 Email 地址

图 16.5　设置账号

（4）输入账号 toplinux 的密码。单击"下一步"按钮，将进入如图 16.6 所示对话框。

图 16.6　服务器设置

（5）设置邮件服务器的地址为"192.168.1.1"，这里也可以输入邮件服务器的主机名，其他设置保持默认信息。然后单击"下一步"按钮，将进入如图 16.7 所示对话框。

图 16.7　账号创建完成

（6）单击"完成"按钮，将返回到如图 16.2 所示窗口。至此，电子邮件客户端配置完成，可测试 sendmail 邮件服务器能否正常发送和接收邮件。在该窗口中还可以再创建邮件账号、修改服务器等操作。

（7）在主窗口中单击"写邮件"按钮，将进入如图 16.8 所示的界面。此时就可以给某个用户编写邮件了，编写格式如图 16.8 所示。

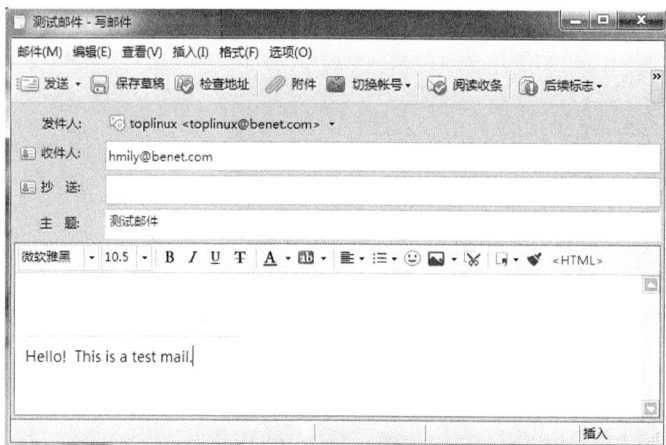

图 16.8　写邮件

（8）在图 16.8 中，可以看出 toplinux 用户将要给 hmily 用户发送一封邮件。填写完后，单击"发送"按钮。如果邮件服务器正常的话，此时 hmily 用户应该收到一封邮件，如图 16.9 所示。

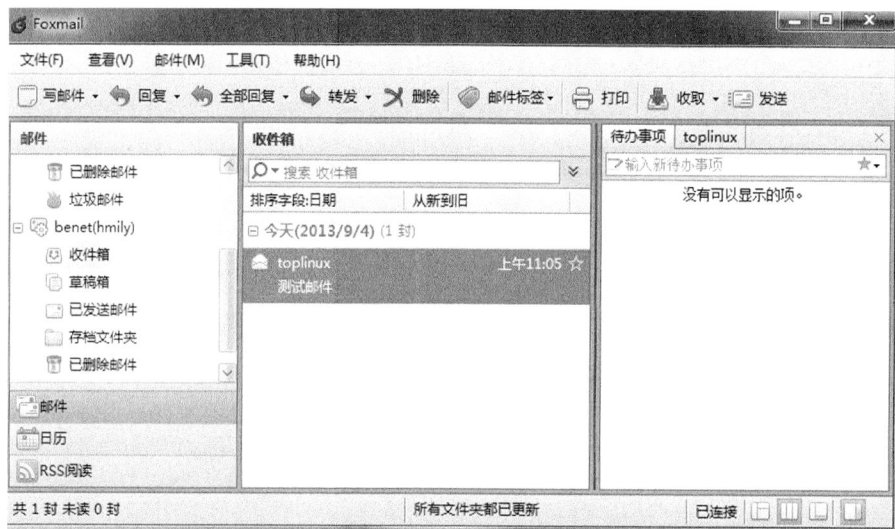

图 16.9　收取到邮件

第6篇　远程管理服务

第 17 章　SSH 服务

由于 Telnet 等远程管理工具采用明文传输密码和数据，存在着严重的安全问题，因此在实际应用中并不推荐使用，而是经过加密后才传输数据。本章将介绍该服务的基本信息、运行机制及各文件的作用等内容。

17.1　基　本　信　息

在学习 SSH 服务器之前，需要先了解搭建该服务的网络环境及基本信息。下面将介绍 SSH 服务的基本知识，包括网卡配置、软件包、进程、端口等内容。

17.1.1　网卡配置文件：/etc/sysconfig/network-scripts/ifcfg-XXX

为了使客户端能与 SSH 服务器建立很好的连接，需要为安装 SSH 服务的计算机上配置一个固定的 IP 地址。下面设置当前主机 SSH 服务器的 IP 地址为 192.168.1.1。

```
[root@localhost ~]# cat /etc/sysconfig/network-scripts/ifcfg-eth0
HWADDR=00:0C:29:88:77:96
IPADDR=192.168.1.1
NETMASK=255.255.255.0
GATEWAY=192.168.1.1
```

17.1.2　软件包：openssh

大部分 Linux 的发行版本中都提供了 SSH 服务器的安装包。下面以表格的形式列出了 Red Hat Linux 中 SSH 服务的 openssh 软件包位置及源码包下载地址，如表 17.1 所示。

表 17.1　软件包位置

软件包类型	位　　　置
RHEL 6 RPM 包	光盘：/Packages
RHEL 5 RPM 包	光盘：/Server
源码包	ftp://ftp.openbsd.org/pub/OpenBSD/OpenSSH

本章讲解的安装 SSH 的方法适合 RHEL 5.X～6.4 的所有版本。不同 RHEL 版本所对应的软件包名，如表 17.2 所示。

表 17.2　不同发行版本的软件包

RHEL 6.4	openssh-server-5.3p1-84.1.el6.i686.rpm
RHEL 6.3	openssh-server-5.3p1-81.el6.i686.rpm

RHEL 6.2	openssh-server-5.3p1-70.el6.i686.rpm
RHEL 6.1	openssh-server-5.3p1-52.el6.i686.rpm
RHEL 6.0	openssh-server-5.3p1-20.el6.i686.rpm
RHEL 5	openssh-server-4.3p2-41.el5.i386.rpm

17.1.3　进程名：sshd

SSH 服务器启动后，将自动启动名为 sshd 的进程。可以执行如下命令查看：

```
[root@www ~]# ps -eaf | grep sshd
root    16819    1  0 17:42 ?        00:00:00 /usr/sbin/sshd
root    16823 3446  0 17:42 pts/0    00:00:00 grep sshd
```

17.1.4　端口：22

SSH 服务运行后，默认监听 TCP 协议上的 22 端口号。可以执行如下命令查看：

```
[root@www ~]# netstat -antpul | grep sshd
tcp     0      0 0.0.0.0:22        0.0.0.0:*        LISTEN   16819/sshd
tcp     0      0 :::22             :::*             LISTEN   16819/sshd
```

17.1.5　防火墙所开放的端口号：22

当 SSH 服务器配置成功后，想要客户端能远程连接到该服务器，需要在服务器中开放 22 号端口。执行命令如下：

```
[root@www ~]# iptables -I INPUT -p tcp --dport 22 -j ACCEPT
```

17.2　构建远程服务

SSH（Secure Shell）是标准的网络协议，主要用于实现字符界面的远程登录界面，以及远程文件复制的功能。SSH 协议对通过网络传输的数据进行了加密处理，其中也包括了用户登录时输入的用户口令。与早期的 Telnet（远程登录）、RSH（Remote Shell，远程执行命令）、RCP（Remote File Copy，远程文件复制）等应用相比，SSH 协议提供了更好的安全性。本节将介绍 SSH 的运行机制及构建。

17.2.1　运行机制

SSH 服务具体是如何工作的？下面分别介绍 SSH 服务的组成和安全验证。

1. SSH的组成

SSH 是由客户端和服务端的软件组成的。它有两个不兼容的版本分别是 1.x 和 2.x。用

SSH 2.x 的客户程序是不能连接到 SSH 1.x 的服务程序的，但 SSH 2.x 不管在安全、功能还是性能上比 SSH 1.x 有优势，所有目前被广泛使用的是 SSH2.x。

❑ SSH 服务端：是一个守护进程（daemon），它在后台运行并响应来自 SSH 客户端的连接请求。SSH 服务端一般是 sshd 进程，提供了对远程连接的处理，一般包括公共密钥认证、密钥交换、对称密钥加密和非安全连接。

❑ SSH 客户端：包含 ssh 程序以及类似 scp（远程复制）、slogin（远程登录）、sftp（安全文件传输）等其他的应用程序。

2. SSH的安全验证

SSH 协议为客户端提供两种级别的安全验证。

❑ 第一种级别（基于密码的安全验证），用户需要通过账号和密码，登录到远程主机，并且所有传输的数据都会被加密。但是，可能会有其他服务器冒充真正的服务器，无法避免被"中间人"攻击。

❑ 第二种级别（基于密钥的安全验证），需要依靠密钥，也就是必须为自己创建一对密钥，并把公有密钥放在需要访问的服务器上。当客户端软件向服务器发出使用的密钥进行安全验证请求后，服务器收到请求，会首先在该服务器的用户根目录下寻找公有密钥，然后把它和发送过来的公有密钥进行比较。如果两个密钥一致，服务器就用公有密钥加密"质询"并把它发送给客户端软件，从而避免被"中间人"攻击。

SSH 为服务端也提供安全验证。

❑ 在第一种方案中，主机将自己的公用密钥分发给相关的客户端，客户机在访问主机时需要使用该主机的公开密钥加密数据，而主机则使用自己的私有密钥解密数据，从而实现主机密钥认证，确定客户端的可靠身份。

❑ 在第二种方案中，存在一个密钥认证中心，所有提供服务的主机都将自己公开密钥提交给认证中心，而任何作为客户端的主机则只要保存一份认证中心的公开密钥就可以了。在这种模式下，客户端必须先访问认证中心，然后才能访问服务器主机。

17.2.2　搭建服务

默认情况下，在 RHEL 6.4 中已经安装了 SSH 服务相关的软件包。如果没有安装，可以使用下面的方法进行安装。操作步骤如下。

（1）使用如下命令查看系统中是否已经安装了 openssh 软件包。

```
[root@www ~]# rpm -qa | grep openssh
openssh-clients-5.3p1-84.1.el6.i686
openssh-5.3p1-84.1.el6.i686
openssh-server-5.3p1-84.1.el6.i686
openssh-askpass-5.3p1-84.1.el6.i686
```

以上输出的信息，说明系统已经安装了 OpenSSH 服务，可直接使用。其中，"openssh-5.3p1-84.1.el6.i686"是 OpenSSH 的核心软件包，不管安装 OpenSSH 的服务器，还是安装 OpenSSH 的客户端，都需要安装该软件包；"openssh-server-5.3p1-84.1.el6.i686"

是 OpenSSH 的服务端程序包；"openssh-clients-5.3p1-84.1.el6.i686" 是 OpenSSH 的客户端程序包。如果没有输出以上的信息，说明没有安装 OpenSSH 服务。

（2）挂载 RHEL 6.4 系统安装光盘。执行命令如下：

```
[root@localhost ~]# mount /dev/cdrom /mnt/cdrom/
mount: block device /dev/sr0 is write-protected, mounting read-only
```

（3）通过执行 rpm -ivh 命令，安装 openssh 类似的软件包。执行命令如下：

```
[root@www ~]# cd /mnt/cdrom/Packages/
[root@www Packages]# rpm -ivh openssh*.rpm
warning: openssh-5.3p1-84.1.el6.i686.rpm: Header V3 RSA/SHA256 Signature,
key ID fd431d51: NOKEY
Preparing...          ########################################### [100%]
   1:openssh          ########################################### [ 25%]
   2:openssh-askpass  ########################################### [ 50%]
   3:openssh-clients  ########################################### [ 75%]
   4:openssh-server   ########################################### [100%]
```

17.3　文件组成

当 SSH 服务安装成功后，会自动生成一下文件。与 SSH 服务相关的文件列表如表 17.3 所示。

表 17.3　SSH服务中的文件

目　录	文　件　名	文　件　类　型	功　能　说　明
/etc/pam.d	sshd	配置文件	PAM 认证文件
	ssh-keycat	配置文件	PAM 认证文件
/etc/rc.d/init.d	sshd	脚本文件	控制 SSH 服务的运行
/etc/ssh/	sshd_config	配置文件	SSH 服务的主配置文件
	ssh_config	配置文件	SSH 客户端配置文件
	moduli	配置文件	配置密钥组
	ssh_host_rsa_key	配置文件	SSH2 版本所使用的 RSA 私钥
	ssh_host_rsa_key.pub	配置文件	SSH2 版本所使用的 RSA 公钥
	ssh_host_dsa_key	配置文件	sshd 进程的 DSA 私钥
	ssh_host_dsa_key.pub	配置文件	sshd 进程的 DSA 公钥
	ssh_host_key	配置文件	SSH1 版本所使用的 RSA 私钥
	ssh_host_key.pub	配置文件	SSH2 版本所使用的 RSA 公钥
/etc/sysconfig	sshd	配置文件	SSH 命令配置参数
/usr/libexec/openssh	sftp-server	可执行文件	SFTP 服务子系统
	ssh-keycat	可执行文件	
	ssh-keysign	可执行文件	基于主机的认证 ssh 的辅助程序
/usr/bin	ssh-keygen	可执行文件	生成认证密钥，管理和转换
	ssh-keyscan	可执行文件	收集 ssh 公钥
	ssh	可执行文件	OpenSSH 客户端程序
	sshd	可执行文件	OpenSSH 的 SSH 守护进程

下面以图的形式列出了 SSH 服务中文件的工作流程，如图 17.1 所示。

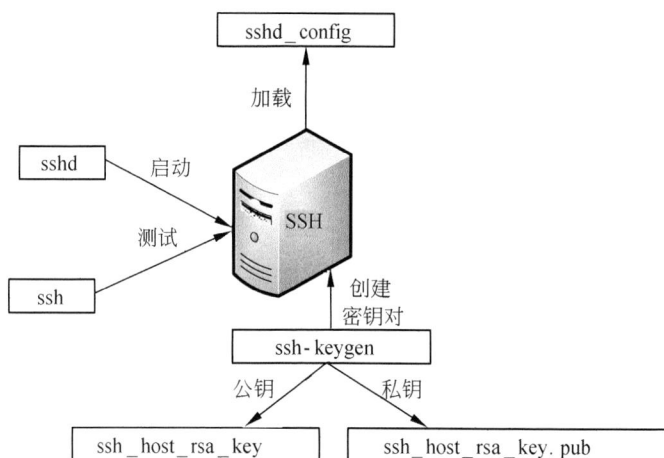

图 17.1　SSH 服务各文件工作流程图

17.4　配置文件：/etc/ssh/sshd_config

/etc/ssh/sshd_config 文件保存着 SSH 服务的常见参数，多数情况下并不需要修改其中的内容，但为了更进一步地了解 OpenSSH 服务器的运行和功能，本节将详细介绍该文件中的各选项。

17.4.1　监听的端口号：Port

Port 参数用来设置 SSH 服务监听的端口号。默认监听的端口号为 22，配置信息如下：

```
Port 22
```

17.4.2　监听地址协议类型：AddressFamily

AddressFamily 参数能设置监听 IPv4 和 IPv6、IPv4 或 IPv6 这 3 种协议类型。默认的配置信息如下：

```
AddressFamily any
```

以上的设置表示监听 IPv4 和 IPv6。如果设置为 inet 表示只监听 IPv4，inet6 表示仅监听 IPv6。

17.4.3　监听地址：ListenAddress

ListenAddress 参数设置允许连接到 SSH 服务的主机。该参数可以设置监听一台或所有的主机。默认配置信息如下：

```
ListenAddress 0.0.0.0
```

以上的配置表示所有的主机都可以连接到 SSH 服务。

17.4.4　使用的协议：Protocol

Protocol 参数用来设置使用的 SSH 协议，可以使用的 SSH 协议有 SSH 1 和 SSH 2。如果同时指定两个协议时之间用逗号分隔，在 Red Hat Linux 6.4 中默认使用的是协议 SSH 2，配置信息如下：

```
Protocol 2
```

17.4.5　设置包含计算机私人密钥的文件：HostKey

HostKey 参数用来设置包含计算机私人密钥的文件。HostKey 参数设置的密钥文件与使用的 SSH 协议有关。如果使用 SSH 1 协议，该文件为/etc/ssh/ssh_host_key。如果使用 SSH 2 协议，该文件为/etc/ssh_host_rsa_key 或/etc/ssh_host_dsa_key。这两个文件的区别是，分别代表使用 RSA 或 DSA 两种加密算法生成的文件。默认的配置信息如下：

```
HostKey /etc/ssh/ssh_host_key              #ssh1 协议
HostKey /etc/ssh/ssh_host_rsa_key          #ssh2 协议
HostKey /etc/ssh/ssh_host_dsa_key
```

17.4.6　设置自动新生成服务器的密钥：KeyRegenerationInterval

KeyRegenerationInterval 参数用来设置在多少秒之后系统自动重新生成服务器的密码。重新生成密钥是为了防止利用盗用的密钥解密被截获的信息，默认是 3600s，配置信息如下：

```
KeyRegenerationInterval 1h
```

17.4.7　定义服务器密钥长度：ServerKeyBits

ServerKeyBits 参数用来定义服务器密钥长度，默认为 1024 个字节，配置信息如下：

```
ServerKeyBits 1024
```

17.4.8　设定是否给出"facility code"：SyslogFacility

SyslogFacility 参数用来设定在记录来自 sshd 的消息时，是否给出 facility code。默认配置信息如下：

```
SyslogFacility AUTHPRIV
```

17.4.9　日志级别：LogLevel

LogLevel 参数用来记录 sshd 日志消息的级别。默认级别为 INFO，配置信息如下：

```
LogLevel INFO
```

17.4.10 设置断开连接服务器需要等待的时间：LoginGraceTime

LoginGraceTime 参数设置如果用户登录失败，在切断连接前服务器需要等待的时间，以秒为单位。默认配置信息如下：

```
LoginGraceTime 2m
```

17.4.11 设置是否允许超级用户远程登录系统：PermitRootLogin

PermitRootLogin 参数用来设置超级用户 root 能不能用 SSH 登录。root 远程登录 Linux 是很危险的，因此在远程 SSH 登录 Linux 系统时，建议设置该参数为 no。配置信息如下：

```
PermitRootLogin no
```

17.4.12 设置 SSH 在接收登录请求前是否检查文件的权限：StrictModes

StrictModes 参数用来设置 SSH 在接收登录请求之前，是否检查根目录和 rhosts 文件的权限和所有权。此参数建议设置为 yes。默认配置信息如下：

```
StrictModes yes
```

17.4.13 设置 SSH 接受的最大密码错误次数：MaxAuthTries

MaxAuthTries 参数设置允许输错密码的次数，超过后断开连接。默认为 6 次，配置信息如下：

```
MaxAuthTries 6
```

17.4.14 最大会话数：MaxSessions

MaxSessions 参数用来指定每个网络连接允许打开会话的最大数目。默认值为 10，配置信息如下：

```
MaxSessions 10
```

17.4.15 设置是否开启 RAS 密钥验证：RSAAuthentication

RSAAuthentication 参数用来设置是否开启 RAS 密钥验证，如果采用 RAS 密钥登录方式时，开启此选项。默认配置信息如下：

```
RSAAuthentication yes
```

17.4.16 设置是否开启公钥验证：PubkeyAuthentication

PubkeyAuthentication 参数设置是否开启公钥验证，如果采用公钥验证方式登录时，需要开启此选项。默认配置信息如下：

```
PubkeyAuthentication yes
```

17.4.17　设置公钥验证文件的路径：AuthorizedKeysFile

AuthorizedKeysFile 参数设置公钥验证文件的路径。该参数与 PubkeyAuthentication 配合使用。默认配置信息如下：

```
AuthorizedKeysFile      .ssh/authorized_keys
```

17.4.18　指定被用于查找用户的公共密钥：AuthorizedKeysCommand

AuthorizedKeysCommand 参数用来设置指定的程序被用于查找用户的公共密钥。该程序将与它的第一个参数调用用户的名称授权，并应出示标准输出 AuthorizedKeys 方法。默认配置信息如下：

```
AuthorizedKeysCommand none
```

17.4.19　指定 AuthorizedKeysCommand 用户： AuthorizedKeysCommandRunAs

AuthorizedKeysCommandRunAs 参数设置指定用户的账户下 AuthorizedKeysCommand 运行。默认值意思是指被授权的用户使用。默认的配置信息如下：

```
AuthorizedKeysCommandRunAs nobody
```

17.4.20　设置是否允许 rhosts 或 hosts.equiv 一起验证： RhostsRSAAuthentication

RhostsRSAAuthentication 参数用来设置是否允许 rhosts 文件或/etc/hosts.equiv 一起验证 RSA 主机认证成功。默认设置信息如下：

```
RhostsRSAAuthentication no
```

17.4.21　设置忽略"$OME/.ssh/known_hosts"文件： IgnoreUserKnownHosts

IgnoreUserKnownHosts 参数用来设置 SSH 在进行 RhostsRSAAuthentication 安全验证时，是否忽略用户的$HOME/.ssh/known_hosts 文件。默认配置信息如下：

```
IgnoreUserKnownHosts no
```

17.4.22　设置是否使用"～/.rhosts"和"～/.shosts"文件：IgnoreRhosts

IgnoreRhosts 参数用来设置验证的时候是否使用"～/.rhosts"和"～/.shosts"文件。默认配置信息如下：

```
IgnoreRhosts yes
```

17.4.23　设置是否开启密码验证：PasswordAuthentication

PasswordAuthentication 参数用来设置是否开启密码验证机制。如果是用密码登录系统，应设置为 yes。默认配置信息如下：

```
PasswordAuthentication yes
```

17.4.24　设置是否允许用空密码：PermitEmptyPasswords

PermitEmptyPasswords 参数用来设置是否允许使用密码为空的账号登录系统。为了安全性，最好将该选项设置为 no。默认配置信息如下：

```
PermitEmptyPasswords no
```

17.4.25　指定是否允许质询-响应认证：ChallengeResponseAuthentication

ChallengeResponseAuthentication 参数用来指定是否允许质询-响应认证。默认配置信息如下：

```
ChallengeResponseAuthentication no
```

17.4.26　设置是否将被验证的密码：KerberosAuthentication

KerberosAuthentication 参数用来设置用户为 PasswordAuthentication 提供的密码，是否通过 Kerberos KDC 验证。要使用 Kerberos 认证，服务器需要一个可以检验 KDC 特性的 Kerberos servtab。默认配置信息如下：

```
KerberosAuthentication no
```

17.4.27　是否通过其他的认证机制：KerberosOrLocalPasswd

KerberosOrLocalPasswd 参数设置如果 Kerberos 密码认证失败，那么该密码还将要通过其他的认证机制，如/etc/passwd。默认的配置信息如下：

```
KerberosOrLocalPasswd yes
```

17.4.28　是否销毁用户的 ticket 文件：KerberosTicketCleanup

KerberosTicketCleanup 参数设置是否在用户退出登录后自动销毁用户的 ticket 缓冲文件。默认的配置信息如下：

```
KerberosTicketCleanup yes
```

17.4.29　设置是否使用 AFS：KerberosGetAFSToken

KerberosGetAFSToken 参数设置如果使用了 AFS 并且该用户有一个 Kerberos 5 TGT，那么开启该指令后，将会在访问用户的家目录前尝试获取一个 AFS token。默认为 no，配置信息如下：

```
KerberosGetAFSToken no
```

17.4.30　是否查看.k5login 文件：KerberosUseKuserok

KerberosUseKuserok 参数用来指定是否要查看.K5login 文件用户别名。默认为 yes，配置信息如下：

```
KerberosUseKuserok yes
```

17.4.31　设置是否允许 GSSAPI 认证：GSSAPIAuthentication

GSSAPIAuthentication 参数用来指定是否允许基于 GSSAPI 的用户认证。此选项仅适用于协议版本 2。默认配置信息如下：

```
GSSAPIAuthentication yes
```

17.4.32　设置是否销毁用户凭证缓存：GSSAPICleanupCredentials

GSSAPICleanupCredentials 参数设置是否在用户退出登录后自动销毁用户凭证缓存。此选项仅适用于协议版本 2。默认配置信息如下：

```
GSSAPICleanupCredentials yes
```

17.4.33　确定是否是严格身份的 GSSAPI：GSSAPIStrictAcceptorCheck

GSSAPIStrictAcceptorCheck 参数用来确定是否要通过 GSSAPI 来验证客户机的身份。如果设置为 yes，则客户端必须针对当前主机上的主机服务进行验证。如果设置为 no，客户端则采用默认存储的服务密钥进行验证。默认的配置信息如下：

```
GSSAPIStrictAcceptorCheck yes
```

17.4.34　设置是否允许密钥交换：GSSAPIGSSAPIKeyExchange

GSSAPIGSSAPIKeyExchange 参数设置是否允许基于 GSSAPI 密钥交换。GSSAPI 密钥交换并不依靠 SSH 密钥验证主机身份。默认值为 no，配置信息如下：

```
GSSAPIKeyExchange no
```

17.4.35 是否启用 Pluggable 认证模块：UsePAM

UsePAM 参数设置是否启用 Pluggable 认证模块接口。如果设置为 yes，除了 PAM 账户和会话模块处理所有类型的认证，将启用 PAM 认证使用 ChallengeResponseAuthentication 和 PasswordAuthentication 选项。因为 PAM 质询-响应认证通常用于等效角色密码认证。此时，应该禁用 ChallengeResponseAuthentication 和 PasswordAuthentication 选项。如果 UesPAM 启用，一个非 root 用户将不能运行 sshd。配置信息如下：

```
UsePAM yes
```

17.4.36 设置环境变量：AcceptEnv

AcceptEnv 参数指定客户端发送的哪些环境变量将会被传递到会话环境中。只有 SSH 2 协议支持环境变量的传递。默认的配置信息如下：

```
AcceptEnv LANG LC_CTYPE LC_NUMERIC LC_TIME LC_COLLATE LC_MONETARY
LC_MESSAGES
```

17.4.37 设置是否允许 ssh-agent 转发：AllowAgentForwarding

AllowAgentForwarding 参数设置是否允许 ssh-agent 转发。默认值是 yes，配置信息如下：

```
AllowAgentForwarding yes
```

17.4.38 设置是否允许 TCP 转发：AllowTcpForwarding

AllowAgentForwarding 参数设置是否允许 TCP 转发，默认值为 yes。禁止 TCP 转发并不能增强安全性，除非禁止了用户对 shell 的访问，因为用户可以安装他们自己的转发器。配置信息如下：

```
AllowTcpForwarding yes
```

17.4.39 是否允许远程主机连接本地的转发端口：GatewayPorts

GatewayPorts 参数设置是否允许远程主机连接到本地的转发端口。默认值为 no。sshd 默认将远程端口转发绑定到 loopback 地址，这样将阻止其他远程主机连接到转发端口。GatewayPorts 参数可以让 sshd 将远程端口转发绑定到非 loopback 地址，这样就可以允许远程主机连接了。no 表示仅允许本地连接，yes 表示强制将远程端口绑定到通配地址，clientspecified 表示允许客户选择将远程端口转发绑定到哪个地址。配置信息如下：

```
GatewayPorts no
```

17.4.40　设置是否允许 X11 转发：X11Forwarding

X11Forwarding 参数用来设置是否允许 X11 转发。默认值是 no。如果允许 X11 转发并且 sshd 代理的显示区被配置为在含有通配符的地址（X11UserLocalhost）上监听，那么将可能有额外的信息被泄漏。由于使用 X11 转发可能带来的风险，此选项默认值为 no。配置信息如下：

```
X11Forwarding yes
```

🔔注意：禁止 X11 转发并不能禁止用户转发 X11 通信，因为用户可以安装他们自己的转
　　　发器。如果启用了 UserLogin，那么 X11 转发将被禁止。

17.4.41　设置 X11 转发的第一个可用的显示区数字：X11DisplayOffset

X11DisplayOffset 配置项设置 X11 转发的第一个可用的显示区数字。默认值是 10。这样可以用于防止 sshd 占用了真实的 X11 服务器显示区，从而发生混淆。配置信息如下：

```
X11DisplayOffset 10
```

17.4.42　设置是否将 X11 转发服务器绑定到本地 loopback 地址：X11UseLocalhost

X11UseLocalhost 配置项设置是否应当将 X11 转发服务器绑定到本地 loopback 地址。默认值为 yes，sshd 默认将转发服务器绑定到本地 loopback 地址，并将 DISPLAY 环境变量的主机名部分设为 localhost。这样可以防止远程主机连接到代理主机上。不过某些老旧的 X11 客户端不能在此配置下正常工作。为了兼容这些老旧的 X11 客户端，这时可以设置为 no。配置信息如下：

```
X11UseLocalhost yes
```

17.4.43　设置是否显示"/etc/motd"中的信息：PrintMotd

PrintMotd 参数用来设置 sshd 是否在用户登录的时候显示"/etc/motd"中的信息。默认配置信息如下：

```
PrintMotd yes
```

17.4.44　设置是否显示登录时间：PrintLastLog

PrintLastLog 配置项用来设置是否在每一次交互式登录时，显示最后一位用户的登录时间。默认配置信息如下：

```
PrintLastLog yes
```

17.4.45　设置是否发生 TCP keepalive 消息：TCPKeepAlive

TCPKeepAlive 配置项用来设置系统是否向客户端发送 TCP keepalive 消息。默认值为 yes。这种消息可以检测到死连接、连接不当关闭、客户端崩溃等异常。配置信息如下：

```
TCPKeepAlive yes
```

17.4.46　设置是否在交互式会话的登录中使用 login：UseLogin

UseLogin 配置项设置是否在交互式会话的登录过程中使用 login 指令。默认值为 no。如果开启此选项，那么 X11Porwarding 将会被禁止。因为 login 不知道如何处理 xauth cookies。配置信息如下：

```
UseLogin no
```

17.4.47　是否进行权限分离：UsePrivilegeSeparation

UsePrivilegeSeparation 参数设置是否让 sshd 通过创建非特权子进程处理接入请求的方法进行权限分离。默认值为 yes，认证成功后，将以该认证用户的身份创建另一个子进程。这样做的目的是为了防止通过有缺陷的子进程提升权限，从而使系统更加安全。配置信息如下：

```
UsePrivilegeSeparation yes
```

17.4.48　是否允许处理 environment 选项：PermitUserEnvironment

PermitUserEnvironment 参数设置是否允许 sshd 处理 ～/.ssh/environment 和 ～/.ssh/authorized_keys 中的 environment=选项。默认值为 no。如果设为 yes 可能会导致用户有机会使用某些机制绕过访问控制，造成安全漏洞。配置信息如下：

```
PermitUserEnvironment no
```

17.4.49　是否对通信数据进行加密：Compression

Compression 配置项设置是否对通信数据进行加密，还是延迟到认证成功之后再对通信数据加密。可设置的值有 yes，delayed，no。默认配置信息如下：

```
Compression delayed
```

17.4.50　设置收到客户端数据的时间：ClientAliveInterval

ClientAliveInterval 配置项用来设置一个以秒记的时长，如果超过这么长时间没有收到客户端的任何数据，sshd 将通过安全通道向客户端发送一个 alive 消息并等候应答。默认值为 0，表示不发送 alive 消息。该选项仅对 SSH 1 版本有效。配置信息如下：

```
ClientAliveInterval 0
```

17.4.51　允许发送多少个 alive 消息：ClientAliveCountMax

ClientAliveCountMax 配置项设置在未收到任何客户端回应前最多允许发送多少个 alive 消息。默认值是 3。当达到这个限制后，sshd 将强制断开连接、关闭会话。该设置仅适用于 SSH 2 协议版本。配置信息如下：

```
ClientAliveCountMax 3
```

注意：alive 消息与 TCPKeepAlive 有很大差异。alive 消息是通过加密连接发送的，因此不会被欺骗，而 TCPKeepAlive 却是可以被欺骗的，如果 ClientAliveInterval 被设为 15，并且将 ClientAliveCountMax 保持为默认值，那么无应答的客户端大约会在 45 秒后被强制断开。

17.4.52　是否显示标识字符串：ShowPatchLevel

ShowPatchLevel 参数用来指定 sshd 是否会显示在二进制补丁级别标识字符串。该修补程序级别在编译时设置。默认配置信息如下：

```
ShowPatchLevel no
```

17.4.53　设置是否应该对远程主机名进行反向解析：UseDNS

UseDNS 参数用来指定 sshd 是否应该对远程主机名进行反向解析，以检查此主机名是否与其 IP 地址真实对应。默认值为 yes，配置信息如下：

```
UseDNS yes
```

17.4.54　设置 SSH 进程号的位置：PidFile

PidFile 配置项用来设置 SSH 守护进程的进程号保存位置。默认的配置信息如下：

```
PidFile /var/run/sshd.pid
```

17.4.55　设置最大允许保持多少个未认证的连接：MaxStartups

MaxStartups 参数用来设置最大允许保持多少个未认证的连接。默认值是 10。到达限制后，将不再接受新连接，除非先前的连接认证成功或超出 LoginGraceTime 的限制。配置信息如下：

```
MaxStartups 10
```

17.4.56　设置是否允许 turn 设备转发：PermitTunnel

PermitTunnel 配置项用来设置是否允许 turn 设备转发。可以设置的值有 yes、no、without-password、forced-commands-only。其中，yes 表示允许；no 表示禁止；without-password 表示禁止使用密码认证登录；forced-commands-only 表示只有在指定了 command 选项的情况下才允许使用公钥认证登录。同时其他认证方法全部禁止。这个值常用于做远程备份之类的事情。默认配置信息如下：

```
PermitTunnel no
```

17.4.57　设置 chroot 身份验证后的位置：ChrootDirectory

ChrootDirectory 参数用来设置 chroot 身份验证后的位置。该位置和它所有的子文件，所有者必须是根 root，并且其他任何用户和组没有写权限。默认配置信息如下：

```
ChrootDirectory none
```

17.4.58　设置用户认证前显示给远程用户的内容：Banner

Banner 参数设置在用户进行认证前显示给用户的内容。该选项只适用于 SSH 2 协议版本。默认值为 none，表示禁用这个特性。配置信息如下：

```
Banner none
```

17.4.59　配置一个外部子系统：Subsystem

Subsystem 参数用来配置一个外部子系统，如一个文件传输守护进程。该参数的值是一个子系统的名字和对应的命令行。默认配置信息如下：

```
Subsystem      sftp    /usr/libexec/openssh/sftp-server
```

17.4.60　强制执行指定的命令：ForceCommand

ForceCommand 参数设置强制执行这里指定的命令，而忽略客户端提供的任何命令。这个命令在用户登录的 Shell 中被调用。这可以应用于 Shell、命令、子系统，通常用于 Match 块中。这个命令最初是在客户端通过 SSH_ORIGINAL_COMMAND 环境变量来支持的。配置信息如下：

```
ForceCommand cvs server
```

17.4.61　拒绝用户远程登录系统：DenyUsers

DenyUsers 参数设置拒绝某个用户远程登录系统。配置信息如下：

```
DenyUsers zhangsan lisi
```

以上的信息表示拒绝用户 zhangsan、lisi 远程登录系统，其他均允许。

17.4.62　允许用户远程登录系统：AllowUsers

AllowUsers 参数用来设置允许某个用户远程登录系统。配置信息如下：

```
AllowUsers jerry admin@61.23.24.25
```

以上的信息表示允许用户 jerry 远程登录系统、允许用户 admin 从主机 61.23.24.25 远程登录系统，其他用户均拒绝。

17.5　可执行文件

配置完成 SSH 服务并启动服务后，可使用相应的命令来操作该服务。本节将介绍该服务下相关命令的语法格式和使用方法。

17.5.1　密钥生成工具：/usr/bin/ssh-keygen

ssh-keygen 用来生成、管理和转换 SSH 身份验证密钥。该命令使用 SSH 协议 1 版本创建 RSA 密钥，使用 SSH 协议 2 版本创建 RSA 或 DSA 密钥。生成密钥的类型，指定该命令的-t 选项。如果不带任何参数，使用 ssh-keygen 的 SSH 协议 2 连接会生成 RSA 密钥。本节将介绍该命令的语法格式和使用方法。

ssh-keygen 命令的语法格式如下：

```
ssh-keygen [选项]
```

常用选项含义如下。

- ❑ -a trials：在使用 T 选项对 DH-GEX 候选素数进行安全筛选时需要执行的基本测试数量。
- ❑ -B：显示指定的私人或公共密钥文件的摘要。
- ❑ -b bits：指定创建密钥的位数。对于 RSA 密钥，最小值是 768 位，默认是 2048 位。通常来说，2048 位是足够的了。DSA 密钥必须恰好是 1024 位。
- ❑ -C comment：提供一个新的注释。
- ❑ -c：要求改变私钥和公钥的注释。该选项仅支持 RSA1 密钥的操作。
- ❑ -D reader：下载存储在 reader 中的 RSA 公钥。
- ❑ -e：该选项将读取私人或公共的 OpenSSH 密钥文件，并且显示密钥以 RFC4716SSH 公钥文件格式标准输出。
- ❑ -F hostname：在 known_hosts 文件中，搜索指定的主机名，并列出所有的匹配项。这个选项主要用于查找 hash 计算过的主机名/IP 地址，还可以和-H 选项一起使用，显示找到公钥的 hash 值。

❑ -f filename：指定密钥文件名。

❑ -Goutput_file：生成 DH-GEX 候选素数。这些素数必须在使用之前使用-T 选项进行安全筛选。

❑ -g：在使用-r 显示指纹资源记录的时候使用通用的域名格式。

❑ -H：对 known_hosts 文件进行 hash 计算。这将把文件中的所有主机名/IP 地址替换为相应的 hash 值。原来文件的内容将会添加一个 ".old" 后缀后保存。这些 hash 值只能被 ssh 和 sshd 使用。这个选项不会修改已经经过 hash 计算的主机名/IP 地址，因此可以在部分公钥已经 hash 计算过的文件上安全使用。

❑ -i：读取未加密的 SSH-2 兼容的私钥/公钥文件，然后在标准输出显示 OpenSSH 兼容的私钥/公钥。该选项主要用于从多种商业版本的 SSH 中导入密钥。

❑ -l：显示公钥文件的指纹数据。它也支持 RSA1 的私钥。对于 RSA 和 DSA 密钥，将会寻找对应的公钥文件，然后显示其指纹数据。

❑ -M memory：指定在生成 DH-GEXS 候选素数的时候最大内存用量。

❑ -n：提取公钥。

❑ -N new_passphrase：提供一个新的密语。

❑ -P passphrase：提供旧密语。

❑ -p：要求改变某私钥文件的密语而不重建私钥。程序将提示输入私钥文件名、原来的密语，以及两次输入新密语。

❑ -q：安静模式。用于在/etc/rc 中创建新密钥的时候。

❑ -R hostname：从 known_hosts 文件中删除所有属于 hostname 的密钥。这个选项主要用于删除经过 hash 计算过主机的密钥。

❑ -r hostname：显示名为 hostname 的公钥文件的 SSHFP 指纹资源记录。

❑ -S start：指定在生成 DH-GEX 候选模数时的起始点。

❑ -T output_file：测试 Diffie-Hellman exchange 候选素数的安全性。

❑ -t type：指定要创建的密钥类型。可以使用 rsa1（SSH-1）、rsa（SSH-2）、dsa（SSH-2）。

❑ -U reader：把现存的 RSA 私钥上传到 reader 中。

❑ -v：详细模式。ssh-keygen 将会输出处理过程的详细调试信息。常用于调试模数的产生过程。重复使用多个-v 选项将会增加信息的详细程度（最大 3 次）。

❑ -W generator：指定在为 DH-GEX 测试候选模数时想要使用的 generator。

❑ -y：读取 OpenSSH 专有格式的公钥文件，并将 OpenSSH 公钥显示在标准输出上。

【实例 17-1】　创建基于 RSA 算法的 SSH 密钥对。执行命令如下：

```
[root@www ~]# ssh-keygen -t rsa
Generating public/private rsa key pair.
Enter file in which to save the key (/root/.ssh/id_rsa):
Enter passphrase (empty for no passphrase):
Enter same passphrase again:
Your identification has been saved in /root/.ssh/id_rsa.
Your public key has been saved in /root/.ssh/id_rsa.pub.
The key fingerprint is:
f0:b9:fd:5c:e6:a9:7b:45:65:1f:1d:7e:f2:9b:c6:45 root@www
The key's randomart image is:
+--[ RSA 2048]----+
|             .o|
|             ..+|
```

```
|  .        .oE|
|       o .    ++|
|        S    .o|
|        o   . =|
|       . .   o*|
|         o +o. |
|          =+o  |
+-----------------+
```

17.5.2　集中管理 ssh 公钥：/usr/bin/ssh-keyscan

ssh-keyscan 是一种实用工具，收集公众的 SSH 主机密钥的主机数量。它被设计来帮助构建并验证 ssh_known_hosts 文件。ssh-keyscan 提供了一个最小的接口，适合使用 Shell 和 Perl 脚本。ssh-keyscan 命令的语法格式如下：

```
ssh-keyscan [选项]
```

常用选项含义如下。

- ❑ -4：强制 ssh-keyscan 命令仅使用 IPv4 地址。
- ❑ -6：强制 ssh-keyscan 命令仅使用 IPv6 地址。
- ❑ -f file：从该文件中阅读主机或 addrlist 的名单对。每行一个，如果 SSH 提供-，而不是一个文件名，ssh-keyscan 将从标准输入读取主机或 addrlist 名单对。
- ❑ -H：输出 hash 计算后的所有主机名和地址。
- ❑ -p port：连接到远程主机上的端口。
- ❑ -T timeout：设置尝试连接的超时值。默认值为 5 秒。
- ❑ -t type：指定扫描主机密钥的不同类型。可能的值是 rsa1 为协议版本 1 和 rsa 或 dsa 为协议版本 2。可指定多个值，用逗号将它们隔开。默认值是 rsa。
- ❑ -v：详细模式。ssh-keyscan 命令显示关于它发展的调试消息。

【实例 17-2】　扫描 192.168.1.1 主机基于 RSA 算法的信息。执行命令如下：

```
[root@www ~]# ssh-keyscan -t rsa 192.168.1.1
# 192.168.1.1 SSH-2.0-OpenSSH_5.3
192.168.1.1 ssh-rsa AAAAB3NzaC1yc2EAAAABIwAAAQEAq4RRCvVr1Msi7Vq24QN
OGqX3teps4bIDRKJE03+bsy9oZbKTNJrgmhnplD+137qmloIy6mDzLReB6+eIed6wpN8y7U
jpPk32grfQPewuIM7q72CWkP95J0QdYTt+sDbyMEBYuBfT0X7NgS2e5DN1RmSdoGAi24INo
oRVNGl+2EFJYrWQhHLDLXBq2+Z21Qlde7WIaQXax+5TVh8HRLFFM75l1e2IRyrSW9dSB6Zg
OKiZcBpwQFUaV+tAyVmLZYs6Mpf+0ip1bI60uvomcsm98vOmIV0WgcHR6PipB2hNWbOaG3f
zMr3PiSDAoGP2OarwhyiYBf0Vdt1PJ6NefFq/VQ==
```

17.5.3　SSH 守护进程：/usr/sbin/sshd

sshd 命令是 OpenSSH 软件套件的核心程序，它以守护进程的方式向外界提供加密的登录服务。在一个网络中，两台互不信任的主机进行通信时，该程序取代了 rlogin 和 rsh，并提供安全的加密通信。本节将介绍该命令的语法格式和使用方法。

sshd 命令的语法格式如下：

```
sshd [选项]
```

常用选项含义如下。

- □　-4：强制 sshd 仅使用 IPv4 地址。
- □　-6：强制 sshd 仅使用 IPv6 地址。
- □　-b bits：指定 ssh1 协议版服务器密钥的位数。默认的值为 1024。
- □　-C connection_spec：指定使用的连接参数为-T 扩展测试模式。
- □　-D：当指定此选项时，sshd 将以非守护进程的方式运行。通常不使用此选项。
- □　-d：当指定此选项时，sshd 将以调试模式运行。
- □　-e：当指定此选项时，sshd 将把错误信息发送到标准错误设备（通常是显示终端），而不发送到系统日志。
- □　-f config_file：指定 sshd 启动时的配置文件。通常 sshd 的配置文件的默认位置在 "/etc/ssh/sshd_config"。如果没有找到配置文件，sshd 将无法启动。
- □　-g login_grace_time：指定 ssh 客户端登录 sshd 服务器的过期时间（默认是 120 秒）。如果在此时间内客户端没有能够正确登录，则 sshd 服务器将断开与 ssh 客户端的连接。
- □　-h host_key_file：指定一个文件，从中读取主机密钥。
- □　-i：指定 sshd 以 inetd 的方式运行。这种运行方式 sshd 不需要常驻内存，当有用户发起连接请求时有 inetd 负责启动 sshd，以提供加密登录服务。
- □　-k key_gen_time：指定协议版本 1 时，重新生成密钥。默认值是 3600 秒或 1 小时。
- □　-o option：指定选项在配置文件中使用的格式选项。
- □　-p port：指定 sshd 守护进程监听的 TCP 端口号，默认的端口号是 22。
- □　-q：静默模式。不将任何信息存入系统日志。通常，sshd 的每个连接的启动、认证和退出都记录在系统日志中。
- □　-T：扩展的测试模式。检查配置文件的有效性，将有效的配置标准输出。
- □　-t：测试模式。测试 sshd 的配置文件的语法和 key 文件的正确性。当更改了 sshd 的配置文件时，使用此选项是非常有用的。
- □　-u len：此选项用于指定字段大小在 utmp 结构持有的远程主机名。

【实例 17-3】　启动 sshd 守护进程。直接输入 sshd 指令启动守护进程时将出现错误提示。在命令行中输入的命令如下：

```
[root@www ~]# sshd                    #启动 sshd 守护进程
```

输出信息如下：

```
sshd re-exec requires execution with an absolute path
```

上面的错误信息说明在启动 sshd 守护进程时，必须指明 sshd 指令的绝对路径。正确的输入命令如下：

```
[root@www ~]# /usr/sbin/sshd                #启动 sshd 守护进程
```

17.5.4　OpenSSH 客户端程序：/usr/bin/ssh

ssh 命令是一个程序，用于登录到远程机器和执行在远程计算机上的命令。它的目的是取代 rlogin 和 rsh 命令，并为两个不可信主机之间使用不安全的网络，提供安全加密通信。X11 连接和任意 TCP 端口，也可以通过安全通道转发。ssh 命令可以连接和登录到指定的主机名。本节将介绍 ssh 命令的语法格式和使用方法：

ssh 命令的语法格式如下：

```
ssh [选项]
```

常用选项含义如下。

- ❏ -1：强制 ssh 只使用协议版本 1。
- ❏ -2：强制 ssh 只使用协议版本 2。
- ❏ -4：强制 ssh 只使用 IPv4 地址。
- ❏ -6：强制 ssh 只使用 IPv6 地址。
- ❏ -A：启用转发的认证代理连接。这也可以在配置文件中指定每个主机的基础。
- ❏ -a：禁止转发认证代理的连接。
- ❏ -b bind_address：使用 bind_address 在本地机器上的连接的源地址。
- ❏ -C：请求所有的数据。包括标准输入、标准输出、标准错误和数据压缩。
- ❏ -c cipher_spec：选择加密会话密码规范。
- ❏ -D [bind_address:]port：指定一个本地主机"动态的"端口转发的应用程序。如果本地主机上分配了一个 socket 侦听 port 端口，这个连接将会经过安全通道转发出去。根据应用程序的协议，可以判断出远程主机将要远程连接的主机。
- ❏ -e escape_char：为一个控制台会话设置转义字符。默认是"～"。这个转义字符仅被开头一行识别，转义字符后面跟着一个点关闭连接。
- ❏ -F configfile：指定一个替代每个用户的配置文件。如果配置在命令行上，文件系统范围的配置文件（在/etc/ssh 目录下 ssh_config 文件中）将被忽略。默认情况下每个用户的配置文件是～/.ssh/config 中。
- ❏ -f：ssh 在执行命令之前的背景。
- ❏ -g：允许远程主机连接本地转发端口。
- ❏ -I smartcard_device：指定 SSH 使用智能卡设备，该设备用于存储用户的 RSA 私钥。当系统支持智能卡设备时，此选项才有效。
- ❏ -i identity_file：指定一个 RSA 或 DSA 认证所需的身份证验证（私钥）文件。默认文件是协议第一版的$HOME/.ssh/identity 以及协议第二版的$HOME/.ssh/id_rsa 和$HOME/.ssh/id_dsa 文件。也可以在配置文件中对每个主机单独指定身份验证文件。用户可以同时使用多个-i 选项，也可以在配置文件中指定多个身份验证文件。
- ❏ -K：启用基于 GSSAPI 认证和转发凭据服务器。
- ❏ -k：禁止转发 GSSAPI 凭据到服务器。
- ❏ -L [bind_address:]port:host:hostport：指定在本地主机的给定的端口，并被转发在远程端的主机和端口。
- ❏ -l login_name：指定用户登录到远程计算机上的。这也可能是在配置文件中的每个主机的基础上指定。
- ❏ -M：为了连接共享，设置 SSH 客户端为主动模式。辅助连接之前，多个-M 选项要求设置为主动模式。
- ❏ -m mac_spec：为协议 SSH 2 版本分隔列表中的 MAC 算法，可以指定优先顺序。

- ❑ -N：不执行远程命令。这仅是转发端口。
- ❑ -n：从/dev/null 重定向标准输入。在后台运行 SSH 命令时，必须使用该选项。一个常用的技巧是使用这在远程计算机上运行 X11 程序。
- ❑ -O ctl_cmd：控制活动连接复用的主进程。当指定-O 选项时，ctl_cmd 参数传递给主进程。有效的命令是 check 和 exit。
- ❑ -o：指定使用在配置文件中的格式选项。
- ❑ -p port：指定连接到远程主机上的端口。
- ❑ -q：安静模式。把所有的警告和讯息忽略，只有严重的错误才会被显示。
- ❑ -R [bind_address:]port:host:hostport：将远程主机（服务器）的某个端口转发到本地端指定主机的指定端口。
- ❑ -S ctl_path：指定共享连接控制套接字的位置。
- ❑ -s：要求调用远程系统上的一个子系统。子系统是一个 SSH2 协议功能，便于为其他应用程序使用 SSH 安全的传输。
- ❑ -T：禁用伪终端分配。
- ❑ -t：强制伪终端分配。可以用在远程机器上执行任意 screenbased 的方案，非常有用。
- ❑ -V：显示版本信息。
- ❑ -v：详细模式。
- ❑ -W host:port：要求客户端的标准输入和输出都通过安全通道发送到主机指定端口。
- ❑ -w local_tun[:remote_tun]：在客户端（local_tun）和服务器（remote_tun）之间进行隧道设备转发时，使用指定的 tun 设备。
- ❑ -X：启用 X11 转发，也可以在每个主机上指定配置文件。
- ❑ -x：禁止 X11 转发。
- ❑ -Y：启用信任 X11 转发。可靠的 X11 转寄不会受到 X11 SECURITY 扩展控制。
- ❑ -y：使用 syslog 系统模块发送日志信息。

【实例 17-4】 使用 root 用户远程登录 192.168.1.1 服务器。

```
[root@www ~]# ssh 192.168.1.1
The authenticity of host '192.168.1.1 (192.168.1.1)' can't be established.
RSA key fingerprint is 2e:ea:ee:63:03:fd:9c:ae:39:9b:4c:e0:49:a9:8f:5d.
Are you sure you want to continue connecting (yes/no)? yes
Warning: Permanently added '192.168.1.1' (RSA) to the list of known hosts.
root@192.168.1.1's password:
Last login: Thu Aug  8 11:15:38 2017 from 192.168.41.1
```

17.5.5　控制服务的脚本：/etc/rc.d/init.d/sshd

sshd 是 SSH 服务的启动脚本文件。该脚本文件可以使用 service 命令的 start、stop、restart 参数来启动、关闭、重启 SSH 服务。重新启动 SSH 服务的命令如下：

```
[root@www ~]# service sshd restart
停止 sshd:                                          [确定]
正在启动 sshd:                                      [确定]
```

或者

```
[root@www ~]# /etc/rc.d/init.d/sshd restart
停止 sshd:                                              [确定]
正在启动 sshd:                                          [确定]
```

17.6　其他配置文件

SSH 服务中除了上面介绍的文件，在 SSH 服务的主目录下还有几个文件需要了解。本节将介绍这几个文件的作用。

17.6.1　配置密钥组：/etc/ssh/moduli

moduli 文件配置用于构建安全传输层所必须的密钥组。该文件中包含使用 sshd 的素数和生成 Diffie-Hellman 组交换密钥交换方法。使用 ssh-keygen 命令产生新的 moduli 文件包括两个步骤。第一步，使用 ssh-keygen -G 选项计算数字；第二步，使用 ssh-keygen -T 选项，确保在 sshd 的 Diffie-Hellman 算法操作中，该数字没有被修改，这样提供了高度的保证。该文件由换行符分隔的记录构成，每一个系数包含 7 个分隔的字段。该文件不需要修改，保持默认配置即可。

17.6.2　SSH 客户端配置文件：/etc/ssh/ssh_config

ssh_config 是系统级的 SSH 客户端配置文件。该文件为客户端提供了默认值。如果要修改默认的值，可以修改每个用户的配置文件或在命令行操作修改。

17.6.3　SSH2 版本所使用的 RSA 私钥：/etc/ssh/ssh_host_rsa_key

ssh_host_rsa_key 文件中保存了 SSH2 版本所使用的 RSA 私钥。该文件是通过执行 ssh-keygen 命令，借助用 RSA 加密算法创建私钥文件。与该文件相对应的公钥文件为 ssh_host_rsa_key.pub。当客户端使用密钥对验证登录远程服务器时，该文件发挥作用。该文件不需要用户自己修改。

17.6.4　SSH2 版本所使用的 RSA 公钥：/etc/ssh/ssh_host_rsa_key.pub

ssh_host_rsa_key.pub 文件为 SSH2 版本所使用的 RSA 公钥。它的作用和 ssh_host_rsa_key 相同，并且同样是使用 ssh-keygen 命令创建的。

17.6.5　sshd 进程的 DSA 私钥：/etc/ssh/ssh_host_dsa_key

ssh_host_dsa_key 文件是 sshd 进程的 DSA 私钥文件。该文件是由 ssh-keygen 命令使用

加密算法 DSA 创建的。

17.6.6　sshd 进程的 DSA 公钥：/etc/ssh/ssh_host_dsa_key.pub

ssh_host_dsa_key.pub 文件是 sshd 进程的 DSA 公钥文件。该文件和 ssh_host_dsa_key 文件构成一对密钥对文件。

17.6.7　SSH1 版本所使用的 RSA 私钥：/etc/ssh/ssh_host_key

ssh_host_key 文件是 SSH1 版本所使用的 RSA 私钥。该文件是使用加密算法 RSA 计算出来的。该私钥文件一定要保管好，如果要解密该文件相对应的公钥文件，必须使用该私钥文件来解密。

17.6.8　SSH1 版本所使用的 RSA 公钥：/etc/ssh/ssh_host_key.pub

ssh_host_key.pub 是 SSH1 版本所使用的 RSA 公钥文件。该文件不需要进行任何修改。

17.6.9　密钥信息文件：～/.ssh/know_hosts

当用户第一次登录 SSH 服务器时，必须接收服务器发来的 RSA 密钥。根据提示输入 yes 后才能继续验证。接收的密钥信息将保存到 know_hosts 文件中。该文件不需要做任何修改。

17.7　测 试 服 务

通过前面介绍的 SSH 服务的配置文件和运行机制后可知，该服务不需要做任何修改就可以实现它的功能。本节将介绍该服务的 Linux 客户端和 Windows 客户端测试工具的使用。

17.7.1　Linux 客户端

一般来说，只要支持 SSH 协议的客户端软件都可以与 OpenSSH 服务器进行通信。在 Linux 系统平台中，通常直接使用 ssh 命令程序作为远程登录工具，还可以使用 scp、sftp 命令程序远程传输文件。本节将介绍使用命令行客户端工具 ssh 来测试 OpenSSH 服务器。

使用 ssh 命令远程登录服务器时，最典型的命令格式如下：

```
ssh username@sshserver
```

其中，sshserver 表示需要登录到的 SSH 服务器的地址，可以是主机名或者 IP 地址；而 username 表示用于登录的用户账号，该账号应该是 SSH 服务器中的系统用户账号。用户名与服务器地址之间使用@符号进行分隔。虽然类似于电子邮件地址，但是两者并没有直接联系。

【实例 17-5】 按照默认的配置启动服务后，使用用户账号 bob 远程登录到服务器 192.168.1.1，连接标准的 SSH 端口 22。

```
[root@localhost ~]# ssh bob@192.168.1.1
The authenticity of host '192.168.1.1 (192.168.1.1)' can't be established.
RSA key fingerprint is 2e:ea:ee:63:03:fd:9c:ae:39:9b:4c:e0:49:a9:8f:5d.
Are you sure you want to continue connecting (yes/no)? yes
Warning: Permanently added '192.168.1.1' (RSA) to the list of known hosts.
bob@192.168.1.1's password:
Last login: Mon Sep  9 17:22:57 2013 from 192.168.1.100
[bob@www ~]$
```

当省略 username 时，默认将以使用当前终端的用户名（不一定是 root）作为验证账号。例如，若当前用户为 zhang，而目标服务器中没有 zhang 用户，则省略用户名时将无法成功登录。

在前面介绍过 SSH 服务的密钥对验证方式，使用密钥对验证可以进一步提高远程管理服务器的安全性。下面看一下实现 SSH 密钥对验证的基本过程。操作步骤如下。

（1）在客户端创建密钥对。

以 xiaoqi 用户登录到客户端主机，并建立基于 RSA 算法的 SSH 密钥对。

```
[xiaoqi@localhost ~]$ ssh-keygen -t rsa
Generating public/private rsa key pair.
Enter file in which to save the key (/home/xiaoqi/.ssh/id_rsa):
                                            #直接回车确认
Created directory '/home/xiaoqi/.ssh'.
Enter passphrase (empty for no passphrase):    #此处设置密码短语（保护私有文件
                                                的密码）
Enter same passphrase again:
Your identification has been saved in /home/xiaoqi/.ssh/id_rsa.
Your public key has been saved in /home/xiaoqi/.ssh/id_rsa.pub.
The key fingerprint is:
8c:38:72:ea:05:20:00:73:e1:56:4a:28:56:29:f9:35 xiaoqi@localhost.
localdomain
The key's randomart image is:
+--[ RSA 2048]----+
|=.*oo            |
|+O + E           |
|= * . .          |
|.o . . o         |
| o + . S         |
| = .             |
| .   .           |
| . .             |
| . .             |
+-----------------+
[xiaoqi@localhost ~]$ ls -lh ~/.ssh/ #查看在~/.ssh 目录下密钥对文件是否创建成功
总用量 8.0K
-rw-------. 1 xiaoqi xiaoqi 1.8K  9月  9 17:37 id_rsa
-rw-r--r--. 1 xiaoqi xiaoqi  410  9月  9 17:37 id_rsa.pub
```

ssh-keygen 命令执行完毕后，将密钥文件保存到用户指定的位置，默认位于用户宿主目录下的.ssh 目录下。其中，id_rsa.pub 是用户的公钥文件，可以提供给 SSH 服务器；id_rsa 是用户的私钥文件，权限默认为 600。私钥文件必须妥善保管，不能泄露给他人。用户可以在创建密钥对的过程中设置一个私钥密码短语，更好地控制私钥文件的使用权限。

（2）上传公钥文件给服务器。

将客户端用户创建的公钥文件发送给 OpenSSH 服务器，并保存到服务器的授权密钥库中。服务器的授权密钥库文件位于各用户宿主目录下的.ssh/目录，默认的文件名是 authorized_keys。传递公钥文件时可以选择 FTP、Samba、HTTP、SCP 甚至发送 Email 等任何方式。下面使用 scp 工具上传公钥给服务器。

```
[xiaoqi@localhost ~]$ scp ~/.ssh/id_rsa.pub bob@192.168.1.1:/home/bob/
.ssh/authorized_keys
The authenticity of host '192.168.1.1 (192.168.1.1)' can't be established.
RSA key fingerprint is 2e:ea:ee:63:03:fd:9c:ae:39:9b:4c:e0:49:a9:8f:5d.
Are you sure you want to continue connecting (yes/no)? yes
Warning: Permanently added '192.168.1.1' (RSA) to the list of known hosts.
bob@192.168.1.1's password:
id_rsa.pub                                100%  410     0.4KB/s   00:00
```

由于 sshd 默认采用严格的权限检查模式（StrictModes yes），因此需要注意授权密钥库文件 authorized_keys 的权限设置：所有者要求是登录的目标用户或 root，同组或其他用户对该文件不能有写入权限，否则可能无法使用密钥验证成功登录系统。该文件的权限保持为 644 即可。

```
[root@www ~]# ls -dl /home/bob/.ssh/authorized_keys
-rw-r--r-- 1 bob bob 410 9月   9 17:46 /home/bob/.ssh/authorized_keys
```

（3）配置服务器。

在 OpenSSH 服务中，启用密钥对验证方式并可以禁用密码验证方式。修改完配置文件后重新启动 sshd 服务。修改 sshd_config 文件，禁用密码验证、启用密钥对验证，并重启 sshd 服务。

```
[root@www ~]# vi /etc/ssh/sshd_config
PasswordAuthentication no
PubkeyAuthentication yes
AuthorizedKeysFile     .ssh/authorized_keys
[root@www ~]# service sshd restart
停止 sshd:                                      [确定]
正在启动 sshd:                                  [确定]
```

（4）使用密钥对验证方式登录服务器。

以创建密钥对的用户账号（如 xiaoqi）登录客户端主机，执行 ssh 命令，以服务器中授权用户（bob）的身份远程登录系统。如果密钥对验证方式配置成功，服务器将会使用密钥文件进行验证，并要求用户输入私钥文件的密码短语。如果密码短语为空，则直接登录远程服务器。

使用密钥对验证的方式登录时，不需要知道服务器中对应用户（如 bob）的密码。使用密钥对验证方式登录远程服务器。

```
[xiaoqi@localhost ~]$ ssh bob@192.168.1.1
Enter passphrase for key '/home/xiaoqi/.ssh/id_rsa': #输入预先设置的密码短语
Last login: Mon Sep  9 17:35:22 2013 from 192.168.1.108
```

以上信息中，OpenSSH 服务器的地址为 192.168.1.1，客户端的地址为 192.168.1.108。

17.7.2　Windows 客户端

除了 Linux 下的 ssh 命令以外，在 Windows 平台下也有很多的 SSH 客户端软件。如 Secure CRT、SSH Shell、PuTTY 等，都以图形界面的形式实现了 SSH1、SSH2 协议，同时还附加了其他一些功能。本节以 PuTTY 为例介绍一下这类软件的使用。

【实例 17-6】　使用 PuTTY 客户端工具测试远程服务器。操作步骤如下。

（1）从 http://www.chiark.greenend.org.uk/~sgtatham/putty/download.html 网址中下载 putty.exe 文件。然后双击运行，将打开如图 17.2 所示对话框。

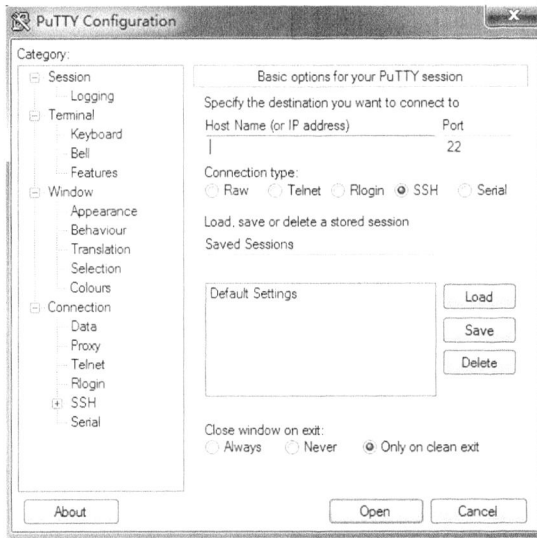

图 17.2　PuTTY 主界面

（2）在 Host Name（or IP address）文本框中输入远程服务器的主机名或 IP 地址，端口就使用默认的端口号 22。填写完后，单击 Open 按钮，将显示如图 17.3 所示对话框。

图 17.3　警告对话框

（3）如果是初次与服务器连接时，将会显示如图 17.3 所示的对话框，警告所连接的主机不能保证是真正要连接的对象。此时，单击"是"按钮，这台主机会加到已知主机列表，以后再连接时就不会出现这个对话框了。然后，将会出现一个登录窗口，输入要登录服务器的用户名和密码，如图 17.4 所示。

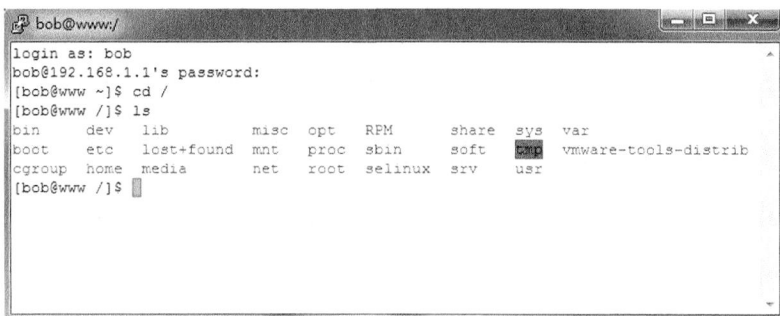

图 17.4　PuTTY 登录成功后的窗口

（4）登录成功后，就可以输入命令对所登录的主机进行远程管理了。

以上介绍的是密码登录方式，即客户端使用服务器提供的共享进行登录。下面再看一下密钥登录方式，即客户端使用私钥，不需要输入密码就能登录。具体步骤如下。

（1）从 http://www.chiark.greenend.org.uk/~sgtatham/putty/download.html 处下载 puttygen. exe 程序文件，这个程序的作用是产生一对密钥。运行后，将出现如图 17.5 所示对话框。

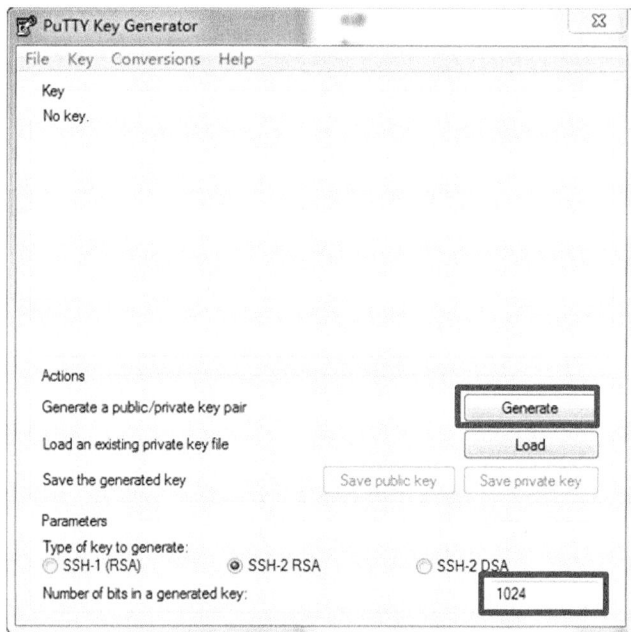

图 17.5　密钥产生对话框

（2）为了增强加密效果，把右下角的位数 1024 改为 2048。然后单击 Generate 按钮，等待一段时间，将会出现如图 17.6 所示对话框。

注意：单击 Generate 按钮后，鼠标要在 Key 框内的空白处移动，以产生算法使用的随机数。

图 17.6　密钥产生后的对话框

（3）通过 Save public key 和 Save private key 按钮分别把公钥和私钥保存到磁盘。把复制的内容放到用户目录的.ssh/authorized_keys 文件中，并用 chmod 命令将该文件权限值修改为 644。然后，再关闭对话框退出，如图 17.6 所示。保存私钥时，出于安全考虑会提示要求设置 Key passphrase。该密钥短语可以设置，也可以不设置。

（4）PuTTY 中产生的公钥格式与 OpenSSH 不一样。上传到 SSH 服务器的 authorized_keys 文件内容如下：

```
[root@www .ssh]# cat authorized_keys
ssh-rsa AAAAB3NzaC1yc2EAAAABJQAAAQEAlkjriQoeBX70g6XM8GtL6zotbCGTZV23PTR
fpvbFhPO/ecIVKEppaT90Z2aKo1JwfvvTV7neNMQ79S2S2QxZl6TOfH/ls4Aav+cvJuSOXp
Nt+VjUZq/OJqvGzoPOcjdAwNnPdFgDEq+sTzS+dWeu2Mu0PIPxKAM3khLPuZQU5qQ6S2dv3
7Lp3d51FqJaCrjYDOXATZlkoAwwy30TGhC5LmTktETLPkRV50ZPfnbKE8RV4MiEr6DpZMFo
O38B9FtvIbT3GUAouBa/FeTLu/FjUi2KO1mKj5YglljVu21UCFqsC8gsY2rOiIkQOuTgVlh
dfnBQ1FmvpqQwZEmioCLOIw== rsa-key-20130910
```

（5）运行 PuTTY 出现如图 17.2 所示的主界面后，在左边的菜单列表中选择 Connection|SSH|Auth 节点，再单击 Browse 按钮把前面产生的私钥载入，如图 17.7 所示。

图 17.7　在 PuTTY 中载入私钥

（6）选择图 17.2 左边栏的 Session 选项，回到初始界面，再进行登录。此时，如果登录用户名是刚才介绍的公钥用户，则需输入密码直接就可以登录，如图 17.8 所示。

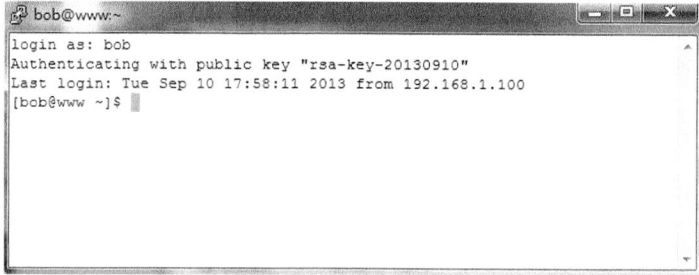

```
login as: bob
Authenticating with public key "rsa-key-20130910"
Last login: Tue Sep 10 17:58:11 2013 from 192.168.1.100
[bob@www ~]$
```

图 17.8　用户无须密码即可登录

第 18 章　Telnet 服务

在实际情况下，各种服务器主机工作时都是摆放在标准机房内的。管理人员对服务器进行各种操作时，并不一定都需要直接在控制台上进行，完全可以通过远程管理技术进行远程操作。Telnet 是最为普及的一项远程操作服务。本章将介绍 Telnet 服务的基本信息、构建及文件信息等内容。

18.1　基本信息

在搭建 Telnet 服务之前，需要先了解搭建该服务的网络环境及基本配置信息。下面将介绍 Telnet 服务的基本知识，包括网卡配置、软件包、进程、端口等内容。

18.1.1　网卡配置文件：/etc/sysconfig/network-scripts/ifcfg-XXX

为了使客户端能与 Telnet 服务器建立很好的连接，需要为安装 Telnet 服务的计算机上配置一个固定的 IP 地址。下面设置当前主机 Telnet 服务器的 IP 地址为 192.168.1.1。

```
[root@localhost ~]# cat /etc/sysconfig/network-scripts/ifcfg-eth0
HWADDR=00:0C:29:88:77:96
IPADDR=192.168.1.1
NETMASK=255.255.255.0
GATEWAY=192.168.1.1
```

18.1.2　软件包：telnet

大部分 Linux 的发行版本中都提供了 Telnet 服务器的安装包。下面以表格的形式列出了 Red Hat Linux 中 Telnet 服务的 telnet 软件包位置及源码包下载地址，如表 18.1 所示。

表 18.1　软件包位置

软件包类型	位　　置
RHEL 6 RPM 包	光盘：/Packages
RHEL 5 RPM 包	光盘：/Server

本章讲解安装 Telnet 的方法适合 RHEL 5.X～6.4 的所有版本。不同 RHEL 版本所对应的软件包名如表 18.2 所示。

表 18.2　不同发行版本的软件包

RHEL 6.4	telnet-server-0.17-47.el6_3.1.i686.rpm
RHEL 6.3	telnet-server-0.17-47.el6.i686.rpm

续表

RHEL 6.2	telnet-server-0.17-47.el6.i686.rpm
RHEL 6.1	telnet-server-0.17-46.el6.i686.rpm
RHEL 6.0	telnet-server-0.17-46.el6.i686.rpm
RHEL 5	telnet-server-0.17-39.el5.i386.rpm

18.1.3　进程名：xinetd

Telnet 服务器启动后，将自动启动名为 xinetd 的进程。可以执行如下命令查看：

```
[root@www ~]# ps -eaf | grep xinetd
root     13730    1  0 16:16 ?        00:00:00 xinetd -stayalive -pidfile
/var/run/xinetd.pid
root     14096 3446  0 16:44 pts/0    00:00:00 grep xinetd
```

18.1.4　端口：23

Telnet 服务运行后，默认监听 TCP 协议上的 23 端口号。可以执行如下命令查看：

```
[root@www ~]# netstat -antpul | grep xinetd
tcp        0      0 :::23            :::*            LISTEN      13730/xinetd
```

18.1.5　防火墙所开放的端口号：23

当 Telnet 服务器配置成功后，想要客户端能远程连接到该服务器，需要在服务器中开放 23 号端口。执行命令如下：

```
[root@www ~]# iptables -I INPUT -p tcp --dport 23 -j ACCEPT
```

18.2　构建 Telnet 服务

Telnet 是 TCP/IP 协议族中应用最广泛的应用层协议之一，提供一个以联机方式访问网上资源的通用工具。它允许用户与一个远程机器上的服务器进行通信。它通过一个协商过程来支持不同的物理终端，从而提供了极大的灵活性。Telnet 协议可以在任何主机（任何操作系统）或任何终端之间工作。本节将介绍 Telnet 服务的运行机制和构建过程。

18.2.1　运行机制

终端用户可以在本地主机上使用 telnet 程序连接到远程服务器主机，然后在 telnet 程序中输入命令，使这些命令在远程服务器主机上运行。终端用户可以远程操作服务器主机，其感受如同直接在服务器主机的控制台前操作一样。Telnet 程序采用的是一种客户机/服务器体系结构，服务器工作原理如图 18.1 所示。

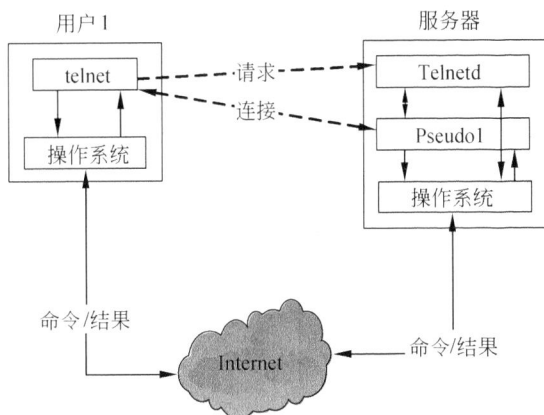

图 18.1　Telnet 工作原理

基本工作过程如下。

（1）在 Linux 服务器中启动 Telnet 守护进程 Telnetd，侦听客户端主机用户的连接请求。

（2）客户端用户 1 的 Telnet 客户端进程向远程 Linux 服务器主机发出建立 Telnet 会话的连接请求。

（3）当 Telnet 服务器的守护进程 Telnetd 接收到用户 1 发来的远程登录请求后，将其作为终端，派生出子进程 Pseudo1 与用户 1 的 Telnet 客户端进程建立起会话连接。

（4）用户 1 输入用户名和口令，进行远程登录。如果登录成功，用户 1 在本地输入的指令将被传送到远程服务器主机上。

（5）用户 1 在本地 Telnet 客户端中输入希望在服务器执行的命令，这些命令通过 Internet 网络传送至远程服务端的 Pseudo1 进程。Pseudo1 进程将用户 1 输入的命令传给服务器操作系统进行处理，并将处理结果回传给用户进程 Telnet，客户端进程将结果显示在屏幕上。

18.2.2　搭建服务

在 Red Hate Enterprise 6.4 中提供了 Telnet 的 RPM 软件包。下面介绍安装 Telnet 的 RPM 软件包。具体步骤如下。

（1）查看 telnet 软件包是否已经安装。执行命令如下：

```
[root@www ~]# rpm -qa | grep telnet
telnet-server-0.17-47.el6_3.1.i686
telnet-0.17-47.el6_3.1.i686
```

以上输出的信息表示该软件包已经安装。如果输出 package telnet is not installed 这类信息，则表示软件包 telnet 没有安装。输出的第一个软件包是服务器软件包，第二个是客户端软件包。

（2）挂载 RHEL 6.4 的安装光盘，执行命令如下：

```
[root@www ~]# mount /dev/cdrom /mnt/cdrom/
mount: block device /dev/sr0 is write-protected, mounting read-only
```

（3）安装 Telnet 服务器软件包 telnet-server。执行命令如下：

```
[root@www ~]# cd /mnt/cdrom/Packages/
[root@www Packages]# rpm -ivh telnet-server-0.17-47.el6_3.1.i686.rpm
warning: telnet-server-0.17-47.el6_3.1.i686.rpm: Header V3 RSA/SHA256
Signature, key ID fd431d51: NOKEY
Preparing...        ########################################### [100%]
   1:telnet-server  ########################################### [100%]
```

18.3　文 件 组 成

当 Telnet 服务安装成功后，会自动生成以下文件。与 Telnet 服务相关的文件列表如表 18.3 所示。

表 18.3　Telnet中的文件

目　　录	文　　件	文 件 类 型	功　　能
/etc/xinetd.d	telnet	配置文件	Telnet 服务的配置文件
/etc/pam.d/	login	配置文件	设置是否允许 root 用户登录 Telnet 服务器
/etc/rc.d/init.d/	xinetd	可执行文件	控制服务的运行
/etc/	securetty	配置文件	设置是否允许 root 用户登录 Telnet 服务器
/usr/bin	telnet	可执行文件	Telnet 服务客户端

下面以图的形式表示表 18.3 中这些文件的工作流程，如图 18.2 所示。

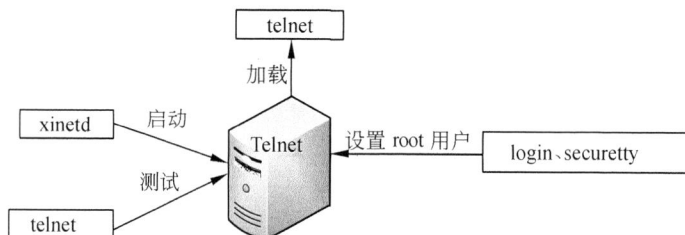

图 18.2　Telnet 服务中文件工作流程

18.4　配置文件：/etc/xinetd.d/telnet

由于 Telnet 是交由 xinetd 守护进程托管的，因此它的配置文件保存在/etc/xinetd.d 目录下，其名称为 telnet。这个配置文件就规定了是否开放 Telnet 服务、开放的权限以及最大连接数等属性。本机将介绍 Telnet 服务配置文件的配置参数。

18.4.1　是否启用 Telnet 服务：disable

disable 配置参数用来设置是否启用 Telnet 服务。该参数可设置的值为 yes 或 no。默认的配置信息如下：

```
disable        = yes
```

这里设置为 yes 表示要停用该服务。如果要启用，则将该配置项设置为 no。

18.4.2　socket 是否可重用：flags

flags 配置项可设置的值有 INTERCEPT、NORETRY、IDONLY、NAMEINARGS、NODELAY、KEEPALIVE、NOLIBWRAP、SENSOR、IPv4、IPv6、LABELED、REUSE。默认的配置信息如下：

```
flags          = REUSE
```

设置的值表示 socket 可重用。

18.4.3　Telnet 连接方式：socket_type

socket_type 配置项用来设置 Telnet 的连接方式。可设置的值有 stream、dgram、raw。其中 stream 表示 TCP 数据包；dgram 表示 UDP 数据包；raw 表示服务需要直接访问 IP。默认的配置信息如下：

```
socket_type    = stream
```

18.4.4　启动一个独立的服务进程：wait

wait 配置项用来设置是否为每个请求启动一个独立的服务进程。该配置项可设置的值为 yes（single）或 no（multi）。默认的配置信息如下：

```
wait           = no
```

上面的设置表示为每个连接创建一个独立的服务进程。

18.4.5　启动服务的用户：user

user 配置项设置 xinetd 以哪个用户来启动服务。默认是以 root 用户的身份启动服务。配置信息如下：

```
user           = root
```

18.4.6　启动服务的进程：server

server 配置项设置当前要激活的进程。默认的配置信息如下：

```
server         = /usr/sbin/in.telnetd
```

18.4.7　记录登录失败的内容：log_on_failure

log_on_failure 配置项用来设置登录失败后记录的内容。可设置的值如下。
- PID：服务进程号。
- HOST：远程主机 IP。
- USERID：客户登录的账号。
- EXIT：断开连接时记录的项目。
- DURATION：用户使用服务的时间。

默认的配置信息如下：

```
log_on_failure  += USERID
```

18.4.8　记录登录成功的内容：log_on_success

log_on_success 配置项用来记录登录后，显示成功登录后的内容。该配置项可设置的值和 log_on_failure 配置项的值相同。配置信息如下：

```
log_on_success  = PID HOST
```

18.4.9　设置服务绑定的地址：bind

bind 配置项用来设置绑定主机的一个 IP 地址，只为它提供服务。该选项针对多 IP 地址时也有用。配置信息如下：

```
bind = 192.168.1.1
```

18.4.10　设置允许连接 Telnet 服务的主机：only_from

only_from 配置项设置允许连接进入当前提供 Telnet 服务的主机 IP。可设定的值有 0.0.0.0、192.3168.1.0/24、hostname、domainname。配置信息如下：

```
only_from = 192.168.1.1     #只允许 192.168.1.1 主机上的用户连接到 Telnet 服务
only_from = 192.168.1.0/24  #只允许 192.168.1.0 网段上的用户连接到 Telnet 服务
only_from = www.benet.com   #只允许 www.benet.com 网站的用户连接到 Telnet 服务
```

18.4.11　设置拒绝连接 Telnet 服务的主机：no_access

no_access 配置项用来设置拒绝联机到 Telnet 服务的主机。可设置的值有 0.0.0.0、192.3168.1.0/24、hostname、domainname。配置信息如下：

```
no_access = 192.168.1.{5,8}
```

该设置表示 IP 地址为 192.168.1.5 和 192.168.1.8 主机上的用户不能连接进入当前提供 Telnet 服务的主机。

18.4.12　设置开放服务的时间：access_times

access_times 配置项用来设置服务可访问的时间段。该配置项值的格式为 HH:MM-HH:MM。配置信息如下：

```
access_times = 8:00-12:00 20:00-23:59
```

以上设置表示每天只有这两个时间段开放 Telnet 服务。

18.4.13　设置允许同时连接服务的客户端数：instances

instances 配置项用来设置同时运行多少个客户端连接该 Telnet 服务。配置信息如下：

```
instances = 5
```

18.5　其他配置文件

Telnet 服务中除了上面介绍的文件，在 Telnet 服务的主目录下还有几个文件需要了解。本节将介绍这几个文件的作用。

18.5.1　修改 Telnet 服务的端口号：/etc/services

Telnet 服务安装成功后，其默认的端口号是 23。由于 Telnet 服务存在重大安全隐患，因此提供 Telnet 服务的默认 23 号端口也就成为黑客端口扫描的主要对象，网络黑客们常通过这个端口远程控制服务端。为了能更安全地提供该项服务，可以通过修改端口号的方法避开黑客扫描。在 Linux 中，所有服务的端口号都保存在/etc/services 文件中，默认的配置信息如下：

```
[root@www ~]# vi /etc/services
telnet          23/tcp
telnet          23/udp
```

其中，23/tcp 与 23/udp 分别表示通过 TCP 协议 23 号端口和 UDP 协议 23 号端口访问 Telnet 服务，在此只需要将数字 23 修改成自己想要设定的端口号即可。

注意：尽量不要使用 1024 以下的端口号，该段的端口号往往是为 Internet 保留的端口号。另外，不要与其他服务的端口冲突。

18.5.2　设置允许 root 用户登录服务的文件：/etc/pam.d/login 和 /etc/securetty

由于 Telnet 采用明文方式传输网络数据，包括用户账号和密码。安全性较差，因此默认情况下不允许系统管理员 root 以 Telnet 远程登录的方式访问 Linux 主机。若要允许 root 用户登录，可以修改 login 和 securetty 文件。修改方法如下：

1. 修改login文件

```
[root@www ~]# vi /etc/pam.d/login
#%PAM-1.0
auth [user_unknown=ignore success=ok ignore=ignore default=bad] pam_
securetty.so
auth        include      system-auth
account     required     pam_nologin.so
account     include      system-auth
password    include      system-auth
# pam_selinux.so close should be the first session rule
session     required     pam_selinux.so close
session     required     pam_loginuid.so
session     optional     pam_console.so
# pam_selinux.so open should only be followed by sessions to be executed
in the user context
session     required     pam_selinux.so open
session     required     pam_namespace.so
session     optional     pam_keyinit.so force revoke
session     include      system-auth
-session    optional     pam_ck_connector.so
```

将该文件中 auth require pam_securetty.so 信息使用"#"注释掉，保存后退出即可。

2. 修改securetty文件

不需要修改该文件的内容。只要将该文件从当前服务器中移除或将该文件重命名。操作方法如下：

```
[root@www ~]# mv /etc/securetty /etc/securetty.bak
```

通过上述方法的设置后，使用 root 账号就可以直接进入 Linux 主机了。不过，不建议这样做。可以先以普通用户身份进入后，再切换到 root 用户，从而获得 root 用户的权限。

注意：通过 Telnet 方式远程控制主机风险相当大，因此在这种方式下尽量不要发送重要的信息。

18.5.3　控制服务的启动：/etc/rc.d/init.d/xinetd

Linux 下提供的服务是由运行在后台的守护程序来执行的。守护进程的工作就是打开一个端口，等待客户端请求进入的连接。在 C/S 模式中，如果客户申请了一个连接，守护进程就创建子进程来响应这个连接，而父进程继续监听其他服务的请求。但是，对与系统所提供的每个服务，如果都必须运行一个监听某个端口的连接发生的守护进程，这样通常觉得是系统资源的浪费。为此，引入"扩展网络守护进程服务程序"xinetd。telnet 服务就是由 xinetd 守护的。

控制 telnet 服务的运行就是通过启动、停止、重启 xinetd 守护程序来实现的。执行命令如下：

```
[root@www Packages]# service xinetd restart
停止 xinetd:                                    [确定]
正在启动 xinetd:                                [确定]
```

18.6　测　试　服　务

通过前面介绍的 Telnet 服务的配置文件和运行机制后，可知该服务不需要做任何修改就可以实现它的功能。本节将介绍该服务的 Linux 客户端和 Windows 客户端测试工具的使用。

18.6.1　Linux 客户端

Telnet 客户端是一种终端仿真程序，系统管理员可以使用 Telnet 登录到一台提供 Telnet 服务的远程主机上，成功登录后便可根据当前登录用户所具备的权限远程操作维护 Linux 服务器。

若用户从一台 Linux 客户机上通过 telnet 命令远程控制管理 Telnet 服务器，则首先必须要熟悉 Telnet 客户端程序 telnet 的基本语法，下面介绍一下 telnet 命令的使用方法。

telnet 命令的语法格式如下：

```
telnet [选项]
```

常用选项含义如下。

- ❏ -7：不允许使用 8 位字符，包括输入与输出。
- ❏ -8：允许使用 8 位字符，包括输入与输出。
- ❏ -E：滤除 escape 字符。
- ❏ -f：此选项的效果和指定-F 选项相同。
- ❏ -F：使用 KerberosV5 认证，加上此选项可把本地主机的认证数据上传到远程主机。
- ❏ -K：不自动登录远程主机。
- ❏ -L：允许输出 8 位字符。
- ❏ -X atype：关闭指定的认证方式，可选的认证方式有 Kerberos、Kerberos_V5 和 password。
- ❏ -a：尝试用环境变量 USER 所设置的用户自动登录远程系统。
- ❏ -b hostalias：使用别名指定远程主机名称。
- ❏ -c：不读取用户主目录里的.telnetrc 文件。
- ❏ -d：启动调试模式。
- ❏ -e escapechar：设置 escape 字符。若未指定，telnet 命令将不会使用 escape 字符。
- ❏ -k realm：使用 Kerberos 认证时，加上此选项让远程主机采用指定的域名，而非该主机的域名。
- ❏ -l user：指定要登录远程主机的用户名称。
- ❏ -n tracefile：指定文件记录相关信息。
- ❏ -r：使用类似 rlogin 指令的用户界面。该模式中默认的 escape 字符是"～"。

- -x：假设主机有支持数据加密功能，就使用它。
- -host：指定的正式名称、别名或远程主机的 Internet 地址。
- -port：指定的端口号。

【**实例 18-1**】　登录 telnet 服务中，提供了许多的子命令供使用。单独执行 telnet 命令时会进入命令模式，执行？就可以看到所有的命令了。执行命令如下：

```
[root@www ~]# telnet
telnet> ?
Commands may be abbreviated.  Commands are:

close    close current connection
logout   forcibly logout remote user and close the connection
display  display operating parameters
mode     try to enter line or character mode ('mode ?' for more)
open     connect to a site
quit     exit telnet
send     transmit special characters ('send ?' for more)
set      set operating parameters ('set ?' for more)
unset    unset operating parameters ('unset ?' for more)
status   print status information
toggle   toggle operating parameters ('toggle ?' for more)
slc      change state of special charaters ('slc ?' for more)
z        suspend telnet
!        invoke a subshell
environ  change environment variables ('environ ?' for more)
?        print help information
```

下面分别介绍一下这些内部命令的作用。

- close：该命令用来终止某个已经建立起来的连接。它能够自动切断与远程系统的连接，也可以使用它退出 Telnet。如果冒失地进入一个网络主机后想退出的话，就可以用到这个命令。
- logout：该命令用来强制退出远程用户并关闭连接。
- display：该命令用来显示当前操作的参数。
- mode：该命令用来试图进入命令行方式或字符方式。
- open：该命令用来建立与某个指定的目标主机进行连接，要求给出目标主机的名字或 IP 地址。如果未给出主机名，Telnet 就会要求用户选择一个主机名。必须注意，在使用 open 命令之前，应该先用 close 关闭任何已经存在的连接。
- quit：该命令用来顺利地退出 Telnet 程序。
- send：该命令用来发送特殊字符。
- set ECHO：该命令用来设置本地的响应是 On 或 Off，即判断是否把输出的内容显示在屏幕上，这与 DOs 的 ECHO 基本一样。如果机器处于 ECHO ON 想改变为 OFF 时，可以输入 SET ECHO，想再改变回 ECHO OFF，则再输入 SET ECHO 就可以了。
- set escape char：该命令用来转义 escape 键为某个特殊的符号，若想用某种控制符号来代替，可以用 asis 或者键入符号"^"加字母 b。
- unset：不设置运行参数。
- status：该命令用来打印状态信息。
- toggle：该命令用来对操作参数进行开关转换。

- ❑ slc：该命令用来改变特殊字符的状态。
- ❑ z：该命令用来保留 Telnet。暂时回到本地系统执行其他命令时，在 Telnet 中的连接及其他的选择，在 Telnet 恢复时仍被保留。
- ❑ !：调用一个子 shell。
- ❑ environ：该命令用来更改环境变量。
- ❑ ?：该命令用来显示帮助信息。

【实例 18-2】　使用 telnet 命令远程登录到 192.168.1.1 服务器上。执行命令如下：

```
[root@localhost ~]# telnet 192.168.1.1
Trying 192.168.1.1...
Connected to 192.168.1.1.
Escape character is '^]'.
Red Hat Enterprise Linux Server release 6.4 (Santiago)
Kernel 2.6.32-358.el6.i686 on an i686
login: bob
Password:
Last login: Fri Sep 13 18:21:33 from mail.benet.com
[bob@www ~]$
```

18.6.2　Windows 客户端

本节将介绍使用 Windows 下的 PuTTY 与服务器建立连接。具体操作步骤如下。

（1）在 Windows 下打开 PuTTY，将打开如图 18.3 所示对话框。

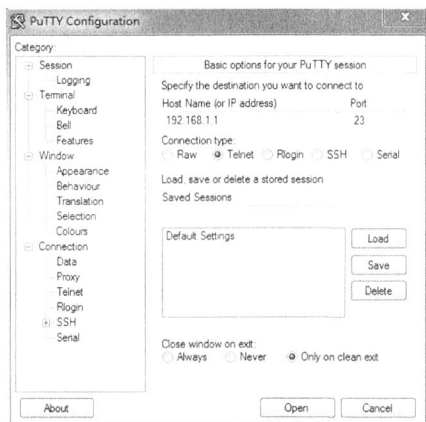

图 18.3　PuTTY Configuration 对话框

（2）在 Host Name（or IP address）文本框中输入要连接的服务器的地址，选择 Connection type 选项中的 Telnet 单选按钮。然后单击 Open 按钮，将打开如图 18.4 所示的窗口。

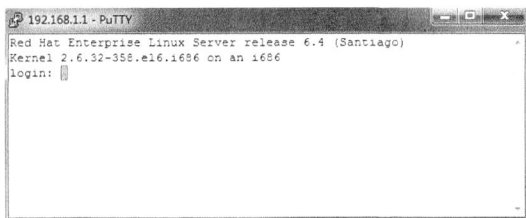

图 18.4　Telnet 客户端与服务器建立连接

（3）此时，输入操作系统账号的用户名和密码进行登录。登录后的窗口如图 18.5 所示。

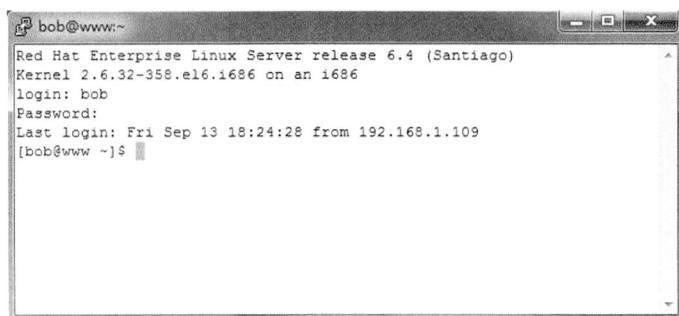

```
bob@www:~
Red Hat Enterprise Linux Server release 6.4 (Santiago)
Kernel 2.6.32-358.el6.i686 on an i686
login: bob
Password:
Last login: Fri Sep 13 18:24:28 from 192.168.1.109
[bob@www ~]$
```

图 18.5　登录到服务器窗口

第 19 章　VPN 服务

VPN（Virtual Private Network，虚拟专用网）是一种利用公共网络来构建私人专用网络的技术。它也是一条穿越公用网络的安全、稳定的隧道，避开了各种安全问题的干扰。VPN 可以使本来只能局限在很小地理范围内的企业内部网扩展到世界上的任何一个角落。本章主要介绍 VPN 服务的基本信息、构建及各配置文件的作用等内容。

19.1　基　本　信　息

在搭建 VPN 服务之前，需要先了解搭建该服务的网络环境及基本配置信息。本节将介绍 VPN 服务的基本知识，包括网卡配置、软件包、进程、端口等内容。

19.1.1　网卡配置文件：/etc/sysconfig/network-scripts/ifcfg-XXX

VPN 属于远程访问技术，简单地说就是利用公网链路架设私有网络。如公司员工出差到外地，他想访问企业内网的服务资源，这种访问就属于远程访问。怎么才能让外地员工访问到内网资源呢？VPN 的解决方法就是在内网中设一台 VPN 服务器，VPN 服务器需要两块网卡，一块连接内网，一块连接公网。外地员工在当地连上互联网后，通过互联网找到 VPN 服务器，然后利用 VPN 服务器作为跳板进入企业网内。

下面为该服务器设置的地址分别为外网是 192.168.1.1，内网是 192.168.2.1。

```
[root@localhost ~]# cat /etc/sysconfig/network-scripts/ifcfg-eth0
HWADDR=00:0C:29:88:77:96
IPADDR=192.168.1.1
NETMASK=255.255.255.0
GATEWAY=192.168.1.1
[root@localhost ~]# cat /etc/sysconfig/network-scripts/ifcfg-eth1
HWADDR=00:0C:29:88:77:A0
IPADDR=192.168.2.1
NETMASK=255.255.255.0
GATEWAY=192.168.2.1
```

19.1.2　软件包：pptpd

在 Red Hat Enterprise Linux 5～6.4 中默认没有提供有 VPN 服务的 RPM 软件包 pptpd。如果要搭建 VPN 服务器，需要到 http://sourceforge.net/projects/poptop/files/pptpd/网站上下载其源码包进行安装。目前，最新版本是 1.3.4，软件包名是 pptpd-1.3.4.tar.gz。

19.1.3 进程名：pptpd

当 VPN 服务启动后，会自动启动名为 pptpd 的进程。可以执行如下命令查看该进程信息，如下：

```
[root@pptpd ~]# ps -eaf | grep pptpd
root     10852     1  0 17:47 ?        00:00:00 /usr/local/pptpd/sbin/pptpd
root     10907 10888  0 17:50 pts/2    00:00:00 grep pptpd
```

19.1.4 端口：1723

VPN 服务启动后，默认监听 TCP 协议上的 1723 端口。可以执行如下命令查看该端口是否被监听：

```
[root@pptpd ~]# netstat -anptul | grep 1723
tcp       0     0 0.0.0.0:1723        0.0.0.0:*        LISTEN      10852/pptpd
```

19.1.5 防火墙所开放的端口号：1723

当 VPN 服务器配置完成后，就可以使用客户端进行测试了。但是在实际生活中（特别是服务器），默认防火墙功能都是开启的。要想使客户端能远程连接到 VPN 服务器，需要开放 TCP 协议的 1723 端口和编号为 47 的协议（GRE 通用路由封装）。关于 GRE 通用路由封装在后面将会介绍，这里就不赘述了。执行命令如下：

```
[root@pptpd ~]# iptables -I INPUT -p tcp --dport 1723 -j ACCEPT
[root@pptpd ~]# iptables -I INPUT -p tcp --dport 47 -j ACCEPT
```

19.2 构建远程服务

VPN 技术非常复杂，涉及通信技术、密码技术和现代认证技术，是一门交叉学科。目前，基于客户端设备的 VPN 主要包含了两种技术，即隧道技术与安全技术。本节主要介绍一些有关 VPN 的运行机制及构建过程。

19.2.1 运行机制

VPN 技术的本质是在本来能够正常连接的主机之间再建立一条虚拟通道，使得双方可以通过这条虚拟通道进行通信。主要目的是为了交换不能直接在实际通道中传送的数据包，并且可以对数据进行加密处理。下面以 PPTP 协议为例，介绍 VPN 的基本原理，如图 19.1 所示。

图 19.1 中，实线框表示的是正常情况下的协议层。如果主机 A 上运行着一个浏览器进程，它向主机 B 上的 Web 服务器进程发送一个 HTTP 请求时，数据包的流向如图 19.1 中的实线箭头所示。此时，在主机 A 中，HTTP 请求加上 TCP 封装，交给 IP 层，IP 层加上

IP 头后，再通过实际接口继续往下传到物理层，最终通过物理线路到达主机 B 的物理层。主机 B 的物理层收到这个数据包后，再向上层传送，并一层一层地解除封装，最后把 HTTP 请求交给 Web 服务器进程。

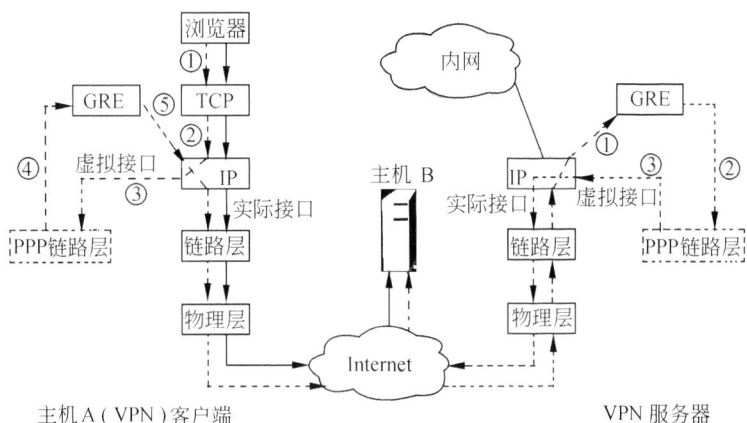

图 19.1　VPN 工作原理

当主机 A 通过 VPN 拨号与 VPN 服务器建立了一个虚拟连接后，双方都将创建一个虚拟网络接口，拥有一个与实际接口不一样的内网 IP 地址。同时，这两个虚拟接口的下面还将创建一个虚拟的数据链路层。假设使用的是 PPP 协议，可以称之为 PPP 链路层。PPP 链路层的功能实际上是由双方创建的一个进程来承担，它要为经过的数据包加上或解除 PPP 封装。

GRE 也称为通用路由封装，是 IP 协议的上一层协议，协议号是 47。GRE 提供了将一种协议的报文在另一种协议组成的网络中传输的能力。如果对某些网络层协议（如 IPX）的数据报进行封装，将可以使这些被封装的数据包能够在另一种网络层协议（如 IP）中传输。当然，为了某种目的，GRE 也可以将网络层协议数据包封装后，再在同样的网络层协议中传输。

有了 VPN 拨号建立的虚拟接口后，下面再看一下主机 A 上的浏览器访问主机 B 上的 Web 服务时，数据包的传递过程。此时，主机 A 上的 HTTP 请求经过 TCP 封装后，交给了 IP 层。由于此时主机 A 的默认路由要经过虚拟接口，因此，IP 层就把数据包通过虚拟接口交给了 PPP 链路层，PPP 链路层再加上 PPP 封装。

按正常的协议流程，此时主机 A 的 PPP 链路层应该把加上 PPP 封装后的数据帧继续向下传，最后送给主机 B。但由于主机 B 上并没有 PPP 链路层，这样的数据包如果直接送给主机 B，将会被丢弃。于是，PPP 链路层就把这个数据包交给了 GRE 协议栈，GRE 协议栈在给数据包加上了一个 GRE 封装后，又一次送给了 IP 层。对于从 GRE 层交过来的数据包，IP 层都将转发到实际接口，并且目的 IP 是 VPN 服务器的实际接口的 IP 地址。于是，接下来按照正常的传递流程，数据包最后通过实际线路到达了 VPN 服务器的实际接口。

VPN 服务器的 IP 层收到这个数据包后，能够根据源 IP 识别这是从 VPN 客户端过来的，于是解除了外层的 IP 封装，交给 GRE 协议栈。GRE 协议栈解除了 GRE 封装后，接着把这个数据包交给了 PPP 链路层进程。该进程去掉 PPP 封装，通过虚拟接口又一次交给了 IP 层，然后由 IP 层根据数据包内层的目的 IP 进行路由转发，最后按正常协议流程到达主机 B。

图 19.1 中的虚线箭头就是 VPN 连接建立后，主机 A 访问主机 B 的数据包传递过程。还有，如果数据包内层的 IP 地址是内网地址，则 VPN 服务器将把该数据包路由到内网，从而使用主机 A 可以通过 VPN 服务器访问内网。

它们在传输过程中，为了保证数据安全，VPN 服务器和客户机之间的通信数据都进行了加密处理。有了数据加密，就可以认为数据是在一条专用的数据链路上进行安全传输，就如同专门架设了一个专用网络一样。但实际上 VPN 使用的互联网上的公用链路，因此只能称为虚拟专用网，即 VPN 实质上就是利用加密技术在公网上封装出一个数据通信隧道。

19.2.2　搭建服务

安装 pptpd 软件包的具体步骤如下。

（1）解压 pptpd-1.3.4.tar.gz 文件。执行命令如下：

```
[root@pptpd ~]# tar zxvf pptpd-1.3.4.tar.gz
```

（2）配置安装选项，执行命令如下：

```
[root@pptpd ~]# cd pptpd-1.3.4
[root@pptpd pptpd-1.3.4]# ./configure --prefix=/usr/local/pptpd
```

（3）编译并安装 pptpd，执行命令如下：

```
[root@pptpd pptpd-1.3.4]# make && make install
```

19.3　文　件　组　成

当 VPN 服务器安装成功后，会自动生成一些文件。这些文件的位置及功能如表 19.1 所示。

表 19.1　VPN服务中的文件

目　　录	文　　件	文 件 类 型	功　　能
/etc/	pptpd.conf	配置文件	VPN 服务器的主配置文件
/etc/ppp/	option.pptpd	配置文件	保存客户端连接相关信息的配置文件
	chap-secrets	配置文件	使用 chap 身份认证
	pap-secrets	配置文件	使用 pap 身份认证
/usr/local/pptpd/sbin/	pptpd	可执行文件	启动 VPN 服务
	bcrelay	可执行文件	指定从哪个接口收到的广播包转发给客户端

下面以图的形式列出表 19.1 中文件的工作流程，如图 19.2 所示。

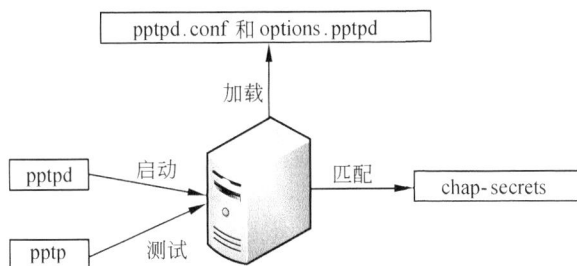

图 19.2　VPN 服务各文件工作流程

19.4　配置文件：/etc/pptpd.conf

pptpd 安装完成后，不会在/etc 下自动生成配置文件。pptpd 软件包提供了模板配置文件在解压后的文件夹 pptpd-1.3.4 下的 samples 中。通过复制的方法，创建主配置文件。本节将介绍该配置文件各配置项的作用。

19.4.1　创建配置文件

在了解配置文件中各配置项的作用时，需要创建该配置文件。创建的命令如下：

```
[root@pptpd ~]# cp -p pptpd-1.3.4/samples/pptpd.conf /etc/
```

这时，主配置文件 pptpd.conf 就保存在/etc/下了。

19.4.2　设置 pppd 程序的位置：ppp

ppp 配置项用来设置 pppd 程序的位置。在 Linux 中，默认是/usr/sbin/pppd。配置信息如下：

```
ppp /usr/sbin/pppd
```

19.4.3　设置 PPP 的 options 文件的位置：option

option 配置项是用来设置 options 文件的位置。默认 PPP 的 options 文件是保存在/etc/ppp/options 文件中。配置信息如下：

```
option /etc/ppp/options.pptpd
```

19.4.4　是否启用调试模式：debug

debug 配置项用来设置是否启用调试模式，这样会记录更多的调试信息。默认没有启用，配置信息如下：

```
#debug
```

如果想要启用，将 debug 前面的 "#" 号去掉就可以了。

19.4.5　设置启动 PPTP 控制连接的超时时间：stimeout

stimeout 配置项用来设置启动 PPTP 控制连接的超时时间值。默认是 10，以秒为单位。配置信息如下：

```
stimeout 10
```

19.4.6　是否禁止客户端的 IP 地址通过 ppp：noipparam

noipparam 配置项用来设置是否禁止客户端的 IP 地址通过 ppp。默认没有启用，配置信息如下：

```
#noipparam
```

如果要启用禁止客户端的 IP 地址通过 ppp 的话，将 noipparam 配置项前面的 "#" 号去掉即可。

19.4.7　是否使用 wtmp 记录客户端连接情况：logwtmp

logwtmp 配置项用来设置是否使用 wtmp 记录客户端连接和未连接信息。默认是启用，配置信息如下：

```
logwtmp
```

19.4.8　是否打开广播中继：bcrelay

bcrelay 配置项设置是否从接口打开广播中继到客户端。默认配置信息如下：

```
bcrelay eth1
```

19.4.9　pppd 分配客户端地址方式：delegate

delegate 配置项用来设置 pptpd 是否给客户端分配 IP 地址。不使用该选项，默认是 pptpd 管理 IP 地址列表，并且为客户端分配地址。使用该选项后，pptpd 不分配 IP 地址，而由客户端对应的 pppd 进程采用 radius 或 chap-secrets 来分配一个地址。默认配置信息如下：

```
delegate
```

19.4.10　限制客户端连接的数量：connections

connections 配置项用来限制接受的客户端连接的数量。如果 pptpd 是分配 IP，然后连接的数量也受 remoteip 选项限制。默认值是 100，配置信息如下：

```
connections 100
```

19.4.11　设置本地 IP 地址范围：localip

localip 配置项用来设置本地 IP 地址的范围。如果 delegate 选项设置的话，该选项被忽略。任何地址只要工作，本地计算机负责路由。但是如果想使用 MS-Windows 网络，用户应该使用局域网中剩余的 IP 地址，并且在 options.pptpd 文件中设置 proxyarp 选项或者运行 bcrelay 文件。可以指定单个 IP 地址，使用逗号分开，或者指定一个地址范围。配置如下：

```
localip 192.168.0.234,192.168.0.245-249,192.168.0.254
localip 192.168.0.1
localip 192.168.0.234-238,192.168.0.245
```

19.4.12　设置远程 IP 地址范围：remoteip

remoteip 配置项用来设置远程的 IP 地址范围。该配置项的设置格式和 localip 一样。配置信息如下：

```
remoteip 192.168.0.234-238,192.168.0.245
```

19.4.13　设置 pptpd 监听的地址：listen

listen 配置项用来设置 pptpd 监听的 IP 地址。默认监听所有本地地址，配置信息如下：

```
listen all
```

19.4.14　指定 pptpd 进程的 pid 文件位置：pidfile

pidfile 配置项用来指定 pptpd 进程的 pid 文件位置。配置信息如下：

```
pidfile /var/run/pptpd.pid
```

19.5　其他配置文件

在了解 VPN 服务主配置文件后，还有几个重要的文件需要了解。本节将进行详细的介绍。其中，有两个比较重要的文件默认没有创建，但是在安装包中提供了模板文件。使用复制的方法来创建这两个文件，执行命令如下：

```
[root@pptpd ~]# cp -p pptpd-1.3.4/samples/options.pptpd /etc/ppp/
[root@pptpd ~]# cp -p pptpd-1.3.4/samples/chap-secrets /etc/ppp
```

19.5.1　保存客户端连接的相关信息文件：options.pptpd

options.pptpd 文件用于保存客户端连接相关的配置。该文件大部分信息可以保持默认，但是需要注意几个配置项。下面分别介绍。

- name：设置 VPN 服务器的名字。默认是 pptpd。
- ms-dns：设置 DNS 服务器地址。当 pppd 作为服务器与 Windows 客户端建立连接时，该选项允许 pppd 提供一个或两个 DNS 地址给客户端。
- debug：开启连接调试设备。
- dump：显示出所有的选项设置的值。

这几个配置项的设置如下：

```
name pptpd
ms-dns 8.8.8.8
debug
dump
```

19.5.2　保存 VPN 的账号和口令文件：chap-secrets

chap-secrets 文件用于保存 VPN 的账号和口令。VPN 客户端登录服务器时会被要求输入账号和口令，输入完成后服务器与该文件的内容相匹配。如果账号和口令正确，则允许用户登录。默认配置信息如下：

```
# Secrets for authentication using CHAP
# client        server  secret          IP addresses
```

以上信息可以看出该文件中的内容默认都被注释掉了。第一行表示使用 CHAP 协议认证密码；第二行表示一个账号信息格式。如果要限制可登录的客户端 IP 地址，可以在客户端 IP 地址一列中明确指定；如果不需要做特别限制，则将其设置为"*"。例如添加一个用户为 bob，如下所示。

```
bob         pptpd       123456          *
```

19.5.3　日志文件：/var/log/messages

VPN 服务的日志信息默认保存在/var/log/messages 文件中。当客户端与服务器连接出错时，可以查看 messages 日志文件。根据错误提示信息，可以解决相应的问题。下面是一个客户端与 VPN 服务器建立连接的日志信息，如下所示。

```
[root@pptpd pptpd]# tail /var/log/messages
Oct 23 09:47:20 pptpd dhclient[2028]: DHCPDISCOVER on eth0 to 255.255.255.255
port 67 interval 5 (xid=0x168843bf)
Oct 23 09:47:22 pptpd dhclient[2028]: DHCPOFFER from 192.168.1.1
Oct 23 09:47:22 pptpd dhclient[2028]: DHCPREQUEST on eth0 to 255.255.255.255
port 67 (xid=0x168843bf)
Oct 23 09:47:22 pptpd dhclient[2028]: DHCPACK from 192.168.1.1
(xid=0x168843bf)
Oct 23 09:47:22 pptpd NetworkManager[1980]: <info> (eth0): DHCPv4 state
changed preinit -> bound
Oct 23 09:47:22 pptpd NetworkManager[1980]: <info> address 192.168.1.1
Oct 23 09:47:22 pptpd NetworkManager[1980]: <info>         prefix 24
(255.255.255.0)
Oct 23 09:47:22 pptpd NetworkManager[1980]: <info> gateway 192.168.1.1
Oct 23 09:47:22 pptpd NetworkManager[1980]: <info>         nameserver
'192.168.1.1'
Oct 23 09:47:22 pptpd dhclient[2028]: bound to 192.168.1.108 -- renewal in
2942 seconds.
```

19.6　实　例　应　用

对前面的内容了解后，为了帮助读者了解的更深刻，现在演示如何来配置一个 VPN 服务。

【实例 19-1】 配置 VPN 服务，实现客户端能远程连接到服务器中。具体操作步骤如下。

（1）修改 pptpd.conf 文件，修改后的内容如下：

```
[root@pptpd ~]# vi /etc/pptpd.conf
#logwtmp
ppp /usr/sbin/pppd
option /etc/ppp/options.pptpd
localip 192.168.1.1
remoteip 192.168.2.10-20
netmask 255.255.255.0
```

（2）修改 option.pptpd 文件，修改后的内容如下：

```
[root@pptpd ~]# vi /etc/ppp/options.pptpd
name pptpd              #VPN 服务器的名字
refuse-pap             #拒绝 pap 身份验证
refuse-chap            #拒绝 chap 身份验证
refuse-mschap          #拒绝 mschap 身份验证
require-mschap-v2      #在采用 mschap-v2 身份验证方式时可以同时使用 MPPE 进行加密
require-mppe-128       #使用 128-bit MPPE 加密
ms-dns 8.8.8.8         #DNS 服务器地址
proxyarp               #启动 ARP 代理,如果分配给客户端的 IP 地址与内网网卡在一个子
                        网,就需要启用 ARP 代理
debug                  #开启日志调试功能
dump
lock                   #创建 UUCP-style 锁文件
nobsdcomp              #禁用 BSD-Compress 压缩
novj                   #禁用 Van Jacobson 压缩
novjccomp
nologfd                #关闭日志标准输出
```

（3）修改客户端配置文件 chap-secrets。配置内容如下：

```
[root@pptpd ~]# vi /etc/ppp/chap-secrets
# Secrets for authentication using CHAP
# client      server  secret        IP addresses
     lyw     pptpd   123456      *
     bob     pptpd   123456      *
```

（4）重新启动服务。

```
[root@pptpd ~]# killall pptpd
[root@pptpd ~]# /usr/local/pptpd/sbin/pptpd
```

启动服务后，就可以通过客户端远程登录服务器了。

19.7　测试客户端与 VPN 服务的连接

当配置完 VPN 服务时，为了验证该服务是否搭建成功，需要通过客户端进行访问来验证是否安装和设置成功。本节将分别介绍配置 Linux 和 Windows 客户端，然后进行连接。

19.7.1　Linux 客户端

Red Hat Enterprise 6.4 默认没有安装 VPN 客户端，本书以 VPN 客户端软件 pptp 为例，在 Linux 上安装和配置 VPN 客户端。具体步骤如下。

（1）安装 pptp 软件包。执行命令如下：

```
[root@pptpd ~]# mount /dev/cdrom /mnt/cdrom/
mount: block device /dev/sr0 is write-protected, mounting read-only
[root@pptpd ~]# cd /mnt/cdrom/Packages/
[root@pptpd Packages]# rpm -ivh pptp-1.7.2-8.1.el6.i686.rpm
warning: pptp-1.7.2-8.1.el6.i686.rpm: Header V3 RSA/SHA256 Signature, key
ID fd431d51: NOKEY
Preparing...              ########################################### [100%]
   1:pptp                 ########################################### [100%]
```

（2）修改 options.pptp 配置文件。修改后内容如下：

```
lock
noauth
refuse-pap
refuse-eap
refuse-chap
refuse-mschap
nobsdcomp
nodeflate
```

（3）修改 chap-secrets 文件，添加 VPN 服务器的登录用户和密码如下：

```
[root@pptpd ~]# vi /etc/ppp/chap-secrets
# Secrets for authentication using CHAP
 bob          pptpd    123456  *
```

（4）执行 pptp 命令建立与 VPN 服务器的连接。

```
[root@pptpd ~]# pptp 192.168.1.1
```

执行该命令后，不会有任何信息输出。其中，192.168.1.1 是 VPN 服务器的 IP 地址，连接成功后客户端就可以像在内部网络一样访问内网中的资源。

19.7.2　Windows 客户端

Windows 操作系统默认已经安装了 VPN 的客户端软件。本节以 Windows 7 为例来介绍，在 Windows 客户端中配置和使用 VPN 服务的具体步骤如下。

（1）选择"网络"|"属性"|"更改网络设置"|"设置新的连接或网络"命令，将出

现图 19.3 所示的对话框。

图 19.3　新建连接向导对话框

（2）在其中选择"连接到工作区"选项，然后单击"下一步"按钮后，将进入如图 19.4 所示对话框。

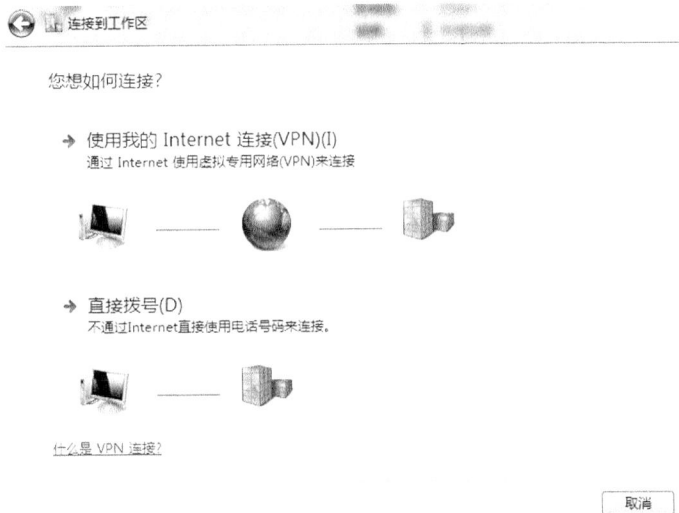

图 19.4　您想如何连接

（3）在其中选择"使用我的 Internet 连接(VPN)(I)"，将进入如图 19.5 所示对话框。

（4）在其中填写"Internet（地址）"文本框，然后单击"下一步"按钮，将进入如图 19.6 所示对话框。

（5）在其中填写 VPN 服务器分配的用户名及密码。填写完后，单击"创建"按钮，将进入如图 19.7 所示对话框。

图 19.5　输入要连接的 Internet 地址

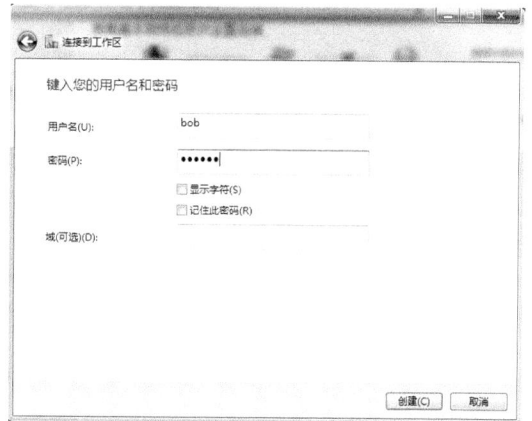

图 19.6　键入您的用户名和密码

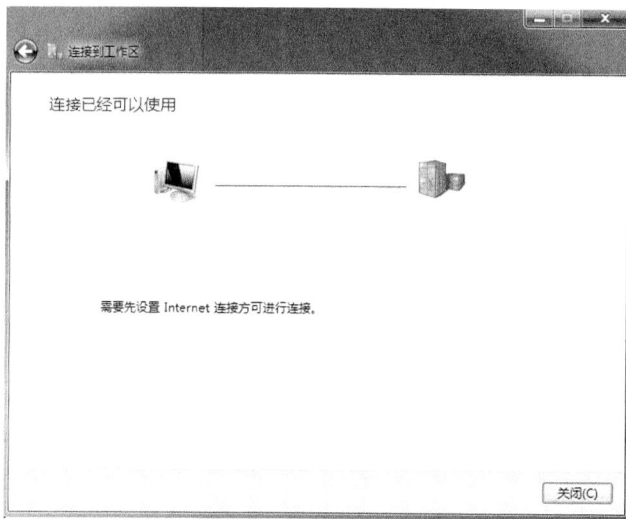

图 19.7　连接已经可以使用

（6）单击"关闭"按钮，现在该 VPN 连接就创建好了。这时可以右击 Windows 7 桌面上的"网络"，在弹出的快捷菜单中选择"属性"命令，将出现如图 19.8 所示的窗口。此时，可以看到 VPN 连接就是刚才新创建的连接。

图 19.8　网络连接属性窗口

（7）在窗口中双击该连接，将打开一个登录对话框。此时，输入 pptp 服务器上的账号和密码，如图 19.9 所示，然后单击"连接"按钮，正常情况下，连接将会成功。

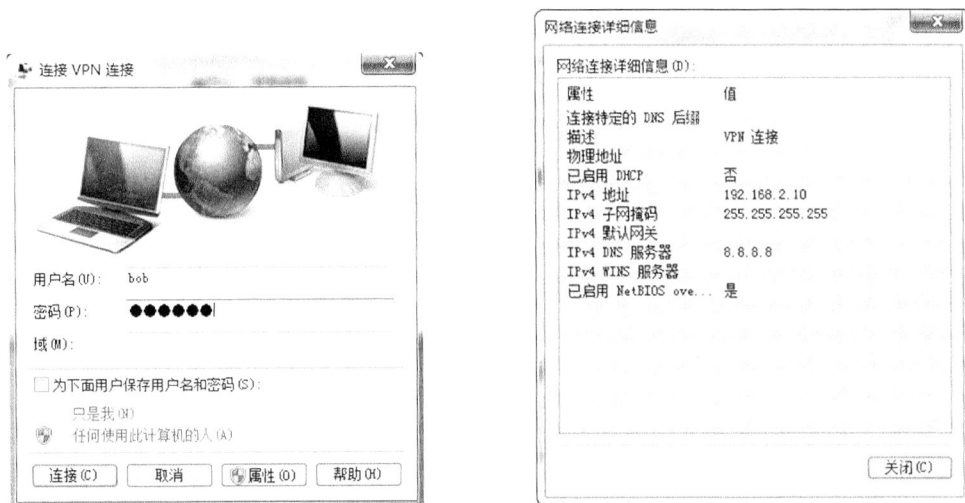

图 19.9　VPN 连接登录对话框

（8）连接建立后，在命令行下运行 ipconfig 命令检查 VPN 连接是否正常，如下所示。

```
C:\Users\Administrator>ipconfig

Windows IP 配置


PPP 适配器 VPN 连接:

    连接特定的 DNS 后缀 . . . . . . . . . :
    IPv4 地址 . . . . . . . . . . . . . : 192.168.2.10
    子网掩码  . . . . . . . . . . . . . : 255.255.255.255
    默认网关. . . . . . . . . . . . . . : 0.0.0.0
```

可以看到，客户端与 VPN 服务器建立连接后，服务器会为 VPN 客户端分配由 remoteip 选项所指定的 IP 地址，客户端获得 IP 地址后就可以访问内部网络。